ENGINEERING DESIGN

Sixth Edition

工程设计

（原书第6版）

[美] 乔治·E. 迪特（George E. Dieter） 琳达·C. 施密特（Linda C. Schmidt） ◎著

张执南 于 钊 沈 靖 黄亚鑫 王子恒 刘厚志 尹 念 ◎译

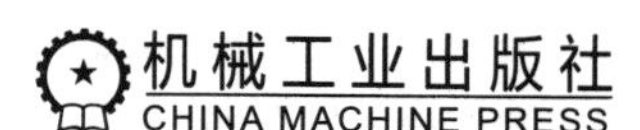

George E. Dieter，Linda C. Schmidt
Engineering Design, Sixth Edition
9781260113297

图书在版编目（CIP）数据

工程设计：原书第 6 版 /（美）乔治 · E. 迪特（George E. Dieter），（美）琳达 · C. 施密特（Linda C. Schmidt）著；张执南等译 . —北京：机械工业出版社，2023.10

书名原文：Engineering Design, Sixth Edition

ISBN 978-7-111-74203-6

Ⅰ. ①工…　Ⅱ. ①乔… ②琳… ③张…　Ⅲ. ①工程设计　Ⅳ. ① TB21

中国国家版本馆 CIP 数据核字（2023）第 214691 号

机械工业出版社（北京市百万庄大街22号　邮政编码100037）

策划编辑：曲　熠　　责任编辑：曲　熠

责任校对：杨　霞　王小童　张　征　　责任印制：单爱军

保定市中画美凯印刷有限公司印刷

2024年 1 月第 1 版第 1 次印刷

186mm × 240mm · 37.25印张 · 755千字

标准书号：ISBN 978-7-111-74203-6

定价：199.00元

电话服务

客服电话：010-88361066
010-88379833
010-68326294

网络服务

机　工　官　网：www.cmpbook.com
机　工　官　博：weibo.com/cmp1952
金　　书　　网：www.golden-book.com
机工教育服务网：www.cmpedu.com

封底无防伪标均为盗版

译　者　序

现代设计更加重视用户体验，科学的设计理论与方法能够帮助设计者从用户的角度出发，寻找产品设计中出现的问题，从而设计出能解决用户问题的好产品。工程活动以设计为核心，设计工作贯穿工程活动的始终，而工程设计活动是一个复杂过程。设计知识是支持这个复杂过程的关键要素之一，它分为设计自身相关知识和设计对象相关知识。本书的内容集中在设计自身相关知识的范畴，包含设计方法论、设计原理、设计过程、质量管理和设计工具运用等。

设计活动的主体是设计者（人），尽管设计者拥有开展设计活动的天赋，但如果不经过系统的学习和训练，往往难以掌握复杂的设计知识，难以高效地完成复杂的设计任务。本书作为兼具系统性、实效性和实践性的设计著作，其中对设计知识较为完整的阐述，有助于设计者和拟从事设计工作的学生系统地学习设计知识及其获取方法，从而缩短设计训练周期。

本书是美国马里兰大学机械工程系荣休教授 George E. Dieter 长期从事设计研究和教学工作的结晶。Dieter 教授是美国工程院院士，曾担任工程学院院长理事会主席和美国工程教育学会主席，同时还是国际材料信息学学会，矿物、金属和材料协会，美国科学促进协会以及美国工程教育学会会士。他获得了国际材料信息学学会，矿物、金属和材料协会以及制造工程师学会的教育奖，还曾获得了美国工程教育学会最高奖项——兰姆金质奖章。

Linda C. Schmidt 是马里兰大学机械工程系教授，她的研究领域包括机械设计理论和方法学、概念设计、设计理由捕获以及工程项目设计团队的高效学习等。她在卡内基·梅隆大学获得机械工程博士学位。Schmidt 教授在工程设计研究、机械工程专业高年级本科生和研究生的工程设计教学方面表现活跃，她是美国机械工程师学会和美国工程教育学会会士，担任美国机械工程师学会主办期刊 *Journal of Mechanical Design* 的副主编。她获得了美国工程教育学会 2008 年度梅里菲尔德设计奖。

这一版对部分章节进行了重新排序以及内容增减，使得本书更聚焦于设计过程，同时将理论与发展历史相关的内容转移到网上。除了第 18 章之外，第 6 版进一步将第 5 版中的第 15

章、第 16 章、第 17 章的内容也转移到网上，通过在线形式提供给读者，这些材料可以通过 www.mhhe.com/dieter6e 获得。本书适用于初级或高级工程设计课程以及一些综合性、实践性的设计项目。

本书翻译工作历时一年有余。张执南、于钊、沈靖、黄亚鑫、王子恒、刘厚志和尹念参与了翻译工作。全书的统稿、审校由张执南负责。

由于能力有限，书中不足之处在所难免，恳请读者批评指正。

前　言

本书延续了以往的传统，与其他大篇幅介绍设计基础的书相比，本书更加注重材料选择、面向制造和质量的设计。本书适用于初级和高级工程设计课程以及一些综合性、实践性的设计项目。本书中的设计过程材料（第 1 章～第 9 章）曾作为马里兰大学低年级设计课程的教材，也曾被用于指导高级设计课程，该课程包含了从选择市场到创建原型样机的完整设计项目。我们的目的是让学生将这本书视为他们专业图书馆中有价值的一部分。为此，我们也提供了很多重要的参考文献和网站。

相较上一版，本书对章节进行了重新排序，使它们更接近书中介绍的整体设计过程。虽然纸质书的篇幅有所减小，但书中的内容保持不变，还增加了一些新的有价值的部分。

新主题

- 信息素养。
- 词义树。
- 仿生设计生成方法。

本书的一个重大变化是将理论和发展历史相关的内容转移到了网上。这些内容与核心信息密切相关，可能会转移学生对设计过程应用的注意力。例如，第 7 章中关于决策理论、决策树和效用理论的内容被放到了在线材料中；书中介绍了全面质量管理（TQM）的第一个例子，第二个例子被放到了在线材料中；特定于流程的定义制造和装配指南也被放到了在线材料中。

在线章节

- 第 15 章　面向可持续性与环境的设计
- 第 16 章　材料设计

- 第 17 章　经济决策
- 第 18 章　工程设计中的法律与伦理问题

我们将在线章节材料提供给学生，让学生有机会根据自己的概念设计进行决策和独立学习。这些材料可以很容易地通过 www.mhhe.com/dieter6e 获得。

其他可以通过在线方式获得的教学资源包括[⊖]：

- 解决方案手册。
- PPT 教案。
- 图像库。
- 设计报告和图纸指南。

本书导览

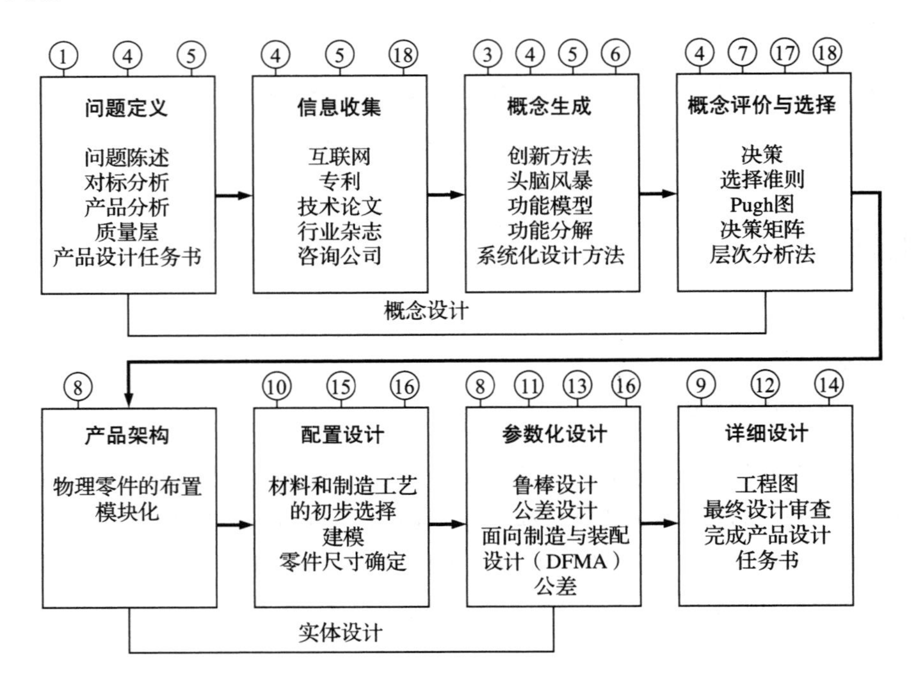

⊖ 关于本书教辅资源，只有使用本书作为教材的教师才可以申请，需要的教师可向麦格劳 - 希尔教育出版公司北京代表处申请，电话 010-57997618/7600，传真 010-59575582，电子邮件 instructorchina@mheducation.com 。——编辑注

第 1 章　工程设计概述
第 2 章　产品开发过程
第 3 章　团队行为与工具
第 4 章　信息收集
第 5 章　问题定义与需求识别
第 6 章　概念生成
第 7 章　决策确定与概念选择
第 8 章　实体设计
第 9 章　详细设计
第 10 章　材料选用
第 11 章　面向制造的设计
第 12 章　成本评估
第 13 章　风险、可靠性与安全性
第 14 章　质量、鲁棒设计与优化
第 15 章　面向可持续性与环境的设计
第 16 章　材料设计
第 17 章　经济决策
第 18 章　工程设计中的法律与伦理问题

致谢

感谢那些参加我们高级设计课程的学生，他们允许我们使用其设计报告中的内容作为本书的部分案例。感谢 JSR 设计团队的成员，他们是 Josiah Davis、Jamil Decker、James Maresco、Seth McBee、Stephen Phillips 和 Ryan Quinn。尤其要感谢那些不吝分享知识的马里兰大学机械工程系的同事，他们是 Peter Sandborn、Chandra Thamire 和 Guangming Zhang。

George E. Dieter 和 Linda C. Schmidt
马里兰大学园
2020 年

作者简介

乔治·E. 迪特（George E. Dieter） 马里兰大学机械工程系荣休教授，他在德雷塞尔（Drexel）大学获学士学位，并在卡内基·梅隆大学获科学博士学位。在杜邦工程研究实验室有短暂的工业界经历后，他成为德雷塞尔大学冶金工程系负责人，后来担任工程系主任。Dieter 教授后来加入卡内基·梅隆大学，担任工程学教授和工艺研究所所长。他于 1977 年到马里兰大学工作，任机械工程系教授，并担任工程学院主任直至 1994 年。他于 2020 年去世，享年 92 岁。

Dieter 教授是国际材料信息学学会，矿物、金属和材料协会，美国科学促进协会以及美国工程教育学会会士。他获得了国际材料信息学学会，矿物、金属和材料协会以及制造工程师学会的教育奖，还曾获得了美国工程教育学会最高奖项——兰姆金质奖章。Dieter 教授是美国工程院院士，曾担任工程学院院长理事会主席和美国工程教育学会主席。他还是 *Mechanical Metallurgy* 的合著者，该书已经由 McGraw-Hill 出版社推出第 3 版。

琳达·C. 施密特（Linda C. Schmidt） 马里兰大学机械工程系教授，她的主要研究领域包括机械设计理论和方法学、概念设计中的概念产生系统、设计理由捕获，以及工程项目设计团队的高效学习等。

Schmidt 教授在卡内基·梅隆大学获机械工程博士学位，在艾奥瓦州立大学获学士和硕士学位。美国国家自然科学基金 1998 年授予她早期职业生涯奖。她是一个暑期研究体验项目 RISE 的共同发起人，该项目获得了 2003 年美国大学人力协会颁发的对高等教育进行学术支持的示范项目奖。Schmidt 博士获得了美国工程教育学会 2008 年度梅里菲尔德（Merryfield）设计奖。

Schmidt 教授在工程设计理论研究和机械工程专业高年级本科生和研究生的工程设计教学方面表现活跃。她合著了一本工程决策教材、一本关于产品开发的教材，并为教师开设了适合工程专业学生项目团队的团队训练课程。Schmidt 博士是 *Journal of Engineering Valuation & Cost Analysis* 的客座编辑，以及 *Journal of Mechanical Design* 的副主编。她还是美国机械工程师学会、制造工程师学会和美国工程教育学会会士。

目　录

在线章节

第1章

工程设计概述

1.1 引言

什么是设计？如果想从文献中给这个问题找一个答案的话，将会发现设计的定义就像设计的物品一样多。其原因可能在于设计过程是人类非常平常的活动。《韦氏词典》中，设计被解释为“计划后的制作”，这一解释忽略了设计的本质在于创造新事物这一基本事实。当然，工程设计师是按上述定义进行设计的，艺术家、雕刻家、作曲家、剧作家或社会中从事创造性工作的人都是如此。

因此，虽然工程师不是唯一从事设计的群体，但专业性的工程实践在很大程度上与设计有关却是一个不争的事实，所以人们常说设计是工程的本质。设计就是把新事物“拉到一起”或将现有物品以新的方式布置来满足社会认知需求。表示“拉到一起”的一个精准的词汇是综合（synthesis）。我们将采用下面的描述作为设计的正式定义：“设计是建立尚未解决问题的相关结构和确定解决方案过程，或采用新方案来解决已经解决过的问题。”[㊀]设计能力包括科学和技能两方面。科学知识可以通过本书给出的技术和方法获得，而获得技能的最好方式就是做设

㊀ Blumrich, Josef F. “Design.” *Science* 168, no. 3939 (1970): 1551-1554.

计[1]。鉴此，设计体验必须包括一些真实项目的设计经历。

本节将重点放在创造新物品上，而没有给读者过多提示。本书的目的是为学习工程的学生提供训练指导，希望实现的目标是使学生具备熟练设计的能力。正如牛顿发现引力的概念一样，“发现”是第一次看见或对某些事物的第一次了解和认识。人类可以发现已经存在但并不为其所知的事物，但设计则是规划和工作的产物。因此，不能混淆设计和发现。本章将在1.5节给出结构化的设计过程以帮助设计者完成设计。

需要指出的是设计也可能包括发明。合法获得一项专利或发明的前提是完成超越已有知识的设计（超越现有技能）。有些设计的确是发明，但大多数则不是。

设计可以被定义为名词或动词。作为名词，它可以定义为“根据计划形成某物的特定部分或特征”，例如“我的新设计已经准备评审了”。作为动词，它可以定义为“为某事制定计划”，例如“我必须设计出产品的三种新款式，以满足三种不同的海外市场”。注意，英语中的动词“design”也可写成“designing”。通常，“设计过程”用来强调设计的动词词性。理解这些差异并适当使用该词是非常重要的。

好的设计既需要分析（analysis）也需要综合（synthesis）。求解复杂问题的典型做法是将问题分解成可控的子部分。因为我们需要理解在工作条件下零部件是如何工作的，所以在零部件以真实物理形态存在之前，我们必须能够应用科学定律、工程科学和必要的计算工具来尽可能多地计算获知零部件的期望行为——这就是分析。分析通常涉及用模型来简化的真实世界。综合通常涉及识别产品的设计要素、产品的分解，以及把可选部件组合成一个完整的工作系统。

工程设计很好地扩展并超越了科学的边界。所扩展的领域和工程任务为工程师创造了无限可能的机遇。在工程师的职业生涯中，他们有机会创造一系列的设计并因设计变为现实而获得满足感。“如果一个科学家毕生能够对人类知识做出一次创造性的贡献，那么他就是幸运的，因为很多科学家没有这么幸运。科学家可以发现新的星球，但不能制造一个星球。科学家只能请工程师为其制造星球。”[2]

1.2　工程设计过程

工程设计过程的结果有所不同。一种是产品的设计，例如冰箱、电动工具或DVD播放器

---

[1] 即实践中学习。——译者注

[2] Glegg, Gordon Lindsay，*The Design of Design*，Cambridge University Press, 1969, 1.

等消费品，或是像导弹系统或喷气式飞机一样高度复杂的产品。另一种是复杂工程化系统的设计，例如发电站或石化厂，还有建筑和桥梁的设计。本书的重点是产品设计，因为它是很多工程师应用其设计技能的一个领域。更进一步的原因是产品设计领域的设计实例更容易掌握，不需要更广泛的专业知识。本章将从 3 个方面对工程设计过程进行介绍。1.3 节对比了设计方法和科学方法，并以包括 5 个步骤的问题求解方法学来展现设计过程。1.4 节阐明设计的作用已经超越了满足技术性能的要求，并介绍设计必须最大化地满足社会需求的理念。1.5 节描述了设计从摇篮到坟墓的过程，展示了工程设计师的职责——从设计的创造开始，一直延伸到以对环境安全的方式来完成实体设计。第 2 章通过介绍产品定位和营销等更商业化的问题，从而把工程设计过程扩展到产品开发这个更广泛的议题。

1.2.1 工程设计过程的重要性

在 20 世纪 80 年代，美国企业开始深刻地体会到国外高质量产品的冲击，它们很自然地把重点放在通过自动化或将工厂转移到劳动力成本低的地区来降低其制造成本上。然而，直到国家研究委员会（NRC）[⊖]一个重要研究报告的发表，企业才认识到具有世界竞争力产品的关键所在是拥有高质量的产品设计。这激发了人们就如何更好地进行产品设计开展了大量的试验并分享结果。工程设计曾经是一个可有可无的过程，现在已经成为工程进展的前沿。本书将为读者提供深入了解当前工程设计的最佳实践。

图 1.1 很好地总结了设计的重要性。它表明设计过程的成本仅占产品总成本的一小部分（5%），而其余 95% 的成本是由材料、资本和制造产品的劳动力构成的。然而，设计过程由很多决策的累积构成，这些决策产生的设计方案影响产品制造成本的 70%～80%。换言之，设计阶段以外的决策仅能影响 25% 的总成本。如果刚好在产品上市前证实设计有误，修改错误就会花费大量的费用。总之，设计过程中的决策成本仅占总成本的很少一部分，但却对产品成本有重要影响。

设计产生的第二个主要影响是产品质量。传统概念上的产品质量是通过检验装配后的产品来获得的。现在，我们已经认识到实际的质量是通过设计体现到产品中去的。通过产品设计来获得质量的保障和提升将是本书提倡的主题。我们认为质量的一个方面是将产品性能和特征包括在产品之中，这些性能应是购买产品的客户所期望的。另外，设计必须落到实处，这样产品才能没有缺陷，并以有竞争力的价格进行制造。总之，不能在制造中弥补设计阶段产生的缺陷。

⊖ “Improving ngineering Design,” National Academy Press, Washington, D.C., 1991.

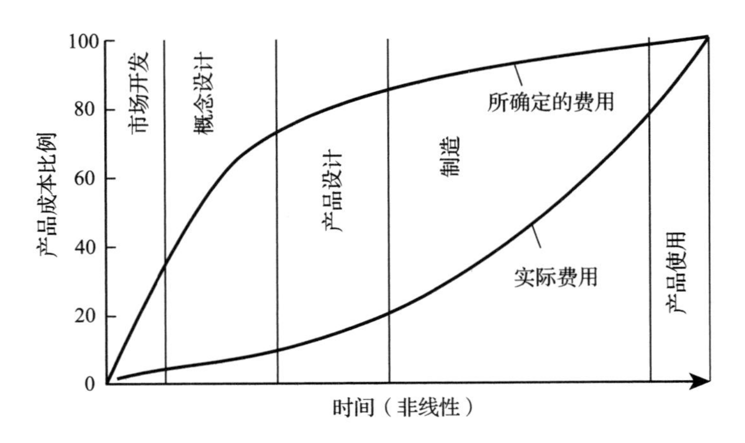

图 1.1 设计阶段的产品费用（源自 Ullman）

工程设计决定产品竞争力的第三个方面是产品周期。产品周期是指新产品从研发到上市所需要的时间。在很多消费领域，产品常常通过最新的“噱头和卖点”来吸引消费者的眼球。新的组织方法、计算机辅助工程以及快速成型方法的应用都对缩短产品周期有所贡献。上述方法不仅缩短了产品周期，增加了产品的市场可能性，而且还降低了产品的开发成本。更进一步说，产品在市场上销售的时间越长，销售和利润就会越多。总之，必须导入设计过程，以在尽可能短的时间内开发在质量和成本方面有竞争力的产品。

1.2.2 设计的类型

由于不同的原因，工程设计承担了不同的设计任务，有不同的设计类型。

- *原始设计，也称为创新设计*。该设计类型位于设计层级的顶部，采用原创概念来达到一定需求。有时需求本身也是原创的，但这种情况很少出现。真正的原始设计与发明存在关联。很少会出现成功的原始设计，但是一旦出现，通常会打破现有的市场格局，因为它们开创了具有深远影响的新技术。微处理器的设计就是这样一种原始设计。
- *适应性设计*。当设计团队应用已知的解决方案来满足不同需求并产生*新设计应用*时，此时所进行的设计即为适应性设计。例如，把喷墨打印机的概念扩展为雾化黏合剂，使快速成型机上的粒子固定。
- *再设计*。工程设计常常被用来改进或完善现有的设计。设计任务可能是针对产品中失效零件的再设计，也可能是再设计某个零件以降低加工成本。通常，再设计是在对原始设计的工作原理或设计概念未做任何改变的前提下完成的。例如，可以改变零件外形以降低应力集中，或者应用新材料以降低重量或成本。当再设计是通过改变某些设计参数实现时，通常被称为变形设计。

- 选择性设计。大多数的设计都会使用标准件，比如轴承、小型电机或者泵等，它们由专门从事该标准件生产和销售的供应商提供。因此，这类设计的任务是根据性能、质量和成本，从潜在的供应商目录中选择所需的零部件。

1.3 工程设计过程的思路

我们常常讨论“设计一个系统”。“系统”意味着完成某些指定任务而必需的硬件、信息和人员的整体组合。系统可以是国家某区域的电力分布网络，也可以是像航空发动机一样的复杂机器，或制造汽车零部件的生产工序的组合。大型系统通常被分为一些子系统，子系统又由组件或零件组成。为系统设计选择的子系统通常是现有产品。例如，商用飞机的每个头枕背面可以安装轻型液晶（LCD）显示屏。飞机的设计是系统设计，LCD 显示屏是已经设计好的产品，它是飞机的子系统。

1.3.1 一个简单的迭代模型

不存在唯一公认的一系列步骤指向可行的设计。不同的作者或设计师都指出，设计过程少则 5 个步骤，多则 25 个步骤。Morris Asimow[⊖]是最先对设计进行反思的学者之一。他把设计过程视为将需求的特定信息和技术的一般信息进行转换来产生设计结果的过程，必须要对设计结果进行评估（见图 1.2）。如果评估中发现缺陷，则必须重复设计操作。第一次设计的信息以及通过评估得到的所有信息都将作为反馈信息输入新的设计过程中。这种类型的重复就是迭代。信息的获取是设计过程中至关重要且通常非常困难的步骤。信息来源的重要性将在第 4 章中进行更详细的介绍。

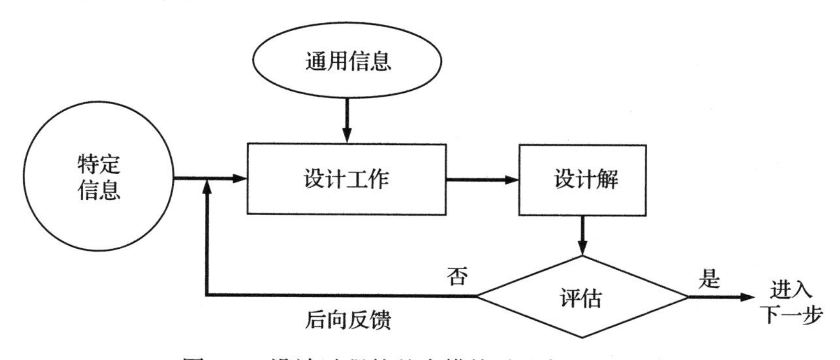

图 1.2 设计过程的基本模块（源自 Asimow）

⊖ M. Asimow, *Introduction to Design*, Prentice-Hall, Englewood Cliffs, NJ, 1962.

一旦具备了必需的信息，设计团队（如果任务很有限的话即为设计工程师）便要通过计算或实验方法，利用适当的技术知识进行设计操作。在这个阶段，可能需要使用构思过程来生成一组替代设计概念，然后通过决策选择其中一个替代概念。接下来，设计团队可以构建数学模型并在计算机上对设计性能进行模拟，或者构建原型模型并对其进行性能测试。设计确定后，必须对设计结果进行适合度评估。

1.3.2　设计方法与科学方法

在学生接受科学和工程教育时可能已经听说过科学方法，科学方法是引导解决科学问题的一系列事件的逻辑进程。Percy Hill[㊀]比较了科学方法与设计方法间的关系（见图1.3）。科学方法始于已有知识，这些知识是通过观察自然现象所获得的。科学家有着探究自然法则的好奇心，探究的结果使他们最终提出科学假设。假设服从于证明或否定它的逻辑分析结果。通常，分析可以揭示瑕疵或者不一致性，所以假设在迭代过程中必将发生改变。

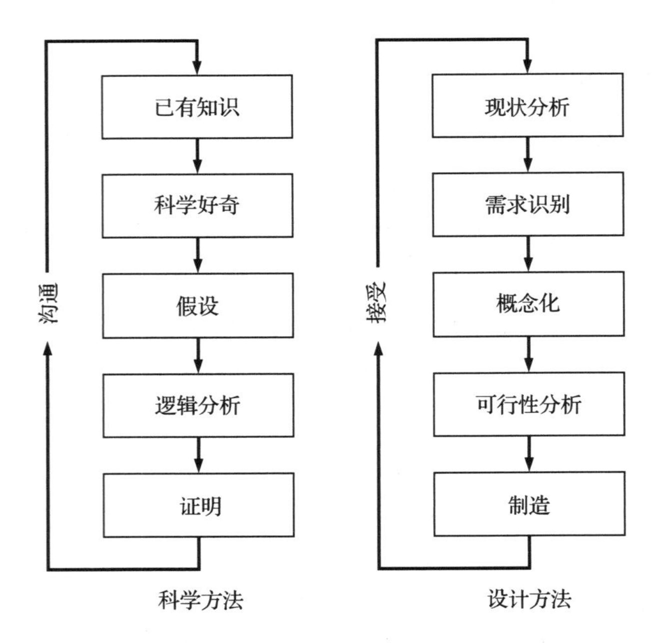

图1.3　科学方法与设计方法的比较（源自Percy Hill）

最终，当新概念满足其创始人的要求时，还必须被同行的科学家所认同。一旦新概念被同行的科学家所认同，它就被传播到科学界，扩充了现有知识，形成了知识循环。

㊀ P. H. Hill, *The Science of Engineering Design*, Holt, Rinehart and Winston, New York, 1970.

如果我们允许观点上存在差异，那么设计方法与科学方法非常相似。设计方法也始于已有知识。这些已有知识包括科学知识，也同样包含设备、零件、材料、制造方法和市场与经济条件。相对于科学好奇心，社会的需求（通常通过经济因素来表示）为设计提供了原动力。需求一旦确定下来，就必须概念化以形成某种模型。模型的作用是在设计转变成物理形态后，帮助我们预测设计结果的性能。无论是数学模型还是物理模型，根据模型所得到的输出结果都必须经过可行性分析，而且总是要反复迭代，直到一个可接受的产品被设计出来或设计项目被终止。设计一旦进入制造阶段，就开始进入技术领域的竞争中。当产品作为当前技术的一部分被接受，而且促进了技术中特定领域的开发时，设计循环就完成了。

科学和设计之间更大的理论区别已经被诺贝尔经济学奖获得者 Herbert Simon[㊀]改进。他指出，科学侧重的是创造有关自然发生现象和物体的知识，而设计侧重的却是创造有关现象和人造物品的知识。这样，科学是基于观察的研究，而设计是基于功能、目标和适应性形式的人为概念。

在前面设计方法的简要归纳中，需求的确定需要精心细化。在企业和组织中，需求可从多方面进行识别。大多数组织都有开发部门来创造与组织目标相关的想法。了解需求的一个重要途径是了解公司销售的产品或服务的客户。负责这方面输入管理的通常都是公司的营销组织部门。其他需求则根据政府机构、贸易组织或公众的态度或决议产生。需求通常源于对现状的不满。需求驱动的因素可能是为了降低成本、增加可靠性或提高性能，或者只是因为大众对现有产品感到厌倦而寻求改变。

1.3.3 问题求解的方法学

设计可以被视为一个待求解的问题。许多工程科学学科使用传统的问题解决过程，例如静力学、动力学和流体力学等学科。这些学科的问题都有明确的定义，通常只有一个正确的答案。在分析部件性能和评估部件选择时通常使用工程科学问题求解。这些部件通常包含比先前设计更大的子系统。

与解决工程科学问题不同，工程设计任务的定义不明确，并且有多种解决方案可供选择。设计过程与传统的问题解决过程相比有不同的步骤。设计过程一般包括以下步骤。

- 定义问题
- 收集信息

㊀ H. A. Simon, *The Sciences of the Artificial*, 3rd ed., The MIT Press, Cambridge, MA, 1996.

- 生成备选方案
- 评价备选方案与做出决策
- 交流结果

设计是迭代的。迭代意味着设计团队要基于工作中得到的新信息，通常必须返回设计流程中较早的步骤，并重复这些步骤来推进进展。

定义问题

解决问题时最关键的步骤是定义问题或表述问题。真正的问题往往与第一眼看到它的情形不同。定义问题的重要性经常被忽视，因为这一步似乎只需要占总设计时间的一小部分。图 1.4 中的示例展示了最终设计的形式强烈依赖问题的定义。

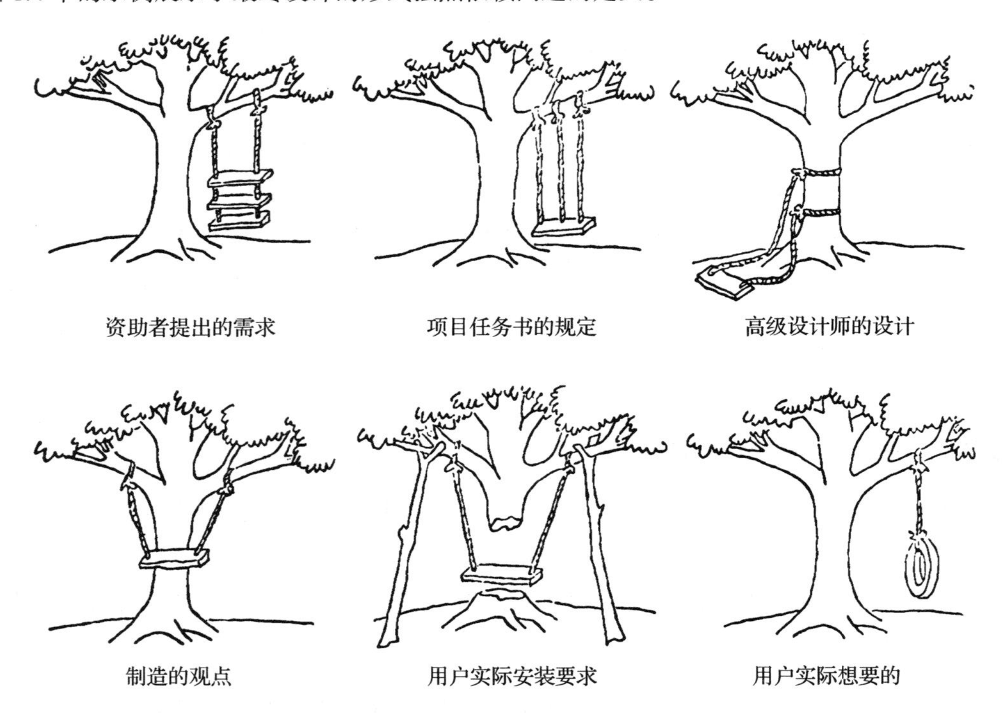

图 1.4 最终设计基于不同的问题定义而有显著的差异

表述问题应该从问题陈述被记录下来时开始。表述问题应该尽可能具体地表达设计任务的每个细节，包括特殊技术术语的定义、性能目标、类似产品的设计，以及解决方案的各种限制。第 5 章将对设计项目中定义问题这一步骤进行详细介绍。

定义问题通常被称为需求分析、识别客户需求或识别问题。除了最常规的设计任务外，在整个过程的开始阶段很难准确地确定设计任务的细节。随着设计过程的推进，新的需求会建立起来，因为在整个过程中会获得新的信息。在设计过程中，问题（领域）知识的积累与改进设计的自由之间存在着内在矛盾。在创造原创设计时，人们对其解决方案知之甚少。随着设计团队工作的推进，会获得更多有关所涉及的技术和可能的解决方案的知识（图 1.5）。该团队已经在学习曲线上有所进步。

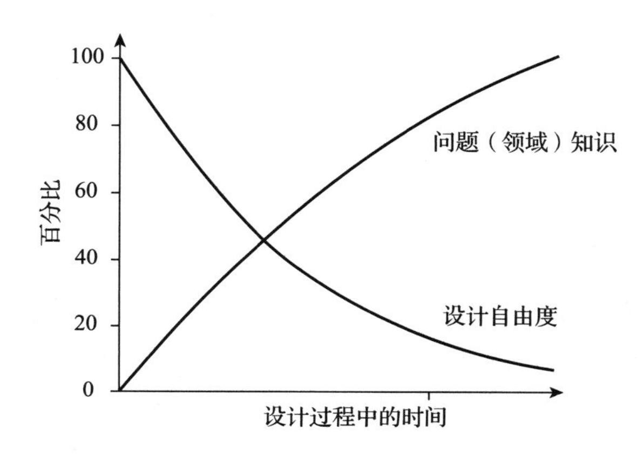

图 1.5　问题（领域）知识与设计自由度间的内在矛盾

收集信息

设计过程中最关键的一步是确定你所需要的信息并获取这些信息。这项工作非常具有挑战性，因为设计任务通常需要来自多个学科的信息。工程领域的新知识和最佳实践是不断变化的。这就是工程师必须养成终身学习习惯的原因之一。

政府资助研发的技术报告、公司报告、行业杂志、专利、产品目录，以及设备开发商与供应商所提供的手册和材料中的文献都是重要的信息来源。互联网是非常有用的资源。通常，缺失的一些信息可以利用网络搜索获得，或者通过向重要的供应商打电话或发邮件来获得。与内部专家（通常在公司的研发中心）和外部顾问的讨论也是有益的方法。

以下是关于如何获得信息的一些问题：

- 需要找出什么信息？
- 在哪里以及怎样才能获得这些信息？
- 这些信息的可信性和准确性如何？
- 针对特定需求，如何解释这些信息？
- 什么时候才能获得足够的信息？

- 根据这些信息将做出哪些决策？

有关信息收集的一些建议将在第4章给出。

生成备选方案

生成高质量设计备选方案的能力对于成功的设计至关重要。备选方案或设计概念的生成，涉及创意激励方法的使用、物理原理的应用和定性推理，以及寻求与使用信息和经验的能力。传统的问题解决方法和设计之间的本质区别在于设计过程产生多种解决方案。因此，设计过程必须包括一个步骤来评估备选设计方案，并选择最佳的方案。这个重要的议题将在第6章中进行全面介绍。

评价备选方案与做出决策

评价备选方案是指采用系统化方法在几个概念中选择最好的概念，而且通常需要面对不完整的信息。工程分析流程为工作性能的决策提供了基础。面向制造的设计（见第11章）和成本评估（见第12章）提供了其他重要的信息。各种其他类型的工程分析也同样提供了信息。用计算机模型进行性能仿真被广泛应用。基于实验模型的工况模拟测试以及全尺寸原型的测试通常可以提供关键数据。没有这样的定量信息，想做有效的评价是不可能的。有关评价设计概念或其问题解决方案的几种方法将在第7章给出。

交流结果

必须时刻牢记设计的目的是满足内部检查、用户或顾客的需要。已完成的设计必须要经过合适的交流，否则将可能失去其影响或重要性。交流通常采用向资助者口头汇报以及书面设计报告的形式。详细的工程图、计算机程序、三维计算机模型和工作模型是需要提交给客户的“交付物”。

特别需要强调的是，信息交流并不是项目结束后的一次性事件。对于一个管理良好的项目，项目负责人和客户之间需要有连续不断的口头和书面交流。

因此，如图1.5所示，设计的自由度随着新知识的获得而不断下降。在最初阶段，设计者有做出改变而不用承担巨大成本损失的自由，但是对如何使设计变得更好却知之甚少。矛盾源于这样一个事实，当设计团队最终掌握了问题时，他们的设计已经确定了，此时进行改变要付出高昂的代价。应对方法是设计团队应尽可能早、尽量多地学习与该问题相关的设计知识。这也强调团队成员在学习朝着共同目标进行独立工作前（见第3章），要善于收集信息（见第4章）以及擅长与团队成员交流相关知识。设计团队的成员必须要成为他们所学知识的管理者。图 1.5 同样指出了要把所做工作详细记录在案的重要性，这样，经验可以在未来的项目中为后续团队所使用。

1.4 设计过程描述

Morris Asimow [⊖]是最先针对完整设计过程给出详细描述的人之一，他称之为设计形态学。图 1.6 给出了构成设计前三个阶段的各种活动：概念设计、实体设计和详细设计。给出图 1.6 的目的是提醒读者注意从问题定义到详细设计间设计活动的逻辑次序。

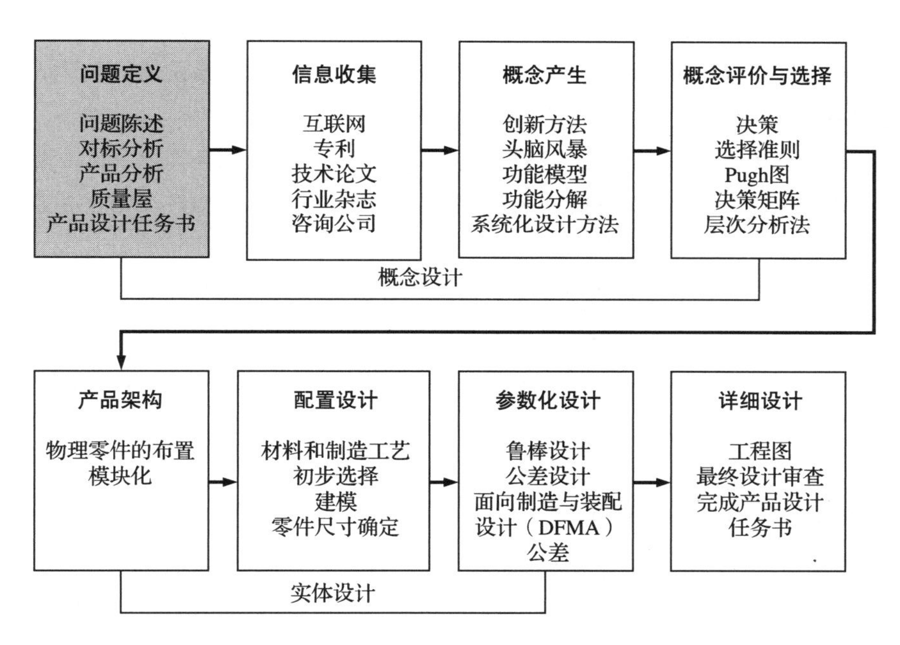

图 1.6 工程设计过程中构成前三个阶段的设计活动

1.4.1 第一阶段：概念设计

概念设计是设计的开始阶段，主要提出一系列可能的备选方案，然后再缩小到一个最佳概念。概念设计有时也称为可行性研究。概念设计需要极高的创造力，它涉及最大的不确定性，并需要协同商业组织间的多个功能部门。以下是我们在概念设计阶段需要考虑的不同活动。

- *客户需求识别*。本活动的目标是完全了解客户的需求，并将其传达给设计团队。

⊖ I. M. Asimow, *Introduction to Design*, Prentice-Hall, Englewood Cliffs, NJ, 1962.

- 问题定义。本活动的目标是给出一份陈述，它描述需要用什么来满足客户需求。具体包括竞争产品分析、目标规格的确定以及约束列表和需求权衡因素。质量功能配置（Quality Function Deployment，QFD）是一个将用户需求与设计要求联系起来的有效工具。产品要求的详细清单被称为产品设计任务书（Product Design Specification，PDS）。关于问题定义的全面阐述将在第 5 章给出。
- 信息收集。与工程研究相比，工程设计有特殊的信息获取方面的需求，而且信息获取的范围相当广泛。这部分问题在第 4 章介绍。
- 概念化。概念生成包括产生一系列潜在的能满足所陈述问题的概念。将基于团队的创造方法与高效的信息收集结合在一起，是设计活动的关键，这部分问题将在第 6 章介绍。
- 概念选择。设计概念的评价、完善并演化成一个优选概念是该阶段的设计活动。这个过程通常也需要多次反复。这部分问题将在第 7 章介绍。
- 产品设计任务书的细化。在概念被选定后，产品设计任务书还需要细化。设计团队必须获得某些设计参数的关键值——通常被称为质量关键点（CTQ）参数，并避免不了在成本和性能之间进行权衡。
- 设计评审。在拨付资金进入下个设计阶段前，必须要进行设计评审。设计评审会议要保证设计在物理上能够实现，并在经济上值得投入。设计评审也会审查详细的产品研发进度。这就需要提出一个策略来最小化产品设计周期，并确定完成项目所需的人员、设备和费用。

1.4.2　第二阶段：实体设计

这一阶段将为设计概念这个骨架添加血肉，着手解决产品所必须完成的全部主要功能的具体细节。在这个设计阶段，需要对强度、材料选择、尺寸、外形和空间相容性进行决策。在这个阶段以后，较大的设计变更将产生很大的费用。这个阶段有时也称为初步设计。实体设计有三个主要任务，即产品架构、构形设计和参数设计。

- 确定产品架构。产品架构将整个设计系统划分为子系统或模块。在这个阶段需要决定所设计的实际零件如何布置和组合，以获得所设计的产品功能。
- 零件和组件的构形设计。零件由诸如孔、加强筋、曲线和曲面等特征组成。零件构形指的是确定它们需要有什么样的特征，并对其空间的相互关系进行安排。虽然在此阶段可以通过建模和仿真来检查功能和空间约束，但是此阶段也仅能确定近似的尺寸来保证零件满足产品设计任务书的要求。同样，这个阶段也要给出有关材料和加工的更多具体信息。用快速成型工艺来得到零件的物理模型是一个合适的方法。

- 零件的参数设计。参数设计从零件构形的信息开始，旨在确定零件准确的尺寸和公差。如果以前没有完成材料和加工工艺设计方面的决策，那么需要在该阶段完成。参数设计的重要一面是检查零件、装配件和系统的设计鲁棒性。鲁棒性（robustness）是指零件在工作环境条件变化的情况下如何保证其性能的稳定性。这个由 Genichi Taguchi（田口玄一）博士提出的获得鲁棒性和确定最佳公差的方法将在第 14 章讨论。参数设计同样涉及可能造成失效的设计方面的问题（见第 13 章）。参数设计的另一项重要因素是用提升可制造性的方式进行设计（见第 11 章）。

1.4.3 第三阶段：详细设计

在详细设计阶段要完成可测试和可制造产品的全部工程描述。每个零件的布置、外形、尺寸、公差、表面性能、材料和加工工艺所缺失的信息都将补充完整。这里也给出了专用件的规格以及从供应商那里购买的标准件的规格。在详细设计阶段，需要完成以下活动并准备相关文档。

- 满足制造要求的详细工程图。通常都是由计算机输出的图纸，而且常常包括三维 CAD 模型。
- 成功完成原型验证测试，并提交验证数据。所有的质量关键点参数可以掌控。通常，对准备生产的几个备选样机要进行制造和测试。
- 完成装配图和装配说明，还要完成所有装配体的物料清单。
- 准备好详细的产品规格，包括从概念设计阶段开始所做的设计变更。
- 针对每个零件是在内部加工还是从外部供应商处购买做出决策。
- 根据前面的所有信息，给出详细的产品成本预算。
- 最后，在决定将产品信息交付加工前，详细设计以设计评审作为结束。

设计的三个阶段将设计从可能性空间带到了可实现的现实世界。然而，设计过程不是将一系列详细工程图和任务书交付给制造企业就结束了。还有很多其他的技术和商业决策需要确定才能达到将设计交付给客户的要求。关于上述问题的主要内容将在 9.5 节讨论，包括产品如何制造、如何营销、如何维护、如何在生命期终止时以环保方式报废等详细的计划。

1.5 优秀设计的考虑因素

设计是一个需要多方面考虑的过程。为了获得对工程设计更宽泛的理解，我们将优秀设计的多种考虑因素分为三类：

1. 满足性能需求。
2. 生命周期问题。
3. 社会与规章问题。

1.5.1 满足性能需求

显然，要想证明设计的可行性，必须达到要求的性能。性能衡量了设计的功能和行为，即设备能够多好地完成其所确定的任务。性能需求可以被分解成主要性能需求和辅助性能需求。设计的主要要素是其功能。一项设计的功能指的是它如何按照预期来工作。例如，设计可能是需要抓起一定质量的物体然后在 1min 内移动 50ft[㊀]。功能需求通常用能力量值来表达，例如力、强度、变形、能量、输出功率或消耗。辅助性能需求侧重的是诸如设计的使用寿命、工作环境因素下的鲁棒性（见第 14 章）、可靠性（见第 13 章）、易用性、经济性与维护的安全性。像固有的安全特性以及工作时的噪声级别等事项也必须予以考虑。最后，设计还要服从所有法律要求和设计规范。

产品[㊁]通常是一些零件的组合，有时也称为零件。*零件*是不需要装配的单一件。当两个或更多的零件组合在一起时称为*装配件*。通常，大型装配件是由一些小的装配件组成的，这些小装配件称为*子装配体*。与零件类似的术语称为*组件*，这两个术语在本书中可互换，但是在设计文献中，组件这个词有时用于描述零件数量少的子装配体。例如普通球轴承，它由外圈、内圈、十个或更多个由尺寸决定的钢球，以及一个防止球发生摩擦的保持架组成。球轴承通常称为组件，尽管它也是由一些零件组成的。

设计中与零件功能联系最紧密的是它的外部形态。*形态*指的是零件看起来是什么样子，包括其形状、尺寸和表面粗糙度。这些都取决于零件所使用的材料以及采用的制造工艺。

在设计中为了得到零件的特征，必须要应用多种分析技术。*特征*是指特殊的物理属性，例如几何上的详细细节、尺寸和尺寸公差[㊂]。典型的几何特征有倒角、孔、壁和加强筋。计算机在这一领域有十分重要的影响，因为计算机提供了基于有限元分析技术的强大分析工具。这使得人们可以方便地对复杂几何体以及载荷情况进行压力、温度和其他领域的场变量计算。当这

㊀ 1ft = 30.48cm。——编辑注

㊁ 产品的另一个代名词是*设备*，是因特殊意图而构建的事物，如机器。还有一个代名词是*人工制品*，即人造物品。

㊂ 在产品开发中，特征具有与“产品的方面或特性”完全不同的含义。例如，一个钻床的产品特色可以是钻孔时对准钻头的激光束附件。

些分析方法与计算机的交互图形结合起来时，就得到了令人振奋的能力，即计算机辅助工程（CAE），参见 1.6 节。注意，在设计过程初期，这些强大的分析能力对了解产品性能起到了非常重要的作用。

性能的环境需求涉及两个单独的方面。第一个方面考虑的是产品运行的工作环境。必须预测温度、湿度、腐蚀条件、灰尘、振动和噪声的极限，并在设计中予以满足。环境需求的第二个方面是考虑如何使产品的行为能够保证环境的安全与清洁，即绿色设计。通常，政府法规规定要考虑绿色设计，但是，随着设计的发展，绿色设计已经成为常规设计事项。这些事项中有一项是在产品达到使用寿命后对其进行处置，关于面向环境的设计（DFE）的更多信息将在第 15 章详细讨论。

美学需求指的是“美的感觉”。它所关心的是客户如何根据产品的外形、色彩、表面肌理，还有平衡、统一和兴趣等因素看待产品。设计的这个方面通常是由工业设计师而不是由工程设计师来完成的。工业设计师是应用艺术家，产品外形的设计决策是设计概念的一个组成部分。对于人因工程进行充分的考虑是非常重要的，而人因工程应用生物力学、工效学和工程心理学来保障产品可以被人有效地操作。在设备和控制系统的视觉和听觉等设计特征方面，人因工程采用生理学和人体测量学数据，同时，人的肌肉强度和反应时间也是人因工程所要考虑的。工业设计师同样要对人因工程负责，更多详细的信息见 8.9 节。

由于材料选择和公司可用加工设备方面的因素对将要采用的制造工艺有所限制，因此制造技术必须与产品设计紧密结合。

最后一个主要的设计需求是成本。每个设计都有其经济性需求，包括生产研发成本、内部生产成本、生命周期成本、工具成本以及投资回报等事项。在很多情况下，成本是最重要的设计需求。如果主要的产品成本预测结果不理想，那么设计项目就可能永远不能启动。成本涉及设计过程的方方面面。

1.5.2 全生命周期

零件的全生命周期始于需求的概念，终止于产品的报废与处置。

材料选择是确定全生命周期的一个关键因素（见第 10 章）。为某个应用领域选择材料，第一步就是对工作环境的评价。然后，必须确定与工作环境最相关的材料性能。除大多数普通的情况外，工作性能和材料性能之间从来就不是简单的关系。开始时，可能仅考虑静态屈服强度，但要对疲劳、蠕变、韧性、延展性和耐蚀性等性能进行评价就更困难了。我们需要知道材料在工作环境下是否稳定。显微结构是否随着温度变化而变化，进而是否会改变材料性能？材料是否会缓慢腐蚀或加速磨损？

材料选择不能从可制造性中分离出来（见第11章）。设计和材料选择与加工工艺有着内在的联系。其目的就是在相互对立的最小成本和最大耐久性之间进行平衡。通过设计减少因腐蚀、磨损和断裂造成的材料老化，从而提高耐久性。耐久性是产品的一般属性，通常按产品有效工作的月数和年数计算。耐久性与可靠性的内涵较为相近，可靠性是指产品无故障达到特定工作寿命的概率。有关能源保护、材料保持和环境保护的当今社会问题，为材料和制造工艺的选择带来了新的压力。以前曾一度被忽视的能源成本，现在已经是设计中需要考虑的最重要的因素之一。为材料循环而设计也同样变成了设计中一项重要的考虑因素。

图1.7所示的材料循环展示了所有产品的生产和消耗的生命周期。这个过程从开采矿物、开采石油或收割诸如棉花等农业纤维开始。这些原生材料必须通过提取或冶炼过程来获取块材（如铝锭），然后要进一步加工块材以获得精制的工程材料（如铝板）。此时，工程师设计出使用这些工程材料制造的产品，并投入使用。最终，零件磨损或因市场上有了更好的零件而过时。这时，一个办法就是废弃该零件，并用某种方式对其进行处置，使材料最终回归地球。然而，社会越来越重视自然资源的耗损以及固体废弃物的处理。因此，我们需要以经济的方式来回收废弃材料（如铝饮料罐）。

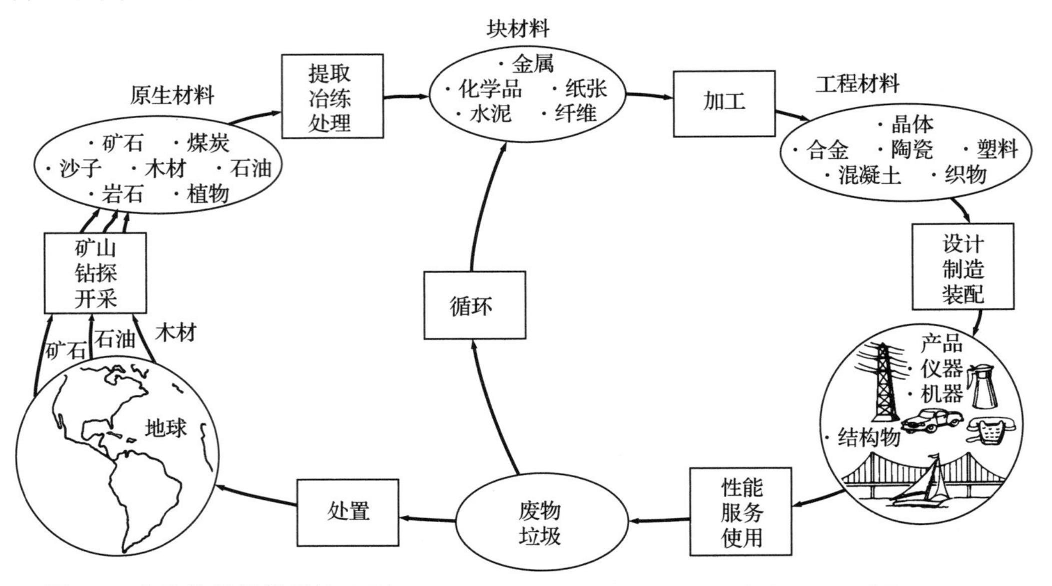

图1.7 完整的材料循环链（源自 *Materials and Man's Needs: Materials Science and Engineering.* Washington, DC: National Academy of Sciences, 1974.）

1.5.3 社会与法律问题

规范和标准对于设计实践具有重要的影响。由诸如美国材料与试验协会（ASTM ）和美国机械工程师学会（ASME）等团体制定的标准代表了工业界的很多个体（用户和制造商）之间的自愿协议。因此，它们常常发布最低或最少相同特性的标准。当优秀的设计需要的比这更多时，就有必要提出公司或机构自己的标准。

所有专业工程协会的道德规范都要求工程师保护公众的健康和安全。已经通过了越来越多的立法，要求美国联邦机构对公众的安全和健康的各个方面做出规定。随着时间的推进，要求美国联邦机构规范安全和健康的各个方面的法案被逐一通过。美国职业安全与健康管理局（OSHA）、消费者产品安全委员会（CPSC）、环境保护署（EPA）和国家安全部（DHS）对设计师在保护公众健康、安全和平安方面进行直接约束。CPSC 法案的一些方面对产品设计影响深远。尽管产品的正常用途通常是很明确的，但产品的非正常使用并非显而易见。在 CPSC 法案下，设计师有义务去预见尽可能多的非正常使用情形，然后以可预见的方式完善该产品的设计，以预防非正常使用的危险。如果非正常使用不能够被功能设计所避免，那么在产品上就要永久地附加上清晰、完整和没有歧义的警示。另外，设计师还需要监督所有与产品相关的广告宣传材料、用户手册和操作说明，以保证材料内容与安全操作流程一致，并且不对超出设计能力的性能给予承诺。

1.6 计算机辅助工程

大量的计算工作已经使工程设计的实践方式产生了重大的变化。计算机辅助工程最大的影响是在工程制图方面。三维实体建模为零件几何形状提供了完整的几何与数学描述。实体模型可以被分割，以观察内部细节，也可以方便地转换成传统的二维工程图。这类模型包含非常多的固有信息，所以不但可以用于实际的设计，也同样可以用于分析、设计优化、仿真、快速成型和加工。例如，三维几何模型与广泛应用的有限元模型（FEM）紧密配合，三维几何模型使得在诸如应力分析、流体分析、机构运动学分析，以及用于数控加工中刀具路径生成等问题的交互仿真变成可能。

计算机在几个方面扩展了设计师的能力。首先，通过安排和处理耗时和重复性操作，计算机将设计师解放出来，使其专注于更复杂的设计任务。其次，它使得设计师可以更快、更完整地分析复杂问题。这两个方面使得进行更多的设计迭代成为可能。最终，通过基于计算机的信息系统，设计师可以快速与公司的制造工程师、工艺师、刀具和模具师以及采购代理等同事分享信息。计算机辅助设计（CAD）和计算机辅助制造（CAM）之间的联系非常重要。同时，利用互联网和卫星通信，这些人员可以身处十个时区以外的不同大陆。

团队成员以一种重叠和并行的方式来工作，以最小化产品研发的时间。计算机数据库是一个非常重要的交流工具，其中的实体模型可以被设计团队中所有的成员访问，例如波音777的设计团队。

当个人工作站和后来的笔记本计算机以可接受的成本达到足够强大的处理能力，使设计工程师可以免受大型机的限制时，计算机辅助工程才成为现实。将大型机的处理能力带到设计工程师的桌面上，将为更富有创造性、可靠性和成本效率的设计提供更多机会。

波音777

大胆使用CAD的案例之一是波音777远程客机。波音777的设计从1990年秋开始，1994年4月完成。这是世界上第一个完整的无纸化交通工具设计。该设计采用CATLA三维CAD系统，该系统连接了波音公司所有的位于华盛顿的设计和制造小组，以及世界各地的系统和零件供应商。在最高峰时，CAD系统服务了遍布世界各地17个时区的7 000个工作站。

有多达238个设计团队同时工作。如果他们使用常规的纸质设计，那么就可能要面临很多硬件系统的冲突，需要高成本的设计更改和图纸修订——这是复杂系统的设计过程中最主要的成本因素。通过集成的实体模型和电子数据系统来看到其他人在做什么可以减少50%以上的设计变更要求，也就减少了同样数量的修改工作。

波音777有多达130 000个独立的加工零件，如果将铆钉和紧固件计算在内，则可能要有超过300万个独立的零件。CAD系统所具备的干涉检测能力消除了建立飞机物理模型的需要。然而，这些交通工具的设计和制造经验表明，波音777的零件比其他早期商业飞机的零件匹配得更好。

1.7 服从法案与标准的设计

尽管我们常常提到设计是一个创造性的过程，但事实上，很多设计与过去已有的设计没有太大区别。如果最佳实践经验得以保存并供所有人使用，那么在节约成本和时间方面的利益是显而易见的。服从法案和标准的设计有两个主要方面：使得每个人都可以使用最佳实践经验，以保证效率和安全性；加强互换性和兼容性。

法案是法律和规则的集合，法案可以辅助政府机构履行其保障大众人身、生命及财产安全等普遍的义务。标准是人们对于流程、准则、尺寸、材料或零件普遍达成共识的规定。工程标准可以描述诸如螺栓和轴承等小型零件的尺寸、精度和型号，材料的最低性能，或公认的测量类似断裂韧性这样的性能的流程。

标准和规范两个术语有时是可以互换使用的。不同点是标准用于普遍情况，规范用于特殊情况。法案告诉工程师需要做什么，在什么时候、什么环境下去做。法案通常是法律诉求，比如建筑法案或防火法案。标准告诉工程师怎样去做，通常被视为没有法律效力的建议。法案常以参考的方式列入国家标准中，这样的标准就具有法律强制性。

除了保护大众以外，标准在减少产品设计成本方面也具有重要的作用。使用标准件和标准材料可以在很多方面降低成本。当进行原创设计工作时，设计标准避免了对大量相同重复问题的求解，从而可节省设计者的时间。此外，基于标准的设计能够为产品买卖双方的协商和相互理解提供坚实的基础。如果在设计中未应用最新的标准，那么可能会使得产品责任问题复杂化（见第 18 章）。

工程设计过程考虑的是如何平衡四个目标：合适的功能、优化的性能、足够的可靠性和较低的成本。最大的成本节约来自对设计中现有零件的重新利用。主要的节约来自在生产过程中消除对新型加工工具的需求，显著地减少了维护服务所需备件的库存量。在很多新产品的设计中，仅有 20% 的零件是新设计的，大约 40% 是对现有零件的小幅度修改，另外的 40% 则是直接使用现有零件。

1.8 设计评审

设计评审是设计过程的一个重要方面。它为不同学科的专家提供了一个质疑关键问题和交流重要信息的机会。设计评审是在相应的时间节点上对设计的反思性研究。它提供了一套系统化的方法，用于识别设计中存在的问题、确定未来的工作安排，以及启动任何问题领域的更改工作。

在项目周期中，根据产品的尺寸和复杂程度，设计评审应该进行 3～6 次。最基本的评审程序由概念评审、中期评审和最终评审组成。一旦概念设计（见第 7 章）已经确定，就要进行概念评审。概念评审对设计的影响最大，因为很多设计细节仍未确定，并且在这个阶段可以用最低的代价做出相应改进。中期评审在实体设计已经完成，而且产品架构、子系统和性能特性以及关键设计参数确定后进行。中期评审对确定子系统接口非常重要。最终评审在详细设计完成后进行，并且将最终确定设计是否可以交付制造。

每个评审主要探究两个方面，一方面是关注设计的技术要素，另一方面是关注产品的商业问题（见第2章）。技术评审的核心是比较已经完成的设计结果和详细的PDS（产品设计任务书），PDS是在项目的问题定义阶段确定的。PDS是一个详细文档，它描述了设计必须达到的性能、指定的工作环境，以及产品寿命、质量、可靠性、成本和一系列其他设计需求。PDS是产品设计和设计评审共同的基本参考文件。评审的商业层面考虑的是项目成本的追踪，预测设计如何影响产品的目标市场和销售，保障时间进度。评审的重要成果是为了获得合理的商业利益，需要对资源、人员和资金做出何种改变。必须认识到，任何评审的一个可能结果是收回资源并终止项目。

正式的设计评审流程需要为已经做的工作制作出色的文档，并且愿意将这些文档送达所有参与项目的各方。评审会议备忘录应该清晰地记录所做出的决策，形成一个后续工作的“工作条款”清单。因为PDS是基本控制文档，所以要时刻注意文档的更新。

1.8.1　再设计

一种常见的情形是再设计。再设计有两种类型：*改良设计*与*更新设计*。改良设计是在产品投入市场后因没有达到预期性能要求而进行的设计改善。更新设计是产品生命周期的一部分，它是在产品投入市场前进行的。更新设计可能是增加新的特征、提升产品性能或改善产品外观以保证产品的竞争力。

再设计最常见的情况是修改现有产品以满足新需求。例如，由于“臭氧层空洞问题”的出现，对使用氟利昂制冷的冰箱制定了禁令，需要对制冷系统进行大量的再设计。通常，再设计是由工作中的产品失效引起的。一个很简单的情况是，必须修改零件的一个或两个尺寸，以匹配用户对于零件的修改。当然还有另一种情况，就是为提高性能所进行的连续的设计进步。图1.8是一个非常经典的例子，目前的有轨机车车轮设计已经使用了将近150年。不管冶金学的进展和对应力的理解如何深入，轮子还有每年200次的失效频率，这常常会造成灾难性的出轨事故。主要的原因是有轨车闸系统造成的热累积。经过长期的研究，美国铁路协会改进了该设计。主要的设计改变出现在位于孔与轮缘间的板上，扁平的板被S形的板所取代。这种弧形使得金属板可以像弹簧一样，过热时发生弯曲变形，从而避免由刚性的扁平板所传递的应力累积。车轮的轮面也被重新设计了，从而延长了轮子的滚动寿命，车轮寿命达到了200 000mile[⊖]。通常，在最初的25 000mile的工作中，轮面和轮缘损失了30%～40%，变成了

⊖ 1mile = 1.609 344km。——编辑注

新的形状。在上述加速磨损结束后，就又回到了正常磨损。在新设计中，轮面和轮缘间的曲线下凹更小，与“磨损的”轮子的型线更像。新设计延长轮子的寿命达数千英里，滚动摩擦也更低，同时节省了燃油费用。

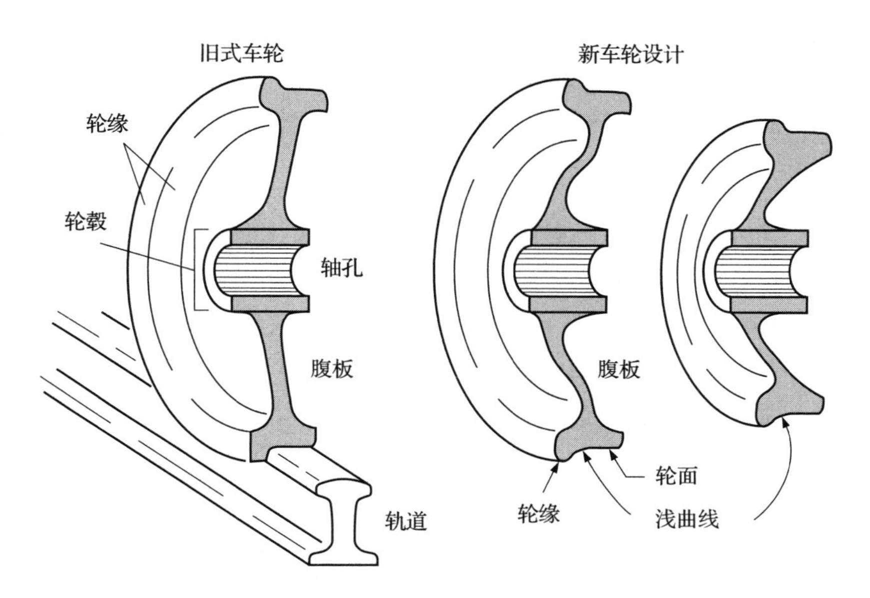

图 1.8　改进设计的例子：传统的有轨机车轮子与其改进的设计

1.9　工程设计的社会考虑因素

在美国工程和技术认证委员会（ABET）的伦理法案中，基本准则的第一条是“工程师需要将大众的安全、健康以及福利摆在自己职业成绩的首位”。早在 20 世纪 20 年代发布的工程伦理法案也给出过类似的陈述，但毫无疑问，在这些年的时间里，社会对于工程师职业的认识发生了很大的改变。当代的大众传媒使得公众在短短的几小时内，就可以了解世界任何一个地方发生的事情。伴随着总体上更高的教育标准与生活水平，社会得到了发展，即人们有了高期待，对变革反应积极，并组织起来去抵制可感知的错误。与此同时，技术对每个公民的日常生活产生了重要的影响。我们与复杂的技术系统有着千丝万缕的联系，如电网、国家空中交通管制网和无线互联网连接服务。

因此，作为对真实或假设中弊端的回应，社会已经建立了机制，以抵抗一些弊端和 / 或减缓社会变革的速度。对工程设计有重要影响的主要社会压力有职业安全与健康、消费者权益、环境保护、核运动以及信息自由和信息公开运动。这些社会压力的结果是增加了很多商业和贸易方面的联邦法规（保护大众的利益），并对新技术风险投资的经济回报带来了巨大的改变。这些新因素对工程实践和创新速度有着深远的影响。

下面是增加社会对技术认知的一些常用方法，而后续法规也影响着工程设计实践：

- 律师对工程设计具有更大的影响，常产生与产品责任相关的行动。
- 花费更多的时间用于计划和预测工程项目的未来影响。
- 更重视“防御性研究与开发”，这样做是为了保护公司远离可能出现的诉讼。
- 在产品和公司的可持续性方面投入更多精力。

很明显，这些社会压力给工程师的设计带来了更多的限制。同时，美国社会的诉讼案件日益增加，这就要求工程师更加清晰地了解与其相关的法律和伦理条款（见第18章）。

显然，未来将出现更多的技术，因此工程师所面对的是创新和技术上空前复杂的设计。虽然有些挑战产生的需求是将新科学知识转化为硬件，而其他一些挑战则是起源于解决“社会件”问题。社会件是指组织形式和管理模式，它们使硬件有效工作或运行[⊖]。

另一个技术与人类网络交互渐强的领域，是考虑风险、可靠性和安全性（见第13章）。安全因素不再简单地以法案或标准的形式出现。工程师必须认识到，依赖公共政策的设计需求与取决于工业成果的设计需求一样多。这是一个政府影响日益增强的设计领域。

下面是政府与技术互动中的五个关键作用：

- 通过税收系统的改革，把免税作为激励。
- 通过影响利率以及改变风险资金供给的财务政策，控制经济增长。
- 作为高科技的主要用户，如军事系统的客户。
- 作为研究和开发的基金来源（资助者）。
- 作为技术的管理者。

工程关注社会需求和/或希望解决的问题。本节的目的就是强调这一点，并希望能够告诉学习工程的学生，广泛的经济学和社会科学知识对于现代的工程实践是多么重要。

1.10 总结

工程设计是一个具有挑战性的活动，它需要解决大型的非结构化的问题，而这些问题的解决对于满足社会需求是非常重要的。工程设计创造前所未有的东西，需要在很多变量和参数

⊖ E. Wenk, Jr., *Engineering Education*, November 1988, pp. 99-102.

中做出选择，并且经常需要平衡多个时常矛盾的需求。产品设计是企业具有全球竞争力的真正关键因素。设计过程的步骤如下。

第一阶段：概念设计

- 需求识别。
- 问题定义。
- 信息收集。
- 设计概念开发。
- 概念的选择（评价）。

第二阶段：实体设计

- 确定产品架构——物理功能的安排。
- 构形设计——零件材料、形状和尺寸的初步选择。
- 参数设计——进行鲁棒性设计，并且选定最终的尺寸和公差。

第三阶段：详细设计——完成设计的所有细节以及最终的工程图和任务书

很多人认为工程设计过程到详细设计阶段就结束了，然而，在产品配送到消费者前，还要做很多工作。这些增加的设计阶段通常并入产品开发过程，见第2章。

工程设计必须考虑很多因素，在这些因素中，最重要的是性能特性、使用环境、产品目标成本、使用寿命、维修与后勤保障、美学、目标市场和预定生产量、人机界面需求（工效学）、质量和可靠性、安全性和环境影响以及测试条件。

1.11 新术语与概念

分析	外形	鲁棒性设计
法案	功能	规范
组件	绿色设计	标准
计算机辅助工程	人因工程	子系统
构形设计	迭代	综合
质量关键点	需求分析	系统
设计特征	产品设计任务书	全生命周期
详细设计	问题定义	使用寿命
实体设计	产品架构	

1.12 参考文献

Dym, C. I., P. Little and E. Orwin, *Engineering Design: A Project-Based Introduction,* 4th ed., John Wiley & Sons, New York, 2014.

Eggert, R. J., *Engineering Design,* 2nd ed., High Peak Press, Meridian, ID, 2010.

Magrab, E. B. S. K. Gupta, F. P. McCluskey and P. A. Sandborn, *Integrated Product and Process Design and Development,* 2nd ed., CRC Press, Boca Raton, FL, 1997, 2010.

Pahl, G. and W. Beitz, *Engineering Design,* 3rd ed., Springer-Verlag, New York, 2006.

Stoll, H. W., *Product Design Methods and Practices,* Marcel Dekker, Inc., New York, 1999.

Ullman, D. G., *The Mechanical Design Process,* 5th ed., David G. Ullman, Independence, OR, 2018.

1.13 问题与练习

1.1 一家制造雪地摩托的大公司想要通过开发新产品来确保其员工全年的工作强度。从你所知道的或你能找到的有关雪地摩托的信息开始，对这家公司的能力做出合理的假设。然后进行需求分析，给出该公司可能生产和销售新雪地摩托的建议，同时指出建议的优缺点。

1.2 从你的工程科学课程中选取一个问题，然后加入或减去一些信息，将其描述成一个工程设计问题。

1.3 一种获得建筑用砖（4in × 6in、12in[⊖]）的方法是加工压实的土坯。你的任务是设计一台制砖设备，生产能力为 600 块 / 天，该设备成本低于 300 美元。进行需求分析，完成明确的问题陈述，以及一个完成项目所需信息的收集计划。

1.4 货车的钢轮有三个基本功能：起到闸鼓的作用、支承车辆及其货物的重量和引导货车在铁轨上运动。钢轮通过铸造或旋转锻造加工而成，要在具有动态的热应力和机械应力的复杂条件下工作。安全性是最重要的，因为脱轨会造成生命和财产的损失。对要改进的铸钢车轮的设计，提出一个普适的方法。

1.5 材料防护和成本下降的需求增加了人们对钢材的抗腐涂料的需求。对一侧涂有薄镍涂层的 12in 宽低碳钢板，提出几个设计概念，例如涂层厚度为 0.001in。

1.6 使用气垫支承薄钢带是一个令人兴奋的加工和处理已涂装钢带的方法，对该概念进行可行性分析。

⊖ 1in = 2.54cm。——编辑注

1.7 考虑铝制自行车架的设计。一个原型模型在 1 600km 的骑行后出现了疲劳失效，而大多数钢车架可以骑行超过 60 000km。描述解决该问题的设计项目。

1.8 假设你是一名工作在天然气传输公司的设计工程师。你被指派到一个设计团队，该团队负责向国家公共事业委员会提出一份工厂建设项目建议书，该工厂可以接收远洋油轮上的液化天然气，并将天然气传送到本公司的天然气传输系统中。团队需要处理哪些技术和社会问题?

1.9 你是美国一家电动工具公司的一名高级设计工程师。在过去的五年里，公司把很多零件的制造和装配外包给位于墨西哥和中国的工厂。尽管公司在美国本土仍有一些工厂，但是大多数生产在海外进行。作为产品开发团队的领导，你如何考虑工作的改变（因为公司已经做出了改变）？指出你的未来工作将如何演变。

1.10 BP 深水钻井平台的原油泄漏是世界上最可怕的环境灾害之一。在三个月内，近 500 万桶原油流入墨西哥湾。作为项目组，开展以下研究工作：

(a) 水深超过 1 000ft 的原油钻探技术。

(b) 油井泄漏原因。

(c) 短期灾害对美国经济的影响。

(d) 对美国的长期影响。

(e) 对油井所有者（BP 国际）的影响。

第 2 章

产品开发过程

2.1 引言

第 1 章是工程设计的概述。工程设计有多种形式，工程设计项目与工程分析项目中要解决的问题有很大不同，第 1 章中简要介绍了工程设计项目的各个阶段。

工程设计中最常见的模式之一是设计，即人们为满足需求而进行的实物制品的产品开发，通常是出于某种商业目的。这意味着，在批准产品开发资金之前，必须仔细分析产品的潜在市场。因此，在最终批准产品设计之前，还需要做出相关的可行性分析和工程决策。

本章给出了比第 1 章中所述的工程设计过程内容更加丰富的产品开发过程。本章还介绍了设计和产品开发功能的组织结构，讨论了市场并详细分析了营销至关重要的作用。因为大多数成功产品往往是创新性产品，所以本章以一些有关技术创新的思考作为结束。

2.2 产品的开发过程

图 2.1 给出了一个普遍认可的产品开发过程模型。除了阶段 0（商业规划）以外，图中给

出的其他 5 个阶段与 Asimow 所提出的设计过程（见 1.4 节）基本一致。

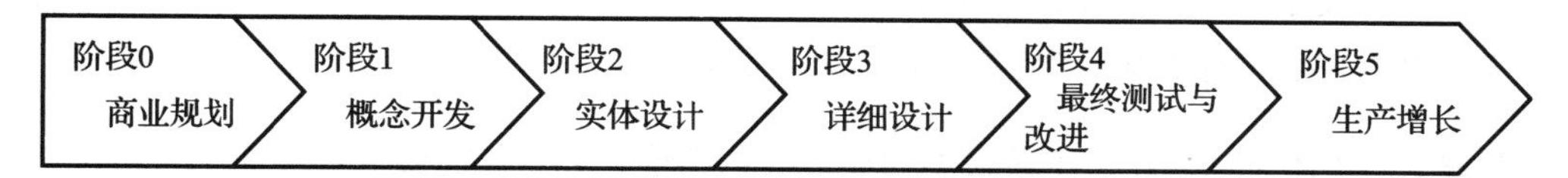

图 2.1 产品开发过程的阶段——关卡模型

注意，图 2.1 中的每个阶段都归结于一点，表示项目在流转到流程的下一个阶段前必须成功通过的关卡或评审。很多公司采用这种阶段－关卡式的产品开发过程，以实现快速的产品研发进程，并在大量费用投入前淘汰那些最没有希望的项目。用于研发项目的费用从阶段 0 到阶段 5 急剧增加。然而，用于产品开发的费用与因产品缺陷将其召回产生的费用以及品牌声誉相比是微乎其微的。因此，使用阶段－关卡流程的重要原因是确保“去做正确的事”。

阶段 0，商业规划。该阶段是产品开发项目获准前需要进行的规划阶段。产品规划通常按两步完成。第一步是快速调查项目范围，以确定可能的市场以及产品是否与公司战略计划相符合。还要进行初步的工程评估以确定技术和制造的可行性。这种初步评估一般要在一个月内完成。如果在快速评估后发现其前景不错，规划工作就将进入详细调查阶段，为项目建立企划方案。这需要几个月的时间，参与的人员来自营销、设计、制造、经济乃至法律领域。在制定企划方案时，营销人员进行详细的市场分析，这些分析包括确定目标市场的市场细分、产品定位以及产品收益等。设计部门还需要通过深入挖掘来评估其技术性能，可能还包括一些概念证明分析或验证初步设计概念的试验；而制造部门要确定可能存在的生产约束和成本，并考虑整个供应链策略。企划方案的一个关键部分是财务分析，财务分析利用来自市场的销售额和成本估计来预测项目的收益率。典型的财务分析涉及用敏感性分析来进行折现的现金流分析，以反映可能风险的影响（见第 17 章）。位于阶段 0 最后的关卡是至关重要的，是否继续前进的决策是以一种正式的并经过深思熟虑的方式做出的。因为一旦项目进入阶段 1，费用就非常可观了。评审委员会要确定项目是否符合公司战略，以及所有必要的准则是否已经满足或超过。这里最重要的是使投资收益（ROI）超过公司的目标。如果决策是继续向前，那么就要成立一个多功能团队并指定团队负责人。完成上述任务，产品设计项目就要正式展开了。

阶段 1，概念开发。该阶段考虑产品和每个子系统可以被设计成的不同方式。开发团队根据阶段 0 获知的潜在用户的相关信息并结合自己的知识，认真制定初步的产品设计任务书（PDS）。这个确定消费者需求和需要的过程，比在阶段 0 进行的初步市场调查要详细得多。此时，可使用调查和焦点小组、对标分析法和质量功能配置（QFD）等工具产生一系列产品概念。在开发可行性产品概念方案时，既需要激发设计者的创造性，也需要使用工具来辅助开发。这时，得到了一小部分的可行概念，必须使用选择方法来确定哪个概念最适合应用到产品中。概念开发是产品开发过程的核心，因为如果没有出色的概念就没有办法获得非常成功的产品。概念开发的相关内容将在第5章、第6章和第7章进行介绍。

阶段2，实体设计。在这个阶段要探究产品的功能，并将产品细分成不同的子系统。另外，要研究子系统在产品结构中的不同布置方式，识别子系统边界并确定子系统之间的相互关系。整个系统的正常工作取决于对每个系统间相互关系的仔细研究。正是在阶段2，产品的外形和特征开始形成，因此该阶段通常称作实体设计[㊀]。这一阶段还要对材料和加工工艺进行选择，并确定零件的结构和尺寸。那些对产品质量起关键作用的零件也将被确定下来，还要对确定下来的零件进行特殊的分析以确保设计的鲁棒性[㊁]。还需要认真地考虑产品与用户的交互（人因工程学），可能还需要根据人因工程学分析的结果来改变产品的外形。同样，确定产品风格的最终细节工作由工业设计师完成。除了产品完整的计算机几何模型以外，还要用快速成型方法建立重要零件的原型并进行物理测试。在该阶段，营销部门很有可能获得足够的信息来确定该产品的目标价格。制造部门将签订供货周期长的工具的合同，并开始制定装配工艺。这时，法律部门将确定并解决专利授权事宜。

阶段3，详细设计。在该阶段将产生一个经过测试且可生产的产品的完整工程描述。而阶段2缺失的布置、外形、尺寸、公差、表面属性、材料和加工工艺方面的信息将被添加到产品的每个零件上。这些信息确定了每个零件的加工要求，并确定该零件是自己加工还是外包给供应商。与此同时，设计工程师将完成上述工作的所有细节设计，制造工程师将确定每个零件的工艺规划和设计用于加工这些零件的工具。制造工程师还要与设计工程师合作，以最终确定产品鲁棒性的相关事项，并定义将用于获得高质量产品的质量保障流程。详细设计阶段的成果是产品的控制文档。文档包括采用CAD文件形式的产品装配图、每个零件的零件图及其夹具图，包括制造和质量保证的详细信息，还包括以合同和档案形式存在的保护知识产权的法律文件。在阶段3的结尾要进行重要的评审，以决定是否适合签发夹具的生产合同，尽管对某些供货周期长的工具（例如注射模具）的合同在这个日期前就已经签发了。

阶段4，最终测试与改进。这个阶段考虑的是制作和测试多种批量生产前的产品版本。第一类原型（α）通常用于测试零件是否满足生产要求。构成这些产品工作模型的零件与产品制造版本具有同样的尺寸以及相同的材料，但是没必要采用实际的用于制造版本的工艺和夹具。

㊀ 实体（embodiment）是指对一个概念给出可感知的概况。

㊁ 鲁棒性在设计中不是指强壮，它是指设计的性能对制造中的变量不敏感，或设计的性能在使用环境中基本保持不变。

这样可以快速获得零件，减少产品开发成本。第一类原型测试的目的是确定最重要的用户需求。第二类原型（β）测试用实际加工工艺和夹具加工出来的零件装配起来是否满足设计预期要求。这些模型被广泛地应用于内部测试，并交给选定用户在使用环境下进行测试。这些测试的目的是解决所有对产品性能和可靠性的质疑，并且在产品被投放到大众市场前做出必要的工程修改。在这个阶段节点，只有出现彻底的“不成熟设计”的情况，才会宣布产品失败，但是可能会因产品改进而推迟产品的发布时间。在阶段 4，营销部门人员开始制作产品发布的宣传材料，而制造部门的人员则在微调结构和装配流程并训练制造产品的人员。最后，销售人员对销售计划进行最终的调整。

在阶段 4 的结尾要进行一个重要的评审，来确定工作是否以高质量方式完成，以及开发的产品与初始意图是否一致。因为，此后要投入大量资金，所以在为生产投入资金之前，要对财务评估和市场前景进行仔细的完善。

阶段 5，生产增长。该阶段是从产品试制到满负荷生产阶段。在计划好的制造系统上，开始加工零件和装配产品。通常，在达到产品成品率和解决质量问题之前，都会经历学习曲线。在生产增长阶段，早期加工的产品通常提供给优先用户，在优先用户的帮助下仔细研究以找到任何潜在缺陷。生产能力通常逐渐增加直到最大产能，然后发布产品，做好配送准备工作。对于重要的产品，肯定会有公告，通常还会有专用广告和用户宣传。在产品投放市场 6～12 个月后，将进行最后的重要评审。最新的有关销售、成本、收益、开发成本和投放时间的信息都将被评审，但是评审的主要焦点是确定产品开发过程中的优缺点，强调的是获得经验教训，以使下一个开发团队可以做得更好。

阶段 – 关卡开发过程是成功的，因为它将时间进度、审查和授权制度引入产品开发流程中[⊖]。该流程相对比较简单，每个关卡的要求很容易被管理者和工程师所理解。这并不是一个固定的系统，大多数公司都根据自己的环境而对其做出相应的修改。因为产品开发过程的团队是多功能的，所以尽可能多的活动都要同时进行。虽然图 2.1 给人一种该流程是顺序的印象，但该流程也不一定遵循严格的顺序。例如，在设计师忙于设计、制造部门忙于制造任务的同时，市场部门也可以开展工作。然而，随着团队顺利通过各关卡，设计工作量逐步降低，制造活动逐渐增加。

2.2.1 成功的因素

在商业市场中，购买产品的成本是十分重要的。要了解产品成本意味着什么以及它与产品

⊖ R. G. Cooper, *Winning at New Products*, 3rd ed., Perseus Books, Cambridge, MA, 2001.

价格的关系是十分重要的。更多有关成本计算的细节将在第12章介绍。成本和价格是两个完全不同的概念。产品成本包括材料成本、零件成本、制造成本和装配成本。会计师在计算生产一件产品的总成本时，还要考虑其他不显著的成本，例如，按比例分配的资本设备成本（车间及其机器）、工具成本、开发成本、库存成本，还有可能包括保修费用。价格是指消费者购买产品时愿意支付的费用。价格与成本的差价就是每件产品的利润。

$$利润 = 产品价格 - 产品成本 \tag{2.1}$$

上述公式是工程和商业中最重要的公式。如果公司不能获得利润，那么它很快就会破产，其雇员会失业，股东会损失他们的投资。公司的每个人在维持生产线的优势和活力的同时，都在寻求利润的最大化。对于提供服务而不是实体产品的行业而言也是如此。如果企业想获得利润以及成功，那么消费者为某项服务支付的价格必须要高于提供这种服务的成本。

在市场上决定产品成败的关键因素有四个：

- 产品的质量、性能和价格。
- 产品全生命周期的加工成本。
- 产品开发成本。
- 产品投入市场所需的时间。

首先讨论产品。产品是否有吸引力并且易于使用？产品是否耐久可靠？产品是否满足了客户需求？产品是否比市场上现有的产品更好？如果上述问题的回答都还没验证为"是"，那么只有当价格合适时，消费者才有可能会购买该产品。

式（2.1）针对具有成熟市场基础的现有产品线，给出了增加收益的两种方法。可以通过增加特性或改进质量来提高产品价格，或可以通过改进生产线来降低产品成本。对于竞争激烈的消费品市场，后者比前者更加常用。

开发一个产品需要很多不同学科的人才。这需要时间，同样需要很多费用。因此，如果我们能够降低产品开发成本，利润就会增加。首先，考虑开发时间。开发时间也常称为上市时间，就是从产品开发过程开始到产品可以购买（产品出厂日期）之间的时间段。产品发布时间对于开发团队来说是非常重要的目标，因为最先出现在市场上会有很多显著的优势。对于可以将产品更快推向市场的公司来说，至少有三个竞争性优势。第一个优势是，产品生命周期延长了。开发进度中每减少一个月，就会在产品的市场寿命中增加一个月，相应地从销售中获得一个月额外的收入和利润。图2.2展现了首先出现在市场上的收益优势。图中左侧两条曲线中的阴影部分是由于额外销售而增加的收入。

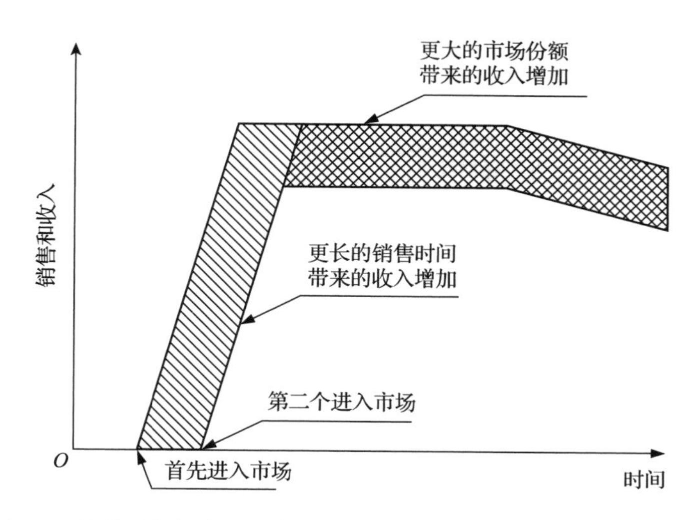

图 2.2 随着延长的产品寿命和增加的市场份额而增加的销售和收入

早些投放市场的第二个优势是增加了市场份额。第一个投放市场的产品市场占有率是100%，没有竞争产品。对于周期性推出已有产品的新款产品而言，普遍公认的是在不牺牲质量、可靠性或性能和价格的前提下，越早让新产品与旧款产品竞争，就越有机会获得并占有大量的市场份额。获得更大的市场份额对于销售收入的作用在图 2.2 中已表明，图形上部两条曲线间的阴影区域是由于增加的市场份额而增加的收入。

缩短开发周期的第三个优势是更高的利润率。利润率是净利润与销售额之比。如果在竞争产品出现前投放新产品，那么公司就可以为产品制定更高的价格，这样会增加收益。随着时间的推移，竞争产品将进入市场并使价格降低。然而，在很多情况下，高利润率是可以维持的；与竞争者相比，先将产品投入市场的公司有更多的时间去学习降低制造成本的方法。它们同样可以学习更好的流程技术，并且具有改进装配线和加工单元的机会，以缩短制造和装配产品的时间。如图 2.3 所示，在存在制造学习曲线的情况时，存在首先投放市场优势。制造学习曲线反映了流程、制造和装配时间成本的减少。这些成本的减少是大规模制造开始后，工人引入了多种改革方法的结果。随着经验的增加，是可能降低制造成本的。

开发成本是公司投资的重要组成部分，包括研发团队成员的工资、承包商的费用、制造前的工具成本以及供应商和材料的成本。这些开发成本可能会很高，并且大多数公司都必须控制投资的开发项目数。投资的成本是可以增加的，我们注意到，新汽车的开发成本预算为 10 亿美元，而额外的用于大量制造的新设备的投资为 5 亿～7 亿美元。即便像电动工具这样的产品，开发成本也可以是一百万到几百万美元，这取决于新产品的特征。

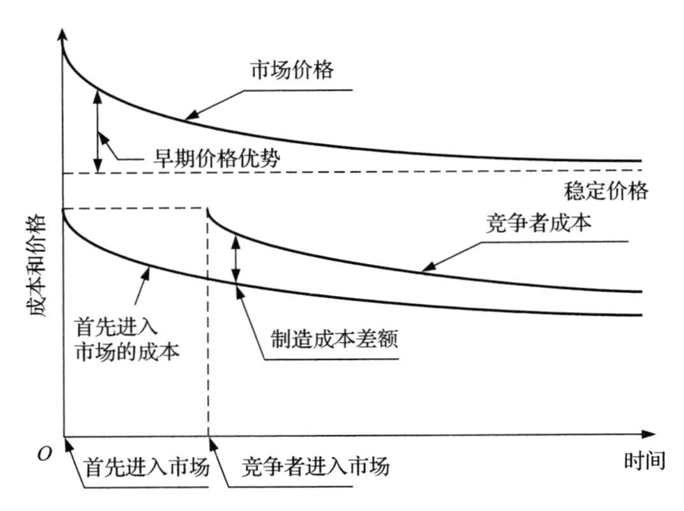

图 2.3　首先将产品投放市场的团队享受着内部价格优势和制造效率产生的成本优势

2.2.2　静态产品与动态产品

一些产品设计是静态的，静态产品的设计要经历很长的时间才需要逐步修改，而且是在子系统和零件级别上进行的，例如汽车以及冰箱和洗碗机等大多数消费用品。而对于动态产品，当基本技术改变时，动态产品的基本设计概念也要改变，例如数字移动电话、数字视频录像机和播放机以及软件。

静态产品存在于用户不希望改变、技术稳定以及不易受时尚和风格影响的市场。其市场特征由数量稳定的制造商、激烈的价格竞争和很少进行的产品研究所决定。技术成熟稳定，竞争产品彼此相似。用户通常已经熟悉了该技术，不需要明显的改进。工业标准甚至会限制改进，而部分产品则是由其他制造商生产的组件装配而成的。出于成本重要性的考虑，与产品设计研究相比，企业更加注重制造研究。

对于动态产品，消费者愿意且有改进的需要。其市场特征由数量众多但规模小的制造商、积极的市场研究以及缩短产品开发周期的努力所决定。公司积极为新产品开发寻求新技术。动态产品具备高区分度、低工业标准化的特点。与制造研究相比，企业更加注重产品研究。

有很多因素可保护产品免于竞争。需要在制造中投入大量资金或需要复杂制造流程的产品通常具有抗竞争能力。而在产品链的另一端，对强大的配送系统的需求也可能成为进入市场的阻碍[⊖]。强大的专利地位也可能使产品免于竞争，因为这可以加强品牌认知度，并在一部分

⊖　互联网使建立产品的直销系统变得更容易。

消费者中提高产品忠诚度。

2.2.3 系列产品开发过程的变量

2.2 节开始时所描述的产品开发过程（PDP）是基于对明确市场需求的反应（即*市场驱动*情况这一假设）的产品研发。这是产品开发的常见情况，但是仍然需要认识到其实还有很多其他情况[⊖]。

与市场驱动相对应的是*技术驱动*。在这种情况下，公司从新技术所有权开始，然后在市场上寻求技术的应用。通常，成功的技术驱动型产品采用基础性的材料或基础性工艺技术，因为其应用数以千计，因此找到成功应用领域的可能性也很高。杜邦公司发现了尼龙，并将其应用在数以千计的新产品中就是一个经典的例子。技术驱动型产品的研发首先假设新技术将被采用，这必将承受风险，除非新技术给用户提供了清晰的竞争优势，否则产品将很难获得成功。

*平台型产品*建立在先前存在的技术子系统环境上，例如，Apple 的操作系统或 Black & Decker 的双绝缘通用电机就是平台型产品。平台型产品在技术有用性先验假设方面与技术驱动型产品相似。然而，与技术驱动型产品不同，平台型产品的技术已经在市场上被证明对用户是有用的，因此平台型产品的未来风险也将降低。通常，当公司计划在其产品中应用某项新技术时，它们一般会策划一系列的平台产品。显然，这一策略可以帮助控制新技术开发的高额成本。

对于某些产品，制造流程对产品的性能有严格的约束，因此产品设计不能与制造流程分离。*流程密集型产品*的例子有汽车钢板、食品、半导体、化学品和纸张。流程密集型产品的特点是大规模生产，与离散产品制造相比，通常具有连续的生产物流过程。对于此类产品，更典型的是采用给定的流程，并在流程约束下设计产品。

*用户定制型产品*指的是结构变量和内容都是按照用户的特定要求而制造的产品。用户定制一般考虑颜色或材料的选择，但是也会重点考虑内容，比如用户通过电话订购一台个人计算机，或者订购新车的附件。用户定制需要使用模块化设计，并在很大程度上取决于将用户愿望传输给生产线的信息技术。在高度竞争的世界市场中，大规模定制已经成为主要的发展趋势之一。

⊖ K. T. Ulrich and S. D. Eppinger, *Product Design and Development*, 6th ed., pp. 18—24，McGraw-Hill, New York, 2015.

2.3 产品与工艺周期

每个产品都有其生命周期，从诞生开始，进入初始成长期，而后进入相对稳定期，再后进入衰退期，最终生命期终止（见图2.4）。既然在新产品投入市场后的任何时候都会出现挑战和不确定性，那么了解这个周期是非常有用的。

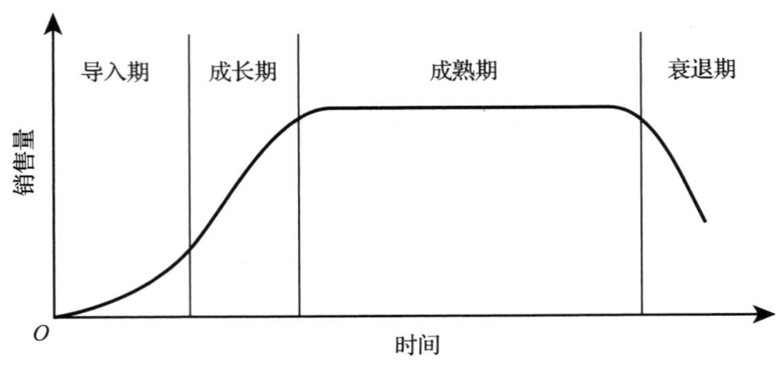

图2.4 产品生命周期

2.3.1 产品开发阶段

在产品导入期，产品是崭新的并且用户接受度低，所以销售量也低。在产品生命周期的早期阶段，产品更新频率很快，管理人员为了提升用户接受度，不断尝试最大化产品的性能或独特性。当产品进入成长期后，产品的知识和它的性能已经吸引了不断增加的用户，实现销售量的加速增长。在这一阶段，重点可能是强调通过为稍微不同的客户需求制作配件来定制产品。在成熟阶段，产品被广泛地接受，销售量趋于稳定并与整个经济体的增长速率相同。当产品到了这个阶段后，可以尝试通过增加新特性、开发仍然较新的应用来为产品注入活力。成熟期的产品通常要遇到激烈的竞争，因此特别强调削减成熟产品的成本。在产品步入衰退期时，销售量急剧下降，因为有新的更好的产品进入市场来满足同样的社会需要。

在产品导入期，产量适中，虽然加工操作成本高，但仍然采用柔性的制造工艺，产品成本相应很高。而随着进入产品市场份额增长期，更加自动化、更大规模的制造工艺可以降低单位成本。在产品成熟期，通过适度的产品改进，单位成本显著降低，企业应把重点放在延长产品的寿命上。这可能导致将其外包给劳动力成本更低的地区。

如果更仔细地研究产品的生命周期，可以看到周期是由很多单独的流程组成的（见图2.5）。在这种情况下，周期被分为售前阶段和销售阶段。售前阶段要追溯到产品的概念阶段，包括使产品进入销售阶段的研发和营销研究。这基本上就是如图2.1所示的产品开发阶段。图 2.5 同时给出了创造产品所需的投入（负利润）和利润。沿着利润和时间曲线，数值随着产品生命周期过程而变化。注意，如果产品开发过程在进入市场前就被终止了，公司就必须承担产品开发过程的费用。

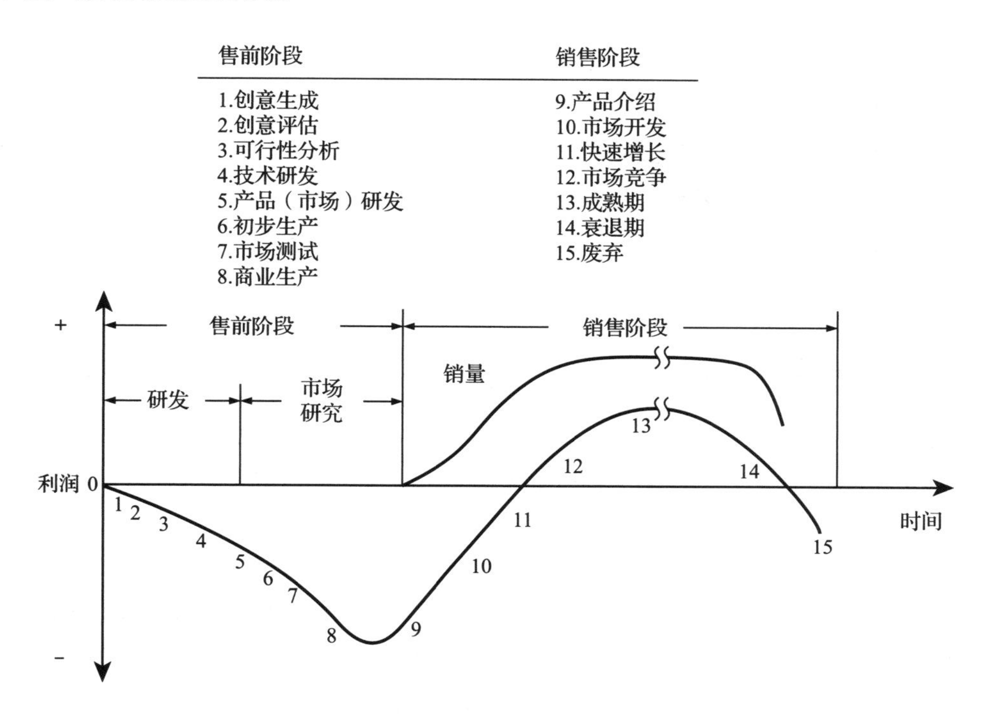

图 2.5　产品开发周期的扩展图

2.3.2　技术开发与嵌入周期

如图 2.6a 所示，新技术的开发遵循一条 S 形的增长曲线，与产品销售量的增长曲线很相似。在新技术开发的早期阶段，技术进步往往因缺少想法而受到局限。一个好想法可以衍生出其他几个可能的想法，而且进步率呈指数级增长，正如性能的急剧上升，会出现相对平缓的 S 形增长曲线。在这个阶段，个人或小团队可以对技术的发展方向起到明显的作用。渐渐地，当基本概念确定下来，并且技术进步考虑的是填补关键概念间的差距时，曲线的增长更趋于线性。在这个阶段，商业开发层出不穷。在一个尚未稳定的领域内，特定的设计、市场应用和制造将快速发展。小型创业公司可以对市场造成很大的影响并且获得较大的市场份额。然而，随着时间的推移，技术优势殆尽，产品的改进愈发困难。当市场趋于稳定时，制造方法也确定了，更多的资金将投向降低加工成本。商业活动变成了资本密集型，与科学和技术专长相比，重点放在发展生产的专用技术和金融专长上。制造技术进步缓慢，并且渐进逼近某个限制。这一限制可能来自社会因素，例如，出于安全和燃料经济性的考虑而制定的汽车限速法规。限制也可能是真正的技术上的约束，例如，螺旋桨飞机的速度极限无法超过声速。

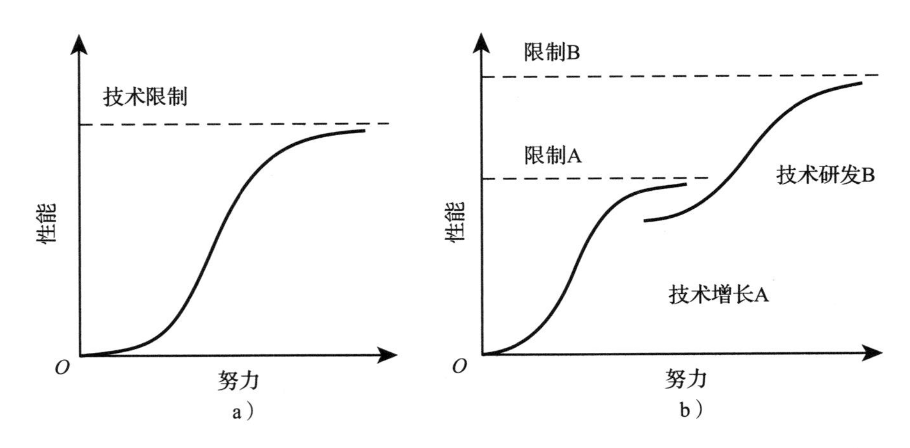

图 2.6　a）简化的技术开发周期；b）某技术增长曲线 A 向另一个技术研发曲线 B 的转化

对于技术型公司，其成功在于能够认识到公司产品所依赖的核心技术何时将变得成熟，并通过积极的研发计划，将当前技术转向另一种提供更大可能性的技术增长曲线，如图 2.6b 所示。因此，公司必须跨越技术的不连续性（图 2.6b 中两条 S 形曲线的间距），必须用新技术取代现有的技术（技术嵌入）。技术不连续的例子如从固定电话到移动电话，以及从移动电话到智能手机的变化。

图 2.6 显示了基于技术的企业用一种新技术来代替旧技术的自然演变。新技术的产生有两种基本方式：

1. 需求驱动的创新。即开发团队寻求填补已确定的性能或产品成本差距（技术拉动）。
2. 彻底的创新。导致广泛的变化和全新的技术，并由基础研究产生（技术推动）。

大多数产品开发都是需求驱动型的。其中包括一些小的、几乎不易察觉的改进，这些改进经过很长一段时间后加起来就是重大的进步。如果这些创新能为现有的产品线带来专利保护，那么它们就是最有价值的。

通常，这些改进是通过重新设计产品以便制造或增加新功能，或用较便宜的部件替代早期设计中使用的部件来实现的。同样重要的是改变制造工艺以提高质量和降低成本。持续产品改进的方法见 2.6 节。

彻底的创新是基于超出了传统思维范围的突破性想法[⊖]，是一个与以前的想法不连续的惊奇的发明。这种创造性的飞跃通常需要从全新的视角看待问题（即转移到设计空间中的一个新位置）。突破性的想法创造了新的东西或满足了以前未被发现的需求，当转化为激进的创新时，便可以创造新的产业或产品线。

要注意的是技术通常在利润封顶前开始成熟，因此通常在商业运转良好的情况下，考虑相关风险和成本，转换成另一种新技术时，管理起来是很困难的。有远见的公司总是在寻找技术嵌入的可能性，因为这可以带来巨大的竞争优势。

2.3.3 过程开发周期

本书的大部分重点是新产品或现有产品的开发。然而，如图 2.1 所示的产品开发过程不仅适合产品，同样也能用来描述流程的开发。与此类似，1.5 节描述的设计过程除了适合产品设计外，也适合流程设计。但要注意，在涉及流程而非产品时，术语上有很多不同点。比如，产品开发过程中的原型是指产品的早期物理实体，而在流程开发中，则为试验工厂或中试工厂。

流程设计与开发在材料工业、化学工业或食品加工业中是非常重要的。在这些行业中，销售的产品可能是加工成饮料罐的铝卷料或包含成百上千个晶体管和其他电路元件的硅芯片。制造这些产品的流程创造了产品的绝大多数价值。

我们同样需要认识到，工艺研发常常使新产品成为可能。典型情况下，工艺研发的作用是降低成本，以使产品在市场上更有竞争力。然而，革命性的工艺可以创造出非凡的产品，微机电系统（MEMS）就是一个杰出的例子，它通过集成电路来创造新的制造方法。

2.4 设计与产品开发的组织

商业企业的组织对如何高效地设计或开发产品有着重要影响。组织工作的基本方式有两种：从功能的角度和从项目的角度。图 2.7 给出了工程实践中功能的简要清单。这个阶梯的顶部是研究，与学术经验关系最紧密，当沿阶梯下行时，可以发现对于财务和行政事务的强调越来越多，而对严格的技术事项强调越来越少。很多工程学毕业生发现，随着时间的推移，他们的职业生涯与该阶梯一样，从非常强调技术事宜到更多地强调行政和管理事务。

⊖ M. Stefik and B. Stefik, *Breakthrough Products: Stories and Strategies of Radical Innovation*, MIT Press, Cambridge, MA, 2004.

项目是为完成某指定目标的活动集合，例如，将特定产品推向市场的业务活动包括确定用户需求、创建产品概念、建立原型、制定制造工艺等。这些任务需要具备不同功能特性的人员。正如我们所看到的一样，功能型或项目型这两种组织安排方式代表了两种应该如何管理专业人员才能的不同观点。

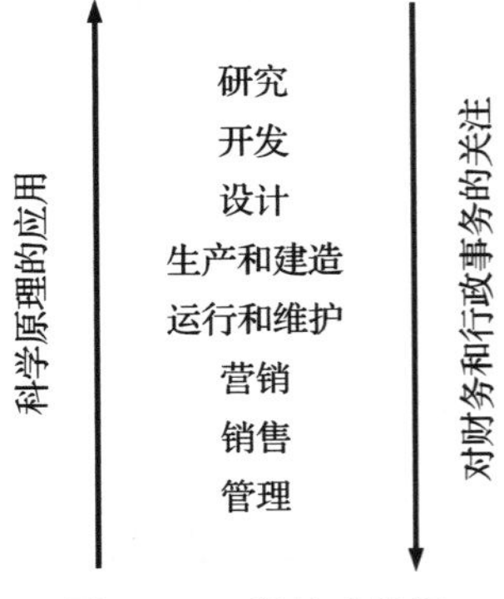

图 2.7　工程的功能图

如何管理企业的一个重要方面与个体间的联系有关，这些联系如下：

- 汇报关系。下级关心他的上级是谁，因为上级影响其业绩评定、提薪、升职和工作分配。
- 财务安排。另一种联系的类型是预算。推进项目的资金来源，以及掌控这些资金的人，都是考虑的重点。
- 实际位置关系。研究表明如果办公室距离在 50 英尺范围内，那么人际交流将得到加强。因此，实际布局，无论是共用的办公室、楼层或建筑，甚至相同的国家，都会对自发的沟通及沟通质量有重要影响。高效沟通的能力对于成功的产品开发项目来说是最重要的。使用互联网的视频电话会议大大减少了出差的需要，但它并不能取代在项目的关键时刻面对面讨论的重要性。

接下来，我们将讨论产品开发活动中最常见的组织类型，并探讨每个类型中的人际关系。

2.4.1　并行工程团队

传统的产品设计方法的所有步骤已经按顺序进行了介绍。可以看到，产品概念、产品设计和产品测试都优先于工艺规划、制造系统设计和生产。通常，这些按顺序的功能是在很少有交互的、不同的、分立的组织中完成的。因此，理解设计团队如何做出决策很容易，在没有足够的制造工艺知识时所做出的决策很多都需要修改，修改所花费的时间成本和费用成本巨大。重新来看图 1.1，它强调的理念是在概念设计阶段和实体设计阶段，绝大多数的成本已经确定。粗略地说，如果在产品概念阶段进行修改的成本为 1 美元，那么在详细设计阶段则需要 10 美元，而在制造阶段则需要 100 美元。顺序设计过程意味着一旦需要修改，则要返回才能补救，而实际过程在本质上是螺旋上升的。

从 20 世纪 80 年代起，伴随着公司不断增长的竞争压力，演变出一种新的集成产品设计方法，称为*并行工程*。其推动力主要来自缩短产品研发时间的需要，但是还有一些其他驱动力，如质量的改进和产品生命周期成本的降低。并行工程是一种系统化方法，它集成了产品并行设计及其包括制造和支持的相关过程。基于该方法，产品开发人员从开始就考虑产品生命周期中的所有方面，从概念到报废，包括质量、成本、进度以及用户需求。并行工程的一个主要目标是为设计流程提供很多窗口和路径，使得这些决策在产品开发周期的下游部分（比如制造和现场服务）仍然有效。为了做到这一点，计算机辅助工程工具（CAE）是非常有用的（见 1.6 节）。并行工程主要有三个要素：跨功能团队、平行设计和厂家参与。

上面讨论过的各种设计组织结构中，大型项目组织形式在并行工程中是最常使用的，通常被称为*跨功能设计团队*或*集成产品与工艺产品开发*（IPPD）团队。包含在团队中的不同功能领域的熟练技能使得决策快速而容易，并有助于功能部门间的交流。为了使跨功能团队能开展工作，团队的领导必须从各职能部门的主管那里获得授权以拥有决策权力。重要的是，团队领导应引导团队成员忠于跨功能团队，而非他们原来的各职能部门。功能部门与跨功能团队必须为各自的需求和责任建立相互的尊重和理解。鉴于在当今的设计实践中，团队的重要性如此明显，本书将在第 3 章深入探讨团队行为。

平行设计，有时被称为同时工程，它指的是每个功能领域都在尽可能早的阶段开展工作，大体上是平行的。例如，一旦产品的外形和材料确定后，制造工艺开发团队就开展工作；一旦选定制造工艺，工具开发团队就开展工作。这些团队都参与了产品设计任务书的制定以及设计的早期阶段。当然，为了解其他功能部门正在做什么，功能部门和设计团队间的密切、连续沟通是非常重要的。这与传统的设计实践有本质的区别，传统方式需要在提交给制造部门前完成所有设计图和任务书。

*厂家参与*是平行工程的一种形式，利用某些零件厂家的技术专长是跨功能设计团队的一部分。传统上，厂家在设计完成后进行竞标。在并行工程方法中，技术精湛、供货可靠和成本合理的关键厂家，都在设计初期零件还没有被完全设计出来时就都已被选定。一般来说，这些公司被称为*供应商*而不是厂家，从而强调发生本质变化的关系。当供应商负责零件的设计和制造时就被称为*战略合作伙伴*，作为回报，供应商将在交易中占据主要的份额。比起简单的供应标准件，供应商可以与公司联合起来为新产品研制用户定制零件。供应商参与有几个优势：降低了必须在公司内部进行设计的零件数量，把供应商关于制造的专门知识融入设计中，并且合作双方加强了互信与合作，实现零件供货时间的最小化。

2.5 市场与营销

营销考虑的是公司与客户间的关系。客户是购买产品的人或组织。然而，我们需要区分产品的客户和使用者。就钢铁行业供应商而言，公司的采购代理部就是客户，因为他要就价格与合同条款进行谈判，而为钢材的高等级、可焊接性制定技术指标的设计工程师才是最终使用者（间接客户），装配车间的产品监管员也是使用者。注意，咨询工程师或律师的客户通常被称为委托人。确认用户需要和要求的方法将在5.3节进行介绍。

2.5.1 市场

市场是由对购买或销售某类特定产品感兴趣的人或组织构成的，市场为他们提供了交易平台。我们通常认为股票市场是一个典型的市场。

快速回顾消费品的演变过程是理解市场的一个好方法。在工业革命初期，市场主要在本地，由联系紧密的消费者社区和制造企业中的工人组成。由于加工企业是基于本地的，制造商和产品用户间的联系很紧密，所以可以很容易地获得用户的直接反馈。随着铁路和电话通信的出现，市场逐步突破地域边界并很快成为全国市场。市场扩张创造了可观的*经济规模*，这时需要有将产品卖给用户的新方法。很多公司建立了面向全国的配送系统，通过在各地设立商店来销售其产品。其他公司则依靠零售商。零售商销售多家公司的产品，甚至包括直接竞争者的产品。特许经营权是创建本地所有权，并保留全国知名品牌和产品的途径。*创建知名品牌*是建立用户认知和忠诚度的一种方法。

随着产品制造能力的不断提高，产品市场开始向国外扩张。在这一情景下，公司开始思考在其他国家经营其产品的方法。福特汽车公司是第一家拓展海外市场的美国公司。福特采用的方法是在其他国家建立基本上独立的全资子公司。子公司负责针对所在国的市场特点，为该国市场进行产品设计、研发、制造和营销。该国消费者仅仅知道总公司建在美国。这就是*跨国公司*出现的开端。这种方法的优势是利润将会流回美国，但就业岗位和实际资产都将留在国外。

另一种跨国企业的形式是由日本汽车制造商创造的。这些公司在本国设计、研发和制造产品，然后通过在世界各地建立的销售处来销售产品。当滚装船使低成本运输成为现实后，像汽车一样的产品可以销往世界各地。这种销售方法为制造国带来了最大的利润，但是随着时间的推移，销售利润也会受消费国的失业问题影响而产生波动。同样，因为在研发团队和消费者之间存在着真实的文化背景差异，因此在远离目标市场的地方研发产品使得满足消费者需求变得更加困难。最近，日本公司已经在其主要海外市场建立了设计中心和生产设施。

显然，我们现在面对的是*全球化市场*。由于中国和印度制造能力的提升、集装箱运输船的低成本，以及基于互联网的全球即时通信等原因，使得消费品在海外制造的部分大幅度增加。

2010年，美国制造业岗位只占美国就业岗位的1/11，比1950年的1/3大幅降低。这已经不是新的趋势了。美国在1981年已经成为工业产品的纯进口国，但是近年，贸易赤字可能已经增长到不能持续稳定的阶段。由于美国制造领域劳动力人口比例的降低，使得大部分人转向依靠知识和创新的活动上，如创新产品设计。

2.5.2 市场细分

虽然产品的消费者因他们是相似的群体而被称为“市场”，但实际上并非如此。在开发产品时，清楚理解产品计划投入整个市场的哪个部分是非常重要的。细分市场的方法有很多种。表2.1列出了工程师进行产品设计开发活动时广泛使用的市场类型。

表2.1 广义的工程产品的市场

产品市场类型	举例	客户的工程参与度
一次性的大设计	石化工厂，摩天大楼，自动化生产线	高：与客户密切协商。依据过去的经历和声望
小批量	通常每批10～100件 机床，专用控制系统	中：大部分依据客户提出的任务书
原材料	矿石，石油，农业产品	低：采购商建立规范
成材	钢材，塑料，硅晶体	低：采购商的工程师提出规格
大量的工业化产品	电机，微处理器，轴承，泵，弹簧，吸振器，仪表	中：厂家的工程师设计普通客户的零件
定制零件	完成产品功能的特殊设计	中：采购商的工程师设计，厂家投标
大量的消费品	汽车，计算机，电子产品，食品，服装	高：在最好的公司
奢侈品	劳力士手表，哈雷摩托车	高：依产品而定
维护和修理	可更换零部件	中：依产品而定
工程服务	专业咨询公司	高：工程师提供，并做技术工作

独一无二的设计通常是非常昂贵且复杂的设计工程，例如大型办公楼或化工厂。这类项目的设计和建造合同通常是分开的。通常，这类项目关注的基础是类似设施的成功设计记录、质量声誉以及及时交货信誉。设计团队和消费者之间通常是一对一联系，以保证用户需求被满足。

对于小批量的工程产品，与用户交流的程度取决于产品的特征。像有轨机车这样的产品，设计任务书可能是用户的工程师与供应商广泛、直接协商的结果。对于多数标准产品，如数控车床，可以认为它有现货销售，可以从区域供应商或厂家购置。

原材料，比如铁矿石、碎石、谷物和石油等商品是众所周知的。因此，采购工程师和销售商之间的联系很少，只要制定商品的质量级别。大多数此类商品主要依照价格进行销售。

当原材料被转换成工艺材料时（诸如铁板或硅晶片），采购将基于工业质量标准或极端情况下的特殊工程规范。购买者和销售工程师之间的联系很少，采购在很大程度上受到成本和质量的影响。

大多数技术产品包含标准件或子装配件（商务现货供应，COTS），这些零件是大量生产的，可以从分销商采购或直接向制造商大量采购。供应这些零件的公司被称为*厂家*或*供应商*，而在自己的产品中使用这些零件的公司被称为*原始设备制造商*（OEM）。通常，采购工程师根据供应商提供的指标及其可靠性记录做出决策，所以他们与供应商的商讨也很少。然而，当接触一个新供应商时，商讨将会很多，除非新供应商已经解决了产品质量问题。

所有产品都包含定制设计的零件以满足产品所需的一个或更多功能。依产品不同所生产的零件数量是变化的，可以有几千个到几百万个零件。通常，这些零件可通过铸造、金属冲压或塑料注射来生产。这些零件要么在产品制造商的工厂中加工，要么在独立零件制造公司制造。通常，这些独立零件制造公司从事专门的制造工艺（比如精密铸造），并且它们越来越多地分布在世界各地。这就需要采购工程师与辅助采购代理进行大量的沟通，才能决定向哪个独立零件制造公司下订单，以确保以低成本获得高质量零件的可靠交货。

奢侈消费产品是特例。通常，款式、材料质量以及工艺在建立品牌形象时起到主要作用。以高端跑车为例，工程师要与用户交流以保证高质量，但是在大多数此类产品中，款式和营销手段则扮演了主要角色。

售后维护和服务对于产品制造商来说可以是一个利润丰厚的市场。例如，喷墨打印机的制造商从更换墨盒中获得大部分利润。高度工程化产品（如电梯和汽轮机）的维护越来越多地由制造这些产品的公司来承担。随着时间的推移，这些工程工作的利润可以轻易地超过产品的初始成本。

20世纪90年代，公司开始精简专家职员，迫使很多工程师组成了专家咨询团体。现在，他们不再仅仅为某一个组织服务，对于任何有需求并有能力付费的组织，他们都可以以其专业技能提供服务。工程服务的营销比产品营销更难。这在很大程度上取决于所具有的工程服务的业绩、及时的维护以及保持其优良业绩和遵守合同的能力。通常，这些公司在创新产品设计或在解决计算机建模和分析难题方面享有盛誉。工程专业服务的一个重要领域是*系统集成*。系统集成包括把独立生产的子系统或组件组成一个工作系统，并使其成为一个相互联系、相互依赖的工程系统。

分析了工程产品的不同市场类型后，我们现在来考察可以将这些市场中的任意一个市场进行细分的方法。市场细分认为市场并不是同质的，而是由购买产品的人所组成的，这些人中的任何两个在其购买类型上都不相同。**市场细分**尝试将市场分解为几个群体，这样在每个群体中就有相对的同质性，而群体之间则有明显的不同。Cooper[㊀]认为以下四大类变量在细分市场时是有用的。

1. 存在状态（人口统计学）。
   a. 社会因素：年龄、性别、收入、职业。
   b. 工业产品：公司规模、工业分类、购买团体的特性。
   c. 位置：城市、市郊、乡村，国内或世界范围。
2. 心理状态：尝试描述潜在用户的态度、价值观和生活方式。
3. 产品使用：探讨产品如何购买或销售。
   a. 大量使用者、少量使用者、非使用者。
   b. 忠诚度：品牌忠诚、竞争者品牌忠诚、无忠诚度。
4. 利益细分：旨在辨别用户在购买产品中感知到的益处。这在导入新产品时尤为重要。在概念上确定了目标市场的这些利益后，产品开发人员就可以加入提供这些利益的特性，其实施方法在第 5 章介绍。

关于市场细分方法的更多细节参见 Urban 和 Hauser 的教材[㊁]。

2.5.3 营销部门的功能

公司的营销部门建立和管理公司与客户的关系，是公司与用户联系的外部窗口。营销部门将用户的需要转化为产品需求，影响支撑产品和客户的服务的创建。营销部门了解人们如何做出购买决策，以及在设计、建造和销售产品中如何使用这些信息。营销部门不负责销售，销售由销售部门负责。

营销部门可以完成很多任务。首先是初步的市场评估，即在产品研发的早期快速确定潜在销售额、竞争和市场份额。这些任务包括与潜在用户进行面对面访谈，以确定他们的需求、想法和偏好。这些任务在详细产品开发之前就需要完成，任务经常包括在产品使用的现场与用户见面，通常需要设计工程师的积极参与。完成该任务的另一种方法是焦点小组。该方法

㊀ R. G. Cooper, *Winning at New Products*, 3rd ed., Perseus Books, Cambridge, MA, 2001.

㊁ G. L. Urban and J. R. Hauser, *Design and Marketing of New Products*, 2nd ed., Prentice Hall, Englewood Cliffs, NJ, 1993.

将具备特定产品或服务知识的一组人员组织在会议桌旁，调查他们对所研究产品的态度和感觉。如果精心挑选参会人员、焦点小组的主持人经验丰富，那么主办方将可以得到大量可用于决策潜在产品重要特性的信息和观点。

营销部门在将产品导入市场的活动中扮演着重要的角色。他们将完成以下工作：对产品进行用户测试或领域判定（beta 测试）、限定领域的试销计划、给出产品包装和警示标识的建议、准备用户说明手册和文档、完成用户指导规划以及广告宣传建议等任务。营销还负责提供备用零件的产品支持系统、服务代理和担保系统。

2.5.4 营销计划的构成

营销计划的制定从基于市场细分的目标市场识别开始。营销计划的另一个主要输入是*产品策略*，它是由产品定位以及产品为客户提供何种利益来确定的。确定产品策略的关键是用一两句话凝练出*产品定位*，也就是产品是如何被潜在客户所认知的。同样重要的还有表现*产品利益*。产品利益不是产品的特性，虽然这两个概念紧密相关。产品利益是从客户角度看到的主要利益的简洁描述。产品的主要特性将会从产品利益中获得。

例如一家园艺工具制造商决定开发一种针对老年人的电动割草机。人口统计学分析表明这个细分市场正在快速增长，而且这些老年人的可支配收入高于平均水平。产品将定位于老年人中有充足可支配收入的高端用户。产品的主要益处是易于老年人使用，能实现这个目标需求的主要特性有：助力转向、在清理刀片时能自动安全闭锁、一个易于使用且用于抬高割草机台面以接近叶片的装置，以及一个无离合变速器。

营销计划应包括以下信息：

- 对选择目标市场的原因做出清晰解释的市场细分的评估。
- 竞争产品的确定。
- 早期产品用户的确定。
- 对产品给用户带来的益处的清晰解读。
- 以销售金额和销售数量评估的市场规模，以及市场份额。
- 确定产品线的宽度，以及系列产品种类。
- 预估产品寿命。
- 确定产品批量和价格的关系。
- 完成包括上市时间、成本和收入的十年预测等财务计划。

2.6 技术创新

目前，工程师开发的很多产品都是应用新技术的结果。很多技术“爆炸”始于20世纪40年代数字计算机和晶体管的发明，并在50年代和60年代得到发展。晶体管演变成微集成电路，而这些电路使得计算机的尺寸和成本得以缩小，成为我们现在所熟知的桌面计算机。把计算机与通信系统以及光纤通信协议结合起来，就为我们创造了互联网和廉价、可靠的世界范围内的通信。在历史中的其他时间内，从没有几种突破性技术结合在一起而完全地改变我们所生活的世界。然而，如果技术研发的速度继续加快，那么未来将产生更大的变化。

2.6.1 发明、创新与推广

大体上，技术的优势出现在以下三个阶段。

1. 发明。概念构想、表达和记录的创造性活动。
2. 创新。发明或概念的成功实现并获得经济价值的过程。
3. 推广。创新的顺利、广泛的实现和应用。

毫无疑问，创新是三个阶段中最关键的，也是最难的。将一个概念变成一个人们可能购买的产品，需要大量的工作以及识别市场需求的技能。在社会中进行技术的推广对于保持创新的速度是很有必要的。一旦技术先进的产品投入应用，消费者使用时的技术难度就随之增加。这种流行的用户教育培训，为更加复杂产品的应用铺平了道路。一个熟知的例子是条形码和条形码识别器的推广。

很多研究都表明，引进和管理技术创新的能力对于国家在世界市场中的领导力起到重要作用，并且在提高人们的生活水平方面也起到主要作用。基于科学的创新在美国衍生出了喷气式飞机、计算机、塑料以及无线通信等关键工业。然而，与其他国家相比，美国在创新上所扮演的角色的重要性呈现衰退趋势。

同样，创新的本质也随时间发生了改变。留给独立发明者的机会已经变得相当有限了。有人指出，独立发明者在1901年获得了美国全部专利的82%，而到1937年，这个数字减少到50%，这表明公司成立的研究实验室的数量正在增加。目前，独立发明者申报的专利仅占美国全部专利的25%，但是由于投资小公司变得流行，这一数字也开始呈现增长趋势。这种增长要归功于风险投资业愿意把资金借给有希望的创新者，以及提供各种合作项目来支持小型技术公司。

图2.8给出了大体公认的技术创新型产品的模型。该模型与20世纪60年代描述的模型

有所区别。它以创新链顶部的基础研究开始，基础研究的结果产生了可以直接进行后续商业开发的研究构想。为了保持新知识和新概念的储备，需要强大的基础研究，但是，普遍认同的是，响应市场需求的创新比面向技术研究机遇的创新具有更大的成功机会。对于创新来说，市场拉动比技术驱动更强大。

图 2.8　市场驱动的技术创新模型

将新产品投放市场就像赛马一样，在概念初期阶段想要获得成功的概率一般为 5∶1 或 10∶1。实际中，投入市场的新产品失败的概率为 35%～50%。大多数产品由于没有克服市场障碍而失败了，例如没有考虑到用户接受新产品的时间[⊖]。另一个造成新产品失败的常见原因是管理问题，而技术问题则是失败原因中不常见的一个。

数字成像的案例表明，为达到某个目的进行基础技术研发可能在另一个产品领域有更大的潜力。然而，开始时的内部市场接受程度受到性能和制造成本的限制。基础技术的内部市场认可受到运行和制造成本的影响。然后，新市场得到开发，该市场的需求如此紧迫以至于大量资金将快速投入以攻克技术障碍，使创新产品在大众消费市场上获得了巨大的成功。在数字成像的例子中，从发明到市场广泛接受的产品创新阶段大约为 35 年。

数字成像的创新

数码相机的核心技术是数字成像，对数字成像的创新历程进行回顾是十分有启发意义的。

在 20 世纪 60 年代后期，Willard Boyle 在贝尔实验室从事电子设备研究工作。当时，负责该部门的副总为磁泡着迷，磁泡是一种新的存储数字信息的固态技术。Boyle 的老板总是问，他在这项活动中都做了哪些贡献。

1969 年底，为了宽慰自己的老板，Boyle 和他的合作伙伴 George Smith 坐了下来，用了 1 小时的头脑风暴方法来研究新型存储芯片的设计，他们称之为电荷耦合器件（CCD）。CCD 可以很好地存储数字数据，但是它很快又显著地表现出了捕获和存储数字图像的潜

⊖ R. G. Cooper, *Research Technology Management*, July—August, 1994, pp.40-50.

力，而这种能力在高速发展的半导体行业技术中没有理想的解决方案。Boyle 和 Smith 建立了一个仅有 6 个像素的概念验证模型，并申请了专利，随后就转向了其他感兴趣的研究。

尽管 CCD 是一个优秀的数字存储设备，但是它还从没有成为实际应用的存储设备，因为它的造价很高，所以很快就被各种拥有纤细磁性颗粒的磁盘所取代。实际上，最终硬盘出现并占领了数字存储市场。

与此同时，两种与空间相关的设备为 CCD 的开发创造了市场动力，即把 CCD 阵列应用到点上，这样才能成为实用的数码影像设备。关键问题是降低捕获图像的 CCD 阵列的尺寸和成本。

对通过化学胶片拍摄的星体照片，天文学家从来没有真正满意过，化学胶片对记录遥远空间发生的事件缺少灵敏度。早期的 CCD 阵列尽管笨重、体积大并且成本高，但是固有的灵敏度很高。到了 20 世纪 80 年代末，其已经成为全世界天文台的标准设备。

更大的挑战源于军用卫星的出现。从太空获得的照片记录在胶片上，照片从太空发射出来，然后由大气层之外的飞机获得或者从海洋中捞出，这两种操作都有很大的问题。当更深入的研发降低了 CCD 阵列的尺寸和重量并增加了它的灵敏度时，从太空传送数码信息成为可能，我们可以从图像的细节上看到土星的光环和火星上的风景。在 CCD 发明约 30 年后，这些应用领域的技术进步使得数码相机和摄像机获得了巨大的商业成功。

2006 年，Willard Boyle 和 George Smith 获得了美国国家工程院的德雷珀奖（美国技术创新领域最高奖项），并于 2009 年分享了诺贝尔物理学奖金。

摘自 Gugliotta, G. " One-Hour Brainstorming Gave Birth to Digital Imaging" , *Wall Street Joural* (2006): A09.

2.6.2 与创新和产品开发相关的业务

20 世纪 70 年代，波士顿咨询公司（BCG）提出了一个通用且形象的术语，用于描述创新和投资相关的经营策略。大多数公司都有一系列的业务，通常称为业务部门。根据波士顿咨询公司的分类方法，这些业务部门可以分为如下 4 个种类，这取决于它们对于销售增长和获得市场份额的期望值。

- “明星”业务。高销售增长潜力、高市场份额潜力。

- “问题”业务。高销售增长潜力、低市场份额。
- “现金牛”业务。低增长潜力、高市场份额。
- “瘦狗”业务。低增长潜力，低市场份额。

在这种分类方法中，高市场份额和低市场份额的分水岭是公司与最大竞争对手拥有相同份额的那个点。对于“现金牛”业务，其现金流将被最大化，而在研发和新工厂上的投资将是最少的。这些业务的资金应该被应用在“明星”业务和“问题”业务中，或者用于新技术项目上。“明星”业务需要大量的投资，这样才可以不断增加自己的市场份额。通过贯彻这种策略，“明星”业务随着时间推进将成为“现金牛”业务，并且最终变成“瘦狗”业务。“问题”业务需要大量资金才能变成“明星”业务。只有很有限的“问题”业务能够得到资助，结果是只有最优秀的业务才能够幸存下来。“瘦狗”业务不会得到投资，并且一有可能就会被卖掉或放弃。整个过程都是人为规定的，而且是高度程式化的，但是却很好地描述了商业活动中应如何将资金投放到产品领域或业务部门中。显然，创新工程师应该避免与“瘦狗”业务和“现金牛”业务发生关系，因为这些经济形式中创造性工作的动力太少。

还有一些其他的策略对工程设计中的工程师具有重要的影响。遵循领头羊策略的公司通常都是高科技创新公司。一些公司可能喜欢让其他的领头羊公司开拓市场，采取所谓的快速跟随策略，这种策略满足于小的部分市场份额，但避免了开拓者的高研发费用。其他一些公司可能强调加工工艺的研发，目标是成为大批量、低成本的制造商。还有其他一些企业选择成为几个主要用户关键供应商的策略，这些用户将产品投放到大众市场。

有积极研发计划的公司通常会储备更有潜力的产品，而不是产品研发所需的资源。出于发展的考虑，产品应该去满足当前没有得到充分满足的需求，或者处于供不应求的市场，或比现有产品更具优势（例如有更好的性能、改进的外观和较低的价格等）。

2.6.3　创新人才的特点

Roberts[㊀]关于创新流程的研究明确了致力于技术创新的产品团队所需的3类人才及其行为。

- 守护者。为产品开发组织从外部向内部提供技术交流的人。
- 项目管理员。不限制创造性的管理人员。
- 资助者。提供财务和精神支持的人，经常是高级管理人员或风险投资公司。

㊀ E. B. Roberts and H. A. Wainer, *IEEE Trans. Eng. Mgt.*, Vol. EM-18, NO.3,pp. 100-109, 1971; E. B. Roberts(ed.), *Generation of Technological Innovation*, Oxford University Press, New York, 1987.

创新者往往是来自某一技术组织的成员，他们对当前技术最为熟悉，并且与组织外部的技术人员有着良好的关系[⊖]。这些创新人员直接获得信息，并将信息传播到其他技术人员中。创新者往往关注如何“用不同的方式做”，而不是怎样“做得更好”。创新者是新概念的早期接受者。他们可以处理不清楚或模糊的情况，而并不感到不适应。这是因为他们有高度的自主能力和自尊心。年龄不是成为创新者的决定性因素或障碍，组织中的经验也不是，只要有足够的信誉和社会关系就可以。

对一个组织而言，能够发现真正的创新者，并为他们提供一个有助于研发的管理体制是非常重要的。创新者能很好地面对不同项目的挑战并且有很多与不同背景的人员交流的机会。

成功的创新者对于需要做什么有着条理清晰的描述，虽然该描述未必详细。他们强调目标，而不是达到目标的方法。在面对不确定性时，他们不害怕失败，勇往直前。很多时候，创新者有先前失败的经历，而且知道失败的原因。

创新者知道他们需要什么信息和资源并能得到它们。创新者积极应对创新障碍，他们或是投入时间和精力攻克障碍，或是采用问题分解方法降低难度或绕过障碍。通常，创新人员不是按顺序而是并行地解决问题的各个方面。

2.7 总结

产品开发包含的内容远超过产品构思和设计。它包括产品的初步市场评估，与公司现有产品线的匹配以及对预计销售、开发成本以利润的评估。在允许进行概念开发前，就要完成这些工作，并且贯穿产品的整个开发过程，这样才能对开发成本和预期销售额进行更准确的评估。

创造成功产品的关键要素如下：

- 所设计的高质量产品具有客户期望的特征和性能，价格为客户所接受。
- 降低产品全生命的制造成本。
- 最小化产品开发成本。
- 将产品快速投放市场。

产品开发团队的组织方式对于有效的产品开发有着重要的影响。为缩短上市时间，需要一些项目团队。通常，有适当管理权的大型矩阵组织可以很好地掌控该工作。

⊖ R. T. Keller, *Chem. Eng.*, Mar. 10, 1980, pp 155-158.

营销是产品开发过程中的重要活动。营销经理必须懂得市场细分、用户的需要与要求，以及如何宣传和分销以使得用户购买产品。产品根据市场可以分为如下几种类型：

- 市场拉动的产品或技术推动的产品。
- 使用产品核心技术并融入现有产品线的平台产品。
- 主要特性取决于加工工艺的工艺密集型产品。
- 按用户订单研发的并且配置和要求由用户指定的定制产品。

当今的很多产品基于新的、快速发展的技术。技术有三个发展阶段：

- 发明——获得新概念的创造性活动。
- 创新——把发明引入成功的实践中并产生经济效益的过程。
- 推广——对创新能力的广泛认知。

在这三个阶段中，创新是最难且最耗费时间的，同时也是最重要的。尽管技术创新过去只存在于少数发达国家，但在21世纪，创新正快速地出现在世界各地。

2.8 新术语与概念

品牌名称
并行工程团队
控制文档
经济规模
功能型组织形式
学习曲线
学习到的教训
小型矩阵组织
市场
营销
市场拉动
矩阵型组织形式
原始设备制造商
产品开发周期
平台产品
利润率
项目组织
产品定位
产品设计任务书
供应链
系统集成

2.9 参考文献

Cooper, R. G., *Winning at New Products,* 3rd ed., Perseus Books, Reading, MA, 2001.
Otto, K. and K. Wood, *Product Design: Techniques in Reverse Engineering and New Product Development,* Prentice Hall, Upper Saddle River, NJ, 2001.
Reinertsen, D. G., *Managing the Design Factory,* The Free Press, New York, 1997.
Smith, P. G. and D. G. Reinertsen, *Developing Products in Half the Time: New Rules, New Tools,* 2nd ed., John Wiley & Sons, New York, 1996.
Ulrich, K. T. and S. D. Eppinger, *Product Design and Development,* 6th ed., McGraw-Hill, New York, 2015.

2.10　问题与练习

2.1　思考如下产品：家用电动螺丝刀、桌面喷墨打印机、电动汽车。以小组为单位，评价如下用于将每个产品投入市场的研发项目所需的因素：年销售额、销售价格、研发时间和年限、研发团队规模、研发成本。

2.2　列出三种由单一零件组成的产品。

2.3　通过如下因素讨论工程岗位的功能范围（见图 2.7）：高等教育的需求、智力挑战与满足、经济报酬、职业晋升的机会、人与“物”的定位。

2.4　作为成功工程管理者的必要条件之一，是在工程学科中有突出的业绩，那么其他的条件是什么？

2.5　如果你继续接受某工程学科的硕士研究生教育，或为职业发展接受工商管理硕士教育，请讨论其优缺点。

2.6　在矩阵类型组织中，详细地讨论项目管理者与功能管理者的角色关系。

2.7　列出技术导向的新产品开发的重要因素。

2.8　在 2.6.2 节中，我们简要地给出了波士顿咨询公司（BCG）所建议的发展业务的四个基本策略。这些常被称为 BCG 份额增长矩阵。以市场增长潜力和市场份额为坐标画出该矩阵，并讨论公司应如何使用这个模型来增长其总体业务。

2.9　列出技术转化（传播）过程的关键步骤。哪些因素使得技术转化变得困难？信息转化的形式是什么？

2.10　假设某人绝对是计算机建模和有限元分析的奇才，产品开发团队非常需要这些技能。然而，他同样也是独来独往的人，喜欢从下午四点工作到午夜，当要求他参加具体的产品研发团队时，他拒绝加入。如果命令他在某团队中工作，他基本上不会在小组会议上现身。作为团队领导，如何做才能获得并且有效地利用他的高超技能呢？

2.11　在大多数产品开发项目中，一件重要的事情是确保项目进度可以利用“机遇窗口”。使用图 2.6b 来解释这个概念的含义。

2.12　适合航运、公路和铁路运输的钢制集装箱的出现，对世界经济产生了巨大影响。为何一个如此简单的工程产品会产生这样深远的结果？

2.13 请解释 2.6.1 节中讨论的电荷耦合器件（CCD）背后的原理。为什么 CCD 的发明能使数码摄像成为现实？

2.14 除集装箱外，还有哪些其他技术研发创造了如今的全球市场？解释每个技术是如何促进全球市场的。

2.15 对大多数可食用鱼类的需求都大于供给。虽然鱼可以在陆地池塘或近海围栏中进行养殖，但养殖的规模很有限。接下来的发展方向是海洋生物养殖，即在开放海域建立养鱼场。请为这个风险投资项目制定一个企划方案。

2.16 产品开发中的传统思维认为创新始于发达国家，如美国和日本。在那些人均收入较低国家的产品市场上常见的通常是美国已经用旧但仍可以使用的装备。一些美国跨国公司已经在印度和中国建立了研发实验室。这一做法的初衷是可以在上述国家以远低于美国本土的薪水雇佣本地受过良好教育的工程师，实践表明，所雇用的本土工程师擅于开发面向本土大众市场的产品。通常情况下，那些产品是美国本土产品的功能缩减版，但质量仍旧有保障。现在，这些美国公司开始面向低端市场细分，规划生产上述产品的低成本生产线。

请检索商业文献为这类涓流式产品创新找个案例。请讨论这种新产品开发方法的优势与潜在风险。

第 3 章

团队行为与工具

3.1 引言

工程设计是一项真正的“团体性运动”。实际上，作为一名工程专业的学生，为完成设计项目需要学习太多的知识，而完成一个成功设计的方方面面所限定的时间又如此之少，因此成为一个高效团队的一员将受益匪浅。正如下面所述，在职场中，具备高效的团队工作能力会受到高度赞扬。团队提供了两个主要益处：相对团队成员个体而言，成员们的不同教育经历和生活阅历的多样性会给团队带来一个更广泛且常常更富有创意的知识基础；团队成员各行其是、各负其责，使整个工作完成得更快。

因此，本章有三个目的：

- 就如何成为有效的团队成员提供长期总结出的小窍门和建议。
- 介绍一系列有助于设计项目执行的问题求解方法，这些方法在日常生活中也同样有用。
- 强调项目规划对于成功设计的重要性，并提供在项目规划中如何提高个人技能的建议。

《华尔街日报》曾发表了一篇题为“工程正被重新设计成一项团体性运动”的文章。文章介绍，这些公司需要这样一些员工，他们既能在团队中协同工作，又能与对电路板设计或量子力学一无所知的普通人进行沟通。当我们向一些行业负责人征求工程设计课程体系需要做哪些调整的建议时，他们的一致反应就是要教会学生如何高效地参与到团队工作中。

团队由一小部分人组成，这些人拥有互补的技能，他们为达到共同的目的和绩效目标，使用同样的方法，共同承担责任[⊖]。通常有两种类型团队：交付成果的团队（如设计团队）和咨询型团队。两种团队都很重要，但我们在此着重介绍前者。大多数人都曾在小组中工作过，但是一个工作小组并不一定就是一个团队。团队是一种高层次的集体活动，许多小组式的活动还没有达到这个水平，但这是一个值得努力达成的目标。

3.2 有效团队成员的含义

要想成为一个好的团队成员，你需要具备一系列良好的工作态度和工作习惯。首先，必须勇于承担帮助团队成功的责任。如果做不到这点，团队将因你的加入而削弱。没有这个承诺，就不应该加入这个团队。

接下来，你必须履行承诺。也就是说，你能重视团队的需求，能够随时重新调整个人的工作以满足团队的需求。当遇到无法完成的任务时，必须做到尽快通知团队领导以便尽快安排其他人来完成工作。

许多团队活动都发生在团队会议上，团队成员会交流各自的想法。要学会成为一个对讨论有贡献的人。贡献的方式包括询问相关观点的解释，引导讨论回到正题和汇总观点。

倾听并非我们都已掌握的一项技能。要学会全神贯注倾听，并通过提出有用的问题来表现。为了注意力集中于讲话人，可以做笔记，不要做一些无关的事，如看不相关的资料、使用手机、随意走动或打断发言者。

要提高将信息顺畅传递给团队其他成员的能力。这就意味着，在发言前，要在脑海里简要地考虑要陈述的内容。表达时，声音要洪亮、吐字要清晰。要传递积极的信息，应避免给对方浇冷水或是冷嘲热讽。把精力集中在发言重点上，避免跑题。

要学会提供和接受有益的反馈。团队会议的价值在于从集体的知识和经验中受益，从而达成一致认可的目标。反馈有两种类型，一种是讨论过程的固有部分，另一种包含了对团队成员不当行为的纠正，而这一种反馈最好在会后私下提出。

⊖ J. R. Katzenbach and D. K. Smith, *The Wisdom of Team*, HarperCollins, New York, 1994.

以下是一个高效率团队的特征：

- 团队目标与个体目标同等重要。
- 团队成员理解目标并致力于实现目标。
- 团队成员用信任取代恐惧，并能勇于承担责任。
- 团队成员普遍拥有尊重、协作和开放的精神。
- 团队成员乐于交流沟通，多样化的观点得到鼓励。
- 团队决议是通过成员的共识达成的，并得到大家的肯定与支持。

被认可为一名高效率团队的成员是一项非常有市场的成就。企业招聘人员说，他们在新晋的工程师身上所期望的特质是良好的沟通技巧、团队技能以及解决问题的能力。

3.3 团队的领导角色

一个团队需要优秀的成员和高效的领导。在一个团队中，成员除了要在团队中保持积极的态度，还要承担不同的团队角色。下面的讨论将关注团队协作在工商业界是如何被实践的。然而，由学生组成的设计团队与工商业界中的团队有着以下几个方面的重大区别：

- 前者的成员年龄相仿且有着相近的受教育水平。
- 团队成员都是对等的，没有凌驾于其他团队成员之上的权威。
- 实际上，团队成员更喜欢在没有指定领导人、共担领导职责的氛围里工作。

团队的一个重要外部角色是*团队资助者*，他对团队的表现有着至关重要的作用。资助者就是团队的管理者，他对团队的产出有相应的要求。他有权力选择团队领导，协商吸纳团队成员，提供团队所需要的任何特定资源，并正式委任团队成员。

*团队领导*通过有效的管理办法召集并主持团队会议（参见 3.5 节）。他通过跟踪团队的工作进展来指导和管理团队的日常活动，帮助团队成员提高自己的技能，并向团队资助者汇报工作进展，努力消除工作中的障碍，及时解决团队内部的一些冲突。

多数团队中都有一个受过团队动力学培训的*协调人*，他主要协助团队领导和团队通过团队技能训练、使用工具选择和数据收集等工作达成团队目标。在多数情况下，协调人主要起到普通成员的作用，然而在讨论过程中，他必须保持中立，并随时准备通过干预措施使团队获得高效率，保证团队成员都能参与到讨论中。在极端的情况下，协调人要及时解决团队中的纠纷。总之，协调人的关键作用就是使团队紧密围绕工作目标开展工作。当没有协调人时，团队领导必须承担这份职责。

本书还针对学生设计团队的组织架构以及团队成员应当共担的职责提出了建议。详情参见 www.mhhe.com/dieter6e 的“Team Organization and Duties”版块。

3.4 团队动力学

团队行为学的研究者已经注意到大多数的团队在团队建设时经历五个阶段[⊖]。

1. 定位阶段（组建期）。团队成员都是团队的新人，他们可能既渴望又兴奋，但不清楚他们的责任和要完成的任务。这是一个成员彼此了解、礼貌交流的时期，同时团队成员还进行角色定位、获取和交换信息等行为。

2. 不满阶段（风暴期）。如何形成一个有凝聚力的团队已经成为现实的巨大挑战。工作、学习方式、文化背景、个性差异和可用资源（会议时间、会议场所、交通方式等）等问题不断涌现出来。分歧甚至冲突可能随时在会议中爆发。

3. 问题解决阶段（常化期）。当团队成员建立了团队规范后，这些冲突就会消解，行为规范可以是口头的或者是书面的，用以指导工作进程并解决冲突，把大家集中在工作目标上。规范制定了议事规则，并积极推进建立良好的团队关系。团队进入解决问题阶段的主要标志是团队成员寻求更大的共识，并互相帮助和支持。

4. 工作过程（操作期）。团队和谐且鲜有中断地开展工作。团队成员热情高涨，并对成功充满自豪感，团队活动十分“有趣”。任务目标明确，工作绩效明显提高。

5. 工作终止（结束期）。当任务完成后，该团队就准备解散了。这段时间团队成员要共同思考该团队在多大程度上完成了任务以及团队的运行情况。除了要向资助者提交一份团队提案和工作总结报告外，还要对团队运作过程及动态进行及时总结。

对团队而言十分重要的是能够认识到不满阶段是十分正常的且可以很快度过的。多数团队很快度过了这个阶段，并且未留下任何严重的后果。然而，若团队成员的行为存在严重问题，应尽快处理。

无论以何种方式，一个团队都应应对下列挑战：

- 安全感。团队成员是否免受人身攻击？他们是否可以畅所欲言？

⊖ R. B. Lacoursiere, *The Life Cycle of Groups*, Human Service Press, New York, 1980; B. Tuckman, “Developmental Sequence in Small Groups,” *Psychological Bulletin*, No.63, pp. 384-399, 1965.

- 包容性。团队成员应被给予平等的机会参加活动。团队中不论资排辈，鼓励新成员和老成员都平等参与讨论。
- 凝聚力。团队成员间是否有一定程度的共同认知？
- 信任感。团队成员之间以及和负责人之间是否相互信任？
- 冲突消解。团队是否有办法来解决冲突？

对于团队而言，制定一些准则来指导工作是非常重要的。团队准则主要针对不满意阶段，对于问题解决阶段也十分必要。团队应该在早期定位阶段就开始制定这些准则。团队准则主要在团队契约中体现，而团队契约则是由全体成员共同制定并同意签署的文书。团队契约的范例可以查阅 www.mhhe.com/dieter6e。

团队成员在团队活动中（例如团队会议）充当不同的角色。对于团队负责人和成员来说，了解表 3.1 中列举的各种行为是很有帮助作用的。团队负责人和调解人的任务是努力改变一些成员妨碍团队效率的行为，并鼓励团队成员扮演积极的角色。

表 3.1 团队中不同的角色行为

积极角色		妨碍角色
任务角色	维持角色	
激发：提出任务，问题定义	在项目进行中鼓励团队成员	支配：树立权威或优越权
寻找信息或观点	协调：努力排除分歧	放权：不谈论也不参与
给出信息或观点	表述小组观点	避开：改变主题，经常缺席
分类	把关：保持联系渠道公开	诋毁：贬低他人观点，粗鲁地取笑他人
总结	折中妥协	不合作：背地里说话、嘀咕以及私人谈话
意见测试	标准建立和测试：检验小组是否对章程满意	

3.5 有效的团队会议

团队的大部分工作是在团队会议上完成的。正是在这些会议上，团队成员运用集体的智慧一起来讨论问题并找到问题的解决方法。那些抱怨设计项目会耗费太多时间的团队，恰恰反映团队缺乏组织会议和高效利用时间的能力。团队章程应包括在会议期间禁止使用智能设备和笔记本计算机的政策，除非团队成员被要求时刻保持联系。

首先需要认识到，组织一次有效的团队会议必须有一个科学的会议规划。制定规划是会议主持人的责任。会议应当有书面的议程，议程应包括演讲人姓名、演讲题目及讨论时长。如果时间不够，经大家同意，讨论时间可以延长，或将该主题交由一个工作小组进一步研究，并在下一次会议上提交报告。在制定会议议程时，最重要的项目内容应放在议程的第一项。

团队负责人应引导会议但不控制讨论。会议议程上每个讨论的主题都由各个负责人对该主题进行详细阐述。只有每个参与者都了解之后，才可以开始讨论。由此可知，保持团队成员人数较少的原因之一就是能够让每一位成员都有机会参与讨论。常见的有效方式是全体成员围坐桌旁，轮流发言，每个人阐述自己的想法或解决方案，并把这些方案写在表格、白板或黑板上。讨论时，不应存在任何批评或评价，只能提出要求进一步澄清的问题。所有的想法经团队讨论形成决议。最重要的是，这是一个团队的行为决策的过程。

团队做出的决定应该是协商一致的结果。当团队成员达成共识后，人们不只是简单地形成一个决议，而是要执行决议。达成一致的意见就意味着所有参会者都充分地表达了他们的想法，并努力帮助团队成员克服不看好新想法的自然倾向。但是，如果是真诚且有说服力的反对意见，应该了解他们真正的含义。这些反对意见中往往包含着重要的内容，只不过没用恰当的方式表达而不容易被理解。团队负责人要及时总结团队讨论形成的决议，并随着讨论的进行使共识不断扩大。最终，所有的问题和分歧都消失了，形成了大家都能接受的最终决议。

3.5.1　成功会议的规则

1. 选择一个固定的开会地点，尽量不要变动。

2. 选择一个适宜的，所有人都能参加且有利于工作的会议地点。

3. 对于每个学生设计团队来说，有两个小时的时间间隔很重要，这样他们可以每周开会，而不会受到上课或工作日程的干扰。

4. 在首次会议之前需要给团队成员发送电子邮件或信息进行会议提醒。

5. 建立所有小组资料的在线资料库。

6. 准时开始会议。

7. 团队成员要轮流承担记录会议纪要的工作。会议纪要应记录以下内容：

（1）会议时间和参与人。

（2）会议讨论题目。

（3）会议形成的决定、协议或达成的共识。

（4）下次会议的日期和时间。

（5）下次会议前要求团队成员完成的工作内容。

会议纪要应在会议结束后的 24 小时内发布到在线资源库中。

8. 定期进行会议评价（大概在每两三次会议后进行一次），用以收集针对团队如何开展工作的匿名反馈意见。由一名团队成员进行总结，把结果分发给每个团队成员，并在下次会议时组织展开一次简短的讨论。

9. 没有获得团队的许可，不能随意吸收他人为团队成员。

10. 应避免取消会议。如果团队负责人不能出席会议，要指定临时的讨论负责人。

11. 通知到每个未参加会议的成员，特别是那些没有事先通知的人。通知缺席成员通过团队的在线资源库获取会议进展和会议纪要。

这些建议均有助于构建团队章程。

一个运行良好的团队能在一个令人充满活力和热情的氛围里迅速、高效地达成目标。然而，认为团队工作总会顺利进行的想法是幼稚的。关于处理团队人事问题的建议可以在 www.mhhe.com/dieter6e 上找到。

3.6 解决问题的工具

我们将在本节给出一些非常有效的问题求解工具，无论是对于整体设计项目团队或其他业务项目团队，还是对于美国工程师协会学生分会的设计团队都同样适用。这些工具尤其适合团队共同解决问题。这些工具的运用不需要复杂的数学运算，因此可以被用于任何领域受过教育的问题解决团队的学习和实践。使用工具的真正专业知识则需要深入理解和实践。这些工具都被编入了全面质量管理学科[⊖]，也被称为 TQM。TQM 方法和工具通常用于解决业务状况中的问题。TQM 方法对于解决工程问题也很有效，本节将对其进行描述和应用。

TQM 问题解决过程可以通过简单有效的三步处理应用于工程问题[⊜]：

第一步：问题定义。

⊖ J. W. Wesner, J. M. Hiatt, and D. C. Trimble, *Winning with Quality: Applying Quality Principles in Product Development*, Addison-Wesley, Reading, MA, 1995; C. C. Pegels, *Total Quality Management*, Boyd & Fraser, Danvers, MA, 1995; W. J. Kolarik, *Creating Quality*, McGraw-Hill, New York, 1995; S. Shiba, A. Graham, and D. Walden, *A New American TQM*, Productivity Press, Portland, OR, 1993.

⊜ Ralph Barra, *Tips and Techniques for Team Effectiveness*, Barra International, PO Box 325, New Oxford, PA.

第二步：原因分析。

第三步：寻找解决方案并实施。

表3.2列出了在问题解决的各阶段中应用最广泛的一些工具。大部分工具的使用方法将在下面的范例中介绍。

表3.2　问题求解工具

问题定义	原因调查	解决方案及实施
头脑风暴法（参见3.6.1节） 亲和图法 帕累托图法	数据收集 采访客户 焦点小组 调查（参见3.6.2节） 数据分析 检核表 直方图 流程图 帕累托图 查找根本原因 因果图 why-why分析法 关联图	寻找解决方案 头脑风暴法（参见3.6.1节） how-how分析法 概念选择 实施计划 力场分析法 撰写实施方案

第一步：问题定义

这一步的目标是建立明确的问题定义。当现状与更理想的情况之间存在差异时，就会出现问题。通常问题是由管理层或团队赞助商提出的，但是直到团队自己重新定义它时，问题才算得到充分定义。在寻求解决方案之前，团队必须为自己定义问题。该问题应基于数据。对于产品开发问题，数据可能来源于以前的研究报告、保修信息、客户意见和其他内部文件。对于其他技术问题，可以通过降低成本的故障分析或经济分析得出数据。在着眼于明确的问题定义时，可用的工具是头脑风暴法、亲和图法和帕累托图法。

头脑风暴法。头脑风暴法是一种在自由、轻松的氛围中产生创造性思维的创新方法，这种氛围中集体创造力得以开发和增强。这是一项集体活动，参会者往往可以相互启发，使想象力得到充分发挥。该方法的目的是从团队的毫无约束的反馈中形成尽可能多的可供选择的想法（见图3.1）。相较于普遍的问题，头脑风暴法应用到个别特殊问题的效果最为明显。该方法经常应用到问题求解的问题定义和原因调查阶段。3.6.1节中提供了关于头脑风暴法更完整的描述。

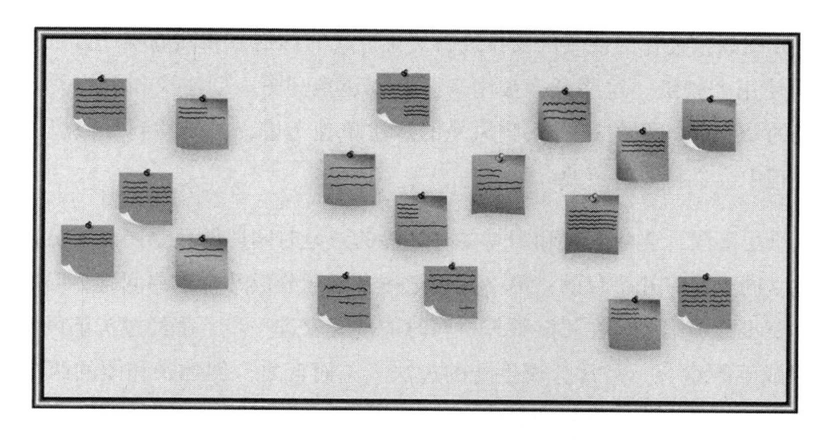

图 3.1　使用头脑风暴法将想法记录在便利贴收集在板上

亲和图法。亲和图法可以找到问题之间的共同点，该方法用于整理收集到的意见、事实或观点等资料形成同类分组。如果使用记事贴记录想法，最好将通过头脑风暴法获得的各种答案无序地粘贴在墙壁上（见图 3.2）。提出想法的人解释这个想法的含义，以便每个团队成员以相同的方式理解它。此过程通常会确定可以组合在一起的相似想法。在这个过程中可以产生更多相关的想法，其他想法也将被记录并添加到分组中。所有产生的想法的记录都会被讨论，然后将它们分类为松散的相关的组。随着组的性质的明确，总的类别将作为标题添加到每组想法中。

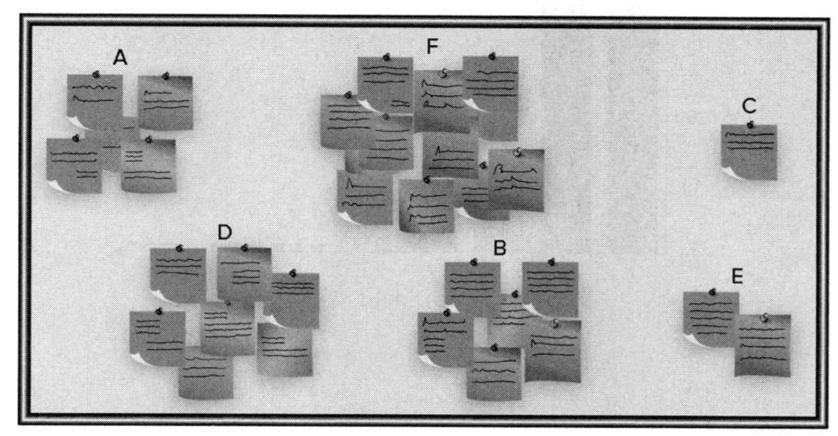

图 3.2　用便利贴创建的总体愿景和亲和图

这里将亲和图的描述作为便签的安排进行讨论。没有形成亲和图的唯一方法。有时在头脑风暴会议期间使用大张纸，这些纸会被用来开始创建亲和图。创建亲和图的关键要求是使用一种介质，通过该介质可以将所有头脑风暴的想法单独考虑，并转移到类似想法的不同类别中，在这一过程中会进行一些更改。

与头脑风暴法不同，要建立亲和图需要有足够的讨论时间以便每个团队成员都明确所要讨论的议题。建立同类组有几个目的：第一，它把一个问题分成几个主要问题，问题细分是解决问题的一个重要步骤；第二，在团队整理材料时能使大家进一步了解经过头脑风暴法提出的想法，通过澄清或不断组合，经常会产生新的想法。总而言之，创建亲和图的两个目标是彻底讨论想法并消除不恰当的或是重复的想法。

帕累托图法。帕累托图是用柱形图来区分问题和原因的图表，图表中把发生频率最高的原因放置在左侧，依次列出了下一个出现频率（见图3.3）。帕累托原则指出重要的因子通常只占少数，而不重要的因子则占多数。这就是通常说的80/20法则，即80%的问题是由20%的原因造成的，比如80%利润来自20%的客户，80%的税收收入来自20%的纳税人等。运用帕累托图可以从纷繁的事物中找到问题的主要矛盾，从而帮助我们去解决这个问题。帕累托原理作为一种经验法则已被用来解释许多社会中可观察到的现象。

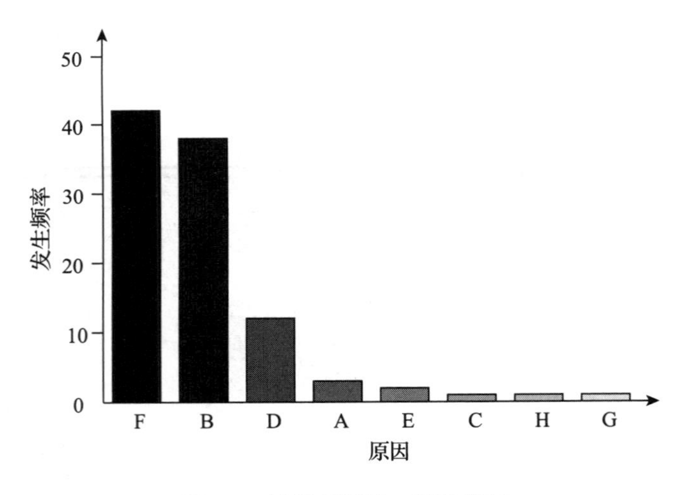

图3.3　帕累托图的一般性描述

第二步：原因调查

原因查找阶段的目的是确定问题的所有可能原因，并筛选锁定根本原因。此阶段从数据收集开始，然后使用简单的统计工具进行数据分析，最终确定问题的根本原因。

数据收集。显然，信息收集对于设计的这一阶段至关重要。第 4 章概述了在现有设计中查找已发布信息的来源和搜索策略。设计团队还需要直接从潜在客户那里收集信息。所有数据的记录方式均便于数据的恢复以进行分析。

接下来将介绍从客户方获取数据的主要方法：

采访客户。应通过积极的营销策略和销售人力不断与现有和潜在客户交流。一些公司有负责访问重要客户账户的客户团队，他们研究问题的区域并和重要客户建立和保持友好的联系。他们报告有关当前产品优缺点的信息，有助于产品的升级。更好的方法是让设计团队在服务环境中采访客户。应问的关键问题是：您喜欢或不喜欢该产品的哪些方面？ 购买该产品时，您会考虑哪些因素？ 您认为该产品应进行哪些改进？

某产品或某项服务的客户通过投诉和保修请求间接向公司报告，从而表达自己的诉求。投诉可以通过电话、信件或电子邮件发送给客户信息部门。更直接的方法是客户将有缺陷的产品直接退回销售点。通过产品的客户满意度排名，第三方网站（例如 amazon.com）可以成为客户输入的另一个来源。购买站点通常包含客户评级信息。精明的营销部门会监视这些站点，以获取有关其产品的错误信息以及有关竞争产品的信息。

保修数据所涉及的信息来源与直接客户投诉所涉及的信息来源略有不同。产品服务中心和保修部门通过保留有关产品维修或退货原因的记录来提供有关现有产品质量的丰富数据。有关保修索赔的统计信息可以反映设计缺陷。

焦点小组。焦点小组是与 6～12 个客户或产品的目标客户进行的主持讨论。主持人提前准备好问题来指导有关产品优缺点的讨论。训练有素的主持人将跟踪所有令人惊讶的答案，以发现客户没有意识到的隐性需求和潜在需求。

调查。最好使用书面调查表来收集公众对现有产品或新产品的重新设计的意见。进行调查的其他常见原因是识别问题或确定问题的优先级，并评估对问题的已实施解决方案是否成功。可以通过邮件、电子邮件、电话或上门进行调查。有关创建调查以收集信息的更多信息，请参见 3.6.2 节。

数据分析。数据分析的第一步是建立数据分类。数值数据可能有助于构建直方图，而帕累托图或简单条形图可能足以满足其他情况。制造过程的流程图可能显示与时间的关联，而散点图则显示与关键参数的关联。直方图、条形图、流程图和散点图是标准统计工具。

查找根本原因。因果图和 why-why 分析法是识别问题根本原因的有效工具。

因果图。因果图又称鱼骨图（因为它类似鱼的骨架）或石川[⊖]图（该方法是日本管理大师石川馨先生提出的），是一种强有力的图示方法，用来提出问题、发现问题、分析这些问题的成因和影响。这种方法一般是在团队收集到可能引起问题的各种因素之后，与头脑风暴法一同使用，用来整理和组织所有可能的原因，并标出重要的根源因素。

构建因果图时，首先在图的右侧方框内写清楚要解决的问题（影响因素），见图3.4。然后从方框向左横画出“鱼”的脊骨。问题的主要原因（即“鱼的肋骨”）要与“鱼的脊骨”成一定角度引出，并在端点处做出标记。这些可能是问题的特定原因，或是其他一般因素，如生产过程中涉及的方法、设备、材料、人员，以及政策、程序、工厂和生产过程中相关联的服务对象等。问问团队成员“是什么导致了这个问题?”，并沿着一条肋骨记录问题的原因而不是症状。进一步征询刚才记录原因的起因，那么分支会更加详细，该图就逐渐开始像鱼的骨头了。

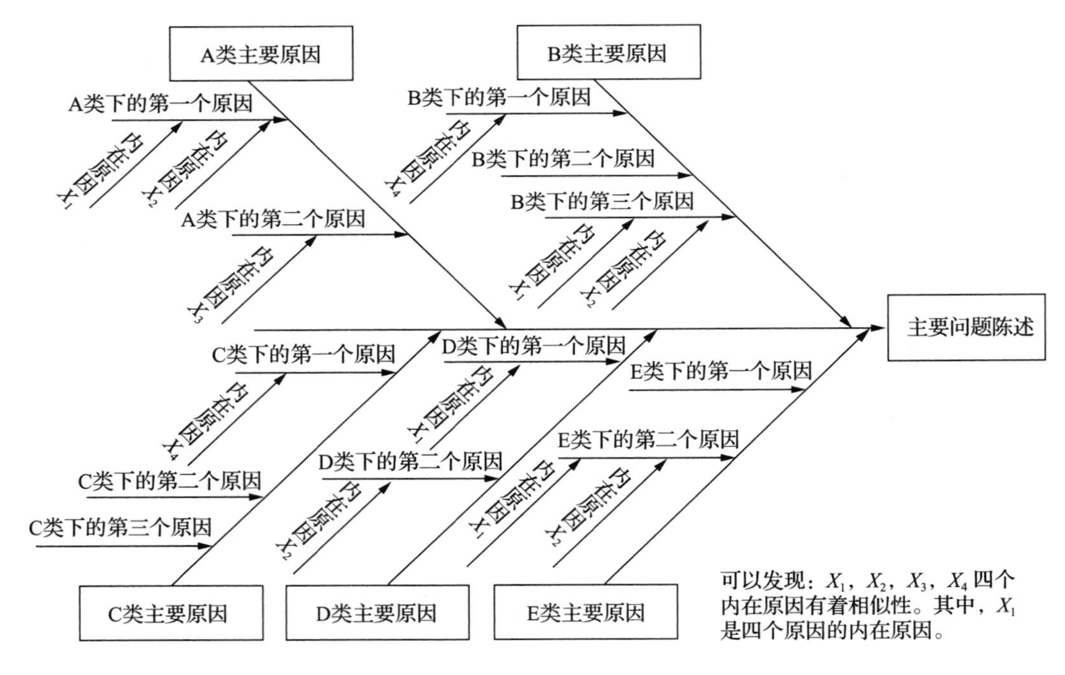

图3.4　显示潜在原因分析的因果图

⊖ T. Bendell, R. Penson, and S. Carr, “The Quality Gurus—Their Approaches Described and Considered,” *Managing Service Quality: An International Journal*, Vol. 5, pp. 44–48, 1995. https://doi.org/10.1108/09604529510104383.

一个好的鱼骨图应该细分为三个细节层次。在记录运用头脑风暴法分析可能原因时，应确保语法简明、意思明确。建立了鱼骨图，就可以寻找问题的可能根源。一种辨识根本原因的方法是寻找频繁在一个种类内或跨种间出现的原因。

why-why 分析法。为了更进一步分析问题的根源，我们尝试使用 why-why 分析法。why-why 分析法与因果图可以互换使用，但在多数情况下，前者被用于从众多的可能原因中挖掘出相关性最高的一个。这是一个树形图，树的顶部在左侧，并且分支随着树级别的增加而扩展到图的右侧（见图 3.5）。

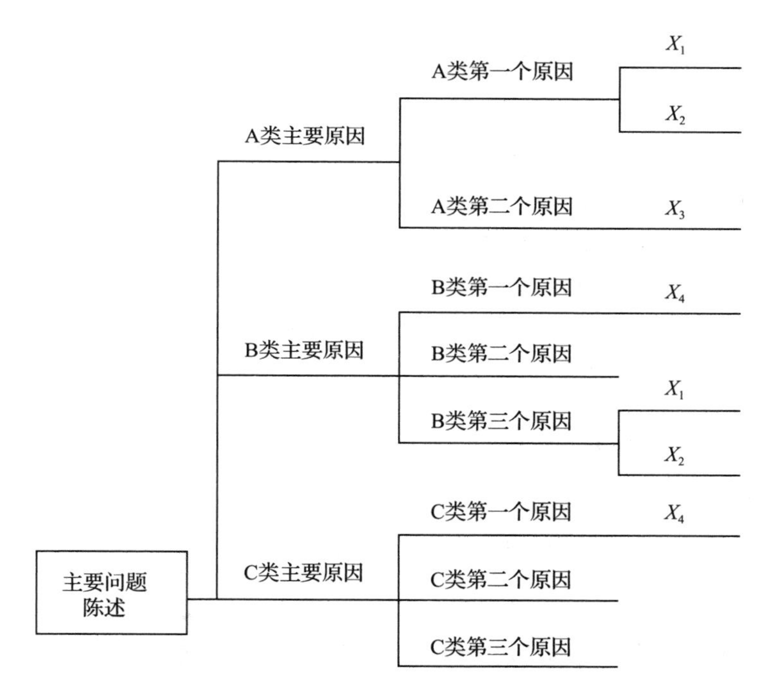

图 3.5　why-why 分析法形式及内容构成，这里只显示树的顶部

团队会继续提问“为什么”来完善“树干”，直到出现如图所示的情形。“为什么树”的主要树枝上重复出现的原因会被我们定义为根本原因。why-why 分析法应当延展成四层，用来解释第一层问题。

关联图法。关联图用于建立问题及原因之间的关联关系，确定产生问题的根本原因。首先，进行清晰明了的问题陈述，在关联图中你所需要考虑的原因来源于在鱼骨图和 why-why 分析法中出现的共性原因或是其他被团队确定的重要原因。一般将可能的根本原因数量控制在 6 个。这些可能原因被排成一个大的圆形图案（见图 3.6）。

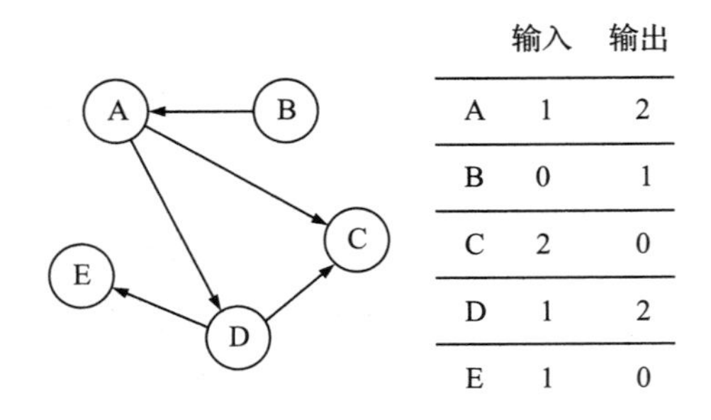

	输入	输出
A	1	2
B	0	1
C	2	0
D	1	2
E	1	0

图 3.6　表明 C 是所研究行为的根本原因的关联图

首先我们要问的是 A 和 B 之间是否存在因果关系，如果存在，是从 A 到 B 还是从 B 到 A，哪个因果关系更强一些？如果从 B 到 A 的因果关系更强，那么在这个方向上画一个箭头。下一步我们再探讨 A 和 C、A 和 D 之间的关系，直到弄清所有因素之间的关系，但并不是所有的因素之间都存在因果关系。对于每一个原因或因素进出的箭头都要做好记录，有大量射出的箭头表明这个原因或因素是问题的根源或内因。有大量进入箭头的因素表明它是一项关键指标，应该作为问题是否改善的评价标准。为了在确定关系时做好决策，需要写下对每一项可能的根本原因的定义或者声明。一两个词的声明往往不够准确，还会导致在确定两个原因之间是否存在关系时的模糊决策。

第三步：寻找解决方案并实施

确定了根本原因后，寻找解决方案阶段的目标是就如何消除根本原因提出尽可能多的想法。头脑风暴法显然起作用，这些想法可以通过图表的方式来组织和扩展。

寻找解决方案。确定最佳解决方案后，借助力场分析可以确定实施这些解决方案的利弊。最后，确定实施解决方案所需的特定步骤，并将其写入实施计划中。然后作为最后一步，将实施计划提交给团队赞助商。

头脑风暴法。头脑风暴是产生大量想法的常用方法。有关更多信息参见 3.6.1 节。

how-how 分析法。该方法是一种有效地提出问题解决方法的技术。和 why-why 分析法一样，也是一种树状图，但它是先提出解决办法，然后再提出问题，如“我们如何做到这一点？”。当使用头脑风暴法产生了解决方案，并通过分析评价已经把这些解决方案归纳到一个小子集后，就可以应用 how-how 分析法了。

概念选择。可以使用概念选择方法（例如 Pugh 图）(参见 7.5 节）在不断发展的各种解决方案中进行选择。

实施计划。解决问题的过程应该在实施计划完善后结束。对在 how-how 分析法中列出的具体行动，实施计划要按照一定的顺序给出具体的实施步骤，并对每项任务做出明确的要求，制定完成日期。实施计划还给出了解决问题所需的一些资源（如资金、人员、设施、材料等）。此外，它还规定解决问题过程中应采取的审查方式和频率。实施计划最后也是非常重要的一步就是列出衡量计划完成与否的具体指标。

3.6.1 使用头脑风暴产生想法

如今，头脑风暴是一群人用来产生想法的最常用方法（见图 3.7）。这种方法是由 Alex F. Osborn㊀开发的，用于刺激创意杂志广告，但已在设计等其他领域广泛采用。集体讨论利用了个人群体的广泛经验和知识。头脑风暴的目的是产生大量想法。在头脑风暴期间，想法的数量比想法的质量重要得多。正如诺贝尔奖获得者莱纳斯·鲍林（Linus Pauling）所说："拥有一个好主意的最佳方法是拥有很多主意。"㊁

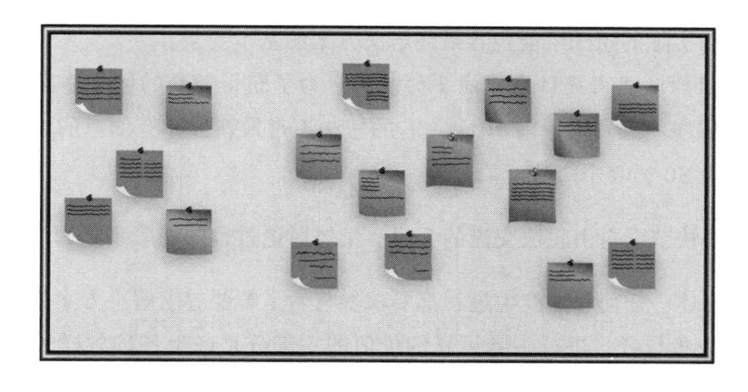

图 3.7 用便利贴进行头脑风暴

头脑风暴一词已在该语言中普遍使用，它表示由一群人完成的任何形式的想法产生会话。当一群人寻求解决问题的方法时，他们可能会提出一个想法，进行讨论，然后再提出另一个想法。当每个人都有机会提出一个想法时，小组将考虑该过程已完成。尽管已经产生了一些想法，但是这些参与者正在进行讨论，而不是进行头脑风暴。

头脑风暴是精心策划的过程。头脑风暴的过程旨在克服许多心理障碍，这些心理障碍抑制了团队成员的个人创造力，而团队成员只能自己产生想法。团队成员积极参与想法的

㊀ A. F. Osborn, *Applied Imagination*, Scribner's, Oxford, England, 1953.

㊁ T. Kastelle, "The Best Way to Have a Great Idea ..." 2018. Web. 14 May 2014.

产生过程克服了创造性思维中大多数感知、智力和文化心理障碍。一个人的思维障碍可能会与另一个人的思维障碍不同，因此，通过共同行动，各团体的综合想法产生过程会很好地进行。

有四个基本的集体讨论原则：

- *不允许批评*。任何试图分析、拒绝或评估想法的尝试都将推迟到头脑风暴之后进行。目标是为自由流动的想法创建一个支持性环境。
- *想法可通过其他成员的讨论产生*。头脑风暴会议的所有输出均应视为一个小组结果。参加集体讨论会议的参与者通过回想自己对相同概念的想法，对他们从他人那里听到的想法做出反应。触发新思路的这一动作揭示了其他参与者的可能性。新想法可以来自参与者在过程中已经命名的记忆、经验或有关系的知识。以别人的想法为基础（被称为“背负式”或“脚手架”）是头脑风暴会议运作良好的表现。
- *参加者应毫无拘束地透露所有想法*。团队的所有成员从应保持开放的心态，一个看似疯狂和不切实际的想法可能包含最终解决方案的基本要素。
- *在相对较短的时间内提供尽可能多的想法*。为了获得较高的创意输出，仅对每个创意进行粗略描述。经发现，前10个左右的想法不是最新鲜和有创意的，因此从头脑风暴中获取至少30～40个想法至关重要。

成功的头脑风暴是快节奏自由想法交流的会议。集体讨论过程的一般步骤如下。

1. 准备问题陈述。任何想法产生过程都要求参与者了解要寻求解决方案的问题。

2. 邀请适当的参与者。进行头脑风暴的价值的一部分是产生各种各样的想法，这些想法可能是非常规的，但并非完全无效。选择参与者的原因是他们了解要解决的问题以及与问题相关的背景信息。

3. 任命主持人。主持人的工作是观察并指导过程的进行。他的职责包括：

（1）保持自由选择的气氛。

（2）关注未使用的概念。

（3）邀请当时可能没有参加的个人发表评论

4. 任命记录员，其职责是记录并向参与者表达想法。他的职责包括：

（1）设置环境以进行正确记录。

（2）开发显示想法的方法，以便为参与者提供更多素材，以推动其他想法的产生。记录的一种流行格式是创建一个头脑风暴的想法板，以便所有参与者都可以查看想法（请参阅前面的讨论）。

5. 评估所有想法。重新召集小组，以便在以后的某个日期（通常是第二天）对想法进行分类、评估和分析。在 3.6.2 节中更详细地介绍了头脑风暴的想法。

头脑风暴有一定的优点，并且是以团队为背景产生想法的活动。但是，头脑风暴并不能克服创造力方面的许多情感和环境心理障碍。实际上，该过程会加剧某些团队成员的某些心理障碍（例如，对混乱的不满和批评的不安情绪）。为了减轻影响创造力的这些因素，团队可以在正式的头脑风暴会议之前进行不同类型的锻炼。这种方法称为*混合头脑风暴*。这些混合方法中的两种如下：

- 头脑风暴的混合方法结合了个人和小组的集体讨论，减少了参与者对参加小组集体讨论会议的恐惧。混合方法要求每个人在较大的正式会议之前集体讨论他们的想法，记录并对其进行排名。研究人员测试了这种混合方法的质量，发现它对提高产生的思想的质量是有益的[一]。
- 6-3-5 的头脑风暴方法[二]是对围绕小组工作但不进行口头交流的个人建立的。这是各种各样的头脑风暴，其中的想法被写下来而没有透露给更大的群体。这种头脑风暴方式也被称为“脑力激荡”。在 6-3-5 方法中，一组 6 个人在 5 分钟内分别生成并记录 3 个想法。然后，已记录的想法将传递给 6 人小组的另一位参与者，并且想法产生的周期将再开始 5 分钟。随着周期数的不断增加，参与者可以看到小组中其他人的想法，并且可以通过与原始头脑风暴过程相同的方式得到启发。

还有许多其他以鼓励所有成员充分参与为目的的形式的头脑风暴形式。互联网提供多种方法来激发每个参与者的创造力[三]，从而提高团队的表现。这些想法的支持者包括咨询公司、学者和受欢迎的专家。一个在线平台是技术、教育和设计（TED）博客[四]，这是一个传播 TED 组织信息的网站。

3.6.2 头脑风暴后的想法优化与评估

成功的头脑风暴将产生许多不同的想法。为发现最佳想法，需对讨论得到的想法进行处理。优化和评估步骤的主要目的是确定创新、可行、有实践可能的想法。与用于产生创意的

[一] K. Girotra, C. Tersiesch, and K. T. Ulrich, “Idea Generation and the Quality of the Best Idea,” *Management Science*, Vol. 56, pp. 591–605, 2010. ©2010 INFORMS.

[二] B. Rohrbach, “Creative by Rules—Method 635, a New Technique for Solving Problems,” *Absatzwirtschaft*, Vol. 12, pp. 73–75, 1969.

[三] A. Padley and A. Padley, “For More Effective Brainstorming, Use a Hybrid Approach.” 2018. Web. 10 June 2018.

[四] L. McClure, L. Jacobs, and B. Lillie, “How to Run a Brainstorm for Introverts (and Extroverts Too).” TED blog, 2018. Web. 10 June 2018.

思想类型（分歧）相比，用于完善创意构想的思想类型（趋同）更为集中。与最初的注重想法数量、尽量减少讨论的头脑风暴不同，此处鼓励讨论和批判性思维。

构想的优化和评估应安排在头脑风暴之后的一段时间内，例如一天之内。中间的时间用于解决方案的孵化，成员们可以反思目前为止产生的想法，或独立思考生成其他想法。评估会议应在这段时间过后，将团队成员实现的全部新想法添加到原始想法列表中。

需要一种系统的方法来评估每个想法。评估想法的一种好方法是创建一个亲和图，这是本节前面介绍的工具。问题的性质决定了解决方案构想分组的类型。这些分组是从研究产生的想法中得出的。

- 需要筹款立项的项目根据目标捐助者类型可能被划分为首要分组类型。
- 需要改进工件生产的问题可能会根据生产过程中使用的过程类型（冲压、机加工、研磨等）进行分组。
- 需要确定要添加到现有产品中的新功能的问题可能会出现新的分组（技术可用性和满足时间表的风险等）。
- 需要设计新工件的问题可能导致小组集中在开发时间、预期的性能水平、满足约束的能力以及财务方面的考虑。产品设计构想的替代分类可以具有通过所构想的相似工程特征（功率输出、电机类型、自动化程度等）定义进行分组。

将想法归类后，团队将选择一个类别，并按照亲和图工具的目标和方法讨论每个想法。

选择正确的时间来驳回看似合理的解决方案是很困难的。如果决策点在流程中为时过早，则该小组可能没有足够的信息来确定某些概念的可行性。解决问题的任务越雄心勃勃，越有可能成为现实。成功的团队使用的一种有价值的策略是记录想法并选择是否追求该想法。文档编制完整后，团队可以冒一定的风险快速推进流程，因为他们可以通过该文档来追溯自己的每一步决策。

3.6.3 创建调查机制

通常调查是从组织或选区的知识渊博的人、过程或产品的目标用户那里收集数据的最佳方法。开发调查工具需要大量的思考[1]。客户调查的示例在第5章中。创建有效的调查需要执行以下步骤：

[1] P. Slanat and D. A. Dillman, *How to Conduct Your Own Survey*, Wiley, New York, 1994; " How to Create a Survey Your Respondents Will Enjoy," *Qualtrics*, 2019. Web. 28 May 2019.

1. 确定调查目的。写一个简短的段落，说明调查的目的，结果将完成什么以及由谁来完成。

2. 确定需要哪些特定信息，并使用最少数量的问题来获取该信息。这些问题应分为多个类别以帮助客户。第一组问题应包括人口统计信息，以确定受访者是否在提供相关信息的人群中。

3. 设计问题。每个问题都应公正、明确、清楚和简短。问题分为三类：

- 态度问题——顾客对事物的感觉或想法。
- 知识问题——用来确定客户是否了解有关产品或服务的详细信息的问题。
- 行为问题——通常包含诸如“多久”“多少”或“何时”之类的短语。

编写问题时应遵循的一些一般规则是：

- 不要使用专业术语或复杂的词汇。
- 每个问题都应直接针对一个特定主题。
- 使用简单的句子。两个或多个简单句子比一个复合句子更可取。
- 不要将试图引导客户以得到你想要的答案。
- 避免双重否定的问题，因为它们可能会引起误解。
- 在提供给受访者的任何选项列表中，包括“其他”这一选项，并带有用于写答案的空格。
- 始终包括一个开放式问题。开放式问题可以揭示洞见和细微差别，并告诉你从未想过要问的事情。
- 问题的数量应能在大约15分钟（但不超过30分钟）内得到回答。
- 设计调查表，以便轻松地制表和分析数据。
- 包括完成和返回调查的说明。

问题可以有不同类型的答案。选择“答案类型”选项，该选项将以最显眼的格式引发响应，而不会混淆响应者。样本问题类型如下：

- 是、否或不知道。
- 奇特类型的评分量表由奇数个评分响应组成（例如，强烈不同意、轻度不同意、中立、轻度同意或强烈同意）。在这样的1～5的小数位数上，请务必设置数字小数位数，以使数字越大表示答案越好。必须提出问题，以使评分量表有意义。
- 排名顺序——按优先级降序排列

- 无序选择——从（a）、（b）、（c）、（d）、（e）中的（d）或（b）中选择（b）。

4. 调整问题顺序，以便从客户方得到的信息提供背景。从简单的问题开始，按主题对问题进行分类。

5. 试点调查。在向客户分发调查之前，在较小的样本组中进行试点并查看报告的信息。这些信息将反馈是否有任何问题措辞不当或是被误解、评级尺度是否足够、调查是否过长。

6. 管理调查。管理调查的关键问题是确保被调查者构成有代表性的样本，以达到调查的目的，并确定样本量必须用于取得具有统计学意义的结果。回答这些问题需要特殊的专业知识和经验。重要情况下应考虑聘用营销顾问。

评估调查问题取决于问题类型和所寻求的信息类型。

1. 通过确定每个答案类别中的响应数量来总结所有调查的数据。

2. 确定对问题的平均响应的最佳度量和数据变化的衡量标准。

（1）多选题将按每个选项的答案百分比来衡量。这个问题的重要信息是选择问题中给出的每一个选项的人数。

（2）对要求个人定量数据的问题（例如年龄、经验年限、所有权年限）的回答可以通过标准统计指标（如平均值、变化数、最低值和最大值）来描述。

（3）报告对用 Likert 量表（按 1～5 或 1～7 的评分给出的问题）回答的问题比计算标准统计量要复杂得多。一个人对任何等级的判断都将与另一个人不同。此处的数据应报告为每个可能的评分的回应数或回应百分比。没有平均响应是有效的。一种有效的方法是报告每个等级的回复次数或百分比。

（4）有些问题将从受访者那里收集自由格式的数据。可以使用单词或短语。在这种情况下，需要对回答进行审核，并放入目录中进行报告。然后，按收到的响应百分比报告数据。在这种情况下，必须包括异常或一种响应。

3. 为每个问题准备可视化的数据摘要，其答案不能用标准统计量表示。适当的工具包括历史图、条形图，箱形图和帕累托图。有很多类型的视觉效果可以呈现数据。来自调查的响应的相对频率可以显示在条形图或帕累托图中。重要的是选择一种工具，该工具将以不会丢失信息的方式显示数据。

例 3.1 简要概述了一个解决问题的策略，该策略利用了许多与 TQM 相关的工具。它们对于查找技术、业务或个人性质的问题的解决方案很有用。我们以通常用于解决技术问题的顺序介绍这些问题解决工具。

例 3.1 对一组选定的精力充沛的 10 岁儿童进行的新游戏盒的早期原型测试显示，在 100 个游戏单元中，有 20 个在活跃使用 3 周后，指示灯仍无法正常工作。

问题定义：SKX-7 游戏盒上的指示灯不具备执行其功能所需的耐用性。

故障的性质可以表现为焊点制作不良、灯泡的接线中断、插座松动或流过灯丝的电流过大。物理检查了 12 个失败游戏盒的结果在图 3.8 中以帕累托图的形式显示，其中出现频率最高的原因位于左侧，其次是出现频率次之的原因，依此类推。它基于帕累托原理，该原理指出，多数原因是由少数原因引起的，而其他原因则相对较少。这通常被称为 80/20 规则，大约 80% 的问题是由 20% 的原因引起的。

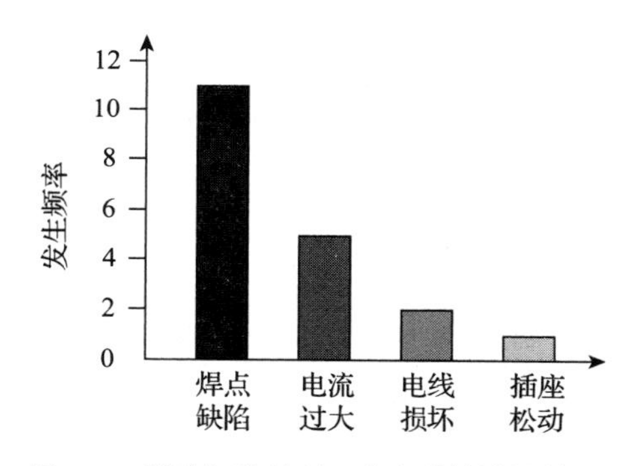

图 3.8 指示灯失效的一般问题的帕累托图

原因调查

帕累托图指出故障的焊点是导致故障的主要原因。重新设计电子电路时，很容易解决电流过大的问题。

指示灯只是印制电路板（PCB）（也称为卡）中包含的众多组件之一，而印制电路板是游戏盒的心脏。如果简单的照明电路出现故障，则可能会担心由于焊接缺陷而导致更多关键电路会随着时间的流逝而失效。这就要求对制造 PCB 的过程进行详细的根本原因调查。

PCB 是用铜层压的增强塑料板。电子组件（例如集成电路芯片、电阻器和电容器）放置在板上的指定位置，并通过铜通道连接。电路路径是通过丝网印刷将要走线的一层耐酸墨水，然后通过酸蚀刻除去其余的铜而产生的。电气元件通过焊接连接到铜电路。

焊接是使用低熔点合金将两种金属结合在一起的过程。传统上，铅 – 锡合金已用于焊接铜线，但是由于铅有毒，所以铅 – 锡和锡 – 铋合金已取代了铅。焊剂以糊状形式施加，该糊状元素由在塑料黏合剂中保持在一起的金属焊剂颗粒组成。焊膏还包含助焊剂和润湿剂。助焊剂的作用是去除要连接的金属表面上的任何氧化物或油脂，并且润湿剂会降低表面张力，因此熔融焊剂会散布在要连接的表面上。通过迫使其穿过模板或丝网，将其粘贴在 PCB 上的所需位置。屏幕与 PCB 之间的距离以及屏幕开口和组件之间的距离必须精确控制。

流程图。流程图用图形表示整个过程或某一部分中包括的所有步骤，由于图表可以让团队成员直观地了解影响问题的主要原因，所以流程图法是在早期阶段用来寻找问题原因的一个重要工具。图 3.9 所示为焊接流程图。

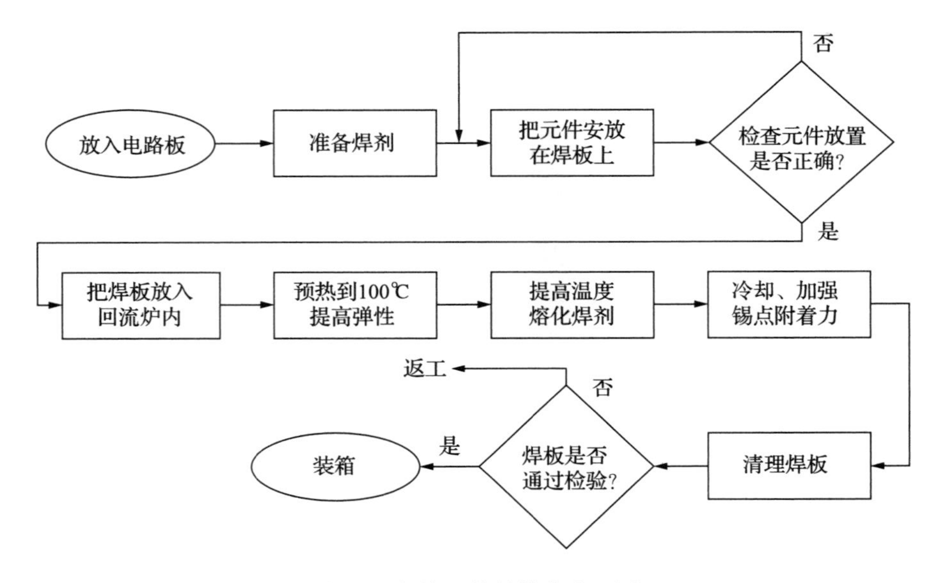

图 3.9　焊接工艺的简化流程图

流程图中的形状具有特殊的意义。流程的输入和输出项放在椭圆形框中。用矩形来显示流程中需要完成的任务或活动。判定点用菱形来表示，对于这些判定点必须做出是或否的判断。进程方向用箭头来标明。

流程图显示在焊材和部件被放置在电路板上后，需要将其放在加热炉内小心加热。第一步是馏出溶剂和激活熔合反应。然后，把温度提升到高于熔点，熔化焊剂和焊接部分，然后缓慢地冷却到室温，以防止由于焊接部分收缩差异而产生应力，最后一步是仔细清理掉印制电路板上残留的焊剂，并目测检查板的缺陷。

因果图。图 3.10 显示了产生焊锡缺陷的因果图。因果图是一种识别引起问题的因素的强大图形方法。在团队收集有关可能的问题原因的数据之后使用。它通常与头脑风暴法一起使用，以收集和整理所有可能的原因。

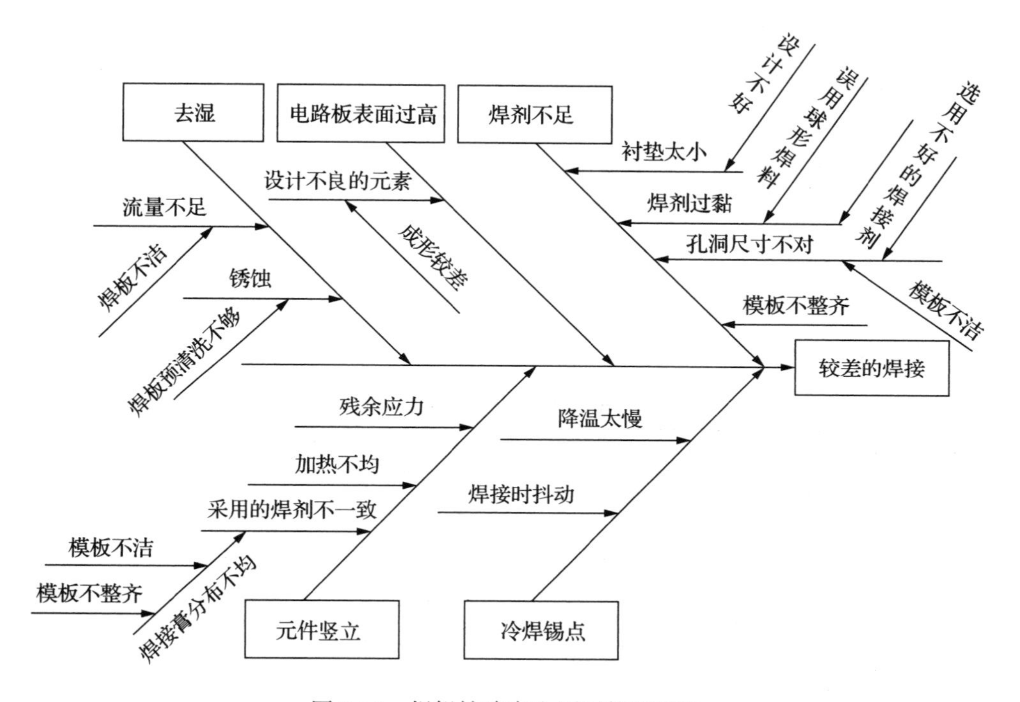

图 3.10　焊锡缺陷产生原因的因果图

根据他们在制作 PCB（或阅读技术文献）方面的团队经验，团队确定了导致焊点不良的五个常见缺陷：

- 没有为接头提供足够的焊剂。
- 焊剂未能润湿接头（即去湿）。
- 屏幕（模板）设计不良，使糊剂通过该屏幕到达接合处。
- 逻辑删除：组件未平放而是直立上升的故障。
- 冷接缝：焊剂在到达接缝之前固化。

要绘制因果图（请参见图 3.10），请从水平线开始，在右端带有一个方框，其中包含要改善的效果的简短但描述性的名称。在这种情况下，我们需要减少不良的焊点。接下来，确定 3～5 个可能导致所研究效果的不良原因（焊点不良）。这是 5 条线，它们从鱼的脊骨开始大约成 45° 角，并由其末端的方框指定。现在列出导致这些主要“骨骼”出现在水平线上的5个关节缺陷的详细原因。如果可能的话，继续研究第三级原因很重要。例如，不均匀的焊剂分布会导致元件立起，进而又可能是由于模板清洗效果不佳或模板对齐不良而导致的。此级别的原因对于找到根本原因很重要。

关联图。关联图有助于确定根本原因。通过检查因果图和团队对问题的理解，确定5～7个可能的根本原因。在图的不同部分中出现的原因通常被证明是根本原因。这些应输入可能的根本原因表中，如表3.3所示。在制作关联图时，团队必须对每种可能的根本原因有清晰的了解，这一点很重要。为了帮助您对关系做出正确的决定，请针对每个可能的根本原因写一个定义性的句子或陈述。通常，一个单词或两个单词的陈述不够具体，会导致关于一对原因之间是否存在关系的模糊决策。表3.3显示了正确描述可能的根本原因及其之间比较结果的语句类型。

表3.3　可能的根本原因

		输入	输出	
A	组件设计差导致，或制造错误导致	0	0	根本原因
B	主板清晰不当	2	0	
C	使用超出保质期的焊剂	1	2	
D	粘贴错误（焊剂 / 黏合剂 / 混合物）	0	3	
E	回流焊接机操作或维护不当	1	0	
F	模板的设计或维护	2	0	

可能的根本原因以圆形方式排列（见图3.11）。团队依次确定每个因果之间的因果关系。以A开头，询问A和B之间是否存在因果关系，如果存在，则从A到B的方向是否更强，或者从B到A的因果关系更强，然后在其中绘制箭头方向。接下来，我们依次研究A和C、A和D之间的关系，直到探讨所有因素之间的因果关系。注意，所有因素之间都不存在因果关系。对于每种原因或因素，应记录进出箭头的数量。最多的向外箭头指示原因或因素是根本原因或驱动因素。带有大量指入箭头的因素表明，它是该过程的关键指标，应加以监控，以作为改进措施。有关可能的路由原因的实际比较，请参见表3.3。发现根本原因是焊剂的选择不正确。考虑到正在使用无铅焊剂的新技术，这并不令人惊讶。

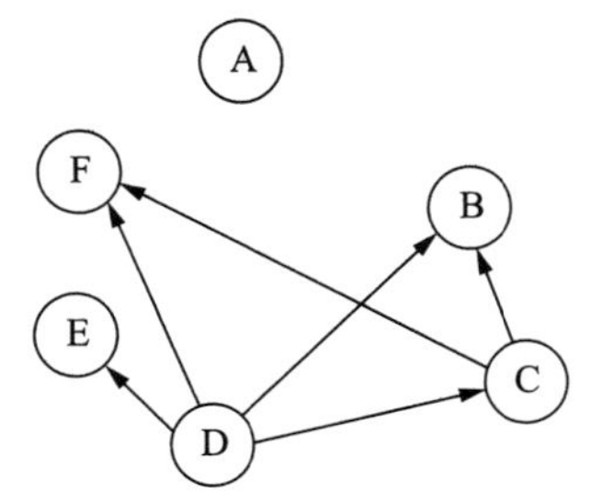

图3.11　该图显示了基于表3.3中的信息的相互关系图

寻找解决方案并实施

在这种情况下，要找到解决方案，需要将工程知识边缘小心地应用到一个易于理解的材料处理系统中。

how-how 图。how-how 图（见图 3.12）是用于阻止挖掘问题解决方案的有用工具。如本章前面所述，此树形图从所需的解决方案开始，不断询问：“我们将如何做到这一点？”

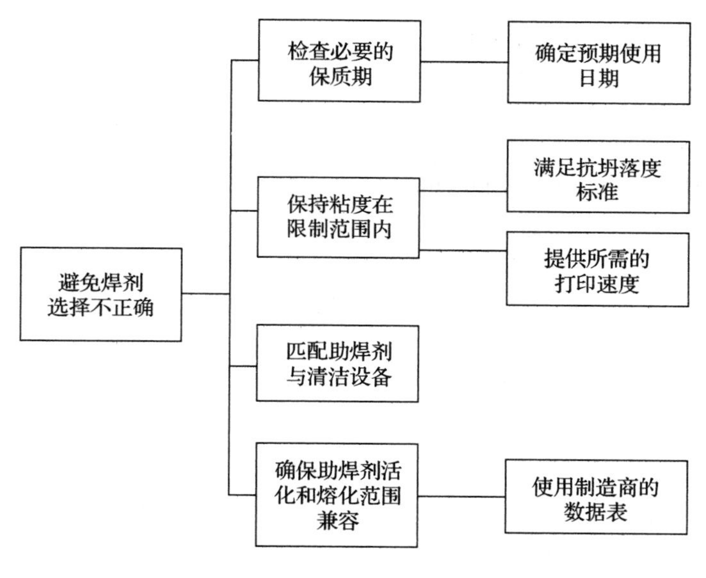

图 3.12 how-how 图

实施计划。解决问题的过程应以开发解决方案的特定措施为结尾。在执行此操作时，请认真考虑最大化驱动力和最小化约束力。实施计划将采取操作流程图上列出的特定操作，并按必须执行的顺序列出特定步骤。它还为每个任务分配责任，并给出要求的完成日期。实施计划还估算了执行解决方案所需的资源（金钱、人员、设施、材料等）。此外，它规定了解决方案实施的审查级别和审查频率。该计划的最后但非常重要的部分是列出将衡量其成功完成情况的指标，如图 3.13 所示。

此示例显示了 TQM 工具在设计情况下的应用。由于使用了检查工具来识别缺陷的物理性质，因此使问题的定义最小化。TQM 工具被广泛用于业务中，因为这些问题涉及人员而不是事物，因此问题往往更加分散。www.mhhe.com/dieter6e 上显示了这种类型的示例。

问题陈述：将SKX-7游戏盒中的焊点故障降低到低于0.01%。		
通过制定采购和测试的内部规范来解决功能不良的焊剂。		
具体步骤：	负责人：	完成日期：
1.创建三人团队	制造经理	10/3/20
2.焊剂生产商调查	乔	10/30/20
3.技术文献综述	琳达	11/4/20
4.研究规范和试验方法	迈克	10/20/20
5.厂内贮存程序研究	团队	11/5/20
6.对焊剂和焊剂的应用进行统计设计测试	团队	11/30/20
7.为购买焊剂和商店使用编写新的规格	团队	12/30/20
所需资源：2名工程师和1名技师3个月的工资		
审核要求：每周向生产经理汇报进度。		
成功项目的措施：非常显著地减少错误的焊点 减少退回的游戏盒 新的规格和测试程序改进了其他产品线		

图 3.13 实施计划图

3.7 时间管理

时间是一件无价的、不可替代的资源。荒废的时间将永远无法恢复。针对年轻工程师的所有调查表明，对个人时间的管理是一个非常值得关注的问题。在校读书和工作期间，在时间管理方面最大的区别是，工作以后的时间很少出现重复和可预测性。例如，工作后，你不可能像在校大学生那样每天都做同样的事情。在这种情况下，你就需要制定一个个人时间管理系统，以适应更分散的职业工作时间表。记住，效果就是要做正确的事，而效率则是要用正确的方法在最短的时间内将事做正确。

一个有效的时间管理系统对于实现个人长期和短期的目标至关重要。它可以帮你从重要任务中区分出紧迫的任务。每一个人都必须为自己制定出一个时间管理系统。以下是一些建立时间管理系统的经验[⊖]。

指定物品存放地点——以数字或物理形式。这意味着应该有一个地方来整理存放专业工具（书籍、报告、数据文件、研究论文、软件手册等）。现在，许多材料都可以以数字形式访问。工程师通常在工作计算机上创建文件系统以及在线文件和存储系统。只有最重要的文件才需要以实物形式保存，这些重要文档经常被数字化并在线保存以备后用。这意味着需要制定一

⊖ 改编自 D. E. Goldberg, *Life Skills and Leadership for Engineers*, McGraw-Hill, New York, 1995.

个本地数字资料存放守则，并坚持按守则操作。重要的书面文件现已转换为数字形式，并存储在本地计算机或便携式计算机上。也有一些安全的在线存储系统，可以通过无线网络访问文件。两个流行的存储系统是 Dropbox ™和 Box。本地文件可以同步到在线系统，从而提供备份存储和安全性。在线或组织工具和存储系统还提供了与协作者共享文件的选项。

制定工作规划。你不需要有精细的计算机化的工作安排系统，但需要一个工作规划系统。David Goglderg 教授建议必须准备 3 样东西：一本月历，用来记录每天的工作和将要履行的承诺；一本日记，用来记录谈话内容和已做过的事情（可以结合实验记录进行整理）；一个待办工作表。

规划包括必须参加的会议或课程、需要发送的电子邮件和需要谈话的对象。当完成某项工作时，暗自庆祝一下，便可以将这项内容从清单上划掉。第二天早上对前一天的活动清单进行核查，并制订当天的活动清单。每周开始时，做出新的表格更新待办工作和悬而未决的工作清单。如今，许多电子邮件程序都包含日历，这些日历提供了用于创建待办事项列表和确定任务优先级的复杂工具。可以将应用程序上的单独程序用于相同的结果。Google 日历应用程序包含这些活动的选项。

小事务随时解决。学会权衡大小事务并迅速做出决定。必须认识到 80/20 规则，即 80% 的成果将来自 20% 的紧急而重要的活动。重要的事务（如报告或设计审查）应列入悬而未决的工作清单中，并给这些重大任务留出时间进行周密准备。小事情的处理非常重要，但太小往往会被忽略，学会碰到小事就尽快处理。如果能够做到不让小事情堆积起来，在重大的工作需要全身心投入时，就能制定明确的日程表来保证任务的完成。

学会说不。这需要积累一些经验后才能办到，特别是对那些不愿得到不合作评价的新成员而言。我们不必自愿去做自己认为的不重要的“小事”。更不要被垃圾邮件所困扰。

电子邮件和移动设备文本已取代电话交谈。数字通信的优势在于它的速度，而缺点是发送者可能会假设接收者在到达每个消息后立即对其进行寻址。设置策略以全天定期查看这些消息，但不要立即将注意力转移到所有消息上。将精力集中于处理可能不太重要的消息上是浪费时间。

找到切入点并充分地利用它。找到自己一天中最佳的时间段，在这段时间里，你的精力旺盛，创造力强，可以把工作中最艰巨的任务都安排在这段时间来完成。而把其他诸如回电话、写备忘录等简单的日常任务放到其他时间段来完成。有时，还要留出时间来反思如何改进自己的工作习惯和创造性思考自己的未来。

3.8 规划与进度安排

时间就是金钱是一句古老的商业格言。因此，规划好未来的工作并合理地安排好时间是工程设计过程的重要内容，因为这样可以减少延误完成好任务。对于大型建筑项目和制造工程，必须有详细的规划和安排。在工程项目中，用计算机来处理大量的信息已司空见惯。然而，在各种规模的工程设计项目中，本章中讨论的简单规划和进度安排技术仍具有非常重要的作用。

刚刚毕业的年轻工程师最常见的缺点是，过分强调设计过程中技术完善的问题，而忽视了按时和在预算下完成设计。

对于任何工程设计项目，制定规划都需要确定一个项目的主要内容，以及明确各项内容的完成顺序。进度安排则是要对规划的内容制定具体的工作日程安排。一个项目的全生命周期中主要决策包括以下 4 个方面：

- 性能。设计必须具有达到某个性能水平的能力，否则就是投入资源的浪费。设计过程必须提出令人满意的规格和要求以便测试原型和产品。
- 时间。项目早期的重点是要准确地预计完成各项任务所需要的时间，并进行合理的安排，以确保有足够的时间来完成这些任务。在生产阶段，时间参数更成为设定和满足生产率的重点，而在使用阶段重点是可靠性、维修性和备件补给。
- 成本。在前面几章中已经强调了成本在确定工程设计可行性方面的重要性，把成本和资源限制在预算内是项目经理的主要职责之一。
- 风险。任何新的尝试都存在风险。项目的性能、时间和成本等参数必须建立在可接受的风险范围内，整个项目的进程中都必须监控风险。关于风险的问题将在第 13 章中进行详细讨论。

3.8.1 工作分解结构

工作分解结构（WBS）是将整个项目细分成便于管理的工作单元以确保整个工作内容能被更好地理解的一种方法。工作分解结构列出了所有需要完成的工作任务。最好是用成果（可提交的）而不是计划的活动来表示这些工作任务。由于在项目开始时，目标比活动更容易被准确地预测，因此可以用成果代替活动来表示具体的工作任务。此外，以目标而不是以活动为驱动可以为人们充分发挥聪明才智完成任务提供更大的施展空间。表 3.4 是一个小家电项目设计的工作分解结构。

表 3.4 某小家电设计的工作分解结构

小家电开发过程	时间（人周）
1.1 产品需求	
1.1.1 确定客户需求（市场调查，质量功能部署（QFD））	4
1.1.2 进行标杆分析	2
1.1.3 建立和审批产品设计任务（PDS）	2
1.2 概念生成	
1.2.1 提出备选概念	8
1.2.2 选择最适合的概念	2
1.3 实体设计	
1.3.1 确定产品的结构	2
1.3.2 确定部件配置	5
1.3.3 选择材料、可制造性和可装配性的设计分析	2
1.3.4 质量关键点需求的鲁棒性设计	4
1.3.5 使用失效模式、效果分析（FMEA）和根源分析法的可靠性和失效分析	2
1.4 详细设计	
1.4.1 子系统的整体检查和公差分析	4
1.4.2 完成详细图纸和材料清单	6
1.4.3 原型测试结果	8
1.4.4 完善产品的不足之处	4
1.5 生产	
1.5.1 设计生产系统	15
1.5.2 设计工具	20
1.5.3 采购工具	18
1.5.4 完成工具的最后调整	6
1.5.5 试生产	2
1.5.6 制定配送策略	8
1.5.7 产能提升	16
1.5.8 产品的连续生产	20
1.6 生命周期跟踪	
全部时间（如果按顺序完成）	160

工作分解结构的制定分为三个层次：项目总体目标、项目的设计阶段和每个设计阶段的预期成果。对于大型、复杂的项目，在细节方面工作分解可以采取一个或两个以上的层次。当采取这种特别详细的分解层次（我们称之为工作范围）时，将会有一份特别厚的报告，用叙述

性的段落来描述所要完成的工作。注意，完成每项任务的时间用人周表示，那么两个人工作两周的时间就是 4 人周。

3.8.2　甘特图

甘特图是最简单和使用最广泛的进度安排工具（如图 3.14 所示）。项目需要完成的任务按顺序在垂直轴上列出，任务的预计完成时间沿横轴标出。预计的完成时间是由开发团队凭借集体经验确定的。在像建筑业和制造业等一些领域，可通过手册或计划表以及成本估算软件来确定有关数据。

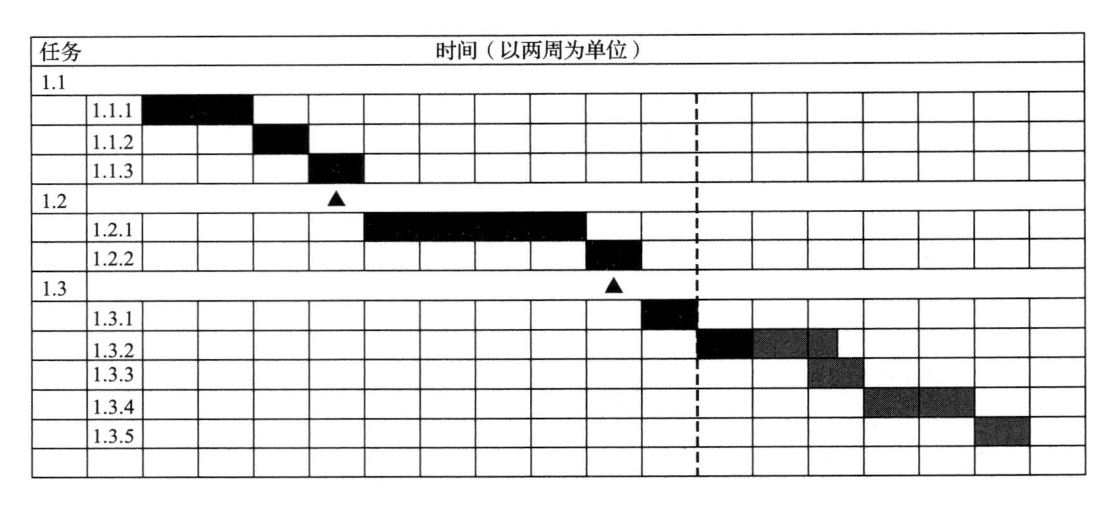

图 3.14　在表 3.4 中前三个阶段的工作分解结构的甘特图

水平的横条表示任务的预计完成时间和预期成果。横条的左端代表任务的计划开始时间，右端代表预期完成的时间。在任务开始后的 20 周处垂直的虚线表示当前日期。已经完成的任务涂黑，尚未完成的用灰色标明。任务 1.3.2 用黑色单元标明表示该团队已经提前完成任务并开始进行下一阶段的设计。大多数进度都是按顺序进行的，这表明并行工程原则在这个设计团队中应用得并不是很多。然而，为生产活动进行选材和开展面向制造的设计是在任务 1.3.2 前完成的。用符号▲代表**里程碑事件**，这些事件是设计评审，按计划在产品设计任务书和概念设计完成后进行。

甘特图的一个缺点是不易确定后续任务与先前任务的关系。例如，我们无法从甘特图上明确地了解到先前任务的延期将对后续活动和工程总体期限产生的影响。在下一节中讨论的关键路径法可以满足此需求。

3.8.3 关键路径法

关键路径法（CPM）是一种网络图方法，它把重点放在确定项目计划的潜在瓶颈上。大部分工程或产品开发项目都是非常复杂的，需要像关键路径法这样的系统分析方法。关键路径法的基本方法是带箭头的网络图。关键路径法的主要定义和制作规则如下：

- 活动是用来完成项目某一部分的耗时的工作。活动用带箭头的线段表示，箭头指向项目完成的进程方向。
- 事件是一项活动的结束点及另一个活动的起始点，事件是工作完成和/或决策的节点。但是假定事件没有消耗时间。圆圈用来代表事件。关键路径图中的每一项活动都被两个事件分开。

构建网络图的几点逻辑要求如下：

- 上一个事件没有响应，下一个活动就不能开始。若图为A→○→B，A没有结束前，B就不能开始。同理，若图为C→○→D、E，C没有结束前，D和E的活动就无法开始。
- 事件前的每一个活动都完成后，它才能进行，若图为F、G→○→H，F和G必须在H之前完成。
- 虽然两个事件没有通过活动直接联系在一起，但是它们彼此存在依赖关系（甚至之前的事件）。在关键路径图中，我们引入虚拟活动的概念来表示它们的联系，用 ---► 表示。虚拟活动不需要时间及成本，如下面的两个例子所示。
  - 若图为 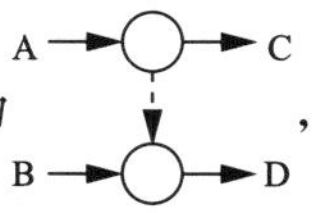 A→○→C，B→○→D（上方事件以虚线箭头指向下方事件），活动A和B一定要在活动D之前完成，但C之前只需完成活动A，而与活动B没有关系。
  - 若图为 0 →A→ 1，1 →B→ 2，1 →C→ 3，2 ---► 3，2 →D→ 4，3 →E→ 4，4 →F→ 5，A必须在B和C之前完成，C必须在E之前完成，B必须在D和E之前完成，D和E必须在F之前完成。

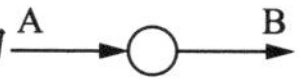

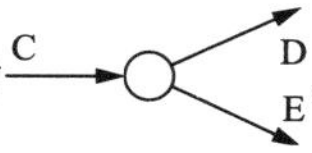

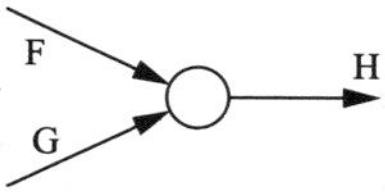

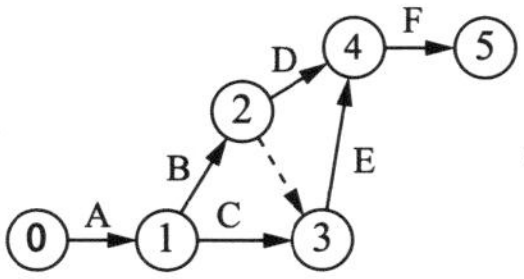

要找到最长的路径（关键路径）需要确定一些额外的参数。

- 活动时间（D）：每项活动的活动时间是完成活动的预计时间。
- 最早开始时间（ES）：最早开始时间是每项活动的最早可能开始的时间。采用正推法来计算最早开始时间，从项目的最早一个活动开始计算，直到计算到最后一个节点的时间为止，如果有多个路径，就选择持续时间最长的一个。

- 最迟开始时间（LS）：最迟开始时间是指为了使项目在要求完工时间内完成，某项活动必须开始的最迟时间。采用逆推法来计算最迟开始时间，从项目的最后一个活动开始计算，直到计算到第一个节点的时间为止。如果有多个路径，就选择最长的持续时间。
- 最早结束时间（EF）：最早结束时间 = 最早开始时间 + 活动时间，其中活动时间是每一项活动的持续时间。
- 最迟结束时间（LF）：最迟结束时间 = 最迟开始时间 + 活动时间。
- 总时差（TF）：最早开始时间和最迟开始时间之间的时差，总时差 = 最迟开始时间 – 最早开始时间。关键路径上的活动时差为零。

例 3.2 开发团队的项目目标是在现有的管壳中安装新设计的传热管原型，并确定新管束设计的性能。该项目包括拆除旧管和内部布线，并用新管和大量仪器替换它们。将安装电加热器以使灯管达到正常工作温度。表 3.5 从 A 到 K 列出了 11 个活动。

表 3.5 根据图 3.15 的最早开始时间计算

事件	活动	最早开始时间	备注
1	A,B	0	起始点最早开始时间规定为零
2	C, D, F	3	$ES_2 = ES_1 + D = 0 + 3 = 3$
3	E,G	7	$ES_3 = ES_2 + D = 7$
4	I	12	在节点 4 是最大的最早开始时间与该节点各活动时间的和
5	H	13	$ES_5 = ES_3 + 6 = 13$
6	J	16	$ES_6 = ES_5 + 3 = 16$
7	K	18	
8	—	20	

CPM 网络如图 3.15 所示。按照惯例，箭头从左向右移动，该过程从第一个事件开始。两项任务是同时进行的，即拆除内部零件（旧管和接线）和安装外部接线。在填写图表时，必须考虑优先级关系。优先活动是必须在另一个活动开始之前立即完成的活动。例如，安装新管子（G）必须继续在泄漏测试活动（H）之前完成。

CPM 网络完成后，我们转向计算关键路径的方法。为了简化通过计算机方法的解决方案，必须按照发生的顺序对节点上发生的事件进行编号。每个活动末尾的节点号必须小于活动头的节点号。通过从第一个节点开始并通过网络进行前向传递，同时将每个活动持续时间依次添加到先前活动的最早开始时间中来确定最早开始时间。详细信息如表 3.5 所示。

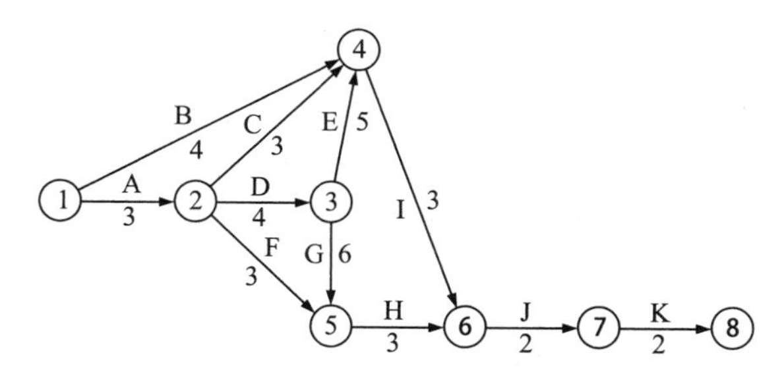

图 3.15 基于例 3.2 的新热交换器样机测试的 CPM 图

最迟开始时间是通过相反的过程计算的。从最后一个事件开始，通过网络进行反向传递，同时从每个事件的最迟开始时间中减去活动持续时间。计算在表 3.6 中给出。请注意，为了计算最迟开始时间，从共同事件开始的每个活动可以具有不同的最迟开始时间，而从同一事件开始的所有活动都具有相同的最早开始时间。

表 3.6 根据图 3.15 的最迟开始时间计算

事件	活动	最迟开始时间	事件	活动	最迟开始时间
8	—	20	5-2	F	10
8-7	K	18	4-3	E	8
7-6	J	16	4-2	C	10
6-5	H	13	4-1	B	9
6-4	I	13	3-2	D	3
5-3	G	7	2-1	A	0

结果汇总在表 3.7 中。总时差（TF）由最迟开始时间和最早开始时间之间的差异确定。活动的总时差指示活动可以延迟多少，同时仍允许按时完成整个项目。当 TF = 0 时，表示活动处于关键路径上。根据表 3.7，关键路径包括活动 A-D-G-H-J-K。

表 3.7 样机测试项目计划参数

活动	描述	活动时间（周）	最早开始时间	最迟开始时间	总时差	活动	描述	活动时间（周）	最早开始时间	最迟开始时间	总时差
A	清除内部器件	3	0	0	0	G	安装新管路	6	7	7	0
B	安装外部接线	4	0	9	9	H	泄漏测试	3	13	13	0
C	安装内部接线	3	3	10	7	I	检查热电偶	3	12	13	1
D	构建支撑部件	4	3	3	0	J	绝缘	2	16	16	0
E	安装热电偶	5	7	8	1	K	温度测试	2	18	18	0
F	安装加热器	5	3	10	7						

每项活动的持续时间是在CPM里对完成该项活动所需时间的最可能估计值。所有的持续时间都应采用同样的单位表达，可以用小时、天或周。主要是根据相类似的项目记录测算的，要考虑到涉及的人员和设备需求，以及法规限制和技术因素。CPM不仅可以很好地估计完成复杂过程的时间，而且CPM图还提供了有关必须执行项目步骤的顺序的重要计划信息。

PERT（项目计划评审技术）和CPM的思想一样，也是一种非常流行的项目管理方法。然而，PERT能够对活动完成的时间进行可能性预测，而不是采用最可能的完成时间。PERT的详细内容可以参阅本章的参考文献。

估算项目工期的另一种方法[㊀]可以通过以下公式计算：

$$\text{时间（小时）} = (A)(\mathrm{PC})(D^{0.85})$$

其中A是指示大公司的团队和个人之间信息交换状况的因素。在大型公司中，A的值可能是150小时。在小公司中，A可能需要30小时。PC一词是指项目的复杂性。它通过产品功能结构图的复杂性来衡量（请参阅第6章），如下所示：

$$\mathrm{PC} = \sum j(F_j)$$

在该等式中，j是乘积的函数结构中的级别，而F是在该级别上所需的函数数量。因子D是产品复杂性的度量。它是由公司经验确定的，并且随着项目所需的新知识和设计专业知识的增加而增加。

例3.3 本文使用Shot-Buddy篮球训练设备的设计来说明设计过程中的方法（在第5章中详细介绍了Shot-Buddy）。在此示例中，计算了完成Shot-Buddy设计过程的时间。

Shot-Buddy是在一家小公司中设计的，因此$A = 30$。该设计包括一个新的射频识别（RFID）感应系统，该系统可以将射手的位置识别为返回球的点。这不是现成的产品，因此有点复杂。因此，选择该问题的难度为$D = 2$。

查看Shot-Buddy篮球训练设备的功能结构（参见图6.6），可以将PC计算为18。

$$\begin{aligned}\mathrm{PC} &= (1 \times 1) + (2 \times 4) + (3 \times 3) \\ &= 18\end{aligned}$$

㊀ D. G. Ullman, *The Mechanical Design Process*, 5th ed., McGraw-Hill, New York, 2016.

完成此设计所需的估计时间如下：

$$\begin{aligned}\text{时间（小时）} &= (A)(\mathrm{PC})(D^{0.85}) \\ &= (30)(18)(20.85) \\ &= 973\end{aligned}$$

973 小时约为 6 个月。减少设计时间的一种好方法是指派两名设计师到项目中，一名具有无线通信经验，另一名机械工程专家。利用良好的团队合作精神，这个团队可以在 3 个月内设计出 Shot-Buddy 设备。

3.9 总结

本章讨论了如何成为一名高效率工程师的方法。本章涉及时间管理和日程安排等方面的一些内容主要针对个人的需要，但是本章的大多数论述旨在帮助读者更有效地在团队中发挥作用。本章涉及的内容可以分为两类：态度和技术。

对于态度方面，我们强调：

- 兑现承诺和守时的重要性。
- 准备工作的重要性（会议准备、标杆分析实验等）。
- 提出和学习反馈意见的重要性。
- 使用的结构化问题求解方法的重要性。
- 管理时间的重要性。

对于技术方面，我们讲述了以下内容。

团队进程：

- 团队准则。
- 成功会议的组织原则。

问题求解工具（全面质量管理（TQM））：

- 头脑风暴法。
- 亲和图法。
- 多方投票。
- 帕累托图。

- 因果图。
- why-why 分析法。
- 关联图法。
- how-how 分析法。
- 力场分析法。
- 执行计划法。

项目管理工具：

- 甘特图。
- 关键路径法（CPM）。
- 项目计划评审技术（PERT）。

有关这些工具的详细信息可以在参考文献中查询，那里也给出了应用这些工具的软件包名称。

3.10 新术语与概念

一致同意	甘特图	项目计划评审技术（PERT）
关键路径法（CPM）	how-how 分析法	全面质量管理（TQM）
促进者	关联图法	why-why 分析法
时差（在 CPM 中）	里程碑事件	工作分解结构（WBS）
流程图	多方投票	
力场分析	网络逻辑图	

3.11 参考文献

团队方法

Cleland, D. I.: *Strategic Management of Teams,* Wiley, New York, 1996.
Harrington-Mackin, D.: *The Team Building Tool Kit,* American Management Association, New York, 1994.
Katzenbach, J. R., and D. K. Smith: *The Wisdom of Teams,* HarperBusiness, New York, 1993.
Scholtes, P. R., et al.: *The Team Handbook,* 3rd ed., Joiner Associates, Madison, WI, 2003.
West, M. A.: *Effective Teamwork: Practical Lessons from Organizational Research,* 2nd ed., BPS Blackwell, Malden, MA 2004.

问题求解工具

Barra, R.: *Tips and Techniques for Team Effectiveness,* Barra International, New Oxford, PA, 1987.
Brassard, M., and D. Ritter: *The Memory Jogger™ II*, GOAL/QPC, Methuen, MA, 1994.
Folger, H. S., and S. E. LeBlanc: *Strategies for Creative Problem Solving,* Prentice Hall, Englewood Cliffs, NJ, 1995.
Tague, N. R.: *The Quality Toolbox,* ASQC Quality Press, Milwaukee, WI, 1995.

计划和调度

Gido, J., and J. D. Clements, *Successful Project Management*, Southwestern, Mason, OH, 2009.
Mantel, S. J., and J. R. Meredeth, S. M. Shafer, M. M. Sutton, *Project Management in Practice,* John Wiley & Sons, Hoboken, NJ, 2008.
Rosenau, M. D., and G. D. Githens: *Successful Project Management,* 4th ed., Wiley, New York, 1998.
Shtub, A., J. F. Bard, and S. Globerson: *Project Management: Process, Methodologies, and Economics,* 2nd ed., Prentice Hall, Upper Saddle River, NJ, 2005.

调度软件

Microsoft Project 2010 是广泛应用于制作甘特图和确定关键路径的调度软件。该软件同时适用于分配任务资源和管理预算。该软件是 Microsoft Office 软件的一个组成部分。

Oracle 的 Prmavera 提供了计划与调度套件，该套件可用于 100 000 个活动的大型建筑开发项目中。根据所选软件，该软件可用于定义项目范围、规划和成本。该软件可以集成到企业资源管理系统（ERP）中。

3.12 问题与练习

3.1 在团队的第一次会议上，做一些团队活动以便大家熟悉起来。

（1）问一系列问题，让每个人依次回答。首先问第一个问题，轮流回答后，再问下一个，典型的问题有：你叫什么名字？你的专业和班级？你在哪里长大或住在哪里？学校里你最喜欢什么？学校里你最不喜欢什么？你的爱好是什么？你认为你会给团队带来什么样的特殊贡献？你想从课程中学到什么？你毕业后想做什么？
（2）采用头脑风暴法为团队起一个队名并设计一个队标。

3.2 使用头脑风暴法讨论旧报纸的用途。

3.3 团队和赞助商制定一个章程会对团队很有帮助，章程中应该包括哪些内容？

3.4　学习和使用3.7节中介绍的全面质量管理工具（TQM），用大约4个小时的时间，针对学生比较熟悉、认为需要改进的一些问题，提出团队的解决方案，注意如何在项目中使用全面质量管理工具。

3.5　名义群体法（NGT）是人们在运用头脑风暴法和亲和图法来得出并组织关于问题定义的想法时所产生的一类变种方法，研究一下名义群体法，并把它作为本章中讨论方法的一个可用方法。

3.6　在进行头脑风暴时，有些粗心的人会说出一些短语（也称“杀手短语”）而限制了思想的自由交流。列出10～12个“杀手短语”来提醒成员们在头脑风暴阶段不应该说什么。

3.7　经过约两个星期的小组会议后，邀请一个具备一定专业知识、没有利害关系的人以观察员身份参加团队会议，请他对发现的问题提出批评。两个星期后，再次邀请他参会，看看团队会议效果是否有所改善。

3.8　为团队会议的有效性制定一个评分体系。

3.9　记录下一周你的活动日程，每30分钟为一段，这让你了解了时间管理技能的哪些知识？

3.10　下面是进度安排网络图的约束，判断网络图是否正确。如果不正确，请画出正确的网络图。

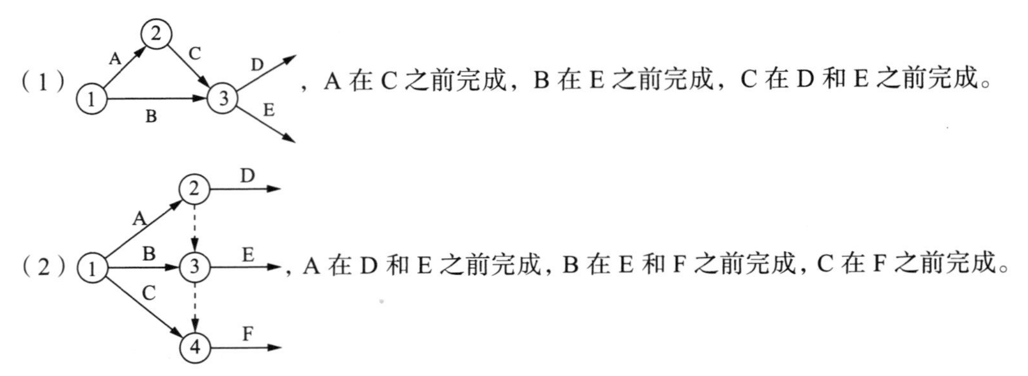

3.11　开发一个小的电子装置包括下表中的步骤，根据给出的信息，画出网络图，并使用关键路径法确定关键路径。

活动	描述	时间（周）	前序活动
A	定义客户需求	4	
B	评价竞争对手的产品	3	
C	定义市场	3	

（续）

活动	描述	时间（周）	前序活动
D	准备产品规范文件	2	B
E	生产销售预估	2	B
F	调查竞争对手的营销方式	1	B
G	以客户需求来评价产品	3	A，D
H	设计和测试产品	5	A，B，D
I	策划营销产品	4	C，F
J	收集竞争对手的定价信息	2	B，E，G
K	进行产品广告造势活动	2	I
L	向分销商分发销售说明书	4	E，G
M	制定产品价格	3	H，J

第 4 章

信息收集

4.1 信息的挑战

1992 年，彼得 · F. 德鲁克（Peter F. Drucker）观察到，美国社会进入了一个历史时期，在该时期，知识是个人和经济的最重要资源[⊖]。技术的迅猛发展产生了新知识，而工作者需要定位、学习和整合新知识否则将变得过时。可以预见，美国和其他发达国家的未来繁荣将取决于他们的知识工作者（例如工程师、科学家、艺术家和其他创新者）开发新产品和服务以保持竞争力的能力[⊜]。历史证明这些预测是正确的。

幸运的是，工程师已经接受了在整个职业生涯中寻找新知识的培训。工程伦理要求所有从业人员必须终身学习该领域的最新技术知识。与所有专业人员一样，工程知识的用户也需要具备查找和使用相关信息的技能。

获取信息对于成功进行工程设计至关重要，并且贯穿整个过程。在一般设计过程中，在问题定义和概念生成步骤之间放置信息收集步骤（见图 4.1），强调了在设计过程的最早步骤中

⊖ P. Drucker, "The New Society of Organizations," *Harvard Business Review*, Vol. 70, pp. 95–104, 1992.

⊜ T. L. Friedman, *The World Is Flat*, Farrar, Strauss and Giroux, New York, 2005.

对信息的关键需求。本章中描述的查找信息的建议在以后的实施和详细设计阶段中同样有用。表 4.1 提供了设计所需的许多类型信息的详细信息。

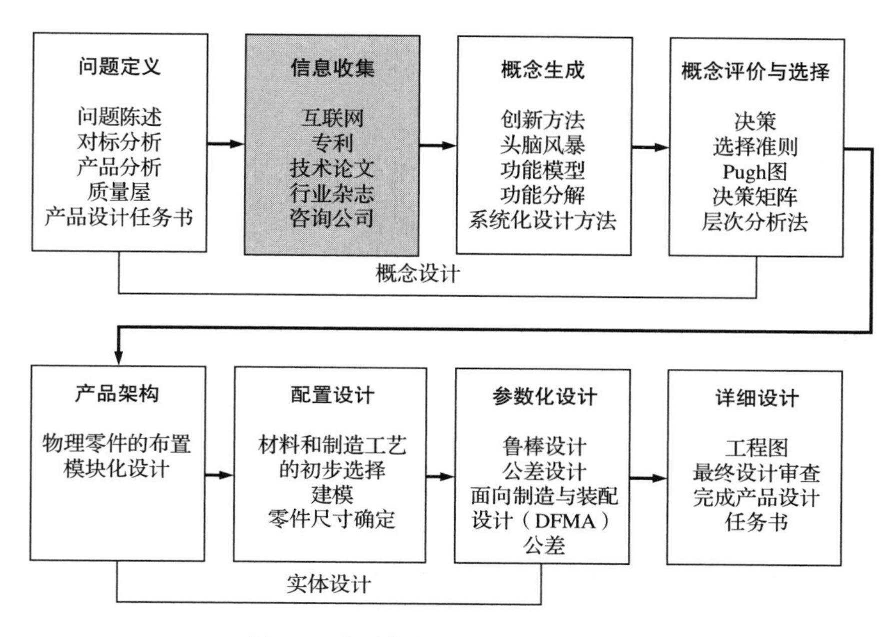

图 4.1　表明信息收集位置的设计过程

表 4.1　设计信息的类型

客户
调查和反馈
市场数据
相关设计
以前各个版本产品的任务书和图纸
竞争对手的相似设计（反求工程）
分析方法
技术报告
专业的计算机程序（例如有限元分析）
材料
以往产品的性能（失效分析）
材料性能
制造
工艺能力
产能分析
制造资源
成本
成本的历史记录

（续）

目前的材料和生产成本
标准件
供应商提供产品的可用性和质量
尺寸和技术数据
技术标准
国际标准化组织（ISO）
美国材料试验协会（ASTM）
公司的具体要求
政府法规
性能的规定
安全性的规定
生命周期问题
维修 / 服务反馈
可靠性 / 质量数据
保修数据
可持续发展
环境影响
社会影响
经济影响

4.1.1 数据、信息与知识

我们应该仔细地研究一下“知识”这个奇特的东西，并弄清楚它与我们看到的事物表象有什么关系。

数据是事件的一组客观事实。它们可以是对一种新产品进行试验观测的记录，也可以是市场研究中的销售数据。信息是经过某种方式处理的数据，用以传达消息。例如，销售数据可以通过统计方法进行分析，以根据客户的收入水平确定潜在的市场；产品的测试数据可用来与其他竞争产品进行比较。信息的作用是改变信息接收者对某事的看法，即对他的判断和行为产生影响。Inform 这个单词最初的意思是“赋形于…”，信息则意味着改变信息接收者的观点或视野。

当数据被赋予一定意义后就成了信息，这可以通过以下几种方式完成[⊖]：

- 背景化。了解收集数据的目的。
- 分类化。了解分析的基本单元或数据的关键部分。
- 计算化。通过数学或统计学方法分析数据。
- 修正化。消除数据误差。

⊖ T. H. Davenport and L. Prusak, *Working Knowledge*, Harvard Business School Press, Boston, 1998.

- 提炼化。以更简洁的形式对数据进行总结。

*知识*比数据或信息更广泛、更深入且更丰富。因此，知识的概念更难以界定。知识可以说是经验、价值、相关信息以及专业视角的组合，它提供了评估和吸纳新经验、新知识的框架。创造知识是人类努力的结果。计算机可以从很大程度上帮助人类存储和传输信息，但在提出新知识方面，人类必须完全依靠自己的力量。新知识可以通过以下过程来形成：

- 比较。把这种情况和我们已知的情况相比分析会如何？
- 结果。某条信息对做出决定和采取行动会有什么影响？
- 联系。知识之间有什么联系？
- 交流。其他人会怎样考虑这条信息？

与数据和信息不同，知识包含对事物的判断[一]。在知识增加的过程中，一个重要的因素是要意识到什么是未知的。一个人拥有的知识越多，他就越应该变得谦虚和谨慎。很多知识（尤其是设计知识）都是通过前人长时间的试验和观察得到的规则。当我们再次遇到与之前类似的问题时，这些知识可以为我们提供解决方案的指南。经验法则在需要详细设计知识的领域经常被用到，如考虑可制造性的决策。

综上所述，一个零件、一个规格或者材料表都是*数据*。由制造商所提供的包含轴承尺寸和性能参数的目录是*信息*。一篇刊登在工程技术杂志上介绍如何计算轴承使用寿命的文章是*知识*。设计评审会的结果是信息，而对在完成一些大型设计工程的过程中所总结的经验教训的深入反思也是知识。

4.1.2 信息素养与互联网

互联网是当今信息搜索最常见的起点。互联网[二]是专用计算机的全球网络，这些计算机协同工作，在用户自己的计算机上发送信息。它提供了信息移动到特定目的地的路径，就像高速公路系统提供了通过汽车将人们移动到特定目的地的路径一样。1956 年的《联邦援助公路法》是一项立法，通过在美国全国范围内建立“限制通行”的道路网络，彻底改变了美国的交通运输方式[三]。互联网以同样的变革方式实现了万维网[四]的创建，并改变了对全球信息的访问。万维网（简称为 Web）包含可从互联网访问的所有信息。

㊀ 人工智能（AI）正在快速发展，以协助判断。

㊁ “How the Internet Works: A Simple Introduction.” Explain That Stuff, 2018. Web. 19 June 2018.

㊂ “History of the Interstate Highway System—50th Anniversary—Interstate System—Highway History—Federal Highway Administration.” Fhwa.dot.gov, 2018. Web. 20 June 2018.

㊃ “How the World Wide Web Works.” Explain That Stuff, 2018. Web. 19 June 2018.

网页还为仅以实体形式存在于Web之前的组织提供互联网访问。现在，Web提供了对零售商店（例如沃尔玛、梅西百货、Barnes & Noble）的访问权限。客户可以在线购物和购买产品。通常，在从本地商店购买产品之前，客户会使用互联网搜索价格最优惠的零售商。它还为组织提供了严格通过互联网进行操作的平台。电子商务也来自网络，这是一个表明公司在业务交易中至少一个步骤使用到互联网的术语。比较有名的电子商务商店是iTunes和亚马逊，它们仅在网络上存在的零售"商店"。银行创建了允许许多传统银行业务在线进行的网站。也有银行仅通过网络存在，并且没有实体建筑物。

许多非商业组织（例如慈善机构、协会和专业协会）都使用Web向感兴趣的人提供信息。城市、州和联邦政府都有提供信息的网站。一些网页提供专门为在线分发而编写的信息。其他网页提供网关，以访问以前只能通过图书馆在印刷媒体中使用的参考信息（例如，百科全书、期刊、报纸和政府报告）。

网络彻底改变了对信息的搜索。在使用互联网之前，消息来源的质量是其媒体类型所固有的。研究人员选择了搜索来源的类型（报纸、百科全书、政府报告、商业文献、学术期刊等），并且该来源的性质提供了对其质量的洞察力。网络实际上可以在任何计算机用户的指尖提供大量信息。但是，重要的是要意识到，从互联网检索到的许多信息都是原始信息，就某种意义而言，同行或编辑者尚未对其进行过正确性审查。

评估通过Web找到的信息的可信度和质量的责任在于用户，并且需要一种新的素养。自20世纪40年代以来，教育工作者就开发了识别所需信息、查找信息来源、评估其质量以及理解和传达调查结果的方法[⊖]。如今，这种技能被称为*信息素养*，即通过互联网查找可信且高质量的信息的能力。

评估基于Web的信息的信誉和质量是一项挑战，原因有以下几个：

- Web文档的作者可能不清楚。
- Web文档站点的宿主可能是未知的或有偏见的。
- 互联网上广告的日益使用可能会影响客观性信息。
- 不对Web文档进行事实检查。
- Web文档可能不会更新。
- 到Web文档的链接可能会随着时间而改变或完全消失。

⊖ S. Williams, " Guiding Students Through the Jungle of Research-Based Literature," *College Taeching*, Vol. 53, pp. 137-139, 2005.

有评估参考资料的专家。例如参考图书管理员、经过专业培训的研究人员和学者。例如，美国图书馆协会的成员之一——大学与研究图书馆协会（ACRL）就致力于信息素养[一]。各个研究人员创建评估基于 Web 的信息的准则[二]。普渡大学在线写作实验室（OWL）是学生写作各个方面的在线参考资料，其中一部分通过比较印刷和互联网资源来评估信息来源[三]。

标准参考资料的门户

大多数大学图书馆都提供一个网站来搜索印刷品和其他媒体资源（例如参考书、论文和期刊）。许多来源（例如学术期刊文章、书籍章节、政府报告、报纸和商业杂志）都提供了数字信息，但也提供了印刷品。这些来源应根据打印格式的优劣进行评估。它们不是纯 Web 信息源。这并不意味着来源是自动可信的，但是书目图形信息（例如作者和出版者）可以随时查看。

直接发布到网页的信息

仅对在 Web 上发布的信息进行更彻底的评估。拥有计算机的任何人都可以在线发布文档。信息应无偏见、准确、及时，并能被其他来源证实。这里给出了一个评估来源可信度和质量的质疑过程。

1. 查看网页的样式和设计。“页面的外观是否符合 Web 发布功能的当前标准？”“页面上有广告吗？”

2. 确定您可以从网页中找到哪些书目信息。典型的 Web 资源书目引用的结构如下[四]：

J. K. 作者，“文章标题”，组织名称，出版日期 . 网络 . 访问日期 .

尝试填写该网页的引文。将不可用的信息留空。然后继续完成以下问题。

3. 确定信息的作者。请注意，某些 Web 内容未提供作者。

（1）如果有作者，则要考虑的问题是：“作者的凭证是什么？作者还发表了什么？”

（2）如果没有列出作者，请查找网站的赞助商（可以是公司或组织）。应当思考的问题是：“公司与内容之间有什么联系？关于公司可以学到什么？这家公司能否提供偏向于自身利益的信息？”

[一] “About ACRL.” Association of College & Research Libraries (ACRL), 2018. Web. 2 July 2018.

[二] S. Williams, “Guiding Students Through the Jungle of Research-Based Literature,” *College Teaching*, Vol. 53, pp. 137–139, 2005.

[三] D. Driscoll and A. Brizee, “Purdue OWL: Evaluating Sources of Information.” Owl.english.purdue. edu, 2018. Web. 2 July 2018.

[四] “IEEE Editorial Style Manual, Vol. 9.” *IEEE Periodicals*, 2018. Web.

4. 标识 Web 发布日期。应思考的问题是："材料何时上传？是否有显示该网页上次更新时间的日期？这些信息的时效性如何？发布时间是信息质量的因素吗？"

5. 阅读内容。阅读后的问题包括：

（1）"写作风格适合专业出版物吗？"

（2）"有拼写和语法错误吗？"

（3）"内容是否以逻辑方式书写而没有矛盾或逻辑上的失误？"

（4）"内容是否与标题匹配，并且适合用于查找标题的搜索参数？"

（5）"内容中是否存在链接，它们是否处于活动状态？"

（6）"相关引用是否适当引用了这些信息？"

当你敏锐地分析整个过程，你将逐渐产生信息可信度和信息质量的观念。如果在过程中的任意步骤缺少来源的详细信息，则可以将其视为不充分信息或无效信息不予采纳。

4.2 寻找设计信息的来源

如今，设计信息有多种形式。现有设计是物理形式。支持信息（例如销售历史数据）通常以印刷形式提供。用于设计的大多数公司信息都是数字格式的。公司拥有自己的专有信息，存储在数字文件中。可以在教科书、期刊、专著等中找到用于创建、评估、测试和生成设计的技术工程信息。工程师必须确定执行成功的设计项目所需的信息，这不是一件简单的任务。对设计工程师如何利用时间的调查表明，他们花费多达 30% 的时间来搜索信息[⊖]。

一旦确定了必要的设计信息，则必须将其提供给设计者。设计信息的公共来源曾经仅在印刷媒体上可用，但是互联网使人们能够快速地访问所有公共信息，因此要求设计人员精通搜索。

4.2.1 设计信息

在设计过程的任一步骤中，获取信息都是成功的必要条件。每个设计项目所需的信息是多种多样的，从市场营销事实、现有产品信息、工程性能计算、材料特性、制造过程效率到产品生命周期结束时的处置选择。仅在少数几个文档中找不到此信息。需要更广泛的文件集。

⊖ A. Lowe, C. McMahon, T. Shah, and S. Culley, " A Method for the Study of Information Use Profiles for Design Engineers," *Proc. 1999 ASME Design Engineering Technical Conference*. DETC99DTM-8753.

工程设计所需要的信息除了书面文字外还有多种形式。表4.2给出了设计所需要的各种信息形式。

表4.2 适用于工程设计的信息形式

图书馆
词典和百科全书
工程手册
教科书和专著
期刊（技术期刊、杂志和报纸）
政府
技术报告
资料库
搜索引擎
法律和法规
工程专业协会和行业协会
技术期刊和新杂志
技术会议论文集
某些情况下的法规和标准
知识产权
国内和国际专利
版权
商标
个人活动
通过工作经验和学习获得的知识积累
与同事联系
与专业人员的人际关系
与供应商联系
与顾问联系
参加会议和展览会
参观其他公司
客户
直接参与
调查
保修付款和退换产品的反馈

4.2.2 利用谷歌搜索信息

“Google it”是一个人们常用的短语，表示要在互联网上查找信息。截至2018年7月，约有18.9亿个网站需要搜索算法来识别特定信息源[一]。谷歌（Google）是最受欢迎的互联网搜索引擎的名称。在从2017年7月开始的12个月中，它占据搜索引擎市场的份额最高[二]，谷歌为72.2%，百度[三]占3.7%，必应（Bing）占7.7%，雅虎（Yahoo!）占4.6%。本节将重点介绍如何使用谷歌搜索[四]。

响应在搜索字段中输入的关键字，谷歌会提供一个指向相关内容的链接列表。返回的链接数根据所使用的搜索词而有所不同。谷歌的搜索可以返回数千个网页，以响应常规搜索。结果列表不是直观地排列的（例如，按日期或按网页名称的字母顺序）。了解搜索结果的排序方式对用户很重要。

搜索引擎旨在查找与搜索关键字最相关的内容。Web太大了，不可能为每个查询都进行全面搜索。而是由搜索引擎创建内容索引并访问结果。谷歌使用网络搜寻器（系统地审查网页的专业搜索程序）将网页内容条目创建到索引中。谷歌搜索访问其索引并评估页面作为结果的适当性，并返回结果列表以及指向每个结果页面的链接。

复杂的算法评估网页的适当性，以确定其在搜索结果中的排名。确定网页排名的标准不断变化。影响网站搜索排名的一些项目包括关键字的存在、页面内外的链接数量、搜索者的位置以及页面下载的难易程度。结果列表中页面的排名对于该页面的视图数至关重要。

搜索在结果列表中的位置非常重要。谷歌提供了一组准则来改善其网页排名。网站所有者（相关和连接的网页的集合）可以通过多种方式来提高搜索排名。许多公司，尤其是那些依赖Web的公司，都在搜索引擎优化方面拥有专家的位置。例4.1详细描述了在比例控制的特定领域中搜索技术信息的过程。

例4.1 在Web上搜索有关比例控制而不是温度控制的信息。（注意：此例在2018年6月完成。结果现在有所不同，但是搜索优化技术相同。）以下搜索序列证明了将结果缩小为更相关的结果的必要性和能力。

搜索1：在谷歌搜索框中输入**比例控制**。

结果：126 000 000个网页。

㊀ "Internet Live Stats—Internet Usage & Social Media Statistics." Internetlivestats.com, 2018. Web. 16 July 2018.

㊁ 桌面和笔记本计算机的统计数据。

㊂ 百度是一家中国的跨国科技公司，开发人工智能和其他技术，包括互联网搜索引擎。百度是中国使用最多的搜索引擎。

㊃ Support.Google.com上有一个名为"谷歌搜索如何工作"的网页，上面有详细信息。

一个特殊的文本块包含来自 Wikipedia 的比例控制定义及其链接 https://en.wikipedia.org/wiki/Proportional_control。这被谷歌称为“精选代码段”。它是从搜索中找到的回答搜索问题的 Web 页面创建的。以下是 PID 的摘要。

人们通常会问
PID控制器的目的是什么?
PID控制器的优势是什么?
PID控制器的积分时间是什么?
为什么用PID控制器?

反馈

结果第一页的底部还有一个两列的列表，标题为“与比例控制有关的搜索”。该列表提供了指向更具体搜索词的链接，这些搜索词侧重于缩小比例控制中的主题。两个搜索词是“比例控制器基础”和“比例控制器传递函数”。

原始结果数量巨大。之所以选择某些结果，是因为谷歌在某些网页中发现了比例词，在其他网页中发现了控制词，而在另一些网页中发现了比例控制词。要搜索确切的短语，请用引号将其引起来。

搜索 2：在谷歌搜索框中输入**“比例控制”**。

结果：439 000 个网页和与搜索 1 中所述相同的部分。

通过从搜索中排除术语，可以进一步限制搜索。假设我们想从搜索中排除任何与温度控制有关的参考文献。为此，我们可以在“温度”一词前加上减号（–）。请勿在减号（–）和“温度”的开头之间留空格。

搜索 3：在谷歌搜索框中输入**“比例控制” – 温度**。

结果：273 000。

这一系列搜索词演示了如何缩小响应范围，使其与搜索目标更加相关。如果集合变得太小，可以增加结果以包括更一般的结果。可以添加术语“OR”以增加响应的数量[⊖]。

搜索 4：在谷歌搜索框中输入**比例 OR 控制**。

结果：3 110 000 000。

⊖ 有关布尔搜索词（如“OR”）的帮助可通过 support.google.com 获得。

例 4.1 展示了需要有信息的搜索技术来有效地查找信息的需求。谷歌在网站 support.google.com 上提供了有关搜索（及其他应用程序）的支持信息。如果您使用“如何使用谷歌进行搜索”一词进行搜索，那么您将看到超过 60 000 亿个结果。

4.3 图书馆资源

每个研究人员都有去图书馆查找信息资源的经验。如今，这是通过计算机从任何位置进行搜索来完成的。本节讨论了与大多数设计项目有关的一些信息源描述。

4.3.1 百科全书

Wikipedia 是流行的在线百科全书。这是了解许多主题的第一步良好资源。文章是由读者提交的，几乎没有编辑评论。因此，它们可能包含错误或偏差。对于技术主题，这是快速了解新主题的好地方，但是对于偏见经常泛滥的政治或经济主题，应谨慎阅读。

4.3.2 手册

手册是有用的技术信息和数据的纲要。它们通常由某个领域的专家来编写，他们决定各章的组织方式，然后召集一组专家来撰写各章。许多手册提供了理论、基本原理和应用的描述，而其他手册则更多地关注详细的技术数据。有数百本科学和工程手册，远远超出此处讨论的范围。大多数图书馆都有手册的参考部分可以查阅。

这个手册主题的小样本说明了用户可以使用的典型种类：

- 工程基础手册。
- 机械工程手册。
- 机械工程计算手册。
- 工程设计手册。
- 设计、制造及其自动化手册。
- 弹性力学解决方案手册。
- 应力和应变公式手册。
- 螺栓和螺栓连接手册。
- 疲劳试验手册。

这些手册中的许多都可以在缴纳图书馆订阅费用后在该图书馆中在线获得。

4.3.3 教科书与专著

以前的课程教科书通常是技术信息的第一本参考资料，应在课程学习期间熟悉它们。专著是比教科书范围更小但更专业的书。

4.3.4 目录、小册子与手册

目录、小册子和手册是一类重要的设计信息，它们包含了外部供应商的原材料和产品的信息。参加商业展览可以很快熟悉供应商提供的产品。如果要找不熟悉的新零件或新材料的相关资料，可以从美国制造商托马斯注册中心（www.thomasnet.com）开始查询，它汇集了北美地区工业产品供应商及其服务商的最全面的信息资料。

大多数技术图书馆会提供一些对于设计来说非常重要的企业或商业信息。美国联邦政府每年都会收集每个州的商品消费或销售额以及所制造的商品量，这些数据可以在美国商务部编写的制造商统计中以及美国人口普查局编写的美国统计摘要中查询，这种类型的统计资料对于市场营销研究非常重要。这些资料也可以通过商业渠道购买。这种数据是根据北美工业分类系统（NAICS）代码按行业分类的。NAICS 取代了前标准工业分类系统（SIC）代码。无论其业务规模大小，从事相同类型商业活动的企业都有相同的 NAICS 代码。因此，查询政府的数据库需要了解 NAICS 代码。

4.3.5 期刊

期刊是定期出版物，周期为每月、每季度或每日（如报纸）。人们感兴趣的主要期刊可以是报告某个特定领域内研究结果的技术期刊，如工程设计、应用力学，也可能是具有较少的技术性而侧重于工业应用的行业杂志。

索引和文摘服务可以提供期刊文献的最新信息，更重要的是，通过它还可以帮助我们查找曾经发表的文章。索引按题目、作者和参考文献收录众多文献。虽然索引和文摘主要涉及期刊，但往往也会包括一些书籍和会议内容，以及技术报告和专利。在数字化之前，摘要和索引都收录在厚厚的参考书中。现在，可以通过库参考端口或链接以数字方式来进行访问。表 4.3 列出了工程和科学领域最常见的抽象数据库。获得感兴趣的参考文献后，你可以使用 Web of Science 或谷歌学术搜索引用来查找参考任何搜索结果的其他文章。文章被引用的次数反映了该领域其他人所判断的文章的价值。

表 4.3　常用的工程和科学文摘与索引数据库检索源

名称	说明
Academic Search Premier	收录了超过 7 000 多种期刊的摘要和索引，许多都有全文
Aerospace database	收录了由 AIAA、IEEE、ASME 出版的期刊、论文集和报告
Applied Science & Technology	包括购买指南、论文集，包括很多应用信息
ASCE Database	收录了美国土木工程学会所有的出版物
Compendex	工程索引的电子版
Engineering Materials	覆盖聚合物、陶瓷、复合材料等领域
General Science Abstracts	覆盖美国和英国出版的 265 种重要期刊
INSPEC	覆盖了关于物理学、电子工程、计算机与信息技术的 4 000 种期刊
Mechanical Engineering	覆盖了 730 种技术期刊和行业杂志
METADEX	覆盖了冶金和材料科学领域
Safety Science and Risk	覆盖了 1 579 种期刊
Science Citation Index（Web of Science）	收录了 164 个科技领域的 5 700 种期刊
Science Direct	收录了 1 800 种期刊，其中 800 种为全文

4.3.6　谷歌学术

谷歌学术（scholar.google.com）是谷歌服务套件中的另一个应用程序。谷歌学术搜索由大学、专业协会、法院意见书（如果选择了该选项）、学术出版商、专利和其他网站发布的学术文献㊀。谷歌学术搜索的目的与在线数据库相同。结果按相关性排序，相关性考虑作者、文章发表的出版物以及发表的学术文献中该文章被引用的次数和频率。

搜索谷歌学术类似于在任何数据库中搜索学术文献。可以按作者姓名、主题、日期和其他常见书目详细信息进行搜索。搜索字段会在谷歌学术搜索网站（scholar.google.com）的首页上打开。谷歌学术搜索可以使用例 4.1 中针对谷歌所示的相同类型的高级搜索技术。

谷歌学术搜索的一项有用功能是，如果有可用的话，它将提供指向搜索结果全文在线副本的链接。另一个功能是谷歌学术搜索会以各种样式（例如 APA 和 MLA）为所有结果提供完整的引用。谷歌学术搜索的一项强大的功能是，它将引用所有搜索结果提供指向所有出版物的链接。这些功能为技术文献研究人员节省了时间。

例 4.2 详细说明了在比例控制的特定领域中对学术文章的搜索。这与例 4.1 中用于搜索的主题相同。

㊀ “学术文献”指的是某个领域的专家所写的文章，这些文章的准确性和质量也经过了同行的评审。

例 4.2 在谷歌学术搜索中搜索有关比例控制而非温度控制的学术文献。(注意：此示例在 2018 年 8 月完成。现在的结果有所不同，但是搜索优化技术相同。) 以下搜索序列说明了将结果缩小为更相关的结果的必要性和能力。

搜索 1：在谷歌学术搜索框中输入**比例控制**。
结果：约 3 630 000。

结果中首先列出的论文是 T. H. Hammel et al.（1963）。主题是与人类生物学有关的比例控制。引用为：Hammel，H. T.，Jackson，D. C.，Stolwijk，J. A. J.，Hardy，J. D.，& Stromme，S. B.（1963）。“Temperature regulation by hypothalamic proportional control with an adjustable set point.” *Journal of Applied Physiology*，18（6），1146—1154。另有 380 个出版物引用了该论文。

这不在工程控制领域，因此将对搜索进行更改。

搜索 2：在谷歌学术搜索框中输入**比例控制 AND 工程**。
结果：约 1 890 000。

第一个清单是其他 2 153 篇学术著作引用的标题为“From PID to active disturbance rejection control.”的文档。引文为：Han，J.（2009）. “From PID to active disturbance rejection control.” *IEEE Transations on Industrial Electronics*，56（3），900—906。

该期刊发行于 2009 年。需要更新的结果，因此需要更改日期范围。

搜索 3：选择页面左侧的菜单选项“**自 2018 年起**”。
结果：约 21 300。

第一本书的标题为“[BOOK] Intellrgent control: fuzzy logic application.”，引文为：De Silva，C. W.（2018）. Intellrgent control: fuzzy logic application. CRC Press。

这本书有 294 篇引文。数量很少，因为在进行此搜索时，该书仅出版了一年的一部分。

此示例演示了一些用于使用 Google 学术搜索优化学术作品搜索的方法。

4.4 政府资源信息

2015 年，美国联邦政府资助了国内约 40% 的研发项目，主要以技术报告的形式积累了大量的信息。这是一个重要的信息来源，但所有的调查都表明，这些信息的利用并没有像预想的那样充分。

政府赞助的报告只是信息专家了解的所谓灰色文献中的一部分，其他的灰色文献是行业资料，如初稿、会议论文集和学术论文。虽然大家知道这些资料存在，但很难查找和检索，所以称其为灰色文献。撰写报告的组织团体会控制它们的传播。出于知识产权和竞争的考虑，这些组织和团体不像政府和学术组织那样乐于分享与合作。

政府印刷局（GPO）是一个负责印制和分发联邦文件的政府机构。尽管它不是政府文件报告的唯一来源，但却是查询信息的良好着手点，特别是对于政府规定和经济统计。

工业部门和大学里的研发组织编写的报告通常不能从政府印刷局获得，这些报告应该可以从商务部的国家技术信息服务中心（NTIS）获得。国家技术信息服务中心是一个通过出售技术信息获取经费的独立机构，负责交换美国和外国的技术报告、联邦数据库和软件等。可在网上访问该中心网页 www.ntis.gov/products/ntrl。

在查询政府信息源方面，GPO 涵盖了更广泛的来自政府的信息，而 NTIS 则重点提供技术报告类文献。然而，即使是庞大的 NTIS 收集到的信息中，也不能包含所有联邦政府赞助的技术报告。由美国国防部成立的科学与技术信息办公室通过 www.osti.gov 网站提供来自能源部（DOE）、环保局（EPA）和国家信息技术服务中心（NIST）等部门的研究报告。

学术论文虽然不是政府出版物，但它的存在很大程度上取决于政府对作者研究项目的支持与否。学术论文文摘数据库提供了超过 150 万份由美国和加拿大政府资助的博士和硕士论文的文摘，论文的副本也可以从这个数据库购买。

4.5 设计与产品开发的专用资源

工程设计的意义旨在盈利或降低原成本。这里收集了一组与产品开发过程的业务相关的对 Web 的引用。这些都是订阅服务，因此最好通过您的大学或公司网站输入它们。

4.5.1 工程供应商

具有全国性仓库网络和良好在线目录的三个供应商是：

McMaster-Carr Supply Co. http://www.mcmaster.com

Grainger Industrial Supply. http://www.grainger.com

MSC Industrial Supply Co. http://www1.mscdirect.com

谷歌的网站部分是开始搜索供应商的好地方。多年以来，超大型书籍 *Thomas Register of American Manufacturers* 一直是设计室的标准装置。现在可以在 Web 上的 http://www.thomasnet.com 上找到此重要信息源。它的功能之一是 PartSpec®，可以下载超过 1 000 000 个预绘制的机械和电气零件及其规格。

4.5.2 技术信息

Knovel（http://knovel.com）是一个基于互联网的工程信息服务网站。它提供了成千上万的工程设计手册和关于工程设计的专著。虽然我们需要订阅来获得服务，但某些手册和数据库是免费提供的。

博文网：网站内容非常简单，但却很实用，配有一些设备和系统工作原理的插图和动画（http://www.howstuffworks.com）。点击“science”→“Englneering”获得关于一般工程设备的信息。

eFunda，即工程基础，它作为工程师的网上参考资料。网址为 http://www.efunda.com。主要内容包括材料、设计数据、单位换算、数学和工程计算公式。工程科学课程中的方程式都加以简短的讨论以及非常细致的设计数据，如螺纹标准、几何尺寸和公差。这个网站大部分内容是免费的，但有部分内容付费。

Engineers Edge 和 eFunda 有些类似，但它更侧重于机械设计计算和细节。此外，它还覆盖了大部分金属和塑料的制造工艺设计。网址为 www.engineersedge.com。

4.5.3 一般性网站

LexisNexis 网站（http://web.lexis-nexis.com）是世界上最大的收集新闻、公共条文、法律和商业信息的网站。主要的分类为新闻、商业、法律研究、医疗等。

General Business File ASAP（网址为 http://galeapps.galegroup.com/apps/auth/）提供从 1980 年到现在的商业信息。

Business Source Complete 可通过 EBSCO 访问的数据库，网址为 www.ebsco.com / products / research-databases / business-source-complete，它涵盖了所有商业期刊，包括营销学科、管理信息系统（MIS）、生产点（POM）、会计、财务和经济学。

4.5.4 市场营销

可以在 http://www.census.gov/epcd/www/naics.html 上找到北美行业分类系统（NAICS）。当使用以下营销数据库时，对 NAICS 代码的了解通常会很有用：

Hoovers（胡佛）公司，网址为 www.hoovers.com，它提供了各大公司的详细背景资料，还提供销售额、利润、高层管理、产品线、主要的竞争对手等方面的重要统计数据。

Standard and Poors Net Advantag，网址为 https://library.ccis.edu/company-industry-info/netadvantage，它提供了工业界的金融调查和近期预测。

IBIS World，网址为 www.ibisworld.com, 它提供美国 700 个行业和 8 000 多家公司的市场调查报告。

4.5.5 商业数据统计

我们可以从联邦政府的各个部门那里获取大量关于美国商业、贸易和经济的数据。以下列出了一些最常用的信息来源。更多关于美国政府部门和司局的信息请参见：http://guides.ucf,edu/statusa。

- 美国商业部经济分析局网站（http://www.bea.gov）刊登的统计信息有美国经济概况、国内生产总值、个人收入、公司利润和固定资产以及贸易平衡。
- 美国商业部人口统计局网站（http://census.gov/）按年龄、地点和其他因素分类提供人口数据和未来人口趋势。
- 劳工部劳工统计局网站（http://bls.gov）提供各类指数及其他统计资料，如消费价格指数、生产价格指数、收入增长率、生产率因素以及劳动力的人口统计学数据。

4.6 专业学会与贸易协会

专业学会是为了促进专业的发展和奖励业内杰出成就者而成立的学术性团体。工程学会推进专业建设的主要工作有：通过主办年会、会议、展览会和本地会议来传播知识，学会也出版技术期刊、杂志、书籍、手册以及资助短期继续教育课程。与其他一些行业协会不一样，工程学会很少去游说对会员有利的立法。一些工程学会制定了行业法规和标准，参见 4.7 节。

由于在工程领域缺少一个核心的学会，就像医药学会和美国医学协会共存，影响了工程行业在公众心目中的形象，也不利于展示与联邦政府讨论时的职业形象。美国工程师学会联合会（AAES）作为联合全部团体的代表设立在华盛顿，而一些规模较大的协会也在华盛顿设有办事处。联合会目前有 13 个学会成员，包括五大学会。美国工程院（NAE）是美国科学院（NAS）在工程方面的互补机构。它的成立旨在表彰杰出的工程师，以及向美国政府在相关技术事项上提供建议。

行业协会代表了某工业领域公司的利益。所有行业协会都收集了该行业的业务统计数据，并印制了协会成员目录。大多数协会代表其成员游说政府进行进口管制和制定税率法规。有些机构，如美国钢铁协会（AISI）和美国电力研究学会（EPRI）都赞助一些研究项目来推动其产业发展。致力于开展教育活动和项目的行业协会主要面向国会和一般公众，其他像钢罐产业协会这样的团体更关注地面储罐检测标准这样的问题。在 Wikipedia 中的“技术贸易协会”下进行的搜索将显示该领域的庞大和可变性。

4.7 法案与标准

法案是执行任务的一套规则，如一个地方要有城市建筑法案或消防法案。而标准还没有那么强的严格性，它仅仅建立了一个用于比较的基础。许多标准描述了实现某个实验的最佳方法，这样测得的数据就可以与其他人得到的数据进行可靠的对比，以验证测试的结果。规范用来描述系统应该如何工作，它通常比标准更具体且详细。

美国国家标准机构是工业化国家中唯一一个不是由政府支持的国家标准机构。美国国家标准学会（ANSI）是美国自愿性标准体系的协调中心（www.ansi.org）。法案和标准是由来自专业学会或行业协会的专家、大学教授和大众组成的技术委员会研究制定的，这个标准可能会由技术组织公布实施，但大多数也提交给美国国家标准学会。如果标准学会核查该标准制定过程正确合理，就认定为国家标准。该机构也提议新标准的制定，它代表美国参加国际标准化组织委员会的国际标准化工作。在标准的制定发展进程中，美国政府没有实际的投入，但是一些志愿性组织和学术组织投入了大量的人力和财力。由于 ANSI 必须要承担出版成本和机构的运营经费，所以购买标准的费用相对较高，一般都不在网上免费提供。ANSI 提供了有关标准的教育网站（http://standardslearn.org），它列出了许多标准开发组织（SDO），有关标准的广泛教程以及案例研究，这些案例显示了标准在设计中可能至关重要的地方。

美国政府制定标准的责任由美国国家标准技术研究院（MST）来承担，它是属于美国商业部技术管理部门的一个部门。NIST 的标准服务部（SSD）（http://ts.nist.gov/ts/ssd/index.cfm）是联邦政府机构和私营部门之间的标准工作的协调中心。由于标准可能成为对外贸易的最大障碍，因此SSD积极开展标准国际化工作，从而支持美国国际贸易管理署的工作。SSD还管理着国家试验室的认证程序。NIST的前身是美国国家标准局，它保存了国际标准度量衡，如公斤、米的标准，并能制定一个程序来标定其他实验室的仪器。NIST的大量实验室还被用来研究开发和改进的标准。

美国材料试验协会（ASTM）是编制材料、产品系统领域标准的主要组织，一半以上的ANSI标准是它制定的。大多数工程专业图书馆提供一系列ASTM出版的年度专辑（http://astm.org）。

美国机械工程师协会（ASME）撰写了众所周知的锅炉和压力容器法案，该法案已经和大多数州的法律相结合。美国机械工程师协会标准研究部还出版轮机、内燃机以及其他大型机械设备性能测试法案（http://asme.org/Codes/）。欲查看一份关于标准制定组织的长清单，请在http://engineers.ihs.com/products/standards内点击“标准”。

美国国防部（DOD）是在制定标准和规范领域最为活跃的政府部门。DOD制定了大量的标准，其中大多数出处三个分部：陆军、海军和空军。国防装备合约商必须熟悉并遵守这些标准。

由于贸易全球化日益加大，国外的标准变得越来越重要，一些有用的网站有：

- 国际标准化组织（ISO），http://www.iso.org。
- 英国标准学会（BSI），http://www.bsigroup.com。
- 德国标准化学会（DIN），德国标准组织的所有DIN标准都已被翻译成英文并且可以通过ANSI在http://webstore.ansi.org上买到。
- 另外一个销售外国标准的网站是世界标准服务网，http://www.wssn.net。

一个用来搜索标准的重要网站是国家标准系统网（http://www.nssn.org）。这个网站是美国国家标准学会建立的，其数据库中的数据超过250 000条。例如，搜索处理核物资标准时，找到50条记录，包括由美国材料试验协会、国际标准化组织、美国机械工程师学会、德国标准化学会、美国核学会（ANS）撰写的标准。

4.8 专利与其他知识产权

原创概念可以通过专利、版权和商标等形式来保护。这些领域的法律保护文件构成了知识产权法。因此，它们可以像房地产和工厂设备等形式的财产一样被出售或出租。有几种不同类型的知识产权。专利是由政府授予的，给予其所有者使用和出售专利的权利，并阻止他人制造、使用或出售。因为在当今的技术时代，专利和专利文献十分重要，所以我们在本章给予重点关注。版权是赋予其所有者享有出版和销售文字作品或艺术作品的专有权。因此，它赋予其所有者防止其作品未经授权而被复制的权利。商标是用来与其他销售的产品区分开来的商品名称、文字、符号或数字等。商标的使用权通过登记获得，并在一定时间段内可以继续使用。商业秘密包括公式、样品、仪器以及使企业超过竞争对手的信息资料。有时商业秘密中的内容也可以申请专利，但是通常公司不申请专利，因为防止专利侵权很困难。由于商业秘密不受法律保护，因此必须对商业秘密信息保密。

4.8.1 知识产权

在高科技发展的社会，知识产权日益受到重视。2016年，美国知识产权至少为4 500万个工作岗位提供了支持，并为GDP贡献了60 000亿美元（占38%）[㊀]。在美国，通过授予技术方面的知识产权所获得的收入大约为450亿美元，而在世界范围内收入高达1 000亿美元。与此同时，估算表明，大约只有1%的专利获得了专利费，约10%的专利运用到实际生产的产品。大多数专利是以防御目的而申请的，用来防止竞争对手在产品中使用自己的想法。

4.8.2 专利体系

美国宪法第1条第8款规定“议会有权为促进科学和实用技术的进步，在限定期限内对发明者给予专有权的保障”。由美国政府授权的专利给予专利权人以阻止他人制造、使用或出售专利发明的权利。自1995年以来，自授权之日起专利有长达20年的专利保护期。其他大多数国家的专利保护期都是20年。

发明专利是最常见的一种专利，对机器、方法、零件或其组合的新颖而且有用的改良都可申请发明专利。（篮球回收装置专利的第一页在本章后面的图4.2中显示。）此外，外观设计专利是授予创作新的装饰性的产品外观设计，植物专利授予新发现的植物。以前受版权法保护的计算机软件从1981年开始可以申请专利。1998年，美国允许为企业应用申请专利。当然，以上任何一类专利的新用途也可以申请专利。

自然规律和物理现象不能申请专利，解决这些问题的数学公式和方法也不能申请。通常，抽象的概念也不能申请专利。仅仅改变零件的大小或形状，或用一个更好的材料来代替的方法也不能被授予专利。艺术、戏剧、文学及音乐作品受版权法保护，不能申请专利。

㊀ *Intellectual Property and the U.S. Economy*, U.S. Department of Commerce, 2016.

授予专利的三个标准：

- 发明必须是新奇或新颖的。
- 发明必须是有用的。
- 对专利所在领域的经验人士必须不是显而易见的。

专利的一个重要条件是新颖性，因此，如果你不是第一个提出想法的人，就不能指望获得专利。先前在另一个国家/地区获得专利的发明在美国不符合获得新专利的资格。实用性的要求是相当简单的，例如，一个新的化学化合物（合成物）方法并没有什么用途，这样的申请不符合专利要求。第三个要求是发明具有非显而易见性，它必须经历一定的复议，即根据发现时间的技术现状，必须对发明是否授权进行的一个逻辑判断步骤，否则不能授予专利。如果两个人都致力于发明工作，他们俩都必须被列为发明者，即使实际工作造成了只有一人要求申请专利。如果没有做任何具体工作，资助者不能申请他们的专利。由于现在大多数发明人都在公司开展工作，依据其雇佣合约专利权将被他们的公司享有。

专利的新颖性要求在提交一份专利申请前不要公开其内容。在一年内，如果专利内容曾经在美国出版物或任何一个国际会议上披露过，专利局当然会拒绝其申请。应当指出的是，公开的发明要给出适度的细节使该领域的人可以理解其发明，并据此继续发明创造。另外，在专利申请前，已经在美国使用该发明或销售了一年或一年以上，就会被自动拒绝。专利法还要求努力实现实用化，如果发明工作中断了相当长的时间，尽管发明已经完成了，该发明可被认为是被放弃的。因此，一旦有了实际应用就应尽快提交专利申请。

如果两个发明人为同一项发明申请专利，就会发生冲突。在2011年之前，有能够证明该构想最早被发明的证据并表现出合理的勤奋努力以将其付诸实践的发明人可以获得专利。但是，Leahy-Smith 美国发明法（2011年）[㊀]优先于第一个提出专利的人。这与世界其他地区的专利法达成了共识。有关如何申请、拟定和进行专利申请的详细信息，请读者参考该主题的文献[㊁]。

㊀ Leahy-Smith America Invents Act, P. L. 112–29, 2011

㊁ W. G. Konold, *What Every Engineer Should Know about Patents*, 2nd ed., Marcel Dekker, New York, 1989; M. A. Lechter (ed.), *Successful Patents and Patenting for Engineers and Scientists*, IEEE Press, New York, 1995; D. A. Burge, *Patent and Trademark Tactics and Practice*, 3rd ed., John Wiley & Sons, New York, 1999; H. J. Knight, *Patent Strategy*, John Wiley & Sons, New York, 2001; " A Guide to Filing a Non-Provisional (utility) Patent Application," U.S. Patent and Trademark Office. Web.

4.8.3 技术许可

可以通过签订授权协议来实现专利使用权转换。可以是独家授权（即不会再授权给第三方）或非独家授权。授权许可协议也可能包含一些诸如地理范围等细节，如一方在欧洲得到授权，另一方在南美洲得到授权。有时，许可协议将涉及较少的技术。

有几种常见的金融支付形式。一种形式是全支付许可，即一次性支付全部费用。另外，常见的许可协议是同意支付利用了该项新技术产品销售额的一定比例（通常为2%～5%），或根据许可程度确定费用额度。在签订了授权协议之前，重要的是要确保转让行为符合美国反垄断法，或已获得了外国政府的相应机构的许可。值得注意的是，与国防有关的技术转让是受出口管制法限制的。

4.8.4 专利搜索

美国的专利系统是世界上最大的关于技术的信息体系。美国专利局已经发布了超过1 000万个美国专利，并且每年以大约30万的速度增长。专利具有到期日期，因此并非所有已发布的专利都仍处于活动状态。目前有300万～400万项专利正在申请中。旧的专利对于追查工程领域设计思想的发展是非常有益的。专利可以说是一个丰富的思想宝库。忽视了专利文献的设计工程师只能了解到科技信息的冰山一角。

美国专利商标局（USPTO）维护着一个复杂的网站，其中包括用于了解专利的信息、提交专利的过程以及全面的搜索程序。它的官方网站www.uspto.gov包含有关特定专利和商标的大量可搜索信息、有关专利法律和法规的信息以及有关专利的新闻。

为了使你确信自己的想法是新颖的，你将需要使用“专利分类系统”进行彻底的搜索。美国专利已分为约450个类别，每个类别又细分为许多子类别。总而言之，《分类手册》中列出了150 000个类/子类。这种分类系统有助于我们在紧密相关的主题之间找到专利。使用该分类系统是进行专利检索的第一步[⊖]。如果您已经找到了一些相关的专利（例如，通过使用Google Patent Search），这些专利将建议该主题的典型类别和子类别。可以在http://www.uspto.gov/go/classification上找到《分类手册》。

一旦合适的专利类与子类已经通过点击**专利搜索工具**（处在页面左下角，Links的下面）得到，你就能进入相应的类别/子类。接着，系统会给出在此类别下的专利清单。

⊖ 得克萨斯大学奥斯汀分校麦金尼工程图书馆提供了一个关于专利分类系统使用的优秀在线教程，http://www.lib.utexas.edu/engin/patenttutorial/index.htm。

为了在专利文献领域与时俱进，你可以阅读每周发行的政府专利公报。公报的电子版本在USPTO的主页上可以找到。从USPO网站的第2页开始，点击**专利公报**。你可以按分类、发明人姓名、委托人姓名以及发明人所居住的州来浏览。最近的52周的公报可以在网上阅读。在那之后，他们将被呈现在专利年度索引中。美国专利局已经建立一个全国性的专利收藏图书馆系统以提供专利的查阅和复印服务。许多这类系统存在于高校图书馆中。

很多人经历过从USPTO网站上的专利中打印图片的不便。一种用户体验更好的替代方法是使用谷歌的专利搜索功能。另一个提供专利的清晰下载版本的网站是www.pat2pdf.org虽然谷歌专利搜索是一个用户友好型网站，但它没有能力在搜索主题横跨多个类别与子类的情况下搜索专利，而这种搜索也是实践中十分普遍的。因此，谷歌专利搜索不能保证搜索结果的完整性。

美国专利商标局的专利检索网站

通过选择主页主菜单上的“专利检索”链接（uspto.gov/patents-application-process/search-patents）可以访问专利检索信息。该页面包含指向可用于搜索专利的所有资源的链接。第一个链接提供了一个基于Web的教程，用于搜索站点并获得专利搜索的七步策略[㊀]。此页面上的其他链接提供了表4.4中汇总的专利搜索资源。

表4.4　专利搜索资源汇总

搜索专利网站的资源	内容说明
美国专利商标局专利全文和图像数据库（PatFT）	访问自1976年以来授予的专利的全文本以及从1790年至今的所有专利的PDF图像
美国专利商标局专利申请全文和图像数据库（AppFT）	获得专利申请
全球档案	获得有关搜索和申请国际专利的信息
专利申请信息检索（PAIR）	申请人的专利申请状况信息
搜索国际专利局	提供数据库以搜索其他国家的专利数据库

专利分类对于检索的重要性

专利号是根据授予日期按数字顺序分配的。专利号没有其他含义，因此需要另一种方法来搜索类似设备的专利。这就是每个专利数据库都有专利分类方案以按主题领域对专利进行分类的原因。全面搜索中必须包含几个（美国和其他国家）专利数据库。

㊀ “Seven Step Strategy.” Uspto.gov, 2018. Web.

每个专利分类系统都是分层的，并提供一个通用的主题类，后面是一个或多个子类，这些子类提供了有关本发明的更多详细信息。专利可以有多个分类。读者必须了解各种专利分类方案，才能在不同的专利数据库中进行搜索以及查找在特定时间段内授予的专利。

美国专利分类（USPC）。美国专利分类包含两个字母数字标记 X 和 Y。X 是专利的类别或主题类别，并且按一般技术类型将专利分开。Y 是子类类别，它根据过程、功能和其他主要特征将 X 类中的专利分开。

国际专利分类（IPC）。随着业务的全球化，知识产权变得越来越重要。为了保留发明的权利，需要一个国际制度来记录和搜索专利。世界知识产权组织（联合国机构）通过制定国际专利分类（IPC）计划创造了一种扩大专利获取的手段。IPC 于 20 世纪 70 年代初首次投入使用，并在带有 Int.cl 标签的专利中出现。

欧洲分类（ECLA）。1973 年，欧洲专利公约建立了欧洲专利局。欧洲专利局（EPO）为欧洲专利组织的所有成员提供了全面的专利检索系统。自成立以来，欧洲专利组织与非欧洲国家建立了双边和合作协议。美国、日本、中国和韩国是最大的贡献者。ECLA 与 IPC 密切相关。

合作专利分类（CPC）。统一分类系统的愿望推动了 USPTO 和 EPO 整合各自的系统。CPC 系统于 2013 年 1 月 1 日生效。CPC 系统用于美国专利的官方分类，尽管专利在一段时间后仍继续显示 USPTO 分类。

研究人员可能需要找到感兴趣的主题的专利。需要对专利分类进行调查，以识别其他感兴趣的专利。例 4.3 展示了此过程的工作方式。

例 4.3 专利号为 US 9 227 125 B2 的篮球回收装置的首页如图 4.2 所示。

需要更多与篮球回收系统相关的专利。任务是找到并给出分配给正在研究的专利的 CPC 类别的名称。

第一步是找到所研究专利的 CPC 分类。专利信息的每一列左侧的数字（项目编号）定义了内容。项目（52）国内分类、国家分类或 CPC 分类（2015 年 1 月 1 日之后，美国专利将仅使用 CPC）。

列出的分类：

CPC	A63B 69/0071 (2013.01);	A63B 71/0669 (2013.01);
	A63B 2063/00I (2013.01);	A63B 2220/17 (2013 01);
	A63B 2220/833 (2013 01)	

(12) **United States Patent**
Le

(10) **Patent No.: US 9,227,125 B2**
(45) **Date of Patent: Jan. 5, 2016**

(54) **BASKETBALL RETURN APPARATUS**

(71) Applicant: **Anthony Y. Le**, West Covina, CA (US)

(72) Inventor: **Anthony Y. Le**, West Covina, CA (US)

(*) Notice: Subject to any disclaimer, the term of this patent is extended or adjusted under 35 U.S.C. 154(b) by 43 days.

(21) Appl. No.: **14/215,620**

(22) Filed: **Mar. 17, 2014**

(65) **Prior Publication Data**

US 2015/0258404 A1 Sep. 17, 2015

(51) **Int. Cl.**
A63B 69/00 (2006.01)
A63B 71/06 (2006.01)
A63B 63/00 (2006.01)

(52) **U.S. Cl.**
CPC ***A63B 69/0071*** (2013.01); ***A63B 71/0669*** (2013.01); *A63B 2063/001* (2013.01); *A63B 2220/17* (2013.01); *A63B 2220/833* (2013.01)

(58) **Field of Classification Search**
CPC A63B 69/00; A63B 71/06
USPC 473/434, 435, 433, 447; D21/701
See application file for complete search history.

(56) **References Cited**

U.S. PATENT DOCUMENTS

4,858,920 A * 8/1989 Best 473/480
4,956,775 A * 9/1990 Klamer et al. 473/480
5,141,224 A 8/1992 Nolde et al.
5,165,680 A * 11/1992 Cass 473/433
5,171,009 A * 12/1992 Filewich et al. 473/433
5,184,814 A 2/1993 Manning
5,409,211 A 4/1995 Adamek
5,830,088 A * 11/1998 Franklin de Abreu 473/433
6,074,313 A 6/2000 Pearson
6,389,368 B1 * 5/2002 Hampton 702/179
7,530,909 B2 5/2009 Thomas et al.
7,597,635 B2 * 10/2009 Davies 473/447
7,841,957 B1 11/2010 Wares
8,012,046 B2 9/2011 Campbell et al.
8,147,356 B2 4/2012 Campbell et al.
2009/0203472 A1 * 8/2009 Snyder 473/433
2010/0113189 A1 * 5/2010 Blair 473/433

OTHER PUBLICATIONS

"Lifetime Hoop Chute Basketball Ball Return Training Aid" www.amazon.com/lifetime-chute-basketball-return-training/dp/B0000AE6H5.

* cited by examiner

Primary Examiner — Gene Kim
Assistant Examiner — M Chambers
(74) *Attorney, Agent, or Firm* — Greenberg Traurig, LLP

(57) **ABSTRACT**

A basketball return apparatus comprising a frame, an attachment section, one or more flaps, and a basketball return mechanism. The attachment section, which is no smaller than a basketball hoop, is connected to the frame and configured to attach to a basketball hoop. The attachment section includes one or more sensors that detect and record the number of basketball shots passing through the basketball hoop. The one or more flaps are connected to the attachment section, and are configured to tilt downwardly and inwardly towards the attachment section. The one or more flaps, which are connected to and positioned around the attachment section, are flexible to absorb the momentum of an incoming basketball and are capable of directing the basketball towards the attachment section. The one or more flaps include one or more sensors that detect and record the data generated by the contacts caused by incoming basketballs contacting the one or more flaps. Based on the number recorded by the one or more sensors at the attachment section and the data recorded by the one or more sensors at the one or more flaps, the shooting statistics, such as the number of basketball shots attempted, made, or missed, are thereby obtained. The basketball return mechanism, comprising a sloped chute, is positioned below the basketball hoop such that a basketball passing through the basketball hoop is directed to a desired direction as directed by the sloped chute.

6 Claims, 5 Drawing Sheets

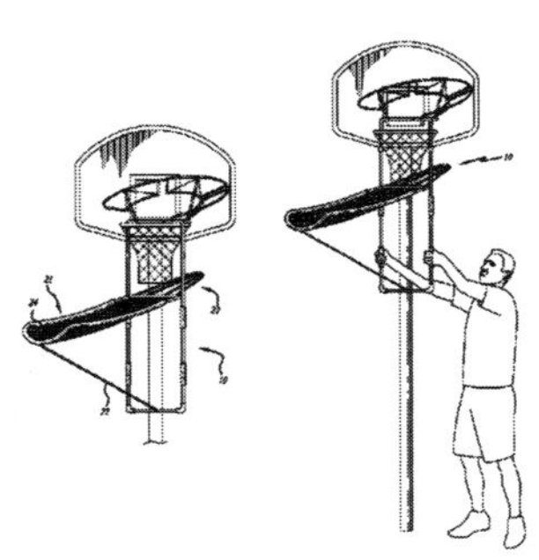

图 4.2 美国专利 9 227 125 B2 篮球回收装置的首页[⊖]

⊖ Le, Anthony Y. " Basketball Return Apparatus. " United States Patent and Trademark Office, US9227125B2, January 5, 2016.

项目列出了适用于本专利的五种分类。本示例将解释列出的第一个分类。

正确的分类系统将提供索引以发现感兴趣的类和子类的名称。此处显示的是 CPC A63B 69/0071 的解释。此过程以逐步的方式进行，分别解释了分类的每个字母和数字。分类是分层的，因此每个字母或数字都会添加有关专利主题的更多具体信息。

查找分类 CPC A63B 69/0071。

从 USPTO 主页开始，然后使用后续页面上的链接转到分类描述。在 USPTO 主页 USPTO.gov 中选择“搜索专利”。从菜单中选择“了解专利分类”链接。选择适用的分类系统以显示一个下拉菜单。在这里选择的菜单是“组合专利分类（CPC)”。选择指向“CPC 方案”的链接。

在标有“搜索符号”的搜索字段中输入分类。这显示了全名。搜索相关但不同的分类可以导致感兴趣的更具体分类。对每个分类字母和数字的研究为限制主题范围的搜索提供了详细信息。

要了解有关分类层次结构的更多信息，请在标记为“搜索符号”的搜索字段中输入分类的第一个字母 A[一]。这将揭示该类别中专利的一般类别，在本例中为“人类必需品”。分类规格方案是分层的，因此每个数字或字母都会增加其他细节。表 4.5 显示了 A63B 69/0071 的逐级描述。

表 4.5　A63B 69/0071 分类说明

CPC	分类名
A	人的必需品
A63-	运动的；游戏；娱乐性；体育锻炼，体操，游泳的设备
A63B	攀爬或感觉；球赛；培训设备
A63B 69	A63B 1/00 – A63B 69/00 组中未涵盖的游戏或运动配件（启动设备 A63K 3/02）
A63B 69/0071	篮球设备

解释专利首页的一个很好的参考是“How do I read a patent?——The Front Page”可以从 http://www.bpmlegal.com/howtopat1.html 访问[二]。

[一] CPC 方案使用字母作为分类的第 1 个符号。

[二] Brown & Michaels,“How Do I Read a Patent? — Front Page.” Bpmlegal.com, 2018. Web. 11 Sep 2018.

使用谷歌进行专利搜索

我想到的第一种搜索策略是在标准谷歌搜索框中输入专利号。这将返回到专利的链接，因为专利号在标题中。就像任何常规搜索一样，该搜索还将返回指向非专利信息的链接页面。例如，搜索美国专利 9 010 000[一]返回了大约 3 070 个链接，但只有第一个链接是该专利。第一个链接是“ USP901000B1-Convertible flag and banner system——Google Patents”。该链接的地址为 https://www.google.com/patents/US9010000。该结果将链接到专门为专利创建的谷歌搜索引擎（patents.google.com）[二]。

谷歌专利（patents.google.com）是谷歌专利索引的首选地址。从搜索 Google Patents 主页输入搜索词。如果已知有关专利的信息，则可以使用三种主要的搜索词类型。

- 输入专利出版物、申请号或分类，例如：
  - 带有前缀的专利号“USXXXXXXXB1”。此处，“US”表示美国颁发的专利，“B1”表示以前未发布的实用新型专利[三]。
  - 专利申请号“XXXXXX”。
  - 专利的分类号“ US XX / YYYY”。前缀“ US”表示已使用美国专利分类系统。在最近的专利中，适当的前缀是“CPC”，即组合专利分类系统。

如果不知道有关专利的特定信息，则可以通过输入自由格式的文本（例如描述发明的短语）来进行常规搜索。谷歌专利将返回相关专利的链接列表以及进行更高级搜索的菜单。

链接到专利后，将导致专利内容的安排和关键事实的摘要。（请注意，返回的信息不是标准的美国专利格式。）内容的开头如图 4.3 所示。注意专利的分类清单。每个分类都是一个活动链接，它将产生共享相同分类的专利。在搜索所有选项之前，请检查分类编号的含义。其中一些类别可能与当前专利没有密切关系。

谷歌在结果首页上的信息块中显示专利信息的摘要。此摘要顶部有用于执行操作的符号。选择“ Download PDF”以下载实际专利的副本。选择“ Find Prior Art”以链接到当前专利所引用的专利。如果专利结果在某种程度上接近当前专利，请选择“Similar”。

[一] 搜索于 2018 年 9 月 11 日完成。

[二] 截至 2018 年 9 月，谷歌专利检索了来自包括以下国家和地区的约 1090 万篇全文专利和 540 万项申请：日本、中国、美国、欧洲、韩国、加拿大。

[三] Brown & Michaels,“ How Do I Read a Patent? — Front Page.” Bpmlegal.com, 2018. Web. 11 Sep 2018. 从同一来源，“B2”代表以前作为申请发布的实用专利。

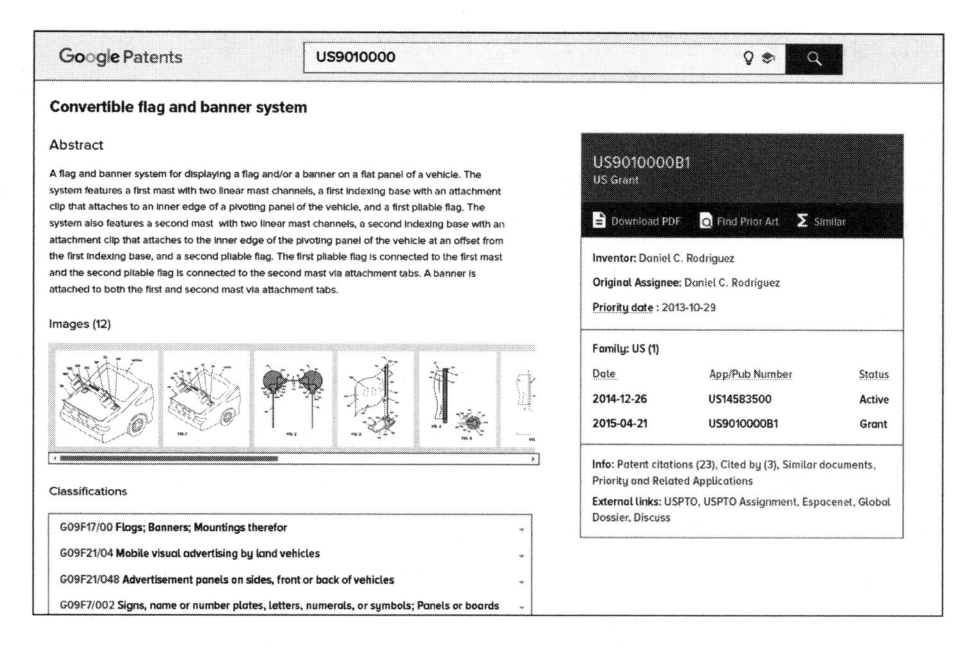

图 4.3　链接“US9010000”的谷歌专利页面

（源自“谷歌专利”，于 2019 年 4 月 18 日访问，https://patents.google.com/patent/US9010000。）

本部分介绍了 USPTO 和谷歌专利搜索选项。谷歌搜索过程是非结构化的，如果已经知道很多信息，则可以非常快速地给出结果。USPTO 搜索页面具有复杂的搜索应用程序，并链接到许多其他资源。无论哪种情况，专利研究人员都需要使用专利分类来使搜索最有效。

有关阅读专利和版权的更多信息，请访问 www.mhhe.com/dieter6e。

4.9　以公司为中心的信息

本章最后一节将介绍以公司为中心的信息，并强调通过网络向同事和专业组织获取信息的重要性。

我们可以区分信息的正规（显性）来源和非正规（隐性）来源，本章中提及的信息来源是正规信息来源，如技术文章和专利。非正规来源主要是那些个人层面上交换的信息，如你的一个同事记得 Sam Smith 曾经在 5 年前参与过类似的工作，那么他就会建议去图书馆或档案室找到 Sam Smith 曾经写下的笔记或报告。

一个工程师到底使用哪种方法来查找信息取决于以下几个因素：

- 项目的性质。它更接近于学术论文还是一个需要马上就做的“救火”项目？
- 交流有时有利于问题的解决，知识共享能够形成一个相互理解的团体，在这样的团体里有利于新的想法产生。
- 与知识产生和管理相关的企业文化。企业是否强调了信息共享的重要性，采用好的方法保留资深工程师的专业知识并使其容易获得。
- 一些信息大家都知道它是存在的，但它是涉密的，只能提供给那些需要知道的人。这就需要高级管理部门批准来获得所需的信息。

显然，动机明确且经验丰富的工程师将更愿意利用这两种信息来源。

在工程设计师繁忙的设计工作中，相关性比什么都重要。对于能够回答特定应力分析问题所需的信息，可能比说明如何解决某类应力问题的资料更有价值，而且包含了可以扩展到实际问题的有益思路。书籍一般被认为是可靠性最高的，但往往是过时的信息。期刊可以满足信息及时的要求，但有一种趋势就是数量庞大的期刊让人难以高效利用。在决定要详细阅读哪些文章时，许多工程师首先快速阅读文章的摘要，然后阅读文中的图形、表格和结论。

可在公司内获得的设计信息数量相当可观而且有许多种类，如：

- 产品规格书。
- 以往产品概念设计。
- 以往产品的测试数据。
- 以往产品物料清单。
- 以往项目的成本数据。
- 以前的设计项目的报告。
- 以往产品的市场营销数据。
- 以往产品的销售数据。
- 以往产品的保修报告。
- 制造数据。
- 为新员工编写的设计指南。
- 公司标准。

理想情况下，这一信息应该集中在一个中心工程图书馆。它甚至有可能是通过精心包装且按产品分类的，但最有可能的是大部分信息分散在不同的办公室。通常它需要从个人处获得，在这种情况下，同事之间良好的人际交流将会带来很大好处。

4.10　总结

本章首先描述了收集设计信息问题的重要性。接下来介绍了图书馆和万维网上工程信息的每个主要来源。收集设计信息并不是一件容易的事。它需要具有广泛的关于信息来源领域的知识。这些信息来源依次为：

- 万维网及其可访问的数字化数据库。
- 商业目录和其他行业文献。
- 政府的技术报告和商业数据。
- 公开的技术文献，包括行业杂志。
- 专业朋友的人际关系，可通过电子邮箱进行联系。
- 专业同事的人际关系。
- 公司顾问。

开始时，与公司或当地图书馆的馆员或信息专家成为朋友，将有助于你很快熟悉信息来源和信息的可获得情况，这是一个非常聪明的举动。同时，应该制订一个计划来逐步建立个人的信息库，包括手册、教材、杂志上广告页、计算机软件、网站以及电子文件夹。

4.11 新术语与概念

版权	关键字	技术期刊
谷歌	专著	贸易杂志
灰色文献	专利	商标
超文本标记语言	期刊	网址
知识产权	输入端口	美国专利和商标局
因特网	搜索引擎	万维网

4.12 参考文献

Anthony, L. J.: *Information Sources in Engineering,* Butterworth, Boston, 1985.

Allison, John R., Mark A. Lemley, and David L. Schwartz: "Understanding the Realities of Modern Patent Litigation," *Texas Law Review*, Vol. 92, p. 1769, 2013.

Fosmire, F., and D. Radcliffe: *Integrating Information into the Engineering Design Process, Purdue Information Literacy Handbooks Series*, Purdue University Press, West Lafayette, IN, 2014.

Guide to Materials Engineering Data and Information, ASM International, Materials Park, OH, 1986.

Lord, C. R.: *Guide to Information Sources in Engineering,* Libraries Unlimited, Englewood, CO, 2000 (emphasis on U.S. engineering literature and sources).

MacLeod, R. A.: *Information Sources in Engineering,* 4th ed., K. G. Saur, Munich, 2005 (emphasis on British engineering literature and sources).

Nichols, Chris, and David L. Pardue: "Recent Developments in Intellectual Property Law,"

Tort Trial & Insurance Practice Law Journal, Vol. 53, pp. 507–543, 2018.
Osif, B. A.: *Using the Engineering Literature,* CRC Press, Boca Raton, FL, 2006.
Patten, Mildred L., and Michelle Newhart: *Understanding Research Methods: An Overview of the Essentials*, Routledge, New York, 2017.
Wall, R. A. (ed.): *Finding and Using Product Information,* Gower, London, 1986.

4.13 问题与练习

4.1 准备一份个人更新陈旧技术的计划，特别注意列出打算做的事情及阅读的材料。

4.2 选择一个感兴趣的技术主题。

（1）比较在一般性的百科全书和技术的百科全书中关于这一问题的信息。
（2）在手册上寻找更具体的资料。
（3）找到5篇关于这一主题的教材或专著。

4.3 使用索引和文摘服务，获取至少20篇关于你感兴趣主题的参考文献。使用适当的索引，找到10个相关主题的政府报告。

4.4 搜索以下内容：

(a) 处理核废物方面的美国政府出版材料。
(b) 金属基复合方面的材料。

4.5 在哪里可以找到以下信息：

(a) 动物标本的制作服务。
(b) 关于碳纤维增强复合材料方面的咨询专家。
(c) 锇的熔点。
(d) AISI 4320钢的硬化方法。

4.6 查找和阅读ASTM标准中关于真空吸尘器空气流动特性方面的标准，列出与真空吸尘器相关的标准。撰写某标准中信息分类的简要报告。

4.7 查找一个感兴趣的美国专利，把它打印出来。

4.8 讨论在专利诉讼中优先权是如何建立的。

4.9 了解美国临时专利的更多信息，讨论其优点和缺点。

4.10 详细了解Jerome H. Lemelson的历史，他拥有超过500项美国专利，并在麻省理工学院被授予Lemelson创新奖。

第5章

问题定义与需求识别

5.1 引言

设计是一种复杂的行为，从一开始就需要集中注意力，给出最终产品为特定客户提供什么样的服务（基于一系列特殊需求）的完整描述。当有了清晰的产品描述，并且得到了技术专家、商业专家及经理们的认可，设计过程才能进入下一阶段——概念生成。评审小组成员包括企业的研发人员，也可能包括企业中任意岗位上的员工，以及客户和主要供应商。必须审查新产品的创意，以判断是否适合公司的技术和产品市场策略，以及对资源的需求。一个资深的管理团队会审查由不同的产品经理支持的竞争性新产品开发计划，择优进行投资。新产品设计计划中涉及的问题在第2章中进行了讨论，它们分别是产品与工艺周期、市场与营销、技术创新。甚至在工程设计过程开始之前，就对产品设计过程（PDP）做出了某些决策。第2章指出了在设计问题定义开始前所必须完成的某些类型的开发工作和决策。

产品开发始于确定产品必须满足的需求。问题定义是在产品设计过程中最重要的步骤（见图5.1）。彻底理解每一个问题对于找到一个出色的解决方案至关重要。这一原理适用于各种类型的问题求解，无论是数学问题、生产问题还是设计问题。对于产品设计，在市场中能否实现管理目标是对一个设计方案的终极检验，所以务必尽全力理解并完成客户的需求。

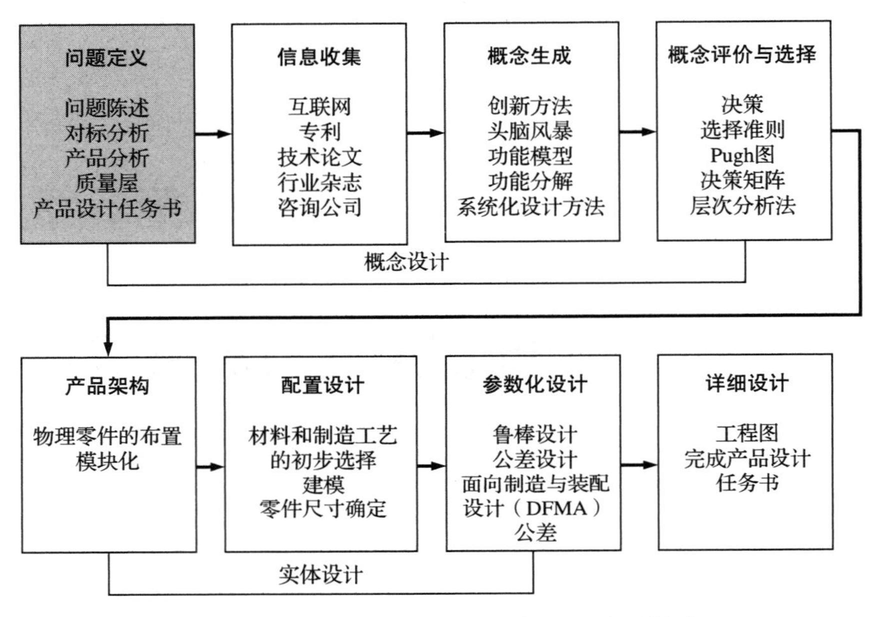

图 5.1 产品设计过程中概念设计阶段的问题定义

本章强调问题定义的客户满意度，这种方法在工程设计中并不常用。这种观点把问题定义过程转变为对客户或最终用户的产品预期的识别。因此，在产品开发中，问题定义过程中重要的是需求识别步骤。在本章中，需求识别方法大量吸收了全面质量管理（Total Quality Management, TQM）所引入和证明有效的程序步骤。TQM 强调客户满意度。本章还将介绍质量功能部署（Quality Function Deployment, QFD）的 TQM 工具。QFD 是一个用来识别客户呼声并引导客户呼声贯穿整个产品开发过程的程序。最普及的 QFD 方法是建立质量屋（House of Quality, HOQ），本章将对此进行详细介绍。本章最后将给出产品设计任务书（Product Design Specification, PDS）的提纲，PDS 是产品设计的一个统领性文件。在设计过程中的问题定义阶段，设计团队必须提出初步 PDS 来指导设计生成。然而，PDS 是一份不断完善的文件，直到产品设计过程中的详细设计阶段才会最终确定下来。

5.2 问题定义

问题定义从发现未满足的需求开始，并以详细的产品设计规范结束。设计过程将“未满足”需求的初始语句细化，直到设计表达得足够详细、能够以物理形式实现为止。未满足的需求可以由营销部、企业设计委员会、客户或企业家提出。

图 5.1 中的产品设计过程引导设计团队完成生成所需工件的设计规范的步骤。这个过程需要从各种来源中寻找信息来驱动工件的开发，最初的问题定义要扩展到包括调查在内的所有步骤中的相关细节。

初始设计问题的定义应该包括未满足的需求和关于如何满足需求的任何已知细节以及已知的工件属性。仅知道客户或最终用户想要什么产品是不够的，无法生成设计。

创建设计涉及许多参数，参数是定义工件的因素。参数通常是可测量的，但参数可以包括颜色或可维护性。一个物理工件由几十个参数描述，一些参数由初始问题语句确定，其他参数来自设计过程中所作的决定。

下面是参数及其子集的定义。

- 设计参数。参数是一组属性，其值决定设计的形式和行为。参数包括决策者和设计师可以设置的设计特征以及用于描述设计性能的值。注意，必须清楚的是，设计师做出选择以达到特定的产品性能水平，但在实施方案设计活动最终确定之前，他们不能保证自己会成功。
- 设计变量。设计变量是设计团队可选择的参数。例如，电机转轴转速降低的齿轮比是可变的。
- 约束。一个值固定的设计参数成为设计过程的约束。约束是设计自由度的限制，它们可以采取固定重量限制、法律限制、使用标准紧固件或由设计团队和客户无法控制的因素确定的特定尺寸限制的形式。

初始设计问题的定义应包括未满足的需求以及关于如何完成需求的任何已知细节，这些包括设计变量的目标值和任何固定约束。注意，有些约束是目标值的限制，而其他约束是固定的属性。

5.3 识别客户需求

要想提高全球范围内的竞争力，需要更多地关注客户的需求。工程师和商人正在寻求这样一些问题的答案：客户是谁？客户想要什么？在获利的同时，产品如何才能使客户满意？

客户是购买产品或服务的人，也就是所谓的最终用户。客户包括购买公司产品的人员或组织，因为他们将要使用产品。然而，工程师进行产品开发时，必须要扩展关于客户的定义以使其最有效。

从全面质量管理的角度，“客户”的定义可扩展为“接受或使用由个体或组织提供的产品和服务的任何人”。然而，并不是所有做出购买决定的客户都是最终用户。很明显，那些为孩子购买玩偶、衣服、学习用品，甚至谷物早餐的父母虽不是最终用户，但仍对产品开发有着重要影响。向大多数最终用户进行分销的大型零售商同样也具有日益增长的影响力。在DIY工具市场，家得宝（Home Depot，美国家居连锁店）和劳氏（Lowe’s）也是客户，但是却不是最终用户。因此，要咨询客户和影响他们的企业来确定新产品必须满足的需求。

公司外部客户的需求对于制定一个新产品或改进产品的设计规范非常重要。还有一种重要客户是内部客户（如公司自己的企业管理人员、制造人员、销售人员以及现场服务人员），他们的需求必须得到考虑。例如，一名设计工程师需要三种潜在可用材料的性能信息，那么他就是公司材料专家中的一个*内部客户*。

处于研发中的产品规定了设计团队必须考虑的客户范围。记住，“客户”这个词不仅仅意味着参与一次交易的人。通过提供高质量的产品和服务，每家大公司都努力将新的购买者转变成终生客户。客户群未必能用一个固定的人口范围来表示，市场营销专家积极适应客户群的变化，从而定义产品改进的新市场，发现产品创新的新目标市场。

5.3.1　客户需求的初步研究

在大型公司中，对特定产品或新产品开发的客户需求的研究，是由不同业务部门采用许多形式化方法所共同完成的。初始工作可由营销部门的专家或者由营销和设计专家组成的团队完成（见2.5节）。营销专家很自然地将焦点聚集在产品及类似产品的购买者身上，而设计专家则将焦点聚集在市场上还没有得到满足的需求、与拟设计产品相似的产品、满足需求的历史方法，以及用来构建类似产品的技术方法上。显然，信息收集对于这个设计阶段十分关键。第4章概述了信息源以及获取现有设计信息的检索策略。设计团队还需要直接从潜在客户中收集信息。

Shot-Buddy：一个工科学生团队所研发的产品

一个伟大的篮球运动员有能力从各种距离和以篮筐为基准的各种角度投篮。虽然迈克尔·乔丹可能因他出色的弹跳能力而闻名，但他的制胜球使得芝加哥公牛队赢得了七个NBA总冠军。一个运动员每天必须花费数小时练习成百上千次投篮来提高自身的弹跳和投篮能力。对于业余球员来说，在球从篮筐（或篮板）弹出或者落入篮网后将篮球捡回耗费了大部分练习时间。因此，有必要通过减少捡球时间来使球员投篮时间最大化。

一个名为 JSR Design 的资深设计团队正在研发一个叫作 Shot-Buddy 的产品，它是一个系统，在不用手动旋转投篮回收装置的情况下，具有将投出的篮球回收到投篮者位置的功能。在市场上，有旋转可调的篮球回收产品，但它们都需要手动调节，并且不会随着投篮者在场地内四处移动而自动变化。

高尔夫练习场之所以受人欢迎，是因为它们使高尔夫球手在不必找回或定位高尔夫球的情况下，能一个接一个地打几百次球。这使得高尔夫球手将全部练习时间集中在技术方面。

与此相比，年轻篮球运动员练习跳投时通常只有一个篮球用来投篮。这意味着大部分练习时间不仅用来投篮，还用来捡回投进和投失的篮球。根据投篮者与篮筐距离的不同，投偏的球会以任意方向弹回，弹回速度与投出速度几乎相同。教练和专家估计大约有 70% 从两翼（或篮筐两侧）投出的篮球将弹回到弱侧（或相反的一侧）[㊀]，图 5.2 阐明了这一点。即使在投篮者成功投进篮球的情况下，仍要捡回篮球，捡球距离可达 24ft[㊁]。实际上，花费在捡球上的时间比投篮的时间还多。Shot-Buddy 能使篮球运动员将更多的时间用在练习投篮技巧上。

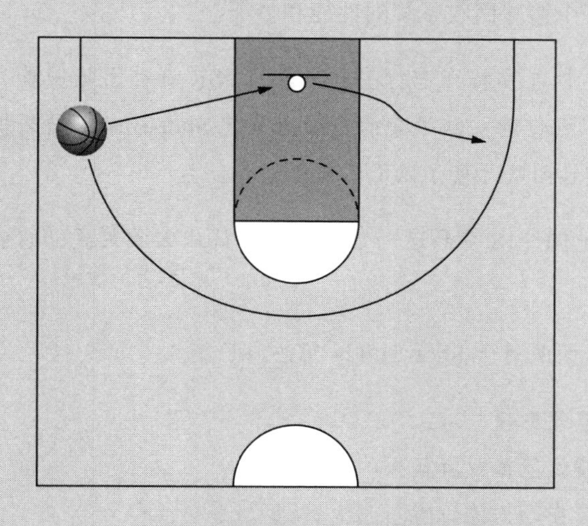

图 5.2　在篮球场上的“左翼”投篮

（源自 Davis, Josiah, Jamil Decker, James Maresco, Seth McBee, Stephen Phillips, and Ryan Quinn. “JSR Design Final Report: Shot-Buddy,” unpublished, ENME 472, University of Maryland, May 2010。）

㊀ “Baskethall Zone Defense——Rebounding out of the Zone,” The Coach’s Clipboard, n.d. Web.15 August 2010.

㊁ 1ft = 30.48cm。——编辑注

例 5.1（确定市场） JSR 设计团队必须先确定他们的目标客户，以此作为 Shot-Buddy 产品研发的开端。

Shot-Buddy 的市场将集中（但不仅限）于 10～18 岁篮球运动员的父母。之所以选择 10 岁为下限，是因为 JSR 设计团队的成员认为在 10 岁时一个人通常已具备必要的力量和运动技能，从而可以开始接受篮球团队训练。更年幼的运动员尚未具备足够的上肢力量进行远距离投篮，因此不用关心远距离投篮造成无法预料的篮板球。10 岁以下的儿童通常也不会意识到竞技体育的竞争性和严肃性，这意味着他们个人练习的需求更少。

选择 18 岁为上限是因为新的生活变化更为重要，许多年轻人将发生转变，对一个产品（如 Shot-Buddy）的需求会降低。在这个年龄段，学生要么加入校队，要么更加专注于自己的事业和学术。如果他们加入校队，设施的改进和教练的增加使得这个产品的需求废弃。然而，Shot-Buddy 对于那些为了娱乐继续打球和家中有篮筐的年轻人来说仍是一个有用的练习工具。

如果设计团队人员碰巧是所研发产品的最终客户，就再好不过了。那么，JSR 设计团队的成员就非常适合描述一个篮球回收系统的性能和特征。

例 5.2（对产品的性能和特征进行头脑风暴） JSR 设计团队成员为了娱乐而打篮球。作为一个团队，他们可借助头脑风暴的指引来确定 Shot-Buddy 必须提供的性能。在头脑风暴会议中，JSR 设计团队开展了以下问题陈述。

问题陈述：为 10～18 岁的运动员设计一个篮球回收装置，它能自动地将球回收到投篮者那边。

下面的列表是团队对于 Shot-Buddy 想法的子集。

- 回收碰到篮筐的投失球。
- 回收没有碰到篮筐或者篮板的投失球。
- 追踪投篮者在场内的位置。
- 将球回收到投篮者所在的位置。
- 快速地回收篮球。
- 不要阻碍投篮者将篮球投向篮筐。
- 适合年轻运动员的任何一种篮筐（例如，一个高度可调的篮筐）。
- 容易安装在篮筐和场地上。
- 适合家庭场地内的篮筐（例如，独立的直立系统和安装在车库或墙壁上的篮筐）。

- 能够存放在狭小空间内。
- 如果长时间安装在篮筐上，需能承受恶劣天气。
- 回收来自篮筐两翼（不仅来自篮筐前面）的投球。
- 有足够的能量将球回收到投篮者所在（如三分线一样远）的位置。
- 精准地将球回收——因此投篮者不必移动位置来获得篮球。

接下来，通过使用**亲和图**（见第3章）将改进的想法收集到公共区域。实现该目标的一个好方法是将每一个想法写在便利贴上，并把它们随机贴在墙上。然后，设计团队仔细审查这些想法，并把他们编排到逻辑组的列中。分组后，设计团队确定列的标题并将标题置于列的顶部。表5.1就是设计团队创建的一个对于改进想法的亲和图。

表5.1 Shot-Buddy设计改进的头脑风暴法的亲和图分类

持球区域	回收方向	回收特征	尺寸形状	其他
1	3	4	6	11
2		5	7	
6		13	8	
12		14	9	
			10	

表5.1中的列出的五个产品改进类别源于团队内部的头脑风暴会议。这些信息有助于聚焦设计团队的设计范围。它们还能帮助设计团队确定更多研究（源于与客户的直接互动和团队内部的测试过程）所特别感兴趣的领域。

5.3.2 客户信息的收集

一般来说，产品开发的驱动力来自客户的需求，而不是工程师对于客户需求的设想（这条规则的例外情况是，客户以前从未见过的技术驱动创新产品）。客户需求的信息可以通过很多渠道获得[⊖]。

建立调查方法

调查对于从目标市场的成员那里收集的信息是有用的。创建和解释调查的步骤见3.6.3节。为了收集信息，JSR设计团队创建了如图5.3所示的调查。从调查中选择的结果也可以由图5.4解释。

⊖ K. T. Ulrich and S. D. Eppinger, *Product Design and Development*, 6th ed., 2015 McGraw-Hill, New York, 2007.

篮球回收装置

产品设计调查

修读设计课程的高年级学生想要为10～18岁的篮球爱好者设计一款改进型篮球回收装置。您对此问卷的回答将用于指导设计过程。请抽出10min完成此调查问卷。

对于这组问题，请在能准确反映答案的数字（1～5）上画圈。	受访者的反应 强烈不赞同（从不）		中性		强烈赞同（总是）
1. 我的家人在家里打篮球。	1	2	3	4	5
2. 我的家人独自练习投篮技能。	1	2	3	4	5
3. 我的家人拥有的篮球超过1个。	1	2	3	4	5
4. 我认为练习篮球对我的家人很重要。	1	2	3	4	5

如果你对上述问题的答案都是“1”，请将问卷交给工作人员，无须回答后面的问题。若不全为“1”，请继续回答下列问题。

问题	1	2	3	4	5
5. 我的家人是篮球队员。	1	2	3	4	5
6. 我的家人希望提高自己的投篮技能。	1	2	3	4	5
7. 我的家人应该比在家里更多地练习篮球。	1	2	3	4	5
8. 我愿意陪家人练习篮球以帮助他们进步。	1	2	3	4	5
9. 我的家人经常送出或得到运动用品（礼物）。	1	2	3	4	5

对于下列问题，请在“是”或“否”对应的框里标注	**是**	**否**
10. 我家有一个固定在建筑物上的篮筐。	☐	☐
11. 我家有一个独立式篮筐。	☐	☐
12. 我家有一个可调节高度的篮筐。	☐	☐

附加问题

有一个自动篮球回收系统，可安装在任意标准篮筐上，能将篮球回收到当前投篮者所在的位置。你愿意花多少钱购买它（请在价格范围上画圈）？

我愿意支付　50～100美元　100～150美元　150～200美元　200～250美元　超过250美元

假设你是一个潜在客户，你认为一个篮球回收装置最重要的特征是什么？

____

____

____

____

受访者个人信息：年龄________　　性别________

图5.3　Shot-Buddy的客户调查表

图5.4显示了在“篮球回收装置”的调查中，对一组问题进行模拟回答的柱状图（没有进

行实际调查）。问题 1～问题 4 和问题 10～问题 12 也有类似的柱状图。在帕累托图中，各问题回答频次的柱形按频次大小从左到右降序排列。帕累托图清晰地表明最重要（关键少数）的客户需求。这些回答表明，篮球回收装置可作为一件送给家庭成员的好礼物，因此，受访群体的家庭成员就是此产品的目标用户。最重要的是，问题 8 的回答表明受访者想要一个能使他们摆脱与队友一起练习的篮球回收装置。此问题更加精确的问法是受访者在一次练习中捡篮板球的次数是多少。

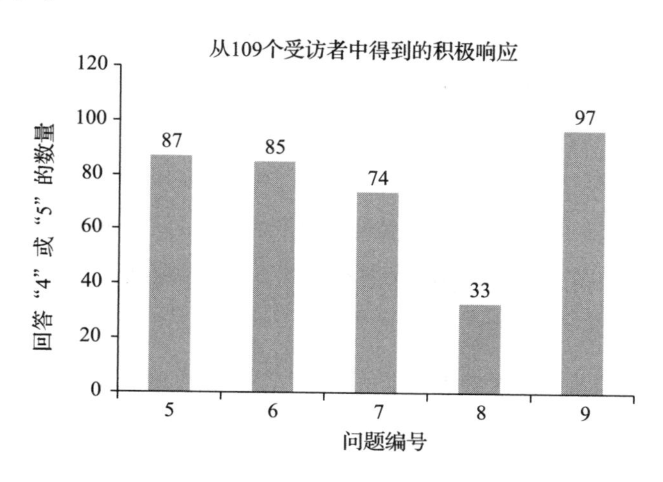

图 5.4　Shot-Buddy 调查问卷中针对问题 5～问题 9 的模拟答案柱状图

5.4　客户需求

设计者必须将客户所“需要和想要的东西”编辑成一份按序排列的清单。清单上罗列的“需要和想要的东西”通常称作*客户需求*。这些需求构成了最终用户对产品质量的意见。奇怪的是，客户在接受调查时可能不会表达出对产品的所有需求。如果某项特性已经成为产品的一个标准，客户可能会忘记提及它。为了弄清楚具体原因并探索减少遗漏的方法，有必要思考客户是如何感知“需求”的。

5.4.1　客户需求的不同方面

从设计团队的立场来看，客户需求广泛融入产品开发过程需求，包括产品性能、时间、成本和质量。

- *性能*。性能是指设计完成后产品在运行中的表现。迄今为止，设计团队并不会盲目地采纳客户提出的需求。然而，这些需求可作为设计团队行为的依据。其他因素可能包括内部客户（例如制造人员）或大型零售分销商的需求。

- 时间。时间涵盖设计的所有时间方面。当前，设计人员在尽力压缩新产品的开发过程周期时间（也称为上市时间）[㊀]。对于许多消费产品来说，第一个进入市场的优秀产品将占领市场（见图 2.2）。
- 成本。成本涵盖设计的所有资金方面。成本是设计团队最重要的考虑因素，当其他客户需求大体相同时，成本决定了大多数客户的购买决策。从设计团队的角度出发，成本是很多设计决策的结果，并且常用于在产品特性和最后期限之间做出权衡。
- 质量。质量是一个具有多重内容和定义的复杂特性。对设计团队来说，质量的一个合理定义是，对于一件产品或服务，与满足明确或隐含需求的能力相关的特征与特性的总称。

除上述四种客户需求外，还有一种涵盖范围更广的需求——价值。价值是指产品或服务的价值，可以用功能除以成本或质量除以成本来表示。对大型成功企业的研究表明，投资回报与高市场份额和高质量密切相关。

Carvin[㊁]指出了产品的八项基本质量维度（表 5.2），它已经成为设计团队用来确定产品开发过程中收集的客户需求数据的完整性的标准。并不是所有质量维度对每种产品都同等重要，有的质量维度不是关键的客户需求。有些维度突出了多学科产品开发团队的需求。设计中的美学属于工业设计师（也是艺术家）的研究范畴。影响美学的一个重要技术问题是人体工程学（设计适合人类客户的程度）。工业工程师必须掌握人体工程学这一门技能。

对于设计团队来说，整合所有收集到的某一产品的客户需求并加以解释是一项挑战。必须将客户数据整合成一套易于管理的需求，以驱动设计概念的生成。在考虑上市时间或公司内部客户需求之前，设计团队必须清楚地确定客户需求的优先等级。

表 5.2　Garvin 的八项基本质量维度

指标	描述
性能	产品的首要操作特性。该质量指标可以用可测量的数值来表达并客观地排序。
特征	这些特性是产品基本功能的补充。功能定制或个性化的产品，可用于满足客户的需求或品味。
可靠性	产品在给定时间段内失效或故障的可能性，见第 13 章。
耐用性	一个产品发生故障和更换之前，衡量用户从产品中获得的使用次数比继续维修更好。耐用性是衡量产品寿命的标准。耐用性和可靠性不相同。

㊀ G. Stalk. Jr. and T. M. Hout, *Competing agasint Time*, The Free Press, New York, 1990.

㊁ D. A. Garvin, “ Competing in the Erght Dimensions of Quality, ” *Harvard Business Review*, Vol.87, pp. 101-9, 1987.

（续）

指标	描述
服务性	易于维修和故障之后的维修时间。其他事项是维修人员的礼貌和竞争力，以及维修的成本和简易程度。
一致性	产品满足客户期望与已知标准的程度。标准包括行业标准、政府规定、安全标准和环境标准。
美学	产品看起来、感觉起来、听起来、尝起来和闻起来是什么样的。客户对于该要素的反应来自自身判断和个人喜好。
感受质量	客户在购买之前对产品的判断。这方面与拥有相似产品或者相同制造商的产品过去的经验相关。

5.4.2 客户需求分类

并非所有的客户需求都是相同的，从本质上来说，客户需求对于不同的人有着不同的价值。设计团队必须区分出对产品在目标市场获得成功最为重要的需求，并且确保这些需求能通过产品得以满足。

对于有些设计团队成员来说，这很难区分，因为纯粹的工程观点是，在产品的所有方面获得尽可能最佳的性能。卡诺图是一件很好的工具，它能根据优先等级将客户需求直观地分类。卡诺认为客户需求有四个等级：期望型需求、显性需求、隐性需求和兴奋型需求[⊖]。

- 期望型需求。期望型需求是客户期望在产品中看到的基本属性，例如标准特征。期望型需求通常易于衡量，常用于对标分析中。
- 显性需求。显性需求是客户描述出来的他们在产品中想要的具体属性。由于客户是用这些属性来定义产品的，所以设计者一定愿意提供这些属性以满足他们。
- 隐性需求。隐性需求是客户通常没有提到的产品属性，但是它们对于客户仍然很重要，不能被忽略。这些属性可能是客户忘记提及的、不想说的或没意识到的。对设计团队来说，识别出隐性需求需要高超的技巧。
- 兴奋型需求。兴奋型需求常称为愉悦型需求，是使产品独一无二并且可以与竞争对手区分开的产品属性。注意，缺少兴奋型需求不会让客户失望，因为他们并不知道到底缺少了什么。

到目前为止，客户需求的所有信息都已经呈现，设计团队现在能建立一个更加准确的客户需求优先表。该列表包括：

⊖ L. Cohen, *Quality Function Deployment: How to Make QFD Work for You*, Addison-Wesley, New York, 1995.

- 在对标分析过程中通过研究竞争对手的产品发现的基本需求。
- 通过人类学研究观察到的隐性需求。
- 从调查中获得的高等级的客户需求。
- 公司计划采用新技术而催生的兴奋型需求。

最高等级的客户需求称为*质量关键点客户需求*（CTQ CR）。指定了CTQ CR就意味着这些客户需求将成为设计团队工作的重心，因为它们将使客户满意度最大化。

例5.3（Shot-Buddy客户需求） JSR设计团队一直在调研Shot-Buddy的市场和最终用户群体的信息。以下就是他们得出的客户需求。

- 抗风雨——系统暴露在雨雪之中不易生锈，可以长时间置于使用位置。
- 投篮回收精准——当球离开投篮回收装置后，一个有效的篮球回收系统必须能够将球回收到投篮者所在的位置。
- 免工具安装——装配、拆卸或安装系统时不需要使用任何工具，包括手动工具或电动工具。该客户需求源于设计者希望该产品能节省客户的时间和精力。
- 五年使用寿命——包括能够承受环境影响因素和高处（最大使用高度为12ft）坠击损伤的能力。
- 快速回收——Shot-Buddy必须能迅速将球回收，即使是投失的球也不例外。实际上，投篮者可以有节奏地练习投篮以培养独有的手感。
- 能存放在车库中——系统应该能放进车库里且仅占用小部分空间，或者能放进小屋里且不必大幅度调整屋中其他物品的位置。
- 与大多数篮筐配置兼容——篮球回收系统必须能可兼容地安装在任何品牌的篮筐上。
- 不堵塞——Shot-Buddy必须能回收来自各个角度且具有不同速度的篮球，不能让球卡在系统里而导致回收失败。
- 能捕获大多数球（投进的和投失的）——Shot-Buddy必须在广泛投篮范围内有效，能捕获投进或投失的篮球。
- 不突兀——Shot-Buddy不能有突出在空中或地面上的组件而阻挡投篮，不能限制投篮数量。

设计团队知道，不是所有客户需求对于决定客户对产品的态度都有相同的影响力。Shot-Buddy将球自动回收到投篮者所在位置的能力（投篮回收精准）是产品的创新点，也就是兴奋型需求。高等级客户需求包括不堵塞、能捕获大多数球、与大多数篮筐配置兼容。兴奋型需求和高等级客户需求可视为质量关键点客户需求。剩下的客户需求包括提高产品质量（例如快速回收）以及那些隐性需求（例如免工具安装）。

5.5 收集现有产品信息

探索和理解性能是产品研发最早期阶段的关键过程。通过进行直接观察、阅读产品和技术文献，以及把物理和工程科学的原理应用到任务中的方式来实现收集产品信息。更多信息可以在第 4 章中找到。

5.5.1 产品剖析

下一个合乎逻辑的产品调查步骤是拆开物体察看它怎样工作。这个过程通常称为*产品剖析*（product dissection）和*逆向工程*（reverse engineering）。

产品剖析是对产品的拆解过程，旨在确定产品中零部件的选择和排布，并深入探索产品的制造工艺。实施产品剖析是为了从*人工制品*[⊖]本身来了解产品情况。产品剖析是工程设计学习过程的一个重要组成部分。在剖析过程中收集到的信息能帮助我们更好地理解生产商做出的设计决策。

产品剖析过程包括 4 项活动。在剖析过程中，每项活动都列出了待回答的重要问题。

- *发现产品的运行需求*。产品是怎样运行的？产品正常运行需要哪些必要条件？
- *考察产品怎样执行其功能*。产品为了产生所需的功能而使用了什么样的机械、电子控制系统或者其他装置？能量和力以什么样的形式流经产品？组件和元件的空间约束是什么？正常运行是否需要间隙？如果存在间隙，原因是什么？
- *确定产品与零件之间的关系*。主要的组件是什么？关键部件接口是什么？
- *确定产品的生产工艺和组装流程*。每个零件是由什么材料和什么工艺制造的？关键元件的连接方法是什么？哪里用了紧固件？用了什么类型的紧固件？

发现产品的运行需求是唯一一项只针对完整产品的活动。为了完成其他活动，必须对产品进行拆解。如果没有产品的转配图，那么在首次拆解产品时最好画一张。除此之外，在这个阶段创建完整的文档也是至关重要的。文档内容可包括拆卸步骤的详细列表和零部件清单。

*逆向工程*这个术语通常用于产品剖析过程，其目的是了解竞争对手的产品。工程师通过逆向工程来发掘*通过其他方式不能获取的信息*。当仅仅为了盈利而采取逆向工程仿造他人的产

⊖ 人工制品即为人造物品。

品时，这一过程是十分乏味的。逆向工程可以帮助设计团队了解竞争对手做了什么，但不能给出为什么这么做的原因。在实施逆向工程时，设计者不要认为他们看到的是其竞争对手的最佳设计。除了获取最佳性能外，还有很多因素影响整个设计过程，而这些因素不会体现在产品的物理形态中。

5.5.2 产品资料与技术文献

客户购买的大多数产品在其包装或标签上都附有产品信息，这些信息可能包括使用说明、警告、额定性能、资格证书和生产商的联系方式。对于简单产品，这些信息可能列在直接粘贴于产品的标签上，也可能会将信息印在产品外表面上（比如印在塑料上的回收利用标识）。其他产品会将这些信息包含在产品附属的包装、数据表或者手册上。

制造商可能会选择向购买者提供比标签上更多的信息。许多产品（比如电子产品）会附带使用说明书。这些产品通常还会为没有阅读使用说明书的用户提供一份快速入门指南。许多更大的制造商会建立并维护客服网站，为产品用户和相似产品的研究人员提供产品手册下载服务。

购物网站

网站可用于编辑特定产品的信息，竞争优势产品公司（Competitive Edge Products, Inc.）就是一个专业的网站[⊖]。该网站提供一系列篮球产品的信息，产品覆盖范围从篮筐、篮板支柱（埋地型和池边型）到像篮板防碎膜、支柱衬垫和篮球回收系统这样的附属设备。网站陈列了现有产品的图片、标签信息和说明书。在一些网站上，人们能找到购买者输入的客户评论。专业购物网站的客户需牢记网站提供的信息不一定是公正可靠的。

技术文献

除了一些特殊兴趣的出版物之外，还有许多学术期刊发布质量研究信息。这些学术期刊先经同行专家评审，专家们认为其所提供的材料有助于丰富主题领域内的知识主体且具有出版价值，期刊才能出版。期刊文章可为市场上的新生技术提供重要信息。使用第4章“信息收集”所概述的检索方法，任何人都能检索相关的学术期刊。例如，Shot-Buddy 的研发团队需要能够预测篮球在标准场地内投向篮筐时的运动规律。这里有3篇该团队感兴趣的文章：

- H. Okubo and Hubbard, M. (2006), “ Dynamics of the basketball shot with application to

⊖ “ Lifetime Basketball Systems, Hoops, Goals, Backboards and Sports Accessories from Competitive Edge Products.” Web.14 July 2010.

the free throw," *Journal of Sports Sciences*, 24:12, 1303-1314.

- Tran, C. M. and Silverberg, L. M. (2008), " Optimal release conditions for the free throw in men's basket ball, " *Journal of Sports Sciences*, 26:11, 1147-1155.
- H. Okubo and Hubbard, M. (2004), " Dynamics of basketball-rim interactions, " *Sports Engineering*, 7:1,15-29.

专利文献

不是所有的产品都有专利，但是专利文献的确包括已经成为成功产品的发明。专利是由美国专利商标局向新颖和实用装置的发明人颁发的一个资格证书。第 4 章讨论了美国专利系统（U. S. Patent System)，其中部分内容介绍了如何通过分类标签来检索专利。如果知道专利号，专利信息就很容易被检索出来。专利系统也是按应用类别来组织的，所以一旦得知正确的类别，就能很快找到推荐的发明信息（但不一定是完整的）。

例 5.4（找到与拟设计的 Shot-Buddy 相似的产品的专利） 美国 5540428 号专利[⊖]是一个复合篮球回收装置的例子。如图 5.5 所示，这个装置通过利用布置在篮筐下面的一个张开成漏斗形的大网（78）把投进和投失的篮球引入装置底部的导轨（82），在重力和动量作用下，导轨将篮球回收给用户。回收篮球的漏斗形网要足够大，能捕获到大部分弹离篮筐（36）或篮板（10）的球。捕捉网通过与篮筐和篮板支柱（74）相连得以固定。

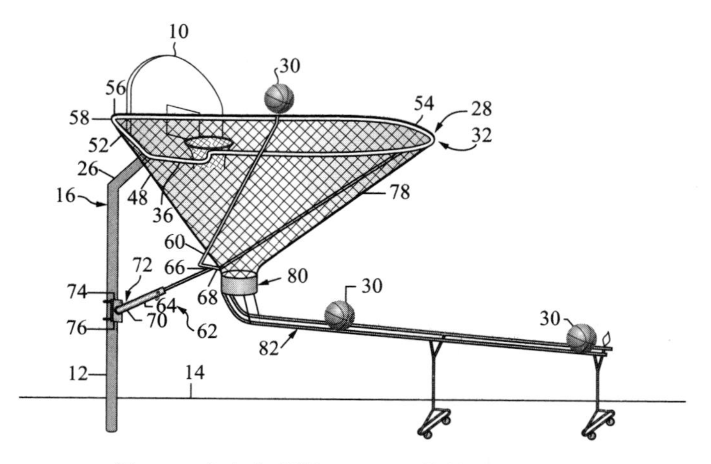

图 5.5 来自专利号 5540428 的篮球回收装置

该设计有两大优势：一是能回收大范围的投失球，二是始终能将球回收到导轨末端位

⊖ John. G. Joseph，" Basketball Retrieval and Return Apparatus，" Patent 5540428，July 30，1996.

置。该设计的缺点是：太大，需要固定支撑（74，76），只能将球回收到一个位置而不管投篮者在何处。最终，这个装置被设计用于支柱支撑的篮筐上（常见于篮球场或者家庭车道）。虽然它已经覆盖了大多数应用领域，但仍不能用于健身房和娱乐中心的篮筐，这些地方的篮筐通常采用更加复杂的支撑方式。

5.5.3 产品或系统的物理学

工程课程讲授静力学、动力学、材料力学、电路学、控制学、流体力学和热力学等学科的基本原理。课程会提出一些描述物理系统及其所处环境的应用题，学生通过学习若干分析的、逻辑的、数学的和经验的方法来解决这些问题。在工程科学课程中，通常为学生提供所有必要的细节，要求他们将对一个产品、装置或者系统的描述转化为评估其性能的问题。这个过程相当于建模并将模型用于评估。

工程模型

要想对一个产品和系统进行有效的分析，就需要对每个设计或系统选项有足够详细的描述，由此可以精确地计算出人们所感兴趣的性能。这个分析所需要的详细描述就称为模型（model）。模型包括对产品或系统在物理方面的展现（例如，草图或几何模型）、设计细节的约束、控制其行为的物理定律和描述其行为的数学方程（请参考7.4节获取更多关于开发模型的信息）。

此处，我们通过实例来演示如何建立一个模型来描述设计系统的行为。为了让Shot-Buddy有效地工作，在使用时它能承受一定大小的力。

例5.5（估算使用时的受力）　一次投篮击中篮球回收装置的力度大小各异。首先需确定计算最大冲击力所需的变量。为了评估篮球回收系统的受力，JSR设计团队必须确定篮球击中装置时的速度和方向。图5.6是设计团队画的篮球在空中运动的示意图，篮球从三分线处（距离篮筐6.02m，此处的投篮可能具有最大的冲击力）投出。JSR设计团队假定投篮者在头部高度将球投出，其身高与八年级男孩的平均身高相同。该模型忽略了空气对球的阻力。设计团队根据篮球的初始条件和最终条件建立了一个联立方程组，并求出该方程组的数值解。由此确定了篮球在初始位置和最终位置的速度矢量分量以及篮球轨迹最高点的位置。改变投篮角度，重复上述计算。JSR设计团队得出：以水平速度分量（v_x）6.5m/s、斜向上45°投出篮球，击中篮筐下沿某点时的最终速度是8.6m/s。在此点上，JSR设计团队预计篮球与回收系统的接触时间（Δt）为0.1s，利用动量定理（$p = mv$）来估计冲击力的大小。根据JSR设计团队的计算，当投篮角度为30°时的冲击力是55N。（注意，如果

JSR 设计团队已找到由 Tran 和 Silverberg 发表的技术文献[⊖]，他们可以将其作为估算冲击力和其他变量的参考，而不需要做如此多的分析。)

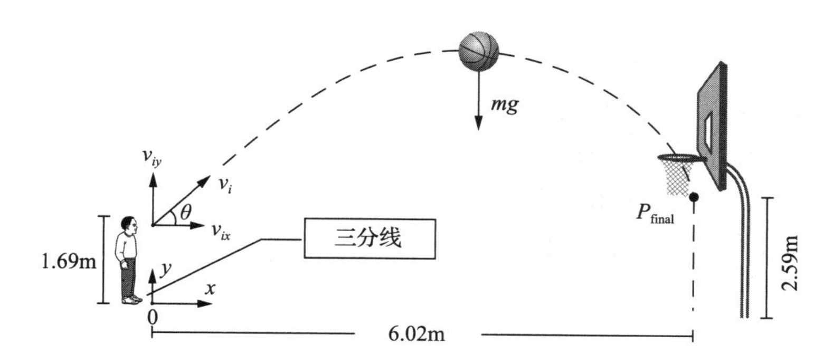

图 5.6 篮球在空中运动示意图

为了验证他们的模型，JSR 设计团队阅读技术文献，找到了 Tran 和 Silverberg 为研究罚篮而建立的投篮模型（见图 5.7）。Tran 和 Silverberg 在文献中描述了典型罚球的出手高度高于投篮者头部 6in，因此他们没有将高度作为一个变量，而是用 6ft6in 作为平均投篮高度。此正规模型和 JSR 设计团队的模型都包括具有投出角度的速度矢量，两组研究人员都认为角度会改变。正规模型还包括球的下旋角速度（ω）和另外两个角度变量。角 β 是速度矢量的侧角，角 θ 是投篮者身体矢状面与篮板法线之间的夹角。只有当投篮时，投篮者不正对篮板，这两个角度才有意义。

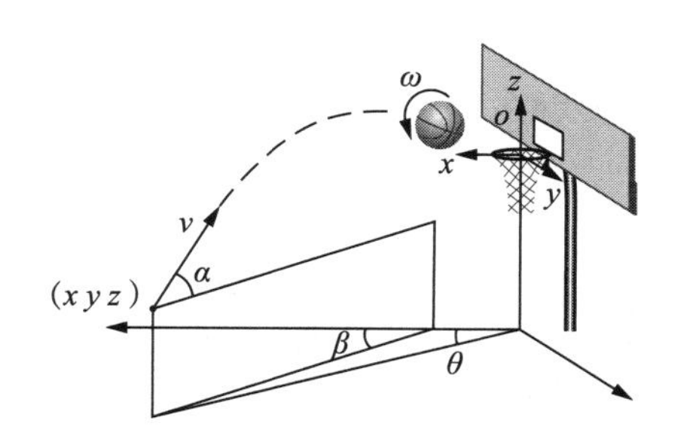

图 5.7 由 Tran 和 Silverberg 设计的罚球模型

技术论文中的模型包含大量细节，然而在概念设计阶段，这些细节并不是必要的。例如，专业篮球运动员总是对篮球施加下旋，球在碰到篮板后会向下反弹，更容易落入篮筐。之前

⊖ C. M. Tran and L. M. Silverberg, " Optimal Release Conditions for the Free Throw in Men's Basketball," *Journal of Sports Sciences*, Vol.26, pp. 1147-1155, 2008.

引用的研究论文表明，最佳的回旋频率为3～4Hz。JSR模型主要用来确定承受篮球回收装置的受力水平，因此合理地忽略了这一细节。

分离体受力图

分离体受力图是一种探究产品物理特性（存在形式）和运行规律的工具。工程师学习通过创建模型来描述作用在（处于特定环境中的）物理对象上的力和力矩。这种模型称作分离体受力图㊀。建模对象和施加在其上的所有力都以草图的形式呈现。建模对象必须处于静止状态，因此所有的力和力矩一定是平衡的。任何不平衡的力和力矩都将导致物体朝着合力的方向移动。

例 5.6（篮板篮筐的分离体受力图） 尽管篮球回收装置尚未设计完成，但是JSR设计团队需要知道篮球击中篮筐时力的传递关系。最简单方法是用分离体受力图来建模。图5.8是一幅分离体受力图，可用于估算篮球击中篮筐前沿时的篮筐受力。篮筐被简化为单端固定的悬臂梁，在固定端会受到力和力矩的作用。

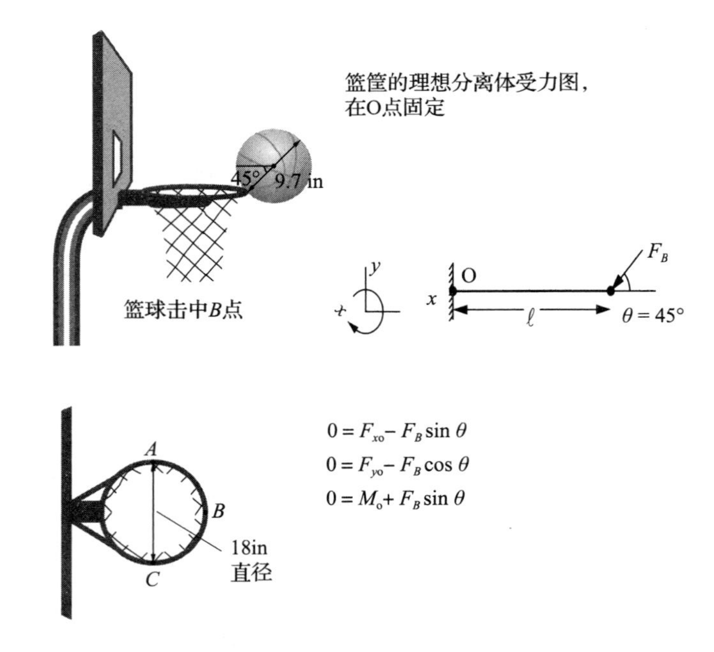

图 5.8　例 5.6 的分离体受力图

㊀ 建立分离体受力图的优秀例子是渥太华大学机械工程系教授 William Hallett 的“Some Notes on Free-Body Diagrams”，见网址 www.mhhe.com/dieter6e。

5.6 建立工程特性

建立工程特性是撰写产品设计任务书（见5.8节）的关键。识别产品所必须满足的需求是一个复杂的过程。本章前面几节重点讨论了如何收集和理解客户对产品的期望。这个任务的主要挑战是能做到在不预设前提的条件下倾听和记录客户的全部想法。例如，某个客户在谈论随身行李时可能会说："我想让它易于携带。"工程师可能把这句话解释成："把行李箱做得轻一些"，因此将质量设定为应该最小化的设计参数。然而，客户可能只是想要一个能放进飞机座位上方行李舱的手提行李箱。由于轮式行李箱的发明，易于携带这项需求可以很轻松地处理。

产品描述是一系列由诸多工程特性组成的中性解决方案规范，只有产品描述获得批准认可，产品开发过程才能继续进行。这些工程特性包括设计参数（在设计过程之前就已确定）、设计变量和约束。这些中性解决方案规范是最终产品设计规范（产品设计任务书）的框架，但却不是最终的产品设计规范。

客户由于缺乏知识基础和专业经验，不能用工程特性来描述他们想要的产品。而工程和设计专业人员能够用中性解决方案的形式描述产品，因为他们可以想象出产生特定行为的物理零件和组件。工程师可以使用一种常用的产品开发工具——对标分析法——来拓展和更新对类似产品的理解。

5.6.1 对标分析概述与竞争性能对标分析

对标分析（benchmarking）是一个将本公司与行业内外最佳的公司相比较以衡量本公司运营水平的过程[⊖]。该英文名称取自测绘员测量海拔时所使用的基准（benchmark）或参考点。对标分析可应用于企业的各个方面，是一种通过信息交流向其他企业学习的方法。

建立在互惠互利基础上（非直接竞争对手之间交流信息，相互借鉴对方的业务运作）的对标分析最为有效。其他最佳实践来自商业伙伴（如本公司的主要供应商）、在同一供应链上的企业（如汽车制造供应商）、合作伙伴或行业顾问。有时，贸易或专业协会可以促进对标分析交流。更多的时候，需要保持良好的相互关系，并向对方提供对其有用的本公司信息。

一个公司可以在许多不同的地方寻找其对标，包括自身组织机构内部。通过对标分析确定

⊖ R. C. Camp, *Benchmarking*, 2nd ed., Quality Press, American Society of Quality, Milwaukee, 1995; M. J. Spendolini, *The Benchmarking Book*, Amacon, New York, 1992; M. Zairi, *Effetive Benchmarking: Learning from the Best*, Campman & Hall, New York, 1996（许多案例研究）。

公司内部的最佳实践（或相似业务部门的绩效差距）是提高公司整体绩效的最有效方法之一。

即使在开明的组织内，也会出现抵制新想法的情况。当管理者得知其他公司通过对标分析取得成功后，他也会学习对标分析，并把它引入自己的企业中。并非所有人员对对标分析法都具有相同的认识水平和适应程度，所以实施团队会遇到阻力。以下就是在对标分析中通常遇到的阻力：

- 害怕被视为抄袭者。
- 害怕信息被交换或共享后失去竞争优势。
- 自大。可能会认为在公司之外不会学到任何有用的东西，或者可能认为自己就是标杆。
- 急躁。正忙于产品改进项目的公司通常想立即做出改变，而对标分析只执行了改进项目的第一步——评估公司目前在业内的相对地位。

为了克服对标分析的障碍，项目负责人必须向所有相关人员清晰地传达项目的目的、范围、程序和预期效益。无论对标分析的出发点是什么，所有对标分析都开始于两个相同的步骤。

- 选择公司内需要对标分析的产品、流程或职能范围。所选对象不同，需要测量和比较的关键性能指标也不同。从商业角度来看，这些指标可以是回头客所占的销售额、退回产品的比例或者投资回报。
- 为需要对标分析的每个流程确定一流的对标公司。一流公司是以最低流程执行成本获得最高客户满意度的公司，或占有最大市场份额的公司。

最后，务必要认识到对标分析不是一次性的努力。竞争对手同样会努力改进他们的运营流程。如果公司想要维持运营优势，就应把对标分析视为持续改进流程中的第一步。

竞争性能对标分析（competitive performance benchmarking）涉及以当前市场上的一流产品为对标来测试本公司产品。对于设计对比和产品加工来说，这是重要的一步。对标分析可用于为设置新产品功能预期提供必要的性能数据，还可用于划分市场竞争，找到真正的竞争对手。

竞争性能对标分析程序可总结为如下8个步骤[㊀][㊁]：

1. 确定对最终用户满意度最为重要的产品特征、功能，以及任何其他的因素。

㊀ B. B. Anderson and P. G. Peterson, *The Benchmarking Handbook: Step-by-Step Instructions*, Chapman & Hall, New York, 1996.

㊁ C. C. Wilson, M. E. Kennedy, and C. J. Trammell, *Superior Product Development, Managing the Process for Innovative Products*, Blackwell Business, Cambridge, MA, 1996.

2. 确定对产品技术成功很重要的产品特征和功能。
3. 确定会显著增加成本的产品功能。
4. 确定将本方产品与竞争对手产品区别开来的产品特征和功能。
5. 确定具有最大改进潜力的产品功能。
6. 建立可以量化和评估最重要产品功能或特征的指标。
7. 通过性能测试来评估本方产品和竞争产品。
8. 生成对标分析报告，总结从产品、收集到的数据和关于竞争对手的结论中学到的所有信息。

5.6.2 确定工程特性

在工程设计中，有必要用工程特性语言将客户需求翻译成设计人员所感兴趣的参数。任何概念性设计方案的确定都需要设计团队或审批部门来规定细节水平，这些细节是唯一确定每个设计方案所必要的。这些细节就是一系列的工程特性（Engineering Characteristic，EC），包括参数、设计变量和约束。这些工程特性是由设计团队通过对标分析和逆向工程等研究活动收集到的。设计团队对于什么是最重要的工程特性可能有一些初步认识，但只有在下一个活动——创建质量屋——完成后，最重要的工程特性才能被确定下来。

例 5.7（Shot-Buddy 的工程特性） JSR 设计团队一直研究市场中现有的篮球回收装置，并把它们与客户需求相对照，由此来建立能覆盖 Shot-Buddy 关键参数的工程特性。在列出可能的设计特性之前，JSR 设计团队必须做出某些高水准的设计决策。为了使篮球回收装置切实可行，有必要确定回收篮球的球道（如图 5.9 所示）。返回球道是回收装置启动时投篮者所站的那个球道。不同的设计可以具有不同数量的返回球道。

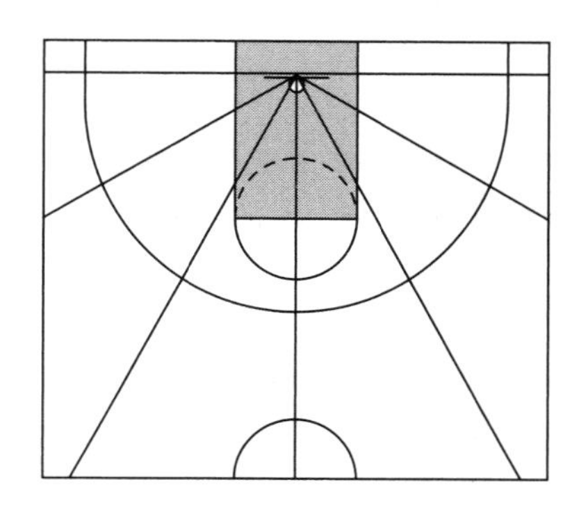

图 5.9　Shot-Buddy 的篮球返回球道（设计展示了 36 个区域的球道）

（源自 Davis, Josiah, Jamil Decker, James Maresco, Seth McBee, Stephen Phillips, and Ryan Quinn. "JSR Design Final Report: Shot-Buddy," unpublished，ENME 472, University of Maryland, May 2010。）

对于建立工程特性来说，不需要将设计方案确定下来。团队成员必须在充分理解问题的基础上创建描述系统行为的参数列表。在设计过程中，设计团队会修改工程特性列表。下面的参数列表由JSR设计团队经过数次迭代得出。

- **捕捉区**——围绕篮筐的区域，任何落入此区域的篮球都能回收到投篮者的位置。
- **堵塞的概率**——篮球引导通道的规格（开口大小、长度、弯数）决定了篮球卡住的概率。
- **篮球回收的精准度**——篮球回收到投篮者所在的球道的次数百分比。
- **篮球平均回收时间**——篮球从篮筐高度回收到投篮者位置所需的平均时间。
- **感应投篮者的位置**——为了精准地引导篮球回收，Shot-Buddy具备的一个关键功能是能确定投篮者在球场中的位置。
- **变道时间**——篮球回收装置的对准子系统转过一条球道所花费的时间。
- **球道跨度**——回收球道以篮筐为圆心跨过的弧度数。
- **转动篮球回收子系统所需的能量或力矩**——Shot-Buddy必须含有能转动的子系统，以便将篮球对准投篮者所在的球道。
- **重量**。
- **安装系统所用的时间**——用户组装并安放系统所需的时间。
- **材料刚性**——系统中任何易受篮球撞击伤害的部分必须能在不产生永久变形的情况下承受一定的挠曲。
- **连接处的材料韧性**——Shot-Buddy需固定在篮筐或支柱等已有部件上，所有的接口必须能承受篮球的猛烈撞击。
- **耐风化性**——Shot-Buddy被设计安装在户外篮筐上，这意味着它必须承受五年时间的自然环境。

这里列出的工程特性是物理特性和性能特性的结合。有些工程特性，如“感应投篮者的位置”，描述了系统的关键功能。对Shot-Buddy来说，可能会有多种不同的感应方法，每种方法都对应不同的设计。

例5.7中的工程特性列表描述了Shot-Buddy的物理特性和性能特性，它们都是设计团队需要确定的变量。每个工程特性都有助于确定Shot-Buddy的整体性能，但有些工程特性对于满足客户需求来说更为重要。在5.7节介绍的质量功能配置将帮助设计团队确定最关键的工程特性。

5.7 质量功能配置

质量功能配置（Quality Function Deployment，QFD）是一种规划和团队问题求解工具，已被各类公司广泛采用，用于在整个产品开发过程中把设计团队的注意力集中在满足客户需求上。质量功能配置中的“配置”一词是指该方法能确定产品开发过程中每一阶段的重要需求，并用这些需求来识别该阶段对满足客户需求贡献最大的技术特性。质量功能配置在很大程度上是一种图解法，它能辅助设计团队系统性地识别产品开发过程中的所有要素，并为每一开发步骤创建关键参数间的关系矩阵。为了收集质量功能配置过程所需的信息，设计团队必须回答那些可能被非严格方法所掩盖的问题，并学习关于该问题尚未被了解的知识。由于这是一种群体决策行为，所以会获得高程度的认同和对问题的一致理解。与头脑风暴法一样，质量功能配置是一种可用在多个设计阶段中的工具。实际上，它是一个通过提供输入来指导设计团队的完整过程。

在美国的公司里，质量功能配置[1]方法的实施通常被缩减到只使用质量屋。质量屋建立了客户对产品的需求与满足这些需求最为关键的产品特征和整体性能参数之间的关系。质量屋将*客户需求*[2]转换成可量化的设计变量（称为*工程特性*）。这种用户需求和工程特性之间的映射是其余阶段进行的基础。当该阶段使用结构最完整的质量屋时，就可以识别出一系列必要的特征和产品性能指标，它们是设计团队需要实现的目标值。

质量屋也可以用来确定哪些工程特性应该被视为设计过程约束以及哪些工程特性可作为选择最佳设计概念的决策准则，质量屋的这项功能将在5.7.3节中解释。因此，建立质量功能配置的质量屋自然成为撰写产品设计任务书的首要目标（见5.8节）。

5.7.1 质量屋的结构

目前，工程师可找到许多不同版本的质量功能配置的质量屋。和很多全面质量管理（TQM）方法一样，有数百名咨询人员专门培训人们如何使用质量功能配置。在互联网上搜索一下，很快就能找到概述质量功能配置和详细介绍质量屋的网站。有些网站使用的文字材料与本节引用的相同，其他网站开发并使用具有自主版权的材料。这些网站源自那些开发质量屋软件包和模板的团体或个人，包括咨询公司、私人顾问、学者、专业协会，甚至是学生。这些应用从简单的Excel电子表格宏命令到复杂的多版本软件。显然，每个质量屋软件的创建者所使用的质量屋图结构和专业术语会略有不同。本书使用的质量屋结构汇集了产品开发团

[1] S. Pugh, *Total Design*, Chapter 3, Addison-Wesley. Reading, MA, 1990.

[2] 通常把产品的期望特性称为“客户需求”。

队使用的许多不同的质量屋术语。在充分理解质量屋基本要素的前提下，你可以轻易地认识到不同版本质量屋软件的侧重点。质量屋的主要目的都是相同的。

质量屋吸收设计团队给出的信息，并引导设计团队将其转换成对生成新产品更加有用的形式。本书使用了一种具有八个房间的质量屋，如图 5.10 所示。在所有质量屋的布局中，关系矩阵（图 5.10 中的房间 4）是实现将客户需求与工程特性联系起来这一目标的核心。客户需求经过质量屋的处理后，其影响力将遍及整个设计过程。质量关键点工程特性可通过房间 5 中的简单计算获得。房间 6 和房间 7（竞争产品评估）记录了通过审视竞争对手产品、对标分析和客户调查结果而收集到的额外信息。

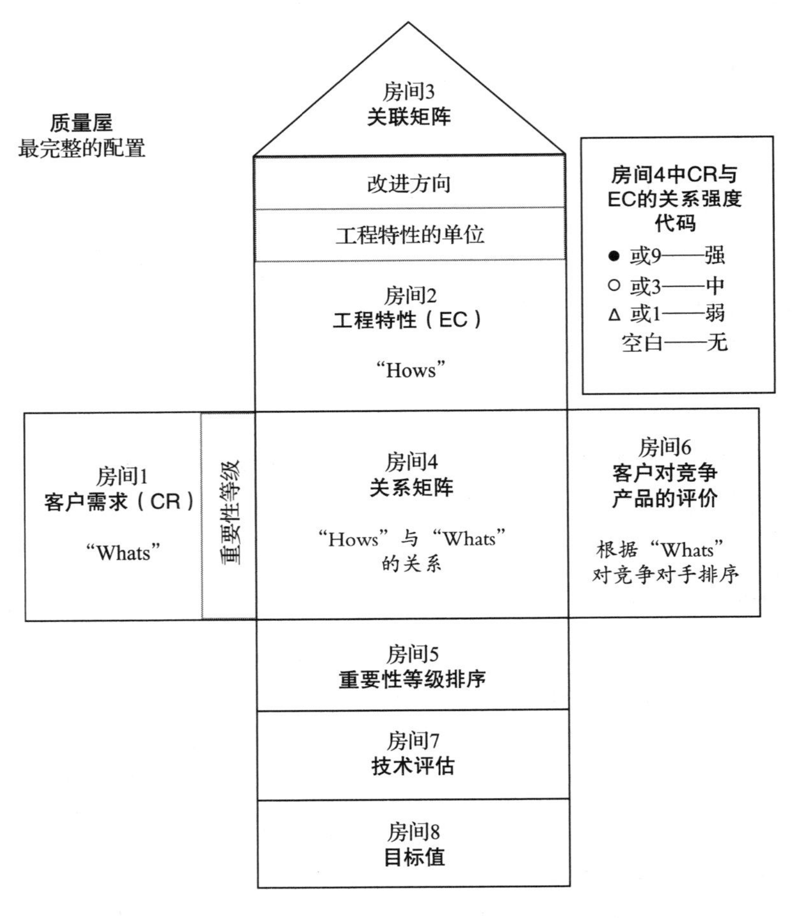

图 5.10　把客户呼声（作为客户需求输入到房间 1 中）转换为工程特性目标值（在房间 8 中）的质量屋

质量屋的视觉特性显而易见。注意，质量屋中所有水平排列的房间都是关于客户需求的。

从识别客户和最终用户需求中得到的信息，以客户需求及其重要性等级的形式列入房间 1。显然，用来获取客户需求（或“Whats”）的最初工作是质量屋分析的驱动力。同样地，垂直对齐的房间是根据工程特性（或“Hows”）来排列的。工程特性的本质以及如何确定工程特性已在 5.6.2 节中讲述。已经确定为约束的工程特性列在房间 2 中。如果你认为它们不是客户看重的质量的主要方面，那么就有可能将它们忽略。例如家用电器的 110V 交流电就是一个这样的约束。

质量屋的最终结果是一系列工程特性的目标值，它们流经质量屋并从屋子底部的房间 8 流出。这些目标值将用于指导选择和评估潜在设计概念。注意，质量屋的总体目标不仅限于确定目标值。创建质量屋需要设计团队收集、关联并考虑产品、竞争者、客户以及更多方面的信息。因此，通过创建质量屋，团队已对设计问题有了深刻的理解。

可以看出，质量屋用一张图汇总了大量的信息。房间 1 对“Whats”的识别驱动了质量屋分析。质量屋的结果（即房间 8 中“Hows”的目标值）驱动了设计团队执行概念评估和选择过程（第 7 章讨论的话题）。因此，质量屋将是设计过程中所创建的最重要的参考文件之一。像对待大多数设计文件一样，随着获取更多的设计信息，应及时对质量屋进行更新。

5.7.2 构建质量屋的步骤

不是所有的设计项目都需要建立如图 5.10 所示的完整结构（从房间 1 到房间 8）的质量屋。

改进型质量屋

客户需求到工程特性的基本转换可以通过由房间 1、2、4、5 构成的质量屋完成。如图 5.11 所示的就是改进型质量屋的结构。房间 5（即工程特性的重要性等级）的三个组成部分都附有额外细节。本节将一步步地描述改进型质量屋的构建，随后以例 5.1 中的 Shot-Buddy 设计项目为例说明改进型质量屋的构建。

房间 1。在房间 1 中，*客户需求*以行的形式列出。客户需求及其重要性等级是由设计团队收集的，5.4 节对此已做出介绍。通常，利用亲和图将这些需求按相关类别进行分组。同时，在该房间里留出一列，用来表示每个客户需求的重要性等级。重要性等级用 1～5 表示。这些输入质量屋中的客户需求包含但不局限于*质量关键点客户需求*。质量关键点客户需求是那些重要性等级为 4 和 5 的客户需求。

房间 2。在房间 2 中，*工程特性*以列的形式给出。工程特性是指那些被确定为能满足客户需求的产品性能指标和特征。5.6.2 节讨论了如何确定工程特性。一种确定工程特性的基本方法是针对某个客户需求回答“我能控制什么以满足客户需求”。典型的工程特性包括重量、力、速度、功耗以及关键部件可靠性。工程特性通常是可测值（与客户需求不同），并且其计量单位被列在靠近房间2顶部的地方。表示每个工程特性优先改进方向的符号位于房间2顶部的位置。

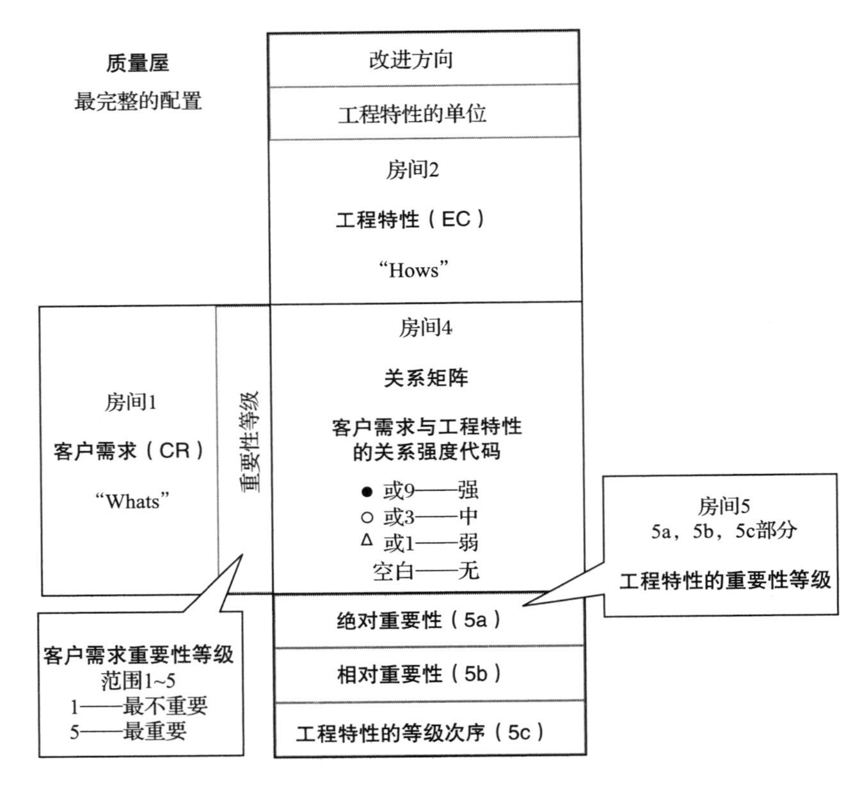

图5.11　包含房间1、2、4、5的质量屋的最简单的模板

房间4。关系矩阵位于质量屋的中心。它是由客户需求行与工程特性列的交叉区域所形成的。矩阵的每一单元都用符号进行标记，用来表示该列工程特性与该行客户需求之间的因果关系的强度。每个矩阵单元都用一系列表示指数范围的数字（如9，3，1）符号[1]作为编码方案。为了系统性地完成关系矩阵，依次选取一个工程特性列，然后逐行分析列中的单元，确定该工程特性对满足该行客户需求的贡献度，若显著则记为9，若适度则记为3，若轻微则记为1，若工程特性对客户需求没有影响则保持空白。

---

[1] 在日本的第一次质量屋应用中，团队使用这样的编码符号，●表示强，○表示中等，△表示弱，它们来自赛马中表示前三名的符号。

房间 5。工程特性的重要性等级。质量屋的主要贡献是确定哪些工程特性对于满足房间 1 中列出客户需求具有至关重要的作用。对那些具有最高等级的工程特性要给予特殊考虑，因为它们对客户满意度具有最大影响。

- 绝对重要性（房间 5a）。通过两个步骤计算每个工程特性的绝对重要性。首先，把关系矩阵中每个单元的数值乘以对应的客户需求的重要性等级。然后，将每列的结果累加，将总和列入房间 5a 中。这些总和就是每个工程特性在满足客户需求上的绝对重要性。
- 相对重要性（房间 5b）。相对重要性是将每个工程特性的绝对重要性标准化到 0 和 1 之间，并以百分比表示。为此，先将绝对重要性的值求和，然后，用该和除以每个绝对重要性的值，再乘以 100。
- 工程特性的等级次序（房间 5c）。工程特性的等级次序是指将工程特性按相对重要性从 1（房间 5b 中的最高百分比）到 n 排序，n 是指质量屋里工程特性的个数。通过这种排序，工程特性对满足客户需求的贡献度从高到低一目了然。

在接受房间 5 中工程特性的等级次序之前，必须对质量屋的关系矩阵（房间 4）进行审核以确定一系列的工程特性和客户需求。下面是对房间 4 中可能出现的模式的解释。[⊖]

- 空行表示不存在用来满足客户需求的工程特性。
- 空列表示该工程特性与客户无关。
- 一个客户需求行与任意工程特性都不存在“强关系”，表示该客户需求难以实现。
- 一个工程特性列与各行存在太多的关系，表示这是一个关乎成本、可靠性或安全性的工程特性，不论它在质量屋中的等级排序如何，该工程特性必须始终得到考虑。这种工程特性可以认为是一个约束。
- 两个工程特性列与各行具有几乎相同的关系，表示这两种工程特性是相似的，可以结合在一起。
- 质量屋是一个对角矩阵（客户需求与工程特性一一对应），表示工程特性可能没有用合理的术语表达出来（质量需求很少能用单一的技术特性来表示）。

一旦在房间 4 中出现上述一种或多种模式，就应该审视相关的客户需求和工程特性，如果可能的话要做出相应的改变。

构建这种质量屋需要把设计团队提出的客户需求和工程特性作为输入。质量屋的输入过程

⊖ 改编自 S. Nakui, “Comprehensive QFD”, *Transactions of the Third Symposium on QFD*, GOAL/QPC, June 1991。

使得设计团队能够将一系列客户需求转换成一系列工程特性，并且可以确定哪些工程特性对于成功产品的设计最为重要。质量屋的输出位于房间 5。基于这些输出信息，设计团队可以把设计资源分配到对产品成功最重要的产品性能或特征上，它们也可以被称为对质量十分关键的工程特性或质量关键点工程特性。

例 5.8（改进型质量屋） 图 5.12 是根据房间 4 的说明而为 Shot-Buddy 构建的改进型质量屋。房间 1 列出的客户需求来自例 5.3 中的列表。重要性权重因子是由 JSR 设计团队通过调查而确定的。房间 2（工程特性）列出了通过完成例 5.7 所述的活动而获得的工程特性。房间 4 列出了关系矩阵，矩阵单元里的数字表示实现该列标题所对应的工程特性对满足该行客户需求的贡献度的大小。符号↑表示工程特性值越大越好，而符号↓表示工程特性值越小越好，有的工程特性也有可能没有改进方向。

		工程特性												
改进方向		↑	↓	↑	↓		↓	↓	↓	↓	↓	↑	↑	↑
单位		m^2	%	m	s	n/a	s	rad	N	kg	min	MPa	MPa $\sqrt{m}$	n/a
客户需求	重要性权重因子	捕捉区	堵塞的概率	篮球回收的精准度	篮球回收平均时间	感应投篮者的位置	变道时间	球道跨度	转动篮球回收子系统所需的能量或力矩	重量	安装系统所用的时间	材料刚性	连接处的材料韧性	耐风化性
抗风雨	4											1	3	9
投篮回收精准	4	3	9	9		9		9				3		
免工具安装	2	3								3	9	1		
五年使用寿命	4	1										3	9	9
快速回收	3		9	1	9	9	3	3	9					
能存放在车库中	3	9								3				
与大多数篮筐配置兼容	4	1									9			
不堵塞	5	3	9		3							3		
能捕获大多数球	5	9												
不突兀	2	9												
初步评分（698）		131	108	39	42	63	9	45	27	15	54	45	48	72
相对权重（%）		18.8	15.5	5.6	6.0	9.0	1.3	6.4	3.9	2.1	7.7	6.4	6.9	10.3
等级次序		1	2	10	9	4	13	7	11	12	5	7	6	3

图 5.12　Shot-Buddy 的简化配置质量屋

（源自 Davis, Josiah, Jamil Decker, James Maresco, Seth McBee, Stephen Phillips, and Ryan Quinn. "JSR Design Final Report: Shot-Buddy," unpublished，ENME 472, University of Maryland, May 2010。）

图5.12中的质量屋表明，Shot-Buddy最重要的工程特性是捕捉区、低堵塞概率、耐风化性和感应投篮者的位置。它们是Shot-Buddy最重要的基本参数，可定义为质量关键点工程特性。将耐风化性作为Shot-Buddy的一种质量关键点工程特性似乎有点奇怪，但深入考虑客户需求就会发现，安装在篮筐上的篮球回收系统要在室外环境中工作好几年，因此耐风化性对其非常重要。质量屋分析表明耐风化性对系统至关重要，JSR设计团队之前可能忽略了这一点。这表明了质量屋的价值是将设计团队的注意力集中到真正对客户有价值的工程特性上。

最不重要的工程特性是变道时间、重量、转动篮球回收子系统所需的能量或力矩、篮球回收的精准度和篮球回收平均时间。有趣的是，这些特性大多涉及将篮球回收到准确球道上的功能，所以人们会认为它们至关重要。设计团队可以将两个或者更多工程特性结合成一个更加有意义的性能指标。例如，将“篮球回收的精准度”与“篮球回收平均时间”结合在一起，将创建出一个名为“篮球回收效能”（相对权重是11.6%）的工程特性，这是一个重要性位居前三的工程特性。设计团队在严格审视质量屋后可以做出这样的改变。

质量屋的结果取决于执行这一过程的设计团队成员。具有相同设计任务的另一个设计团队可能会得到不同的结果。然而，设计团队的知识和经验越相似，他们得到的质量屋也越相似。

关联矩阵或质量屋屋顶

可以为Shot-Buddy设计实例的质量屋建立如图5.13所示的关联矩阵（房间3）。房间3中的关联矩阵记录了工程特性之间可能存在的相互作用，这可用于后续的决策权衡。

房间3。关联矩阵位于质量屋的屋顶，表示工程特性之间的依存度。最好能尽早识别出工程特性之间的这些关联性，以便能在实体设计阶段做出正确权衡。图5.13中的关联矩阵表明，在这些工程特性中有四对具有强正相关性（用“++”表示）。其中之一就是捕捉区和篮球平均回收时间之间的关联性。这不难理解，因为随着捕捉区增大，所捕篮球的运行距离（从落入捕捉网到回收到投篮者所在位置）也增加。这提醒设计团队，如果要增加捕捉区总面积，就必须注意篮球平均回收时间的增加。图5.13也展示了另一种关联性——负相关性（用“–”表示），球道跨度和篮球回收的精准度之间就具有负相关性。很明显，随着球道跨度（弧线弧度）增加，篮球释放时完全对准投篮者的概率就降低。关联矩阵也展示了其他相互关系。

对于设计团队来说，若想确定工程特性之间关联性的强弱，需要有对所设计产品的使用知识和工程经验。此时没必要给出准确的关联性数据，只需给出相应的评价等级即可。在设计过程的后续阶段中（如第8章实体设计），该等级可作为设计团队的一个视觉提示。

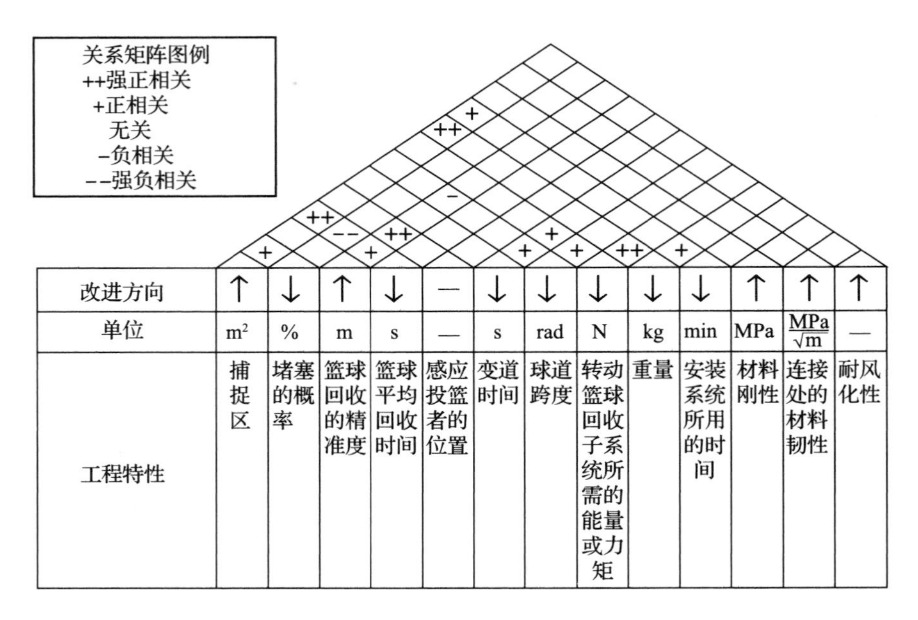

图 5.13　Shot-Buddy 设计的质量屋（房间 2 和房间 3）

（源自 Davis, Josiah, Jamil Decker, James Maresco, Seth McBee, Stephen Phillips, and Ryan Quinn. " JSR Design Final Report: Shot-Buddy," unpublished，ENME 472, University of Maryland, May 2010。）

质量屋中竞争产品的评估

在加入产品对标分析的结果后，质量屋中的可用数据将会倍增。对标分析结果存在两个不同的房间中。

房间 6。竞争性评估（competitive assessment）是一张列出了顶级竞争产品在满足房间 2 中所列客户需求方面的评级的表格。这些信息来自直接的客户调查、产业咨询以及市场部门。从图 5.14 中可以看出，所有竞争对手的产品都能满足不堵塞这一需求。这意味着 Shot-Buddy 不可能在发生堵塞的同时仍具有竞争性。Shot-Buddy 将致力于提高“篮球回收的精准度”，具备将篮球回收到投篮者所在位置的能力，甚至当投篮者在移动时也具有这种能力。注意，设计团队掌握的关于竞争对手的数据并不均衡，对一些竞争对手不太了解，而对另一些竞争对手了解详细，这种情况很并不罕见。某些竞争对手是新产品的竞争对象，因此，应该进行更加详细的研究。

房间 7。在质量屋中处于较低的位置（见图 5.10 中的完整质量屋），提供了另一个对比竞争产品的地方。房间 7 又叫作技术评估，位于关系矩阵的下方。技术评估数据可以置于房间 5 中重要性评级部分的上方或下方（回想一下，质量屋有很多不同的结构）。房间 7 表示了竞争产品在达到每个工程特性的建议等级的分数，这些工程特性位于关系矩阵上方的列，通常用

1～5 表示。通常这些信息通过取得竞争产品并进行测试而获得。注意，这个房间中的数据与那些最接近的竞争对手的每个产品性能特点相比较。这与房间 6 中的竞争性评估不同，房间 6 中比较的是实力最接近的竞争者如何很好地满足客户的每个需求。

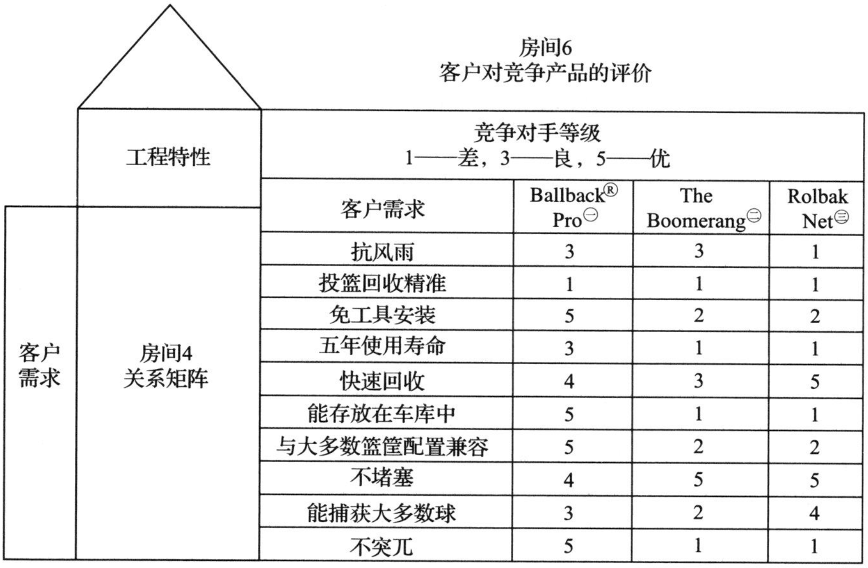

工程特性

客户需求

房间4
关系矩阵

房间6
客户对竞争产品的评价

竞争对手等级 1——差，3——良，5——优			
客户需求	Ballback® Pro[1]	The Boomerang[2]	Rolbak Net[3]
抗风雨	3	3	1
投篮回收精准	1	1	1
免工具安装	5	2	2
五年使用寿命	3	1	1
快速回收	4	3	5
能存放在车库中	5	1	1
与大多数篮筐配置兼容	5	2	2
不堵塞	4	5	5
能捕获大多数球	3	2	4
不突兀	5	1	1

图 5.14 Shot-Buddy 的简化配置质量屋

（源自 Davis, Josiah, Jamil Decker, James Maresco, Seth McBee, Stephen Phillips, and Ryan Quinn. " JSR Design Final Report: Shot-Buddy," unpublished，ENME 472, University of Maryland, May 2010。）

房间 7 中也可以包括技术难度等级，它表明每个工程特性获得的容易程度。基本上，这将归结到设计预测团队达到每个工程特性期望值的可能性。还是用 1 代表成功的最低可能性，5 代表成功的最高可能性。

为工程特性确定目标值

房间 8。设定目标值是构造质量屋的最后一个步骤。已经知道了哪些工程特性是最重要的（房间 5），了解了技术竞争（房间 6），对技术难度有一定认识（房间 7），团队就可以很好地为每一个工程特性设定目标值。在设计过程开始时，设定目标值为设计团队提供了一种方法，来衡量在设计推进中团队为满足客户需求所做的工作进展。

---

[1] "Ballback® Pro Basketball Return System," Sports Authority. Web. 27 October 2010.

[2] "The Boomerang." Web. 27 October 2010.

[3] "Rolbak Net." Web. 27 October 2010.

5.7.3　对质量屋结果的解释

设计团队已经收集了关于该产品设计的大量信息，并对它进行完整的质量屋分析。质量屋的创建需要考虑产品的用户需求与团队给定参数之间的联系。这组参数构成在5.5节中定义的产品的中性解决方案说明书。该产品设计的一系列参数已经确定，这些参数可以是启动该项目的授权单位决策的结果，或者是产品使用时的物理规律要求，以及某标准化组织或管理部门的规定。已经成为约束或赋值的设计变量不需要列入质量屋中。

质量屋中最高等级的工程特性要么是约束要么是设计变量，其值可用作评估候选设计（见第7章）的决策准则。如果高等级工程特性只有几个可用的候选值，那么把它作为约束更合适。一些设计参数只有少量的离散值。如果情况如此，设计团队应该复审工程特性的可取值，确定哪个值对于满足相关联的设计工程特性目标值是最优的，然后仅使用选定的工程特性值来产生概念设计。

如果一个高等级的工程特性是一个可以选择很多值的设计变量（比如质量或输出功率），那么就应该使用工程特性作为比较概念设计的一个度量。因此，最高级别的工程特性可能成为一个设计选择准则。从质量屋中获得的结果作为指南，来帮助团队确定评价设计的选择标准。

质量屋中最低等级的工程特性并不是设计成功的关键所在。这些工程特性为设计过程提供自由度，因为它们的值可以根据设计者或审批部门的优先选择进行确定。低等级工程特性的值可以通过任何有利于产生一个好的设计结果的方法来确定。它们可以通过诸如降低成本或保护设计团队的一些其他目的的方式来确定。只要低级别工程特性独立于质量关键点的客户需求，就可以被迅速地确定，并且不需要设计团队大量努力。一旦工程特性值被确定，它们就将记入产品设计任务书中。

5.8　产品设计任务书

设计过程规划的目标是识别、搜索并集合足够的信息来决定产品开发风险，评估它对于公司是否是一个好的投资，并且决定上市时间以及所需资源的多少。其结论性文件称为**新产品市场报告**。该报告的大小和范围可以是从描述单一产品的一页的备忘录到数百页的商业计划。该市场报告包括了商业目标、产品描述以及可用技术基础、竞争、预期销售额、营销策略、资金需求、开发成本及时间、预期收益和股东收益等细节。

在产品研发过程中，管控工程设计任务的设计规划过程的结果将被编写成一套产品设计任务书的形式。产品设计任务书是产品设计和制造的基本控制和参考文件。产品设计任务书包含与产品开发结果相关的所有事实的文件。它应该避免使设计方向趋于特定的概念和预测结果，但它也需要包含现实可行的约束。

产品设计任务书的创建是建立客户需求并确定优先需求，以及开始把这些需求纳入技术框架中以便于建立设计概念的过程。构建质量屋的群体思考及优先选择过程为产品设计任务书的撰写提供了出色的输入。但是，必须认识到，产品设计任务书会随着设计过程而变化。然而，在流程的最终阶段，产品设计任务书将描述有意被制造和销售的产品。

表 5.3 是产品设计任务书包含要素的典型列表。要素按种类分组，而一些种类包含了需要设计团队回答并用他们的决策进行替代的问题。不是每一个产品都需要考虑列表中的每个项目，但是很多都需要。该列表展示了产品设计的复杂性。Shot-Buddy 设计案例再次被使用在表 5.4 的产品设计任务书中。

表 5.3　产品设计任务书模板

产品设计任务书	
产品识别	**市场识别**
• 产品名称（型号或企业内产品系列版本号）	• 目标市场以及市场规模的描述
• 产品基本功能	• 预期市场需求（以年为单位）
• 产品特殊属性	• 竞争产品
• 关键性能目标（功率输出、效率、准确性）	• 品牌策略（商标、标志、品牌名称）
• 工作环境（使用条件、存储、运输、使用和可预见的误用）	新（或重新设计）产品的需求是什么？
• 需要的客户培训	新产品有多少竞争对手？
关键工程时间点	与现有产品的关系是什么？
• 完成项目时间	
• 项目关键时间节点（例如评审日期）	
物理描述	
对新产品的物理需求知道多少或有多少已确定？	
• 在概念设计过程之前知道或确定的设计变量值（例如外形尺寸）	
• 确定已知边界条件对一些设计参数的约束（例如可接受质量的上限）	
财务需求	
公司对于产品及其开发的经济状况有怎样的预期？	
公司的获利原则是什么？	
• 全生命周期的定价策略（目标制造成本、价格、预计的零售价格、折扣）	
• 保修政策	

（续）

产品设计任务书
• 预期财务业绩或投资回报率
• 所需资金总额等级
生命周期目标
在产品寿命中应该为它的性能设定什么目标（这与产品竞争有关）？
公司的再循环政策是什么以及产品设计将如何影响这些政策？
• 使用时间和保质期
• 安装和使用费用（能源费用、所需人员数量等）
• 保修明细表和地点（客户自行完成或服务中心维护）
• 可靠性（平均故障时间）。确定关键零件及其可靠性特定目标
• 寿命结束策略（可再循环零件的比例和类型、产品的再制造、公司召回、升级策略）
社会、政治以及法规要求
产品上市的市场中有管理市场的政府机构、学会或规范委员会吗？
有为产品或其子系统申请专利的机会吗？
• 安全和环境法规。适用于所有目标市场的政府法规
• 标准。适用的相应产品标准
• 安全性和产品责任。可预防的产品无意识的使用，安全标识指南，适用的公司安全标准
• 知识产权。与产品相关的专利，技术关键部分的许可策略
制造说明
哪个零件或系统将在企业内生产？
• 制造需求。制造最终产品必要的过程和能力
• 供应商。确定已购买的零部件的关键供应商和采购策略

表 5.4 问题描述和需求分析后 Shot-Buddy 的产品设计任务书

产品设计任务书 :Shot-Buddy	
产品识别	**市场识别**
• 篮球回收装置——自动地将球回收到有效练习投篮的发射器	• 此产品的目标市场是初中和高中使用者
• 适用所有的结构安装且不需要支撑、标准尺寸的篮筐	• 最初启动：巴尔的摩——华盛顿市区
• 客户安装	• 初始生产运行 2500 台
特殊属性	• 2～3 年：基于市场接受度在第 4 年扩大到全国市场
• 发射器带有返回目标功能的传感器	• 竞争产品：
• 目标起作用到三分线	• 当前产品只能将篮球返回非常有限范围的场地
关键性能目标	• 产品没有涉及传感器技术
• 回收落在篮筐 8in 范围内的所有投进或投不进的球。	• 品牌名称 :Shot-Buddy

（续）

产品设计任务书 :Shot-Buddy	
• 准确和迅速地将球回收到场地上任何位置上	**财务需求**
• 由充电电池充电	• 生命周期定价政策：
客户培训要求	• 目标生产成本：250 美元
无	• 预估零售价：500 美元
服务环境	• 保修政策：1 年保修
• 室外：-20°～120° F	• 预期的财务业绩或投资回报率 : 待定
• 室内：50°～80° F	• 资本投资水平：待定
• 湿度 100%	**生命周期目标**
项目关键时间节点	• 使用寿命 5 年以上
• 6 个月完成设计	• 保修明细表：如果传感器和控制设备合理地存储，免维修
• 目标投入广告在假期时段	• 可靠性（平均故障时间）：5 年
物理描述	• 寿命终止策略：Shot-Buddy 是可回收的，电池需要特殊处理
• 外部尺寸：	**社会、政治以及法规要求**
• 捡球面积大约 4ft × 6ft	• 安全和环境法规适用的
• 控制装置大约 2ft 宽，2ft 长，10in 高	• 标准：关于运动器材开发的联邦法规
• 回收设备大约 2ft × 2ft	• 安全性和产品责任：Shot-Buddy 唯一存在安全隐患的地方是安装过程——用梯子从篮筐 / 篮板悬挂装置
• 材料：待定	• 知识产权：调查潜在专利
• 重量目标：	
• 球捕获设备小于 15lb[㊀]	
• 基本组件小于 15lb	
制造说明	
• 所有的框架和支撑组件在室内加工，其他组件可由客户自选现货	
• 供应商：待定	

在概念生成过程的起始阶段，产品设计任务书应该尽可能完整地表达设计应该做什么。但是，它应该尽量少地描述这些需求如何被满足。任何可能的情况下产品设计任务书都应使用定量的术语进行表述，并且包括所有在可接受性能范围内已知的范围（或极值）。比如，发动机的功率输出应该是 5hp[㊁]，± 0.25hp。记住，产品设计任务书是动态的文档。在设计最初使

㊀ 1lb = 0.4536kg。——编辑注

㊁ 1hp（英制）= 745.700W。——编辑注

其尽可能完整的同时，也应随着知识积累和设计演变而毫不犹豫地更新它。产品设计任务书是一份总是最新的且反映现有的设计的文件。

5.9 总结

工程设计过程中，问题定义的形式是识别满足客户需求的产品性能。如果需求不能被恰当地定义，那么设计工作就是徒劳的。这在花费大量时间和精力去听取和分析“客户呼声”的产品设计中尤为重要。

有很多方法可以收集客户对产品需求的意见，例如市场部门的研究计划可以包括对现有客户以及目标客户的访谈，实施客户调查，以及分析现有产品的保修资料。设计团队认识到客户的需求有很多种，而且必须专心地学习研究数据以确定哪些需求会促使客户选择一个新产品。一些客户需求被确定为质量关键点并被设计团队优先考虑。

设计团队根据工程特性来描述产品：参数、设计变量以及约束，这些工程特性描述了客户的需求是如何被满足的。多个工程特性有助于满足某个单一客户需求。工程特性可通过对竞争产品的对标分析、对相似产品的逆向工程求解，以及技术研究来发现。称为质量功能配置的全面质量管理工具，是一个定义明确的过程，可以引导设计团队将重要的客户需求转换成质量关键点的工程特性。这种方法使产品研发团队可以将设计工作重点放在产品的正确方面。

质量屋是质量功能部署的第一步，同时也是产品研发过程中最常使用的方法。质量屋有很多不同的结构。为了达到该方法的基本目标，最少“房间”数量的质量屋必须被完成。质量屋将提供工程特点的相对权重信息。使用这些数据的设计团队可以确定哪些工程特性是质量关键点，而哪些应设置为概念生成的约束。质量屋的其他房间可以用来识别工程特性的关联性（房间3）和评估竞争产品（房间6）。

产品设计过程产生了一个设计文档，称为产品设计任务书，产品设计任务书是在产品开发过程的每一个步骤中被逐步完善的一个动态文档。产品设计任务书是设计过程中最重要的文档，因为它描述了产品和产品将要满足的市场。

5.10 新术语与概念

亲和图	工程特性	逆向工程
对标分析法	焦点小组	调查方法

约束	质量屋	全面质量管理
客户需求	卡诺图	价值
设计参数	帕累托图	客户呼声
设计变量	质量功能配置	

5.11 参考文献

客户需求和产品定位

Mariampolski, H.: *Ethnography for Marketers: A Guide to Consumer Immersion,* Sage Publications, Thousand Oaks, CA, 2005.
Meyer, M. H., and A. P. Lehnerd: *The Power of Product Platforms,* The Free Press, New York, 1997.
Smith, P. G., and D. G. Reinertsen: *Developing Products in Half the Time: New Rules, New Tools*, 2nd ed., Wiley, New York, 1996.
Ulrich, K. T., and S. D. Eppinger: *Product Design and Development,* 6th ed., McGraw-Hill, New York, 2015, Chap. 4.
Urban, G. L., and J. R. Hauser: *Design and Marketing of New Products,* 2nd ed., Prentice Hall, Englewood Cliffs, NJ, 1993.

产品功能配置

Bickell, B. A., and K. D. Bickell: *The Road Map to Repeatable Success: Using QFD to Implement Change,* CRC Press, Boca Raton, FL, 1995.
Clausing, D.: *Total Quality Development,* ASME Press, New York, 1995.
Cohen, L.: *Quality Function Deployment,* Addison-Wesley, Reading, MA, 1995.
Day, R. G.: *Quality Function Deployment,* ASQC Quality Press, Milwaukee, WI, 1993.
Guinta, L. R., and N. C. Praizler: *The QFD Book,* Amacom, New York, 1993.
King, B.: *Better Designs in Half the Time,* 3rd ed., GOAL/QPC, Methuen, MA, 1989.

客户需求和产品设计任务书

Pugh S.: *Total Design*, Addison-Wesley, Reading, MA, 1990.

Ullman, D. G.: *The Mechanical Design Process*, 4th ed., McGraw-Hill, New York, 2009.

5.12 问题与练习

5.1 从某百货公司在线目录中选择 10 个家居产品（服装除外）的供应商。然后，确定使产品对你有吸引力的特定产品特性。将你的客户需求分成卡诺图描述的四个类。

5.2　晶体管（和随之产生的微处理器）是有史以来最具深远意义的产品之一，列出这些发明影响的主要产品和服务。

5.3　用 10min 独立写下生活中困扰你的小事或你使用的产品的一些问题。你可以只写出产品的名字，最好给出“困扰你”的产品属性，尽可能具体。你实际是在建立一个需求清单，将这些清单与你设计团队中成员准备的其他清单结合在一起，也许会获得一个发明的想法。

5.4　写出一个确定客户对微波炉需求的调查。

5.5　列出一套完整的允许在泥地或草地上滑行的越野滑雪板的客户需求。将客户需求列表分成“必须有的”和“想要的”。

5.6　假设你是一种称为直升机的新设备的发明者。通过描述机器的功能特性，列出期待满足的一些社会需求。这些需求中的哪些已经变成了现实？哪些还没有？

5.7　假设一个大学生组成的焦点小组被召集起来，展示给他们一个创新的 U 盘，并询问他们想要哪些特性。意见如下：

- 需要有满足学生需求的存储能力。
- 应该可与学生使用的任何一种计算机适配。
- 必须有接近 100% 的可靠性。
- 应该有一些方法发出信号表示它正在工作。

请把客户需求转化为该产品的工程特性。

5.8　完成用于取暖和空调设计项目的质量屋（即房间 1、2、4、5）的流线型构建。客户需求是降低使用成本、改善现金流、管理能源使用、增加使用者舒适度以及易于维护。工程特性是：能效比为 10、区域控制、可编程的能源管理系统、一年返修以及两小时备用零件送达。

5.9　产品设计团队在设计一个家庭厨房中常见的改进版翻转盖垃圾桶。问题陈述为：设计一个客户友好、持久的翻转盖垃圾桶，盖子的开启和关闭可靠，垃圾桶必须质量轻且可防倾倒，它必须防臭，适配标准的厨房垃圾袋，并且对于家庭环境中的所有用户都安全。使用这些信息，并在需要时进行一些研究和想象，构建该设计项目的质量屋。

5.10　为问题 5.9 所描述的翻转盖垃圾桶编写产品设计任务书。

第6章

概念生成

21世纪，人们普遍认为设计可以用创造性的解决方案解决世界上所有的问题。为了配合这种乐观主义，设计师必须运用创意概念生成的工具。工程师有两项任务：提高他们的创造力水平和学习能提高找到创造性解决方案概率的设计方法。

工程系统通常很复杂，特别是设计过程中的很多地方需要结构化问题求解。这就意味着在设计过程中，工程师或设计师的各方面创造力要多次被调用，且在整体设计任务中的一小部分中被用于生成可选的设计方案。因此，在概念设计阶段，所有提高创造力的方法对于工程设计人员来说都是很有价值的（见图6.1）。

没有任何一种工程活动比设计更需要创造性。找到能够实现一个产品所需的某种特定功能的概念是一种具有创造性的工作。6.3节将阐明为什么创造性的方法和创造性的问题求解能力是工程设计师的基本技能。因此，在产品开发过程中，一些概念生成方法将工程科学和创造性思维技巧相融合。本章将介绍4种最常见的工程设计方法：功能分解法和功能综合法（6.5节）、形态学方法（6.6节）、发明问题解决理论（6.7节）和词义树法（6.8节）。每种方法都引用实例来阐述该方法的核心思想。每一节都附有很具参考价值的文献，以供读者对这些设计方法进行更深入的学习。

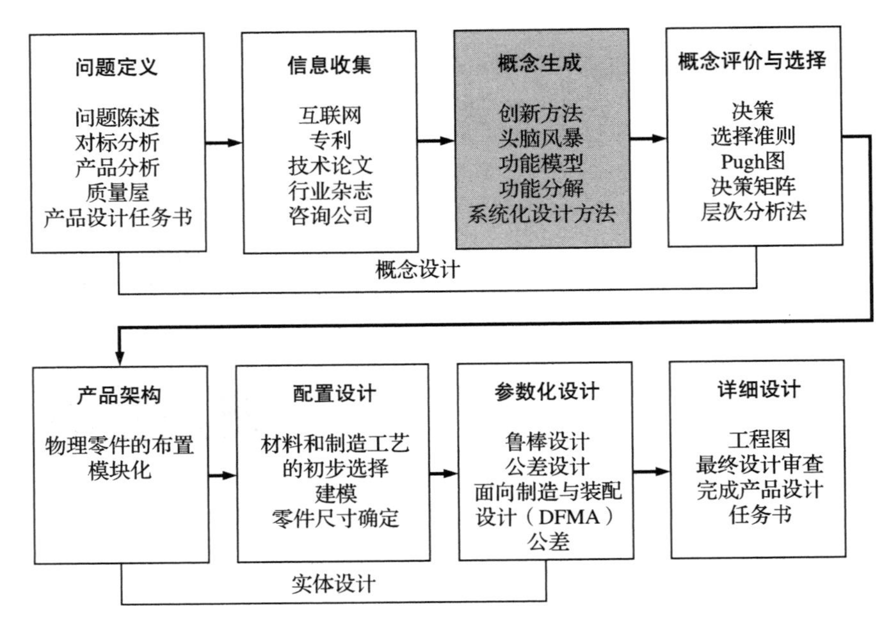

图 6.1　产品开发过程图显示创造性方法形成于概念设计过程的第三阶段

6.1　创造性思维简介

当今市场中，新产品和工程主导的全球性竞争正在改变旧的商业思维。如今，商业战略家们相信，只有创造更具创新性和更先进的产品和流程的主体才能够生存下来。因此，每一位工程师都应有强烈的动力去提高自己的创新能力，并将其应用到工程实践中。

研究人员发现，开发创意的思维或心理过程与我们每个人平常使用的思维方式是相同的。这些实现创造性思维的策略可以通过有意使用特定的技术、方法或计算工具、软件程序来实现。

关于创造力的研究有两种基本策略[㊀]。第一种是研究那些有创造力的人，第二种则是研究那些能够展示创造力的发明的开发过程。这样做的提前假设是，研究那些有创造力的人的思维过程可以总结出一套能够提高任何人思维创造力的步骤或程序。据此，研究创造性人工制品的开发过程有助于找到决定最终结果的关键决定或决定性时刻。如果能够把每种情况下的

㊀ K. S. Bowers, P. Farvolden, and L. Mermigis, " Intuitive Antecedents of Insight, " in *The Creative Cognition Approach*, Steven Smith, Thomas Ward, and Ronald Finke (eds.), The MIT Press, Cambridge, MA, 1995.

使用过程都充分记录下来，这将卓有成效。

第一个研究策略将引导我们使用6.2.1节和6.3节中介绍的创意过程技术。第二个策略通过研究创意对象以发现获胜特征，这些技术使用了以前成功的设计来为新设计寻找灵感，带来了技术的发展。基于类比的方法就属于这一类，例如6.8节中的词义树方法，以及概括原则以供将来使用的方法和6.7节中的发明问题解决理论。

6.2 创造性与问题求解

创造性思维者的非凡之处在于，他们能够以新颖有效的解决方案解决问题和执行任务（如创造设计）。他们有能力把想法和概念综合成有意义和有用的形式。一个富有创造性的工程师能够产生很多有用的想法。这些想法可能是被某个发现而激发的原创性构思，但更常见的是把现有的想法用一种新奇的方法组合在一起的结果。一个富有创造性的人擅长把一个求解任务分解，从新的角度对它的要素进行分析，或者能够把当前的问题和看起来没有关系的观察或事实相联系。

我们都希望自己的工作成果具有创造性，但是我们中的绝大多数人都认为创造性只是少数有天赋的人才能拥有的。人们普遍认为，创造性思维是如闪电一样的自然过程——电闪雷鸣。然而，创新过程的研究人员使我们确信大多数想法都产生于一个缓慢的、深思熟虑的过程，并且这个过程是可以通过学习和实践得到培养和提高的。

创造性过程的一个特点是起初的想法都不能被完全理解。通常，具有创造性的人能感觉到的是整体构思，但起初仅探究一部分有限的细节。紧随其后的是完整的概念缓慢地不断清晰和不断发展的过程。整个创新性过程可以被视为从一个模糊的想法到一个结构完整的想法、从混乱到有组织的、从不明显到明显的动态过程。有天分且经过训练的工程师通常重视秩序和清晰的细节，憎恶混乱和模棱两可。因此，我们要自我训练使自己能够面对创新过程的这些特征。同时，我们也需要明白命令是不会产生创造性想法的，因此我们要善于发现有助于创造性想法的最有利条件。创造性想法是难以捉摸的，要注意随时捕捉和记录我们的创造性想法。

6.2.1 创造性思维的助手

一些科研人员将结合思维过程和已有知识产生创意的成功应用命名为创造性认知。创造性认知使用有规律的认知行为以新的方式来解决问题，把已发现的有效方法应用到其他项目上是有效的方法之一。可以采用以下几个步骤来提高你的创造力。

1. 培养富有创造性的心态。想要变得富有创造性，首先必须培养自信心，相信自己能够提出解决问题的创新性方案。虽然在着手处理一个问题时，可能未必一下子就洞悉最终的解决方案，但必须要自信，相信自己在期限内必定能提出一个解决方案。

2. 放飞想象力。重燃儿时十足的想象力。要做到如此，有种方法是从现在开始反复提问，多问一些“为什么”和“如果…将怎样”，即使有时这会显得自己很幼稚。研究创新过程的学者已经开发设计了一些能够激发想象力和塑造创新能力的思维游戏。

3. 持之以恒。想要具有创造性往往需要努力工作。很多问题都不会第一次就被攻克，需要持续努力。毕竟，爱迪生也是对灯丝材料进行了6 000多次试验，才成功地发现了炭化竹丝能用来做白炽灯的灯丝。爱迪生有句名言是“发明源自95%的汗水和5%的灵感”。

4. 开阔思路。具备一个开阔的思路意味着善于接受各种来源的信息。

5. 不要过早判断。没有什么能比对一个新想法批判性判断更能妨碍创造性过程了。工程师本质上倾向对结果进行分析和比较，可以将这种行为理解为批判。但在概念设计的早期阶段，避免判断至关重要。

6. 设定问题界限。我们很重视对问题进行适当定义，并将其视为问题解决方案的一个步骤。经验显示，恰当地定义问题边界（不过宽也不过窄），能对获得一个有创造性的解决方案起到至关重要的作用。

一些心理学家把创造性思维过程和问题求解用简单的4阶段模型来描述[⊖]。

- 准备期（阶段1）。检查问题的组成元素并研究它们间的相互关系。
- 孵化期（阶段2）。“睡在问题上”。睡眠放松了大脑意识，允许你的潜意识自由地思考问题。
- 灵感期（阶段3）。解决方案或通往解决方案的灵感出现了。
- 验证期（阶段4）。把来自灵感的方案与期望的结果进行校验。

在准备阶段，设计问题应被阐明并确定下来。应该收集和消化信息，并在团队中讨论。通常，要完成这一阶段至少要举行几次会议。在团队会议期间，潜意识在为问题提供新的方法和想法方面发挥作用。随后就进入了孵化期。个人创造性的想法总是不期而至，或是在考虑其他事情一段时间之后产生的。通过观察思维定势和孵化期之间的关系，Smith得到这样的结

⊖ S. Smith, “Fixation, Incubation, and Insight in Memory and Creative Thinking,” in *The Creative Cognition Approach*, Steven Smith, Thomas Ward, and Ronald Finke (eds.), The MIT Press, Cambridge, MA, 1995.

论，孵化期是整个过程中的一个必要的停顿，在孵化期期间产生思维定势程度会减弱，这样使思考过程能够继续[一]。其他的理论学家认为，这段时间激活了思维模式，使搜寻渐弱并逐渐消失，在对问题重新考虑的过程中，允许新的想法出现[二]。

灵感是突然领悟解决方案的科学术语。创新性培训顾问总是鼓励灵感的产生，即使产生灵感的过程不太容易被理解。当大脑重新构思问题时，以前阻碍得到解决方案的条件消除了，未能满足的约束条件突然得到了满足，就会形成灵感。

最后，产生的想法都必须经过第 7 章所讨论的评价方法进行检验并确认它们的有效性。

6.2.2 创造性思维的障碍

心理障碍妨碍创造性思维的产生[三]。心理障碍是一堵心理墙，阻止了问题解决者在思考过程中前进。心理障碍是一种抑制了成功运用正常的认知过程得到解决方案的事件，它有很多类型。

感知障碍

感知障碍与不正确的问题定义和不能正确地认识问题所需要的信息有直接关系。

- 刻板成见。对事、人或处事方式采用常规或传统的方法进行考虑。结果，想要把一个明显不太相关的想法融合到完全创新的设计方案中是很困难的。
- 信息过载。思考者可能会试图关注太多细节，而无法理清问题的关键。
- 非必要的限制问题。对问题的宽泛陈述有助于保持思维开阔，接受更广泛的观点。
- 思维定势[四]。人们的思维易于被以往的经验和一些偏见所影响，导致他们无法充分意识到其他的想法。因为发散性思维有助于产生大量的想法，所以必须认识到固步自封的缺点并克服它。被称为记忆障碍的这种思维定势行为将在智性障碍部分讨论。
- 遵从暗示。如果思维过程始于给定的案例或者方案提示，那么整个思维过程将很难跳出预先提示确定的解决方案范围。

㊀ 如前所述。

㊁ J. W. Schooler and J. Melcher, " The Ineffability of Insight," in *The Creative Cognition Approach*, Steven Smith, Thomas Ward, and Ronald Finke (eds.), The MIT Press, Cambridge, MA, 1995.

㊂ J. L. Adams, *Conceptual Blockbusting*, 3rd ed., Addison-Wesley, Reading, MA, 1986.

㊃ S. Smith, " Fixation, Incubation, and Insight in Memory and Creative Thinking, " in *The Creative Cognition Approach*, Steven Smith, Thomas Ward, and Ronald Finke (eds.), The MIT Press, Cambridge, MA, 1995.

情感障碍

有很多障碍与个人的心理安全有关，这些障碍会减少无忧无虑探索创意的自由，它们同样很容易影响人们进行概念化思考。

- *担心承担风险*。担心提出的想法最终会被发现是错误的。真正具有创造性的人必须乐于承担风险。
- *混乱下的不安*。一般来说，许多工程师会对没有高度结构化的情形感到不安。
- *不能或者不愿意酝酿新的想法*。在对想法进行评价之前，给这些想法足够的时间去孵化是很重要的。

智性障碍

智性障碍主要源于不佳的问题解决策略，或者没有足够的背景和知识。

- *问题求解语言或问题表述的不佳选择*。描述问题的“语言”对一个明智的决定是很重要的。问题可以通过数学、语言和视觉形式得到解决。把一个问题从最初的问题表述变换到另一新的表述（假设对于发现问题的解决方案更有用）被认为是培育创造力的一种方式[⊖]。
- *记忆障碍*。记忆像解决方案本身一样，也具有寻求解决方案的战略和战术。一种常见的障碍形式是一直按某个特殊的路径进行记忆搜索，其原因是对按这种记忆路径搜索能得到解决方案的理念的错误认识。
- *知识基础不足*。一般来说，想法来自个人的教育程度和经验。因此，即使存在一个更加便宜且简单的机械设计，电子工程师也会倾向于使用基于电子学的设计。这就是多学科团队协同工作的重要原因。
- *不正确信息*。错误的信息可能导致糟糕的结果。创新性过程中的一种方式就是把原来的不相关的要素或者想法（信息）进行组合。如果信息中有一部分是错误的，那么整个创造性组合的结果就会有缺陷。
- *物理环境*。该因素对创造性的影响是因人而异的。有些人能够在各种干扰环境下开展有创造性地工作，而另一些人则需要非常安静且隔离的环境。确定自己能够开展创造性工作的最优条件，并努力去获得这样的工作环境对于每个人都是很重要的。

⊖ R. L. Dominowski, “Productive Problem Solving,” in *The Creative Cognition Approach*, Steven Smith, Thomas Ward, and Ronald Finke (eds.), The MIT Press, Cambridge, MA, 1995.

6.3 创造性思维方法

创造能力被社会广泛关注。在谷歌浏览器中，“提高创造性的方法”这一搜索有超过 9 600 万的点击量，还有大约 1 190 万条“创造性顾问”列表（撰写本文时）。其中许多是关于提高创造性的书籍或课程。成千上万的咨询师向渴望创新的客户推销改进创意思维的产品。这些方法的目标是提高问题解决者的以下几方面特征：

- 敏感性。认识现存问题的能力。
- 流畅性。对问题提供大量的备选解决方案的能力。
- 灵活性。对问题能提出多角度的解决方法的能力。
- 原创性。对问题能提供原创性解决方案的能力。

下面介绍一些常用的创造性方法，其中的一些方法直接消除了人们在尝试创造性思维时普遍存在的心理障碍。

6.3.1 头脑风暴法

头脑风暴法是设计团队最常用的产生创意的方法，它是由亚历克斯·奥斯本（Alex Osborn）提出的[一]，最初是为了激发杂志广告的创意，如今这种方法已经广泛应用于诸如设计等其他领域。头脑风暴（brainstorming）一词在语言中已经被广泛用来表示产生各种想法。

一个好的头脑风暴会议是快速的、创意自由的和充满激情的。3.6.1 节提供了关于使用头脑风暴技术的全面指导。

一种有助于头脑风暴法进行的方式是使用检核表来产生新想法，以打破常规思维定势。头脑风暴的创始人给出一种表格，Eberle[二]把这种表格修改为 SCAMPER 检核表（见表 6.1）。通常情况下，在头脑风暴活动中当一连串的想法开始减少时，SCAMPER 检核表可以作为一个激发器。在 SCAMPER 表中的问题可以使用如下方式进行提问[三]：

- 大声朗读 SCAMPER 表中的第一个问题。
- 写下由这个问题所引发的想法或草图。
- 重述这个问题并把它应用到问题的其他方面。

㊀ A. Osborn, *Applied Imagination*, Charles Scribner & Sons, New York, 1953.

㊁ R. Eberle, *SCAMPER: Games for Imagination Development*, D.O.K. Press, Buffalo, NY, 1990.

㊂ B. L. Tuttle, “ Creative Concept Development, ” *ASM Handbook*, Vol. 20, pp. 19–48, ASM International, Materials Park, OH, 1997.

- 继续使用这些问题直到停止产生想法。

由于 SCAMPER 的问题是概括性的，所以有时它们可能不适用于某个特定技术问题，因此如果某个问题不能唤起新的想法，就需要快速转向下一个问题。要长期在某一个领域内进行产品研发的团队应该尝试开发自己的检核表问题来适应具体项目。

表 6.1 辅助头脑风暴法的 SCAMPER 检核表

提出的变化	描述
替代	如果使用不同的材料、工艺、人员、动力、地点或方法，结果会如何？
组合	能够将部件、目标或者想法进行组合吗？
调整	还有其他类似的想法吗？其他的想法是怎样的？过去的经验能给出某些启发吗？有什么能够借鉴的吗？
修改、放大、缩小	可以增加新的办法吗？可以改变含义、颜色、运动、形式或形状吗？可以添加某些东西吗？能够变得更强、更高、更长或更厚吗？能减少某些东西吗？
用于其他用途	有没有其他的新方法能应用它？如果修改了它，它是否还有其他的用途？
消除	能否去除一个零件、功能或人员而不影响结果？
重新安排、逆向	是否能互换组件？能否用另一种布置或顺序？如果颠倒原因和结果会怎么样？是否能颠倒积极的和消极的？如果将它的前后、上下或者内外倒置会怎么样？

在团队环境下，头脑风暴法是有益处且适当的活动。然而，头脑风暴法不能克服感情上和环境上的心理障碍。这个过程可能会增加团队中某些成员的心理障碍（比如混乱下的不安、害怕批评或永远存在不正确假说）。为了缓和这种阻碍对创造性的影响，一个团队可以进行默写式头脑风暴法[一]，这种方法优于正式的头脑风暴会议。

6.3.2 快速创意生成工具

头脑风暴法被视为创意生成的第一工具而被广泛应用。此外，还存在其他一些同样有效的工具和方法。本节给出了一些能够提高创新思维的简单方法[二]。这些方法包括激励新的想法或者有局限性的想法，通过提问来引导团队成员对问题或创新任务探讨新的见解。你会注意到表 6.1 中的问题和本节所阐述的方法有着同样的目的。

六个关键问题

新闻系学生学过，要问六个简单的问题来确保报道包含了整个事件。这些问题也同样可以使你从不同角度来研究问题。

[一] CreatingMinds. Web. 16 Feb 2007.

[二] R. Harris, Creative Thinking Techniques. Web. nd.

- 谁（who）？谁会使用它？想要它？得益于它？
- 什么（what）？如果某事件发生，还会发生什么？什么导致了成功？什么导致了失败？
- 何时（when）？是否可以加快或者减慢？早些比晚些会更好吗？
- 何地（where）？某事件会在哪儿发生？还可能在什么地方发生？
- 为何（why）？为什么要这么做？为什么那个特殊的规则、行为、解决方案、问题、失败会与其相关？
- 如何（how）？它能怎样做？它应该怎样完成、预防、改进、变换或制造？

五个为什么

五个为什么的技巧是为了追溯一个问题的根源，它基于只问一个问题还不够的前提，比如：

- 这个机器为什么停下来了？因为风扇过载，保险丝熔断了。
- 为什么过载了？因为轴承润滑不足。
- 为什么没有足够的润滑？因为润滑油泵坏了。
- 润滑油泵为什么坏了？因为油泵的轴磨损而导致轴振动。
- 为什么油泵磨损了？因为润滑油泵没有接过滤器，致使碎片进入泵中。

检核表

经常使用检核表能够激发创造性的想法。奥斯本是第一个推荐这种方法的人。表 6.2 是他在头脑风暴法中用来激发思想的原始检核表的修改版。请注意，检核表经常以一种完全不同的方式应用在设计中。在一个复杂工作中它们用于记录重要的功能和任务。表 6.2 是一个用来解决具体技术问题的检核表的示例。

表 6.2　技术方面扩充的检核表（G. Thompson and M. London）

如果让条件趋近极限，会发生什么？
温度将上升还是下降？
压力将上升还是下降？
浓度将上升还是下降？
杂质将增加还是减少？

（源自 G. Thompson and M. London, “A Review of Creativity Principles Applied to Engineering Design,” *Proc. Instn, Mech. Engrs*, Vol.213, part E, pp.17-31, 1999。）

幻想和愿望

创造性的一个很大障碍是人类大脑与现实的紧密联系。一个激发创造性的方法是诱使大脑进行天马行空式的幻想，希望能获得现实的创造性想法。为了能给想法的产生提供一种乐观的、积极的氛围，这种方法可以通过“邀请式”提问来实现。典型的问题是：

- 如果…那不会更好吗？
- 我真正想做的是…
- 如果我不用考虑成本…
- 我希望…

使用邀请式的措辞是这种方法成功的关键。例如，“这个设计太重了”，与之相比“我们怎么才能把这个设计变得更轻些呢”会更好些，第一种说法暗示一种批评，而后者则建议改进。

6.3.3 类比法：基于类比的发明方法

像日常生活一样，设计中的很多问题都是通过类比来解决的。设计人员发现正在研究的设计和一个早已经解决的问题之间存在相似性。它是否是一个有创意的解决方案取决于类比的程度是否能导出一个新的与众不同的设计。

类比法是关于创造性的基于类比推理的一种方法论，首先由 Gordon 提出[⊖]。它假设在创新过程中，对于产生新的创造性想法的心理要素要比智力过程重要得多。在直觉上，这种理念是与学习工程的学生相违背的，因为他们主要在设计的分析方面受到传统的、良好的培训。

对于任何一个想对当前的问题产生新想法的人来说，知道如何应用类比法中的 4 种不同类型的类比是很有用的。类比法中的 4 种类比类型为：直接类比、幻想类比、拟人类比和符号类比。

- 直接类比。设计师会寻找与现有的状况最类似的物理类比。直接类比可以采取相似的物理行为在几何图形或者功能上的类似。
- 幻想类比。设计师忽略了所有问题的极限性、自然法则、物体定律或理性，代之以设计师想象或期望能得到一个问题最完美的解决方案。
- 拟人类比。设计师将他的四肢和其他身体部位想象成正在设计的设备，将身体与设备或正在考虑的过程相关联。这种方法为设计师提供了截然不同的视角。
- 符号类比。设计师用符号来代替问题的细节，然后通过对符号的处理来发现原始问题的答案。例如，有些数学问题是从一个符号域转换（映射）到另一个符号域从而简化步骤。

⊖ W. J. J. Gordon, *Synectics: The Development of Creative Capacity*, Harper & Brothers, New York, 1961.

6.3.4 仿生学

一种相对较新且引人入胜的直接类比法来自生物系统的启发。这个学科称为*仿生学*，是一种模仿生物系统的学科。仿生学的一个众所周知的例子是尼龙搭扣的发明，它的发明者乔治·德·迈斯德欧（George de Mestral）想知道为什么在森林里走过之后裤子上会粘着苍耳。作为一个训练有素的工程师，他在显微镜下发现刺果钩状的针在他的绒线裤子上粘了一小圈。经过长时间的研究，他发现尼龙带可以被做成小而硬的钩状带子和带有小环的环形带子，就这样尼龙搭扣诞生了。这个例子也说明了*偶然发现的原理*——很偶然地被发现，同时它也显示了这类发明需要好奇心，通常被称为“有准备的头脑”。在大多数的偶然发现中，想法来得很快，但是正如尼龙搭扣的例子一样，创新实现则需要很长时间的努力工作。*Biomimicry: Innovation Inspired by Nature* 一书的出版，标志着这种设计方法已经形式化[㊀]。

仿生学结合了设计中应用生物现象的知识和直接类比设计的原则。机械设计是为了满足一个产品或系统的需求（如创造该设备所要实现的功能）。为有效利用生物类比法，设计师应该设法找到将生物系统产生的行为通过物理系统实现的方法。设计师受到的挑战主要来自以下两个方面：工程师通常没有丰富的生物学方面的知识，工程师用来描述行为的词通常与用来描述生物系统的词不匹配。

由机械系统的生物类比所带来的价值已对许多设计研究文献产生了正面效应。AskNature 网站已经成为仿生学设计的主要材料来源[㊁]。越来越多的文献涵盖了许多其他生物类比的例子。仿生学是工程设计中传播最快的设计方法之一。在这里，我们只对这个话题进行简要介绍[㊂]。

6.4 设计生成方法

在设计任务中应用任何一个创造性技术的目的是产生尽可能多的想法。在设计的初期阶

㊀ J. M. Benyus, *Biomimicry: Innovation Inspired by Nature*, William Morrow, New York, 1997.

㊁ Ask Nature, AskNature.org, The Biomimicry Institute. Web. 19 July 2011.

㊂ T. W. D'Arcy, *Of Growth and Form*, Cambridge University Press, Cambridge, CT, 1961; S. A. Wainwright et al., *Mechanical Design in Organisms*, Arnold, London, 1976; M. J. French, *Invention and Evolution: Design in Nature and Engineering*, Cambridge University Press, Cambridge, CT, 1994;S. Vogel, *Cat's Paws and Catapults: Mechanical Worlds of Nature and People*, W. W. Norton & Co., New York, 1998; Y. Bar-Cohen, *Biomimetics: Biologically Inspired Technologies*, Taylor & Francis, Inc., London, 2006; A. von Gleich, U. Petschow, C. Pade, E. Pissarskoi, *Potentials and Trends in Biomimetics*, Springer-Verlag, New York, 2010; J. M. Benyus, *Biomimcry: Innovation Inspired by Nature*, Harper Collins, New York, 2002; P. Forbes, *The Gecko's Foot: Bio-inspiration: Engineering New Materials from Nature*, W. W. Norton & Co., New York, 2005.

段，主要鼓励大量的开放式想法，数量比质量更重要。一旦最初设计方案形成，就要对这些方案进行筛选，目的是甄别不切实际的方案。设计团队要识别出那些可以发展成可行方案的较小子集。

6.4.1 生成设计概念

形成工程设计的系统性方法是存在的。设计师的任务是在所有可能的候选方案中找出最适合设计任务的方案。衍生式设计是为一个给定产品的设计任务书想出许多可行备选方案的理论构建过程。为了清晰地反映设计任务，产生的所有可能和可行设计可以表示在如图 6.2 所示的问题空间或者设计空间中。每个设计状态是一个不同的概念设计。设计空间有一个仅包括可行设计的界限，对设计师而言，其中许多可行设计都是未知的。

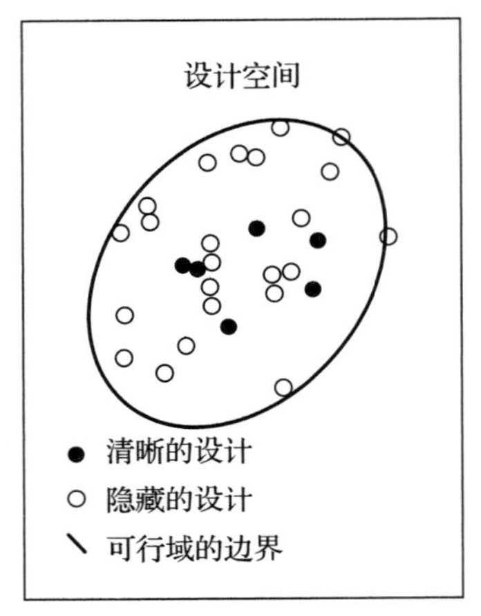

图 6.2 n 维设计空间图

所有可能的设计集是一个 n 维超空间，称为设计空间。这个空间大于三维，因为空间里包含了可以给一个设计分类的许多特征（如成本、性能、重量和尺寸等）。设计空间类似一个稳定的太阳系，系统里的每个行星或恒星都互不相同。空间里的每个已知个体都是设计任务的潜在答案，同时还有许多未知的行星和恒星，它们代表目前还未给出的设计。对于一个设计空间来说，浩瀚的外太空也是一个很好的类比。任何的设计问题都有许多不同的答案。答案的数量高达 $n!$ 个，这里 n 相当于可以描述设计任务的不同的工程设计特征的数量。

艾伦·纽厄尔（Allen Newell）和赫尔伯特·西蒙（Herbert Simon）在卡内基·梅隆大学一起工作期间普及了设计解集的观点。解的设计空间在人工智能和认知心理学领域都是主流模型[⊖]。同样，对许多工程设计研究人员来说，解的设计空间对于一个给定的设计问题也是一个广泛认同的模型。

设计空间是离散的，即在不同的设计方案间有明显的可识别的差别。设计师的工作就是在所有可行的设计中找出最好的那个。在一个包含了所有可行方案的设计空间中，设计就变成了对设计空间的搜索，找到所有可行方案中适合设计任务的最优方案。

实际工作中，由于可行的设计方案在许多方面不同（例如分配的工程特征值），这使搜索

⊖ J. R. Anderson, *Cognitive Psychology and Its Implications*, W. H. Freeman and Company, New York, 1980.

设计空间变得相当复杂。没有一个普遍适用的度量可以用来精确描述任何单个的设计。这样的假设是合理的，因为一旦发现了一个合适的方案，另一个和此方案接近的方案就会出现，而这个方案只有一个或者几个设计要素与第一个方案不同。因此，一旦设计师发现了一个可行的方案时，就要通过对一个或者更多的设计要素做出修改来搜寻附近的设计空间。如果第一个方案接近最优解，那么这种方法将会很有用，但是如果设计师从设计空间的不同部分抽样，并找出了一系列完全不同的方案的话，这种方法就毫无用处。设计创意产生方法可以帮助设计团队在设计空间的不同部分找到方案，但是不如工程设计要求的那么可靠。

对一个给定的设计任务，系统化设计方法可以帮助设计团队思考最广泛可行的概念设计。

就像有些提高创造性的方法尝试直接克服创造性的障碍一样，一些概念设计生成方法是直接应用在过去生成备选设计方案中非常有用的策略。例如，被称为发明问题解决理论（见 6.7 节）的方法使用了收录在其他国家专利和相应数据库中的发明和解决问题原理的概念，建立矛盾矩阵从而达到创造性设计。功能分解和综合（见 6.5 节）的方法依赖的是在一个更抽象的水平上重构设计任务，由此来获得更多的潜在方案。较新的方法利用计算数据库来搜索灵感，如仿生学（见 6.3.4 节）和词义树法（见 6.8 节）。

在设计中需要牢记的关键点是，用不同的方法来完成预定功能所得到的一系列备选方案，在几乎每一种情况下都是有益的。

6.4.2 设计的系统化方法

有些设计方法之所以被标记为*系统化的*，是因为产生设计解决方案过程中涉及结构化的过程。在本节中将介绍六种最为流行的用来生成机械和概念设计的系统化方法。前三种方法将在本章接下来的小节中做更详细的介绍。为了保持完整性，在这里对它们仅做简要介绍。

功能分解与综合（见 6.5 节）。功能分析是描述一个系统或装置从最初状态到最终状态转变的一种逻辑化方法。功能是按照物理行为或动作来描述的，而不是按照零部件来描述的，在大多数情况下功能描述允许进行产品逻辑分解，这常常会产生达到该功能的创新概念。

形态学方法（见 6.6 节）。设计的形态学构图法，从了解某结构的必要组成部分的角度来产生备选方案。这样就能按预定的配置确定并按顺序加入来自图形和目录的零部件。这种方法的目的是几乎完全列举出设计问题的所有可行解。通常情况下，形态学方法被用于与其他生成方法结合，例如，功能分解法（见 6.5.3 节）。

发明问题解决理论（见6.7节）。TRIZ是发明问题解决理论的俄语缩写，是一种特别适合解决科学和工程创新问题的方法论。1940年左右，根里奇·阿奇舒勒（Genrich Altshuller）和他的同事们通过对超过150万份俄罗斯专利进行研究，总结出技术问题的一般性特征，再现了发明的原理。

词义树法（见6.8节）。词义树使用类比设计来辅助概念生成。词义网的开发使这种方法成为可能。词义网包括一个庞大的常用词（名词和动词）数据库，以及它们在语义上相互关联的信息。语义关系使用户能够构造一个树状图，显示由使用动词上下文决定的集群中的动词（虚词）。通过这种方式，用户可以找到新的领域，并探索意想不到的潜在类比。

公理化设计[1]。该设计模型在"第一公理"语义下是合理的，包括了Suh在公理化设计中明确阐述的设计独立公理和信息公理（即保持功能的独立性并且信息最少）[2]。该方法提供了一种把设计任务转化为功能需求（工程上相当于客户想要什么）的方法，来确定设计中的设计参数和物理组成部分。由原理推出的定理和推论帮助设计师判断候选设计方案，这些候选方案是通过功能需求和设计参数以矩阵形式表示的。

优化设计（在第14章讨论）。许多公认的强有力且流行的设计方法实际上是在设计空间上应用优化策略进行搜索。设计规格一旦已经给定，这些算法就能预测设计的工程性能。此方法是把设计作为一个工程科学问题处理的，在分析潜在的设计上是有效的。有许多有效的、得到验证的优化设计方法，这些方法可以从单对象和单变量模型扩展到多对象和多变量模型，其中多变量模型是用不同的分解和排序方法解决的。这些方法可以是确定性的或随机性的，也可以是两种设计方法的组合。

6.5 功能分解与综合

解决任何复杂任务或者描述任何复杂系统的一个常用策略是把它们分解成更小且更易于操作的单元。但这种分解必须要分解成能切实地代表原始实体的单元。分解的各单元对分解者而言必须是明显的。标准的分解规划要反映构成实体单元的自然分组或者与用户相互约定取得一致。本书把产品开发过程分解为三个主要设计阶段和八个具体步骤。分解有助于理解设计任务并为其分配资源。该分解对于了解设计任务和分配资源是有用的。在本节中定义的分解是指产品本身的分解，而不是设计过程的分解。机械设计是一个递推过程，

[1] 关于公理设计的部分可以在 www.mhhe.com/dieter6e 上找到。

[2] Nam P. Suh, *Axiomatic Design*, Oxford University Press, New York, 2001; Nam P. Suh, *The Principles of Design*, Oxford University Press, New York, 1990.

即应用于整个产品的相同设计过程也可以应用于产品的各个单元，且能重复，直到取得成功的结果。

产品开发过程包括应用产品分解的方法。例如，质量功能配置的质量屋，把一个待开发产品分解成有助于客户认识质量的工程特性。为便于设计，还有其他方法可对产品进行分解。例如，一个汽车系统主要分解为发动机系统、传动系统、悬挂系统、转向系统和车身系统，这是一个物理分解的例子，将在 6.5.1 节中讨论。

在概念方案生成的早期阶段，功能分解通常是表达策略的第二种类型。这里的重点是确定完成最终用户所规定的整体行为所必需的功能和子功能。功能分解是一个自上而下的策略，即设备的总体描述被提炼成对功能与子功能来说更为具体的安排。功能分解图是关注设计问题的一个图，它可以用标准化的表达系统来完成分解，该系统按照普遍的方式对设备进行建模。功能分解最初并不强调设计对象，而是允许更灵活的空间来创造并产生大量候选方案。功能分解方法的这一特征又被称为中性解。

6.5.1 物理分解

为了了解一个设备，大多数工程师本能地采取物理分解方式。用示意图绘制一个系统、一个组件或者一个物理部件是表达产品及开始获得产品的所有相关知识的一种方法。画出装配草图或示意图是实现设计而又不需要明确地考虑每个部件所要实现的功能的一种方法。

物理分解意味着直接把产品或者子装配体分离成附属部件和组件，并准确描述这些部件如何共同作用来实现产品的功能。其结果用示意图来表示，图中有一些通过逆向工程获得的关联信息。图 6.3 表示标准自行车的部分物理分解。

分解是一个递推过程。如图 6.3 所示，实体“车轮”在更低层次的结构中被进一步分解。这种递推过程一直进行到实体分解为对实现产品的整体功能必不可少的单个零件为止。建立如图 6.3 所示的物理分解框图的步骤如下：

1. 从整体上为物理系统进行定义，并把它作为树状图顶层的方框[⊖]。

2. 识别并定义由顶层框所描述系统的第一个主要子装配体，并把它作为一个新的方框画在顶层方框的下方。

3. 确定并画出该子装配体的物理关系，这种物理关系是由新的功能方框和分解图里下

⊖ 物理分解图并非真正的树形结构，因为同一层级的方框之间可能也存在联系，也有可能是在不止一个高层级的方框之间存在联系，这就好比一片叶子同时长在树枝上。

一层的功能方框表示的。这里必须至少有一个功能方框连接到上一层，否则功能方框就是错误的。

4. 确定并绘制在同层级上的子装配体和其他子装配体的物理关联。

5. 在已经完成的分解图中审查第一主要子部件的功能方框。如果它可以分解为多个不同而有意义的组成部分，就把它作为新的顶层方框，并返回第 2 步。如果审查后该方框不能以某种意义被继续分解，转向检查图里同一层中的其他功能方框。

6. 当在分解图的任何地方都没有更多的功能方框时，这一过程结束。没有更多物理方框是指不能以一种有物理意义的方式再次分解。一个产品的某些部件对于其行为来说是次要的，这些部件包括紧固件、铭牌、轴承和类似零件。

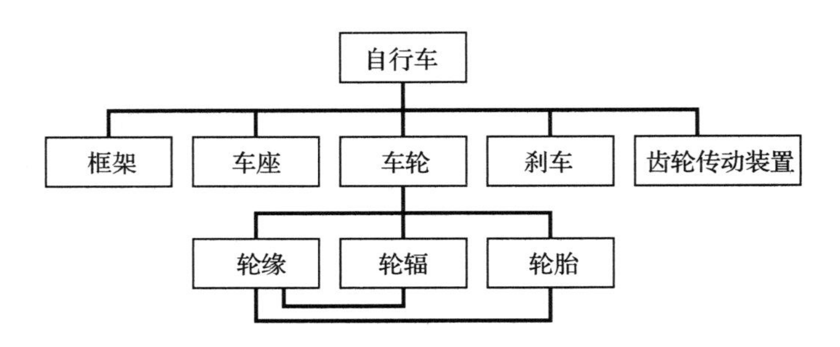

图 6.3　自行车车轮零部件的两层物理结构图

物理分解是一种自上而下了解产品物理特性的方法。分解图不是中性解，因为它是基于现有设计的物理部件。物理分解会使设计师考虑已经在产品中使用的零件作为备选零件，这将限制备选设计方案的数量，即限制了在包含现存解的设计空间周围进行搜索。

功能分解产生了被称为*功能结构*的产品的中性解表达。这种表达对于产生多种多样的设计解是有益的。本节的剩余部分将重点介绍功能分解的内容。

6.5.2　功能表达

系统化设计是 20 世纪 20 年代在德国发展起来的一种高度结构化的设计方法。该方法由格哈德·帕尔和沃尔夫冈·拜茨（Gerhard Pahl 和 Wolfgang Beitz）这两个工程师提出。他们当时的目标是“为产品规划、设计和技术系统的所有发展过程制定一个全面的设计方法学”[⊖]。他们德文著作的第一个英文翻译本在英国剑桥大学的肯·华莱士（Ken Wallace）的

⊖ G. Pahl and W. Beitz, *Engineering Design: A Systematic Approach*, K. Wallace (translator), Springer-Verlag, New York, 1996.

巨大努力和帮助下于1976年出版，这部著作受到了持续的欢迎，并于2007年出版了英文版的第三版[一]。

系统设计把所有技术系统作为与其外部联系的转换器。该系统通过转换能量流、物质流和信息流与用户和使用环境交互。技术系统以转换器为模型，是因为它在使用环境中采用已知的方式对各种流信息进行响应。

厨房水龙头模型就是一个改变厨房水槽的用水量和水温的转换器。人通过手动控制一个或者多个手柄来控制水的用量和温度。如果有人在水槽用冷水填满一个玻璃水杯，他们可以将手放在水流中以确定水温。然后，他们往玻璃杯中注入水并在旁边看着，等到玻璃杯中的水满了，他们就将杯子拿走并关闭水龙头使水流停止，这一切都发生在很短的时间内。他们通过人的体力移动水龙头的手柄和玻璃杯来操纵这个系统。在整个过程中，他们通过感官来收集所有的操作信息。同样，对同一个系统，也可以设计成通过其他类型能量和控制系统来使之自动运作。无论在哪种情况下，厨房的水龙头模型都可以被描述为相互作用的能量流、物质流和信息流。

这种致力于规范功能语言的重点研究工作始于1997年[二]，该研究工作的目的是希望开发一个大的设计资源库，它包含成千上万个来自机械设计功能转换视图表达的装置。这项工作最终建立了一个功能基[三]。扩展的流类型在表6.3中给出，功能清单在表6.4中给出。显然，Pahl和Beitz的功能描述模式在研发这些功能基时的作用是很重要的。

表6.3 标准流的种类和类型

流的种类		
能量	**材料**	**信号**
人体能 水力能 气动能 机械能 • 位移 • 扭转	人体 固体 气体 液体 等离子 混合	状态 • 听觉 • 嗅觉 • 触觉 • 味觉 • 视觉

[一] G. Pahl, W. Beitz, J. Feldhusen, and K. H. Grote, *Engineering Design: A Systematic Approach*, 3d ed., K. Wallace (ed.), K. Wallace and L. Blessing and F. Bauert (translators), Springer-Verlag, New York, 2007.

[二] A. Little, K. Wood, and D. McAdams, “ Functional Analysis, “ *Proceedings of the 1997 ASME Design Theory and Methodology Conference*, ASME, New York, 1997.

[三] J. Hirtz, R. Stone, D. McAdams, S. Szykman, and K. Wood, “ A Functional Basis for Engineering Design: Reconciling and Evolving Previous Efforts,” *Research in Engineering Design*, Vol.13, 65-82, 2002.

（续）

流的种类		
能量	材料	信号
电能 声能 热能 电磁能 化学能 生物能		控制 • 模拟 • 离散

（源自 R. E. Stone, "Functional Basis," *Design Engineering Lab Webpage*. Web. 10 Nov. 2011。）

表 6.4　标准功能名称

功能类	基本功能名称	基本功能可使用的措辞
分支	分离	脱离，拆解，分割，断开，抽取
	去除	切割，抛光，打洞，钻孔，车削
	分布	吸收，抑制，扩散，驱散，分散，移出，抵抗，散布
	精制	清除，过滤，收紧，净化
通道	输入	许可，捕获，输入，接收
	输出	排出，处理，输出，除去
	转移	
	运输	搬运，移动
	传输	传导，输送
	引导	对准，端正，驾驶
	移动	
	转动	旋转，翻转
	允许自由度	约束，解除
连接	耦合	装配，附加，结合
	融合	增加，混合，联合，合并，包装
控制大小	启动	发起，开始
	调节	允许，控制，使能或使不能，中断，限定，防止
	改变	调整，放大，减少，增强，加剧，增加，标准化，修正，降低，增减
	成形	压塑，挤压，破碎，贯通，塑造
	条件	准备，适应，处理
	停止	抑制，结束，停机，暂停，中断，制止，保护，防护
转换	转换	压短，区别，汽化，集成，液化，加工，固化，变换形态
供应	储藏	容纳，收集，保存，获得
	供给（提取）	陈列，填充，提供，补充

（续）

功能类	基本功能名称	基本功能可使用的措辞
信号	感觉	辨别，查明，察觉，认知
	指示	标记
	显示	
	程序	计算，比较，检查
支持	稳定	稳固
	保护	附加，牢固，保持，锁定，镶嵌
	定位	对准，查找，定向

（源自 R. E. Stone, "Functional Basis," *Design Engineering Lab Webpage*. Web. 10 Nov 2011。）

标准流的类型和功能块的名称以通用的类进一步组织而成，通用的类是通过更明确的基类划分出来的。这使得设计者可以在不同的抽象层描述系统及其部件。通过使用最通用层的功能表达和功能类型名称，让读者用尽可能广泛的术语重新表达设计问题，这种抽象表达促进了概念设计阶段的多样性思维。

系统化设计通过一个带有标记的功能块和它的相互作用的流线抽象地描绘出机械组件。在表 6.5 中列出了三种标准的机械组件，其中功能流和类的名称用最通用的术语表达。

表 6.5　抽象为功能模块的零部件

功能类	用功能块表达的机械组件（流类型：能量 ——►；物料 - - - -►；信号 ·········►）
控制大小	流体 流体 *A* - - -► [增减流量] - - -► 流体 流体 *B* 阀门
转换	电能 ——► [传递] ——► 旋转能 电动马达
供应	平动能 ——► [储能] 线性螺旋弹簧

系统化设计为使用一种通用的方式来描述整个设备或系统提供了一种方法，设备可以模型化为一个单一的元件实体，即把输入的能量、物质和信息转换成所需的输出量。图 6.4 表示的是把篮球回收过程抽象化为一个单功能框的模型示意图。

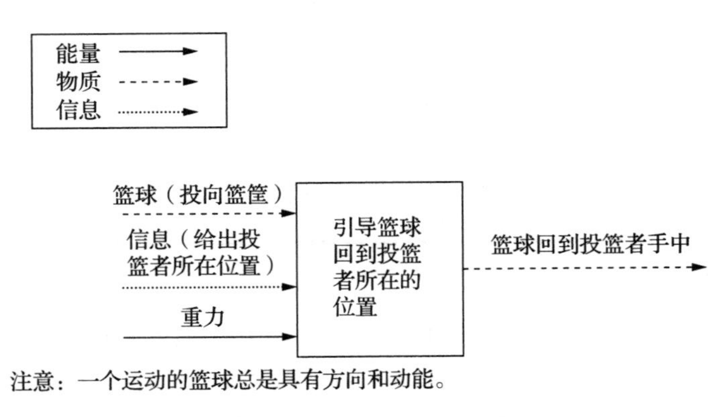

图 6.4　篮球回收功能结构黑箱图

6.5.3　实施功能分解

由功能分解产生的图称为功能结构。功能结构是用带箭头的指引线来标明功能块关系并描述能量流、物质流和信息流的一个框图，如表 6.5 所示。功能结构通过功能块和流向的排列表示机械设备，用带箭头的流线表示方向，线上的标记表示连接功能块的流的类型（见图 6.5）。设计师在图中使用功能块来表示系统、装配或者组件的转换，利用预先在表 6.4 中列出的转换动词通过选择功能名称来命名每个功能块。功能结构与产品的物理分解有很大不同，因为一个功能的实现是机械部件和它们的物理排列的组合行为。

最普通的功能结构是使用一个单一的功能块来描述设备，例如图 6.4 所示的篮球回收模型。这种类型的功能结构（单一功能块）被称为用一个黑箱来表达一个设备。它必须列出设备的整体功能，并明确所有恰当的输入流和输出流。对于设计一种新的设备而言，用黑箱来开始设计工作是最合乎逻辑的。

可按如下步骤来简化建立功能结构的过程，以自动铅笔为例。

1. 确定用功能基词汇描述的需要完成的整体功能，确定装置输入的能量流、物质流和信息流，并确定转换完成后装置输出的能量流、物质流和信息流。使用表 6.3 中标准的流的类定义。通用的做法是使用不同线型的带箭头线条表示不同流型（如能量、物质、信息等）。用具体的文字作为每个流的名称。产品的“黑箱”模型（见图 6.5a 所示的铅笔）表示了设计任务在最高层级功能的输入流和输出流。

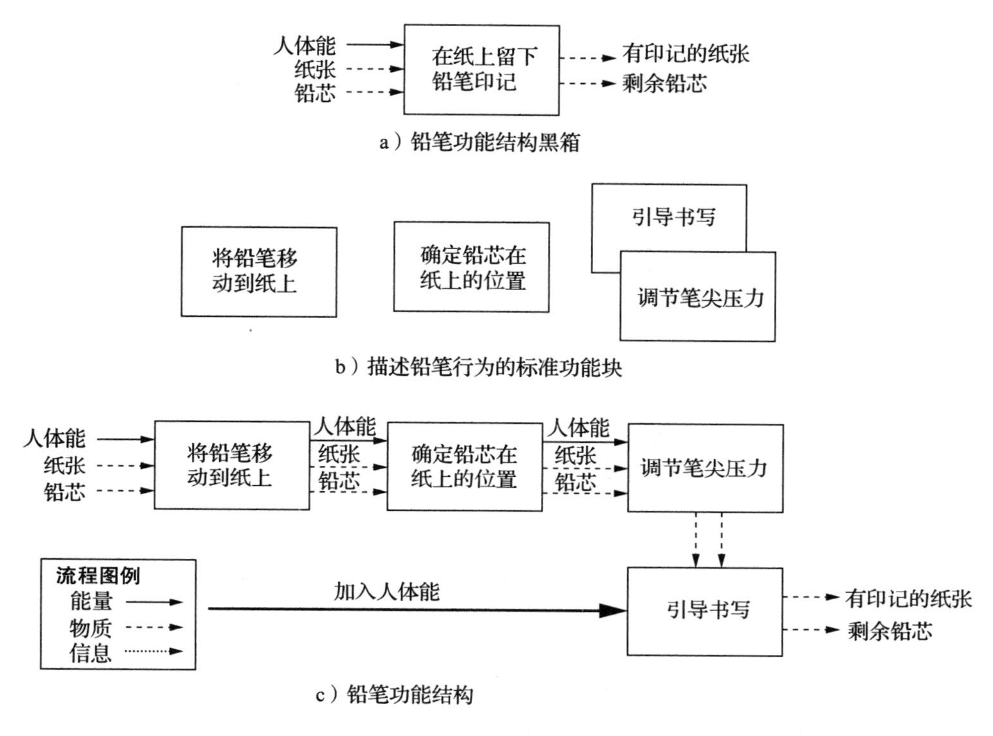

图 6.5　自动铅笔的功能结构图

2. 用日常用语写出对每个功能的描述，这些功能是指完成图 6.5a 中铅笔的黑箱模型中描述的总体任务所需要的各种功能。铅笔最抽象的功能是使铅芯在纸面上留下印记。输入的物质流包括铅芯和纸张，由于需要人类使用铅笔，故能量流的类型是人。例如，用日常语言描述铅笔及其用户所要完成的功能：

- 在纸张的适当区域引导铅芯的移动。
- 铅芯在纸张上移动而形成印记时，需要足够但也不能太大的力量。
- 偶尔加长或者缩短铅芯来使之与纸接触。

以上陈述是用日常用语来描述传统的铅笔使用方式，这种陈述方式不是唯一的，还可以用很多不同的方式来描绘铅笔书写的行为。

3. 已经考虑了黑箱中为完成铅笔功能而描述的细节，确定更精确的功能（从表 6.4 获得）需要用中性解语言完成铅笔功能更详细的描述，此过程将创建一个更加详细描述铅笔的功能块，如图 6.5b 所示。

4. 排列功能块使它们能完成预期的功能。这种排列描述了功能需要的优先级。这意味着功能块的排列将包括平行、串联以及所有可能的组合。在这一过程中便签是一个很好的工具，特别是当团队达成共识做出决定时。有时重新排列也是有必要的。

5. 在功能块之间添加能量流、物质流和信息流，从装置的黑箱表达中保存输入流和输出流，但并非所有的流都会通过每个功能块。要记住的是，功能结构只是一种可视化表达，而不是一个分析模型。例如，在功能结构中的流不符合热力学分析模型关于系统的守恒定律。表 6.5 中，线弹簧的例子说明了这种不同行为，它可以转换能量而不释放任何能量。铅笔功能结构的初步描述如图 6.5c 所示。

6. 审查功能结构的每一功能块以确定是否有其他的能量流、物质流或者信息流对于功能的实现是必不可少的。在铅笔功能结构中，把额外的人体能量流输入到“引导书写”功能中的想法是强调使用者完成任务时存在辅助类型的活动。

7. 再一次审查每一个功能块，看看是否有必要再次进行完善，其目的是尽可能完善每个功能块。当一个功能块可以由一个实体或者动作的单一方案完成，且细分层次足以满足客户需求时，这部分工作就可以结束了。

通过检查铅笔的功能结构，设计者做出未明确表达的假设。这里所建立的功能结构假设用户可以直接握持和操纵一支铅芯。虽然我们知道实际情况并非如此，因为细长的铅芯需要在外面加个外壳。

功能结构不一定是唯一的，其他设计师或设计团队可以创建一个稍微不同的描述铅笔的功能块，同时这也表明了功能分解与综合在设计中的潜在创造性。设计人员可选定一部分功能结构，创造出新的功能块来取代它，只要功能的结果不变即可。

图 6.6 展示了一种篮球回收设备的功能结构图。这种功能结构是由图 6.4 所给的黑箱表示图发展而来的。这只是 Shot-Buddy 项目结构框图的某种可能的方案。其他设计师也可以使用不同的功能块来组织该图。比如 Shot-Buddy 项目原先要实现的功能是设计一种能够捕捉篮球并把它射进网或靠近网的工具。在功能类里面的不同的功能都是合适的。图 6.4 中也显示了把能量形式指定为重力的几个例子。这也表明了设计师主要关注的是篮球的自然下落力，可能考虑把这种能量应用到设计里面去。

功能分解不是在所有情况下都容易实现的，它非常适合包含彼此相对运动组件的机械系统。存在抵制其他力作用的承重设备时，功能分解就不是一个好的方法了，例如书桌。

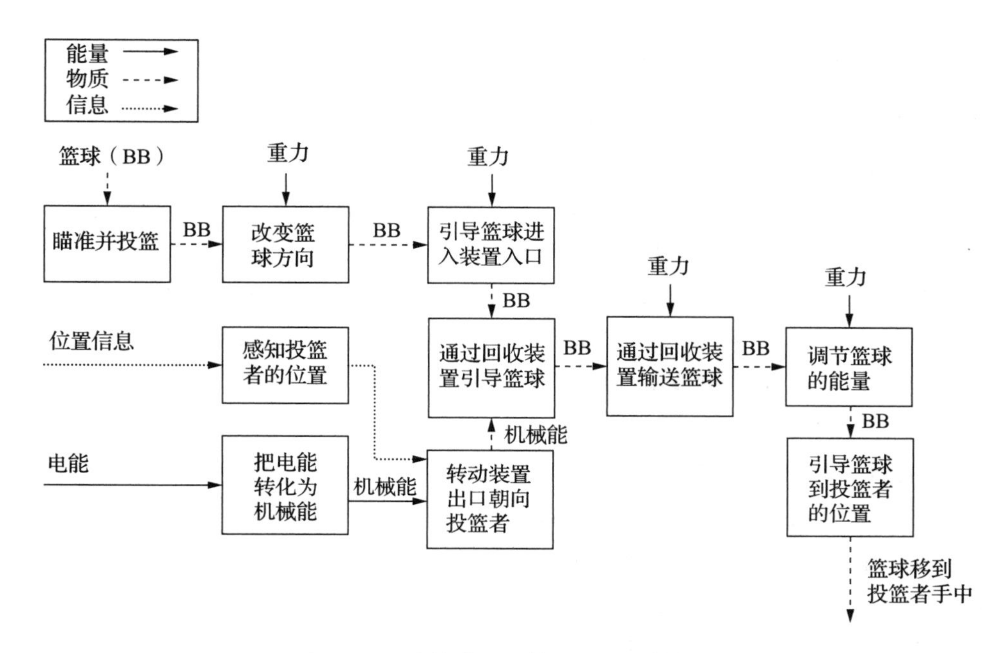

图 6.6　一种篮球回收装置的功能结构图

6.5.4　功能综合的优点与缺点

以一种独立且中性解的方式对机械产品建模，可以允许对问题有更多抽象的思考，并能提高探索更多创新方案的可能性。带有流和功能的功能结构模型可以为决定如何将设备分解成系统和子系统提供线索，这就是所谓的确定产品构架。通过建立功能结构，流有了分离、开始和结束，以及通过该装置时的转换。这可能对于具有同一输入流的子系统和物理模块的功能结合是有利的。对流的描述提供了一种衡量系统、子系统或功能是否有效的方法，因为流是可测量的。

功能分解与综合方法的优点来自以下两个关键要素。

- 首先，建立功能结构迫使我们用一种对于解决机械设计问题有益的语言进行重新表达。
- 其次，借助功能结构来表达设计，把潜在解的部件冠以功能名，这些功能名为新的记忆搜索提供线索。

另外，我们认识到，该方法运用了我们提倡的提高创造性的策略。功能分解的最大优势在于检查很有可能未被考虑的方案，特别是当设计师快速选定了某个物理原理，或者更糟的是选定了某个部件时。

简要地说，功能分解法有以下几项缺点：

- 有些产品比其他产品更适合使用功能分解和综合来表达和设计。因为产品包含了以一定方式排列的特定功能的模块，即所有的物质流都要按照相同的路径流经产品，这样的产品就是最优备选方案，例如复印机、工厂或胡椒碾磨器。以几种物质流顺序通过的任何产品都非常适合功能结构的描述。
- 功能结构是一个流程图，用流把该结构表示的产品所完成的不同分功能连接起来。在功能结构中，应用到流的每个功能作为功能块分别进行阐述，即使这种行为是在同一时间发生的。因此，功能结构黑箱图的顺序似乎意味着在时间上的序列，在描述设备的行为方面可能或多或少有些不准确。
- 在概念设计时使用功能结构法也是有缺点的，功能结构毕竟不是一个完整的概念设计，即使在完善功能结构后，仍然需要选择设备、机器或结构形式来完成功能。在德国技术文献中，也根本没有具体解决方案的详细目录。
- 设计者应及时地整合常见的功能块和流，否则功能分解就可能导致产生过多的零件和子系统。当这种方法过于注重零部件而不是系统整体时，功能共享或利用新的活动方式就难了。
- 这种方法所得的结果并不具有唯一性，这也恰好带给那些想要得到具有可重复过程的研究人员一种困扰。具有讽刺意味的是，许多经过这种方法训练的学生发现，由于需要在预先定义的功能标准范围内表达功能，这种方法的限制性太强。

6.6　形态学方法

形态学方法是一种能够再现和探索多维问题所有内在联系的方法。形态学就是关于形状和形式的研究。形态学分析是一种创造新形式的方法，用形态学方法在科学领域进行枚举和分析最早可以追溯到18世纪。茨维基（Zwicky）将此方法发展成用来产生设计方案的技术[⊖]。在20世纪60年代中期，茨维基在一篇发表的论文中将形态学方法应用到实际设计的过程进行了规范，该论文在1969年被译成英文。

从一系列给定的组件中产生产品设计方案这样的问题，有很多不同的组件组合都能满足同样的设计要求。检查每一个备选设计是一个组合爆炸问题。因此就会有人问：到底有多少伟大的设计因为设计者或设计团队没有时间去探索不同的方案而与它们失之交臂？形态学设计方

⊖ F. Zwicky, *The Morphological Method of Analysis and Construction*, Courant Anniversary Volume, pp. 461–470, Interscience Publishers, New York, 1948.

法就是建立在能够帮助设计者发现一般不容易被发现的、新颖的、非常规的各个元素组合的策略之上的。形态学设计方法的成功应用需要具有各种组件及其应用的广泛的知识，同时需要时间去检验它们。但设计团队不一定都有充足的资源（时间和知识）去完整地搜索一个给定问题的设计空间，这就使得设计团队对形态学方法很感兴趣，这种方法在与其他方法相结合时显得尤为有用。

在 6.5 节中讨论的那个设计的功能结构，就是一个通过检验已知部件的不同组合来达到设计要求从而产生设计的范例。当综合与功能分解相结合时，形态分析法就显得非常有效率。这里提供的解决方案假设设计团队已经使用系统化设计方法产生了一个精确的功能结构对产品进行设计，但为了长远考虑，现在需要生成几个可行性方案。

6.6.1 形态学设计方法

形态学方法有助于系统地解决组合用不同的组件实现相同功能的问题。通过建立组件目录，这个过程将变得更加简单。但是，这并不能取代团队中设计者之间的互动，在更新理念、交流和取得共识的过程中，团队至关重要。最好的方法就是让团队中的每个成员单独花几个小时去研究问题中的某些方面，例如如何满足设计要求中的某个特定功能。形态学方法能够帮助团队将各成员的研究结果汇总到一个体系中，使整个团队能够共同处理这些信息。表 6.6 提供了一个例子。

表 6.6 Shot-Buddy 篮球回收系统的形态学表

子问题解决方案的概念				
篮球移动通道	篮球换向	发射位置感知	引导篮球回收装置输入口	旋转装置将其输出口转向投手
保护网	柔性塑料板	射手导致的 RFID 标签磨损	漏斗（网状或固体材料）	棘轮机构
拥有铁丝骨架的塑料薄膜	固体偏转板	运动传感器	一组杆子	无（依靠球的方向和重力）
手指状转换结构	成形泡沫	光学传感器	管网	凸轮机构
管道系统（部分开启或关闭）	桨柄	声学传感器	金属引导（移动或静止）	齿轮杆

形态学方法的过程主要有如下 3 个步骤：

1. 将整体的设计问题分解为简单的子问题。
2. 提出每个子问题的设计方案。
3. 系统化地将子问题的设计方案组合为不同的总体方案并进行评估。

形态学方法在机械设计中的应用始于功能分解，即将设计问题分解为详细的功能结构。下面我们以篮球回收设备的再设计作为例子来说明。功能结构本身就是一些小的设计问题或者子问题的描述，每个问题都是在较大的功能结构中找到替代功能块的解。如果每个子问题都被正确地解决，那么这些子问题的任何组合都能成为整体设计问题的合适答案。形态学表就是用来组织子问题解的工具。

当设计者或设计团队对问题有了准确的分解之后，他们就可以使用形态学分析方法了。这个过程始于一个形态学表（见表6.6）。该表用来对子问题的解进行组织，表的列标题表示分解步骤的每个子问题的名称，行则表示为相应的解决方案，在行列相交的位置填写对子问题的描述性的语言或者简单的概括。形态学方法表格中某些列中的解决方案可能只有单独一个，这有两种可能的解释：设计团队可能做了基本假设，限制了子问题解决方案的可选范围；已经给出了满意的物理实现，或是设计团队缺乏设计思路，我们称其为知识的局限性。

6.6.2　从形态学方法图表构思概念

形态学设计方法的下一步是通过不同的组合，将表6.6中列出的所有子问题的解组合起来得到所有可能的设计。一种可能的设计是将第一行中的每个子问题的解组合起来，另外一种可能的设计则是随机从每一列中选择一个子问题的解，然后将其组合起来。从表格中产生的设计一定要检验其可行性，因为它可能是一个完全不可行的方案。建立形态学表的好处在于，它允许对很多可行的设计方案进行系统化探索。

Shot-Buddy的一种可能的篮球回收概念的草图如图6.7所示。它是由表6.6所列出的每个标题下的第一个子问题的解所构成的。可以很容易理解这个概念是如何被改变的，即通过使用其他类型的系统替换原来的概念来捕捉投在网里面的篮球。当使用这一示例来展示的时候使用形态学方法的优势就变得比较清晰了。

表6.6只包含了篮球回收系统功能结构的10个功能块中的5个。尽管如此，其所包含的可能组合集还是相当大的。如同示例里所给出的5个功能块，那么就有$4 \times 4 \times 4 \times 4 \times 4 =$ 1 024种组合，很明显不可能对每种组合都进行详细研究，有些构思明显不可行或者不切实际，需要注意的是，不要太仓促地做出判断。另外，也应意识到有些构思可能能同时满足不止一个子问题。同样，有些子问题是相关的，而不是独立存在的。这就是说其解决方案必须与相关子问题的解决方案一同来评估。

优秀的设计常常经过几次迭代才逐渐演化而成，即反复地组合形态学表格中的一个个构想，并将其整合成一个整体的解决方案，这正是一个优秀团队的成功之处。

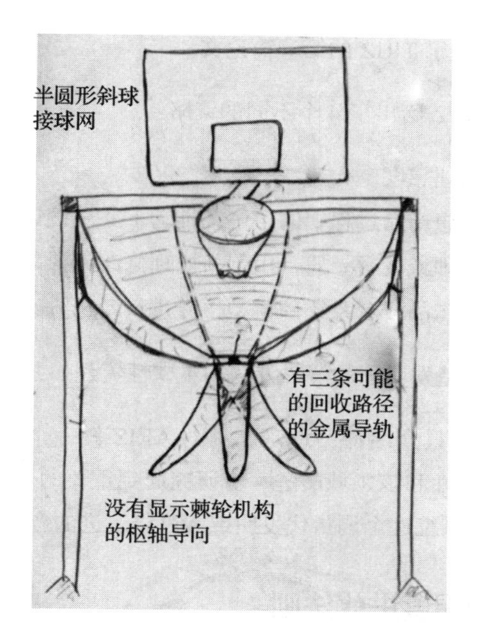

图 6.7 Shot-Buddy 概念的草图

（源自 Josiah Davis, Jamil Decker, James Maresco, Seth McBee, Stephen Phillips, and Ryan Quinn, "JSR Design Final Report: Shot-Buddy," unpublished, ENME 472, University of Maryland, May 2010。）

虽然该阶段的设计概念非常抽象，但通常使用一些草图还是很有帮助的，草图帮助我们把功能与形式相联系，有助于在设计时利用短期记忆来组合各部分设计。再者，设计日志中的草图是专利申请时记录产品开发过程的一种非常好的方法。

6.7 发明问题解决理论

发明问题解决理论的俄语首字母缩写为 TRIZ㊀，是专门用于为科学和工程问题提供创新解的问题求解方法。俄罗斯发明家根里奇·阿奇舒勒（Genrich Altshuller）于 20 世纪 40 年代后期到 20 世纪 50 年代提出了这套理论。第二次世界大战以后，阿奇舒勒在苏联海军中从事设计研究工作㊁。他和他的几个同事开始研究作者证书，相当于苏联的专利证书。TRIZ 是基于这样一个前提，也就是通过研究发明专利得到的解决原理能够被进行编撰，并应用到与之相关的设计问题中，然后产生创新解。阿奇舒勒和他的同事们构想出这种产生设计创造性解的方

㊀ TRIZ 是俄文 Teoriya Resheniya Izobreatatelskikh Zadatch 的首字母缩写。

㊁ K. Gadd, *TRIZ for Engineers: Enabling Inventive Problem Solving*, John Wiley & Sons, Inc., New York, 2011; M. A. Orloff, *Inventive Thought through TRIZ*, 2nd ed., Springer, New York, 2006.

法学，并于1956年发表了关于TRIZ的第一篇论文。

为产生设计创新解，TRIZ给出了4个不同的策略：

- 提高产品或者系统的理想度。
- 确定产品在进化到理想产品过程中的定位，推动下一步设计。
- 确定产品中关键的物理或技术矛盾，用创新原理修改设计来克服这些矛盾。
- 用物场分析建立一个产品或者系统的模型，并进行备选方案的完善。

阿奇舒勒提出了一种用于创造发明问题解决方法的步骤性流程，并将其称之为ARIZ。

由于篇幅的考虑，在此只介绍冲突原理，并对ARIZ做一个简要介绍。这只是TRIZ的入门，它能对设计中的创新性和该领域的进一步研究起到重要的促进作用。注意，在本节中，按照TRIZ的习惯用法，用系统这个词指代发明或者可以改进的产品、设备或者人造物。

6.7.1 发明：提高理想度进化法则

阿奇舒勒对发明的检查使其发现系统存在他称之为理想度水平的良好性能，当为提高一个产品或系统的特性而进行改进时，发明就产生了。阿奇舒勒将理想度表示成数学公式，定义其为一个系统的有利因素和有害因素之比。像任何比值一样，当有害因素逐渐降低趋近于0时，理想度则将趋近于无穷大。

提高系统的理想度是TRIZ发明设计中一个很重要的策略。简单地说，为了提高一个系统的理想度，给出如下6个具体的设计建议：

- 剔除附属功能（通过合并或减少某些附属功能需要）。
- 剔除现有系统中的元件（如子系统或组件等）。
- 确定自服务的功能（例如，通过寻找系统中能够满足另一必要功能的现有单元来实现功能共享）。
- 替换系统中的元件或零件。
- 改变系统运行的基本原理。
- 使用系统和周围环境的资源。

为了提高理想度，TRIZ理论所使用的策略比简单地遵循上面6个原则要复杂得多，但是由于篇幅有限，在此只介绍这些内容。

专利研究使得阿奇舒勒和他的同事们发现了另一种发明创新的策略。他们观察到工程系统长期以来的改进都是为了达到提高理想度的要求，系统的历史记录表明设计革新是具有连续性的，系统遵循这种连续性而不断地创新。另外，驱使产品进入下一步的创新策略是很复杂的。TRIZ 中的再设计形式如下：

- 向提高动态性和可控性的方向发展。
- 由复杂系统向合并的简单系统发展。
- 沿着匹配的和不匹配的组件进化。
- 向微观级和增加应用领域进化（实现更多功能）。
- 向减少人工参与的方向进化。

阿奇舒勒相信，发明者可以利用其中的一些建议来对现有系统产生具有创造性的改进，这能使发明者具有竞争优势。

这些产生设计创新性的策略遵循阿奇舒勒提出的 TRIZ 创新理论。需要注意的是通过研究发明而发展得到的指导原则与在一般问题求解过程中提高创新性方法用到的指导原则是类似的。但和很多设计理论一样，这并没有得到证明。然而，支持这一理论的原理是明确的，给出了产生富有创意的设计解的指导原则。

6.7.2 解决矛盾的创新

对建立一个规范化和系统化设计方法来说，仅有源于经验的指导原则是不够的。通过对获得作者证书的发明的持续检验，阿奇舒勒研究小组发现，在现有的设计系统中由发明者提出的系统变化类型是有差别的。这些变化类型（即解决方案）正好可以分为 5 级发明。下面列出了各个创新级别并描述了它们各自占有的比率。

- 1 级（32%）。在系统技术领域，用熟知的方法得到的常规设计方案。
- 2 级（45%）。以行为方面的让步为代价，通过熟知的方法对现有的系统进行少量改进。
- 3 级（18%）。利用相同的领域知识对现有系统进行具有实质性改进，解决基本性能的缺陷。这种改进主要增加部件或者子系统。
- 4 级（4%）。基于用新的技术原理来减少基本行为危害的设计方案，这种发明能够引起科技领域中范式的变化。
- 5 级（1% 或更少）。基于科学和技术新发现的全新发明。

在 95% 的案例中，发明者是通过应用与现有系统相同的技术领域知识来提出新设计，使用更具创新性的设计方案来改进已被接纳的原有系统里的缺陷。有 4% 的发明是在该领域中运用新的知识来改进原有系统的缺陷。这些案例被称之为技术外的发明，且经常能够给一个产业带来革命性的变化，例如集成电路的发展代替了晶体管。另一个例子是在录音领域引入了数字技术于是就出现了现在的光盘（CD）。

在适当的技术领域中，坚持不懈地应用好的工程实践已使得设计师能够创新出 1 级和 2 级的发明。相反，发现先驱的新科学并能达到 5 级，在本质上可算是一种机缘巧合，不可能从常规的方法中得到规律。因此，阿奇舒勒把注意力集中放在分析 3 级和 4 级的发明上，试图提出一种提高创造性的设计方法。

在阿奇舒勒最初的 20 万份苏联作者证书样本中有大约 4 万份 3 级和 4 级发明。这些发明都利用系统中存在的基本技术矛盾对其进行改进。这种情况存在于当系统中存在两种重要的相关属性时，即当一种属性提升时就意味着另一种属性降低。例如，在飞机设计中就存在这样一对技术矛盾：需要权衡是要加大机身厚度来提高防撞性还是要减轻机身重量。这些技术矛盾会导致系统内部产生设计问题，而不能单独用某个优秀的工程做法来提出解决方案。在性能上做出让步通常是使用常规设计方法能取得的最好方案。若由发明家为这些问题提出的再设计真正具有创新性，那么就意味着这些方案攻克了因应用传统科学技术而产生的基本技术矛盾。

和其他设计方法一样，把一个设计问题转化为通用术语是很有用的，这样设计师在寻找解决方案时就不会受到限制。TRIZ 需要一种能使用通用术语来描述这种技术矛盾的方法。在 TRIZ 中，技术矛盾以中性解的形式通过定义冲突的工程参数来表达关键技术问题，TRIZ 用 39 个工程参数（见表 6.7）来描述系统的矛盾。

表 6.7　TRIZ 中 39 个工程参数

TRIZ 理论中用于表示矛盾的工程参数		
1. 运动物体的重量	14. 强度	27. 可靠性
2. 静止物体的重量	15. 运动物体作用时间	28. 测量精度
3. 运动物体的长度	16. 静止物体作用时间	29. 制造精度
4. 静止物体的长度	17. 温度	30. 作用于物体的有害因素
5. 运动物体的面积	18. 亮度	31. 产生的有害负面影响
6. 静止物体的面积	19. 运动物体的能耗	32. 可制造性
7. 运动物体的体积	20. 静止物体的能耗	33. 方便性
8. 静止物体的体积	21. 功率	34. 可维修性
9. 速度	22. 能量损失	35. 适应性
10. 力	23. 物质损失	36. 装置的复杂性
11. 应力或压力	24. 信息损失	37. 控制的复杂性
12. 形状	25. 时间损失	38. 自动化程度
13. 结构的稳定性	26. 物质的数量	39. 生产率

表 6.7 中的参数一目了然、多种多样。这些术语看似普通，但它们却能用来准确地描述设计问题[1]。考虑飞机的例子，防撞性和轻质就是相互竞争的目标。增加机身材料的厚度会提高机身的强度，但同时也会对机身重量带来负面影响。在 TRIZ 的这些词中，这个情况对应的技术矛盾是提高强度（参数 14）而以运动物体的重量（参数 1）为代价。

6.7.3 TRIZ 创新原理

TRIZ 理论是基于这样一个想法，发明者能清楚地知道设计问题中的技术矛盾，并能够用对该问题而言代表着一种新的思路的原理来克服这些矛盾。阿奇舒勒的小组研究了那些克服技术矛盾的发明，确定出在每一案例中的解决原理，并把它们归纳为 40 条独有的方案思路，即 TRIZ 理论的 40 条创新原理，见表 6.8。

表 6.8 TRIZ 中 40 条创新原理

TRIZ 理论的创新原理			
1. 分割原理	11. 预先应急措施原理	21. 快速跃过原理	31. 多孔材料原理
2. 抽取原理	12. 等势原理	22. 变害为益原理	32. 颜色改变原理
3. 局部性质原理	13. 反作用原理	23. 反馈原理	33. 均质性原理
4. 不对称原理	14. 曲面化原理	24. 中介物原理	34. 摒弃和再生原理
5. 合并原理	15. 动态性原理	25. 自服务原理	35. 物理或化学参数改变原理
6. 多用性原理	16. 不足或过量原理	26. 复制原理	36. 相变原理
7. 嵌套原理	17. 维度变化原理	27. 廉价替代物原理	37. 热膨胀原理
8. 重量平衡原理	18. 机械振动原理	28. 机械系统替代原理	38. 强氧化原理
9. 预先反作用原理	19. 周期性作用原理	29. 气压和液压使用原理	39. 惰性环境原理
10. 预先作用原理	20. 有效作用的连续性原理	30. 柔性壳体或薄膜原理	40. 复合材料原理

创新原理表中的几个原理（如合并原理和不对称原理），与有些增强创造性方法的提示类似（如 SCAMPER 检核表），而且是不言自明的。其中还有一些原则是非常具体的，如气压和液压使用原理、柔性壳体或薄膜原理和物理或化学参数改变原理，其他原理（如曲面化原理[2]）在使用之前需要更多的说明。表中列出的许多创新原理阿奇舒勒都赋予了特定含义。

---

[1] 每个 TRIZ 参数的优秀描述都可以在 Ellen Domb with Joe Miller, Ellen MacGran, and Michael Slocum, "The 39 Features of Altshuller's Contradiction Matrix," *The TRIZ Journal* Web. Nov 1998. 上找到。

[2] 原理 14，曲面化原理，是指用弯曲的元素代替直边元素，使用滚动元素，并考虑旋转运动和力。

对五个使用频率最高的 TRIZ 创新原理做出更加详细的举例说明如下。

原理 1：分割原理。

a. 把一个物体分成几个互相独立的部分。

- 用个人计算机代替大型机。
- 用一个货车和拖车代替大货车。
- 对大的项目使用工作分解结构。

b. 使物体易于拆卸。
c. 提高分割和划分的程度。

- 用威尼斯百叶窗代替实木栅。
- 用电气焊金属代替箔或者焊条来获得更好的焊点穿透性。

原理 2：抽取原理——从物体中去除干扰的零件或特性，或单独挑出必要的部分或特性。

a. 在使用的建筑物外安装有噪声的压缩机。
b. 用狗叫的声音（而不是真的狗）作为盗窃警报。

原理 10：预先作用原理。

a. 在需要（全部或者部分）改变之前预先改变。

- 带胶的墙纸。
- 在一个密封的托盘中对所有手术会用到的器材进行消毒。

b. 提前安排物体的位置使得它们能够在最方便的位置进行处理且不浪费运送时间。

- 一个准时制工厂的看板安排。
- 柔性制造单元。

原理 28：机械系统替代原理。

a. 用传感（光学、声学、味觉和嗅觉）代替机械系统。

- 用一个声学上的笼子代替一个物理意义上的笼子来限制狗或猫的活动（动物可听到的信号）。
- 在天然气里添加一种难闻的化合物来警示泄漏，而不是用机械或电子传感器。

b. 用电场、磁场或者电磁场在物体上相互作用。
c. 从静止场到运动场或者从非结构场到结构场的变化。

原理 35：物理或化学参数改变原理。

a. 改变一个物体的物理状态（例如变为气态、液态或者固态）。

- 在糖果外层工艺前冻结中心部位的液体。
- 运送液态的氧气、氮气或者天然气，而不是气态，以减少体积。

b. 改变密度或黏稠度。
c. 改变柔度。
d. 改变温度。

TRIZ 的 40 个创新原则有十分显著的广泛应用，然而要完全理解它们还需要做大量的研究。要想查看全部 40 个创新原理，可以查阅参考书[㊀]或登录 TRIZ 期刊网站，网站上给出了 TRIZ 创新原理的解释和例子[㊁]。TRIZ 期刊也列出了适用于非工程领域的原理，例如，商业、建筑、食品技术和微电子技术等。

6.7.4 TRIZ 矛盾矩阵

TRIZ 就是对设计任务进行重新构造的过程，这样就可以识别出主要矛盾，并应用恰当的发明原理来解决这些矛盾。TRIZ 使设计师把设计问题表达为系统内不同的技术矛盾。典型的冲突有：可靠性与复杂性、生产率与精度以及强度与韧性。通过查询以前的发明文件，TRIZ 就可以提供一个或多个过去已经成功解决该矛盾的发明原理。TRIZ 矛盾矩阵是选出正确的发明原理并用它来找到解决矛盾的创新方法的重要工具。TRIZ 矛盾矩阵是 39 阶的方阵，仅包含约 1 250 个典型的系统矛盾，用较低的数量表达了工程系统的多样性。

TRIZ 矛盾矩阵指导设计师使用最有效的发明原理。可以回顾一下，一个技术矛盾是这样产生的：当改进系统的某个期望参数时，就会导致另一个参数恶化。所以为找到设计解，第一步就是推敲问题的陈述以揭示矛盾。在此情形下，要改进的参数就能确定下来，同时要被削弱的参数也能确定下来。矛盾矩阵的行和列的编号 1～40 与工程参数对应。显然，矩阵对角线为空白的。为解决参数 i 的改善与以参数 j 的恶化为代价的矛盾，设计师可以定位到第 i 行和第 j

---

㊀ Genrich Altshuller with Dana W. Clarke, Sr., Lev Shulyak, and Leonoid Lerner, “40 Principles Extended Edition,” Technical Innovation Center, Worcester, MA, 2006. 或网站 www.triz.org。

㊁ “TRIZ 40 Principles,” Solid Creativity, 2004. Web. 10 Nov 2011.

列的矩阵单元。该单元中包括了其他发明家以前解决该矛盾所使用的一个或多个发明原理。

TRIZ 矛盾矩阵的参数 1～10 的矩阵表如表 6.9 所示。交互式的 TRIZ 矛盾矩阵刊登在网站 http://triz40.com/，在此感谢 PQR 集团咨询和培训公司（www. trizpqrgroup.com）的艾伦·多姆和 SolidCreativity 出版社。

表 6.9　部分 TRIZ 理论矛盾矩阵（参数 1~10）

TRIZ 矛盾矩阵工程参数 1~10			恶化的工程参数									
			运动物体的重量	静止物体的重量	运动物体的长度	静止物体的长度	运动物体的面积	静止物体的面积	运动物体的体积	静止物体的体积	速度	力（强度）
			1	2	3	4	5	6	7	8	9	10
改进的工程参数	1	运动物体的重量	+	–	15，8，29，34	2	29，17，38，34	–	29，2，40，28	–	2，8，15，38	8，10，18，37
	2	静止物体的重量	–	+	–	10，1，29，35	–	35，30，13，2	–	5，35，14，2	–	8，10，19，35
	3	运动物体的长度	8，15，29，34	–	+	–	15，17，4	–	7，17，4，35	–	13，4，8	17，10，4
	4	静止物体的长度		35，28，40，29	–	+	–	17，7，10，40	–	35，8，2，14	–	28，10
	5	运动物体的面积	2，17，29，4	–	14，15，18，4	–	+	–	7，14，17，4		29，30，4，34	19，30，35，2
	6	静止物体的面积	–	30，2，14，18	–	26，7，9，39	–	+	–		–	1，18，35，36
	7	运动物体的体积	2，26，29，40	–	1，7，4，35	–	1，7，4，17	–	+	–	29，4，38，34	15，35，36，37
	8	静止物体的体积	–	35，10，19，14	19，14	35，8，2，14	–		–	+	–	2，18，37
	9	速度	2，28，13，38	–	13，14，8	–	29，30，34	–	7，29，34	–	+	13，28，15，19
	10	力（强度）	8，1，37，18	18，13，1，28	17，19，9，36	28，10	19，10，15	1，18，36，27	15，9，12，37	2，36，18，37	13，28，15，12	+

（源自 "TRIZ 40 Principles," Solid Creativity, 2004. Web. 10 Nov 2011。）

例 6.1 原先气动的金属管道传送塑料粒料[㊀]，现因工艺改变需要把塑料粒料改为金属粉末。金属粉末需以很高的速率传送到管道末端，需要在不增加太多成本的前提下对传送系统进行改造。当金属粒子传到 90° 的弯管处，硬的金属粉末将引起管道内壁的腐蚀，如图 6.8 所示。

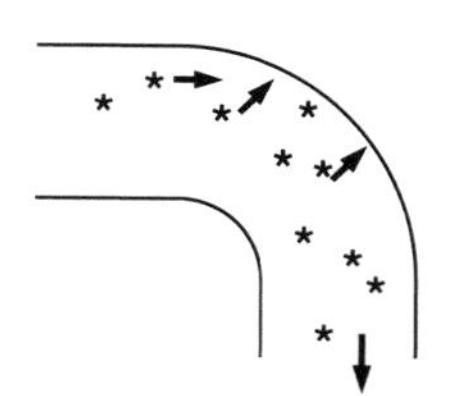

图 6.8 金属粉末冲击管道弯曲处

这个问题的传统解决方法包括：使用耐磨的、表面硬度高的合金来增强弯管处；重新设计管道使得任何易损坏部分可以很容易地更换；重新设计弯管形状以缓解或消除撞击情况。然而所有的这些方案都需要很大的额外成本。应用 TRIZ 可以找到一个更加有效且高创新性的解决方案。

考虑弯道在系统中所起的作用，其基本功能是改变金属粒子流动方向。然而，我们还要增加粒子通过系统的流动速度，与此同时降低能耗。为了把设计变更表述成用 TRIZ 矛盾陈述的一系列更小的设计问题，必须明确设计改进中的工程参数。在此有两个必须改善的参数：必须提高管道系统中金属粉末的速度，以及改进系统中的能耗（即减少所需能量）。

考虑增加金属粉末速度（参数编号 9）的设计目标。必须要对系统进行核查，以确定由于增加速度而降低的工程参数。通过查询 TRIZ 矛盾矩阵，就确定发明原理。如果考虑增加粒子速度的设计，就要预想系统中的其他参数降低，或者引起的其他不利影响。例如，增加速度就会增加粒子撞击弯管处内壁的力，腐蚀就会加重。提高的参数和其他降低的参数见表 6.10，在表中还包括了每一对矛盾参数所对应的发明原理。例如，要提高速度（参数 9）而不希望增加力（参数 10），应用原理 13、原理 15、原理 19 和原理 28。

表 6.10 提高金属粉末速度的技术矛盾和消除矛盾的原理

提高速度（参数 9）所降低的参数	参数编号	消除矛盾所用的原理
力	10	13,15,19,28
耐久性	15	8,3,14,26
物质损失	23	10,13,28,38
物质的数量	26	10,19,29,38

接下来最直接的办法就是研究每一个发明原理及其应用范例，对所设计的系统，尽量使用相似的设计变更。

方案 1。原理 13，反作用原理，需要设计师逆向或反向来研究问题。在本问题中，我

㊀ 改编自 J. Terninko, A. Zusman, B. Zlotin, *Step by Step TRIZ*, 3rd ed., Responsible Management Inc, 1996。

们应该考虑金属粉末的下一步工艺，看一看什么解决方案可以直接把下一工艺所用的金属粉末送到指定位置。可以通过去除任何改变金属粉末流向的需求来消除矛盾。

方案2。原理15，动态性原理，提出以下建议：允许物体特征变化使其对工艺更有益处，使刚性或非柔性物体可以运动或提高适应能力。运用这一原理可以重新设计弯管处，使其壁厚更厚，这样内部表面受到侵蚀不会减弱弯管处的结构强度。另外一个方法可以使弯管区域具有弹性，把金属粒子的部分撞击能量转化为变形而不是腐蚀。也可能有其他可能的解释。

方案思路

原理28，“机械系统替代原理”的完整描述，如下所示：

a. 用光学、声学或者味觉系统代替机械系统。
b. 采用电场、磁场或电磁场与对象交互。
c. 场的替代。例如，从固定场到旋转场、从稳定场到时变场、从随机场到有组织的场。
d. 将场和磁离子组合使用。

原理28的b项建议在弯管处放一个磁铁，吸住一薄层粉末，这样可以起到吸收粒子通过90°弯角能量的作用，从而阻止对弯管内壁的侵蚀。但只有在金属粒子具有磁性时，它们才会被吸附到管壁上，这一方案才可以奏效。

金属粉末通过管道输送系统改进的例子看起来还很简单。使用TRIZ矛盾矩阵产生三个不同的备选方案，而没有采用常规方法来消除陈述设计问题时的一对技术矛盾。本章的后面还要针对该设计问题继续讨论设计解的产生过程。现在，TRIZ发明原理的魅力和实施已经很清楚了，而且展示了矛盾矩阵的使用。

矛盾矩阵的作用是非常强大的，但它仅仅是使用TRIZ产生创新解的策略之一。ARIZ是产生发明解的更完整、系统化的过程。ARIZ是解决发明问题的算法的俄文首字母缩写。像Pahl和Beitz的系统化方法一样，ARIZ算法是多阶段的，非常规范且用法精确，它应用了TRIZ的所有策略。有兴趣的读者可以在许多文献中找到该算法更为详细的说明，如Altshuller的著作[⊖]。

6.7.5 TRIZ的优缺点

TRIZ提出了基于创新理论的一套完整的设计方法，提出了描述设计问题的流程，以及解

⊖ G. Altshuller, *The Innovation Algorithm*, L. Shulyak and S. Rodman (translators), Technical Innovation Center, Inc., Worcester, MA, 2000.

决设计问题的几个策略。阿奇舒勒的目的是使 TRIZ 在帮助设计师获得接近理想的解决方案时，是一套系统化的理论。他同时也希望 TRIZ 具有可重复性且可靠，而不像其他提高设计创造力的方法（例如头脑风暴法）。

TRIZ 的优点

在学术界之外，TRIZ 设计方法广受欢迎，远胜于其他技术设计的方法。部分原因是 TRIZ 原理的应用和专利之间的联系。

- TRIZ 的核心原理是基于被认证为发明的设计，这些发明通过了发明者所属国家的专利系统的认证。
- TRIZ 的开发者仍然在最初 20 万个发明的基础上不断地扩大发明设计数据库。
- 潜心于 TRIZ 的用户团体（包括阿奇舒勒的学生们）一直在努力地扩展发明原理范例的范围，使得 TRIZ 范例能与时俱进。

TRIZ 的缺点

与其他的设计方法一样，TRIZ 也有缺点，主要是它同样依赖设计师的理解，这些缺点包括：

- 创新原理是受到设计师理解所影响的原则。
- 设计原理对于在特殊的设计领域中的应用来说过于笼统，尤其是一些新兴的领域，比如纳米领域。
- 对于给定问题，即使有了相同技术领域应用的发明原理范例，设计师也必须自己提出类似的设计问题的解。因此人们就会质疑 TRIZ 原理应用的可重复性。
- 对于 TRIZ 概念的解释存在很多差异。例如，在 TRIZ 的一些论述中甚至描述了可以用来消除纯物理矛盾的四个分离原理的独立集。分离原理中的两个原理引导创新者在空间或时间上考虑分离出系统中存在冲突的元素，其余的两个分离原理则更加含糊。但有些 TRIZ 研究工作得出的结论却是，分离原理包含在发明原理中，所以它们也是多余的，可以不用提及。
- TRIZ 的有些方面缺乏直观性，很少有应用实例，或被过度忽视了。为了更好地理解和得到解决方案，TRIZ 可以使用图形化的方法来表示技术系统。这个策略被称为物 – 场分析。Altshuller 创立了 72 个用物场分析转化图表示的标准解。

本节内容介绍了 TRIZ 这一复杂设计方法及支撑该方法的基本原理。TRIZ 的矛盾矩阵和发明原理代表的是一种在工程界富有吸引力并将会变得越来越重要的设计方法理论。

6.8 词义树法

用于设计构思的词义树法是由 Julie Linsey㊀㊁及其同事开发的。词义树法使用类比设计来帮助生成概念。Linsey 最初设计这种方法是用于小组设置。这里描述的是供个人使用的词义树法。个人使用词义树法进行设计并没有明显的缺点。

词义树法可以识别目标领域中与原始设计领域㊂以及相关领域相似的类比。设计思想可以通过研究其他领域的对象而产生。一个例子是仿生学，生物系统的特性被用来启发物理设计。

类比是一种推理形式，根据已知的事物之间在其他方面的相似性，推断出某一事物在某一行为中与另一事物相似。试想一下具有连接功能的物件。螺栓可以将部件连接起来，焊接也能够连接零部件。众所周知，可以拆下螺栓来分离零件，但焊接是永久性的。螺栓和焊接都满足连接功能，但在其他方面不尽相同。

工程设计搜索通常基于工件或组件的功能。想象一下，一位设计师希望更换蜗杆和正齿轮副以更好地适应体积限制的情况。现有的齿轮副改变了旋转能量的方向。类比设计适用于搜索提供相同功能的其他组件。类比思维在设计中非常普遍，以至于设计师可能都没有意识到它的存在。设计师通过研究他们自己的经验、记忆和技术文献来寻找类比。然而，拥有一个能够提供许多类比的概念生成工具将为设计师带来新的选择。

6.8.1 创建词义树

词义树法基于词义网（WordNet）的使用㊃。词义网是一个名词、动词和形容词的集合数据库，按语义排列。语义学要求在语境中识别单词的意思。例如，动词 run 可以用于多种语境，意思分别是快速移动、成为政治选举的候选人以及执行计算机程序。所有这些定义都将出现在动词 run 的词义树中。词义网与同义词库是不同的，https://wordnet.princeton.edu 中这样描述词义网：

> 词义网表面上类似于同义词库，因为它根据单词的含义将单词组合在一起。然而，

㊀ J. S. Linsey, K. L. Wood, A. B. Markman, " Increasing Innovation: Presentation and Evaluation of the WordTree Design-by-Analogy Method, " ASME 2008 International Design Engineering Technical Conferences and Computers and Information in Engineering Conference, American Society of Mechanical Engineers, 2008.

㊁ J. S. Linsey, A. B. Markman, K. L. Wood, " Design by Analogy: A Study of the WordTree Method for Problem Re-representation," *Journal of Mechanical Design*, Vol. 134, p. 4, 2012, 041009.

㊂ 领域是关于某个主题或学科的一组知识。例如，机械工程设计是一个领域。

㊃ Princeton University " About WordNet. " WordNet. Princeton University, 2010. WordNet.princeton.edu. Princeton WordNet version 3.1.

> 词义网和同义词库有一些重要区别。首先，词义网不仅连接单词的形式——字母串——而且连接单词的特定含义，这样就消除了词义相近的单词之间的歧义㊀。其次，词义网标注了单词之间的语义关系，而在同义词库中，单词的分组仅仅遵循意思相近的原则。

工程设计基于工件的功能（其预期行为）。“发挥功能”是一个动词，所以词义树中只包含动词。从词义网中可以找到适当的动词。图 6.9 显示了目标单词动词“fold（折叠）”的网页截图的一部分。这些动词在**语义**上都与“fold”有关。这些动词用简短的描述和句子来表示其使用的语境。语义相似的动词按类别以大纲形式列出。动词的类别如下：

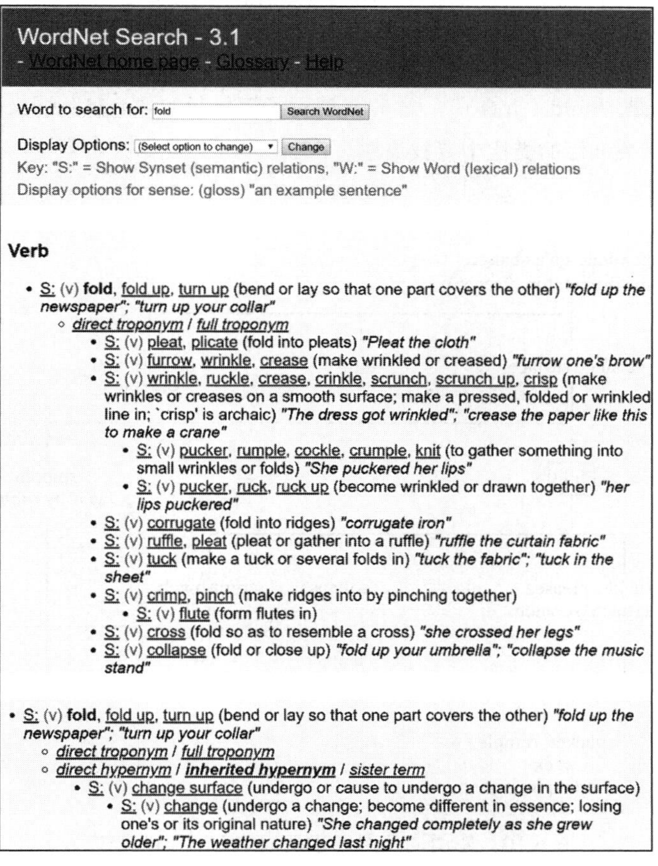

图 6.9 词义网页面㊁

（源自词义网在线网址：www.princeton.wordnet。）

㊀ 在这里，消除歧义指的是根据语境的含义进行组织。在词义网中，在同一语境中具有相似含义的不同单词被紧密组合在一起。

㊁ Princeton University “About WordNet.” WordNet. Princeton University, 2010. Princeton WordNet version 3.1.

- 直接转义词。与目标动词相关且比目标动词更具体。
- 继承转义词。与目标动词的第一级转义词相关并更具体。
- 直接上义词。比目标动词更笼统。
- 继承上义词。比目的动词的上义词更笼统。
- 姊妹词。与目标动词在同一抽象层次上的词。

词义树通常是通过词义网创建的，方法是找到动词“fold”并跟随其相关动词。词义网的在线网址是 https://wordnet.princeton.edu/。图 6.9 展示了一部分动词“fold”的词义网内容。被选中的动词根据其与“fold”的语义关系被记录到树状网络中。

词义树法可以激发设计解决方案。需要制造一种可以折叠高档餐厅餐巾的设备。该任务的一个关键功能术语是“fold（折叠）”。图 6.10 展示了简化版的“fold”词义树。设计师从单词“fold”及其语义相关词汇的类比中寻找灵感。

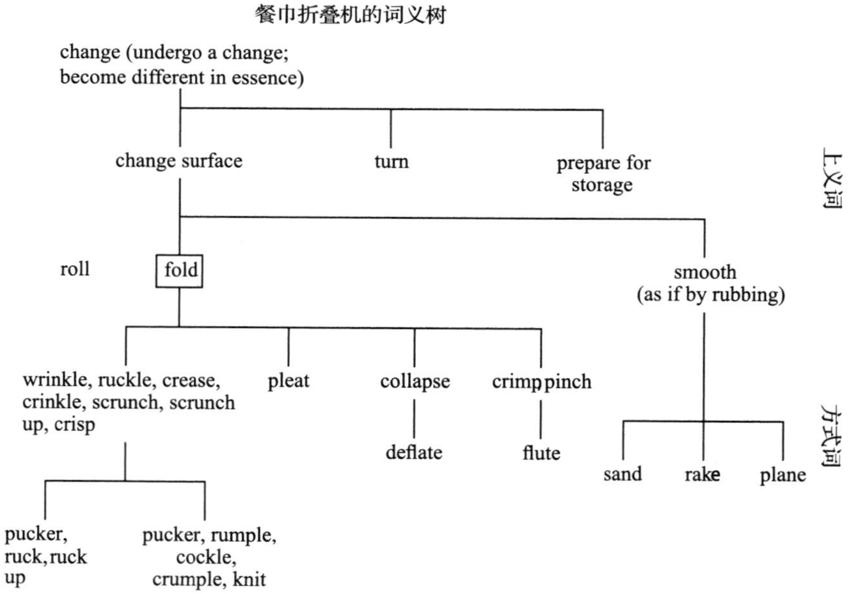

图 6.10 使用词义网创建动词“fold”词义树㊀

通过词义树的方法将以得到与“fold”相关的各种动词结束。比 fold 更具体的动词包括

㊀ 改编自 J. S. Linsey, A. B. Markman, K. L. Wood, “Design by Analogy: A Study of the WordTree Method for Problem Re-representation,” *Journal of Mechanical Design*, 134, p. 4, 2012, 041009.

pleat、crease 和 knit 等。另一条路径则指向“flute”。通过沿着单词“fold”上方的路径移动，便进入了词义树的上义词领域。沿着上位词“change surface”开始的路径可以探索词义树的一个新部分，即“smooth”及其相关动词。

从词义树中识别出的动词可以在设计师的脑海中引发类比。例如，“smooth”这个词让作者联想到了软糖和面团机。原来的餐巾可以平卷，把一部分翻过来，再穿过餐巾纸卷，形成明确的折痕。这个过程可以一直进行下去，直到餐巾全部折叠好为止。这个描述让人联想到挤压面团的意大利面机。这些还不是完全成型的概念，但它们激发了想法的发展。并不是所有的单词都能引出设计思路，而且不同的设计师对同一个词义树也会有不同的反应。

图 6.11 展示了“fold”的不同词义树。在这里面，“change”的上义词派生出两个新的动词，即“mill”和“change form, deform, shape”。这些新分支中的每一个都代表与“fold”相关的动词的新领域。动词金属加工从“mill”分支出来，航海术语从“change form”分支出来。新的领域提供了丰富的动词集来探索类比。

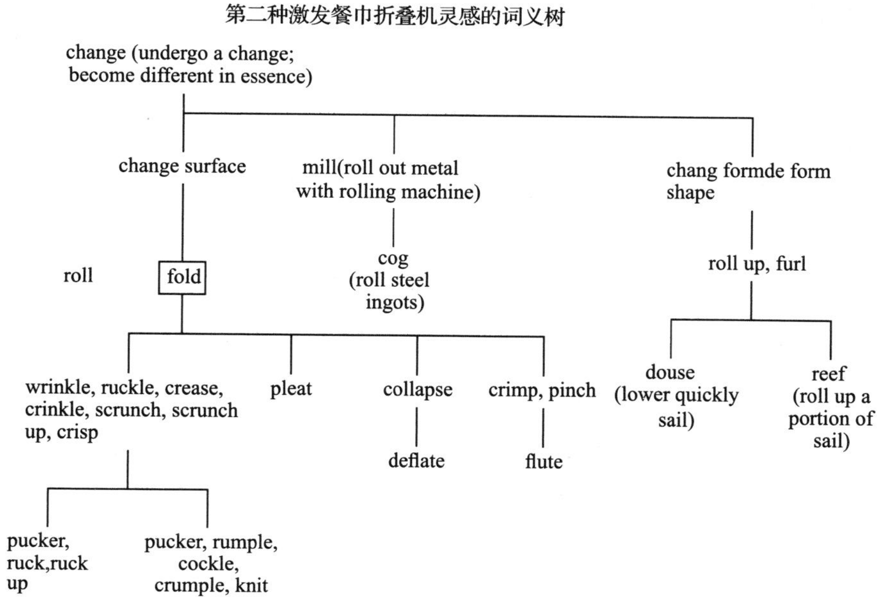

第二种激发餐巾折叠机灵感的词义树

change (undergo a change; become different in essence)
change surface
mill(roll out metal with rolling machine)
chang formde form shape
roll
fold
cog (roll steel ingots)
roll up, furl
wrinkle, ruckle, crease, crinkle, scrunch, scrunch up, crisp
pleat
collapse
crimp, pinch
douse (lower quickly sail)
reef (roll up a portion of sail)
deflate
flute
pucker, ruck,ruck up
pucker, rumple, cockle, crumple, knit

图 6.11　通过词义网使用不同路径创建动词“fold”的词义树[⊖]

⊖ 改编自 J. S. Linsey, A. B. Markman, K. L. Wood, “Design by Analogy: A Study of the WordTree Method for Problem Re-representation,” *Journal of Mechanical Design*, 134, p. 4, 2012, 041009.

6.8.2 词义树法的优缺点

优点

词义树法是本章讨论的最新的设计方法。这种方法之所以可行，是因为词义网是在没有任何特殊权限的情况下创建的，并允许在线使用。词义网包括一个庞大的常用词（名词和动词）数据库，以及它们在语义上相互关联的信息。这种方法的最大优点是能够引导用户使用新动词和新领域，从而激发设计的类比。

缺点

对于不习惯在不同语境中使用动词的人来说，使用词义网构建词义树可能会让他们感到不舒服。理解语义相似性的概念并使用词义树来解释这种关系的强度很有必要。用户对上位词和转义词类别越熟悉，构建和使用词义树就越容易。对于非英语母语人士来说，词义网使用起来会有些困难。

6.9 总结

工程设计的成功需要有产生方案的能力，在可行的情况下，这种如何实现功能的能力应该是广泛的。

当前人们已经提出了许多方法，可以帮助一个或更多的设计师来寻找任何问题的创造性解决方案。设计师一定要开明地应用工作中呈现的各种方法。这些方法是有用的，并且可以用来增加高质量设计解决方案的数量，同时更少地将设计概念形式化。

本章介绍了几个产生概念设计方案的特定方法。每个方法具有一系列的步骤，这些步骤充分利用了在创造性问题求解方面的很有效果的一些技术。

本章介绍了关于设计的四种正规的方法。正如使用物理分解法可适用于现有设计的生成一样，系统设计的功能分解过程也适用于预期行为。用标准功能和流的术语建立起来的功能结构可作为生成设计解决方案的模板。形态分析是一种与分解结构（如功能结构中提到的那样）配合很好的行之有效的方法，可用来指导设计师确定出可以组合为备选设计概念的子问题解。如今，TRIZ 理论是最被认可并获得商业成功的设计方法之一。TRIZ 理论是从专利中萃取的创新设计方法，并由阿奇舒勒推广到发明原理中。对于设计创新，TRIZ 最流行的工具是矛盾矩阵。词义树方法可以通过使用普林斯顿大学设计的词义网进行类比设计。用户生成一个树状图，这棵树将语义相关的单词连接起来，用户可以在树中浏览现有的域和新域，以此寻找能够启发灵感的类比。

6.10 新术语与概念

公理设计	衍生式设计	TRIZ 理论
仿生学	智性障碍	词义网
创造性认知	心理障碍	词义树
设计定制	形态分析	功能分解
设计空间	语义关系	功能结构
类比法	技术矛盾	

6.11 参考文献

创造性

De Bono, E.: *Serious Creativity,* HarperCollins, New York, 1992.
Lumsdaine, E., and M. Lumsdaine: *Creative Problem Solving,* McGraw-Hill, New York, 1995.
Weisberg, R. W.: *Creativity: Beyond the Myth of Genius,* W. H. Freeman, New York, 1993.

概念设计方法

Baumeister, D., et al.: *Biomimicry Resource Handbook: A Seed Bank of Best Practices.* Biomimicry 3.8, Missoula, MT, 2014.
Cross, N: *Engineering Design Methods,* 3rd ed., John & Sons Wiley, Hoboken, NJ, 2001.
French, M. J.: *Conceptual Design for Engineers,* Springer-Verlag, New York, 1985.
Koontz, R: *Nature Inspired Contraptions.* Carson-Dellosa Publishing, Columbus, OH, 2018.
Lakhtakia, A., and R. J. Martin-Palma, eds.: *Engineered Biomimicry.* Boston, MA, Newnes, 2013.
Orloff, M. A., *Inventive Thought through TRIZ,* 2nd ed., Springer, New York, 2006.
Otto, K. N., and K. L. Wood: *Product Design: Techniques in Reverse Engineering and New Product Development,* Prentice Hall, Upper Saddle River, NJ, 2001.
Rantanen, K., and E. Domb: Simplified TRIZ: New Problem Solving Applications for Engineers and Manufacturing Professionals. Auerbach Publications, Boca Raton, FL, 2007.
Saliminamin, S., N. Becattini, and G. Cascini: "Sources of Creativity Stimulation for Designing the Next Generation of Technical Systems: Correlations with R&D Designers' Performance." *Research in Engineering Design*, Vol. 30, p. 155, 2019.
Suh, N. P.: *The Principles of Design,* Oxford University Press, New York, 1990.
Ullman, D. G.: *The Mechanical Design Process,* 4th ed., McGraw-Hill, New York, 2010.
Ulrich, K. T., and S. D. Eppinger: *Product Design and Development,* 5th ed., McGraw-Hill, New York, 2011.

6.12 问题与练习

6.1 上网登录个人用品网页，随机从商品清单中选取两个产品，并把它们合并成一个有用的创新设计。对其关键功能进行描述。

6.2 在创新过程中消除障碍的一种技术就是用转换规则（通常以问题的形式）来处理现有的但不满意的解决方案。应用关键技术解决下面的问题：作为一名城市设计师，请你提出建议来解决人行道的积水问题。由当前的解决方案等待积水蒸发开始。

6.3 分析一个小装置并建立物理分解图，写一个附图说明来解释产品是如何工作的。

6.4 使用本章提供的功能基本术语，为问题 6.5 中被选定的装置建立合理的功能结构。

6.5 创建洗碗机的功能结构。

6.6 用形态箱（一个三维形态图表）的思想开发一款个人交通工具的新方案。以动力源、交通工具的工作介质和乘客的乘载方式为三个主要因素（立方体的轴线）。

6.7 草绘并标注你最喜欢的自动铅笔的爆炸分解图，为它创立一个功能结构，并使用功能结构来开发新的设计。

6.8 使用表 6.6 中子问题解决概念设计的形态学图表，生成两个新的篮球回收装置的设计概念，草绘并标注你的思路。

6.9 建立一个自动铅笔的形态学图表。

6.10 研究一下阿奇舒勒的个人历史，撰写一份关于他生平的简短报告。

6.11 在例 6.1 中，金属粉末通过弯管来输送。要改善的第二工程参数编号为 19，使用 TRIZ 理论的矛盾矩阵来确定发明原理，形成问题的新方案。

第 7 章

决策确定与概念选择

7.1 引言

一些作者将工程设计过程描述为一系列在信息不完整条件下进行的决策。当然，对于做出明智的决策来说，创造性、获取信息以及把物理原理和工作原理结合成可行概念的能力是很重要的。对做出明智决策同样很重要的还有了解心理学因素对于决策者的影响，做出不同选择时内在权衡的本质，以及备选概念中的内在不确定性。无论是对于商业主管、外科医生、军事指挥官，还是工程设计者，对好的决策背后原理的理解都是同等重要的。

图 7.1 把概念的产生和选择过程描绘成一系列发散和收敛的步骤。首先，我们将网络展开得尽可能宽泛以获取关于设计问题的所有的客户和工业信息。随后归结为产品设计任务书。接下来，我们使用已收集的充足的信息和激发创造性的方法，借助系统设计方法，例如功能结构分析和 TRIZ，用发散思维清晰地表达出一组设计概念。设计概念在较高层次经过评估后，开始使用收敛思维。通常，当设计团队开始思考新的概念组合、适应方式时，就会产生新的概念——发散思维步骤。针对评价概念被接受的广度的显著选择标准，对这些概念进行再次评估。扩大可能的概念范围和排除明显不好的概念，不断重复这一步骤，直至留下一小部分概念。

关于连续两轮产生和选择概念的循环模型如图 7.1 所示，如果在产生和排除概念时有适当的设计需求规格说明作为评判标准，将会产生一组改进的概念。产品或系统的设计选择标准是质量屋所产生的工程特征，是最重要的设计变量，其值不由约束决定。额外的设计选择标准可能源于设计推进过程中发起人的咨询意见、法规发生变化或市场竞争的不断要求。

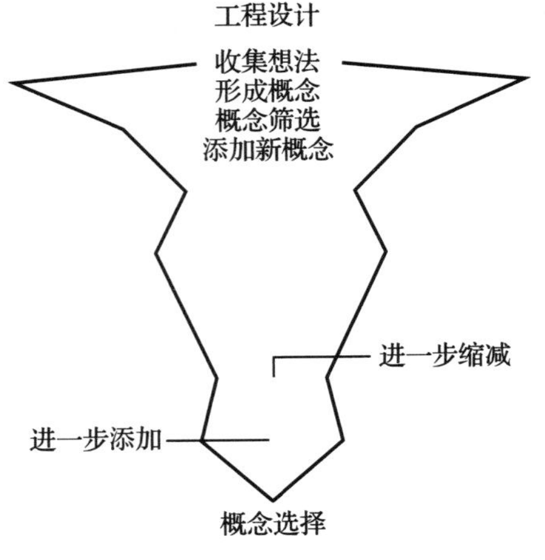

图 7.1　概念产生和选择，交替的发散与收敛过程

在设计过程的任一阶段，从设计备选方案中做出选择需要一组设计选择标准、一组能满足设计标准的备选方案和针对每个标准评估设计备选方案的方法。前面的章节提出了设定设计需求规格说明和设计标准的策略和方法。本章聚焦于设计策略的确定，使其同时适用于设计环境和设计过程的各个阶段。使用这些方法，设计者或其团队产生一组好的设计备选方案后可以选定一个方案进入详细设计阶段，如图 7.2 所示。

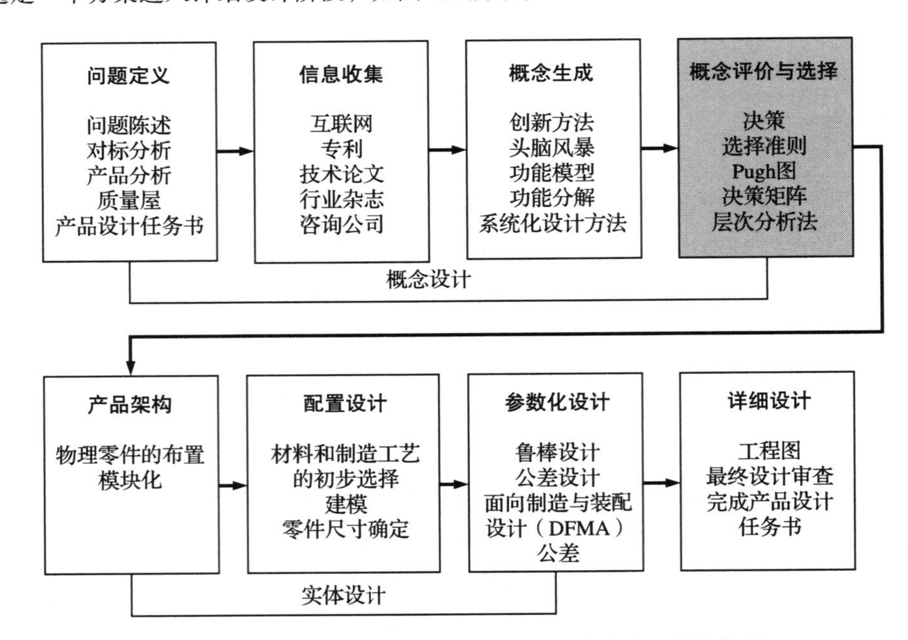

图 7.2　概念评价与选择在概念设计和设计过程中的位置

本章所描述的评估、建模和决策方法首先用于在概念设计阶段选择备选方案。对于工程设计中需要从备选方案中做决策的阶段，本章的模型同样适用。区别在于评估所需要的信息量、

模型表现的细节和精确度，以及设计备选方案的细节。随着设计过程的推进，设计细节的数量不断增加。

7.2 决策的行为方面

设计过程中的决策主要是一个人为的过程。行为心理学提供了对个人和团队承担风险的影响的理解[⊖]。对于大多数人来说，做决策是很有压力的，因为没有办法确定过去和预测未来信息。这种心理上的压力至少来自两个方面[⊜]。第一，决策者总是关心可能由于选择的行为所引起的物质和社会损失；第二，作为优秀的决策者，他们会意识到自己的名誉和自尊可能会受到威胁，同时由决策冲突所引起的严重的心理压力是造成决策失误的很重要的原因。人们在面对做出决策这一挑战时，有以下 5 个最基本的形式。

- 非冲突的坚持。决定继续当前的行为并忽视关于风险和损失的信息。
- 非冲突的变动。采取不加鉴别的方式强烈推荐某个计划。
- 防御性规避。避免冲突的方式有故意延误、把责任转移给别人、不注意纠错信息。
- 过度警觉。狂热地寻求一种直接解答问题的方法。
- 保持警惕性。在做出决策之前，努力搜寻相关的没有偏见的信息，并且仔细评价。

除最后一条之外，以上这些做出决策的方式都是有缺陷的。

做出决策需要以现有事实为基础。我们应该尽力评估可能出现的偏见和事实的相关性。瞄准问题进行正确提问是十分重要的。重点是要避免对错误的提问得出正确的答案。

必须仔细斟酌各种事实，以便从中提取真正的意义（知识）。在缺乏真正的知识的情况下，我们需要寻求建议。对照有经验的合作者的意见来评估现有意见是很好的做法。有句老话说，经验是不可替代的，但经验不一定是你自己的。我们可以试着从别人的成功和失败中获益。但不幸的是，失败的案例很少被记录下来或被广泛报道。

决策通常会影响行为，需要行为的情形有四个方面[⊜]：应该的、实际的、必要的、希望的。“应该的”是指如果没有障碍来阻止行为发生，就应该做什么。如果要达到组织目

⊖ R. L. Keeney, *Value-Focused Thinking*, Harvard University Press, Cambridge, MA, 1992.

⊜ I. L. Janis and L. Mann, “Coping with Decisional Conflict: An Analysis of How Stress Affects Decision-Making Suggests Interventions to Improve the Process,” *Am. Scientist*, pp. 657–67, 1976.

⊜ C. H. Kepner and B. B. Tregoe , The New Rational Manager: *A Systematic Approach to Problem Solving and Decision Making*, Kepner-Tregoe, Inc., Skillman, NJ , 1997.

标，“应该的”就是所期待的执行标准。“应该的”与“实际的”相对应，“实际的”执行的是目前的时间点正在发生的行为。“必要的”行为是行为可接受与否的分界线，是不可能折中的要求。“希望的”行为不是一个硬性要求，可以协商和谈判。“希望的”行为一般要排序和权衡，以给出优先顺序，虽然它不会给出绝对的限制，但是却会表达相对愿望。

为了总结决策的行为层面的讨论，在决策过程中需要考虑的连续步骤如下：

1. 首先必须确定决策目标。
2. 根据重要性对目标进行分类（选出“必要的”目标和“希望的”目标）。
3. 提出备选行为。
4. 根据目标评估备选行为。
5. 选择最有可能实现所有目标的备选行为以形成暂时的决策。
6. 探究暂时的决策在未来可能出现的不利结果。
7. 通过其他行动来阻止不利结果的产生并确保所采取的行为能够实施，最终决策的结果就可以控制了。

讨论决策理论、决策树和效用理论的章节可以在网站 www.mhhe.com/dieter6e 上找到。

7.3　评价过程

我们已经知道，决策是确定可选方案以及每个可选方案的结果，同时也是把这些信息按一个合理的决策过程来应用的过程。评价是根据一些标准首先评价备选方案的一类过程。通过比较根据这一标准的评分或排名，可以做出最优的决策。

图 7.3 回顾了概念产生（见第 6 章）的主要步骤以及构成评价过程的步骤。注意，这些评价步骤并不局限于设计过程的概念设计阶段，它们可以（也应该）应用在详细设计中，以确定几个组件中哪个是最好的以及在五个可用材料中选择哪种材料。图 7.4 展示了由 JSR 设计团队产生的篮球自动回收装置的五个概念。

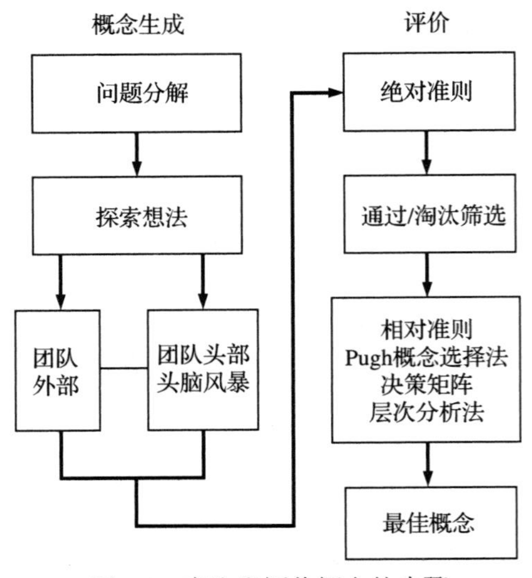

图 7.3　产生和评价概念的步骤

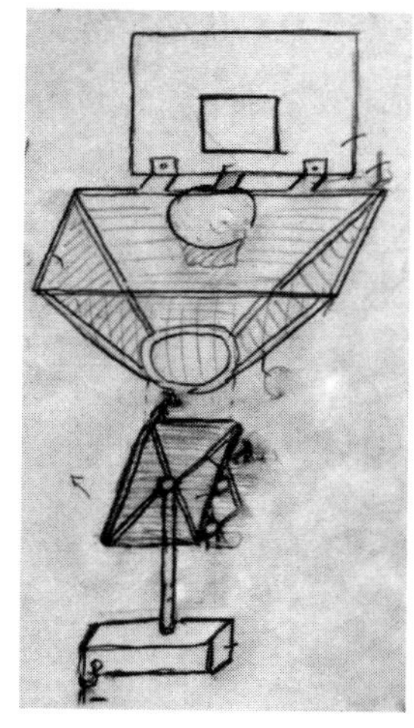

a）概念一：方口捕捉网，蹦床，地基转轴系统

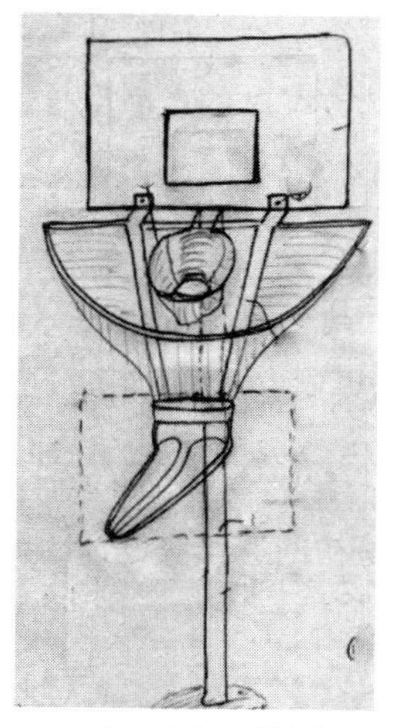

b）概念二：半圆口捕捉网，连接电机系统的单一旋转槽

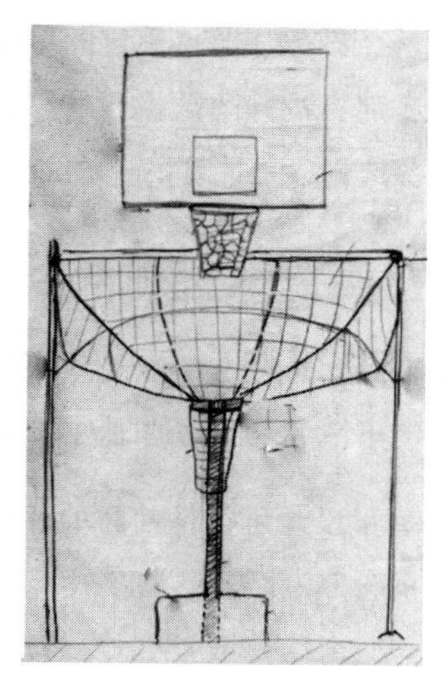

c）概念三：与地基旋转系统相连的斜口捕捉网

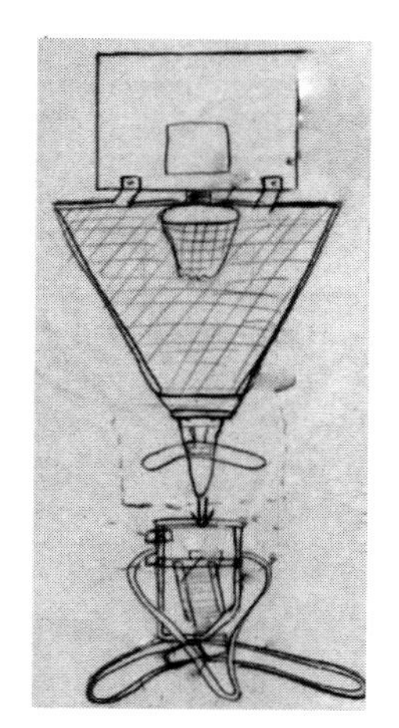

d）概念四：方形漏斗状非旋转导向器和多槽

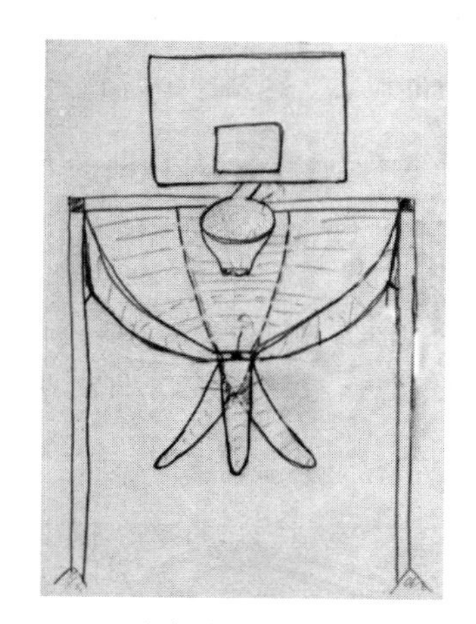

e）概念五：斜口捕捉网，可转动单一导轨到多个方位

图 7.4 设计团队产生的 Shot-Buddy 概念[⊖]

在绝对比较中，概念是直接和产品设计任务书或者设计法规这样的固定已知需求进行比较的。相对比较是指在概念之间基于一定标准进行相互比较。检查设计备选方案中的产品重量

⊖ Davis, Josiah, Jamil Decker, James Maresco, Seth McBee, Stephen Phillips, and Ryan Quinn. " JSR Design Final Report: Shot-Buddy." Unpublished, ENME 472, University of Maryland, May 2010.

是否在产品设计任务书规定的界限内，这是绝对比较的一个例子。如果最优的可能设计应是最轻的，那么设计团队需要估算各备选方案中的产品重量，然后比较结果。按重量衡量的最合适的备选方案是估算最轻的，这是相对比较。

7.3.1 基于绝对准则的设计选择

如果概念的某些方面显然不符合选择要求，那么针对这几个概念进行严格的评价是一件没有意义的事情。因此，通过对概念进行一系列的独立筛选来开始评价过程是有必要的[⊖]。

1. 基于设计可行性判断的评价。最初的遴选是设计团队就每一个概念的可行性进行整体评价，概念分为以下三类。

（1）不可行概念（绝对不会发生的概念）。在否定一个观点以前，问一下“为什么这个概念不可行”，答案可能会对该问题提供新的见解。

（2）有条件概念。在某条件下能够发生的概念。某条件可能是一项重要科学技术的进步，或者由于新型微芯片的诞生提升了产品的某些功能。

（3）可行的概念。这是一个看起来值得进一步研究的概念。

这种判断的可靠性取决于设计团队的专业知识，在做这种判断时，必须有足够的证据能证明某个方案不可行性，才能够认为该方案是错误的。

2. 基于技术准备评估的评价。除了非正常条件外，每一个设计中的技术必须足够成熟，使其在不用进行进一步研究的条件下就能应用到产品中。产品设计不是进行研发的地方。关于产品技术的成熟性有以下标志。

（1）技术是否能用已知的制造工艺来完成？

（2）控制功能的主要参数是否已经确定？

（3）参数的安全工作范围和灵敏度是否已知？

（4）失效模型是否确定？

（5）是否存在硬件，保证能够给出以上四个问题的肯定答案？

3. 基于“是 / 否”甄别约束和工程特征的阈值水平的评价。一个设计方案通过了第1步和第2步的筛选后，工作的重点就转移到判断它是否能满足问题的约束。这里的重点不在于详尽

⊖ D. G. Ullman, *The Mechanical Design Process*, 5th ed., McGraw-Hill, New York, 2016.

地检核，而在于排除那些明显不能满足约束或达到重要工程特征的最小可接受水平的设计概念。

例 7.1（Shot-Buddy 形态图） 在 6.6.2 节中，如图 6.7 所示，一个形态学图表用来产生 JSR 设计团队设计的篮球自动回收装置的概念。这一备选方案在图 7.4 中为概念五。它由安装在框架上的近似半圆形的投篮捕捉网组成，这个框架与地面的球场边界连接，固定在篮网下。捕捉网逐渐变细至篮球的尺寸，其末端是弯曲的金属滑道，类似于倾斜的滑雪跳板，所以穿过篮筐或在篮筐附近的篮球下落时会跟随引导滑道的方向。假定篮球具有足够的动能，使得它可以按照跳板的引导回到投篮者的方向。图 6.7 和图 7.4 不包括用于实现在图中 3 个位置间旋转引导滑道的系统的任何细节。草图也没有提供用于实现感应投篮者位置而决定引导滑道位置的组件。这是在早期设计中能提供的典型细节量。

将功能可行性评价标准用于这个 Shot-Buddy 概念。

问题：这个概念能把篮球回收给投篮者吗？

回答：如上所述，还缺少一些子系统，但是它们可以被明确规定并发挥作用来控制引导滑道的位置。

问题：假设放大这个设计，它还是可行的概念吗？

回答：这个设计不可行。

- 捕捉网仅在侧面有支持。还需要一些方法，把网扩展出篮球场地，然而这会妨碍比赛。
- 引导滑道看起来悬挂在捕捉网上。这不是一个刚性的位置，不利于轨道引导篮球的运动方向。

总结和决策：如图所示的这个 Shot-Buddy 概念在功能上不可行。首先，无法支持需求规格说明所要求的捕捉网尺寸（见表 5.4）。其次，如果调整当前设计来提供改变篮球运动所需的物理条件，就违反了一个隐含的重要约束，即不能干涉投篮者的表现。尝试在固定的位置上安装引导机构的支点，可能是有价值的尝试。

通过这种方式来筛选所有提出的概念，如果一个设计概念的答案中大多数为“是”且很少为“否”，那么这个设计概念就不应该被放弃。另外，概念中的薄弱环节可以通过从其他概念中引入新的想法，或者通过这种“是 / 否”的甄别分析激发出新的构思。

7.3.2 测量标度

对在几种不同的设计中的一个设计参数进行排序是一种测量过程，因此我们需要理解在这类过程中使用的不同标度[⊖]。

- 名义标度是一个定义类似“厚或薄”“黑或红”或者“是或否”的类，唯一能做出的比较是类别是否一样，名义上的标度测量的变量称为类变量。
- 顺序标度是所有项目可以被按照第一等、第二等和第三等以此类推的排序度量。这些数字被称为序数，而这些变量被称为顺序变量或等级变量。项目之间的大小、是否相等可以通过这种方式比较，但是不能用这种标度进行加法或者减法运算。顺序标度不能给出项目间的差值信息，然而可以用该标度确定数据的众数（出现次数最多的标志值）。(Pugh 概念选择方法使用的就是顺序标度。)

运用顺序标度进行排序需要基于主观选择的决策。在顺序标度上进行排序的一种方法是两两比较，列出每一个设计准则，并且与其他的设计准则进行比较，每次两个。在每次比较中会这样考虑目标：两个中更重要的将被赋值 1，不太重要的将被赋值 0。可能进行比较的总次数是 $N = n(n-1)/2$，此处的 n 是所有考虑的准则的数目。

假设一个设计有 5 个备选项，分别是 A、B、C、D 和 E。其中，在 A 和 B 的比较中，A 相对更重要，那么就赋予 A 值 1（在建立矩阵的过程中，1 代表行的目标，而不是列的目标）。而在 A 和 C 的比较中，我们感到 C 更重要，所以 0 被记录在 A 列，而 1 被记录在 C 列。以此类推，即可完成整个表格。排列出来的顺序是 B、D、A、E、C。注意，相同概念的比较用无定论的形式表达，就像表 7.1 的列中所展示的一样。

表 7.1 成对测试排名

设计准则	A	B	C	D	E	总值
A	—	1	0	0	1	2
B	0	—	1	1	1	3
C	1	0	—	0	0	1
D	1	0	1	—	1	3
E	0	0	1	0	—	1
						—
						10

因为等级评定是顺序值，所以我们无法说 A 有 2/10 的权重，因为除法在序数标度中不是有效的计算。换句话说，在表格中把数值型的值用作权重因数在数学上是错误的。

⊖ K. H. Otto, “Measurement Methods for Product Evaluation,” *Research in Engineering Design*, Vol.7, pp.86-101,1995.

等距标度可以衡量相比于 D 来说 A 的糟糕程度。在等距标度测量中，任意成对的数值间差异的比较都有意义，但其零点是任意的。加法和减法都是可行的，但是乘法和除法却是不允许的。居中趋势（变量的值接近其平均值的趋势）可以用平均值、中位数或者众数来确定。

举例来说，我们把上面例子中的结果从 1 到 10 进行分配就得到等距标度。只有当额外信息可以量化备选方案之间的差异时，才能做到这一点。最重要的设计赋值为 10，而其他设计的值对应给出（见表 7.2）。

表 7.2　创建等距标度

	C	*E*				*A*		*D*	*B*
1	2	3	4	5	6	7	8	9	10

比例标度是一个由零点确定的等距标度。每一个数据点都用纯数字来表达（如 2、2.5 等），并且可根据某绝对点进行排序，可以进行所有的算术运算。比例标度主要是为了建立有意义的加权系数，工程设计中的大部分技术参数，如质量、力、速度都可用比例标度进行测量。

7.4　在评价中使用模型

在概念设计中，分析性能是一个重要的步骤。评价竞争性概念时需要分析从各类模型中得到的信息。模型分为三类：图标、类比和符号。

图标模型是一个看起来像实物，以一定比例表示的物理模型。一般地，模型比例依据现实状况选择，如风洞实验中的飞机比例模型。图标模型的优点是其比实物更小、更简单，所以其建造和测试更快，成本也更低。图标模型是几何表示，它们可能是二维的，像地图、照片或工程图中的一样；或者是三维的，像在机械零件中的一样。通常使用计算机对三维 CAD 模型进行分析和行为仿真。

类比模型基于不同物理现象间的类比或相似性。这一方法使得基于一个物理学科的解决方案可用于另一个完全不同的领域，如将电路用于热传递。类比模型通常用于比较不熟悉的事物与非常熟悉的事物。一张普通的格图实际上就是一个类比模型，因为距离代表每个轴上的物理量的大小。由于格图描述了这些量之间的实际函数关系，因此它是一个模型。另一类类比模型是流程图。

符号模型是一个物理系统的重要的可定量组件的抽象，使用符号表示实际系统的属性。数学等式用来表达系统输出参数对输入参数的依赖性，称为通用符号或数学模型。每个符号都是速记标签，代表一类对象、一个特定对象、本质的状态或一个数字。符号的价值在于其便捷性、有助于解释复杂的概念，以及增加情况的普遍性。解决问题时符号模型的适用性最大，所以符号模型可能是最重要的一类模型。使用符号模型解决问题需要我们的分析、数字和逻辑能力。符号模型可以产生定量结果，这也是其重要性的一方面。当数学模型被简化为计算机软件时，我们可以使用模型设计备选方案，这种方式更为节约成本。

概念设计中，我们使用图标和符号模型。使用简单的数学模型（如自由体受力图和热平衡），可以帮助形式化一个概念，并提供用于设计评估工具的数据，而不仅仅是选择。典型的概念设计结束阶段会产生概念验证可行原型。理想状况下，一系列模型（包括物理的和其他的草图）在建立最终模型前可以作为学习工具。在产品投入市场前，这仅是一系列原型（物理模型）中的第一个（见 8.11.1 节）。

选择合适的模型

由于所处的设计过程的阶段不同，模型的类型、细节和精确度也随之改变。

- 在**概念设计**阶段，重点在于几何建模，使用多个手绘草图、木头或泡沫板等制成的快速物理原型。基于你在工程科学课程中学到的概念，构建简单的数学模型，应用于要求手工计算精确度的概念评估中。完成概念选择后，开发基于计算机的几何模型（CAD 模型），至此就可以结束概念设计阶段。这作为概念验证可行原型，通常可补充由快速原型过程制作的物理原型。
- 在**实体设计**阶段，重点在于建立形状、尺寸和公差，增加数学和物理模型的细节。使用计算机工具（如 EXCEL、MATLAB）或者专门的软件程序通常有益于这一过程。有限元分析程序常用来确定具有复杂形状或对质量有重要影响的零件的压力。这一设计阶段的结束步骤是使用所选材料制作真实尺寸的零件，并用其测试概念验证可行原型。
- 在**详细设计**阶段，可能进行更复杂的数学建模，以优化一些产品特性或改进产品的鲁棒性。用于制造产品的完整细节和零件图在这一阶段完成。测试概念验证可行原型使用的是用于制造产品的材料和过程。关于产品设计过程中所使用的一系列原型的更多细节，可参见 8.11.1 节。

7.4.1 数学建模的帮助

在统计学、动力学、材料力学、流体力学和热力学这样的工程课程中，教授的第一原则是通过描述物理系统及其即时环境，使用各种分析、逻辑、数学和经验的方法来解决复杂的问题。找到解决方案的关键是理解符合问题需要的数学模型。工程设计课程提供更多使用这些知识的机会。

量纲分析

建模的一个有用工具是尺寸分析。通常量纲组要比问题中的物理量少，所以量纲组变为问题的实际变量。你很可能在流体力学[一]或传热学的课程中学到量纲分析。量纲分析的重要性在于使用最少的设计变量表述问题。同样，用简洁的方式表述复杂现象能使复杂的问题易于理解。当尝试改进设计的鲁棒性，或者优化设计的一些属性（如最小重量等）时，使用量纲分析的重要优点是显著减少需要的细节的数量[二]。

相似模型

通常，在设计中使用相似模型的原因是其建模更快捷、更节约成本。使用物理模型时，需要理解在哪些条件下可以认为模型与原型相似[三]。相似是指模型和原型的物理回应的条件相似。有几种形式的相似：几何、运动（相似的速度）和力学（相似的力）。几何相似是产品设计中最常遇到的形式。它的条件是放大或缩小的三维尺寸相同，即形状一致、对应角度或弧度相等，以及存在相关的对应线性尺寸的常比例因数。

为了说明相似模型，考虑一个加载了拉力的棒。轴向载荷的力是

$$\sigma = P/A = P/(\pi D^2/4) \tag{7.1}$$

其中，P 是棒的轴向载荷，A 是直径为 D 的横截面面积，如果式（7.1）的左边被右边除，我们得到

$$\frac{\pi\sigma D^2}{4P} = 1 \tag{7.2}$$

式（7.2）是无量纲的。这表明一个关系若是有效的相似度的表征，它必须是无量纲的。如果我们给模型指定下标 m，给原型指定下标 p，可以分别为 m 和 p 写出等式，并使它们相等，因为它们都是统一的。

[一] B. R. Munson, D. F. Young, and T. H. Okiishi, *Fundamentals of Fluid Mechanics*, 5th ed., John Wiley & Sons, Hoboken, NJ, 2006, pp. 347-69. 关于更高级的处理，见 T. Szirtes, *Applied Dimensional Analysis and Modeling*, 2nd ed., Butterworth-Heinneman, Boston, 2007. 参见维基百科的量纲量部分，了解大量无量纲数。

[二] D. Lacey and C. Steele, "The Use of Dimensional Analysis to Augment Design of Experiments for Optimization and Robustification," *Journal of Engineering Design*, Vol. 17, pp. 55-73, 2006.

[三] D. J. Schuring, *Scale Models in Engineering*, Pergamon Press, New York, 1977; E. Szucs, *Similitude and Modeling*, Elsevier Scientific Publ. Co., New York, 1977.

$$\sigma_P P_m D_P^2 = \sigma_m P_P D_m^2 \tag{7.3}$$

我们想要测试模型并想确定可以从中得知哪些关于原型表现的情况。因此，对 σ_P 解式（7.3）：

$$\sigma_P = \left(\frac{D_m}{D_P}\right)^2 \left(\frac{P_P}{P_m}\right) \sigma_m \tag{7.4}$$

式（7.4）告诉我们从原型中可以预期得到的关于模型的测量压力的情况。答案取决于式（7.4）中出现的两个比例因子。如果模型比例为 1/10，那么几何比例因子 $S = D_m/D_P$ 是 1/10。第二个比例因子是负载比例因子 $L = P_m/P_P$。由于模型远小于原型，它不能承受和原型相同的负载。例如，$L = 1/3$ 可能是合适的负载因子。则式（7.4）可写作

$$\sigma_P = (S^2/L)\sigma_m \tag{7.5}$$

原型和模型间的比例关系的形式依物理情况而改变，但是方法和以上描述相同。例如，如果我们想对轴向载荷的棒的变形 δ 进行建模，基于材料关系的强度，$\delta = PL/AE$，比例关系将包含 S、L 和 E 三项，最后一项（E）是弹性模量的比例因子。

7.4.2 数学建模的过程

数学模型有 4 个显著的特征，每个特征都分为两类：稳定状态或临时状态（或动态）、连续媒介或离散事件、确定的或概率的、集中的或分布的。稳定状态模型中，输入参数及其属性不随时间变化。动态（临时状态）模型中，参数随时间改变。基于连续媒介的模型（例如固体或流体），假定媒介传递压力或流矢量不包含空值或空洞。离散模型处理分散的个体，例如交通模型中的汽车或无线传输中的数字包。

下面是建立数学设计模型所需的通用步骤。数学模型的一个常用术语是模拟。

1. 确定问题描述。
2. 定义模型边界。
3. 确定哪些物理法则与问题相关，并找到可用的支持建模的数据。
4. 确定假设。
5. 建立模型。
6. 完成计算并验证模型。
7. 确认模型有效。

确定问题描述。确定模型的目的、输入和预期输出。例如，模型的目的是决策备选的形状、决定一个关键尺寸的值或改进整个系统的效率。写出你希望模型帮你回答的问题。这一步骤的重要任务是确定模型的预期输入和输出。在模型上所花费资源的数量取决于需要做出决策的重要性。

定义模型边界。定义模型边界与确定问题描述紧密相关。设计问题的边界把模型部分与模型的环境区分开。模型边界通常称为*控制卷*。控制卷可以是*有限的*，用于定义整个系统的行为，或者是系统在某点的微分控制卷。后者是建立一些模型的标准方法，例如某点的压力状态或传热流。

确定哪些物理法则与问题相关，并找到可用的支持建模的数据。基于定义问题的所有想法，我们应该已经知道哪些物理知识域将用于表示物理情况。收集必要的教材、手册和课堂笔记以回顾建模所需的理论基础。

确定假设。建模时我们要意识到模型是现实的抽象。建模是在简化与真实性之间的平衡。达到简化的一种方法是使模型中需要考虑的物理量的数量最少，从而更容易得出数学等式。使用这一方法我们做出假设，忽略对任务影响较小的因素。因此，只要一个结构的弹性形变对问题而言影响很小，我们就可以假定它是完全的刚体。工程设计模型和科学模型的一个区别在于我们做出这类假设的意愿，只要我们能判断它们不会导致错误的结论。

建模通常是迭代的过程，开始时使用 10 以内的因子作为量级的模型来预测输出。然后我们确认参数无误且行为正确，就可以除去一些假设来得到需要的精度。记住设计模型通常是必要的资源和需要的输出精度间的平衡。

一些通用的模型简化包括：忽略物理和力学属性随温度的变化；将实际的三维问题以二维模型开始；把参数的分布属性替换为块属性；实际是非线性时，假定为线性模型。

建立模型。建模时仔细绘制问题的物理元素草图对后续工作非常有帮助。努力使草图按比例近似，因为这有助于可视化。接下来，用适当的物理定律建立物理量之间的关联。然后经过适合模型的修改，可以提供将输入量转换为期望输出的方程。通常，模型的分析性描述要么以合适的守恒定律开始，如能量守恒定律；要么以平衡方程开始，如力和冲量的和为零。

完成计算并验证模型。下一步是使用计算工具对建立的模型进行实验。对简单的模型来说，手工计算器就足够了，但是电子数据表通常非常有用。需要对模型进行测试以确保它不包含数学错误，并能得出合理的答案。这一过程是模型验证。验证是指确认模型的工作是否和预期相同。对于更复杂的涉及有限元分析的模型，模型的准备和验证需要更多的细节，也需要花费更多的时间。

确认模型有效。*有效*[⊖]是指检查模型是否是真实世界的精确表达。检查模型有效性的一种通用方法是在较大范围内改变输入，观察模型的输出在物理上是否看起来合理，尤其是在边界值上。注意输出对输入的敏感度。如果某一个参数的影响较小，可能可以在模型中用常数替代它。模型的完全有效验证需要一组关键的物理测试，以确定模型所描述世界的真实性。

尽管工程设计模型的基础牢固地建立在物理定律上，但有时由于问题太复杂，没有足够的资源建立精确的数学模型，设计工程师必须使用实验测试数据建立一个经验模型。这种方法也是可接受的，因为设计模型的目标不是提出科学的理解，而是预测足够精确和精细的系统实际行为，从而支持决策。经验数据需要经过拟合处理，拟合把设计参数描述为高阶多项式。要注意经验模型的有效性受限于参数处于实验范围内。

一个为“Shot-Buddy”建立模型的例子可以在网站 www.mhhe.com/dieter6e 上找到。

7.4.3　计算机上的几何建模

计算机几何建模是20世纪后期发展最迅速的工程设计领域。当计算机辅助设计（CAD）在20世纪60年代末被引入时，它本质上提供了二维绘图用的电子图版。20世纪70年代，CAD系统得到改进以支持三维线框图和表面建模。20世纪80年代中期，几乎所有的CAD产品都有了真正的实体建模能力。在开始时，CAD需要大型机或微型计算机来支持软件。然而现在，随着PC能力的提高，实体建模软件通常在笔记本计算机上运行。

CAD建模变得更重要的一方面是*数据关联*，可与其他应用（例如有限元分析或数控加工）共享数字设计数据，而不需要每个应用翻译或传递数据。关联能力的一个重要方面是基础的CAD更新时，应用的数据库也能够更新。为了集成从设计到制造的数字设计模型，必须要有一定的数据格式和传递标准。主流的CAD零售商最开始采用的是初始图形交换规范（IGES），现在采用的是产品数据交换标准（STEP）。STEP已经发展为一套复杂的连锁标准和应用系统（见维基百科STEP（ISO103-03）部分的条目）。STEP也使使用Web或基于Internet的专用网络（内部网）的开放的工程信息交换系统成为可能。

计算机建模软件包含越来越多的分析工具，用于制造过程的仿真（见第11章）。实体建模软件可以处理包含上千个零件的大型装配件，它能处理零件的关联和管理这些零件随后的变

⊖ D. D. Frey and C. L. Dym, “Validation of Design Methods: Lessons From Medicine,” *Research in Engineering Design*, Vol. 17, pp. 45–57, 2006.

更。越来越多的系统提供自顶向下的建模功能，其中可以安放基础的组件，随后用零件填充。

关于计算机实体产生和模型中特征创建的更多细节，可以参阅网站 www.mmhe.com/dieter6e 中的 Computer Modeling。

7.4.4 有限元分析

多数经典模型把实体和流体当作连续的同质体，从而在平均的意义上预测压力或热流量等属性。这是与常见的现实相反的建模时的假设之一。从 20 世纪 40 年代开始，人们意识到如果连续体可以被划分为小的、良好定义的且有限的单元，那么就可能在局部的基础上确定场的性质。每个单元的行为由它的材料和几何属性决定，与其附件的所有其他单元相互作用。这一理论是可信的，但是计算困难阻止了这一进步，因为要同时求解上千个等式。随着数字计算机的到来，有限元分析（FEA）的应用稳步增长，但依然仅限于大型工作站计算机。直到 20 年前，FEA 才得以在设计工程师的计算机上使用。

设计工程师可用的 FEA 应用几乎是无止境的：静态和动态的、线性和非线性的、压力和挠度分析，浸渍分析，自由和受迫振动，热传递，热传导压力和偏向，流体力学、声学、静电学和磁学。一个重要的进步是跨学科软件，允许来自多个工程学科的模型与计算机图形相互作用。

FEA 中，连续实体或流体被划分为小单元。在节点处对未知变量的估计值和关于材料行为的物理定律（基本等式）可以描述每个单元的行为。然后将所有的单元连接在一起，以确保各单元在边界的连接性。假设边界条件被满足，就可以得到大型系统的线性代数等式的唯一解。

由于各单元是以虚拟方式进行布置的，可以用来为非常复杂的系统建模。因此，不必再求处理接近理想模型的分析解和猜测模型的偏差如何影响原型。随着有限元方法的发展，更快且更节约成本的计算机建模已经取代了大量昂贵的、预加工的实验。与通常要求使用复杂数学的分析方法不同，有限元方法基于线性代数方程。若要初步了解 FEA 后的数学和单元类型的讨论，可参考网站 www.mhhe.com/dieter6e 中的 FEA Math and Element。

FEA 过程的各阶段

有限元建模分为 3 个阶段：预处理、计算、后处理。在开始第一阶段前，谨慎的工程师会进行初步分析来定义问题。问题的物理内容是否已充分了解？基于简单分析方法的近似解是什么？

预处理：在预处理阶段，完成的动作如下。

- 从CAD模型中导入几何零件。因为实体模型包含大量的细节，通常要删除小的非结构特征来进行简化，并利用相似性减少计算时间。
- 把几何划分为各个单元，常称作网格化。选择网格涉及了解使用哪种类型的单元（线性的、二次的或者三次插值函数），建立能产生所需精确度和效率的解的网格。多数FEA软件提供自动网格化的方法。
- 确定如何加载和支持结构，或者在热学问题中确定温度的初始条件。确保你已理解边界条件。重要的是包含对位移施加的足够的约束，从而防止结构的刚体运动。
- 选择描述材料（线性、非线性等）的基本等式，把位移与张力联系起来，再与压力联系起来。

计算：这一阶段的操作由FEA软件完成。

- FEA程序对网格中的节点重编号以最小化计算资源。
- 它为每个单元产生刚度矩阵，并把各单元安装在一起，从而维持连续性并形成总矩阵。基于载荷向量，软件产生外部载荷并应用位移的边界条件。
- 然后计算机为位移向量或任何问题中的独立变量求解大规模矩阵方程。约束力也得到确定。

后处理：这些操作由FEA软件完成。

- 在压力分析问题中，后处理采用位移向量并把它逐单元地转化为张力，然后使用合适的基础方程转化为压力值的场。
- 一个有限单元的解可以轻易包含上千个场值。因此，需要后处理操作有效地阐释这些数字。典型的处理方式是把零件的几何显示在标绘的常压力的轮廓上。显示数据前，FEA软件要先对其进行数学处理，例如决定Von Mises有效压力。
- FEA软件越来越多地与优化程序结合使用，在迭代计算中优化关键尺寸或形状。

实际应用有限元建模的关键是FEA软件与CAD集成，FEA可以在CAD程序外执行，这意味着使用实体建模、参数化的、基于特征的CAD软件。采用这种方式，不重要的几何特征可以被暂时忽略而不永久删除，不同的设计配置可以使用CAD模型的参数形式方便地检查。多数案例中，网格化和单元选择的默认选择都是可以接受的，FEA软件也提供定制设定的功能。

为了最小化成本，在保证所需的精确度的前提下，模型的单元数量应该最少。最佳的策略是使用迭代建模，即在模型的关键区域逐渐精细化粗糙的、单元数较少的模型。粗糙的模型可以用梁和平面结构模型构建，忽略孔和法兰等细节。一旦用粗糙模型找到整体结构特征，就可以使用精细的网格模型，在压力和挠度必须更精确定义的区域建立更多单元。随着自由度（DOF）的数目的增加，精确度迅速增加，DOF 定义为节点的数目乘以每个节点的未知数。然后，随着 DOF 的增加，成本呈指数增长。

图 7.5 展示了 FEA 应用于货车框架的复杂问题。首先建立“火柴棒图”或梁模型，分析挠度和定位高压力区域。一旦找到关键压力，就建立精细的网格模型来展开进一步分析。最后得到计算机产生的零件图，用压力作为轮廓线。

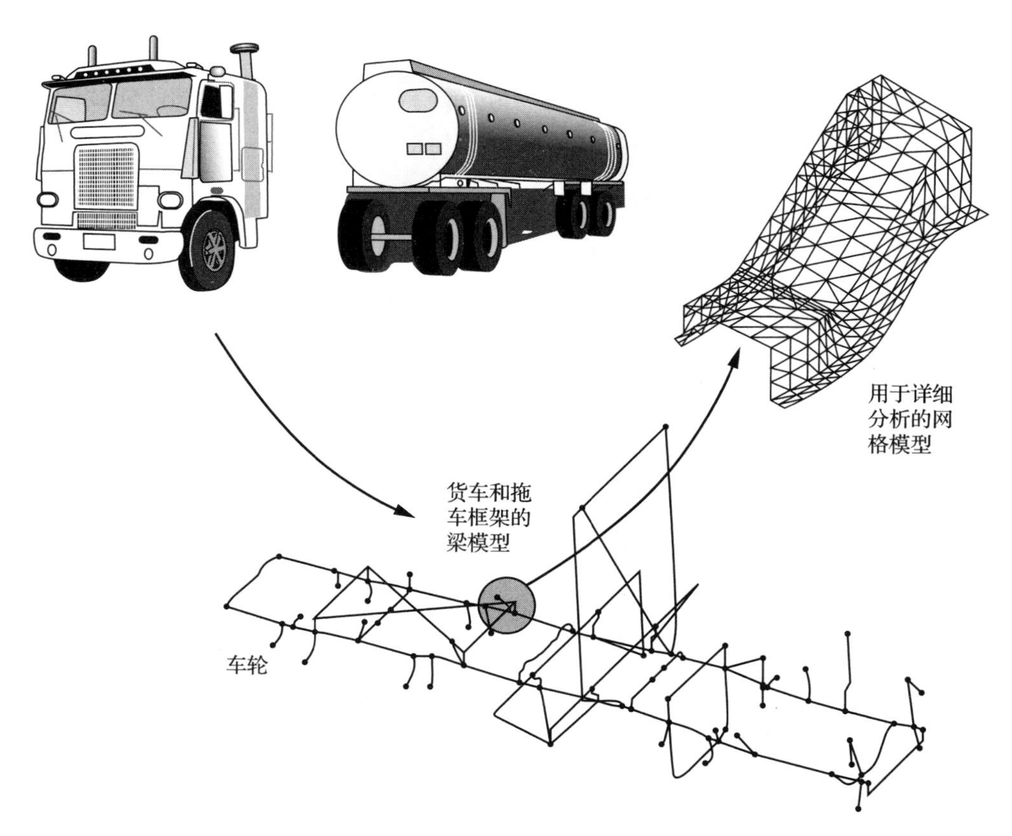

图 7.5 设计中的有限元分析实例

7.4.5 仿真

设计模型可以模拟系统或系统的一部分在某些条件下的行为。当我们运用模型输入一系列值以获得提出的设计在给定的一组条件下的行为时，就是在进行*仿真*。仿真的目的是探索可能来自真实系统的各种输出，仿真时模型受到需要更多理解的环境的约束。仿真模型由更大系统的零件独立模型建立。零件建模是通过逻辑规则和数学模型完成的，规则决定预定义的哪些行为会发生，数学模型计算行为变量的值。零件模型通常依赖概率分布来选择一个预定义的行为。各模型的位移产生了用于研究的整个系统行为的预测。

7.5 Pugh 图

在产生的备选方案中识别出最有希望的设计概念的一个很有用的方法就是利用 Pugh 图[㊀]。Pugh 的方法把每个概念与一个参考或者基准概念进行比较，针对每个准则来判断本概念是否更好、更糟或者一样。因此，这是一个相对比较的方法。这种设计概念选择法是由设计团队创建的，通常经过了多轮迭代的考察和凝练。为 Pugh 概念选择法[㊁]提交的设计概念都应通过 7.3.1 节讨论的绝对准则。概念选择方法的步骤如下。

1. 选择概念评价准则。选择准则由质量功能配置（QFD）开始。如果设计概念能够很好地实施，那么准则将基于质量屋列上的工程特征。

在形成最终准则清单时，要重点考虑每一个准则能够表现的方案间的差异。一个准则可能很重要，但是如果每一个方案都能很好地满足这个准则，这对最后方案的选择没有帮助，因此这个准则应该放在概念选择矩阵之外。另外，有些团队想给每一个准则加一个权重，应该避免这种想法，因为它增加了某种程度的细节，概念阶段的信息不能提供这些细节。反之，将这些准则按优先权递减顺序列出。

2. 列出决策矩阵。准则作为矩阵的行标题，概念作为矩阵的列标题。再强调一次，方案要在同一抽象水平进行比较，这是非常重要的。如果一个方案可以用一个草图表达，那么应该放在矩阵首列。否则，每一个方案都由文字定义，或者由独立的一系列草图来定义，如图 7.4 所示。

3. 阐明设计概念。这个步骤的目的是使所有的团队成员对每一个概念达到一定层次上的共同理解。如果这一步做好了，它会建立团队对每一个概念的“所有权”。这是很重要的，因

㊀ S. Pugh, *Total Design*, Addison-Wesley, Reading, MA, 1991; S. Pugh, *Creating Innovative Products Using Total Design*, Addison-Wesley, Reading, MA, 1996; D. Clausing, *Total Quality Development*, ASME Press, New York, 1994; D. D. Frey, P. M. Herder, Y. Wijnia, E. Subrahamanian, K. Kastsikopoulous, and D. P. Clausing, “ The Pugh Controlled Convergence Method: Model-Based Evaluation and Implications for Design Theory,” *Research in Engineering Design*, Vol. 20, pp. 41-58, 2009.

㊁ Pugh 概念选择法也称为 Pugh 法、决策矩阵法，以下统称为 Pugh 概念选择法。——译者注

为如果这些独立的概念保持和团队的不同成员相关，那么最终的团队决策可能会为政治协商所左右。一个好团队的关于概念的讨论往往是一种创造性经验，在讨论过程中，新的想法会涌现，并用来改进概念或者是提出全新的概念。

4. 选择基准概念。在第一轮，要选择一个概念作为基准概念，这是其他所有概念必须与之比较的参考概念。在进行这些比较时，能从较好的概念中选择一个出来是非常关键的，而选择了一个糟糕的基准会使所有概念都是积极的，从而会不必要地延迟解决方案的获取。如果有的话，选择市场上已有的主要产品是一种好方法。对于再设计来说，基准是提取出来的降低到和其他概念同一水平的概念，被选中作为基准概念的列将会相应地标出基准。

5. 完成矩阵条目。现在是进行比较评估的时间了，每一个概念都要与基准进行逐个准则的比较。我们采用三级标度，在每一组比较中，我们都问同样的问题，这个概念相对基准来说是优（+)、糟糕（–）还是等效（S）？然后把相应的符号填入矩阵的对应单元中。等效意味着按照当前的评价标准判断大约与基准相同。

在给矩阵中每一个单元填写分数时，应该进行简洁的富有建设性的讨论。在完成矩阵前，应该对概念进行研究或建模以估计一些表现的评价标准。发散性观点能够帮助整个团队对设计问题进行深入的思考。长时间的、延长的讨论通常是由于信息不充分引起的，应安排团队的某个成员提供所需要的信息。

再者，团队讨论总是能够激发新的想法，这些新想法又将导致额外的改进的概念。某个人会突然看到第 3 个概念的某个想法的组合能够解决第 8 个概念中的不足，于是一个混合的概念就产生了。这样在矩阵中为新概念增加一列。Pugh 方法的一个主要优势是能够帮助团队深入理解特性的类别，使之更好地满足设计要求。

6. 评价等级。一旦比较矩阵完成，对于每一个概念来说，+ 和 – 的总和就确定了。对于这些比例不用太过定量。判断加分和减分的差别时，在没有进一步检查之前，对于是否要抛弃一个负值较大的概念，一定要谨慎小心。概念中的少数积极功能可能是一个能被其他概念应用的“宝石”。对于总分比较高的概念，要确定它们的优势和劣势。在一系列概念中查找那些能够提高低分准则的概念。同时，如果对于同一个标准来说，很多概念都得到了同样的分数，检查一下准则是否描述清楚了，或者各个概念之间是否被一致地评价。如果这个准则是一个很重要的准则，那么需要花费更多的时间来生成更好的概念或者使准则更为清晰。

7. 建立新的基准并返回矩阵。下一步是建立一个新的基准，通常选择在第一轮比较中分数最高的概念，并重新填写该矩阵。在第二轮比较中，消除那些得分最低的概念。本轮的主要目的不是核实第一轮中的选择是否有效，而是获取附加的信息来激发进一步的创造力。运用不同的基准会给每一个比较提供不同的看法，并有助于使不同概念之间的相对优势和劣势更加清晰。

8. 检查已选概念以进行改进。一旦最好的概念被选定之后，要考虑比基准更差的每一个准则。通过不断地对有损概念优势的要素提出问题，会出现新的方法，负分可以变成正分，你的问题的答案通常会导致某些设计的修改，最终能得到一个最优的设计概念。

例 7.2 描述了 Pugh 图在“Shot-Buddy”概念选择任务中的应用。

例 7.2（Pugh 概念选择过程） JSR 设计团队使用第 6 章叙述的工具和方法产生了自动篮球回收装置的 5 个概念[㊀]。这些早期阶段概念如图 7.4 所示。把 Pugh 概念选择过程应用于这 5 个概念，以减少到 3 个最佳概念并作为以后的考察对象。注意，在例 7.1 中已经判定概念 5 在功能上不可行。我们在此包含概念 5 以展示 Pugh 概念选择方法。

选择过程的决策标准由例 5.8 中报告的设计 Shot-Buddy 的质量屋的开发和阐释来决定。质量关键点工程特性的关键因素和成本一起列在表 7.3 中。为了完成决策标准的列表，需要回顾产品设计说明（表 5.4），查找在这一过程中将用到的 Shot-Buddy 的任何阈值约束。（阈值约束是有稳固的目标水平的工程特征。然而，如果不同的概念超出目标水平的量各不相同，那么阈值约束可以被用作有效的选择标准。）PDS 包括 Shot-Buddy 应靠电池提供能源的需求，所以 JSR 设计团队新增了篮球回收装置的能源标准。装置需要的能源越少，不需重新充电或更换电池所能使用的时间越长。

表 7.3 图 7.4 中 Shot-Buddy 概念的 Pugh 概念选择图 1

选择标准	RolBak Gold Pro	概念				
		1	2	3	4	5
捕获区域	基准	+	+	+	+	+
低堵塞概率		S	S	+	+	+
耐气候性		–	–	–	–	–
感知投篮者的位置		+	+	+	S	+
回球效率		+	+	+	+	+
成本		–	–	–	S	S
重量		–	–	–	–	–

㊀ 改编自 Josiah Davis, Jamil Decker, James Maresco, Seth McBee, Stephen Phillips, and Ryan Quinn，“*JSR Design Final Report: Shot-Buddy,*” unpublished, ENME 472, University of Maryland, May, 2010。

（续）

选择标准	RolBak Gold Pro	概念				
		1	2	3	4	5
安装篮筐时间	基准	–	–	+	+	–
旋转所需工作		–	–	–	S	–
储存体积		–	–	–	–	–
暂停数		3	3	5	4	4
分钟数		6	6	5	4	5

选择 Shot-Buddy 概念的决策标准的列表如下所示：

- 捕获区域。
- 低堵塞概率。
- 耐气候性。
- 感知投篮者的位置。
- 回球效率（即包含准确性和时间的测量）。
- 成本。
- 重量。
- 安装篮筐时间（有必要的话）。
- 旋转所需工作。
- 存储体积。

没有现有的篮球自动回收装置，所以 JSR 设计团队决定使用资料设计中称为 RolBak™ 的简易篮球回收网系统[⊖]。RolBak 使用 10ft 高的编网，安装在篮板上，捕获和回收边框内和附近的球。然而，网投射到球场内，妨碍了用户可能想要练习的近距离投篮，如单手上篮。RolBak 系统是市场上最简单的使用编网的系统，售价为 $189.90。

JSR 设计团队完成的 Pugh 概念选择矩阵如表 7.3 所示。最初，没有一个概念看起来相较于 RolBak Gold Pro 的产品有杰出的改进。所有提出的概念改进都是针对捕获区域和感知投篮者位置进行的。所有的概念都没能满足耐气候性、价格、重量和储存体积这些同一层次的性能需求。

⊖ "The RolBak Basketball Protecto Net." Web. 8 July 2011.

概念4的负评价最少，与其他3个概念的正评价相匹配。把概念4与其他提出的概念相区别的评价标准需要检查。在安装到现有篮筐这个方面，概念4的评价等级更高（因为它放置在球场上方）。概念4是唯一不感知投篮者位置的概念。在这一评价中它没有在数据设计的基础上有任何改进。这是严重的功能实用性缺陷，如果设计团队首先核对绝对标准，这一缺陷本可以避免。因此Rolbak设计对于基准概念不是很好的选择。基于图表的结果，概念4可以被排除。使用概念3（这一概念的暂停数最多）作为数据，创建新的Pugh图，如表7.4所示。

表7.4　图7.4中Shot-Buddy概念的Pugh概念选择图2

选择标准	概念			
	3	1	2	5
捕获区域	基准	S	S	S
低堵塞概率		+	S	S
耐气候性		S	S	S
感知投篮者的位置		+	+	+
回球效率		+	S	−
成本		S	S	S
重量		−	+	+
安装篮筐时间		S	S	S
旋转所需工作		S	S	+
储存体积		S	+	+
暂停数		3	3	4
分钟数		1	0	1

第二张Pugh概念选择图（表7.4）表明，在产生的概念中有好的概念。负评价的数量远低于此前的概念选择图。再次观察这些评价的不同点，概念5返还球的效率相对较差。这一缺陷足以超过旋转所需工作和储存体积方面的优秀性能。团队决定排除概念5，选用概念1、2和3继续建模和开发。

7.6　加权决策矩阵

决策矩阵是评价竞争性概念的一种方法，通过对带有加权系数的设计准则的排序，以及对每个设计概念满足该设计准则的程度进行评分来实现。

要完成这些工作，需要把根据不同的设计准则获得的值转换成一系列一致的数值。在各种表达设计准则的不同方法中，最简单的方法是运用点标度法，5 点标度法通常在准则的知识不是很详细时应用，11 点标度法（0～10）主要应用于信息表较完善时（见表 7.5），而且在这个评价过程中最好能有几个专家的参与。

表 7.5　设计方案或设计目标的评价框架

<table>
<tr><th>11 点标度法</th><th>说明</th><th>5 点标度法</th><th>说明</th></tr>
<tr><td>0</td><td>完全无用的解决方案</td><td rowspan="2">0</td><td rowspan="2">不充分</td></tr>
<tr><td>1</td><td>非常不充分的解决方案</td></tr>
<tr><td>2</td><td>弱方案</td><td rowspan="2">1</td><td rowspan="2">弱</td></tr>
<tr><td>3</td><td>差方案</td></tr>
<tr><td>4</td><td>可以容忍的解决方案</td><td rowspan="2">2</td><td rowspan="2">满足</td></tr>
<tr><td>5</td><td>满意的解决方案</td></tr>
<tr><td>6</td><td>较少缺点的好方案</td><td rowspan="3">3</td><td rowspan="3">好</td></tr>
<tr><td>7</td><td>好方案</td></tr>
<tr><td>8</td><td>非常好的解决方案</td></tr>
<tr><td>9</td><td>优秀（超出需求）</td><td rowspan="2">4</td><td rowspan="2">优秀</td></tr>
<tr><td>10</td><td>理想的解决方案</td></tr>
</table>

确定准则的加权系数是一个不确定的过程。直观地说，一个有效的加权系数集的和应等于 1。因此，当 n 是一个评价标准的个数，w 是加权系数（权重因子）时，就有公式

$$\sum_{i=1}^{n} w_i = 1 \text{且} 0 \leqslant w_i \leqslant 1 \tag{7.6}$$

确定加权系数可以采用系统化方法，其中的三种方法如下。

- *直接分配法*。团队决定根据准则的重要性如何把 100 分配到不同的准则上，然后用每一个准则的分值除以 100，就得到正则化的加权系数，这种方法主要适用于对同一个产品有很多年工作经验的设计团队。
- *目标树法*。加权系数可以通过应用如例 7.3 所示的目标树来确定。当在同一个级别的同一个层次进行比较时，才能做出关于优先级的正确决策，因为苹果只会与苹果比较，而橘子只会与橘子比较。这个方法也依赖设计过程中对重要标准的一些经验。
- *层次分析法*（AHP）。AHP 是一种确定加权系数的随机性最小的、计算最省时的方法。这种方法将在 7.7 节中详述。

例 7.3　一个大型起重机吊钩，用来吊装在钢厂传送的装有熔融钢的钢水包，每个钢水包

需要两个吊钩吊起。这种大而重的吊钩通常已定制好，存放在钢厂机修车间中，一旦吊钩出故障就及时更换。

提出的概念一共有三个。

- 用火焰切割钢板，焊接。
- 用火焰切割钢板，铆接。
- 整体的铸钢吊钩。

第一步是提出概念评估所依据的设计准则，这类信息的来源是设计任务书。设计的准则分为以下几个部分：材料成本；制造成本；如果一个吊钩失效，生产一个替代品的时间(生产周期)；耐用性；可靠性；可维修性。

第二步是确定每一个设计准则的加权系数，我们通过构建层次目标树（见图7.6）来获得加权系数。我们基于工程判断来分配加权系数。用目标树能很容易地获得加权系数的原因是，问题可以分为两级。在每一层的每一个单独的项目内，所有的权重之和必须是1。在第一级，我们给定成本的权重是0.6，而服务质量的权重是0.4。这样，在下一个层次内，与同时确定六个设计准则的权重因子相比较，确定材料成本、制造成本、可维修性三者间的权重更容易。为了获得一个低层次的加权系数，需要乘以目标树上一级上的所有权重，因此，材料成本的加权系数就是 $O_{111} = 0.3 \times 0.6 \times 1.0 = 0.18$。

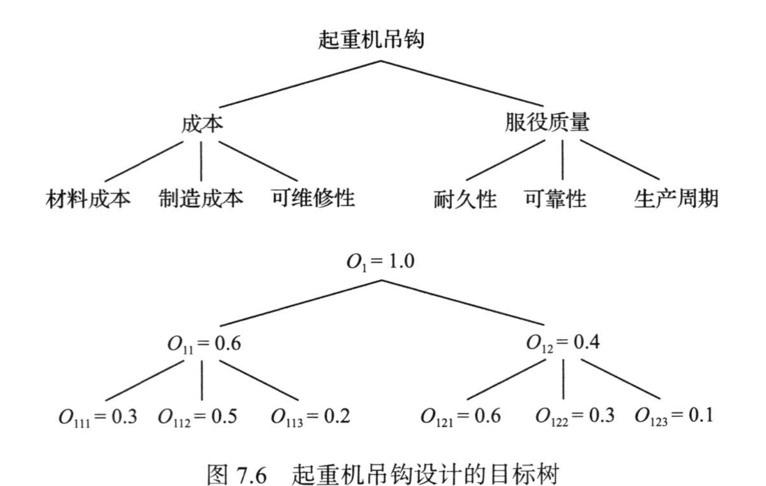

图7.6　起重机吊钩设计的目标树

决策矩阵如表7.6所示，加权系数由图7.6确定。注意，在表7.6中的三个设计准则用顺序标度，而其他的三个设计准则用比例标度。每一个方案对于每一个准则的评分都来自表 7.5，用的是 11 点标度法。从一个设计概念改变到另一个设计概念时，比例标度的准则幅度大小可能会变化，但这并不会引起分值的线性变化。这个新的分数建立在表 7.6 所描述的团队对于适应性评价的基础上。

表 7.6 起重机吊钩的加权决策矩阵

设计准则	权重系数	单位	焊接板材			铆接板材			铸钢吊钩		
			量级	分数	评价	量级	分数	评价	量级	分数	评价
材料成本	0.18	美分 /lb[㊀]	60	8	1.44	60	8	1.44	50	9	1.62
制造成本	0.30	美元	2500	7	2.10	2200	9	2.70	3000	4	1.20
可维修性	0.12	经验	好	7	0.84	优秀	9	1.08	公平	5	0.60
耐久性	0.24	经验	高	8	1.92	高	8	1.92	好	6	1.44
可靠性	0.12	经验	好	7	0.84	优秀	9	1.08	公平	5	0.60
生产周期	0.04	数小时	40	7	0.28	25	9	0.36	60	5	0.20
					7.42			8.58			5.66

每一个准则所对应概念的最终分值由已有分值乘以相应的加权系数得到。因此对于焊接钢板的材料成本来说，等级分值就是 $0.18 \times 8 = 1.44$，概念的总分就是各等级分值之和。

加权决策矩阵显示，最好的设计概念是钢材铆接的起重机吊钩。

7.7 层次分析法

层次分析法（AHP）是在多个备选设计中做出选择的问题求解方法学，其选择准则是多目标的、具有自然的层次结构或者定性和定量的项目。层次分析法是 Saaty[㊁]提出的。层次分析法建立在矩阵的数学性质基础上，便于进行一致的成对比较。层次分析法不仅在数学上听起来可行，而且在直觉上也是正确的。

层次分析法这种决策分析工具广泛应用于多个领域，尤其在评价准则没有确切的、可计算的结果，而要对竞争的解决方案进行评价时。运筹学学者 Forman 和 Gass 这样认为：层次分析法的主要功能是结构复杂的、可测量的和综合的[㊂]。像其他的数学方法一样，层次分析法基

㊀ 1lb = 0.454kg。——编辑注

㊁ T. L. Saaty, *The Analytic hierarchy Process*, McGraw-Hill, New York, 1980; T. L. Saaty, *Decision Making for Leaders*, 3rd ed., RWS Publications, Pittsburgh, PA,1995.

㊂ E. H. Forman and S. I. Gass, " The Analytic Hierarchy Process—An Exposition, " *Operation Research*, Vol.49, pp.469-86, 2001.

于一些原理和公理（如自顶向下的分解和成对比较的相互性），它们确保了全部备选方案比较的一致性。

在工程设计的多个备选中进行选择时，层次分析法是一种合适的工具。在以下情况下，层次分析法与选择的问题相关：比较未经测试的概念；为一个新情况构建决策过程；对不可直接比较的要素进行评价；实施和跟踪团体决策；从不同的来源进行结果综合（例如分析计算、质量屋的相关值、团体咨询和专家意见）；进行战略决策。工程设计中的很多评估问题都可以构建为具有层级的层次结构或层次系统，其中每一个层次都包含很多要素或因素。

层次分析法过程

层次分析法要求设计团队逐一计算层次结构中每一层级决策准则的加权系数。层次分析法也确定了成对的比较方法，用来确定相对的主要等级程度，即一系列备选方案中的任何一个方案满足每一个准则的重要等级程度。层次分析法包括不一致测量的计算和临界值，用来判断比较过程是否保持一致。

我们用起重机吊钩设计问题来阐述层次分析法的工作过程。所有的准则都是用来度量产品设计特性的，有如下六个准则：材料成本、制造成本、可维修性、耐用性、可靠性和生产周期。

表 7.7 显示了一个对于两种标准下的成对比较的评级系统，并给出了每一种评级的解释。*A* 对 *B* 的比和 *B* 对 *A* 的比互为倒数。也就意味着，如果 *A* 很明显比 *B* 重要，*A* 对 *B* 的比是 5，那么 *B* 对 *A* 的比就是 1/5 或者说是 0.2。

表 7.7 层次分析法中评价准则的成对比较评价等级

等级因子	选择准则 *A* 和 *B* 的相对重要性比较	对评级的解释
1	*A* 和 *B* 同等重要	对于产品的成功，*A* 与 *B* 的贡献度相同
3	*A* 比 *B* 的重要程度，中等	对于产品的成功，*A* 比 *B* 稍微重要
5	*A* 比 *B* 的重要程度，很重要	对于产品的成功，*A* 比 *B* 更重要
7	*A* 比 *B* 的重要程度，更重要	*A* 比 *B* 的重要度已证实
9	*A* 比 *B* 的重要程度，非常重要	对于产品的成功，有尽可能多的证据证明 *A* 比 *B* 更重要

确定标准权重的层次分析法流程

现在可用层次分析法评级系统来建立最初的比较矩阵 [**C**] 了，如表 7.8 所示。把这些数据输入 Excel 表中做简单的数学运算和矩阵乘法，过程如下：

1. 用表 7.7 中给出的 1～9 级等级评价完成准则比较矩阵 [**C**]。[**C**] 中的每个矩阵条目都是行准则（*A*）与列准则（*B*）的两两比较。

2. 正则化准则比较矩阵 [***C***]，得到 [Norm ***C***]。

3. 求各行数值的平均值，将其作为权重向量 {***W***}。

4. 如表 7.9 所示，对矩阵 [***C***] 进行一致性检查。

矩阵 [***C***] 是 *n* 阶方阵，*n* 是选定的准则数量。该矩阵是由依次的成对比较来构造的。对角线上的所有量都是 1，因为行准则（*A*）和行准则（*A*）比较，其重要程度相同。一旦 [***C***] 完成，整个矩阵将通过每一个列上的数除以该列的总数来使得矩阵正则化，正则化的矩阵称为 [Norm ***C***]，见表 7.8。

表 7.8　起重机吊钩的准则权重 {***W***} 的计算过程

准则比较矩阵 [***C***]

	材料成本	制造成本	可维修性	耐久性	可靠性	生产周期
材料成本	1.00	0.33	0.20	0.11	0.14	3.00
制造成本	3.00	1.00	0.33	0.14	0.33	3.00
可维修性	5.00	3.00	1.00	0.20	0.20	3.00
耐久性	9.00	7.00	5.00	1.00	3.00	7.00
可靠性	7.00	3.00	5.00	0.33	1.00	9.00
生产周期	0.33	0.33	0.33	0.14	0.11	1.00
总计	25.33	14.67	11.87	1.93	4.79	26.00

正则化准则比较矩阵 [Norm ***C***]

	材料成本	制造成本	可维修性	耐久性	可靠性	生产周期	权重 {***W***}
材料成本	0.039	0.023	0.017	0.058	0.030	0.115	0.047
制造成本	0.0118	0.068	0.028	0.074	0.070	0.115	0.079
可维修性	0.197	0.205	0.084	0.104	0.042	0.115	0.124
耐久性	0.355	0.477	0.421	0.518	0.627	0.269	0.445
可靠性	0.276	0.205	0.421	0.173	0.209	0.346	0.272
生产周期	0.013	0.023	0.028	0.074	0.023	0.038	0.033
总计	1.000	1.000	1.000	1.000	1.000	1.000	1.000

每一对准则都要相互比较，并赋予一个值作为矩阵中的元。不同准则之间的第一个比较是材料成本（*A*）和制造成本（*B*），它们之间的比成为 ***C*** 第一行、第二列的元（也记为 $C_{i,j}$，*i* 和 *j* 指它们的列）。参照表 7.7，我们在确定起重机吊钩设计的优良性方面得到材料成本和制造成本是同样重要的。然而，对于吊钩的设计来说，制造成本稍微重要于材料成本。因此 $C_{1,2}$ 是 1/3，对应的 $C_{2,1}$ 是 3。

现在来考虑材料成本（*A*）和可靠性（*B*）之间的评价因子，进而确定 $C_{1,5}$。这里没有简单的标准来进行比较。在产品设计中，考虑产品的可靠性是获得普遍共识的。产品中各种材料对产品的可靠性都有贡献，但对于功能性来说，一些材料比其他的材料更重要。起重机吊钩被设计为一个单独的零件，如果与该吊钩由五个零件装配而成相比，对于作为单独零件的吊钩，材料更重要。一个设计选项是铸钢吊钩，其性能依赖铸件的完整性，即铸件是否有空穴和缩孔。这样的考虑和权衡使我们将 $C_{1,5}$ 的值设定为 1/7～1/3。另一个要考虑的因素是起重机的应用。因为起重机的吊钩用于熔钢车间，所以吊钩失效将是灾难性的，可能会引起停工甚至是人员伤亡。如果吊钩安装在一个小起重机上，用于将屋面板吊到一层或两层的屋顶上，那么要求就没有那么高了。因此，将 $C_{1,5}$ 设定为 1/7，因为操作的可靠性对于材料成本来说更为重要，从而意味着 $C_{5,1}$ 是 7，如表 7.8 所示。

这个过程也许看起来就像前面一节讲到的二元法评价方案那样简单和容易。然而，建立具有一致性的等级因子是很困难的。前两段所讨论的起重机设计中的成对的等级因子涉及材料成本、制造成本和可靠性之间的关系。还没有讨论的是制造成本（*A*）与可靠性（*B*）的对应关系 $C_{2,5}$。由于材料成本类似制造成本，所以将 $C_{2,5}$ 设定为 1/7 是可能且合理的。然而，早期的决策确定了制造成本比材料成本更重要。这两者之间的差异必须通过制造成本和材料成本相对于其他标准的关系来确定。

层次分析法比较矩阵 [*C*] 的一致性检查流程

当准则的数量增多时，很难保证一致性，这就是在 AHP 流程中需要对 [*C*] 进行一致性检查的原因。检查的过程如下。

1. 计算权重综合向量 $\{W_s\} = [C] \times \{W\}$。

2. 计算一致性向量 $\{\text{Cons}\} = \{W_{s_i}\}/\{W_i\}$。

3. 估算 {Cons} 中的平均值 λ。

4. 评价一致性指数 $\text{CI} = (\lambda - n)/(n-1)$。

5. 计算一致性比率，CR=CI/RI。随机指数（RI）值是 [*C*] 中随机产生的一致性指数值。这个比较的基本原理是，一个有经验的决策者给出的矩阵 [*C*] 比 1～9 的随机数产生的矩阵有更好的一致性。

6. 如果 CR<0.1，则 W 是有效的；否则调整 [*C*] 中的元，并重复以上过程。

对于起重机吊钩的设计问题准则的权重一致性检查如表 7.9 所示。Excel 电子表格将会为创建 [*C*] 和实施一致性检查过程提供一个可互动的更新工具。RI 的值在表 7.10 中列出。

表 7.9 起重机吊钩的 $\{W\}$ 一致性检查

一致性检查		
$\{W_s\}=[C]\times\{W\}$[①] 权重综合向量	$\{W\}$ 准则权重	$\{\text{Cons}\}=\{W_{s_i}\}/\{W_i\}$ 一致性向量
0.286	0.047	6.093
0.515	0.079	6.526
0.839	0.124	6.742
3.090	0.445	6.950
1.908	0.272	7.022
0.210	0.033	6.324
	{Cons} 中的平均值 λ	6.610
	一致性指数，$\text{CI}=(\lambda-n)/(n-1)$	0.122
	一致性比率，CR = CI/RI	0.098[②]
	CR < 0.10 是否成立	是

①列中的值为 $[C]$ 与 $\{W\}$ 的矩阵积。Excel 有一个函数 MMULT(array1, array2)，它可以很容易地计算矩阵乘积。array1 的列数必须等于 array2 的行数。矩阵积的结果是与 $[C]$ 相同行数的单列矩阵。在使用 Excel 函数 MMULT 时，请记住数组必须作为数组公式输入。

②如果该值等于或大于 0.10，则必须重置 $[C]$ 矩阵。

表 7.10 一致性检查的 RI 值

准则序号	RI 值
3	0.52
4	0.89
5	1.11
6	1.25
7	1.35
8	1.40
9	1.45
10	1.49
11	1.51
12	1.54
13	1.56
14	1.57
15	1.58

AHP 的过程并没有停止在准则的权重上，它会继续提供一个相似的评价设计方案的比较

方法。只有继续整个过程，才能认识到 AHP 的数学优势。

在使用 AHP 评价每一个设计方案前，要检查评价因子。设计团队中的成员对因子的顺序应该有深刻的了解和认识。在接受这些权重因子之前，他们会在检查过程中利用其经验。如果有一个准则相比其他准则来说一点都不重要，那么设计团队应该在进一步评价时删除这个准则，然后再根据评价准则来评价设计方案。

确定对应每一个准则的设计方案的等级

在 AHP 的两两比较中，根据一些原则，决策者必须判断两个选项（*A* 和 *B*）中哪一个更优先，并判断出更优的那个比另一个优越多少。AHP 允许决策者用 1～9 个等级来评价。在这种情况下，AHP 的评价因子就不是区间值了，而是可以进行加法和除法运算[㊀]。

表 7.11 显示了 *A* 和 *B* 之间相对于一个特定的工程选择标准来说的两两比较的评级系统。对每一个选项的等级都给出了等级描述。其标度与表 7.7 中的描述是一致的，只是解释根据设计方案的性能进行了调整。

表 7.11　*A* 和 *B* 之间进行比较的设计方案的 AHP 评价等级

等级因子	备选 *A* 和 *B* 的性能比较	对评级的解释
1	$A = B$	二者相同
3	*A* 略优于 *B*	决策者略倾向于 *A*
5	*A* 优于 *B*	决策者倾向于 *A*
7	*A* 确定优于 *B*	*A* 比 *B* 的重要度已证实
9	*A* 绝对优于 B	*A* 显然优于 *B*

根据每一个选择标准的性能，应用 AHP 的过程最终会给出一个设计方案的优先向量 $\{\boldsymbol{P}_i\}$。它与 7.6 节中给出的排序方法的使用相同，实施过程总结如下：

1. 用表 7.11 中的 1～9 个等级完成比较矩阵 $[\boldsymbol{C}]$，成对地评价设计方案。
2. 将比较矩阵 $[\boldsymbol{C}]$ 正则化为 [Norm $\boldsymbol{C}$]。
3. 对行值取均值，这就是设计方案等级的优先向量 $\{\boldsymbol{P}_i\}$。
4. 对比较矩阵 $[\boldsymbol{C}]$ 进行一致性检查。

注意到步骤 2、3 和 4 与确定标准权重因子的步骤是一样的。

对于起重机吊钩设计变量的案例如下：

㊀ T. L. Saaty, “ That Is Not the Analytic Hierarchy Process: What the AHP Is and What It Is Not,” *Journal of Multi-Criteria Decision Analysis*, Vol. 6, pp. 324–35, 1997.

1. 焊接板材。
2. 铆接板材。
3. 整体铸钢件。

对于材料成本准则，设计团队使用其标准的成本估算方法和经验来确定每一个设计方案的材料成本。这些成本见表 7.6。我们知道，材料成本对于板材设计为 0.60$/lb，对于铸钢件为 0.50$/lb。由于要比较三个设计方案，因此比较矩阵 [*C*] 是一个 3 × 3 的矩阵（见表 7.12）。所有对角线上的元素都是 1，而且对角阵的对应元互为倒数，那么就只剩下三个比较对象了。

- $\boldsymbol{C}_{1,2}$ 是焊接板材方案的材料成本（*A*）和铆接板材方案的材料成本（*B*）的比值，该值为 1，因为其成本相同。
- $\boldsymbol{C}_{1,3}$ 是焊接板材方案的材料成本（*A*）和整体铸钢方案的材料成本（*B*）的比值，*A* 的材料比 *B* 的材料略微昂贵，所以比值被定义为 1/3（如果 0.10$/lb 的成本差距对于决策者来说很明显的话，这个比值可能会被定义为 1/5，1/6，⋯，1/9）。
- $\boldsymbol{C}_{2,3}$ 是铆接板材方案的材料成本（*A*）和整体铸钢方案的材料成本（*B*）的比值，因为铆接板材方案与焊接板材方案的材料成本相同，所以比值 $\boldsymbol{C}_{2,3}$ 和 $\boldsymbol{C}_{1,3}$ 应该都是 1/3，这也同时体现了矩阵的一致性。

设计方案材料成本的矩阵 [*C*] 和 {$\boldsymbol{P}_i$} 的建立如表 7.12 所示。注意到本例中一致性检查是不重要的，因为我们设定矩阵 [*C*] 的数值时，其关系是很明显的。

表 7.12 材料成本设计准则的方案评级

材料成本比较 [*C*]			
	焊接板材	铆接板材	铸钢
焊接板材	1.000	1.000	0.333
铆接板材	1.000	1.000	0.333
铸钢	3.000	3.000	1.000
总计	5.000	5.000	1.667

正则化成本比较 [Norm *C*]				
	焊接板材	铆接板材	铸钢	选项优先向量 {$\boldsymbol{P}_i$}
焊接板材	0.200	0.200	0.200	0.200
铆接板材	0.200	0.200	0.200	0.200
铸钢	0.600	0.600	0.600	0.600
总计	1.000	1.000	1.000	1.000

（续）

一致性检查		
$\{W_s\}=[C]\times\{P_i\}$[⊖] 权重综合向量	选项优先向量 $\{P_i\}$	$\{\text{Cons}\}=\{W_s\}/\{P_i\}$ 一致性向量
{}0.600	0.200	3.000
0.600	0.200	3.000
1.800	0.600	3.000
	{Cons} 中的平均 =	3.000
	一致性指数，CI =	0
	一致性比率，CR =	0
	是否一致？	是

$n=3$，RI = 0.52；λ 估计；$(\lambda-n)/(n-1)$；CI/RI；CR<0.10

依次对其他 5 个设计准则进行评价，得到所有方案的方案优先权向量 $\{\boldsymbol{P}_i\}$，见表 7.13。向量 $\{\boldsymbol{P}_i\}$ 将按接下来描述的方法来确定 [FRating] 决策矩阵。

表 7.13　决策矩阵

选择准则	焊接板材	{FRating} 铆接板材	铸钢吊钩
材料成本	0.200	0.200	0.600
制造成本	0.260	0.633	0.106
可维修性	0.292	0.615	0.093
耐久性	0.429	0.429	0.143
可靠性	0.260	0.633	0.105
生产周期	0.260	0.633	0.106

确定最佳设计方案

一旦所有设计方案的等级确定了，就可以获得每一个设计方案独立的、一致的优先权矩阵，接下来就用 AHP 法选择最佳设计方案，该过程总结如下。

1. 确定最终的评级矩阵 [FRating]。每一个 $\{\boldsymbol{P}_i\}$ 都会被转置而成为评级矩阵 [FRating]。表 7.13 是一个 6 × 3 矩阵，用于描述每一准则所对应备选设计方案的相对优先权。

⊖ 权重综合向量 $\{\boldsymbol{W}_s\}$ 可在 Excel 中使用函数 MMULT 计算。

2. 计算评级矩阵 $[\mathrm{FRating}]^{\mathrm{T}}\ \{\boldsymbol{W}\} = \{\mathrm{Alternative\ Value}\}$。矩阵的乘法是可行的，因为 3×6 的矩阵乘以 6×1 的矩阵会得到一个列向量，即设计方案的分值，如下表所示。权重向量 $\{\boldsymbol{W}\}$ 在表 7.8 中计算。

设计方案的分值

焊接板材设计	0.336
铆接板材设计	0.520
整体铸造	0.144

3. 在备选设计方案中选择最高分值的设计方案。

如上表所示，显然三个方案中铆接方案分值最高。

本节用 Excel 来实施 AHP 方法。相关的补充参考信息见 J. H. Moore 等人的著作[⊖]中的决策模型部分。AHP 决策法的普及程度可以由提供 AHP 培训和软件工具的咨询公司的数量看出，例如，一个名为“专家选择”的商业软件包（http://www.expertchoice.com）。

7.8 总结

在设计过程的所有阶段中，需要从一组备选方案中选择选项来做出决策。做决策的过程包括理解决策的本质。对于设计中的决策，需要辨认出选择，预测每个选择对结果的期望，决定按照一组标准评价备选方案的方式，执行数学上有效和一致的选择过程。

对设计备选方案的物理行为进行建模是进行良好工程决策的前提条件。7.4 节给出设计者可用的各种模型，并提供整个工程设计阶段可用的逻辑建模方法。这一节所给出的例子经过定制以与模型相匹配，这一模型具有在概念设计阶段可用的概念细节。

对设计备选方案的第一项评估应该是一个基于满足绝对标准的筛选过程（例如，功能可实现性、技术准备、约束满足）。这一章给出了三种常用的用于决策的设计工具：Pugh 图、权重决策矩阵和 AHP。每种工具都通过备选方案的比较以做出选择。

有必要特别指出关于 Pugh 图的注意事项。这种评价工具经常被工程方向的学生使用。然而，学生通常没有意识到，创建 Pugh 图所得到的数字，其重要性弱于在这一过程中活跃的团队参与所带来的对问题和解决方案概念的洞察。创建 Pugh 图是一项集中的团队训练，通常会

⊖ J. H. Moore, L. R.Weatherford(eds.), et al. *Decision Modeling with Microsoft Excel*, 6th ed, Prentice-Hall, Upper Saddle River, NJ, 2001.

产生改进的概念。

现代工程的现实是，在备选设计方案中做出选择时，仅有对工程性能的分析是不够的。工程师正在努力，早在设计概念阶段就把一些其他影响结果的因素考虑在内（例如，市场特性和按期发布产品的风险）。

7.9 新术语与概念

绝对比较	预期值	参考
层次分析法（AHP）	评价*	Pugh 概念选择表
基于决策的设计*	边缘效用*	比例标度
决策树*	最大化策略*	相对比较
确定性决策*	最小化策略*	效用*
风险性决策*	目标树	价值
不确定决策*	顺序标度	加权决策矩阵

7.10 参考文献

Clemen, R. T.: *Making Hard Decisions: An Introduction to Decision Analysis,* 2nd ed., Wadsworth Publishing Co., Belmont, CA, 1996.

Cross, N.: *Engineering Design Methods,* 2nd ed., John Wiley & Sons, New York, 1994.

Dym, C.I. and P. Little: *Engineering Design,* 3rd ed, John Wiley & Sons, Hoboken, NJ, 2008, Chap. 3.

Herrmann, J. W.: *Engineering Decision Making and Risk Management*, John Wiley and Sons, Hoboken, NJ, 2015.

Lewis, K.E., W. Chen, and L.C. Schmidt: *Decision Making in Engineering Design,* ASME Press, New York, 2006.

Pugh, S.: *Total Design,* Addison-Wesley, Reading, MA, 1990.

7.11 问题与练习

7.1 建立一个简单的个人决策树（不含概率）来确定在一个多云的天气你是否要带伞去上班。

7.2 你是某公司的所有者，公司决定投资以研发一种家用产品。而且你已经知道有其他两家公司也正在试图进入这一市场，这两家公司的产品与本公司的一款产品很类似。第一家公司名为 Acme，定位于该家用产品的基本型，第二家公司名为 Luxur，其家用产品增加了辅助特性，而一些终端用户并不需要 Luxur 公司产品的辅助功能。当本公司发布产品时，这两家公司已经推出其产品。

你要设计本产品的三个型号，然而，资源的局限性使你只能发布某一型号来投放市场。

- a_1 型是不带任何附加功能的基本功能型，你设计的 a_1 型产品在质量上远远超过了 Acme 公司的产品，但却增加了成本。
- a_2 型增加了控制功能以改变输出量，Acme 公司的产品没有该功能，而 Luxur 公司的产品具有该功能，a_2 的价格介于二者之间。
- a_3 型是豪华的、高品质的高端产品，它拥有超过 Luxur 公司产品的所有功能特性，其价格也高于 Luxur 公司的产品。

本公司优秀的营销团队已经得出下面表格中的数据，总结了本公司及两个竞争公司的预期市场占有率。然而，不知道本公司发布产品时，竞争公司的产品是否已投放市场。

本公司产品的预期市场占有率

投放型号	产品 a_x 投放市场时的竞争者		
	Acme	Luxur	Acme 和 Luxur
a_1	45%	60%	25%
a_2	35%	40%	30%
a_3	50%	30%	20%

你必须确定要研发和发布哪一种型号的产品：a_1、a_2 还是 a_3？

- 假定你知道哪一个竞争对手未来会出现在市场上。在三个可能的条件下，请选择所要发布的产品型号。
- 假定你有关于竞争对手可能要进入市场的内部消息。你知道本公司发布产品时，Acme 的产品单独投放市场的可能性是 32%，Luxur 的产品单独投放市场的可能性是 48%，两家公司的产品同时投放市场的可能性是 20%。
- 假定你没有关于竞争对手行动的任何信息，要求你做决策时非常保守，这样即使竞争很激烈，本公司也能获得最大的市场份额。

7.3 下面的决策涉及是否开发某微处理器控制的机床。配有微处理器的高技术机床的开发费用达 400 万美元，而低技术机床需要 150 万美元的开发费。但是用户选择低技术机床的概率很低（$P = 0.3$），而选择高科技机床的概率很高（$P = 0.8$）。预期的回报（未来收益的现在价值）如下表所示。

	较强市场认可度	较弱市场认可度
高技术	$P = 0.8$	$P = 0.2$
	PW = 1600 万美元	PW = 1000 万美元
低技术	$P = 0.3$	$P = 0.7$
	PW = 1200 万美元	PW = 0

如果低技术机床不能很好地得到市场的认可（其较低的价格与其性能相比也是一个优势），升级为微处理器控制的费用是 320 万美元。它将有 80% 的市场接受度，并产生 1000 万美元的回报。未升级的机器将有 300 万美元的净回报。绘制决策树，并根据净期望值和净机会损失来决定你要做什么。机会损失是每种策略的收益和成本之差。

7.4 连杆的原型被设计为 10ft 长，横截面为矩形，长 $w = 2\text{in}$，宽 $b = 1\text{in}$。材料是热处理钢，弹性系数为 $30 \times 10^6 \text{lb/in}^2$。连杆将承担轴向的拉伸负载。连杆将被建模并测试，使用软的、易加工的铝合金，弹性系数为 $10 \times 10^6 \text{lb/in}^2$。模型在测试中必须维持有弹性的状态。铝合金的屈服强度是 20 000psi⊖（或 lb/in^2）。因此，模型不能像原型一样加载。可以判断模型上的 1lb 加载都等于原型上的 10lb。现在我们需要基于比例关系决定模型的尺寸。

- 获得预测的原型挠度 δ_p 与模型挠度 δ_m 间的比例关系。
- 决定模型在最大可能挠度时的几何、负载、拉伸比例因数和 δ_p。

7.5 为追求环保设计，很多快餐店用纸杯代替了泡沫塑料杯。但纸杯绝缘性差，常常很烫手。一个设计团队正在研究一种更好的可回收的咖啡杯。该设计方案有：标准的泡沫塑料杯、有把手的刚性注射杯、具有厚纸板套的纸杯、带有把手的纸杯、具有蜂窝网壁的纸杯。

评价杯子的工程设计特征如下：

1. 手的温度。
2. 杯子外面的温度。
3. 材料的环境影响。
4. 使杯子壁产生凹陷的压力。
5. 杯子壁的孔隙率。
6. 制造工艺的复杂程度。

⊖ 1psi = 6894.757Pa。——编辑注

7. 杯子便于叠放。

8. 客人使用方便。

9. 咖啡温度的时间损失。

10. 大批量生产时杯子的预估制造成本。

运用关于快餐用咖啡杯的知识，用 Pugh 概念选择方法选出最好的设计。

7.6 下图是右直角电钻开关的 4 个改进设计的概念草图。选择一组开关的标准。使用这一信息来准备 Pugh 图，并从给出的备选方案中选出最佳选择。概念 *A* 对现有开关做出的更改最小，并且将作为基准。概念 *B* 增加了 3 个按钮和反向开关。概念 *C* 采用轨道和滑块设计。概念 *D* 是一个使操作现有开关更容易的附件。

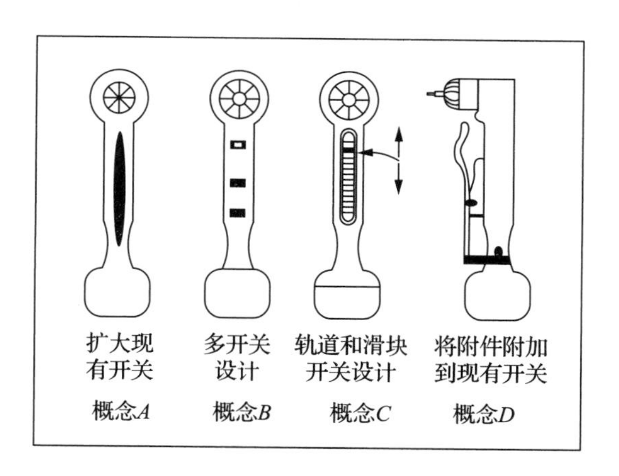

7.7 对于运动型多用途乘用车（SUV）的四种初步的设计特征如下表所示。运用加权决策矩阵计算哪一个设计方案有最大的优势。

特征	参数	权重因子	方案 *A*	方案 *B*	方案 *C*	方案 *D*
耗油量	每加仑里程	0.175	20	16	15	20
范围	里程	0.075	300	240	260	400
舒适性	等级	0.40	差	非常好	好	平均
易于切换 4 轮驱动	等级	0.07	非常好	好	好	差
承载能力	lb	0.105	1000	700	1000	600
维修成本	5 件平均	0.175	700	625	600	500

7.8 使用层次分析法重新做问题 7.7。根据 AHP 方法为特征决定你自己的权重因数。然后继续应用 AHP 直到能够使用你的权重因数为顾客推荐最佳设计。

第 8 章

实体设计

8.1 引言

前面的章节已经介绍了工程设计过程的概念设计阶段，该阶段通过评估生成了用于进一步开发的单个或一小部分概念集合，最终形成了一些设计概念。该阶段初步确定了产品的一些主要尺寸，并尝试性地选定了主要零件和材料。

设计过程的下一个阶段通常称为*实体设计*。在这个阶段中，将形成设计概念的物理形式，以此为依据，就像“为骨架填上血肉”一样进行后续的设计过程。这里，将实体设计阶段分为三个部分（见图 8.1）。

- *产品架构*——确定设计主体的物理部件的组织方式并形成分类，这些分类称为模块。
- *结构设计*——设计特殊部件以及选用标准零部件（如泵或发动机）。
- *参数设计*——确定零件或零件特征的准确值、尺寸或公差等质量关键点相关的参数。

同时，本章还讨论了诸如确定零件尺寸、通过设计提高美学价值和完成既用户友好也环境友好的设计等重要内容。这些内容仅仅是一个优秀的设计需要满足的一小部分要求。因此，本章列出了一系列完成设计过程中需要考虑的其他因素，并告诉读者本书哪些部分详细介绍上述内容。

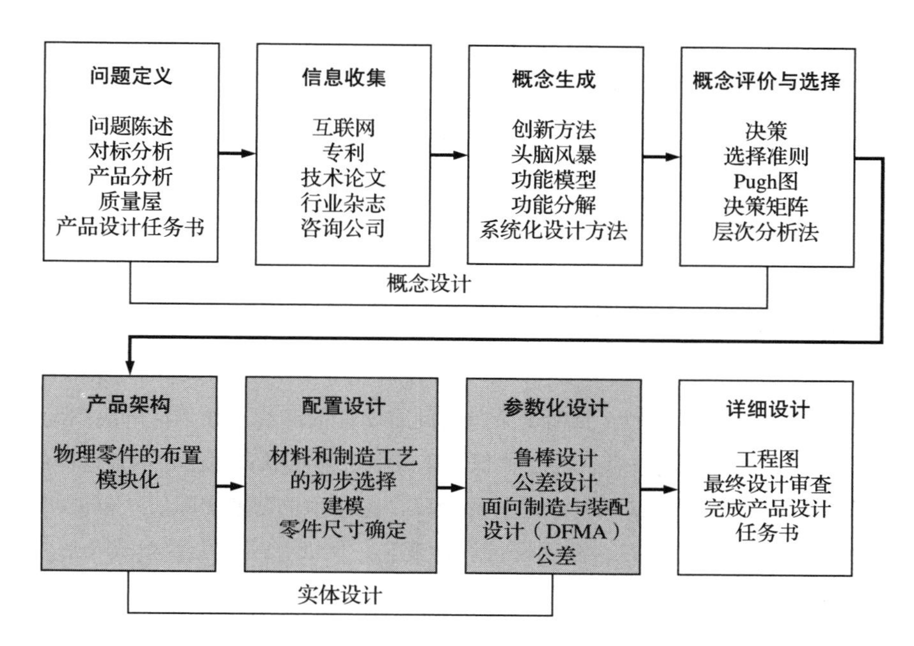

图 8.1 设计过程的步骤表明，实施实体设计包括建立产品结构、进行配置设计和进行参数化设计

8.1.1 关于设计过程各阶段术语的评论

描述工程设计的作者常常使用不同术语来命名设计过程的各阶段，理解这一点是很重要的。大家普遍认同，设计的第一个步骤是*问题定义*或者需求分析。一些作者将“问题定义”视为设计过程的第一阶段，但绝大多数设计师都认为“问题定义”是概念设计的第一阶段（见图 8.1）。本章所述的设计阶段称为*实体设计*，通常也称为*初步设计*。在产品设计流程中也称为*系统级设计*。*实体设计*这个词是由 Pahl 和 Beitz[⊖]提出的，并且被大部分欧洲和英国的设计师所采纳。我们延续这一用法，使用诸如概念设计、实体设计和详细设计等术语，因为这些术语能更形象地描述其各自代表的设计阶段将具体开展哪些工作。

然而，对设计阶段做这样的划分随之产生新的问题，即设计过程的第三阶段（详细设计）具体需要做哪些设计工作？虽然设计的最后一个阶段都称为*详细设计*，但所涉及的设计活动却不尽相同。在 20 世纪 80 年代前，详细设计需要完成的是确定最终的尺寸与公差，并且将设计的所有信息收集起来制成“施工图”和材料清单。然而为了在设计过程中尽早做出决策、缩短产品研发周期，随着计算机辅助工程方法的运用，尺寸与公差的确定过程前移，归属到实

⊖ G. Pahl and W. Beitz, J. Feldhusen, and K. H. Grote, *Engineering Design: A Systematic Approach*, 3rd ed., Springer-Verlag, London, 2007.

体设计中。与在设计流程的最后阶段（详细设计过程）中发现设计错误而返工所造成的损失相比，这样既节省了时间，又节约了设计更改成本。大部分零件的设计细节是在参数设计过程中确定的，然而详细设计阶段仍然需要为生产加工的准备工作提供所有零件完整且准确的信息。正如第 9 章将要介绍的，详细设计不仅是确定详细的工程图，而且越来越多地集成到信息管理中。

8.1.2 设计过程模型的理想化

需要认识到，图 8.1 所示内容至少在两个方面没有充分反映设计过程的复杂性。图 8.1 对设计过程的描述是按顺序进行的，每两个阶段之间有明显的界线。如果待解决问题的设计过程可以被简单地描述成连续的步骤，那么工程就简单多了，而事实往往并不是这样的。图 8.1 中每一个阶段都应该连接一个箭头到它之前的阶段，这样才更贴近实际。这也说明了实际上在设计过程中发现更多的信息时，需要进行设计变更。例如，经过失效模式及后果分析后，需要额外增加零部件重量，这一要求所带来的系统重量增加，就需要回过头来加强支撑件。信息的收集与处理也不是离散的事件，它出现在设计过程的每一个阶段，而且在设计过程后期所获得的信息也需要对设计过程前期做出的决策进行必要的修改。

不是所有的工程设计都具有同样的方式或者同样的难度级别[㊀]。很多设计都是常规设计，这时所有可能的解决方案都已知，且常常在法规和标准中给出。因此，*常规设计*中，确定设计的属性及其达到该属性的策略和途径都已经明确。对于*适应性设计*，并不是所有的设计属性都可提前获得，但设计知识是已知的。尽管不用获取新知识，但解决方案也是新颖的，也同样需要用新策略和途径来获得新的解决方案。对于*原创性设计*，起初既不知道设计的属性，也不知道获得该属性的明确策略。

概念设计是原创性设计核心的设计阶段。而另一极端对应的是*选择性设计*，选择性设计是常规设计的中心任务。选择性设计需要从同类产品序列中选择标准件，如轴承或风扇。这听起来好像很容易，但实际上也可能十分复杂，因为同类别的标准件非常多，其特性和规格的差异又很小。在此类设计中，这些零件具有明确特性的“黑盒子”，设计人员选择满足需求的最合适的零件即可。而在选择具有动力学特性的零部件（电机、减速器和离合器等）时，其特性曲线和传动功能也必须得到充分细致的考虑[㊁]。

㊀ M. B. Waldron and K. J. Waldron(eds.), *Mechanical Design: Theory and Methodology*, Chapter 4, Springer-Verlag, Berlin,1996.

㊁ J. F. Thorpe, *Mechanical System Components*, Allyn and Bacon, Boston, 1989.

8.2 产品架构

产品架构指的是实现其功能需求的实体零件之间构成的组织结构形式。产品架构在概念设计阶段就开始出现了，例如功能流程图、概念草图或者概念验证模型。然而，在实体设计阶段，产品的布局与架构是通过确定产品的基本结构单元及其接口来建立的（一些研究机构也将其称为系统级设计）。需要注意的是，产品架构与其功能结构相关，却没有必要与之相匹配。在第 6 章中，功能结构以生成设计概念的形式来确定。一旦选择了某设计概念，就要选定产品架构以得到实现功能的最优系统。

构成产品的物理结构单元通常称为模块，也可以称为*子系统*、*子装配件*、*簇*或者*组块*。每个模块都由一系列零件组成以实现其功能。产品架构是根据产品中零件间的关系以及产品功能来确定的。产品架构有两种截然不同的形式，一种是*模块化的*，另一种是*集成化的*。模块化架构的系统是最常见的，此类系统通常是一些标准化模块和定制零部件的混合体。

模块间的连接接口对于实现产品功能非常重要。这些接口往往会出现腐蚀和磨损。除非接口设计得很合理，否则将引起残余应力、额外变形和振动。例如，内燃机活塞与燃烧室的连接、计算机监控器和中央处理器的连接等。接口的设计应尽可能简洁和稳固（见 8.4.2 节）。在设计中，应尽可能选用设计师和零部件供货商都非常了解的标准连接接口。

8.2.1 整体化架构

在整体化架构中，产品功能通过一个或少量几个模块来实现。在整体化产品架构中，零件要实现多种功能，这样就减少了零件的数量。在不增加零件的复杂度到一定的极端程度时，这样做通常会降低成本。举个简单的例子，一根简易撬棍，一个零件既提供了杠杆功能，又起到了把手的作用。具有超过一个功能的零件实现了*功能共享*。

8.2.2 模块化架构

在模块化架构中，每一个模块具备一个或几个功能，而且模块间的相互作用清晰明确。以 PC 为例，不同的功能可以通过外部的存储设备或特殊的驱动程序获得。

在已明确制定了接口并为相关人员所接受时，各模块就可以独立研发了，因此模块化架构也可以缩短产品研发周期。一个模块的设计可以交付给个人或者小的设计团队去完成，因为其作用关系以及约束方式的决策都仅限于模块内部。这种情况下，不同设计小组之间的交流就主要集中在模块间的接口方式上。然而，如果一个功能需要由两个或更多模块共同实现的话，那么接口问题就变得更具有挑战性。这也解释了为什么常常将高度模块化的子系统分包给外部供货商，或者给本公司中其他区域的分支机构，例如汽车座椅。

8.2.3 可预算资源

在任何设计中，至少存在一种稀缺资源需要仔细分配或预算。虽然成本或者性价比是我们首要考虑的因素，但通常其他的设计变量也适用于此范畴，例如重量、容积、计算机芯片的温度上升、电池寿命以及油耗等。

建立产品架构是设计过程中的首要任务，同时也要完成资源预算工作。为了达到有效的资源预算，需要设计团队根据资源预算的需求做出决定。此外还需要专人负责分配跟踪资源。所有的设计成员必须清楚地知道他们各自的配额，并定期通知他们还有多少限额资源可以使用。

8.3 构建产品架构的步骤

实体设计的第一项任务是确定产品架构。定义产品子系统（或称为模块），以及确定各模块间的组合细节。要确定产品的架构，设计人员需要定义产品的几何边界，并且把设计元素布置在产品内部。设计元素既包括功能元素，也包括物理元素。功能元素指的是产品设计任务书要求实现的功能。物理元素指的是为实现功能所需的零件、标准件以及专用件等。下文中将会提到，在产品架构的构建阶段，并不是所有的产品功能都能在零件层级上得到合理的实现，这也使得设计人员必须在架构上为功能的物理实现留下空间。功能元素像一个个占位符一样插入在设计布局中。

产品架构的构建过程是将物理元素和功能元素聚类成组（通常称为组块）来实现特定功能或一系列功能。然后在产品总体物理约束限制下，根据组块之间的关系确定每个组块的相互位置和方向。

Ulrich 与 Eppinger[⊖]提出了构建产品架构的 4 步流程。

1. 创建产品原理图。
2. 聚类原理图中的各元素。
3. 创建初步的几何布局。
4. 确定模块间的相互作用。

⊖ Karl. Ulrich and Steven. Eppinger and Maria Yang, *Product Design and Development*, 7th ed., McGraw-Hill, 2020.

8.3.1 创建产品原理图

原理图可以确保整个团队了解生产一个可操作的设计产品所需要的基本元素。其中，部分元素是为了完成设计所需的零部件，例如回收球蹦床。其他元素有可能仍然以功能性形式存在，这主要是因为此时设计团队还没有确定此功能性的具体体现零件，例如蹦床回转机制。Shot-Buddy 的原理图如图 8.2 所示。

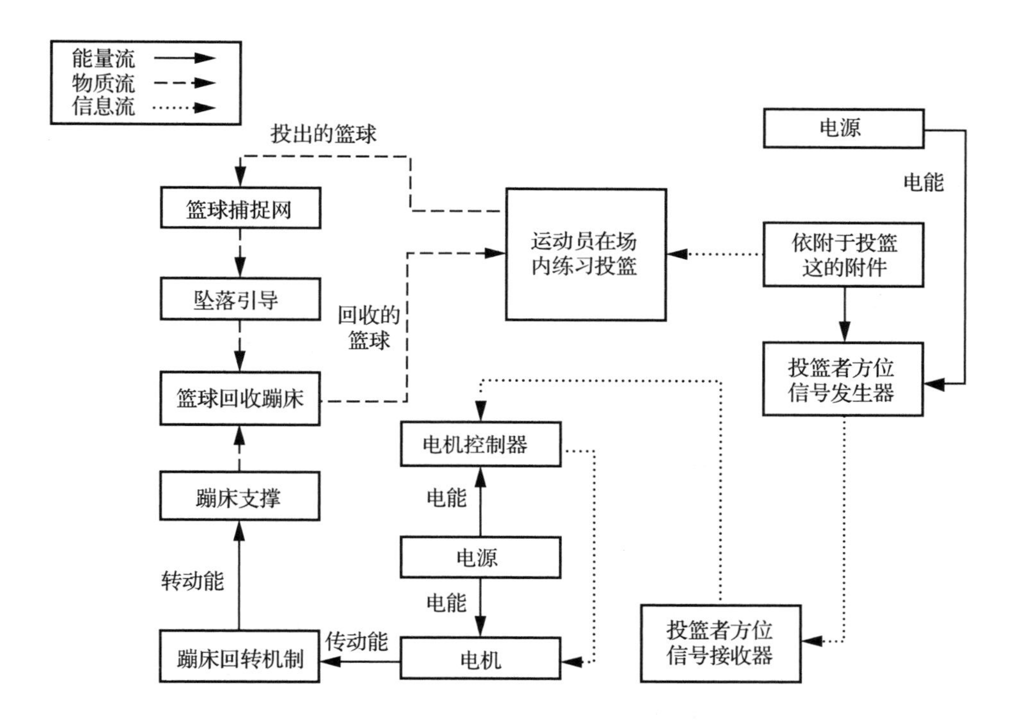

图 8.2 Shot-Buddy 组件间能量流、物质流和信息流的草图，该原理图为已知分量替换函数的函数结构

原理图的构建可以从功能结构（见图 6.6）和概念草图（见图 7.4）开始。需要注意的是在功能性分析中所用到的能量流、材料及信号在整个原理图中都可追踪。

在确定原理图的详细程度时需要进行判断。总体来说，确定初始产品架构使用的元素一般不超过 30 个。同时，要认识到原理图不是独一无二的。在设计中要考虑方方面面，探究的选择方案越多（即反复迭代），获得良好的解决方案的机会就越大。

8.3.2 原理图元素的聚类

确定产品结构的第二步是将原理图的元素聚类成组，其目的是完成设计元素（组块）分配排列以形成相应的模块。从图 8.3 中可以看出，已经建立了如下模块：

（1）接球模块。

（2）回收球模块。

（3）回收定位模块。

（4）回收控制模块。

（5）发射信号模块。

（6）红外接收模块。

图 8.3 中另一个有意思的特征是两个模块之间（回收定位与回收控制）共用一个供电电源。这说明模块 3 和模块 4 之间存在设计交集，这也是工程设计的本质。当然，原理图中也可以罗列出两个单独的供电电源，但不可避免的是，设计师依然会只选择用一个。

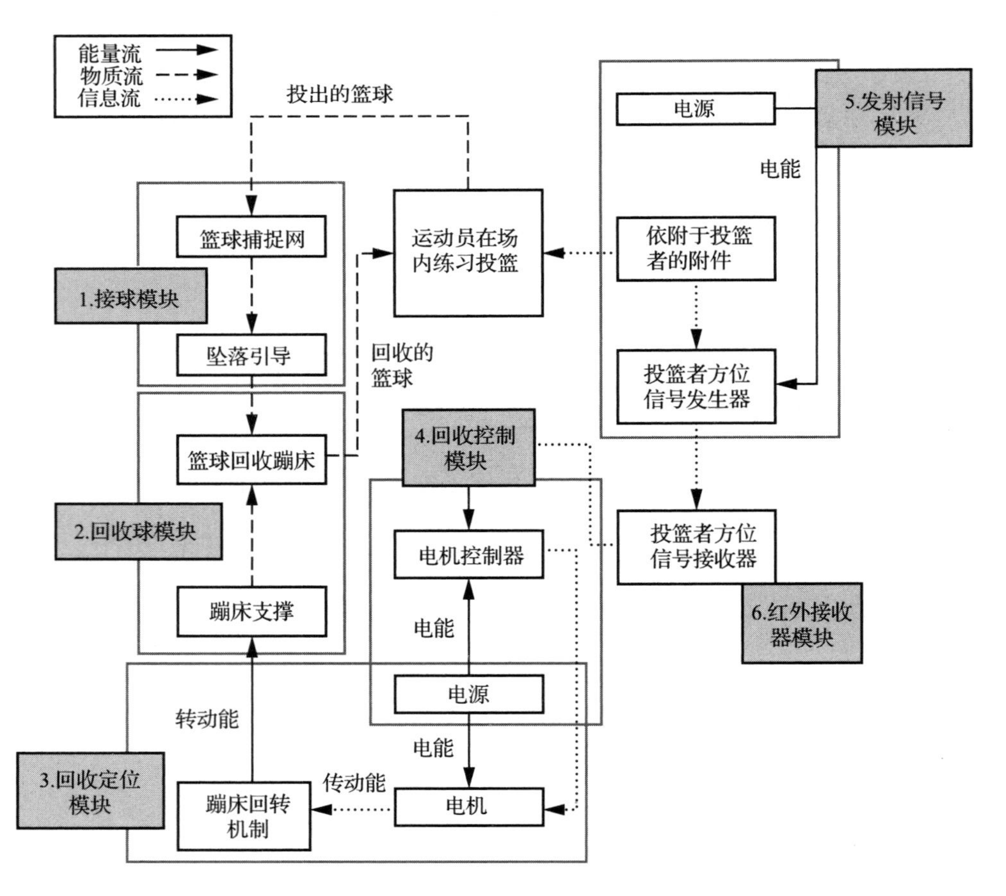

图 8.3　展现 Shot-Buddy 的组件如何聚类成模块的草图

一种形成模块的方法是，先假设所有设计元素是独立的模块，然后再聚类以实现其优势或共性。元素聚类有几个原则，一是需要有相近的几何关系或精确的定位，二是元素间可共享一个功能或接口，三是需要外包，四是接口的可移植性。例如，数字信号比起机械运动更容易转换，更易于配送。对相同流的元素进行聚类是很自然的事情。影响聚类的其他因素有：标准零部件或标准模块的使用、将来产品定制的可能性（制造产品序列）或技术升级可能性。

8.3.3 构建初步几何布局

几何布局的构建要求设计人员研究模块间是否有几何学、热力学或者电子学方面的冲突。初步布局是在可能的实际配置中确定模块的位置。对于一些问题而言，二维图就足够用了（见图 8.4），但是对于其他一些问题来说，可能需要使用三维模型（物理模型或数字模型均可）。

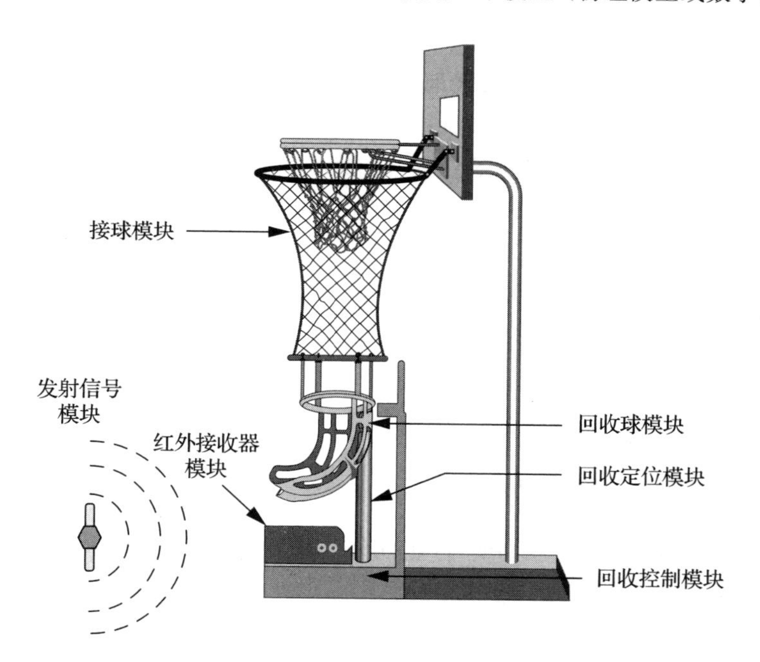

图 8.4 Shot-Buddy 的几何布局㊀

图 8.4 中的 Shot-Buddy 的几何布局显示发射信号模块与产品其他模块之间都没有接口界面。接球模块与其他零部件也没有连接结构，但它是安装在篮筐和篮板上的（这在布局图中没有显示）。以下三个模块之间存在接口界面：回收球模块、回收定位模块和回收控制模块。这

㊀ Davis, Josiah, Jamil Decker, James Maresco, Seth McBee, Stephen Phillips, and Ryan Quinn. *JSR Design Final Report*: *Shot-Buddy.* ENME 472, University of Maryland, 2010.

些模块之间的相互作用必须进行分析和设计。为避免对感应器或者定位零件产生有害影响，在设计过程中必须充分考虑振动和电磁干扰。公差和几何也需要考虑，以保证所有零部件互相之间匹配良好。从能量流和材料流的角度，与其他三个模块的相互关系同样需要考虑，但是不能存在直接的干涉问题。

在一个可接受的布局图中，所有的模块（已初步定义尺寸的）需要适用于最终设计的范围。如果在使用环境中存在与最终设计相互影响的目标，那么在布局图中就需要将其展示出来。在布局图的评审过程中，设计人员需要指出系统的运动方向，以保证系统在运行过程中没有物理干涉的现象发生。有时即使尝试了多种选择，可能也得不到可行的几何结构布局。这就意味着需要返回上一步，重新安排模块中的元素，直到得到可接受的布局为止。

8.3.4 交互方式与性能的确定

确定产品架构过程中最关键的任务是准确地构建模块间的交互作用方式以及设定各模块的性能特性。功能性主要体现在模块间的交互作用上，除非对每个模块进行仔细考究，否则在模块间的结构界面将出现问题。因此在产品开发过程实体设计阶段的结尾，所有的产品模块都需要有完整的细节描述。每一个模块的文档都需要包括以下信息。

- 功能需求。
- 模块及其零件的图纸或草图。
- 构成模块的元素的初选。
- 产品内部布置的详细表述。
- 相邻模块接口的详细表述。
- 相邻模块间所期望的接口的准确模型。

模块描述中最重要的问题是接口的表述以及相邻模块连接方式的构建。模块间可存在的相互作用形式有四种：空间、能量、信息和物料。

空间作用关系描述了模块间的物理接口，出现在配合件和活动件之间。其详细的工程描述包括几何配合、表面粗糙度和公差信息。两个活动件之间空间连接的一个典型例子是，汽车座椅头枕与滑槽金属支架的连接关系。

模块间的另一重要的作用关系类型是能量流。能量转换流可以是按要求设计的，例如将电流从开关传输到电机；也可以是不可避免的，例如电机转子与外壳间接触产生的热量。无论是主动的、还是被动的能量作用都应事先做出预测并进行描述。

模块间的信息流，常常是控制产品运行的信号或反馈信号。有时，这些信号还需要进一步引起多个并行功能。

如果有产品功能的需求，物料也能在产品模块间转换，例如激光打印机中有的纸张要通过打印机中诸多不同的模块才能打印出来。

在产品架构建立后，模块的具体设计通常可以独立进行。这样，可以将某个特殊子系统模块设计任务分配给专业团队去完成。例如，电动工具的大型生产商认为电机设计是公司核心技术之一，并培养了经验丰富、精通小型电机设计的设计团队。在这种情况下，电机模块说明书便成为设计团队的设计规范。实际上，产品设计被分解成一些模块设计任务，这一事实再次强调在不同模块上工作的设计团队间进行清楚的沟通的必要性。

在模块的布置方面需要注意两个重要的问题。一是要确保模块之间的接口设计可以使得邻近零件功能运转正常。二是界面接口的零部件可以正常装配，见 8.5.2 节，装配的设计指导见第 11 章。

8.4　配置设计

配置设计中需要确定元件的形状和总体尺寸。详细的尺寸和公差在参数设计阶段确定（见 8.6 节）。元件这个术语是指专用件、标准件和标准部件⊖。零件是一个在制造过程中不需要装配的设计单元。零件用其孔、槽、壁、筋、凸起、倒角和斜面等几何特征来描述。特征的布置包括几何特征的位置和方向两个方面。图 8.5 中给出了将两块板材垂直连接起来时可能存在的四种物理结构。注意图中多种多样的几何特征以及每个形式的不同布置方式。

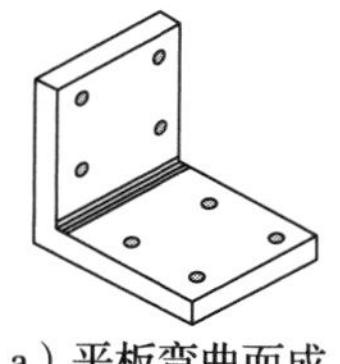
a）平板弯曲而成

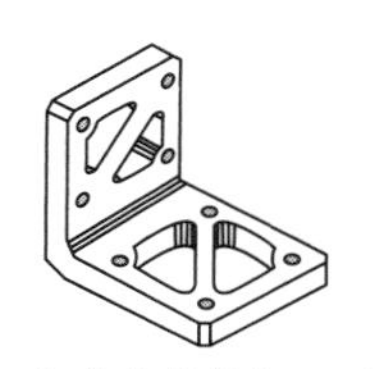
b）实心块机加工而成

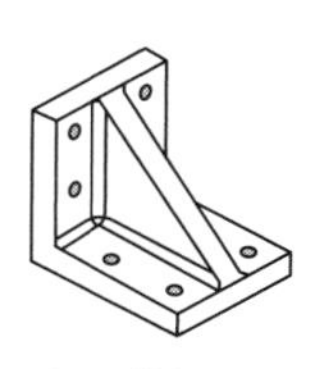
c）三件焊接而成

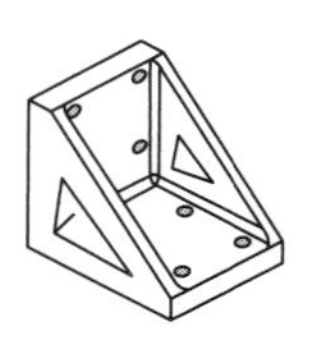
d）铸造而成

图 8.5　直角支架可能存在的四种特征配置

标准件是具有通用功能的零件，它按规范制造，而不考虑特定的产品。例如，螺栓、垫圈、铆钉和工字梁。专用件是在特定生产线上为特定需求而设计加工的零件，见图 8.5。装配

⊖ J. R. Dixon and C. Poli, *Engineering Design and Design for Manufacturing*, Field Stone Publishers, Conway, MA, 1995, pp. 1–8.

体是两个或更多零件的组合。子装配体是其他装配体或子装配体中的零件组合。标准装配体是具有通用的功能、按规范制造的装配体或子装配体，例如，电机、水泵和减速器。

在前文中已经多次指出，零件的形状或结构源于其功能。然而，结构的实现大多取决于所用材料及其加工工艺。另外，可行的结构还依赖产品运行及架构范围内的空间约束。这些关系如图8.6所示。

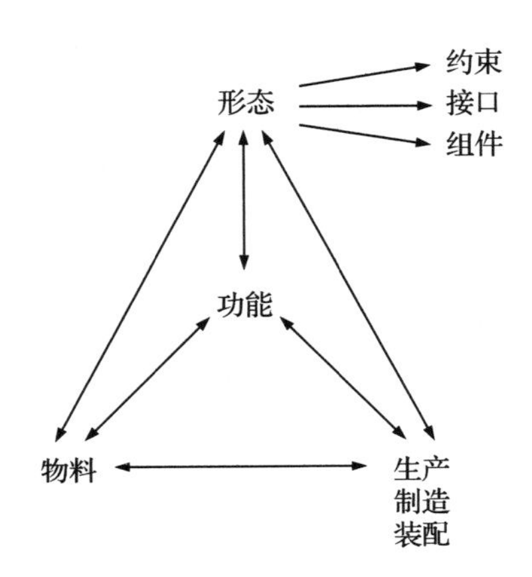

图8.6 功能、形态以及物料和生产方式的相互关系（源自Ullman）

零件设计不可能在不考虑材料及其加工工艺的情况下进行。其详细内容将在第10章、第11章和第16章（见网站www.mhhe.com/dieter6e）中分别介绍。

进行结构设计时，要遵循以下几个步骤[⊖]：

- 评审产品设计规范以及元件所属的子装配体的所有要求。
- 确定所设计的产品或子装配体的空间约束。大部分空间约束在产品架构中已经确定（见8.3节）。除了物理空间约束外，还要考虑与人员操作（见8.9节）、产品生命周期相关的约束，如维护、维修或者回收拆卸的途径。
- 建立和完善零件间的接口或者连接方式。同样，产品架构对该工作也应提供很多指导。很多设计工作都注重零件间的连接，因为零件间的连接处是故障多发区。要找到转换最重要功能的接口，并且给予特别关注。
- 在花很多时间来进行设计之前，需要回答如下问题：该零件是否可以省略？或者是否可以归纳到其他零件中？从面向制造的设计的学习中可以知道，大多数情况下，生产

⊖ J. R. Dixon and C. Poli, op. cit., Chapter. 10; D. G. Ullman, *The mechanical Design Process*, 4th ed., McGraw-Hill, New York, 2010.

和装配数量更少、复杂度更高的零件比使用更多数量零件的产品节约成本。

- 是否能使用标准件或者标准子系统呢？通常，一个标准件的成本要低于一个专用件，但是两个可被一个专用件替换的标准件就不一定比它便宜了。

总体来说，开始配置设计最好的方法是绘制零件的初步配置结构。不要低估草图的重要性[⊖]。草图对构思以及将没有关联的想法拼接到设计概念中起到非常重要的辅助作用。接下来，依据草图绘制一定比例的工程图，细节逐步增加，在工程图中补齐所缺失的尺寸与公差数据，并为产品仿真（三维实体模型，见图 8.7）提供了载体。工程图为设计工程师、设计师与制造商之间提供了重要的交流方法，而且也是关于几何尺寸与设计目的的法律文件。

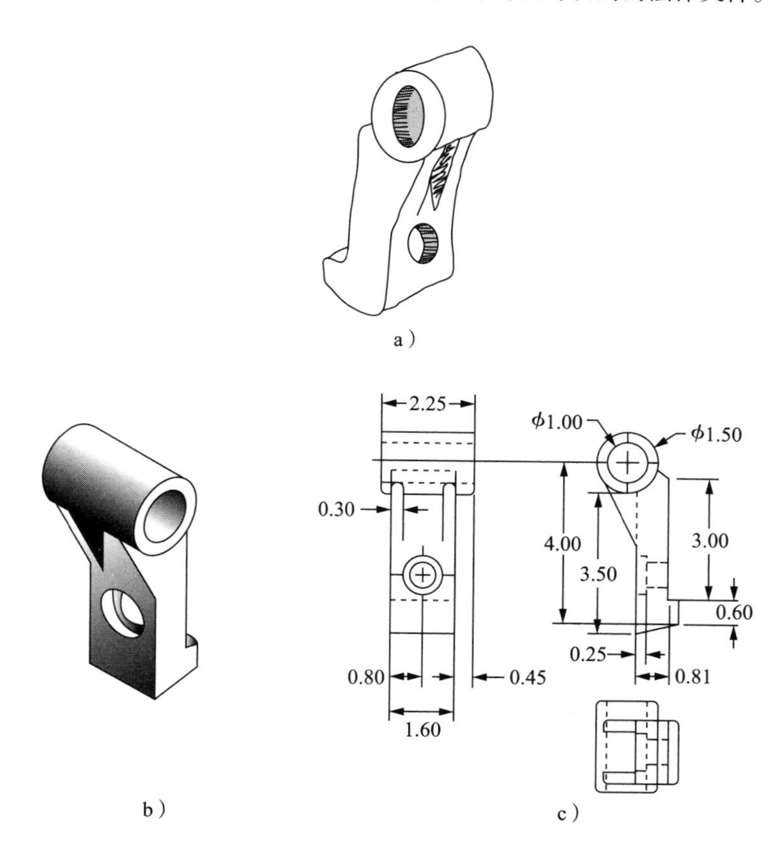

图 8.7　设计构型从 a 到 b 再到 c 的演变过程。注意该在过程中细节的增加

⊖ J. M. Duff and W. A. Ross, *Freehand Sketching for Engineering Design*, PWS Publishing Co., Boston, 1995; G. R. Bertoline, E. N. Wiebe, N. W. Hartman, and W. A. Ress, *Technical Graphics Communication*, 4th ed., McGraw-Hill, New York, 2009.

现在有这样一个任务，应用结构设计来创造一个用螺栓连接两个板材的专用件。图 8.8 给出了有经验的设计师们可能考虑到的解决方法。注意，可供选择的螺栓类型、连接处的应力分布、螺栓与周围零件的关系、装配和拆卸能力等，都是需要考虑的问题。设计师头脑中重点考虑的则可能是如何用可视化的方式将设计实际制造出来。

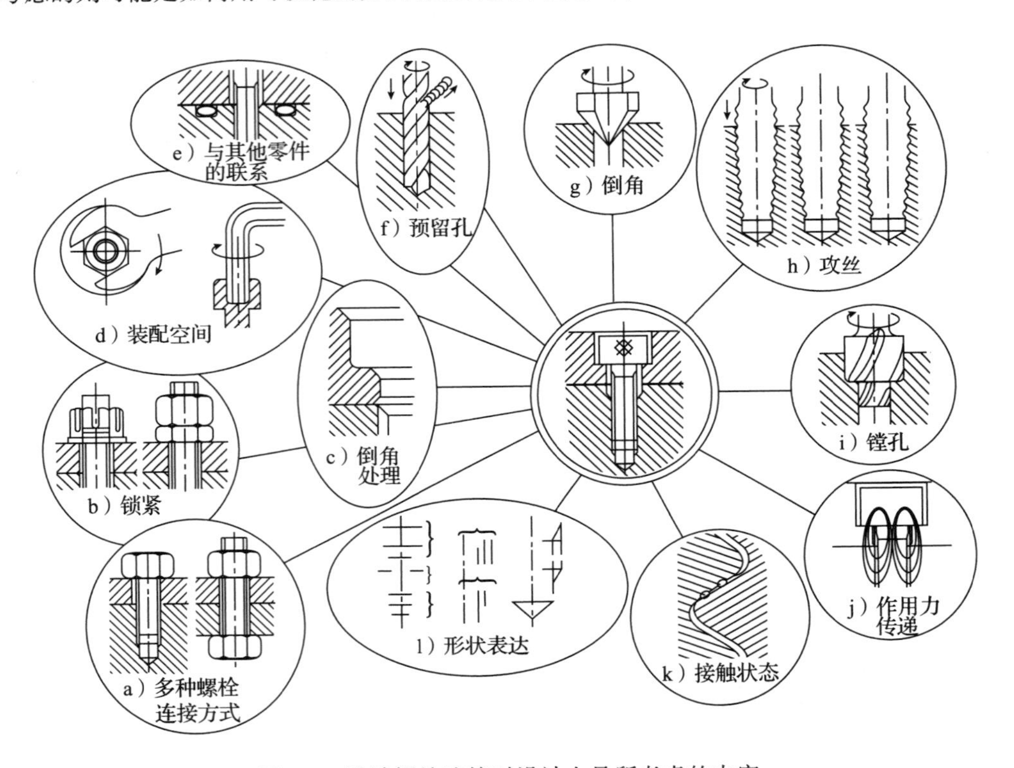

图 8.8　设计螺栓连接时设计人员所考虑的内容

（源自 Hatamura, Yotaro, *The Practice of Machine Design*, Oxford University Press, 1999。）

8.4.1　备选配置方案的生成

与概念设计一样，首次尝试的配置设计通常也无法获得最优设计方案，因此，为每一个零部件提供多个备选方案是十分重要的。Ullman[㊀]将结构设计描述为深化设计与修正设计。深化设计是一项贯穿设计过程的自然活动，它不断为产品添加特性，将一个概括性的描述变化演变为一个高度详细的设计。图 8.7 说明了在深化设计过程中细节是怎样添加的。顶部是一个托架的草图，而底部则是一个标有加工后详细尺寸图纸。修正设计是一项不改变设计的抽象概

㊀ D. G. Ullman, op. cit. pp, 260-264.

念而对设计进行改变的活动。深化设计与修正设计将改进上一步设计的缺点和不足，最终完成配置布置。

尽管修正设计是获得优秀设计的必要方法，但是值得注意的是，如果在设计中有过多的修正设计，则会使得设计工作遇到麻烦。如果你卡在某个特殊元件或功能的设计上，而且通过几次迭代仍然得不到满意的结构，那么就值得去重新检查元件或功能的设计规范了。设计规范中的指标可能定得过高，经过重新考虑，在不严重影响产品性能时，也可以降低指标要求。如果这也不可行，那么最好返回到概念设计阶段，并着手构思新概念。因为已经有了对问题的深入理解和洞察力，所以可能更容易想出更好的概念构思。

8.4.2 配置设计分析

对某个零件进行结构设计分析的第一步是零件符合功能需求和产品设计规范。需要考虑的典型因素是强度和刚度，也包括可靠性、操作安全性、易用性、可维护性和可维修性等。表 8.1 完整地列出了“功能性设计”因素和其他关键设计问题。

表 8.1 典型的功能性设计和其他重要设计问题

因素	问题
强度	所设计零件尺寸是否可以保证应力低于屈服水平？
疲劳	如果循环加载，可以保持低于疲劳极限应力吗？
应力集中	零件的构形设计可以降低应力集中吗？
屈曲	压缩载荷下，零件的构形设计可以阻止屈曲吗？
冲击载荷	材料和结构有足够的抗断裂韧性吗？
应变和变形	零件是否有所需要的刚度和柔韧性？
蠕变	如果发生蠕变，是否将导致功能性失效？
热变形	热膨胀是否损害功能？可以通过设计解决吗？
振动	是否已设计新特征来减小振动？
噪声	噪声的频谱是否已确定？设计是否已考虑噪声控制？
热传递	热的产生和传递是否为性能退化的一个原因？
流体输送 / 存储	设计是否已充分考虑该项因素？是否满足全部法规要求？
能效	设计是否已考虑能耗和能效？
耐久性	评估服务寿命。腐蚀和磨损导致的退化是否已处理？
可靠性	预期的平均失效时间是多久？
可维护性	所规定的维护是否适用于该设计类型？用户可以操作吗？
可服务性	针对该因素是否开展特殊的设计研究？维修成本合理吗？

（续）

因素	问题
生命周期成本	是否已针对该因素进行了可信的研究?
面向环境的设计	是否已在设计中清晰地考虑了产品的重用和处置?
人为因素 / 工效学	是否所有控制和调整功能标签已按逻辑布置?
易用性	所有写下来的安装和操作说明是否清晰?
安全性	设计是否高于安全法规以阻止事故?
款式 / 美学	款式顾问是否已充分确定款式满足用户口味且是用户想要的?

注意，前 14 个功能性因素设计通常被称为性能因素设计，如果是应力问题、流体力学问题、热传递问题或者传送问题，则要通过基于材料力学和机械设计原理的分析来解决这些技术问题。绝大多数此类问题可以用计算器计算，或者使用标准或简单功能模型在 PC 上求解。对于重要零件的更进一步分析则在参数设计阶段加以解决，特别是用有限元法的场映射以及其他更高级的软件工具。除了前 14 个功能性因素外的因素是关于产品或设计特性的，需要根据其含义和测度加以专门解释。所有上述因素在本书中的其他各个部分都有相应详细的解释与说明。

8.4.3 配置设计评价

某零件的备选配置设计方案应该在相同的抽象层次上进行评估。我们已经知道功能因素设计的重要性，因为我们需要用它们来保证最终设计的成功。应用于该决策的分析是初步的，因为本阶段的目标还只是在几个可行的结构方案中选择最优的方案。更多细节的分析则要推迟到参数设计阶段。评估的第二个重要准则是回答下面的问题:“是否可以用最低成本生产高质量零件或部件?”理想的情况是设计过程的初期就要能够预测零件的生产成本。但由于成本取决于生产零件的原材料和加工工艺，而且更大程度上取决于功能要求的公差和表面粗糙度，因此，在所有产品特性确定前预测成本是十分困难的。因此，根据最佳的面向制造和面向装备的设计实践，人们提出了大量的指导原则来辅助该领域设计人员。第 11 章将讨论该话题，而第 12 章则是从细节上讨论成本评估。

第 7 章中讨论的 Pugh 图或加权决策矩阵，对于选出备选设计中的最优方案有很大帮助。从表 8.1 中的列表中选择适当的标准。

8.5 配置设计的最佳实践

与概念设计相比，给出适合配置设计的方法更加困难，因为确定产品架构和零件性能的问题过于复杂。实际上，本书的剩余部分主要讨论的就是这些问题，例如材料的选择、可制造性设计、鲁棒性设计等。然而，还是有很多人认真仔细地思考过是哪些因素构成了最优的实体设计最佳实践，下面列出了部分观点。

设计的实体设计阶段的主要目标是满足技术功能、经济可行的成本以及保障用户和环境安全性的需求。Pahl 和 Beitz㊀给出了实体设计的基本原则，比如明确性、简洁性和安全性。

- 明确性指的是各个功能以及合理的能量流、物料流和信息流输入与输出之间清晰明确的关系。这意味着不同的功能需求仍然保持独立状态，并且在不需要的方式下不出现交互作用，就如同汽车刹车和方向操纵功能。
- 简洁性指的是设计的简洁、易于理解和便于生产。
- 安全性应该通过直接设计加以保障，而不是采用诸如防护装置或警示标签等辅助手段来解决。
- 最小环境影响是越来越重要的一个因素，因此被列为第 4 个基本指导原则。

8.5.1 基于 Pahl 与 Beitz 的设计原则

Pahl 和 Beitz㊁提出了大量的实体设计原则与方针，并且辅以详细的例子。特别是以下四点。

- 力传递。
- 任务分解。
- 自助。
- 稳定性。

力传递

机械系统中很多零件的功能是在两点间传输力和运动。这通常是由零件间的物理连接实现的。总体来说，作用力应该均匀分布在零件横截面上。然而，由于几何约束的原因，设计的结构通常造成作用力分布不均匀。一个可以看到力在零件和装配件之间如何传递的方法称为作用力流可视化，它将力视为流动的线，与低湍流流体或磁通量类似。在这种模型中，力会选择有最小阻力的途径在零件中传递。

㊀ G. Pahl and W. Beitz, *Engineering Design: A Systematic Approach*, 2nd ed. English translation by K. Wallace, Springer-Verlag, Berlin, 1996.

㊁ G. Pahl and W. Beitz, op. cit. 199-403.

图 8.9 展示了叉杆连接的作用力流。用线条描绘出力在结构中的流动路径，然后用材料力学的知识来确定在某个位置上主要的作用力类型是张力、压力、剪切应力还是弯矩。图 8.9 中用虚线描绘出流过各个连接点的力，按从左到右的路线，关键区域用锯齿线和数字连续标注。

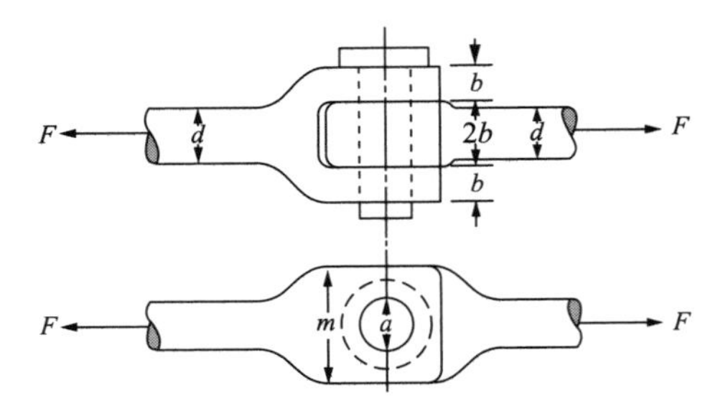

叉杆连接的侧视图和俯视图，由叉头（左）、销（中）和拉杆（右）组成

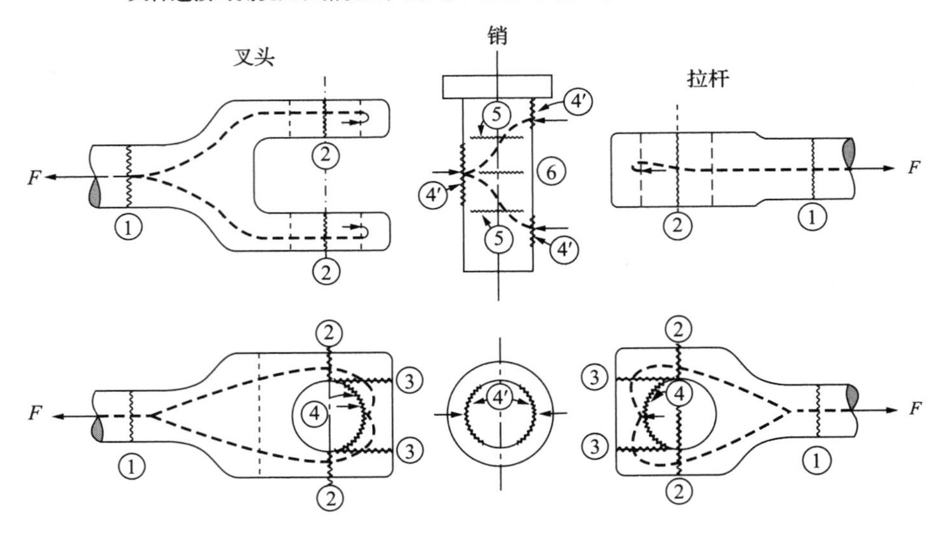

图 8.9　叉杆连接中的作用力流线和危险截面（源自 Juvinal）

- 截面 1 处为张力载荷。如果在连接处有充足的材料和足够大的半径，那么下一个关键区域就是截面 2。
- 在截面 2，由于孔的存在，此处材料变薄，力流线聚集在一起。注意，由于对称设计，力 F 可以被平均分解到四个方向，每个方向上的力在关键截面上的作用面积都为（$m-a$）b。截面 2 的载荷除了张力外还有弯矩（由形变引起）。弯矩载荷大小取决于零件材料的刚度。同样，销的弯曲也会造成叉头尖端的内边缘出现应力集中。
- 截面 3 处为剪切应力，有将用锯齿线标注的末端区域“挤”出去的趋势。

- 截面 4 上是挤压载荷。如果分布在截面 1 到截面 4 的力足够大，那么力就会传递给销。销外部表面 4′ 上的力则与截面 4 上受到的力相同。挤压载荷的分布则取决于材料的挠性。在所有情况下，连接处内部的载荷是最大的。同样，挤压应力则会出现表面 4′ 与拉杆相连销的中间段。由于销的形变，内部面 4′ 上的挤压载荷在边缘处最大。
- 区域 4′ 的挤压载荷在销上就如同载荷在梁上一样，这使得最大的剪切应力出现在两个截面 5 处，而最大的弯矩出现在截面 6 的中心处。在力从销开始传送到拉杆后，它将逐步穿过 4、3、2、1 区域，对应叉杆的连续数字标注的截面。

上述步骤提供了一个检查结构并找到潜在薄弱截面的系统化方法。这些作用力流线聚集或者突然改变方向的区域一般是失效易发区域。力流和材料力学分析又引出了下面的减小弹性形变（增加刚度）的设计原则。

- 使用最短的和最直接的力传递路径。
- 使材料所受应力均匀的形状刚性最好。使用四面体或三角形结构可以使拉、压应力均匀分布。
- 增加机器零件的横截面积或缩短零件可以提高其刚度。
- 为了避免力流线的突然变向，应该避免横截面的突然变化并使用大半径的边缘、槽和孔。
- 如果结构中出现间断处（应力集中源，例如孔），那么应该将其布置在低载荷的区域。

连接零件间的形变不匹配会造成不均匀的应力分布和不期望产生的应力集中。这种情况一般出现在冗余结构上，例如焊点。在冗余结构中，即使消除某个载荷路径仍然可以达到结构的静态平衡。如果出现了冗余的载荷路线，那么载荷将会根据载荷路径的刚度按比例进行分解，刚度高的路径承担更大比例的载荷。如果要避免非均匀分布的载荷问题，就要在设计中使得每个零件所受的力大体与其刚度成比例。注意，如果匹配件在形变上差别过大，那么刚度的不匹配会造成较大的应力集中。

任务分解

在机械设计中，经常提到如何严格地坚持功能明确原则。当认为某功能是核心功能时，应设计一个独立完成该功能的元件，同时进行鲁棒设计优化。一个零件承担几个功能（整体化架构）可以节省重量、空间和成本，但是会影响某个单独功能的性能，而且也有可能为设计带来不必要的复杂性。

自助

自助的理念是通过零件间的相互作用来改善功能。自增强元件的特性是，当某项性能要求提高或环境变化时，零件会自动满足其需求。例如O形密封圈，压力越大，密封效果越好。自损效应则恰恰相反。自我保护零件用于在过度载荷的情况下保障安全性。要达到这个目的，一个方法是在高载荷的情况下提供一个额外的力传输装置，或者在超出载荷的时候提供制动设备。

稳定性

设计稳定性的侧重点在于当系统出现扰动后，其是否可以很好地恢复。船舶在高海况下的稳定是一个经典问题。有时，不稳定性设计是有意为之的，例如，灯具开关的双向装置，该装置根据情况变化处于开或者关的状态，而不会出现中间状态。稳定性问题应该在失效模式和影响分析阶段进行检测，详见13.5节。

其他设计建议

下面列出了一些做出好设计的补充建议[㊀]。

- 根据压力或荷载分布定制形状。弯矩和扭矩将导致应力的分布不均衡。例如在自由端施加载荷的悬臂梁，在固定端获得最大应力，而在载荷点则没有一点应力存在。由于梁的大多数材料对承载荷载的贡献很少，在这种情况下，就要考虑改变横截面的尺寸，来达到应力的平均分布，这样可最小化材料的使用，同时降低重量、减少成本。
- 避免易于出现弯曲的设计。对于给定的长度，弯曲发生处的欧拉载荷与惯性矩成正比。但是，如果在横截面上的绝大多数材料都尽可能地远离弯曲轴线时，惯性矩将会增加。例如，横截面的管材的抗弯能力是圆柱体的3倍。
- 应用三角形形状和结构。当零件需要加强结构或提高刚度时，最有效的方法是使用三角形结构。在图8.10中箱形结构如果没有“剪切腹板”将力A从顶部移到地面，那么就会破裂，三角形加强筋对力B起到了相同的作用。

著名的奥古斯丁法则[㊁]中描述，10%的产品性能将耗费1/3的成本，并将产生2/3的问题。尽管这是从军用飞机的设计中引申出来的法则，对民用产品或系统的设计也同样具有指导意义。

㊀ J. A. Collins, *Mechanical Design of Machine Elements and Machines*, John Wiley & Sons, 2003, Chap. 6.

㊁ N. R. Augustine, *Augustine's Laws*, 6th ed., American Institute of Aeronautics and Astronautics, Reston,VA, 1997.

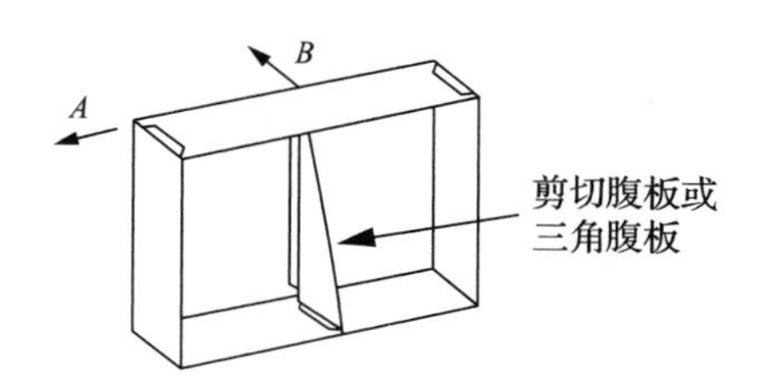

图 8.10 三角形结构在提高刚度中的应用

8.5.2 接口与连接

本章不止一次提到了要对零件间的接口给予足够的重视。接口指的是两个相邻物体间形成的共同表面。通常，接口因为两个物体的连接而产生。接口通常要影响到力的平衡以及能量、物料和信息流的稳定。零件间的接口和连接方式的设计工作需要付出很多的努力。零件间的连接方式可以分为如下几类[⊖]。

- *固定式、不可调式连接*。一般是一个物体起到支撑另一个物体的作用。这些连接通常通过钉、螺钉、螺栓、黏合或者焊接等永久性方法加以固定。
- *可调式连接*。这种类型的连接允许至少一个自由度可以被锁定。这种连接可以是现场调整，也可以只允许厂家调整。如果是现场调整的方式，那么调整功能需要设计清晰、可达。可调整的间隙范围可能会增加空间约束。通常可调整连接一般用螺钉或螺栓实现。
- *可分解式连接*。如果连接必须被分开，那么就需要更加仔细地研究相关功能。
- *定位连接*。在许多连接中，接口决定了相关零件的定位和方向。这里需要注意连接误差是会累积的。
- *铰接或转动连接*。很多连接有一个或多个自由度。这些自由度传输能量和信息的能力通常是设备功能的关键所在。与可分解连接一样，需要充分地研究分析连接处本身的功能性。

在设计界面连接方式的时候，重要的一点是理解如何通过几何来确定界面的一个或多个约束。约束连接指的是只允许在给定的方向上移动的连接。在一个界面上的每一个连接都有潜在的六个自由度，即沿着 x 轴、y 轴和 z 轴的移动以及绕着三个轴的旋转。如果两个零件有一个接口接触，六个自由度就减少到了三个——沿着 x 轴和 y 轴的移动（正向与负向）和沿着 z 轴的旋转（任何角度）。如果一块金属板在 x 轴的正向上被一个圆柱体固定，那么其受到夹紧力，将失去一个自由度（见图 8.11a）。然而，金属板仍然可以沿 y 轴自由移动、沿 z 轴自由旋

⊖ D. G. Ullman, op. cit., pp. 249-253.

转。如图 8.11b 所示，再增加一个圆柱体，就为旋转增加了一个约束，如果像图 8.11c 那样增加该圆柱体，则沿 y 轴的移动受到了约束，但仍然可以绕 z 轴旋转。只有当三个约束（圆柱体）都设定并且夹紧力足够抵消任何外力时，金属板才会被很好地固定在一个二维平面上，而且自由度为零。夹紧力是一个力向量，其法线从接触点开始，垂直于接触面。夹紧力通常由零件的重量、锁定螺钉或弹簧提供。

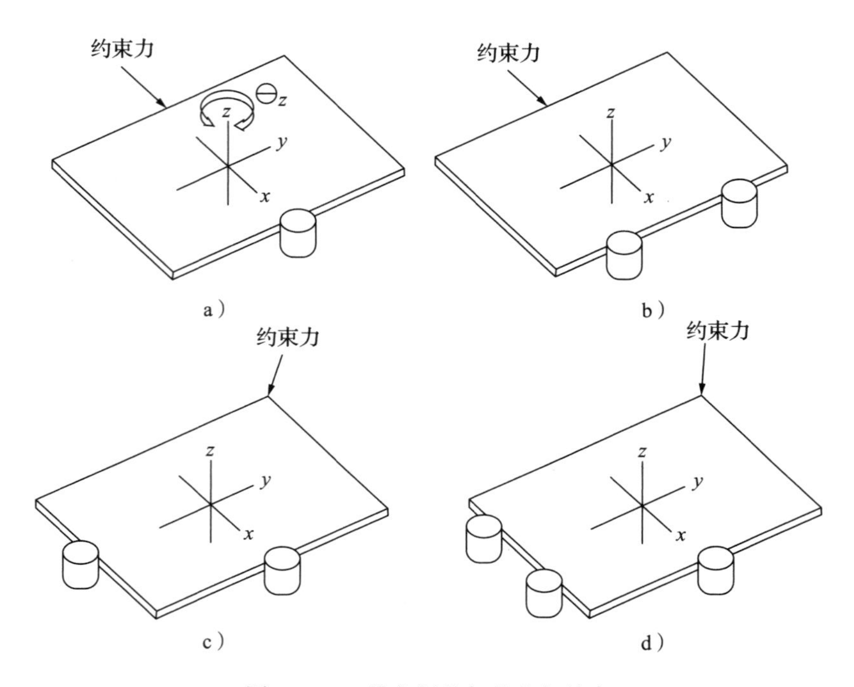

图 8.11 二维空间几何的几何约束

（源自 Skakoon, James G. Detailed Mechanical Design: *A Practical Guide*. ASME Press, 2000。）

图 8.11 很好地阐述了平面上需要三个点来完成完整的约束这个重要事实。另外，任何两个夹紧力的方向都不应作用在同一条直线上。在三维空间，需要六个约束来固定一个物体的位置[⊖]。

在图 8.11a 中，如果在图中已有的圆柱体对面再设立一个圆柱体，就限制了金属板在 x 轴上的运动。这时，金属板在 x 轴上的运动受到了约束，不过这个约束是过度约束。由于加工精确尺寸的零件必须以高成本为代价，所以加工过的金属板就会出现要么过宽导致不能放在

⊖ 当然，在运动机械中，不能把自由度减到零。这时必须将一个或多个自由度留为非约束状态，以满足设计所需的运动。

圆柱体中，要么过窄导致造成松动配合的情况。过度约束会造成很多设计问题的出现，例如，由于振动造成的零件松动、零件紧固过紧造成的表面破损、运动不精确、装配困难等。通常，很难发现这些问题的根源出现在过度约束上[一]。

常规机械系统中有很多过度约束的设计，比如法兰管螺接和气缸盖上的螺钉。多个紧固件用于分配载荷。这些设计是可行的，因为接口是平面，所有平面上偏差在配合件固紧后将被塑性变形所弥补。在转化过度约束过程中，形变扮演着重要角色。一个更加极端的例子是，在机器结构中使用压力装配销钉。该方法用一定的力使销钉嵌入零件，嵌入时造成的变形填满了零件间的空隙。然而需要注意的是，对于易碎材料（比如一些塑料和所有的陶制品）来说，它们的塑性变形不可以用来弥补过度设计所造成的影响。

出乎意料的是，设计约束这个问题在大多数机械设计文章中并未提到。有两个非常好的参考文献介绍了几何方法[二]和矩阵方法[三]。

8.5.3 配置设计检核表

作为表 8.1 的扩展，本节列出了在结构设计时需要考虑问题的检核表[四]。大多数条目在配置设计阶段就应该满足，而有一些直到参数设计阶段和详细设计阶段才能完成。

确定零件的工作失效方式

- 过度的塑性变形。确定零件的尺寸，以保证其应力低于屈服应力。
- 疲劳失效。如果有循环载荷，确定零件的尺寸，以保证预定使用寿命中强度在疲劳极限或疲劳强度以下。
- 应力集中。使用足够大的倒角和半径，以降低应力。这在容易发生疲劳断裂或脆性断裂的使用环境下尤其重要。
- 弯曲。如果可能出现弯曲，就需要改变零件的几何形状使其尽量避免发生弯曲。
- 冲击或撞击载荷。要注意这种情况出现的可能性，如果可能出现，则要改变零件的几何形状，并且选择合适的材料来降低冲击载荷。

㊀ J. G. Skakoon, *The Elements of Mechanical Design*, ASME Press, New York, 2008, pp. 8-20.

㊁ D. L. Blanding, *Exact Constraint: Machine Design Using Kinematic Principles*, ASME Press, New York, 1999.

㊂ D. E. Whitney, *Mechanical Assembly*, Chapter. 4, Oxford University Press, New York, 2004.（见 knovel.com。）

㊃ 改编自 J. R. Dixon, Conceptual and Configuration Design of Parts, *ASM Handbook Vol. 20*, Materials Selection and Design, pp. 33-38, ASM International, Materials Park, OH, 1997.

确定零件功能性可能受到影响的方式

- 公差。是否有过多的紧公差要求以保证零件正常工作。检查装配时是否有公差累积。
- 蠕变。蠕变指的是在长期高温下出现的尺寸改变。多数聚合体在高于100oC时发生蠕变。判断零件是否有出现蠕变的可能性，如果有，在设计中是否给予了充分的考虑？
- 热形变。检查以确定热膨胀或收缩是否会影响零件或部件的性能。

材料与加工问题

- 所选材料是能够避免零件失效的最合适材料吗？
- 在本设计或类似设计中，是否有以前使用该材料的历史信息？
- 零件的外形和结构是否可用已有的生产设备完成？
- 材料的标准性能和指标适合该零件吗？
- 所选材料和加工工艺能否达到零件成本预算的目标？

设计知识库

- 上述零件设计问题中，设计人员或设计团队在设计时是否具备足够的知识基础？设计团队有关力学、流体学、热力学、环境和材料的知识是否充分？
- 是否考虑过任何可能出现的不幸的、不情愿的或不合适的事情会危害到设计结果？是否使用了类似失效模式与影响分析（FMEA）的规范方法进行了检查？

8.5.4 设计目录

设计目录是设计问题的已知的已证明的解决方案的集合。它包括各种对设计有用的信息，例如，得到某项功能的物理原则、特定机械设计问题的解决方法、标准件和材料的属性等。该目录与零件和材料供货商所提供的产品目录在目的和应用范围上有本质的区别。设计目录为设计问题提供更快、更以问题为导向的解决方法和数据。另外，由于设计目录的目标是广泛的，所以可以在设计目录中找到各种设计建议和解决方案。有些设计目录，和图8.12中给出的案例一样，是为某个具体问题给出的特定设计建议，这样的设计目录在实体设计中是十分有用的。德国已经开发了很多可用的设计目录，但是还没有翻译成英文[⊖]。Pahl 和 BeitZ 列出

⊖ 虽然它们不是严格意义上的设计目录，但其中的两本书很具参考价值，分别是 R. O. Parmley, *Illustrated Sourcebook of Mechanical Components*, 3rd ed., McGraw-Hill, New York, 2005 和 N. Sclater and N. P. Chironis, *Mechanisms and Mechanical Devices Sourcebook*, 4th ed., McGraw-Hill, New York, 2007。

了 51 个有关设计目录的德国文献[1]。

功能	结构示例	特点
轴的固定	螺杆 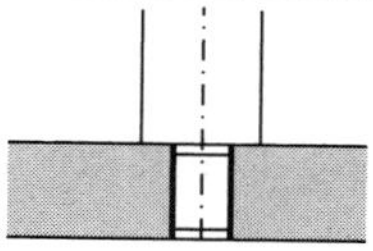	简单、零件少 通过螺杆粗略定位
	螺杆和螺母 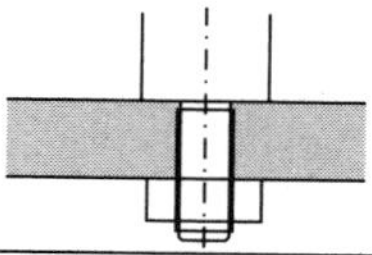	涉及更多的零件 轴易于拆卸或更换
轴与块状体的固定	螺栓 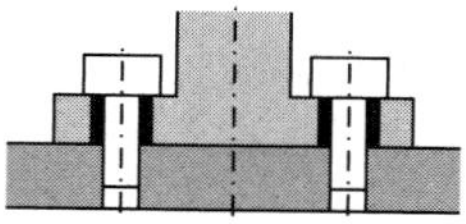	螺栓用于固定块状物体
轴、管、线缆的固定	夹钳 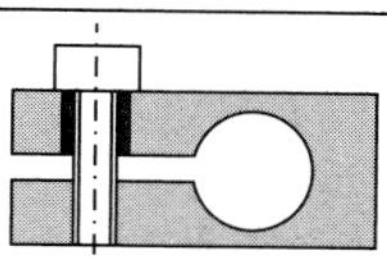	常用的方法
	简夹 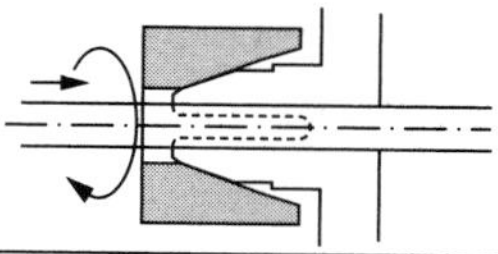	通过紧缩来固定两同轴物体
	金属环和橡胶 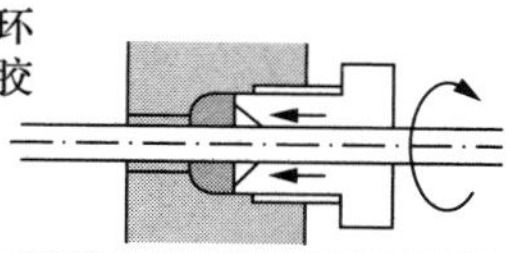	常用于固定管、电缆和电线

图 8.12　两个零件的固定和连接设计

（源自 Hatamura, Yotaro. *The Practice of Machine Design*. Oxford University Press, 1999。）

8.6　参数设计

在前面的配置设计中，中心任务是从产品架构开始，然后确定每个零件的最佳形态。物理原理和加工工艺的定性推理在这时扮演了主要的角色。暂时确定了尺寸和公差，分析如何“确定零件的尺寸”时，零件还是相对粗糙、不够详尽或精细的。那么现在我们来到了实体

[1] G. Pahl and W. Beitz, op. cit.

设计的下一个步骤——参数设计。

在参数设计中，结构设计阶段确定下来的零件的属性就成为参数设计中的设计变量。设计变量是零件的一个属性，它的数值由设计人员确定。典型的变量是零件的尺寸或公差，也可能是零件的材料、热处理或者表面粗糙度等。与概念设计或结构设计相比，这方面的设计更具解析性。参数设计的目标是确定设计变量的值，以获得既考虑了性能又考虑了成本（通过可制造性说明）的优秀设计。

将参数设计和结构设计区分开来还只是近期的事。整个工业系统为了改进产品的质量付出了巨大的努力，主要是通过鲁棒设计来达到这个目标。鲁棒性是指在更广泛的使用条件下达到产品性能的能力。所有投入市场的产品都在理想（实验室）条件下运行良好，而鲁棒设计产品在使用条件与理想条件相差很远的情况下仍然可以运行良好。

8.6.1 参数设计的系统化步骤

系统化参数设计有如下五个步骤[⊖]。

第 1 步：确切地阐述参数设计问题。设计人员需要清晰地明确所涉及的零件需要完成的功能。这些信息可以回溯到产品设计任务书和产品架构设计阶段。表 8.1 在这方面给出了建议，但是，产品设计任务书是指导性文档。从这些信息中，我们选出达到功能特性时的工程特征。这些方案评估参数（SEP）通常用成本、质量、效率、安全性和可靠性来度量。

接下来确定设计变量。设计变量（DV）是由设计人员所确定的、决定着零件性能的参数。设计变量主要影响零件的尺寸、公差或材料的选择。设计变量应该用变量的名称、符号、单位和取值的上下限等进行定义。

同样，要确定我们了解并记录问题定义参数（PDP）。这些参数指的是零件或系统运行的操作或环境条件，例如载荷、流量和温度增加等。

最后，制订一个问题求解计划。这个计划包括应力分析、振动分析或热传导分析等。范围从一个聪明且经验丰富的工程师的有根据的推测，到耦合了应力、流体和热传递等复杂问题的有限元分析，工程分析有非常多的方法。在概念设计阶段，设计人员应用的是基础的物理学和化学知识，并且“感觉”设计是否可行。在结构设计阶段，设计人员应用的是工程学中的简单模型。而在参数设计阶段，则需要应用更加精确的模型，包括对关键零件进行有限元分

⊖ J. R. Dixon and C. Poli, op. cit, Chapter. 17; R. J. Eggert, *Engineering Design*, Pearson/Prentice Hall, Upper Saddle River, NJ, 2005, PP. 183–99.

析等。分析中详细程度的影响因素可能是时间、资金、可用的分析工具和给定的约束，以及分析结果是否足够可信和有用等。通常，设计变量太多，而无法用一个解析模型确定所有的设计变量。这就需要进行全尺寸模型测试。最后的设计测试将在 8.11.4 节讨论。

第 2 步：生成备选设计方案。为设计参数设定不同的值以获得不同的备选设计方案。需要注意的是，在结构设计阶段，已经确定了结构设计的唯一方案。此时，需要做的是针对该结构的质量关键点来确定最优的尺寸和公差。设计变量的取值源自设计人员或公司的设计经验、工业标准或者工业实践。

第 3 步：分析备选设计。使用分析模型或者实验模型来预测每一个设计方案的性能。要检查每一个设计是否满足所有的性能约束和期望值。这样的设计称为*可行性设计*。

第 4 步：评估分析结果。对所有可行的设计方案进行评估，以确定最好的方案。通常，选取某关键性能特性作为*目标函数*，然后使用优化方法来取最大值或最小值。同样，可以把设计变量合理组合给出*优良指数*（品质因数），其数值用来确定最佳方案。注意，就像在 www.mhhe.com/dieter6e 的参数化设计示例中看到的那样，通常需要在分析和评估之间进行多次反复。

第 5 步：改进 / 优化。如果候选设计中没有一个是可行的，那么就必须制定一系列新的设计方案。如果存在可行设计，就可以通过有计划地改变设计变量的值来最大化或最小化目标函数，以优化设计方案。优化设计这个重要议题将在第 14 章中讨论。

值得注意的是，参数设计的流程与整个产品设计相同，但是其范围相对较小。设计程序的递归性十分显著。

8.6.2 参数设计的其他重要方面

本节介绍参数设计的四个重要附加主题。涉及形状、尺寸和公差的实体设计决策与制造和装配方面的决策整合是绝对必要的。通常，在设计团队中引入一名制造方面的人员来解决这个问题。有时可能无法引入该制造人员，所以每个设计人员都必须熟悉制造和装配方法。为了解决这个问题，人们总结了面向制造的设计（DFM）和面向装配的设计（DFA）的一般原则，有很多公司在其设计手册中也给出了详细的指导原则。辅助此类工作的设计软件也已经被开发出来，并且应用广泛。第 11 章详细地介绍了可制造性设计面向制造的设计和面向装配的设计的相关问题，这些问题在实体设计活动中应起到指导和参考作用。

如此认真地强调面向制造的设计和面向装配的设计重要性的原因是，在 20 世纪 80 年代，美国制造商们发现，获得高质量、低成本的产品应该将制造需求与设计过程联系起来。在此前相当长时间内，设计和制造部门在制造企业中是独立分开的。这种分割的文化可以从工程设计师的一句玩笑话中看出："我们做完设计后，把它抛到墙的另一面，然后制造工程师们对我们的设计为所欲为。"如今，人们意识到将两个部门联合起来才是唯一出路[㊀]。

8.6.3　失效模式与影响分析

*失效*是指设计和制造过程中造成零件、部件或系统无法实现预定功能的所有情况。失效模式及影响分析（FMEA）是确定所有零件失效可能性并评价失效对系统状态影响程度的方法。通常，失效模式及影响分析在实体设计阶段就可以完成。有关失效模式及影响分析的更多知识将在 13.5 节中给出。

8.6.4　面向可靠性与安全性的设计

*可靠性*是用来评价零件或系统在工作时不出现失效的能力的度量。可靠性可以用零件性能在给定时间内不出现故障的概率来表示。第 13 章详细地介绍了预测和提高可靠性的方法。*耐久性*指的是人们在产品老化前使用产品的次数，这也是衡量产品使用寿命的一种方法。耐久性像可靠性一样，也用失效来衡量，它相对可靠性来说是个更加综合的概念，是一个应用概率和高级统计学建模的技术概念。然而，相对于可靠性，耐久性更有可能用来评估产品的使用寿命。

产品设计引入安全性概念的目的是避免伤害到用户或造成财产损失。安全性设计会使用户树立信心，以避免造成产品信任损失。研发安全设计产品时，设计人员必须首先明确哪里存在潜在危险，然后设计出使用户远离危险的产品。安全设计过程中，设计人员需要对安全性设计和所需功能进行权衡。有关安全性设计的相关细节在 13.7 节中介绍。

8.6.5　质量与鲁棒性设计

要获得高质量的设计，就要在理解消费者需求方面下很多功夫，但是要做的远远不止这些。在 20 世纪 80 年代，人们意识到，唯一能保证产品质量的方法是"*将质量设计在产品中*"，而不是当时人们普遍认为的通过在制造过程进行认真的检测。"质量运动"对设计的其他贡献是：在第 3 章中介绍过的、简单的全面质量管理工具，它简单易学，且可以帮助简化人们对设计过程中各种相关问题的理解；还有在第 5 章中介绍过的质量功能展开（QFD），用于将用户的需求和设计变量联系起来。质量和设计之间的另一个重要联系是，使用统计学知识来确定设计的公差，

㊀ 事实上，在日本（目前已被认为是制造和产品设计的领导者），所有大学的工程毕业生非常普遍地选择制造公司的车间现场作为职业生涯的开始。

以及与完成特定质量（缺陷）等级的生产线能力之间的关系。该议题将在第 14 章中介绍。

鲁棒设计是指性能对制造流程和使用环境影响变化不敏感的设计。与质量相关的一个基本原理是"变化是质量的敌人"，那么避免"变化"就是获得高质量的一个指导性原则。以获得鲁棒性为目的设计方法称为鲁棒设计。这是一名日本工程师田口玄一（Genichi Taguchi）与其同事提出的，并已被世界范围内的制造公司所采用。他们设计了一系列基于统计学的试验，试验中研究了许多设计方案并分析了它们对条件变化的敏感度。在参数设计阶段，就应该把鲁棒性设计方法用于质量关键点的参数确定上。鲁棒设计方法，特别是田口的方法将在第 14 章进行介绍。

8.7 尺寸与公差

尺寸是指在工程图中标注零件大小、位置和方向等特征。因为产品设计的目标是获得一个有市场效益的产品，而且设计又必须能制造、加工出来，这就需要用工程图对产品进行详细的描述。图纸上的尺寸与工程图所给出的几何信息一样重要。每一张图纸都必须包含以下信息。

- 每一个特征的大小。
- 特征之间的位置关系。
- 特征大小和位置的所需的精度（公差）。
- 材料类型以及获得预期机械性能的加工工艺。

公差指的是尺寸上出现的可以被接受的偏差。公差必须被标注在零件的尺寸或几何特征上，来限制尺寸上允许的变化，因为实际加工过程中不可能反复多次地获得完全相同的尺寸。小（紧）公差使零件的互换性更好，功能改进相对容易。相对运动零件间的更小的公差可以减少运动件的振动出现。然而，公差越小，加工成本越高。较大的公差降低了制造成本，并且使零件的装配更加容易；但是也要以降低系统性能为代价。设计人员的一个重要责任就是反复权衡成本和性能间的关系来选择合适的公差。

8.7.1 尺寸

工程图上的尺寸标注必须清晰地标明每一个零件所有特征的大小、位置和方向。美国机械工程师协会（ASME）颁布了尺寸标注的标准[㊀]。

㊀ ASME Standard Y14.5M 2009; P. J. Drake Jr., *Dimensioning and Tolerancing Handbook*, McGraw-Hill, New York, 1999.

图 8.13a 给出了零件总体尺寸的标注方法。这些信息对于如何加工零件来说将起到十分重要的作用，因为它给出了加工零件所用材料的大小和重量。接下来，给出特征的尺寸，圆角的半径用 R 表示，孔的直径用希腊字母 Φ 来表示。图 8.13b 中孔的中心线由尺寸 B 和 C 标出。A 和 D 给出了斜面倾角顶点的水平位置。斜面倾角的尺寸由零件顶部水平线以及斜线夹角给出。

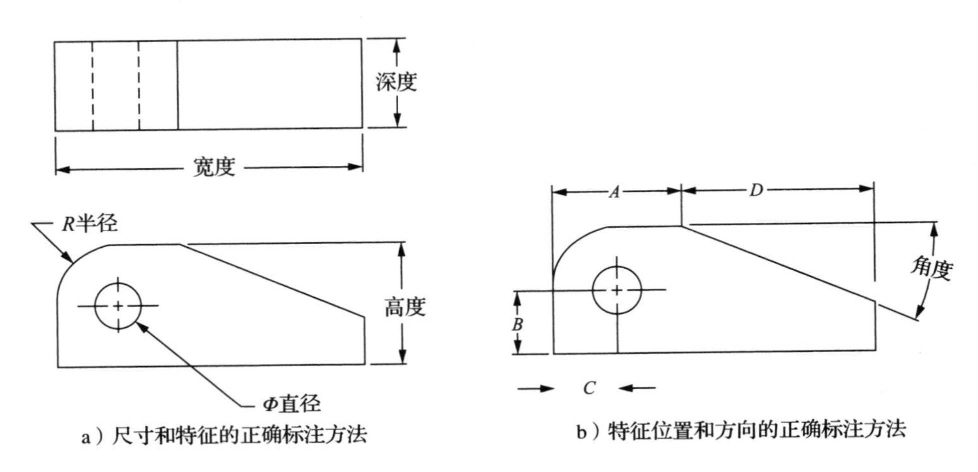

a）尺寸和特征的正确标注方法　　b）特征位置和方向的正确标注方法

图 8.13　两种正确标注方法

作为工程图的一种表达方法，剖视图假想零件的一部分被切掉，这样对于描述零件隐藏部分的细节特征很有帮助。图 8.14 的剖视图将设计人员的意图清晰地传达给了使用机器加工零件的操作人员。剖视图对于位置尺寸的标注也很有效。

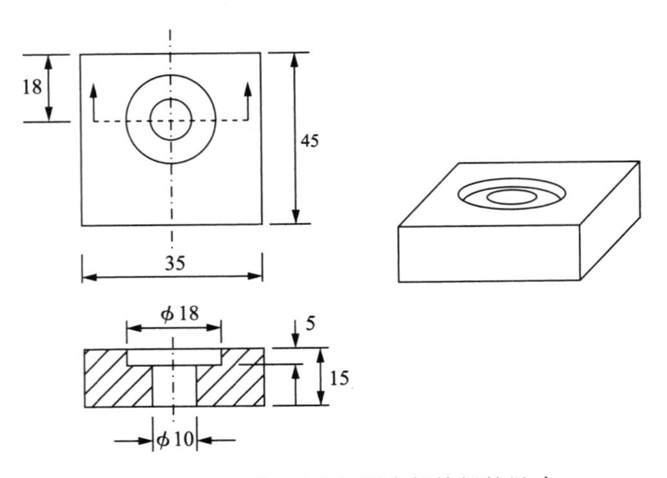

图 8.14　用剖视图来阐明内部特征的尺寸

（源自 Zhang, Guangming. University of Maryland。）

图 8.15 阐明了绘图时从相关联尺寸中去除多余和不必要标注的重要性。由于给出了总长度，因此就没有必要再给出最后一个定位尺寸。如果四个定位尺寸都进行了标注，那么由于公差累积的原因零件就出现过度约束。图 8.15 同样阐明了在标注零件总体尺寸时如何使用基准平面，在该图的例子中，基准平面的 x 轴和 y 轴相交于零件左下角的点。

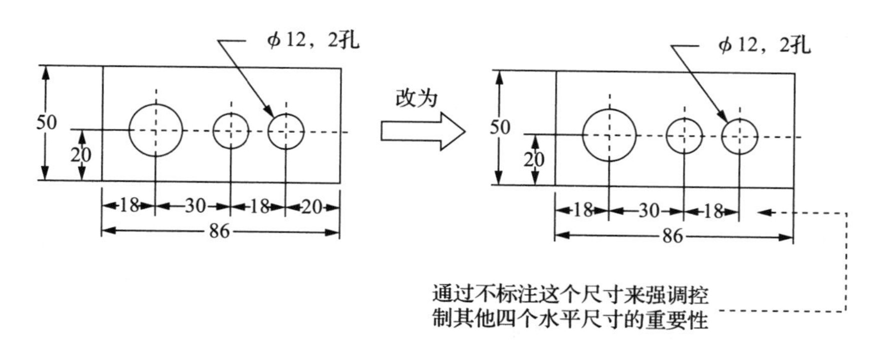

图 8.15 冗余尺寸不标注

（源自 Zhang, Guangming. University of Maryland。）

8.7.2 公差

*公差*是给定尺寸的许用偏差。在保证零件功能的前提下，设计人员必须确定零件基本尺寸许用偏差量。设计目标是在零件满足功能需求时，尽可能选定大公差，因为过小的公差会增加生产成本，且使得装配更加困难。

零件上的公差指的是*基本尺寸*上下偏差的界限。注意，尺寸在公差上下限范围内的零件是可用的、合格的。*基本尺寸*是理论尺寸，通常是一个零件计算得到的尺寸。一般来说，孔的基本尺寸是孔的最小直径，而其配合轴的基本尺寸是轴的最大直径。基本尺寸不一定与*公称尺寸*一致。比如，一个 0.5in 螺栓的名义直径为 0.5in, 但是它的基本尺寸不同，为 0.492in。美国国家标准化组织（ANSl）给出了基本尺寸优先表，该表在所有机械零件设计手册中都可以找到。常用一系列基本尺寸的目的是使用标准零件和工具[⊖]。

公差有几种表达形式。

- *双边公差*。偏差出现在基本尺寸的两个方向上。意思是，上极限超过基本值，下极限低于基本值。

⊖ 在机加车间要想保证工具库中每个十进制尺寸的增量都为 0.001in 是不现实的，使用标准尺寸可以使其保持在可控数量内。

- 对称双边公差。基本尺寸的上下极限偏差值相同。如 2.500 ± 0.005。这是最简单的公差标注形式。同样，许用偏差的上下极限也可以用 $\dfrac{2.505}{2.495}$ 表示。
- 不对称双边公差。基本尺寸的上下极限偏差值不同，如 $2.500^{+0.070}_{-0.030}$。

- *单边公差*。基本尺寸作为一侧的极限，偏差只出现在另一侧，如 $2.500^{+0.070}_{-0.030}$。

每一种加工工艺都有一个固有的保证某种公差范围的能力，并且可以加工出特定的表面粗糙度（光洁度）。超出普通工艺才能获得的公差需要特殊的加工工艺，这将造成加工成本的大量增加。更多细节将在 11.4 节中介绍。因此，实体设计阶段对所需公差的确定对于加工工艺的选择和生产成本有非常重要的影响。幸运的是，并不是所有的零件尺寸都需要小的公差。典型的参数是关于质量关键点的，那些与产品质量关键点密切相关的功能参数需要小公差。对不重要尺寸的公差，选定常规工艺所能达到的公差值即可。

工程图要给出所有尺寸的公差。通常，只有重要的尺寸才需要标注公差。其他尺寸都使用共同（默认）的公差描述，比如“未注明尺寸公差为 ±0.010”。这条信息通常在工程图的明细栏中给出。

参数设计中，组合在一起的零件公差问题大概可分为两类：第一类问题是讨论“*配合*”，即公差控制在什么程度才能保证两个零件在装配过程中配合良好。第二类问题是讨论“*公差积累*”，具体是当需要将几个零件装配在一起时，由于个体零件的公差叠加可能会造成装配干涉。

配合

涉及配合的典型机械部件是诸如在轴承中旋转的轴或在气缸中运动的活塞等。轴和轴承的配合由两个零件间的*间隙*表示，这对机器的性能非常重要。图 8.16 说明了这种情况。

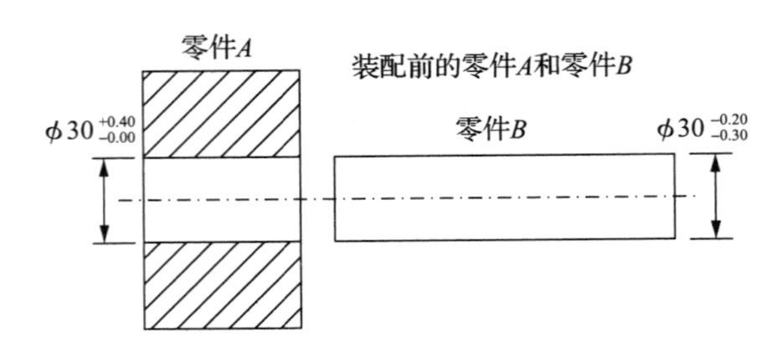

图 8.16　装配前的轴承（零件 *A*）和轴（零件 *B*）

配合中的*间隙*是指轴和轴承内表面间的距离。由于两个零件都有公差，因此间隙既有上限

（当轴承内径达到最大值、轴外径达到最小值时），也有下限（当轴承内径达到最小值、轴外径也达到最大值时）。从图 8.16 中可以看到：

$$最大间隙 = A_{max} - B_{min} = 30.40mm - 29.70mm = 0.70mm$$
$$最小间隙 = A_{min} - B_{max} = 30.00mm - 29.80mm = 0.20mm$$

因为公差指的是尺寸上、下限之间的值，所以轴与轴承间的间隙公差为 0.70mm - 0.20mm = 0.50mm。与配合相关的公差有三类。

- *间隙配合*。如上所示，间隙的最大和最小间隙都是正数。这样的配合通常都能提供正间隙并且允许自由旋转或滑动。ANSI 确定了九类间隙配合，从小到无法察觉间隙的滑动配合（RC 1）到松的转动配合（RC 9）。
- *过盈配合*。此类配合的轴径大于孔的直径，因此，最大和最小间隙都是负数。这类配合可以通过加热内表面的零件或者冷却轴类零件，或者压紧来实现装配，这样可以获得非常牢固的装配体。ANSI 有五个级别的过盈配合，从轻度紧密配合的 FN 1 到重度过盈配合的 FN 5。
- *过渡配合*。此类配合中，最大间隙是正数，最小间隙是负数。过渡配合提供的是要么有轻微间隙，要么有轻微干涉的配合。ANSL 将此类配合分为 LC、LT 和 LN 三个级别。

另一个给出间隙配合的方法是给定*加工余量*。有加工余量的配合可能是两个装配零件间最紧密的配合，有最小的间隙或最大的干涉。

公差累积

*公差累积*出现在两个或多个零件必须接触装配在一起的情况下。累积源于多个公差的叠加。将这种情况称为累积是因为尺寸及其公差都被“叠加”起来，并加大了总体偏差。通常，累积分析用于对没有公差要求的尺寸制定公差，或用于计算间隙（或干涉）的上下限。它可以帮助设计人员确定单一零件或部件中两个特征间出现的最大可能偏差。

以图 8.15 中的零件为例。在左边的图中，假定每个孔在 x 轴方向的位置公差为 ±0.01mm。那么尺寸从左到右分别为 $A = 18 \pm 0.01$，$B = 30 \pm 0.01$，$C = 18 \pm 0.01$，$D = 20 \pm 0.01$。如果所有长度都取公差的上限，那么总长度为：

$$L_{max} = 18.01 + 30.01 + 18.01 + 20.01 = 86.04mm$$

如果所有长度都取公差的下限，那么总长度是：

$$L_{min} = 17.99 + 29.99 + 17.99 + 19.99 = 85.96mm$$

总长度的公差为 $T_L = L_{max} - L_{min} = 86.04 - 85.96 = 0.08\text{mm}$ 且长度为 $L = 86 \pm 0.04\text{mm}$。这样就看到了公差的“累积”。装配体的尺寸链公差为：

$$T_{assembly} = T_A = T_B + T_C + T_D = 0.02 + 0.02 + 0.02 + 0.02 = \sum T_i \tag{8.1}$$

现在认识到不标出系列尺寸中所有尺寸的原因和好处了。在图 8.15 的右边，假设给长度尺寸设定公差，$L = 86 \pm 0.01\text{mm}$。在保证其他三个尺寸的公差限不变的情况下，确定 L 的尺寸在其公差限内，可得到右端的尺寸 D:

$$D_{min} = 85.99 - 18.01 - 30.01 - 18.01 = 85.99 - 66.03 = 19.96$$

$$D_{max} = 86.01 - 17.99 - 29.99 - 17.99 = 86.01 - 65.97 = 20.04$$

$$T_D = 20.04 - 19.96 = 0.08\text{t} \text{ 和 } D = 20.00 \pm 0.04$$

D 的公差是其他孔定位公差的 4 倍

注意，如果以左端为基准面，将三个孔的中心线依次向右排列，公差累积就变成了另一回事。

如果定义 $L3 = A + B + C$ 则 $T_{L3} = 0.02 + 0.02 + 0.02 = 0.06$

$$\text{且 } T_D = T_L - T_{L3} = 0.08 - 0.06 = 0.02$$

但是，如果首先标注左侧的第一个孔，然后马上标注最右侧的孔，可能就会遇到需要改变公差才能完成设计意图的公差累积问题。为此，需要将所有尺寸投影到一个基准面上来消除公差累积，并且保障设计意图。

极限最差公差设计

在极限最差公差设计情况下，假设每个零件的尺寸最大或最小。这是个非常极端的假设，因为在实际加工过程中，正常加工的零件尺寸接近基本尺寸零件的情况要远多于零件尺寸达到极限值的情况。图 8.17 给出了系统控制公差累积的一种方法。

例 8.1　如图 8.17 所示，柱销固定在壁面上，依次有零件垫圈、套筒和挡圈卡环，已给出尺寸和公差。使用极限公差法确定壁面与挡圈卡环间隙 $A\text{–}B$ 的均值及其极限值。

解决此类问题的步骤如下[㊀]:

㊀ B. R. Fischer, *Mechanical Tolerance Stackup and Analysis*, Chapter 7, Marcel Dekker, New York, 2004.

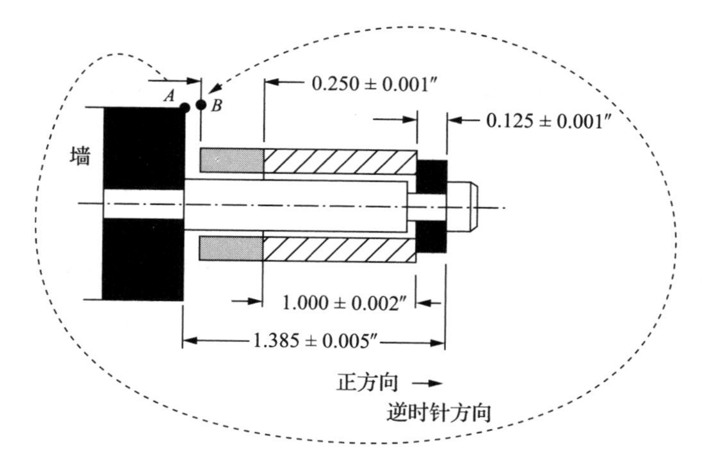

图 8.17 用二维尺寸链方法来确定公差叠加

1. 选择需要确定偏差的间隙或尺寸。
2. 标出间隙两端 *A* 和 *B*。
3. 选择一个横跨需要分析间隙的尺寸。确定正方向（一般向右）并在图中标出。
4. 沿着点 *A* 到点 *B* 的尺寸链条顺序而行，见图 8.17 中的虚线。这样就可以得到一条连续的路线。本实例中为：壁面到柱销的分界面、垫圈的右侧面到其左侧面、套筒的右端到其左端、挡圈卡环的右端到点 *B*、点 *B* 到点 *A*。
5. 将所有尺寸和公差转换成双边对称形式。
6. 创建表 8.2，认真填写所有链条中的尺寸和它们的公差并注意其方向。

表 8.2 基本间隙尺寸及其公差的确定

	方向		公差
	正向（+）	负向（–）	
墙到垫圈	1.385 in		± 0.005
穿过垫圈		0.125	± 0.001
穿过轴套		1.000	± 0.002
穿过止动环		0.250	± 0.001
总计	1.385	1.375	± 0.009
正向总计	1.385	间隙公差	± 0.009
负向总计	1.375	最大间隙 = 0.010 + 0.009 = 0.019	
基本间隙	0.010	最小间隙 = 0.010 – 0.009 = 0.001	

注意，如果要使用该公差分析方法就必须将公差变成双边对称形式。要想将非双边

对称或者单边公差转换成双边对称形式，首先需要找出公差上下限的涵盖范围。例如，$8.500^{+0.030}_{-0.010} = 8.530 - 8.490 = 0.040$。将此数值除以 2，然后将其加入公差下限以获得基本尺寸 $8.490 + 0.020 = 8.510 \pm 0.020$。

统计法公差设计

基于统计学的可交换性理论，可以提出一种重要的确定装配公差的方法。该方法假设某个生产工艺生产的零件尺寸符合正态分布，平均值为 μ，标准偏差为 σ。这样，绝大部分可用零件是可以互换的。因此，该方法可以获得更大的许用公差，不过却是以损失小部分无法进行初装配的匹配零件为代价的。有关统计法公差设计的更详细介绍见 www.mhhe.com/dieter6e，该材料中给出了一个完整例子。该方法还需要遵守以下附加条件。

- 制造零件的加工工艺可控，所有的零件都不会超出统计学控制范围。因此，加工的基本尺寸与设计的基本尺寸相同。同样，还需要公差带的中值与机加工的基本尺寸平均值一致。更多有关加工能力的内容见第 14 章。
- 生产工艺加工的零件尺寸符合正态分布或高斯分布。
- 装配时零件随机选取。
- 产品制造系统必须允许小部分生产零件不能轻松地装配在产品中。这可能导致这些零件的选择性装配、返工或者报废。

工艺能力指数 C_P 一般用来描述零件的公差限与加工这些零件所用工艺的可变性之间的关系。可变性由该工艺加工出的关键尺寸的标准偏差 σ 给出。通常认为，标准公差限是尺寸分布平均值加上或减去 3 倍的标准偏差。对于正态分布，当设计公差极限依标准公差限进行制定时，99.74% 的尺寸将在公差限内，其余 0.26% 则在公差限外。更多信息见 14.5 节。因此，

$$C_P = \frac{\text{期望的加工范围}}{\text{实际的加工范围}} = \frac{\text{公差}}{3\sigma + 3\sigma} = \frac{\text{USL} - \text{LSL}}{6\sigma} \tag{8.2}$$

这里用 USL 和 LSL 分别表示特定的上限和下限。可行加工工艺的 C_P 值至少不小于 1，式（8.2）给出一个预测公差的方法，它依据生产线上所制造零件的标准偏差来计算。

“零件装配体”尺寸的标准偏差与“独立零件”尺寸的标准偏差关系如下：

$$\sigma^2_{\text{assembly}} = \sum_{i=1}^{n} \sigma_i^2 \tag{8.3}$$

其中，n 是装配体中零件的数量，σ_i 是每个零件的标准偏差。从式（8.2）中可以看到，当时，

$C_P = 1$ 时，公差为 6σ，且装配体的公差为：

$$T_{\text{assembly}} = \sqrt{\sum_{i=1}^{n} T_i^2} \tag{8.4}$$

因为装配体的公差变化与各零件公差平方和的平方根成正比，所以公差的统计学分析通常被认为是平方和的根，即 RSS 法。

例 8.2 现在用统计法公差设计解决图 8.17 所示的公差设计问题。采用与例 8.1 完全一样的进程，然后记录尺寸链及其公差。加入一列记录公差的平方值。可以看到，与极限公差设计相比，唯一的不同点出现在求解方法表上，如表 8.3 所示，需要增加一列公差平方。

表 8.3 统计法公差设计的间隙和公差

	方向		公差	公差平方
	正向（+）	负向（–）		
墙到垫圈	1.385 in		± 0.005	25×10^{-6}
穿过垫圈		0.125	± 0.001	1×10^{-6}
穿过轴套		1.000	± 0.002	4×10^{-6}
穿过止动环		0.250	± 0.001	1×10^{-6}
总计	1.385	1.375 in	± 0.009 in	
正向总计	1.385	$T_{\text{assembly}} = (31 \times 10^{-6})^{1/2} = 5.57 \times 10^{-3} = \pm 0.009$ in		
负向总计	1.375	最大间隙 = 0.010 + 0.006 = 0.016		
基本间隙	0.010	最小间隙 = 0.010 – 0.006 = 0.004		

我们看到，使用了统计法公差设计后，与极限公差方法相比，所得的间隙公差明显地减小了，为 0.012，而最坏情况设计为 0.018。使用此类方法的风险是装配时可能有 0.24% 的零件出现问题。

假如设计人员认为该公差根本就不是质量关键点，仍然可以采用统计法公差设计，从而放宽装配体中零件的公差要求，同时满足间隙公差值 ±0.009in。只要间隙不是负值，就不会影响产品的功能。可问题是装配体中哪个零件的公差是可以增加的？快速浏览一下各个公差就可发现柱销长度公差是最大的，但是要想确定哪个公差在保证间隙存在时起到了最大作用，还需要进行灵敏度分析。表 8.4 给出了相应的方法和结果。

零件的标准偏差通过公差限除以 6 获得，参见式（8.2）。每个零件偏差贡献率通过将标准偏差的总平方分配到每个零件而获得。计算结果清晰表明，柱销的长度公差对间隙存在的影响最大。

表 8.4　装配中各零件的偏差贡献率

零件	T	公差带	σ	σ^2	偏差贡献率（%）
销	± 0.005	0.010	1.666×10^{-6}	2.777×10^{-6}	80.6
垫圈	± 0.001	0.002	0.333×10^{-6}	0.111×10^{-6}	3.2
轴套	± 0.002	0.004	0.667×10^{-6}	0.445×10^{-6}	13.0
止动环	± 0.001	0.002	0.333×10^{-6}	0.111×10^{-6}	3.2
				3.444×10^{-6}	

接下来，设计人员需要确定在柱销与卡环不干涉的情况下，柱销的公差最多能放宽到多少。为了安全起见，设计师决定保持间隙长度为 0.009in，数值出自例 8.1。然后设定 $T_{\text{assembly}} = 0.009$（见表 8.3）来计算柱销长度的新公差。很明显，公差可以从 ±0.005 增加到 ±0.008，公差的增加正好符合便宜的冷锻工艺的要求，这样就可以替代用于获得原始柱销长度公差的机床工艺加工。这是个典型的常规工程设计过程中反复设计的实例。用实际的模型分析来替代原有模型（极限情况与允许小缺陷存在的情况）进行分析，通过该附加的分析来解释成本节约的合理性。

统计法公差设计还有最后一个步骤。间隙的平均值和公差都已经确定了，接下来需要做的是，确定在加工过程中有多少零件会出现缺陷。给定的平均间隙为 $\bar{g} = 0.010$，公差为 0.009，标准偏差由式（8.2）给出，$C_P = 1 = \dfrac{0.019 - 0.001}{6\sigma}$，其中 $\sigma = 0.003\text{in}$。因为尺寸是符合正态分布的随机变量，所以当问题可以转化为标准正态分布变量 z 时，

$$z = \frac{x - \mu}{\sigma} \tag{8.5}$$

其中，μ 是间隙的平均值。在此实例中，$\bar{g} = 0.010\text{in}$，$\sigma = 0.003$，且 x 是 z 轴上的任意截断点。造成失效状态的有两个截断点，第一个点是当 $x = 0$ 时，间隙消失。如图 8.18 所示，该点是 $z = -3.33$。

当 $x = \bar{g} = 0$ 时，$z = \dfrac{0 - 0.01}{0.003} = -3.33$。$z \leqslant -3.33$ 的可能性非常小。从图中 z 的分布区域可以看到，这种情况的可能性为 0.000 43 或 0.043%。

当 $x = \bar{g} = 0.009$ 时，z 的值为 $z = \dfrac{0.09 - 0.010}{0.003} = 3.0$。另外，超过 0.001 9 的概率非常小，为 0.14%。从图中可以得到结论：由于间隙的均值和公差造成设计失败的可能性非常小。

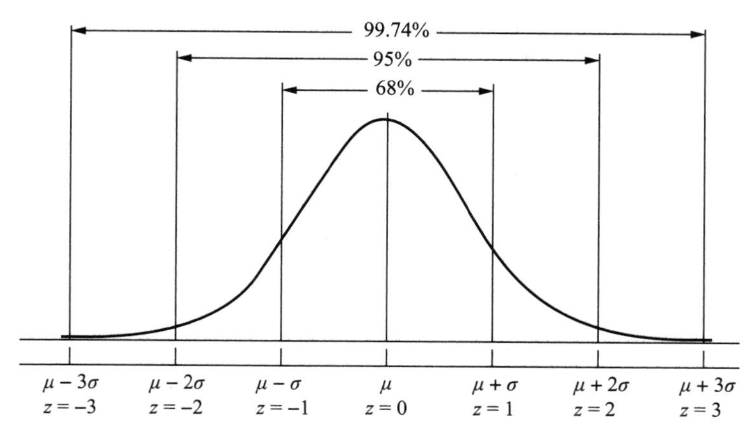

图 8.18　z 的正态分布

高级公差分析

图 8.17 中的例子是一个相对简单的问题，例子中只有沿 x 轴方向上的四个尺寸偏差的累积。如果你见过汽车的齿轮箱，就会知道机械系统有多复杂。当问题中涉及很多尺寸且机械系统是典型的三维结构时，就需要使用能够追溯设计过程的好方法。为了达到这个目的，人们开发出了*公差图表*[⊖]。该方法基本上对尺寸和公差进行加加减减，与例 8.1 类似，但同时还添加了更多的细节分析。使用电子表格可以提高公差计算速度，但是对于复杂的问题则应使用计算机程序。

对于三维公差的分析问题，使用特定的计算机程序是必要的。有一些软件是公差分析专用的，但是大多数 CAD 系统都有公差分析软件包。这些软件基本都支持几何尺寸标注和公差分析系统，相关内容将在下一节讨论。

8.7.3　几何尺寸与公差

本节所介绍的内容用于标注特征的大小和位置，但并不考虑诸如平面度和直线度等零件形状的变化形式。例如图 8.17 中的柱销，直径尺寸没有超出公差极限，但是仍然没有办法被装在套筒里面，因为柱销有一点弯曲，超出了直线度的公差带范围。在工程实践中，这些公差由 ASME 标准 Y14.5—2009 的*形状和位置公差*（GD&T）来描述，避免只使用尺寸公差造成的不确定情况的出现。形状公差涉及工程图的两个重要信息：图中需要清楚地标注出尺寸测量的

⊖ D. H. Nelson and G. Schneider, Jr., *Applied Manufacturing Process Planning*, Chapter 7, Prentice Hall, Upper Saddle River, NJ, 2001; B. R. Fischer, op. cit, Chapter 14.

基准面和图中需要详细说明所有几何特征的公差带。

基准

基准是理论上确定零件几何特征起始位置的点、线和面。在图8.15中，使用的基准是$x-z$平面和$y-z$平面，其中方向垂直于纸面。然而，绝大多数工程图纸不会像图8.15这样简单，因此有必要引入一个能清晰指定基准面的系统。基准存在的目的就是明确地告诉设计人员或者工艺检查员测量的起点在哪里。在选定零件基准时，设计人员需要认真考虑如何加工和检验该零件。例如，基准面可以是用于加工零件的工作台，或者是用于检查的精密平台。

一个零件在空间上有六个自由度，它可以上下、左右和前后移动。根据零件形状的复杂度，可以有多达三个的基准面。第一个基准面A通常是支配装配体中零件与其他零件如何连接的重要平面。其他两个平面中的一个（B或C），必须与主基准面垂直。如图8.19所示，工程图的基准面由基准特征标识符标出，其中三角形代表平面，方形中的字母代表基准面的顺序。

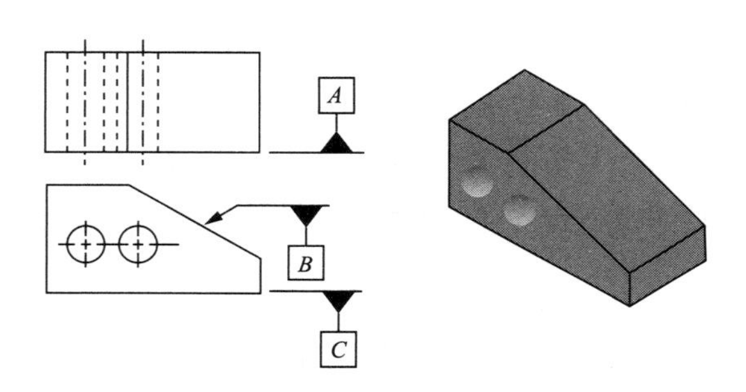

图8.19　基准特征标识

形位公差

形位公差可由如下几何特征的特性加以定义：

- 形态——平面度、直线度、圆度、圆柱度。
- 轮廓——线或面。
- 定向——平行度、角度。
- 定位——位置度、同心度。
- 跳动——圆跳动或全跳动。

图8.20给出了每个几何特征的符号以及在工程图上的标注方法。最右列中给出了公差带的含义。

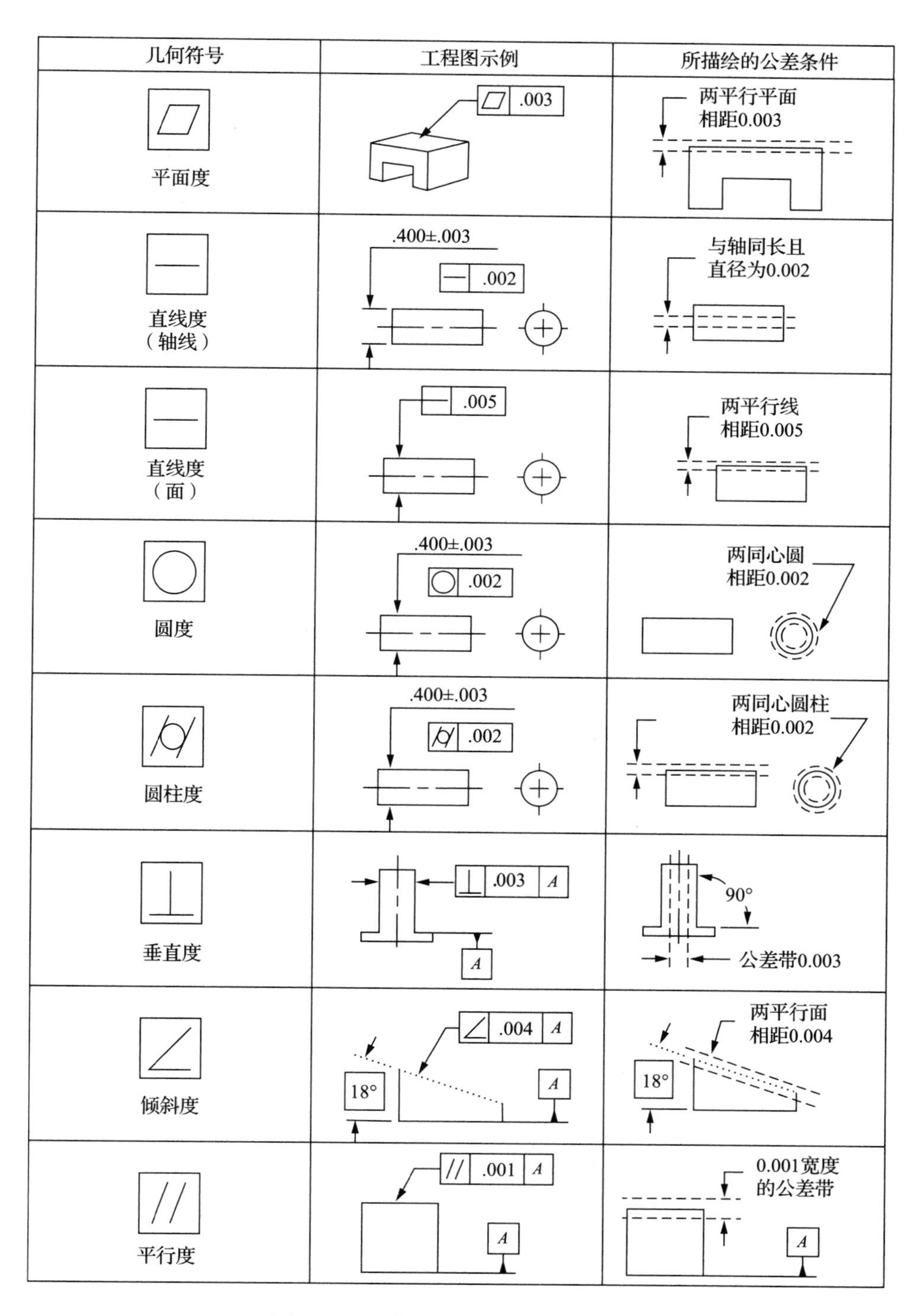

图 8.20　几何尺寸、公差符号和标注

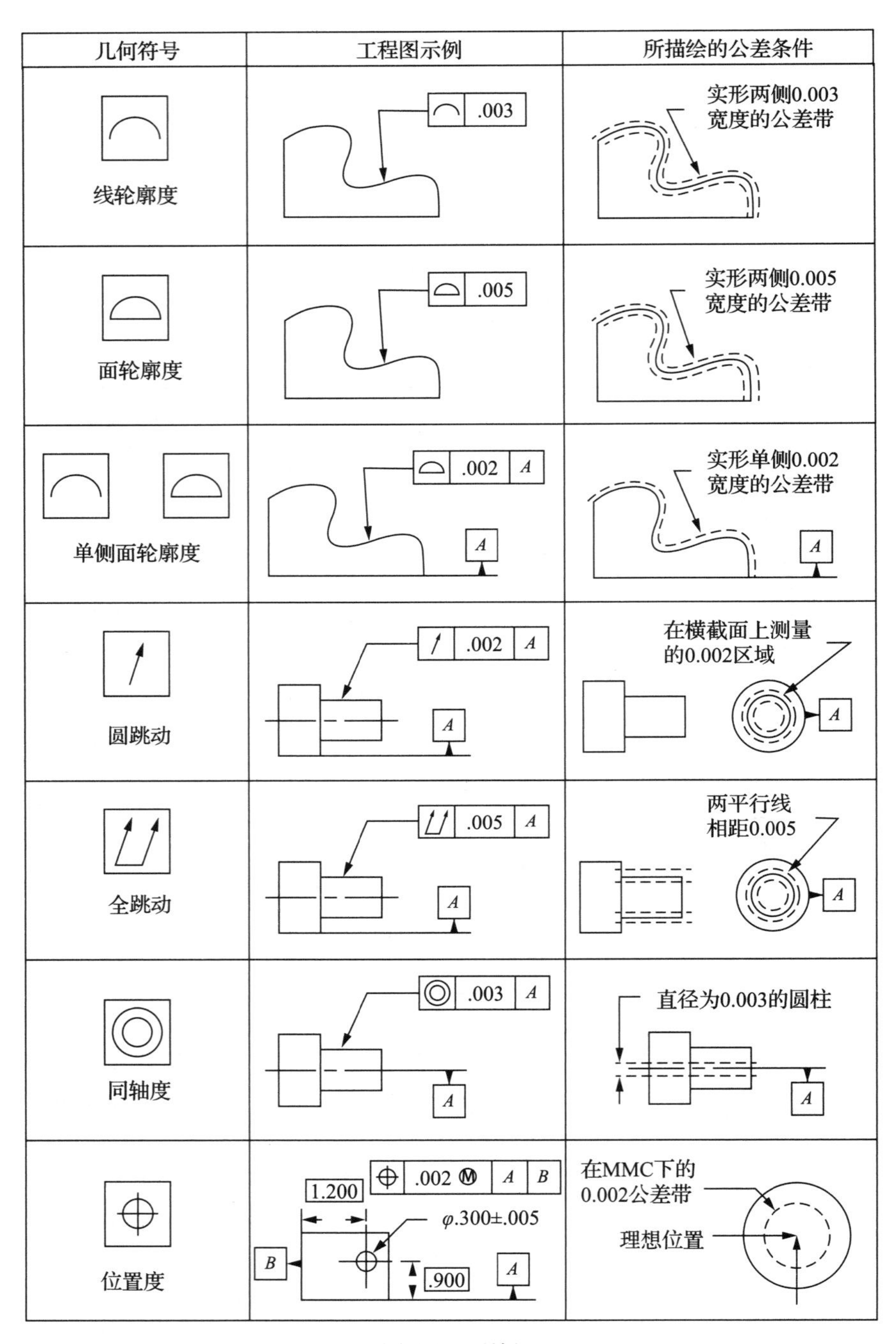

图 8.20 （续）

例如，如果平面度公差设定为 0.005in，这就意味着受控平面需要保持在两个距离为

0.005in 的平行平面区域内。当然，零件还需要同时满足其尺寸公差要求。

圆度是指圆形的程度，其公差带由两个同心的圆环表示。在图 8.20 所示的例子中，第一个圆环超过基本圆 0.002，第二个圆环小于基本圆 0.002。圆柱度是圆度的三维版本。公差带位于两个同轴且平均半径等于公差的圆柱之间。圆柱度是多个公差的组合，同时控制了圆柱体的圆度、直线度和锥度。另一个复合几何公差是圆跳动，将圆柱体零件沿其轴向进行旋转，然后测量零件的摆动以看其是否超过了公差要求，该公差既控制了圆度也控制了同心度（同轴度）。

实体条件修正方法

形状和位置公差（GD&T) 标准的另一特点是允许根据特征尺寸修改公差带。有三种可行的实体条件修正方法。

- *最大实体条件*（MMC）。对轴类零件，最大实体条件是指外部特征取其许用尺寸公差的最大值；对孔类零件，最大实体条件内部特征取其最小许用尺寸。MMC 的代表符号为圆圈中一个 M。
- *最小实体条件*（LMC）。是最大实体条件的相反情况，最小实体条件对轴类零件取其最小许用尺寸，而对孔类零件取其最大许用尺寸。LMC 的代表符号为圆圈中一个 L。
- *忽略特征尺寸*（RFS）。RFS 指的是无论什么特征都使用相同的公差带。优先选用该实体条件，故没有修改符号 M 或 L。

随着特征尺寸增加而增加的公差带通常称为*公差补偿*，因为它为加工提供了灵活性。设计人员需要注意，在一些情况下这的确是个补偿，不过在其他情况下这往往会造成更大的不稳定性[⊖]。

特征控制框

形位公差在工程图中是用*特征控制框*来指定的，如图 8.21 所示。圆柱长度的尺寸是 1.50 ± 0.02in。左上角的矩形线框就是一个控制框。第一个格子里填写特征控制符号，平行度符号要求圆柱的左端面必须与作为基准的右端面平行；第二个格子说明公差带的值是 0.01in。从图 8.20 中的平行度公差带含义中可知，左端面必须控制在间距为 0.01in 的两条平行线之间且平行于作为基准面 *A* 的右端面。

第二个控制框用于圆柱直径的控制。直径尺寸公差极限为 0.735in 和 0.755in。特征控制框表明，圆柱的圆度不要偏离理想圆形 0.010in。

⊖ B. R. Fischer, *Mechanical Tolerance Stackup and Analysis*, Chapter 12, Marcel Dekker, New York, 2004; G. Henzold, *Geometrical Dimensioning for Design, Manufacturing, and Inspection*, 2nd ed., Butterworth-Heinemann, Boston, 2006.

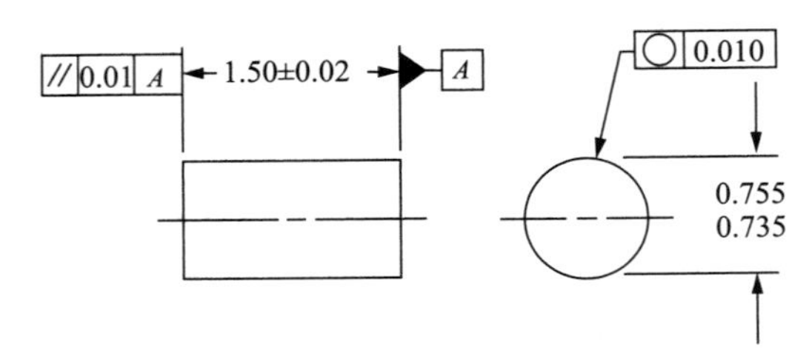

图 8.21　特征控制框的使用示例

例 8.3　在图 8.19 中，左边孔的尺寸公差为 2.000 ± 0.040。另外，该孔也由一个特征控制框来规定公差。从尺寸公差可以看出，孔径的尺寸可以小到 ϕ 1.960（最大实体条件），也可以大到 2.040（最小实体条件）。特征控制框显示，形位公差规定孔必须位于直径为 0.012in 的圆柱公差带内（见图 8.20 的最后一行）。M 符号同样指出公差在最大实体条件（MMC）时有效。

⊕	ϕ .012 Ⓜ	A	B

如果孔的尺寸小于 MMC，就需要允许孔位置的额外公差存在，也就是补偿公差。如果孔径为精确的 2.018，那么孔位置的总体公差应该是：

孔的真实尺寸	2.018
小于最大实体条件	−1.960
补偿公差	0.058
特征（孔）形位公差	+0.012
总体公差	0.070

注意，对几何公差进行了最大实体修改，这使得设计人员可以使用所有可用公差。

还有很多其他可由形状和位置公差（GD&T）准确确定的几何特征。虽然条目众多，但直接易懂。由于篇幅有限，这里就不再展开讨论了。任何一个从事详细设计或制造的设计人员都要充分掌握该信息。快速搜索图书馆或互联网就可以获得很多培训课程以及形状和位置公差的自学手册[⊖]。

⊖ G. R. Cogorno, *Geometric Dimensioning and Tolerancing for Mechanical Design*, McGraw-Hill, New York, 2006; G. Henzold, *Geometric Dimensioning and Tolerancing for Design, Manufacturing, and Inspection*, 2nd ed., Butterworth-Heinemann, Boston, 2006. 对 GD&T 控制变量的简短的、详细的描述，包括如何在检查中测量它们，参见 G. R. Bertoline, op. cit., pp. 731–744。

8.7.4 公差设计指南

下面是本章设计指南的总结。

- 把重点放在影响装配和功能最大的质量关键点尺寸上。此处，主要工作应该集中在公差累积分析上。
- 对于非关键尺寸，只要为零件的加工工艺提供满足批量生产的商业推荐公差即可。
- 当遇到一个非常困难的公差问题时，可以重新设计零件，将其变成非关键类别中的零件。
- 非常严重的公差累积问题通常说明设计中出现了过度约束，装配体零件间出现了不良作用。应返回到配置设计阶段，尝试用新设计来解决这个问题。
- 如果公差累积不可避免，那么通常可以通过认真设计装配夹具来减小公差累积的影响。
- 使用选择装配法，此时将关键零件分在较窄的尺寸范围内以供装配使用。不过在此项工作之前，要充分考虑日后维修对顾客造成影响的可能性。
- 在使用统计法公差设计前，需要确保已与加工部门达成一致，以保证零件都能用合适的工艺进行加工，且加工过程受控良好。
- 认真考虑基准面的选择，因为在零件的加工和检验中要使用相同的基准面。

8.8 工业设计

工业设计也常称为产品设计，主要研究的是产品视觉效果以及其与用户的交互。在设计领域，工业设计这个术语是不准确的。直到现在，所谓的产品设计，主要是进行功能设计。然而，在如今高度竞争的市场上，仅依靠性能是卖不出去产品的。长期以来，消费产品的美学设计和可用性设计已随处可见，但它们在当代更受重视，并且越来越多地被应用在面向技术的工业产品上。

工业设计[⊖]主要解决产品与用户相关的方方面面。首先，也是首要的，就是美学诉求。美学主要面对的是产品和人的感官的交互——产品看起来什么样、触觉如何、闻起来怎么样或者听起来怎么样等。对于大多数产品，“吸引眼球”是很重要的，即产品各组成部分（要素）的外形、比例、平衡和色彩要浑然一体、赏心悦目。通常此类问题称为风格。在设计中充分体现美学可以为产品注入拥有产品的自豪感、品味和威望。独特的风格特性可以使同类

⊖ P. S. Jordan, *Design of Pleasurable Products*, Taylor & Francis, Boca Raton, FL, 2000; B. E. Bürdek, *Design: History, Theory and Practice of Product Design*, Birkauser Publishers, Basel, 2005.

产品差异化。另外，在设计产品的包装时，风格也是一个重要的方面。最后，为了宣传生产和销售该产品的公司形象，也需要对工业设计给予一定的重视。很多公司深谙此道，已建立了体现在其产品、广告和公司办公用品等方面的公司风格。这类风格要素有色彩、色调和形态等[一]。

工业设计第二个重要的角色是确保产品能够满足用户界面相关的所有需求，该领域常被称为工效学或可用性工程[二]。所处理的是用户和产品的交互问题，并且确保产品易于使用和维修。用户界面将在8.9节进行讨论。

工业设计师通常是按艺术家或建筑师来培养的。这与工程师的培养文化明显不同。当工程师可能将色彩、外形、舒适性和便利性视为设计中的麻烦时，工业设计师更注重这些特性在满足用户需求上的本质作用。这两个群体的风格大体上是对立的。工程师从内部开始向外进行设计，其训练是用技术细节进行思考。而工业设计师从外部开始向内进行设计，他们从一个将被用户采纳的完整产品概念开始，回过头来解决实现这个概念的细节问题。工业设计师通常在独立的咨询公司工作，而一些大型公司在公司内设有此类部门。无论怎样，在项目的初始阶段引入工业设计师是十分重要的，因为如果在细节设计后才找到他们，他们就没有提出适用概念的发挥空间了。

8.8.1 视觉美学

美学与我们的情感相关。因为审美情感是人的本能，是在没有意识到的状况下发展起来的。因此，审美情感是人类的基本需求之一。审美价值可视为视觉刺激时人类反应的一个层次[三]。视觉的最低层是视觉形态的条理性、简洁性与清晰性，即人们的视觉整齐性。这些感觉源自人们对事物认识和理解的需求。人们易于感知边界闭合外形的对称性。视觉元素的重复会加强视觉感知，例如相似外形、位置或色彩（韵律）的重复。另一个加强感知的视觉特性是外形的统一性和标准化。例如，相比不规则的四边形，人们更加喜欢正方形。产品设计需要产品由易于认知的几何外形（几何图形）所组成，这样有助于人们的视觉辨认。同样，设计元素的减少以及将其聚集在更加紧凑的形体中也有助于视觉辨认。

视觉美学的第二个层次与设计的功能性或实用性相关。人们对于周围世界的日常认知使得

[一] 可以在Google图片搜索中输入“工业设计”来探索工业设计世界。

[二] A. March, “ Usability: The New Dimension of Product Design, ” *Harvard Business Review*, September-October 1994, pp. 144-49.

[三] Z. M. Lewalski, *Product Esthetics: An Interpretation for Designer*, Design & Development Engineering Press, Carson City, NV, 1988.

人们对于某些视觉形式与相应功能的联系有一定认识和理解。比如，有宽大底部的对称形意味着惰性或者稳定。看起来有离开底部趋势的形状意味着机动性或运动感（见图 8.22）。流线外形代表着速度。

图 8.22　注意此四驱农用拖拉机设计图是如何展现其强悍动力的。直线网格体现了统一，略微前倾的垂线体现了行进感

（源自 Lewalski, Zdzislaw Marian. *Product Esthetics: An Interpretation for Designers. Design and Development*. Engineering Press, 1988。）

视觉美学的最高层次与从时尚、品味或文化中凝练的美学价值相关。这些价值通常与风格相关，也与技术水平有着密切的联系。例如，钢梁和钢柱的出现使得建造高层建筑成为可能，而高强度的钢缆使得优雅的悬索桥成为可能。

8.9　人因学设计

人因学研究的是人与人之间的相互作用，他们使用的产品或系统，以及他们生活和工作环境。这一领域通常也叫人因工程学或功效学[㊀]。人因学设计应用与人相关的信息来创建所用的物品、设施和环境。人因学将产品视为人机系统的一部分，该系统中的操作员、机器及其工作环境必须都高效运行。人因学研究远远超出了为维修性和安全性而设计的可用性相关问题。人因学专家一般出自工业设计师，他们将工作重心放在产品的易于使用上；也可能出自工业工程师，他们将设计的重心放在提高制造系统的生产效率上。

㊀ 源于希腊语的 ergon（工作）和 nomos（研究）。

深入理解人因设计以实现与人的和谐交互是非常重要的。在人因工程方面投入很多的产品的品质很高，因为用户认为它们的使用感受良好。表8.5给出了通过研究人因学的关键特性而可以得到的各种重要的产品性能。

表8.5 人因学属性和产品性能间的关系

产品性能	人因学属性
使用舒适	用户与产品在工作空间匹配良好
易于使用	操作上需要最小人力且使用方式清晰
操作条件易于感知	人们可感知
产品使用良好	控制顺序符合人的操作逻辑

8.9.1 人的体力

对人员在手工劳动中所能完成的材料（铲下的煤）和物品装卸时的身体能力进行测试是人因工程学最初的研究之一。研究中不仅测试了韧带和肌肉可以提供的力，而且同时记录了人体在持续的重体力劳动下，心血管和呼吸系统的相关数据。如今，在机械化车间，有关人体能够提供多大的力或者扭矩等信息已经不再那么重要了，如图8.23所示。

图8.23只是可用信息的例子之一[㊀]。注意，图中案例针对处于力量分布的第5百分位的男性，意味着它只代表力量最小的5%的男性群体。数据的特点是，人员的绩效与平均值偏差较大。女性的数据与男性的不同。同时，可用力或扭矩的大小取决于动作的幅度以及人体不同关节的位置。例如，图8.23中表明可用力的大小取决于肘和肩的角度。这实际上涉及生物力学领域。力的大小也同样取决于人的姿态是坐姿、站姿还是平躺姿态。因此，这里的参考值需要查阅与特定动作或运动相关的数据。

人体肌肉输出通常作用在机器的控制界面上，像刹车或切换开关。这些控制界面可以有很多样式，如方向盘、旋钮、拨轮开关、滚动球、操纵杆、控制杆、拨动开关、摇臂开关、踏板或滑动键。人们已经对这些设备进行过研究[㊁]，确定了操作所需的力或扭矩，以及它们是否适合开－关模式的控制或更精确的控制等。

㊀ *Human Engineering Design Criteria for Military Systems and Facilities*, MIL-STD 1472F, http://hfetag.dtic.mil/docs-hfs/mil-std-1472f.pdf; *Human Factors Design Guide*, DOT/FAA/CT-96/1, www.asi.org/adb/04/03/14/faa-hf-design-guide.pdf; N. Stanton et al., *Handbook of Human Factors and Ergonomic Methods*, CRC Press, Boca Raton, FL, 2004; M. S. Sanders and E. J. McCormick, *Human Factors in Engineering and Design*, 7th ed., McGraw-Hill, New York, 1993.J. H. Burgess, *Designing for Humans: Human Factors in Engineering*, Petrocelli Books, Princeton, NJ, 1986.

㊁ G. Salvendy(ed.), *Handbook of Human Factors*, 3rd ed., John Wiley & Sons, New York, 2006.

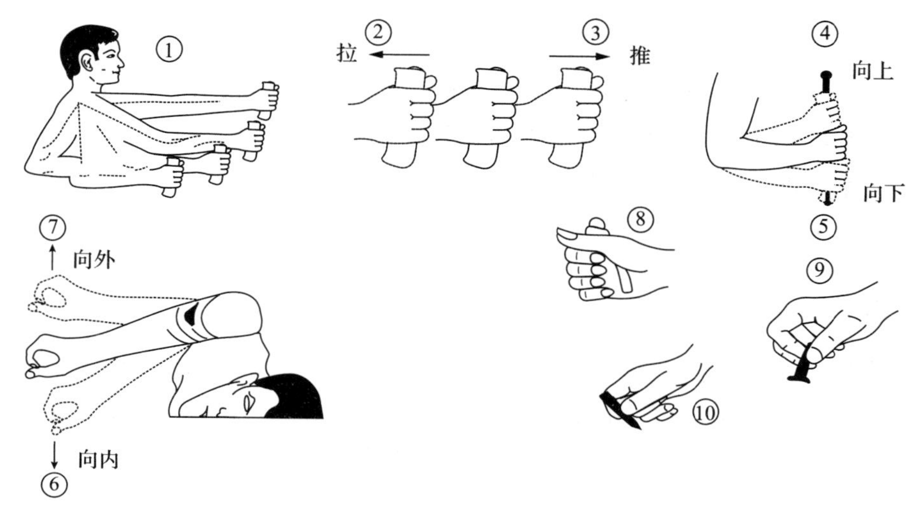

手臂力量（lb）														
（1）	（2）		（3）		（4）		（5）		（6）		（7）	
肘部弯曲角度	拉		推		向上		向下		向内		向外	
	L	R*	L	R	L	R	L	R	L	R	L	R
180	50	52	42	50	9	14	13	17	13	20	8	14
150	42	56	30	42	15	18	18	20	15	20	8	15
120	34	42	26	36	17	24	21	26	20	22	10	15
90	32	37	22	36	17	20	21	26	16	18	10	16
60	26	24	22	34	15	20	18	20	17	20	12	17

手和拇指的力量（lb）				
	（8）		（9）	（10）
	手握住		拇指握住	拇指尖夹住
	L	R		
暂时把持	56	59	13	13
持续把持	33	35	8	8

L= 左　R= 右

图 8.23　第 5 百分位男性手臂、手和拇指的肌肉力量

（源自 Human Engineering Design Criteria for Military Systems, Equipment and Facilities. United States Department of Defense, June 28, 1994。）

在控制界面设计中，避免使产品的用户感到不方便以及避免达到生理极限的动作是十分重要的。除了紧急情况时，控制都应不需要特别大的作用力。特别重要的是设计控制器的位置，避免操作时弯腰和移动上肢，尤其是当这些动作需要重复时。这样的动作可能导致人的累积损伤疾病，而压力会引起神经或其他部位损伤。这些情况会造成操作人员的疲劳和失误。

这里有三个在线资源可以协助人的因素分析：

- Liberty Mutual 手动物料搬运台，网址为 Libertymmhtables.libertymutual.com。
- 密歇根大学人类工程学中心开发了分析材料处理的软件工具[㊀]。它们包括三维静态强度预测程序™（EDSSPP）和能源消耗预测计划™（EEPP）。
- 快速全身评估软件[㊁]。

8.9.2 感官输入

人类对光 、触觉、听觉、味觉和嗅觉的感觉主要用于设备或系统的控制，它们为用户提供信号。最常用的是视觉显示，如图 8.24 所示。要记住，在选择视觉显示设备时不同人的观察能力有所不同，因此要提供充足的照明。如图 8.25 所示，不同类型的视觉显示设备在提供开关信息或精确值和变化率信息的能力上有所不同。

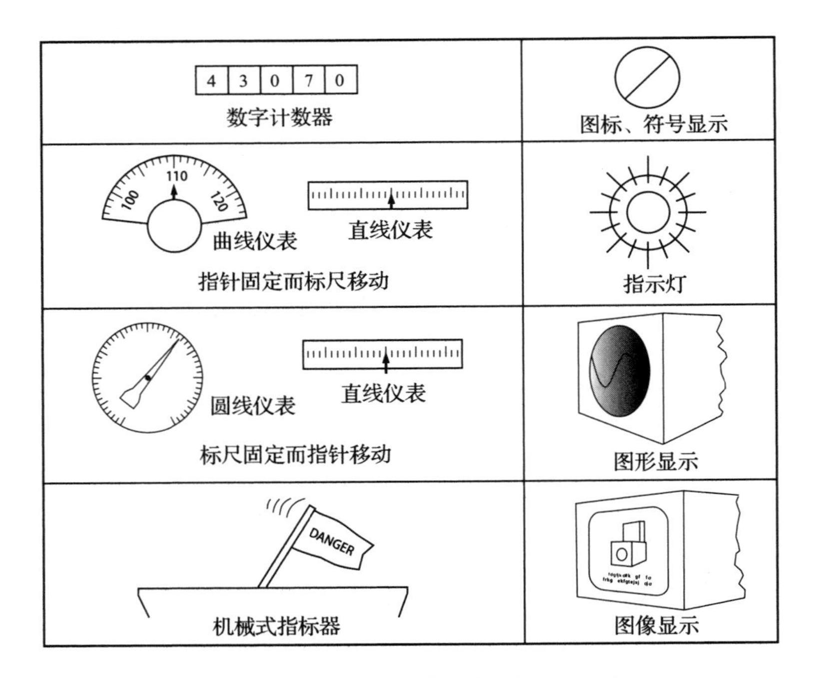

图 8.24 视觉显示的类型（源自 Ullman）

㊀ “Software/Services | Center for Ergonomics”, *C4e.engin.umich.edu*, 2019. [Online]. Available: https://c4e.engin.umich.edu/tools-services/. [Accessed: 30 May 2019].

㊁ “REBA Software | ErgoPlus”, *ErgoPlus*, 2019. [Online]. Available: https://ergo-plus.com/rebasoftware/. [Accessed: 30 May 2019].

	准确值	变化率	变化的趋势和方向	离散信息	调整到期望值
数字计数器	●	○	○	●	◑
标尺固定而指针移动	●	●	●	●	◑
指针固定而标尺移动	●	●	○	○	○
机械式指示器	○	○	○	●	○
图标、符号显示	○	○	○	●	○
指示灯	○	○	○	●	○
图形显示	◑	◑	●	●	●
图像显示	◑	●	●	●	●

○ 不合适　◑ 可接受　● 建议采用

图 8.25　常用视觉显示的特性(源自 Ullman)

人耳的有效感知频率范围是 20～20 000Hz。通常，听觉是第一个感觉到问题的感官，比如漏气轮胎的砰砰声和磨损的刹车的摩擦声。设备中使用的典型听觉信息有铃声、哗哗声（告知收到动作信号)、嗡嗡声、号角声和警报声（用于发出警报)，还有电子语音提示等。

人体对触觉特别敏感。触觉刺激使人们可以分辨表面是粗糙的还是光滑的、热的还是冷的、尖的还是钝的。人体还具有肌肉运动记忆能力，能感觉到关节和肌肉的运动。这项能力在优秀的运动员身上高度发达。

用户友好设计

认真对待以下设计问题将会获得用户友好的设计。

- 简化任务。控制操作应该有最少的操作步骤且动作直接。要减少用户用于学习的精力。将微机集成到产品中会起到简化操作的作用。产品应易于操作，应尽可能少地使用控制器和指示器。
- 使控制器及其功能清晰。将控制某功能的控制器放置在所控制的设备附近。将所有的按钮排成一排可能看起来很漂亮，但却不是用户友好的。
- 使控制器简单易用。为不同功能的控制旋钮和把手设计不同的外形，使其从外观上或从触觉上就可以区分。将控制器组织和分类，以降低复杂性。有几个布置控制器的策略：按照使用顺序从左到右排列、关键控制器布置在操作员的右手附近、最常使用的控制器布置在操作员左手或右手附近。

- 使人的意图与系统所需动作相匹配。人的意图与系统动作之间要有清晰的联系。设计应该做到当人与设备发生交互时，只有一个明显正确的事情可作。
- 使用映像。让控制器反映或映像出机械系统的动作。比如，汽车上的座椅位置控制器应该有车椅的形状，并且将其向上推时座椅也会被抬起。其目的是操作足够清晰，而没有必要参看标志牌、标签或者用户操作手册。
- 显示要清晰、可见、大到足够轻易阅读并且方向一致。快速阅读和显示条件变化更适合使用相似的显示信息。数字显示可提供更加准确的信息。将显示信息布置在期待观看到的位置。
- 提供反馈。产品应该向用户提供任何一个正发生动作的准确、及时的反应。这种反馈可以是灯光、声音或显示信息。滴答声和仪表盘的闪动灯光对汽车转向的反馈就是个很好的例子。
- 利用约束预防错误动作。不要相信用户永远会做出正确的操作。控制器的设计应使误操作或错误操作顺序不能实现。例如，汽车的变速器在汽车前进时不能挂倒挡。
- 规范化。规范化的控制器布置与操作是很有用的，因为这样可以增加用户的知识。例如，在早些时候，汽车刹车、离合器和油门踏板的布置是随意的，但是在它们被标准化后，人们将它们的排列方式当成了知识基础，并且再也不会改变了。

Norman 主张要想设计出真正的用户友好产品，必须基于绝大部分用户拥有的基本知识[⊖]。比如，红灯代表停，刻度上的数值顺时针表示增加等。在设计时，不要假设用户拥有很多的知识或技巧。

反应时间

反应时间是指感觉信号被接收后做出反应的时间。反应时间由几个动作组成。我们以信号的形式接收信息，然后将其转化为一组可做出的选择的形式，接着预测每个选择的输出，评估每个输出的结果，最后做出最好的选择，这些动作都将在 200ms 内完成。为了在简单的产品中达到这个效果，控制必须是凭直觉就可以完成的动作。在复杂系统（如核电站）中，人员控制界面必须用本节中所提到的概念形式加以认真设计，另外操作人员必须服从纪律且训练有素。

⊖ D. A. Norman, *The Design of Everyday Things*, Doubleday, New York, 1988. 这本书中充满了实践人为因素设计的好方法和坏方法。

8.9.3 人体测量学数据

人体测量学是人因学中测量人体数据的学科。人体的尺寸差别多样。通常，儿童比成人矮小，男性比女性高大。在产品设计中，需要认真考虑的人体尺寸变量有站立时的高度、肩宽、手指长度与宽度、臂展（见图 8.26）和坐时的视线高度等因素。这些信息可以从 MIL-STD-1472F 在线获得或从美国联邦航空局（FFA）的人因设计指南中查得。

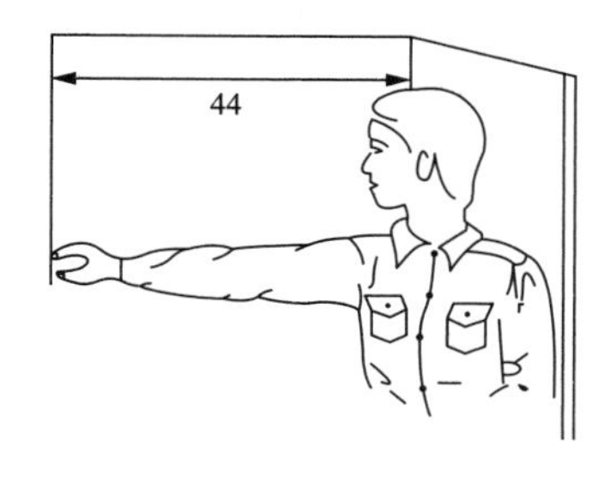

44指尖的作用范围和延伸。左肩紧贴墙壁，右肩尽量向外延伸，测量指尖到墙壁的距离。

样本			百分位				
			1	5	50	95	99
A	男性	cm	77.9	80.5	87.3	94.2	97.7
		（in）	（30.0）	（31.7）	（34.4）	（37.1）	（38.5）
B	女性	cm	71.2	73.5	79.6	86.2	89.0
		（in）	（28.0）	（28.9）	（31.3）	（33.9）	（35.0）

图 8.26 男性和女性单臂伸展长度的人体测量学数据

（源自 Birt, Joseph A., and Michael Snyder. *Human Factors Design Guide, Federal Aviation Administration*, January 15, 1996。）

在设计中，不存在“平均人体”这个概念。设计中选择多少百分位的人体尺寸取决于具体的设计任务。如果设计任务是在拥挤的飞机座舱中放置一个重要的紧急情况控制杆，那么就需要选择最小可达尺寸，即女性 1% 百分位的可达尺寸。如果设计的是潜艇中的逃生舱，那么就要选择男性 99% 百分位的肩宽尺寸。服装制造商则倾向于生产最匹配设计而不是生产极限尺寸设计，为各种身材的顾客提供现成的、仅供选择的基本合身的尺寸。而其他的一些产品，通常可以做到可调节匹配。常见的可调节产品实例有汽车座椅、办公座椅和立体声耳机等。

8.9.4 面向可服务性的设计

人因学问题与本章（见 8.12 节）中提到的很多面向 X 的设计策略有关。可服务性涉及产品维修的便捷性[⊖]。很多产品需要维护或服务以保障其正常运行。产品通常都存在易于磨损且在固定周期中需要更换的零件。维修基本分为两类，预防性维护是预防工作失效的常规服务，比如汽车更换机油；故障维修是在运行出现故障或老化时提供的服务。

在产品设计过程中就考虑服务操作需求是很重要的。有时维修可能仅要求更换一个垫片或

⊖ J. C. Bralla, *Design For Excellence*, Chapter 16., McGraw-Hill, New York, 1996; M. A. Moss, *Designing for Minimum Maintenance Expense,* Marcel Dakker, New York, 1985.

过滤器，但如果更换上述零件需要拆开整机的一大部分，那么维护成本将很高。不能出现像汽车设计中先拆卸轮胎后才能更换蓄电池这样的情况。同时，要牢记这些服务不是在装配车间进行的，通常没有专用工具和夹具。面向现场服务的设计只有在成功模拟一个零件如何在现场被修好或替换掉才算完成。

改进可服务性的最好方法就是通过提高可靠性来降低对维修服务的需求。可靠性指的是系统或零件在给定时间内不出现故障的概率（见第13章）。考虑这一点，那么产品设计就必须使易磨损、易失效或者需要定期维修的零件便于观察和操作。这就意味着盖板、面板和外壳都要易于拆卸和更换，需要将被服务零件布置在便于操作的位置上。要避免维修作业中需拆卸零件的紧压配合、粘接、铆接和焊接等固定方式。模块化设计对可服务性设计有很大的帮助。

与可服务性密切相关的一个概念是可测试性。这与在有缺陷的部件和组件中隔离故障的难易程度有关。在负载的电子或机电产品中，可测试性是需要设计到产品中的。

8.9.5　面向包装的设计

包装与视觉美学相关，因为有吸引力、独特的产品包装通常对于吸引顾客和识别产品品牌非常有效。还有一个需要精心设计包装的理由，那就是包装为产品的运输和存储提供物理保护，使其免受机械冲击、振动和极端温度等因素影响。液体、气体和粉末物品所需要的包装与固体的不同。大型机械装备（如喷气发动机）需要特殊的、可重用的包装。

运输包装上提供收件人、物流跟踪信息以及有害材料声明及其处理方法。许多类型的包装都提供防止篡改偷窃和盗窃的功能。运输包装的尺寸大到可以是钢铁集装箱，小到可以是个人消费者的包裹。

随着塑料包装使用的不断增加，因为填埋的塑料不会降解，因此如何以环境安全的方式处置将会是一个问题。像硬纸板和木箱或木桶这些传统的包装材料对环境更友好，而且可以回收或者作为燃料使用。一般而言，对于包装设计，应以尽可能低的成本提供所需的安全保护要求。对于某些需要包装的物品（如有害材料和药品），其包装有严格的法规要求。关于包装和包装设计的更多信息，请参考 K. L. Yam, *The Wiley Encyclopedia of Packaging*, 3rd ed., 2009.

8.10　生命周期设计

全球变暖以及与之相关的能源供应和稳定性问题引起全世界的关注，这也使得面向环境的设计成为所有工程系统和消费品设计需要考虑的首要问题。对于环境的关注体现在设计任务书中强调的生命周期设计。生命周期设计强调在实体设计阶段对影响产品长期有效服务寿命的相关问题进行设计。生命周期设计与产品生命周期不同，后者是指产品从出厂到被更好的或有竞争力的产品取代之间的那段时间。生命周期设计是指设计要考虑产品易于用户使用，保证服役期的功能性，以环境友好方式报废处理。生命周期设计相关的主要因素包括：

- 面向包装和运输的设计（见 8.9.5 节）。
- 面向可服务性和可维护性的设计（见 8.9.4 节）。
- 面向可测试性的设计。
- 面向处置的设计。

面向处置的设计与面向环境的设计密切相关（见第 15 章，或网站 www.mhhe.com/dieter6e）。然而，在一个自然资源有限的世界里，任何能够维持产品继续使用的设计修改最后对环境都是有益的，因为产品不需要处置，也就不需要消耗额外的自然资源。下面是延长产品使用寿命的各种设计策略。

- 耐久性设计。耐久性是指产品在出现故障或维修替换前的使用时间。耐久性取决于设计人员对工作条件的理解、应力应变分析和选择材料以最小化因腐蚀或磨损造成的产品退化的技能。
- 可靠性设计。可靠性是产品在给定时间段内不出现故障也不出现失效的能力。可靠性是比耐久性更强的技术性特征，可以通过概率方法测量产品在特定期间是否发生故障或失效。更多细节见第 13 章。
- 适应性设计。模块化设计使各种功能的连续改进成为可能。
- 维修。考虑到未来维修的便利性，设计时应尽可能地考虑非功能性组件的可更换性。尽管不总是经济划算的，但是仍然有很多情况需要设计传感器来告知操作员在零件失效前何时对其进行更换。
- 再制造。将旧损零件恢复到新零件的性能水平。
- 再利用。在产品的原始使命完成后，寻找产品的新用途。喷墨硒鼓的再利用就是一个常见的例子。

8.11 快速成型与测试

本节已是实体设计阶段的尾声了。我们已经确定了产品架构、零件配置、特征的尺寸和公差，并对质量起决定性作用的几个零件和组件进行了参数设计。使用 DFM、DFA 和 DFE 方法对材料和生产工艺的选择进行审慎决策。使用失效模式与影响分析（FMEA）方法检查设计可能存在的失效模式，还与供应商讨论了几个关键零件的可靠性，而人因设计专家也提出了他们的宝贵意见。面向质量和鲁棒性的设计概念在几个重要参数的确定中也得到了应用。通过初步成本评估来检查实际成本是否高于目标成本。

那么，还剩下什么没有做呢？我们需要确保产品能够正常工作并实现预期功能。这就需要原型发挥作用了。

原型是产品的物理模型，对其进行一些测试来验证设计过程中所做的设计决策。在产品设计过程中，有多种用于不同用途的产品原型，这将在下一节讨论。原型是产品的物理模型，是与数字模型（CAD 模型）或其他仿真模型相对应的概念。与物理模型或原型相比，计算机模型具备提供结果快和建造成本低的优势，因此非常受重视。同样，使用有限元分析方法或其他 CAE 工具可以给出许多其他方法无法给出的技术答案。事实上，在开发产品设计的过程中，原型和计算机模型都非常有用。

8.11.1 设计全过程中的原型与模型测试

到目前为止，我们并没有就模型和原型在设计过程中如何使用进行太多介绍。接下来，我们将从产品开发过程的最初阶段（零阶段）进行介绍，该阶段就是市场和技术人员努力理解顾客对新产品的兴趣以及需求，并且全力以赴得到产品在市场切入点的阶段。

- *零阶段：产品概念模型*。制作一个与最终产品相似的全比例或缩小比例的新产品模型。这项工作通常由技术设计人员和工业设计师合作完成。重点是将用户反应变成可行新方案的产品外形。比如，某位国防部的承包商为了激发国防部对新型战斗机的兴趣，就会制作一个非常炫目的模型，然后传给将军们和政客们看。
- *概念设计：概念验证原型*。这是一种物理模型，用于展示概念是否能满足顾客的功能需求以及是否符合工程特性。有一系列的概念验证模型，有的是实体模型，也有草绘模型，它们在获得最终的概念验证原型前起到研究工具的作用。不需要将概念验证模型做得与产品的尺寸、材料或加工方法一致。重点在于展示概念能够提供所需功能。
- *实体设计：Alpha 原型测试*。实体设计阶段的最后通常以产品原型测试结束。这些模型称为 Alpha 原型，因为模型中的零件按照最终设计图纸完成且选用相同材料，但是其加工工艺与最后零件的生产线加工流程可以不同。例如，零件在生产线上可能用铸造或锻造工艺，但是原型建造是对板材或棒料采用了机加工方式完成的，因为用于生产零件的工艺装备还在设计中。实体设计常常需要在各种设计任务中使用计算机辅助工程（CAE）工具。确定零件尺寸可能需要用有限元分析来获得整个零件中的应力分布，或者设计人员可以使用疲劳设计软件包来确定轴的尺寸，或者使用公差累积设计软件进行尺寸设计。

- 详细设计：Beta 原型测试。该测试是对使用相同材料和加工工艺的全尺寸零件或产品进行功能测试。这是工艺验证原型。通常，需要召集用户来帮助进行测试。Beta 原型测试的结果用于对产品进行最后的更改，完成生产计划，并测试工艺装备。
- 制造：试制原型测试。该测试使用合格的操作人员在实际的生产线上加工出几千个样品。生产线上加工出的产品将很快地运输并卖给用户。这些产品的测试是用来检验和证明设计、加工和装配流程的质量的。

用于产品设计和测试的原型数量需要在产品成本和开发周期间进行权衡。尽管原型可以用来检测产品，但是它们需要耗费大量成本和时间。因此，现在有一种显著趋势，特别是在大公司里，即用计算机模型（虚拟原型或虚拟样机）替代物理模型，这是因为模拟仿真既便宜又快捷。然而，许多经验丰富的工程师持相反立场，他们认为计算机建模已经走得太快太远，因此通过审慎规划和执行的仿真服务测试以及极端条件下的全尺寸测试不能取消。

计算机模型唯一不能取代物理模型的地方就是概念设计的初级阶段[㊀]。这时的工作目标是对设计决策进行深入了解，途径是使用普通结构材料实体制作一个粗略的快速物理模型，而不需要模型公司来制作模型。设计人员采用手工方法认真积极制作出很多简单的原型，被认为是理解和改进概念开发的最好方法。这种方法被非常出色的产品设计公司 IDEO 称为“适当模型”，其他公司则称其为设计 - 建造测试周期[㊁]。

8.11.2 制作原型

强烈建议设计团队制作自己的实体模型来进行概念原型验证。另一方面，产品概念模型通常都通过手工制作来获得出色的视觉效果。这些模型传统上都是由市场上的专业公司或者设计团队中的工业设计师完成的。计算机模型在概念验证方面的作用，正在快速地取代实体模型。实体模型是静态的，而三维计算机模型可以从各个角度展示产品并提供动画，所有文件都可以保存在 1 张 DVD 上，并很容易按数量要求生产。然而，独具魅力的实体模型的地位对于一些重要顾客来说还是不可动摇的。

㊀ H. W. Stoll, *Product Design Methods and Practices*, Marcel Dekker, New York, 1999, pp. 134-35.

㊁ D. G. Ullman, 4th ed., P.217.

8.11.3　快速成型

快速成型（RP）是一项直接利用计算机辅助设计（CAD）模型制作原型的技术，所用时间比机加或铸造工艺少很多[1]。快速成型也称为实体自由制造。快速成型用于制作最终概念验证模型，在实体设计阶段大量使用，用于检查产品外形、装配和功能。最早的快速成型模型应用在外观模型上，但是当尺寸精度控制在 ±0.005in 以内时，还可用于匹配和装配相关问题。快速成型模型通常用于检查运动学功能，但通常强度不足，难以用作强度要求较高的问题的检验原型。快速成型的步骤见图 8.27。

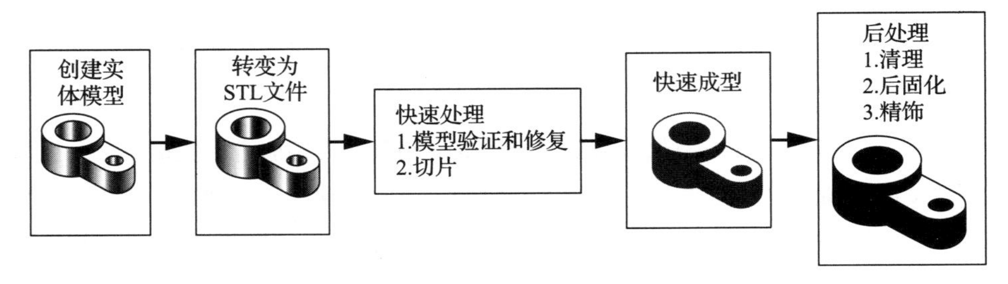

图 8.27　快速成型工艺的步骤

- 建立 CAD 模型。任何快速成型方法都是以三维 CAD 模型开始的，CAD 模型也可以被视为零件的一个可视原型。用于快速成型方法的模型只有一个要求，模型必须是封闭的形体。因此，即使向模型中注水，也不会出现泄漏。
- 将 CAD 模型转换为 STL 格式。CAD 模型必须转换成 STL 格式。在这种格式中，零件的表面将被转换成非常小的三角面，这个过程称为网格化。当这些三角面组合在一起形成网格后，就可以逼近零件表面。CAD 软件具有将 CAD 文件转换成 STL 格式的功能。
- 将 STL 文件切割成薄图层。网格划分的 STL 文件被传输给快速成型机，机器的控制软件就会将文件切割成非常多的薄图层。这个步骤是必须的，因为快速成型方法是一层一层构建实体模型的。例如，如果一个零件有高 2in，且每层厚 0.005in，那么它就需要使用材料加工 400 个层。因此，大多数快速成型方法都非常耗时，要花很长时间来加工一个零件。快速成型技术与数控加工相比，相对节省时间，因为采用数控加工时，在金属切削前需要更多的时间来设计工序并进行计算机编程。
- 制作原型。计算机模型的切割一旦完成，快速成型设备就会开始制作零件的模型，这期间不需要做任何操作。

[1] R. Noorani, *Rapid Prototyping: Principles and Applications*, John Wiley & Sons, New York, 2006.

- 后处理。所有从 RP 机器上取下的物体都需要后期加工处理。后处理过程包括洗洁、除去所有支撑结构以及通过表面精饰除去锐边。使用不同材料经过快速成型获得的对象需要不同的后处理方式，可能需要使用固化、烧结或聚合物渗透等方法使其获得强度。

需要注意，快速原型模型的加工时间一般需要 8～24h，所以快速这个词可能有点用词不当。但是，与模型车间根据生产排程和机加工编程所需的时间相比，从详细的图纸到获得原型显然快了很多。另外，快速成型方法可以一次性加工非常复杂的形体，尽管这些模型是由塑料而不是金属制成的。快速原型技术正以指数级的速度发展，实现工程材料的快速成型是研究的目标之一。

8.11.4 测试

8.11.1 节讨论产品开发流程中可供使用的一系列典型原型。这些原型测试用于验证产品开发以及工程系统应用的设计决策。市场可以验证消费品的可接受性，而很多其他类型的工程产品则需要进行一系列规定的验收测试。例如，很多军用设备和系统就需要按照合同的规定进行特殊测试。

测试计划是在重要的设计项目开始前就需要制订的重要文件之一。测试计划详细描述了需要进行的测试的类型、在哪个阶段进行以及测试的成本等。它是产品设计任务书的一部分。所有管理人员和工程师都需要了解测试计划，因为它是设计项目的一项非常重要的组成部分。

在设计项目中，需要进行多种类型的测试，下面是一些例子：

- 设计原型测试，在 8.11.1 节中讨论过。
- 建模与仿真，见 7.4 节。
- 测试所有机械和电子失效模式，见第 13 章。
- 设计规定的密封、热冲击、振动、加速度或防潮等特定测试。
- 加速寿命实验，评估质量关键点零件的使用寿命。
- 环境极限测试，在规定的温度、压力、湿度等极限进行测试。
- 人机工程学和维修测试，用真实的用户测试所有的用户界面，检查用户环境中的维修程序和辅助设备。
- 安全性和风险测试，确定用户受伤害的可能性并且购买产品的责任保险，检查并确保遵守产品在销售地和国家所有的安全要求和标准。
- 自我测试与诊断，评估自我测试、自我诊断和自我维修系统的能力和水平。

- 制造供应商资格，确定供应商的产品质量、运输准时度以及成本。
- 包装，评价包装保护产品的能力。

测试有两个主要目的[⊖]。第一个目的是确定设计是否满足标准或合同的要求（认证）。例如，马达在 1000rpm 的转速时必须提供 50ft-lb 的扭矩，温度不要超过室温 21.111℃。这类测试的操作预期是成功的。如果马达没有达到上述要求，就必须重新设计发动机。上面列出的测试内容大部分都是这种类型的。

另一大类测试计划是获得失效状态。大多数材料测试最后都要达到失效点。同样，子系统和产品的测试也要附加过载直到其出现故障。用这种方法，我们可以得到真实失效模式并了解设计的弱点所在。

最经济的方法是使用*加速实验方法*。这类测试使用比工作中的预期条件更严格的条件。通常采用*阶段测试*的方法来完成这项工作，在加速测试中，测试级别按一定的量不断提高直到失效出现。加速实验是最经济的测试形式。产生失效的时间可以设计得大幅短于最差预期服役条件下的测试时间。

加速实验用以下方式改进设计。首先，确定在服役条件下期待出现什么类型的失效状态。质量功能配置和失效模式与影响分析会非常有帮助。从设计的最宽泛级别开始进行测试，按步骤不断提高级别直到失效出现。使用失效分析方法来确定失效原因并采取措施来加强设计，使得产品能够承受更严格的测试条件，继续试验直到再次出现失效。在成本和可行性允许范围内，重复上述过程直到所有瞬时和持久的失效模式都被检测出来。

8.11.5　测试的统计学设计

到目前为止，测试只检验了一个设计参数的变化。然而，可能需要测试的参数有两个或更多个，比如应力、温度及加载速率等，它们也都是非常重要的参数。因此设计人员尝试着找到一种最经济的方式将这些因素联合起来同时进行测试。统计学为设计人员提供了适宜的方法，称为*试验设计*（DoE）。与不进行试验计划相比的最大好处是，使用统计学设计实验可以在每次实验中获得更多的信息。第二个好处是，统计学设计实验用结构化方法和手段来收集和分析信息。统计学设计实验得到的结论通常不必过多使用统计学分析就非常清楚直接。但是，如果实验过程缺少计划，即使进行详细的统计学分析也很难从实验中获得结果。统计学规划测试的另一个好处是其可信度，即当统计学分析明确了变异和误差来源时，实验结果就

⊖ P. O' Connor, *Test Engineering*, John Wiley & Sons, New York, 2001.

有了可信度。最后，统计设计的一个重要的好处是能够确认和量化实验变量之间的作用关系。

图 8.28 给出了两个参数（因素）x_1 和 x_2 确定的响应 y 的不同方式。本例中，响应 y 是某种合金的屈服强度，它受两个因素影响，一个是温度 ，另一个是时效处理时间。在图 8.28a 中，两个因素对响应没有作用。在图 8.28b 中，只有温度对 y 有作用。在图 8.28c 中，温度和时间都影响了屈服强度，但是它们并未以同样的方式进行作用，表明两个因素无关。然而，在图 8.28d 中，当温度不同时，时效处理时间对屈服应力 y 的影响是不同的，标志着这两个因素间相关。两个因素的联系是通过统计学控制同时改变两个因素而得到的，而不是之前的一次只变一个因素。

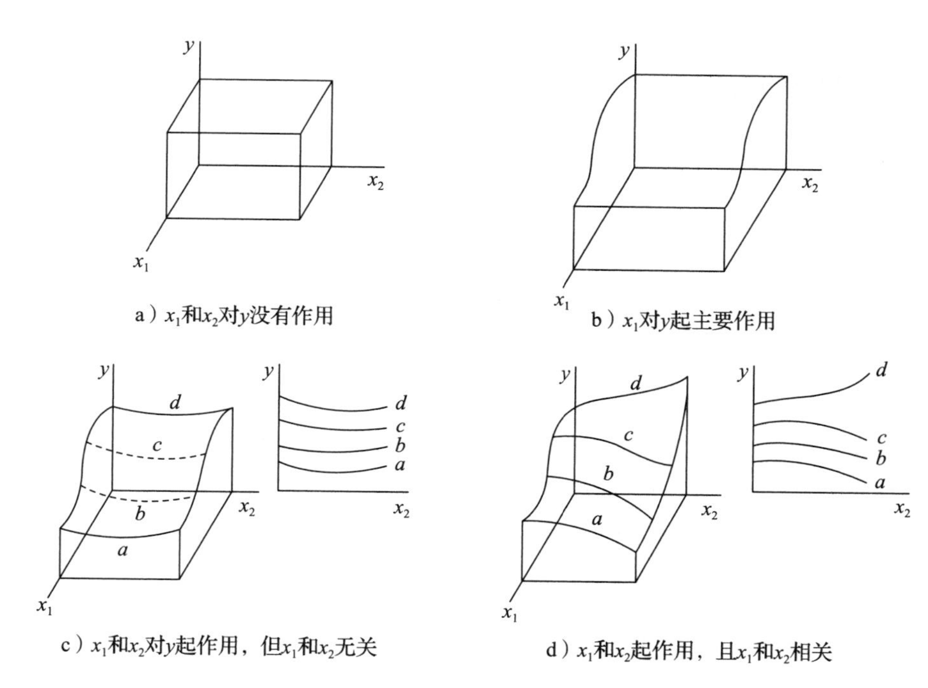

图 8.28　响应 y 作为参数 x_1 和 x_2 的函数的不同行为

统计学实验设计有以下三类[⊖]。

- 多因素实验设计是指每个因素的各个水平交叉分组并结合在一起的实验设计。结果是需要进行的测试次数急剧减少，但却以损失一些因素间交互作用信息为代价。

⊖ G. E. P. Box, W. G. Hunter, and J. S. Hunter, *Statistics for Experimenters*, John Wiley & Sons, New York, 1978: D. C. Montgomery, *Design and Analysis of Experiments*, 7th ed., John Wiley & Sons, Hoboken, NJ, 2009.（在线资源见 knovel.com。）

- 分组设计从实验误差中去除基本变量的影响，最常用的就是随机分组设计和平衡的不完全分组设计。
- 响应面设计用于确定因素（自变量）和响应（因变量）之间的经验关系，经常使用的是复合设计和旋转设计。

很多统计学的应用软件使试验设计变得容易多了。然而，除非设计人员在实验设计方面非常有经验，否则建议在开发实验计划的时候咨询统计学顾问，以保证测试上的投入可以获得一个最不可能有偏差的实验数据。工程师如果想要有效地利用这些软件就得对实验设计原则有基本的了解。

8.12 面向X的设计

成功的设计除了满足功能、外观和成本需求以外，还需要满足许多其他的要求。多年以来，可靠性一直被认为是必须满足的需求属性。随着人们对改进设计过程的日益重视，人们也在努力提升诸如可制造性、可维护性、可测试性和可服务性等“质量特性”。随着全生命周期相关主题研究的增多，用来描述它们的设计方法学的术语就变成了广为人知的面向X的设计（DFX），X代表设计的一方面性能指标，例如面向制造的设计（DFM）、面向装配的设计（DFA）或面向环境的设计（DFE）。

DFX方法学随着对并行工程重视程度的不断提高而得到加速发展[1]。可以回忆一下并行工程需要跨功能团队、并行设计和供应商参与。同时强调，要从产品设计工作一开始，就要考虑产品全生命周期的各个方面。DFX软件工具的开发与使用为开展并行工程提供了很多便利。DFX软件有时也称为并行工程软件。

在20世纪80年代，企业引入并行工程策略以缩短产品开发周期时，最早广泛使用的两个概念就是面向制造的设计和面向装配的设计。当这种方法的成功应用越来越多时，在产品开发流程中需要考虑的“X”的数量也随之增加。现在，设计改进目标通常被称为“面向X的设计”，其中的X因素的范畴较为宽泛，可以包括诸如环境的可持续性、工艺规划、专利侵权规避设计等。面向X的设计可以在产品开发过程的许多方面应用，但其应用往往集中在实体设计阶段中的子系统设计与集成步骤。

实施DFX策略的步骤如下。

---

[1] G. Q. Huang(ed.), *Design for X: Concurrent Engineering Imperatives*, Chapman & Hall, New York, 1996.

1. 确定需要考虑的目标因素（X）。

2. 确定需要关注的重点：整个产品、单个零件、分总成或工艺规划。

3. 明确衡量 X 因素特性和改进的技术方法。这些技术可能包括数学或实验方法、计算机建模或某种探索方法。

4. DFX 的策略是产品开发团队坚持尽可能早在设计过程中将重点放在 X 因素上并使用参数化表征和改进技术。

本章中已介绍了一些 DFX 相关主题，本书剩余章节的大多数内容用于详细解释有关 DFX 的主题，当然也包括其他不在 DFX 主题下的其他设计主题。关于本书所讨论的各种设计主题及其所在的章节位置，请读者参考表 8.6。

表 8.6 与实例设计相关主题的文本位置

讨论主题	所在章节
产品成本评估	第 12 章，第 17 章
面向 X 的设计	
面向装配的设计	第 11 章
面向环境的设计	第 15 章（网站 www.mhhe.com/dieter6e）
面向制造的设计	第 11 章
面向质量的设计	第 14 章
面向可靠性的设计	第 13 章
面向安全性的设计	第 13 章
面向服务性的设计	8.9.4 节
面向公差的设计	8.7 节
失效模式分析	13.5 节
人因学设计	8.9 节
工业设计	8.8 节
法律法规	第 18 章（网站 www.mhhe.com/dieter6e）
生命周期设计与成本	8.10 节，12.14 节
材料选用	第 10 章
预防错误	11.8 节
产品责任	第 18 章（网站 www.mhhe.com/dieter6e）
鲁棒性设计	第 14 章
设计和制造标准化	第 11 章
测试	8.11.4 节
用户友好设计	8.9 节

8.13 总结

实体设计是设计过程中将设计概念转换成物理形式的阶段。这也是设计的功能、外形、匹配性和完成度得到充分考虑的阶段。实体设计是为了确定构成系统的零件的物理形态和配置进行大部分分析的阶段。根据设计领域的发展趋势，我们将实体设计分为三个部分。

- *产品架构的建立*。将产品的功能元布置到实体单元上，主要考虑设计的模块化程度或整合程度。
- *配置设计*。包括确定零件的形状和主要尺寸、材料和加工工艺的初步选择、用面向制造的设计原则最小化加工成本。
- *参数设计*。通过大量的细化工作来设定关键设计参数以提高设计的鲁棒性，包括优化关键尺寸和设定公差。

在实体设计的最后阶段需要建立并测试一个全尺寸的工作原型。该原型是一个具备完整的技术和视觉特征的工作模型，用于确定产品是否满足所有的客户需求及性能标准。

成功的设计需要考虑很多因素，在实体设计阶段开展满足这些需求的研究。设计的物理外观将影响到消费品的销售，针对外观的设计通常称为工业设计。人因设计将决定设计的用户界面及其使用方式。当然，人因设计通常也会影响销售，有时也会影响安全性。产品的公众接受度的增加与否取决于它是不是环境友好型设计，政府也通过法规推动环境友好型设计的出现。

还有很多其他问题将在本书的剩余部分予以介绍。其中一部分是在 DFX 标题下，例如面向装配和面向制造的设计。

8.14 新术语与概念

加速试验	工业设计	细化（在配置设计中）
装配体	过盈配合	自助
间隙配合	生命周期设计	专用件
配置设计	模具	累积
面向 X 的设计	过约束零件	标准件装配体
设计实验	参数设计	标准件
特征控制框	改进	分总成
力传递	初步设计	公差

8.15 参考文献

实体设计

Avallone, E. A., and T. Baumeister, eds., *Marks' Standard Handbook for Mechanical Engineers,* 11th ed., McGraw-Hill, New York, 2007.

Dixon, J. R., and C. Poli: *Engineering Design and Design for Manufacturing,* Field Stone Publishers, Conway, MA, 1995, Part III.

Gibson, Ian, Rosen, David W., and Stucker, Brent: *Additive Manufacturing Technologies*, Vol. 17, Springer, New York, 2014.

Hatamura, Y.: *The Practice of Machine Design*, Oxford University Press, New York, 1999.

Pahl, G., W. Beitz, J. Feldhausen, and K. H. Grote: *Engineering Design: A Systematic Approach,* 3rd ed., Springer, New York, 2007.

Poli, C.: *Design for Manufacturing: A Structured Approach*, Butterworth-Heinemann, Oxford, UK, 2001.

Pope, J. E. ed., *Rules of Thumb for Mechanical Engineers, Elsevier,* 1997.（在本书中可以找到由经验丰富的工程师提供的实用设计与计算方法，例如驱动电机、泵、压缩机、密封件、轴承、齿轮、管道、应力分析、有限元分析以及工程材料。）

Skakoon, J. G.: *The Elements of Mechanical Design,* ASME Press, New York, 2008.

Stoll, H. W.: *Product Design Methods and Practices*, Marcel Dekker, New York, 1999.

Yang, Li, et al.: *Additive Manufacturing of Metals: The Technology, Materials, Design and Production*, Springer, London, 2017.

Young, W. C., and R. G. Budynas, *Roark's Formulas for Stress and Strain*, 7th ed., McGraw-Hill, New York, 2001.

8.16 问题与练习

8.1 环顾你身处的环境，找到一些常用的消费品。辨别哪些是模块化的、整体化的以及混合的产品架构。

8.2 标准的指甲刀是整体化产品架构的优秀例子。指甲刀由四个单独零件组成：杆、栓、剪刀上臂和剪刀下臂。草绘一个指甲刀，标出四个零件，并描述每个零件的功能。

8.3 用模块化方法设计一个新指甲刀，画出草图并且标注每个零件的功能。将新设计的零件数与常用的指甲刀进行比较。

8.4 查看图 8.5 所示直角托架的各种结构设计，按照如下形式或特征画出草图并做出标注：实体、加强筋、焊缝、开口、倒角。

8.5 下面是一个冗余载荷路径结构。力 F 使得结构伸长 δL。因为连接杆的横截面不一样，其刚度 $k=\dfrac{\delta P}{\delta L}$ 也不同。指出载荷分配与其路径的刚度成比例。

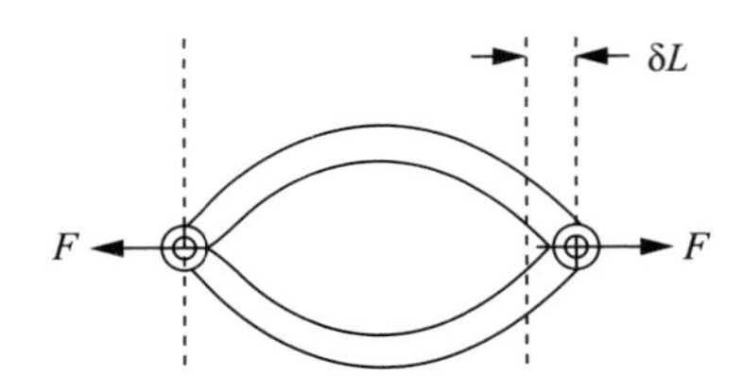

8.6　为炼钢熔炉设计一个与传动柄同时使用的柄钩。钩的最大承重量为150t。柄钩必须与下图所示的钩柄配合良好。柄钩孔应该可以放入与起重机连接的8in销钉。

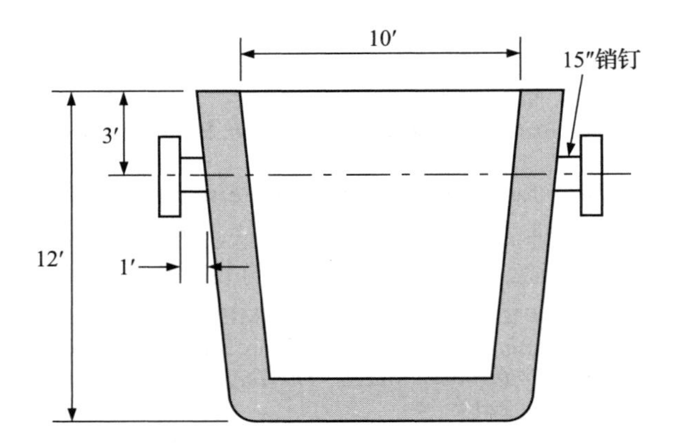

8.7　手绘图8.15的三维草图。

8.8　计算下图中*AB*的尺寸及其公差。

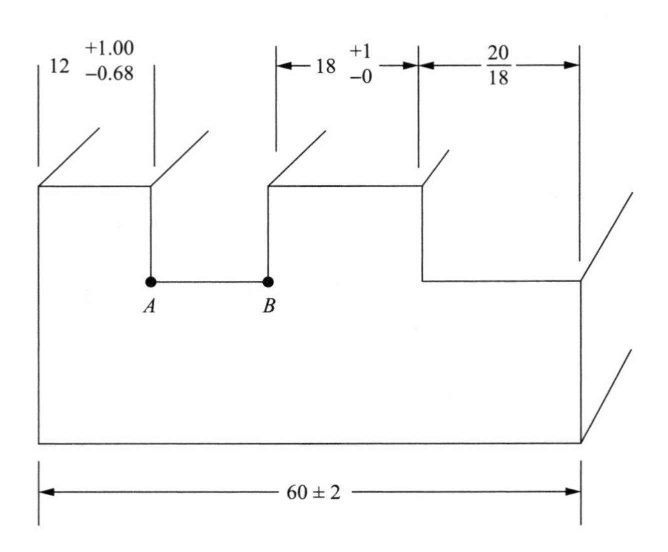

8.9　在例8.1中，从*B*点开始沿顺时针方向计算壁面的间隙及其公差。

8.10 使用图 8.16，轴承（零件 A）的内径尺寸和公差是 $\phi30^{+0.20}_{-0.00}$，轴（零件 B）的尺寸是 $\phi30^{+0.35}_{-0.25}$。算装配体的间隙和公差，给出装配体草图。

8.11 下图中零件两孔间的最小距离是多少？

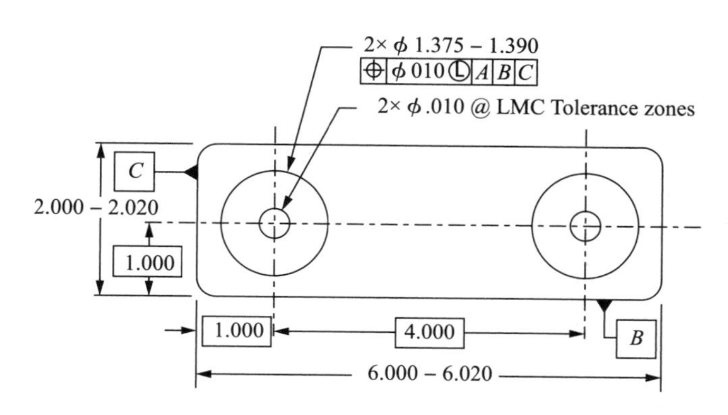

8.12 对图 8.15 中最左面的孔，若孔位置的公差是 ±2mm。

(a) 如果应用普通的定尺寸系统（non-GD&T），那么公差带是多少？

(b) 如果使用标准的“形状和位置公差”（GD&T），公差带是多少？

(c) 画出（a）和（b）的公差带。

(d) 写出（b）的特征控制框并且讨论其相对普通定尺寸系统的优点。

8.13 参见例 8.3，制定一个表格，给出在最大实体条件（MMC）下，孔的位置公差带随孔径的变化情况。从孔的最大实体条件开始，然后以 0.020in 为步长不断减小直径，直到孔达到其最小实体条件。提示，确定孔的实体条件，就是用最大实体条件（MMC）孔直径减去最大实体条件（MMC）位置公差。

8.14 拍摄某个消费产品照片，或者从旧杂志上剪下一张，把吸引你的工业设计展示出来，指出你认为需要改进的地方。要确保你的观点从美学价值出发。

8.15 考虑木工磨砂机的设计。人们使用该工具的哪些功能？某用户希望的一个特性是减轻重量以减轻长时间使用时的手臂疲劳。除了降低实际重量外，设计者还可以使用什么方法减轻用户的使用疲劳？

8.16 登录网址 http://www.baddesigns.com/examples.html，了解不良的用户友好设计的实例。然后，从日常生活中找出五个其他例子并思考如何将这些设计变成用户友好的？

8.17 以柴油动力货车改烧天然气为目标，深入探究这个议题，找到其原因。

第9章

详细设计

9.1 引言

我们已经进入详细设计阶段，即设计过程三个阶段中的最后一个阶段。在计算机辅助工程的推动下，人们开始强调通过并行工程的方法（面向X的设计）来缩短产品的开发周期，这使得实体设计与详细设计之间的界限逐渐变得模糊，并适时地前移。在许多工程组织中，不再将详细设计作为一个完成所有尺寸、公差以及细节设计的设计阶段来看待。然而，详细设计是指将所有的细节整合在一起，做出所有的决策，并由管理部门做出将设计进行投产决定的阶段。

图9.1给出了本书所组织的设计过程的各个阶段。图中同时标出了第8章～第16章的数字，目的是向读者展示本学科知识一般是如何在设计过程中得到应用的。详细设计位于抽象设计层次的最底层，是一项非常明确且具体的工作。在此阶段，需要做出大量决策。这些决策中的大部分对于所设计的产品十分重要，对其进行修改将费时费力。拙劣的详细设计会使一个杰出的设计构思黯然失色，也会导致制造缺陷、高成本以及工作可靠性不佳。反之，情况同样不乐观，优秀的详细设计同样无法挽救拙劣的概念设计。然而，顾名思义，详细设计[1]

---

[1] 此处的“详细”是个名词。整个团队齐心协力，确认所有的细节部分。

主要涉及确认细节、提供缺少的细节等内容，以确保已经经过验证和测试的设计可以被制造成质量合格而且成本效益优秀的产品。详细设计的另一项同样重要的任务是将这些决策及数据与负责产品开发过程的企业组织中的各部门进行交流。

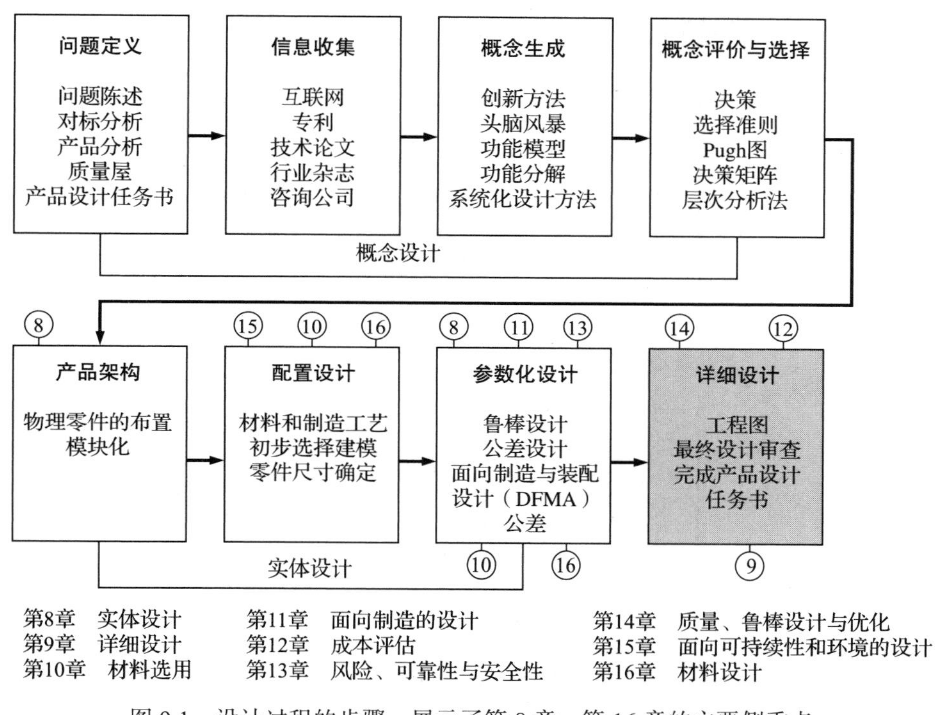

图 9.1 设计过程的步骤，展示了第 8 章～第 16 章的主要侧重点

9.2 详细设计中的活动与决策

图 9.2 展示了在详细设计阶段各项活动需要完成的任务。这些步骤是在阶段 0 和产品规划（见图 2.1）的后期所做出的决策成果，即随产品开发项目来分配资金。在图 9.2 中，虚线以下的内容表示产品开发过程中，需要公司里收到设计信息的其他部门来完成的主要活动（见 9.5 节）。详细设计阶段的各项活动如下文所述。

自制或购买的决策

即便是在所有零部件的设计及所有的设计图都完成前，也要召开会议，决定零部件是由企业内部自行生产还是从外部供应商处购买。这次决策将主要以成本和生产能力作为基础，同时适当考虑零部件的质量问题及交货的可靠性。有时出于保护某一关键制造工艺的商业机密，会决定内部生产某一关键零部件。提早做出这个决定，就可以把供应商纳入设计工作作为扩张的团队成员。

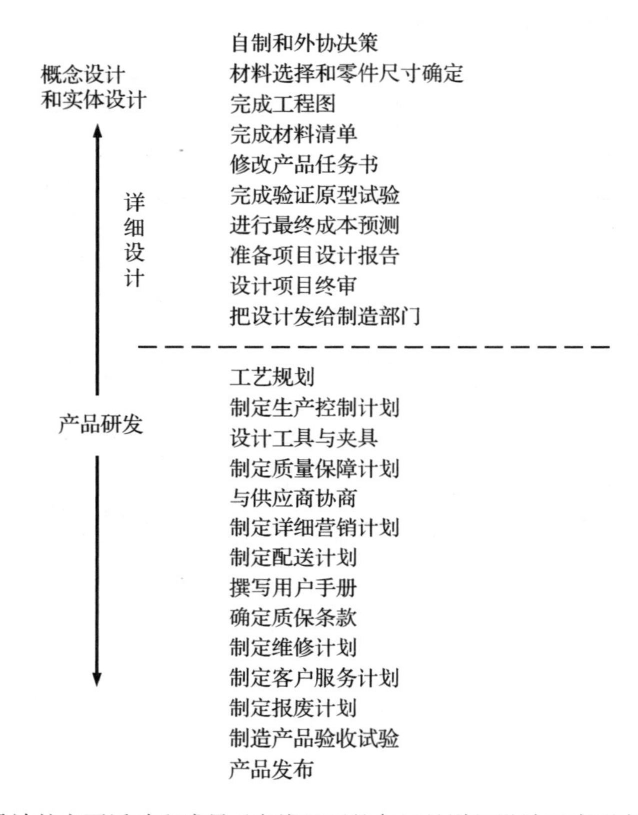

图 9.2 详细设计的主要活动和成果（虚线以下的条目是详细设计后直到产品发布的活动）

完成零件选择和尺寸标注

虽然大部分零部件的选择和尺寸标注是在方案设计时完成的，但仍有一些零部件尚未选定或设计，特别是对那些参数与产品质量密切相关的零部件。这些零部件可能是从外部供应商处购买的标准部件，或是像紧固件之类的常用标准件，也可能有重要的零件需要实验数据或有限元分析结果的辅助验证。无论什么原因，都必须在设计结束前完成这些工作。

如果产品设计十分复杂，可能需要在完成设计之前的某一时间点实行设计冻结。这意味着未经设计管理部门的正式审核，超出这一特定时间节点的任何设计变更都是不允许的。人们总是倾向于不停地做一些小的修补，如果不借助外界手段加以阻止，这样的改进工作是永无止境的。借助设计冻结，只有真正影响产品性能、安全和成本的关键变更才被允许。

完成工程图的绘制

详细设计阶段中的一项重要任务就是完成工程图的绘制。在设计每个部件、子装配件和装配件时，都以工程图的形式作为设计文档（见 9.3.1 节）。零件图一般称为详细图。零件图给出了零件的几何特征、尺寸和公差。有时，图纸上还给出零件制造时的特殊工艺要求，例如，热处理要求或精加工步骤。装配图则给出将各零件装配在一起，从而构成产品或系统的方法。

完成物料清单

物料清单或零件目录表列出了产品中的每一个零件，见 9.3.2 节。它用于制定生产规划、确定产品成本的最佳预算。

产品设计任务书的修订

在 5.8 节中介绍产品设计任务书时，曾强调过它是一个“动态文件”。当设计团队获得更多有关产品设计的知识时，产品设计任务书也会随之发生改变。在详细设计阶段，产品设计任务书要不断更新，使之包含设计所要满足的全部最新需求。

零件任务书和产品设计任务书需要加以区分。对于一个具体的零件来说，其图纸和任务书通常是同一个文件。零件任务书通常涵盖零件的技术性能、尺寸、测试要求、材料要求、可靠性要求、设计寿命、包装要求和装运标志等信息。另外，零件任务书还应足够详细，以避免使供应商产生误解。

完成验证原型的测试

一旦设计完成，就需要制定 Beta 原型（第二类原型）要求，并进行验证试验，以保证设计满足产品设计任务书的要求，而且安全可靠。从 8.11.1 节中可知，只要第二类原型所使用的材料和生产工艺与实际产品是一致的即可，并不需要从实际的生产线上制造出来。随后，在产品投产前要对生产线上生产出的正式产品进行测试。如何测试，要依据产品的复杂度。一般，简单的验证试验可能只是产品在某一预定工作循环内的超负荷条件下运行，也可能是使用一系列基于统计检验方案的测试。

最终成本评估

由于制造成本的确定需要知道各部件的材料、尺寸规格、公差和粗糙度等方面的信息。因此，详细设计图使得最终的成本预算得以进行。利用物料清单（见 9.3.2 节）可以进行成本计算。成本分析还需要知道制造每个零件所需的特定机床和工艺步骤的特定加工信息。需要注意的是，在产品设计过程中，成本预算每一步的误差量都是很小的。

准备项目设计报告

项目的后期，常常要撰写项目设计报告，描述承担的任务并详细讨论设计。这是一个重要的文档，它可以把该设计的专门技术传授给将来从事该产品再设计的项目团队。另外，当产品涉及产品责任或专利诉讼时，项目设计报告也是一个重要文件。在9.3.3节中给出了设计项目报告准备方面的一些建议。

设计终审

在设计终审之前，需要进行多次正式会议或评审。其中包括开始制定产品设计任务书时召开的产品初步概念会议、在概念设计结束时用于决定是否继续进行全面产品开发的评审，以及方案设计之后是否进行详细设计的评审。最后一项评审可以采取详细的单独评审（会议）的形式来决定诸如设计制造、质量问题、可靠性、安全性或初步成本预测等重要问题。然而，设计终审是设计过程中最具组织性且最为全面的评审活动。

管理部门根据设计终审结果来决定是否将产品设计投产，是否承担为此所需的主要财务投入。设计终审将在9.4节中进行讨论。

设计交付制造

把产品设计方案提交给制造部门，标志着该产品设计人员的主要设计活动已经结束。设计发布可能是无条件的，也可能是在推出新产品的压力下进行的，这是有条件的。在后一种情况下，要提前开发工具，同时设计人员也会加快进度来修正一些设计缺陷。缩短产品开发周期的并行工程方法的大量应用，使详细设计和制造之间的界线变得模糊不清。设计发布经历两三个“波次”是很常见的，对那些设计与研制工具需要最长研制周期的零件设计，要首先发布。

9.3 设计与制造信息的交流

设计项目产生的数据量是十分庞大的。一辆普通汽车大约有10 000个零件，每个零件包含超过10个几何特征。另外，对零件上每一个必须要加工的几何特征，大约就有1000个几何特征与生产设备和辅助装置相关，例如夹具。用CAD描述各零件已经变得很普遍，通过Internet，可以把设计图从设计中心传送到世界各地的工具制造商和制造工厂。设计数据包含各种不同用途的工程图、设计任务书、物料清单、最终设计报告、进度报告、工程分析、工程变更通知、原型测试结果、设计审核备忘录和专利应用等。

9.3.1 工程图

详细设计的目的是提供包含产品生产信息的图纸。这些图纸应该清晰明确，不能有被人误解的余地。一个详细的工程图包括以下信息。

- 三视图——俯视图、主视图、左视图。
- 辅助视图，如剖视图、局部放大图或辅助观察零件整体和细节的轴测图。
- 尺寸——按 ANSI YI4.5M 规定的几何尺寸与公差（GD&T）标准进行标注。
- 公差。
- 材料规格以及特殊加工说明。
- 加工细节，如划线位置、拔模角度、表面光洁度。

有时明细栏所包含的信息可以代替图纸上的说明。图 9.3 是一个杠杆的详细图的示例。注意形位公差标准、尺寸规格以及公差的使用。

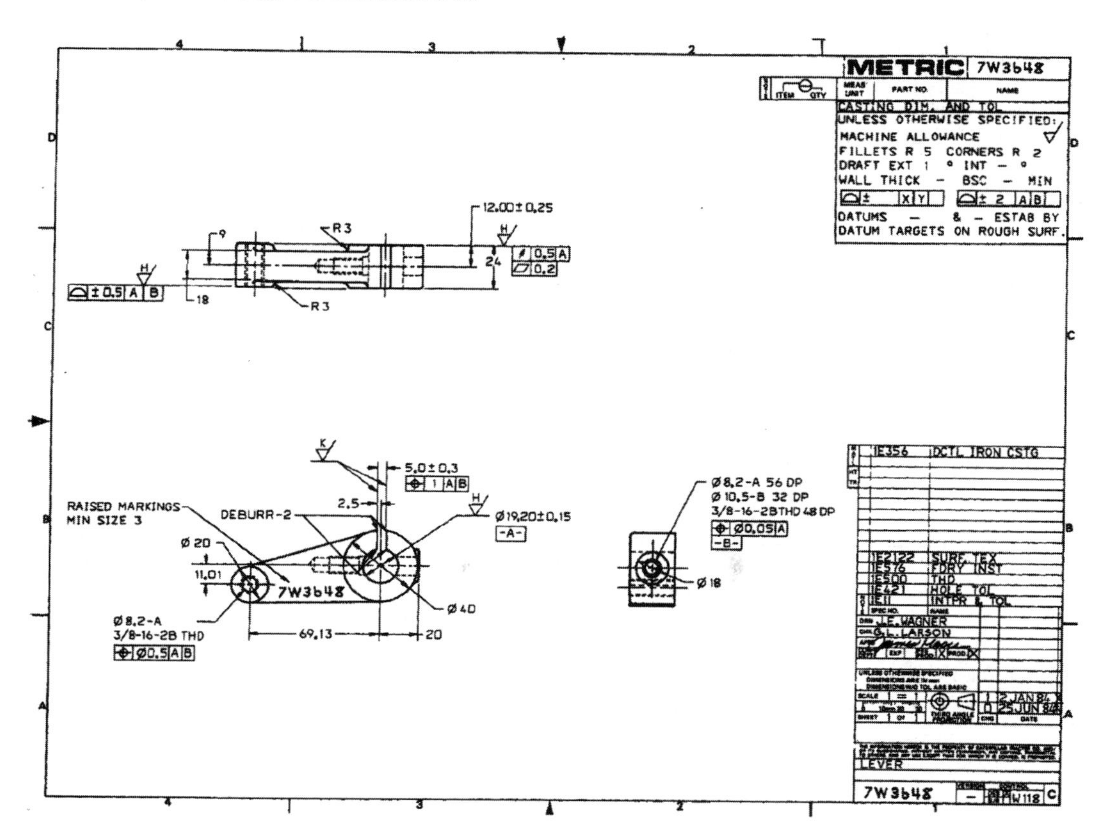

图 9.3 杠杆的零件图

工程图的另外两种常见类型是布局图和装配图。设计布局图展示了装配好的产品（系统）中所有部件之间的空间关系。设计布局工作是在实体设计的产品架构阶段全面展开的。它使产品的功能可视化并确保所有部件都有相应的物理空间。

装配图产生于详细设计阶段，是向生产部门和用户传递设计意图的工具。装配图呈现了相关零件间的空间关系，以及与其他零件之间的连接关系。装配图中的尺寸信息要受制于装配需求。可以根据每个零件的零件图号去参考零件图，它给出了零件尺寸规格和公差等方面的全部信息。图 9.4 是一个齿轮减速器的装配展开图。

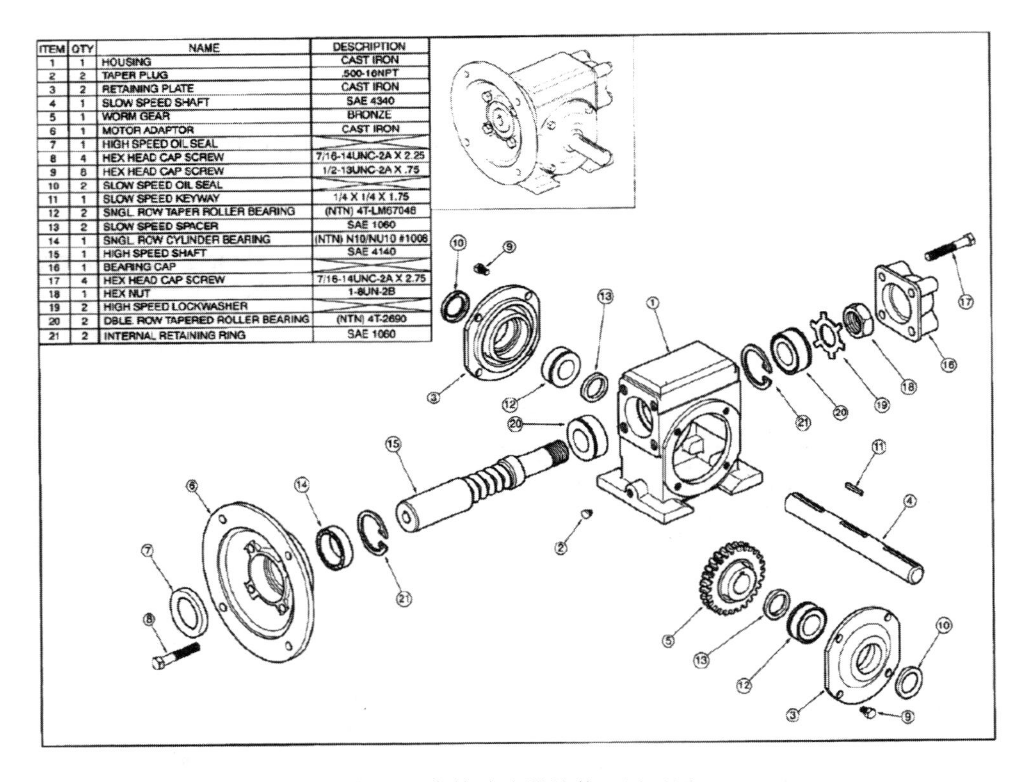

ITEM	QTY	NAME	DESCRIPTION
1	1	HOUSING	CAST IRON
2	2	TAPER PLUG	.500-16NPT
3	2	RETAINING PLATE	CAST IRON
4	1	SLOW SPEED SHAFT	SAE 4340
5	1	WORM GEAR	BRONZE
6	1	MOTOR ADAPTOR	CAST IRON
7	1	HIGH SPEED OIL SEAL	
8	4	HEX HEAD CAP SCREW	7/16-14UNC-2A X 2.25
9	8	HEX HEAD CAP SCREW	1/2-13UNC-2A X .75
10	2	SLOW SPEED OIL SEAL	
11	1	SLOW SPEED KEYWAY	1/4 X 1/4 X 1.75
12	2	SNGL. ROW TAPER ROLLER BEARING	(NTN) 4T-LM67048
13	2	SLOW SPEED SPACER	SAE 1060
14	1	SNGL. ROW CYLINDER BEARING	(NTN) N10/NU10 #1008
15	1	HIGH SPEED SHAFT	SAE 4140
16	1	BEARING CAP	
17	4	HEX HEAD CAP SCREW	7/16-14UNC-2A X 2.75
18	1	HEX NUT	1-8UN-2B
19	2	HIGH SPEED LOCKWASHER	
20	2	DBLE. ROW TAPERED ROLLER BEARING	(NTN) 4T-2690
21	2	INTERNAL RETAINING RING	SAE 1060

图 9.4　齿轮减速器的装配展开图

细节图完成后，必须对其进行审核以确保该图能够准确地描述设计的功能与配合[⊖]。该审核应该由一开始就没有参与设计项目，但经验丰富、观点独到的人来进行。由于设计具有反复性，因此记录项目发展的历程以及所做的变更是十分重要的。这些内容应记录在工程图标

⊖ G. Vrsek, " Documenting and Communicating the Design, " *ASM Handbook*, Vol. 20, ASM International, Materials Park, OH, 1998, pp. 222-230.

题栏和修订项中。必须建立一个正规的图纸发布程序，从而使每个相关人员都知晓设计方面的变更。使用数字模型设计零件的一个优点是，虽然仅仅在零件图上修改，但随后可以访问该模型的人就可以获得更新的信息了。

详细设计中的一个重要问题是管理设计过程产生的大量信息、控制版本，并确保信息的可回溯性。产品数据管理（PDM）软件提供了产品设计与生产之间的联系。通过多用户的数据检入和验出数据进行工程设计变更，PDM 软件提供了对设计数据库（CAD 模型、图纸、材料清单等）的控制，同时控制零件图和装配图所有版本的发布。由于数据安全可以由 PDM 系统来保障，这使得所有经授权的用户在产品开发过程中通过电子设备来查阅设计数据成为可能。大多数的 CAD 软件都有内置的 PDM 功能。

9.3.2 物料清单

物料清单或零件明细栏是一个包含产品中每个零件的列表。如图 9.5 所示，该图中列举了装配中所需的零件描述和零件数量、零件编号、零件来源以及外包给供应商的零件订单号等信息。该版本的物料清单中还要填写上负责每一个零件详细设计的工程师姓名，以及负责追踪各零件生产和装配情况的项目工程师姓名。

	ENGINE PROGRAM PARTS LIST								
	DOCUMENTING THE DESIGN								
Qty /		PART NUMBER					Delivery	RESPONSIBILITY	
Engine	PART DESCRIPTION	Prefix	Base	End	P.O. #	Source	Date	Design	Engineer
	PISTON								
6	PISTON (CAST/MACH)	SRLE	6110	24093	RN0694	Ace	11/17/95	S. LOPEZ	M. Mahoney
6	PISTON RING - UP COMPRESSION	SRLE	6150	AC	RN0694	Ace	rec'd FRL	S. LOPEZ	M. Mahoney
6	PISTON RING - LOWER COMPRESSION	SRLE	6152	AC	RN0694	Ace	rec'd FRL	S. LOPEZ	M. Mahoney
12	PISTON RING - SEGMENT OIL CONTROL	SRLE	6159	AC	RN0694	Ace	rec'd FRL	S. LOPEZ	M. Mahoney
6	PISTON RING - SPACER OIL CONTROL	SRLE	6161	AB	RN0694	Ace	rec'd FRL	S. LOPEZ	M. Mahoney
6	PIN - PISTON	SRLE	6135	AA		BN Inc.		S. LOPEZ	M. Mahoney
6	PISTON & CONNECTING ROD ASSY	SRLE	6100	AG				S. LOPEZ	M. Mahoney
6	CONNECTING ROD - FORGING	SRLE	6205	AA		Formall		S. LOPEZ	M. Mahoney
6	CONNECTING ROD ASSY	SRLE	6200	CI		MMR Inc.		S. LOPEZ	M. Mahoney
12	BUSHINGS - CONNECTING ROD	SRLE	6207	AE		Bear Inc.		S. LOPEZ	M. Mahoney
12	RETAINER - PISTON PIN	SRLE	6140	AC		Spring Co.		S. LOPEZ	M. Mahoney

图 9.5 物料清单实例

（源自 *ASM Handbook: Materials Selection and Design*, Volume 20. Taylor & Francis, 1997。）

物料清单的用途很多。它对确定产品成本起着重要作用。作为检核产品成本是否与产品设计任务书中产品成本要求相一致的途径，在实体设计阶段初期的产品结构确立之后，就开始编制物料清单了。最终的物料清单将在详细设计阶段完成，并用于详细的成本分析。物料清单对于追踪各部件的生产和装配情况至关重要。因此，作为设计过程的重要的归档文件，物料清单需要妥善保存并且做到检索方便。

9.3.3 书面文件

刚从事设计工作的工程师对与设计项目相关的书面文件工作所花费的时间往往会感到吃惊。设计是一个多利益方参加的复杂过程。有许多团体为设计过程提供输入，还有一些团体参与设计过程中的决策。在设计过程中，新的决策往往要在对前期工作评审后才能做出。对于复杂的项目，设计团队成员可能需要重温设计过程的前期工作，才能进入新的设计阶段。在设计中，不能过分强调收集可获得的、正确无误的所有信息。

由于对准确且正规文件的迫切需求，使得设计工程师们都善于撰写技术文档。书面文档是撰写人的永久记录，无论好坏，它都会为工作质量和撰写人技能留下永久的印记。

作为日常工作的一部分，设计工程师要准备正式的和非正式的文件。非正式文件包括电子邮件信息、简洁的备忘录以及日常的设计日志。正式的书面文件形式通常有：信件、正式的技术报告（如进度报告、实验报告、工艺描述）、技术论文和建议书。

电子邮件

没有任何沟通方式像电子邮件一样发展得如此之快。每年电子邮件信息的发送总量超过80 000亿条。电子邮件在很多方面都有极高的价值，常见的应用有：会议计划、与各地的工程师进行沟通、旅行时与办公室取得联系、确认做出的决策和行动项目以及参与专业学会的活动。

恰当使用电子邮件是非常重要的。电子邮件不能代替传统的面对面会议或电话沟通。由于无法确保收件人阅读了电子邮件，如果需要确保收件人在某时间段必须收到该信息，就不宜使用电子邮件的方式了。如果没有面对面的交流，你就不能确定信息是否被按照预期的方式接收。

以下是专业的电子邮件的书写指南：

- 正式的商业信函要采用商业书信的格式书写。使用恰当的大写字母、拼写及句子结构。
- 写邮件时，要提供言简意赅的主题行。
- 信息要简短。

- 对比较大的附件要进行压缩，在告知同事之前不要把大的附件发送给他们。
- 不要使用表情符号和其他非正式的图像，这些图像更适合用于私人信息中的即时信息和文本信息。
- 除了非正式签名外，还需使用正式签名档，其中包含的联系方式要与名片上的一致。
- 回复邮件时，若所回复的邮件中包含接收邮件中的原始信息，那么在回复时，要删除不必要的和重复的信息。
- 若回复邮件中不包含接收邮件中的原始信息，那么回复时，邮件中要包括相关细节。

电子邮件具有即时性和私人性的特点，因此有必要把它与其他书面交流方式区别对待。人们常常认为电子邮件与电话一样不正式。人们可以自由地书写和发送他们从不在商业书信中写的内容。电子邮件似乎要把人们从常规的束缚中解放出来。在不考虑结果的情况下“回复”信息是很容易的。商业伙伴在互通邮件时开玩笑的例子确实很多，但他们很快会尴尬地意识到，这些信息可能会无意间被广泛传播。要谨记，邮件是可以像报纸一样被保存和检索的。

当然，网上有许多关于使用在线交流时的礼节方面的资源，绝大多数的技术写作手册也有介绍电子邮件的章节。写电子邮件要具有良好的心态，要预料到，邮件中的任何信息都有可能失控而被传播和复制。因此，写电子邮件时要认真思考。

设计笔记

遗憾的是，在设计过程中，较少有记录决策和捕捉设计意图的优良传统。这些优良传统不仅能防止相关设计知识的丢失，也能让新手从中学到经验。这些信息通常记录在设计笔记中。设计笔记应该是 8in × 11in 的装订本（非螺旋装订），最好带有一个硬封皮。设计笔记是一个知识库，它能储藏全部的计划（包括未被执行的计划）、全部的分析计算、全部的实验数据记录、全部信息的来源以及全部有价值的构思。

以下是做好设计笔记的一些规则[⊖]。

- 笔记的前面要有索引。
- 用钢笔书写条目且字迹清晰。
- 一边工作一边编好条目。无论结果好坏都要记录，即便是当时不太理解的东西也要记录下来。如果有错误，把它们划出来就行，不要擦掉，更不要撕掉那几页。
- 所有的数据都要以最初的原始形式保存（条形图、示波图片、显微镜照片等），不要重新计算或转换。

⊖ 改编自 T. T. Woodson,“Engineering Design”, Appendix F, McGraw-Hill, New York, 1996。

- 草图要直接画在设计笔记中，但是经精心准备绘制在方格纸上的图也要记录在设计笔记中。
- 对于书籍、杂志、报告、专利以及其他信息要给出完整的参考文献出处。

一个好的设计笔记应具备以下特点：项目完成后的若干年依然完好、重要的决定显而易见、行动的原因经得起事实的考验。项目正式报告中的每个图表、陈述以及结论，都可以在设计笔记中找到原始的条目。

正式技术报告

正式技术报告通常是在项目完成时撰写的。通常，正式技术报告是一个完整而独立的文件，其目标群体的背景复杂多样。因此，与备忘录报告相比，正式技术报告需要更多的细节。一个典型的专业报告的大纲[⊖]通常包括以下内容。

- 附函（转送函）。提供附函，使事前没有得到通知但可能会收到报告的人对该报告有所了解。
- 标题页。标题页包含报告名称、单位及作者地址。
- 摘要（包含结论）。摘要篇幅通常不超过一页，由三段组成。第一段，简要描述研究的目的及研究的问题。第二段，描述问题的解决方案。第三段，从节约成本、改善质量或新的机遇等方面阐明其对企业的重要性。
- 目录。包括图表清单。
- 引言。引言中要包含不被读者所知的，但会在报告中使用的相关技术事实。
- 技术问题部分（分析或实验程序、相关结果和结果讨论）。
  - 实验程序部分通常包括以下内容：说明数据是如何获得的，如果数据是使用非标准的方法或者技术获取的，需要对获取的方法或者技术进行描述。
  - 结果部分描述研究结果以及相关的数据分析。实验的误差范围也要包括在内。
  - 讨论部分描述数据分析。通过分析数据，提出具体的论点，把数据转换成更富有意义的形式，或把数据与引言中的理论联系起来。
- 结论。结论要尽可能以简洁的形式陈述，要能够从研究过程中推导出来。总体来说，这部分是工作和报告的核心。
- 参考文献。参考资料用来支持报告中的论述，还可以使读者获得更多关于某个议题的深入信息。

⊖ Richard W. Heckel 教授对本节中大部分材料的贡献是公认的。

- 附录。附录可以包含数学推导、样本计算等信息。附录与报告的主题没有直接联系，但如果将这些内容放在报告的正文中，可能会严重打乱思考的逻辑顺序。附录中推导出的最终方程要置于报告正文中，并标注相应的附录号。

9.3.4 技术文件写作中的常见问题

下面给出了技术文件写作的一些建议，有助于避免一些最为常见的错误。在技术文件写作中，也应该利用英语语法和文体书籍中的常用指导原则[⊖]。

时态

动词时态的选择经常使人感到困惑。有经验的撰稿者通常会使用下列简单规则。

- 过去时。用于描述已完成的工作或者过去发生的事件。“所有试样的硬度读数都做了记录。(Hardness readings were all taken on all specimens.)”
- 现在时。与报告本身的条目和想法相关时，使用现在时。“图 4 中的数据清楚地表明控制发动机速度并不容易。(It is clear from the dada in Figure 4 that the motor speed is not easily controlled.)” “小组建议重新试验。(The group recommends that the experiment be repeated.)”
- 将来时。从数据中得出的或应用于未来的预测时，使用将来时。“表Ⅱ中的市场数据表明，新的产品线在未来十年中将持续增加。(The market data given in Table Ⅱ indicate that the sales for the new product line will continue to increase in the next ten years.)”

参考文献

参考文献一般位于书面文本的尾部。下述例子列举了作者引用的技术文献（这些技术文献可以在订阅的材料中方便地获取，也可以在图书馆的馆藏书目中找到）及参考期刊（经常省略文章的标题）。参考文献没有公认的格式，不过每个出版机构都有自己偏爱的格式。

- 技术杂志文章。Smith, C. O.: “ Transactions of the ASME,” *Journal of Mechanical Design*, Vol. 102, pp. 787–792, 1980.
- 书籍。Woodson, Thomas T.:*Introduction to Engineering Design*, McGraw-Hill, New York, 1966, pp. 321–346.
- 私人通信。J. J. Doe, XYZ Company, Altoona, PA, unpublished research, 2004.

⊖ W. Strunk and E. B. White, *The Elements of Style*, 4th ed., Allyn & Bacon, Needham Heights, MA, 2000; S. W. Baker, *The Practical Stylist*, 8th ed., Addison-Wesley, Reading, MA, 1997.

- 内部报告。J. J. Doe, Report No. 642, XYZ Company, Altoona, PA, February 2001.

许多工程类期刊和杂志都使用由 IEEE 所开发的引用风格指南[⊖]。

9.3.5 会议

商业领域有很多会议，会议是多层次和不同主题上信息和计划的交流。大多数会议中会包括事先准备好的口头汇报，参见 9.3.6 节。设计团队会议位于整个会议层级的最底层。讨论的内容集中在一个共同的目标上，而且通常有同样的背景。召开会议的目的是共享已取得的进展，确定问题，并期望获得用以解决问题的支持和帮助。设计团队会议是一种小组讨论，它有会议议程及可能的可视化手段。这种汇报是非正式的，不用预先演练。如需了解更为详细的有效组织这类会议的技巧，可参阅 3.5.1 节。

设计团队会议的上一层会议是设计简报或设计评审。与会人员的规模和多样性取决于项目的重要程度，可以是 10～50 人，而且要包括公司经理和高级管理人员。对于高管人员来说，设计简报必须简短而且要切中要点。高管人员很忙，对于工程师热衷讨论的技术细节并不都感兴趣。这种类型的汇报需要花费大量准备工作和练习。向最高的管理者陈述要点通常只有 5～10min。如果陈述的对象是技术经理，虽然他们对重要的技术细节更感兴趣，但也不要忘了汇报进度和成本方面的信息。通常，他们会给你 15～30min 把问题讲清楚。

在技术细节方面，与设计简报相似的汇报是在专业协会或技术学会上的发言。这种汇报通常发言时间为 15～20min，与会人数为 30～100 人。在这种会议场合发言（无论是国内会议还是地方会议）对于职业拓展和获得专业声誉都是至关重要的。

9.3.6 口头汇报

听众对口头汇报的反应，会很快形成或好或坏的印象和声誉。大多数情况下，人们是应邀发言。口头交流有一些具体的特点：提问和对话可以得到快速反馈，个人激情、可视化手段以及语调、重音和手势都会起到重要作用。与冰冷的、有距离感的、易使人避开回答问题的书面文字相比，熟练且富有技巧的口头表达显得更有亲密感，能够进行更有效的沟通。另一方面，与书面沟通相比，口头交流对发言的组织和逻辑性要求更高。口头交流时，听众没有任何机会通过书面阅读来搞清楚发言要点，更何况口头交流中会存在很多“噪声”。发言者的准备以及发言情况、会议室的环境和可视化手段优劣等，都会对口头交流的效果产生影响。

⊖ *IEEE Editorial Style Manual*, http://ieeeauthorcenter.ieee.org/wp-content/uploads/IEEE-Editorial-Style-Manual.pdf.

设计简报

发言的目的可以是展示过去 3 个月内某 10 人设计小组的工作情况，也可以用 CAD 平台向上层管理人员介绍新的构思（因为他们对投资巨大的 CAD 应用有疑虑）。无论是什么原因，都应考虑清楚发言的目的，了解都有哪些人会参加会议。如果你想要准备一个有效的汇报，这些信息是至关重要的。

对于面向商务的发言，最适当的发言方式是有准备的脱稿发言。进行这类发言时，要归纳出全部的要点，并详细规划。但是，发言要以书面大纲为本，或者先写出完整的发言稿，再据此提炼出发言所用的大纲。这种类型的发言可以与听众建立一种更为紧密且自然的关系，因为它比宣读发言稿更可信。

就听众感兴趣的材料做些拓展。组织材料要经过深思熟虑，而不是用简单的语言堆砌而成。先写出结论，这样更有利于对所掌握的材料进行分类，并且只选择支持结论的信息。如果发言的目的是要推广某一想法或创意，请列出其优缺点，这样有助于与不接受该想法的人辩驳。

前几分钟的开场白很重要，它决定着你是否能吸引听众的注意力。可通过解释发言的原因来介绍发言的内容。背景材料的准备要细致充分，以便听众理解发言的主要内容。做好发言规定时间内的时间安排，以便能留出提问时间。如果不是非常善于讲故事和开玩笑，发言时不要加入这些内容。同时，发言中要避免使用专门的技术术语。为了不使听众对发言者想要传递的信息感到混乱，发言结束前，总结一下主要观点及结论。

对于所有技术发言来说，可视化手段都是重要的部分，好的可视化手段可以将听众的注意力提高 50%。采用哪种类型的可视化手段取决于发言内容和听众的特点。对于由 10 人或 12 人参加的小型非正式会议，分发印有提纲、数据及图表的材料通常很有效。对于 10～200 人的听众规模，使用 PPT 或者其他带有数字投影的幻灯片能起到较好的作用。对于具有大量听众的发言，幻灯片是广受偏爱的可视化手段。短视频内容通常会增加演示的有效性。

一般来说，技术发言效果不好的原因大多是准备得不够充分。如果不经过练习，很少有人能直接做出精彩的发言。一旦发言稿准备完毕，第一阶段就是自己练习。在一个空房间里大声练习，整理思路，核对所用的时间。有时，你可能还需要记住开场白和结束语。如果有一点可能，就录下练习过程。排练是在较少的听众前进行彩排。如果条件允许，就在你将来发言的地方进行排练。排练时，要使用你将要发言的可视化手段。排练的目的是帮你解决说话方式、语言组织、时间安排等方面的问题。排练后会得到一些批评意见，发言的内容要经过多次修改和重复排练，直至能够正确完成发言任务为止。

发言时，如果没有被正式介绍，应该先介绍自己和团队中的其他成员，这些信息应放在幻灯片的第一页中。发言时，声音要洪亮，使听众能够听清楚，如果听众很多，就可能需要使用麦克风。发言要尽量平和且充满自信，不要过分激进，以免引起听众的抵触心理。要避免那些令人讨厌的坏习惯，如将口袋里的零钱弄得咔嗒作响或在讲台上下来回走动。如果可能，要避免在黑暗的环境中发言。在黑暗的环境中，听众可能会昏昏欲睡，最糟的是可能会溜走。在交流过程中，与听众保持目光的交流是获得反馈信息的重要途径。

发言后的提问是口头交流过程的重要组成部分，可以从提问的情况看出听众是否对发言内容感兴趣、是否认真听取了发言。如果可能的话，尽量不要让提问打断你的发言。如果是“大人物”提出问题而打断了发言，要赞扬其敏锐的洞察力，并且说明该问题将在随后的发言中解释。千万不要为结果的不完备而道歉。不要打断发问者的提问，待问题提完后再做出回答。要避免陷入争论或让发问者看出你认为他提的问题很愚蠢。如果没有必要的话，不要延长提问时间。如果问题较少，发言就应该结束了。

9.4 设计终审

设计终审是在所有的细节图都完成后，准备发布生产信息时进行的。在多数情况下，这时原型测试已经完成。设计终审的目的是将设计与最新的产品设计任务书和设计检核清单做比较，以决定该设计是否可以投放生产。

设计评审所需的一般条件在1.8节已经讨论过。既然设计终审是设计发布前的最后一次评审，各部门的人员都应出席。另外，还应包括与该项目无关的设计专家，他们可以对设计是否符合产品设计任务书的要求做出具有建设性的评审。其他的专家则来评价设计的可靠性和安全性、质量保证、现场服务工程、可持续发展目标（见第15章，网址www.mhhe.com/dieter6e）以及购买情况。营销人员或客户代表可能会出席，但生产人员一定要出席，特别是负责该设计生产的车间管理人员，以及面向制造的设计方面的专家。根据情况，还可能邀请其他专家，包括法律方面、专利方面、人机工程方面以及研发方面的代表，也希望供应商代表参加。这样做的目的是将具有不同专业技能、兴趣爱好和研究领域的人组成评审团。根据产品的重要性，最终设计审查的主席应该是公司的重要官员，如工程的副总监、产品开发部主任或有经验的工程经理等。

有效的设计评审由三部分组成：用于评审的文档、有效的会议过程和恰当的评审结果。

9.4.1 评审的文档

用于评审的输入信息包含许多文件，如产品设计任务书、质量功能配置分析、关键分析技术（如有限元分析和计算流体力学）、失效模式，质量规划（包括鲁棒性分析）、测试计划和验证测试的结果、详细设计图和装配图、产品规格书和成本预测等文件。这类文档数量可能很大，最终审查不能将其全部包括。重要的部分将提前评审，而且要保证设计终审令人满意。对于该会议来说，另一项输入信息是选取参加评审的人员。他们必须获得授权才可以对有关设计方面的问题做出决定，还应有能力采取正确的行动并对其负责。

在开会之前，必须保证所有参加设计评审的人员都能收到相关信息。理想的方式是在正式评审至少 10 天前召开一个简短的会议。设计组成员对要评审产品的设计任务书和设计评审的检核清单的情况进行介绍，确保评审组对设计要求达成共识。然后要给出设计概述，描述设计评审信息与设计之间的关系。最后，对设计评审检查清单中存在的需要予以特别关注的问题进行标记。这是一个信息通报会，对设计方面的批评要等到正式的设计评审会议中提出。

9.4.2 评审会议的过程

设计评审会议的组织要正规，要有计划好的议程。与注重功能解决方案的早期评审相比，设计终审涉及的是更多的审计工作。评审会议是结构化的，这样才能得到设计评审文件。评审要用到相关项目的检核清单。每个项目都要经过讨论以决定其是否能通过评审。图纸、仿真、测试结果和失效模式与影响分析的其他内容都可以用来支持评估。有时采用 5 分制打分，但是在最终审计中要做出“高或低”的决定。任何未通过审核的项目都要作为行动要点被标注出来，还要加上负责修正该项目的责任人的姓名。图 9.6 是一个设计终审的简化清单。每个新产品都要有一个新的清单。但是图 9.6 并不详尽，许多细节都是说明性的，要在设计终审中加以考虑。

设计评审建立了一系列会议记录、每个设计需求的决策和评分等级，以及一个由何人何时来完成设计缺陷修正的行动计划。这些重要的文件在未来出现产品责任或专利诉讼时是有用的，还可以为产品再设计提供指导。

9.4.3 评审结果

设计评审的结果决定着是否向生产部门发布制造产品的决策。有时要执行的决策是暂时性的，需要解决开放性的问题，但是从管理角度来说，可以在产品投产前加以改进。

1. 总体要求是否满足

客户要求

产品设计规范

适用的行业和政府标准

2. 功能要求是否满足

机械、电气、热负荷

尺寸和重量

机械强度

预期寿命

3. 环境要求是否满足

操作和储存的温度极限

湿度极限

振动极限

冲击

异物污染

腐蚀

户外暴露极限（紫外线辐射、雨、冰雹、风、沙）

4. 制造要求是否满足

标准组件和部件的使用

与工艺和装备一致的公差

明确且与性能要求一致的材料

材料尽量减少库存

重要的控制参数是否已经确定

制造工艺使用现有装备

5. 操作要求

现场安装是否简易

需要经常维护的地方是否容易进入

是否考虑维修人员的安全

设计中是否已经充分考虑人体工程设计

维修说明是否清楚，是否根据失效模式与影响分析和故障树分析得到

6. 可靠性要求

有危险的地方是否已经进行充分研究

失效形式是否经过研究及记录归档

是否经过全面的安全性分析

寿命完整性测试是否已经成功完成

关键组件是否已做降级处理

7. 成本要求

该产品是否满足成本目标

是否已经与有竞争的产品进行价格比较

业务保修成本是否已经量化和最小化

是否进行可能降低成本的价值工程分析

8. 其他要求

关键部件是否进行提高鲁棒性的优化

是否进行相关调查以免专利侵权

是否已经迅速采取申请专利保护的行动

产品外观是否体现了产品的技术质量和成本

是否已在产品开发过程中做了充足的记录来防御可能的产品责任诉讼

该产品是否符合相关法律和机构要求

图 9.6 设计终审时检核清单中的典型条目

9.5 详细设计以外的设计与商务活动

图 9.2（见 9.2 节）表明了在详细设计结束后，为了投产所必须进行的大量活动。在本节中我们将从每个业务活动都必须有工程信息的观点出发，简短地讨论每项活动。这些活动可以分成技术类活动（生产和设计）和商业类活动（营销和购买）。

技术活动

- 工艺规划。必须决定哪些部件将在内部生产，哪些将外包给供应商。成本和质量将影响决定。这需要带有最终尺寸和公差的详细图纸。
- 制订生产控制计划。生产控制包括产品的零件、组件及装配件的流动的工序、进度、调度和实施，以便生产车间能以有序且有效的方式进行连续运行。制订生产控制计划需要物料清单信息和工艺规划。
- 设计工具和夹具。工具应用力来塑造或切割零件，夹具可以固定零件，从而简化安装难度。在并行设计策略中，应在详细设计阶段开始工具和夹具的设计并在设计终审前结束。
- 制订质量保证计划。该计划描述了如何应用统计过程控制来保证产品质量。制订质量保证计划需要提供关键质量点信息、失效模式与影响分析等方面的信息，以及对该质量问题的原型测试结果。
- 制订维修计划。所有具体的维修工作都是由设计团队规定的。其范围很大程度上依赖于产品本身。像飞机发动机和地面上的汽轮机这种大型昂贵的产品，通常由制造者来进行维修及功能检查。对于这类具有较长生命周期的设备来说，维修工作是一笔利润丰厚的业务。
- 制订退役计划。正如第 15 章（网址 www.mhhe.com/dieter6e）所讨论的，当产品的使用寿命结束时，设计团队有责任提出安全、环境友好的产品退役或报废方式。
- 生产产品验收测试。所测试的产品是在真实的生产线上生产的，测试由设计团队的成员协助完成。

商务活动

- 与供应商谈判。生产与采购过程共同决定哪些零件和组件应该外包。采购部门依据零件规格和图纸，与供应商协商。
- 制订配送计划。一般观点认为，产品的配送体系是最初营销计划的一部分，而该营销计划催生了该产品的开发过程。目前，营销学对仓库、供货点及产品运送方式制订详细的计划。设计组需要提供有关产品运输中可能出现的损坏和产品保质期方面的信息。
- 编写用户手册。一般来说，用户手册由销售部门负责撰写，设计团队要提供所需的技术信息。
- 确定保修单。产品保修单的内容由销售部门来决定，因为这需要与顾客沟通。有关产品耐久性和可靠性方面的资料可从设计团队获得。
- 制订客服计划。同样，客服计划也由销售部门负责确定，因为它是与顾客相关的。经销商网络可以为产品（如汽车等）提供养护，顾客还可以把产品送到维修站进行维修。通过为客户提供服务而收集到的产品故障和缺陷方面的信息，可以为设计服务，这样在产品再设计时就可以把这些因素考虑进去。如果发现严重的缺陷，就需要进行设计改良。

如果说鉴定样机的测试成功标志着产品开发设计阶段的结束，那么小批试产的成功就标志着产品开发过程的结束。一旦具备了达到任务书要求并在成本预算内制造产品的能力，就可以向公众发布新产品或运送给顾客。在产品投放到市场后，产品开发小组通常要保留约6个月，以解决新产品出现的不可避免的“缺陷”。

9.6　基于计算机方法的设计与制造的便利性

工程设计是一个复杂的过程，会产生大量数据和信息。此外，我们认识到，非常有必要去缩短产品设计周期，提高产品质量，并降低生产成本。对于这些目标的实现，计算机辅助工程（CAE）有重要且日益增长的作用。显然，通过制作计算机模型、进行计算机仿真能够极大提高确定零件尺寸的效率和改善零件耐久性的能力。鲁棒性设计（见第14章）可以提高产品质量。但是，在详细设计阶段及之后的各个阶段，有大量不同种类的任务要完成，此时计算机辅助工程对经济性的影响最大。传统上，设计的三个阶段当中，由于详细设计阶段要做大量的工作，因此它需要的人员最多。计算机辅助工程大大地减少了工程图纸的绘制任务。在计算机辅助设计系统中，可以对设计进行快速修改，这使得在重新绘制零部件细节上节省了大量的时间。同样，计算机辅助设计系统通过提供常用的零部件细节，供查阅使用，如果需要使用，就可以节省大量绘图工作。

许多公司都有通用的产品线，但要定制出满足顾客特殊要求的产品，就需要进行工程决策。例如，某工业风机制造商根据所需要的流量、静压力及输送管尺寸来改变电机转速、桨距及支撑结构。为了向顾客提供报价，通常情况下，需要有标准的工程计算、工程图和物料清单。运用传统的方法，这一过程大约需要两个星期，而使用现代的计算机辅助设计软件可以使计算过程自动化，自动绘图并生成物料清单，仅一天时间就可以给出报价。

9.6.1　产品生命周期管理

产品生命周期管理（PLM）是一系列基于计算机的工具。这些工具可以协助公司更有效地管理从产品概念设计到产品退役整个过程中的产品设计和生产活动（见图9.1和图9.2）。这些软件对从产品设计开始到结束的整个工程工作流进行了完整的集成。

产品生命周期管理有三个主要的子系统。

- 产品数据管理（PDM）软件将产品设计与生产联系起来。该软件可以使不同用户通过读写数据来控制设计数据库（CAD 模型、工程图、物料清单等），完成工程设计变更，对发布各个版本的零件及装配设计进行版本控制。由于产品数据管理系统提供了数据安全保障，使得经授权的用户可以在产品开发过程中，获得电子设计数据。大多数计算机辅助设计软件都内置了产品数据管理功能模块。
- 制造过程管理（MPM）使产品设计和生产控制联系起来。制造过程管理包括诸如计算机辅助工艺规划（CAPP）、计算机辅助制造（数控加工和直接数字控制），以及计算机辅助质量保证（失效模式与影响分析、统计过程控制、公差累积分析）等技术，还包括使用物料需求计划软件（MRP 和 MRP Ⅱ）的生产计划和清单控制。
- 客户关系管理（CRM）软件，为产品营销、出售及客服功能提供了整套支持。它提供的这些功能里，不仅包含了基本客户联络自动化的功能，还可以对从顾客处收集的数据进行分析等工作，通过这样的工作就可以获得诸如市场细分、顾客满意度及客户忠诚度等方面的信息。

产品生命周期管理系统是为提高产品设计过程的有效性而专门设计的，然而企业资源规划系统（ERP）的目的是实现一个组织内部业务流程的集成。最初，企业资源规划系统是用来处理诸如订单录入、采购实施、库存管理和物料需求计划等生产事宜的。如今，企业资源规划系统的范围非常广泛，已经涉及企业的各个方面，包括人力资源、薪资、会计、财务管理和供应链管理等多个方面。

9.7 总结

详细设计是设计过程中的一个阶段，在这个阶段中，各方面的细节都集中在一起，需要进行各种决策，并由管理部门决定是否发布产品设计。详细设计的首要任务是完成配置与参数化设计和工程图制作。这些资料和设计任务书都要包含正确无误的制造产品信息。在方案设计阶段中没有完成的图纸、计算和决策都需要在这个阶段完成。为了完成这些大量的细节工作，实行设计冻结是必要的。一旦实行冻结，除非获得正式设计控制的权威人士批准，对设计做出任何改动都是不允许的。

详细设计阶段还包括原型验证测试、根据装配图生成物料清单、最终的成本预测，以及决定某个零件是由企业内部生产还是外购。使用计算机辅助设计工具可以使这些活动变得十分容易。

当设计经过审查并通过正式的设计终审过程时，详细设计就结束了。评审中需要将设计文件（图纸、分析、仿真、测试结果、质量功能配置署、失效模式与影响分析等）与设计需求清单做比较。

详细设计仅标志设计过程的完成，并不代表产品开发过程的结束。产品发布取决于从生产线上下来的第一批产品，这些产品要通过制造样机的验收试验。为了使产品及时地投放到市场，产品生命周期管理软件渐渐被应用于完成许多相关工作。

在工程设计过程，尤其是详细设计阶段中，设计团队成员在沟通过程中要十分有技巧，并要下足够的功夫。无论是书面还是口头交流，成功的最关键原则是了解受众并且不断练习。在撰写技术报告时，不仅要对将要阅读报告的各类读者进行充分的了解，并依此组织报告内容，还要经过多次的重写来将初稿变为精练的表达。在做口头发言时，要去了解听众，并依此组织发言，而且还要经过努力的练习直到可以掌握整个发言为止。

9.8 新术语与概念

装配图	生产过程管理软件	企业资源规划软件
设计冻结	协同设计	生产数据管理软件
布局图	细节图	设计简报
物料清单	备忘录报告	装配爆炸图
设计评审	客户关系管理软件	产品生命周期管理软件

9.9 参考文献

详细设计

AT&T: *Moving a Design into Production,* McGraw-Hill, New York, 1993.
Detail Design, The Institution of Mechanical Engineers, London, 1975.
Hales, C., and S. Gooch: *Managing Engineering Design,* Springer, New York, 2004.
Vrsek, G.: "Documenting and Communicating the Design" *ASM Handbook,* vol. 20: *Materials Selection and Design*, pp. 222–30, ASM International, Materials Park, OH, 1997.

书面交流

Brusaw, C. T. (ed.): *Handbook of Technical Writing,* 5th ed., St. Martin's Press, New York, 1997.
Eisenberg. A.: *A Beginner's Guide to Technical Communication,* McGraw-Hill, New York, 1997.
Ellis, R.: *Communication for Engineers: Bridge the Gap,* John Wiley & Sons, New York, 1997.

Finkelstein, L.: *Pocket Book of Technical Writing for Engineers and Scientists,* 3rd ed., McGraw-Hill, New York, 2006.

McMurrey, D., and D. F. Beer: *A Guide to Writing as an Engineer,* 2nd ed., John Wiley & Sons, New York, 2004.

口头交流

Goldberg, D. E.: *Life Skills and Leadership for Engineers,* Chapter 3, McGraw-Hill, New York, 1995.

Hoff, R.: *I Can See You Naked: A Fearless Guide to Making Great Presentations,* Simon & Schuster, New York, 1992.

Wilder, L.: *Talk Your Way to Success,* Eastside Publishers, New York, 1991.

9.10 问题与练习

9.1 对附近公司设计的一个产品的细节图进行研究。直到你能识别实际的形状、尺寸和公差，并说明图纸上还包括哪些其他信息。

9.2 找一本汽车机械手册，选定类似燃油喷射系统和汽车前悬减震器等部件，根据装配图写出物料清单。

9.3 对 OEM 来说，与供应商保持稳固的正向关系很重要。实现这一点的关键在于理解该供应商的业务目标并和他们一起调整自己的组织。列出制造业供应商的四个典型的目标。

9.4 过去十年里，制造业从美国转移到一些亚洲国家已经形成了一种上升的趋势。准备一份有关离岸外包问题的利弊清单。

9.5 与目前相比，设想一下，当计算机辅助工程将以更加数字化的方式互联时，详细设计实施将会怎样变化?

9.6 为你的设计项目拟定设计终审检核清单。

9.7 从你的感兴趣的领域期刊中找一篇技术论文来认真阅读，并评论其是否与 9.3.3 节讨论的技术报告的提纲相一致。如有明显的不同，请解释其原因。

9.8 写一个备忘录交给指导教师，来解释你的项目超期三周，并请求延期。

9.9 为你所在团队准备一个项目的第一次设计评审用的 PPT。

9.10 为你的设计项目准备最终陈述汇报。汇报是一种含有一系列的图形、文字描述并贴在较大的展板上的可视化展示，汇报是一个独立的整体，技术人员可以通过汇报了解所做的工作。

第 10 章

材料选用

10.1 引言

本章将对制造设计中材料的选用进行全面的讨论。对于那些与设计相关，但通常在材料力学课程中未讲授的材料力学行为高级主题，请参阅第 16 章（在线网址 www.mhhe.com/dieter6e）。本章的内容假定读者对从材料力学课程中获得的材料力学行为有一定的应用知识。其他一些关于产品和零件制造的内容将在第 11 章中讨论。

材料和将其转化为有用零件的制造工艺是所有工程设计的基础。一名优秀的设计工程师应该掌握 20～50 种自己涉及领域的材料的信息。

近年来，人们越来越认识到材料选择在设计中的重要性。并行工程实践使材料专家在设计过程的早期阶段就参与进来。制造质量及成本的重要性凸显了材料和工艺与产品最终性能的紧密联系。此外，全球化竞争的压力大大提高了加工过程的自动化水平，使材料成本在大多数产品成本中的比重达到甚至超过 60%。最后，世界范围内材料科学的深入研究创造了各种各样的新材料，将我们的注意力集中在六大类材料的相互竞争上，分别是金属、高分子、弹性体、陶瓷、复合材料和电子材料。因此，可供工程师选用的材料比以前任何时期都要广泛。

这为工程设计的革新提供了契机，通过进行合理的材料选用，用更少的成本得到更好的性能。

10.1.1 设计与选材之间的关系

选材不当不仅会引起零件的失效，还会提高生命周期成本。为零件选用最好的材料不仅仅包含提供必要的服役性能和可用于加工零件的方法（见图 10.1）。不当的选材还会增加加工成本。加工工艺可能增强或减弱材料的性能，进而影响零件的服役性能。

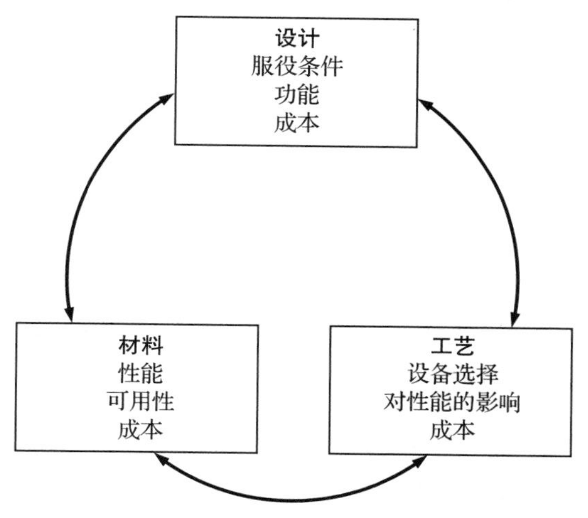

图 10.1 设计、材料和（产品生产）工艺的相互关系

面对大量的可选材料和加工工艺的组合，只能通过简化和系统化来有效实现材料选用。随着设计的进行，材料和工艺的选择变得越来越具体[一]。在概念设计阶段，基本上所有的材料和工艺手段都可以考虑。由 Ashby 发展完善的材料选用图表和方法论[二]非常适合该阶段设计的需要（见 10.3 节），能够确定每个设计概念是由金属、塑料、陶瓷、复合材料或者木材中哪种材料制造的，并将选择范围缩小到材料家族中某一类材料，对于材料性能数据的精度要求相对较低。注意，如果要选择一种创新性材料，一定要在概念设计阶段完成，因为在以后的设计阶段会有太多已做出的决定而不允许发生改变。

实体设计阶段的重点是利用工程分析来确定零件的形状和尺寸。设计者将会确定材料的种类和加工工艺，比如用铝合金锻造或铸造，对材料的性能要有更清楚的了解。

㊀ M. F. Ashby, “Materials, Bicycles, and Design,” *Met. Mat. Trans.*, 1995, vol. 26A, pp. 3057–3064.

㊁ M. F. Ashby, *Materials Selection in Mechanical Design*, 4th ed., Elsevier Butterworth-Heinemann, Oxford, UK, 2010.

在参数设计阶段，可供选择的材料和加工工艺将被具体到一种材料和仅仅数种加工工艺上。此时的重点是确定临界误差，为鲁棒性设计（见第 14 章）进行优化，并利用质量工程和成本模型方法来选择最佳的加工工艺。根据零件重要性的不同，对材料的性能需要更加精确的了解。这需要基于大量材料测试程序开发一个详细的数据库。因此，材料和工艺的选择是一个由众多可能性到某一特定材料和工艺的渐进过程。

10.1.2　选材的一般原则

材料的选择基于下列四项基本准则：

- 性能特征（性能）。
- 工艺（加工）特征。
- 环境属性。
- 商业考量。

基于性能特征的选择是一个材料的性能价值与由设计所带来的要求约束相匹配的过程，本章的大部分内容主要讨论这个方面。

基于工艺特征的选择意味着寻求从原材料到最终成型的最优加工方法，使其产生的缺陷最少、成本最低，第 11 章将对这方面进行专门讨论。

基于环境属性的选择致力于预测材料在整个生命周期中对环境的影响。环境考量的重要性日益增加，由于社会意识的提高和对全球气候变暖的关注引起的政府管制以及能源生产和使用在其中所起的作用，环境方面的考虑日益重要。这将在第 15 章中进行讨论（在线网址 www.mhhe.com/dieter6e）。

影响材料选择的主要商业考量是由这种材料所制造的零件的成本。这包含购买材料的成本和零件加工的成本。更精确的选材依据是生命周期成本，包括更换失效零件的成本和服役完毕后的处理成本。关于材料成本将在第 10.5 节进行讨论，第 11 章将介绍预估成本的一些内容来帮助选择最佳加工工艺，第 12 章将对成本评估进行更详细的讨论。

我们将在 10.2 节探讨材料选用中的重要话题，确定合适的材料性能来实现部件的无故障运行预测。同等重要的任务是针对选定的材料确定最佳的零件加工工艺，这将在第 11 章进行讨论。尽管这些考量都很重要，但它们不是材料选择内容的全部，接下来的商业考量也很重要。材料若不满足下列要求中的任意一条，即可从选择列表中删除。

- 可用性。

- 有多个供应源吗?
- 将来可用的可能性有多大?
- 材料是否具有需要的形态（管材、板材等）?

- 可用材料形态的尺寸限制和容许偏差，例如板材厚度、管壁同心等。
- 性能上的多种变化。
- 对环境影响小，包括材料循环利用的能力。
- 成本。材料选用归根结底是用最合适的价格买来理想的性能。

10.2 材料的性能需求

材料的性能需求通常用物理性能、力学性能、热学性能、电学性能或化学性能来表示。材料性能是材料的基本结构和组成与零件的服役表现之间的映射关系（见图 10.2）。材料的性能需求由零件的功能决定。例如，内燃机连杆的功能是连接活塞与曲轴，它的性能需求是在内燃机的使用生命中无故障地传递所需的动力，基本的材料性能是抗拉强度、疲劳强度和对运行环境足够的抗性，保证这些性能在服役期间不会衰退。

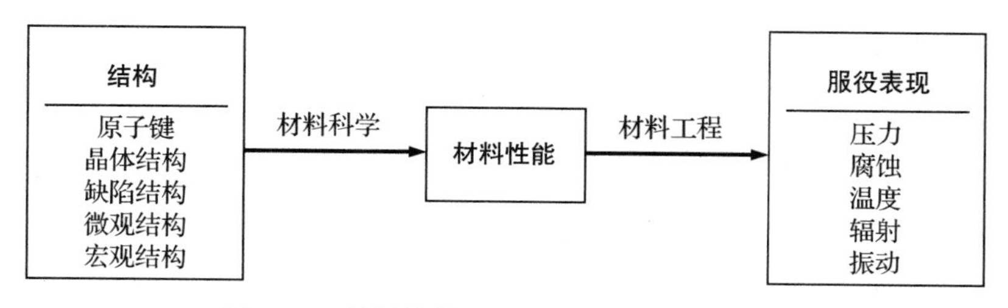

图 10.2　材料性能、结构与性能之间的联系

材料科学通过控制材料的结构来预测如何提高材料的性能。结构的尺寸可以从原子大小到几毫米大小不等。改变结构的主要方法是通过成分控制（合金化）、热处理以及加工工艺控制。结构决定固体材料性能的背景知识通常可以在材料科学或者工程材料基础课程中获得[⊖]。材料工程师凭借对材料性能和材料工艺的深刻理解而擅于建立材料性能与设计之间的联系。

⊖ W. D. Callister, *Materials Science and Engineering*, 8th ed., John Wiley & Sons, New York,2010; J.F. Shackelford, *Introduction to Materials Science for Engineers*, 7th ed., Prentice Hall, Upper Saddle River, NJ; 2009; W.E. Smith and J. Hashemi, *Foundation of Materials Science and Engineering*, 5th ed, McGraw-Hill, New York, 2010; M. Ashby, H. Shercliff, and D. Cebon, *Materials: Engineering Science, Processing, and Design*, 2nd ed., Butterworth-Heinemann, Oxford, UK, 2009; T. H. Courtney, “ Fundamental Structure-Property Relationships in Engineering Materials,” *ASM Handbook*, Vol. 20, pp. 336–356

既然结构决定性能，那么所有关于材料的事情都离不开*结构*。从不同的领域进行观察，术语“结构”具有不同的意义。对于材料学家来说，结构是描述原子和原子基团排列的方式。而对于工程设计人员来说，结构指构件的组成形式及其所受的力的情况。在原子水平上，材料科学家考虑原子间的基本作用力，该作用力决定了材料的密度、固有强度和弹性模量。在大一些的观察尺度上，他们研究原子在空间的排列情况，即*晶体结构*。晶体类型和晶格结构决定了滑移平面和易塑性变形区。

叠加在晶体结构上的是缺陷结构或在理想三维原子结构上的缺陷。例如，是否存在原子的缺失（空位）晶格？是否存在缺失或多余的原子平面（位错）？所有这些偏离理想周期性原子排列的情况都可以通过像电子显微镜这样精密的仪器进行研究。缺陷结构极大地影响了材料的性能。在更大的观察尺度上，比如通过光学显微镜进行观察，可以看到晶粒尺寸、个别结晶相的数目及分布等*微观结构*特征。最后，在低倍显微镜下，可以看见孔隙、裂纹、焊缝、夹杂物和其他*宏观结构*特征。

10.2.1　材料的分类

我们可以将材料分为金属材料、陶瓷材料和高分子材料，进一步细分为弹性体、玻璃和复合材料，最后从技术应用上可以划分为光学材料、磁学材料和半导体材料。*工程材料*是用来满足某种技术功能需求的材料。在工程结构中，通常用于抵抗外力和变形的材料称为*结构材料*。其他材料的作用主要体现在材料的电学性能、半导体性能或磁性上。

工程材料通常不是由某种单一的元素或分子组成的。在金属中加入多种元素可形成具有特定性能的合金。例如，纯铁（Fe）很少以单质的形态进行应用，但当它与微量的碳合金化形成钢的时候，它的强度得到很大提高。这是由于在整个固体中形成坚硬的金属间化合物渗碳体 Fe_3C 颗粒的结果。钢的强化效果与渗碳体含量正相关，而渗碳体含量与碳含量正相关。但是，最主要的影响还是铁基体中渗碳体的分布和尺寸。热轧、锻造以及淬火或退火等热处理工艺决定钢材料中渗碳体的分布。因此，对于给定类型的合金，可以通过处理获得不同的性能。这同样适用于高分子材料，它的力学性能取决于构成高分子链的化学基团的类型、基团沿着链的排列以及链的平均长度（分子量）。

因此，材料分类的层次结构[㊀]为**材料王国**（所有材料）→**家族**（金属、高分子等）→**类别**（对于金属来说，有钢、铝合金、铜合金等）→**子类**（对于钢来说，有碳素钢、低合金钢、热

㊀ M. F. Ashby, *Materials Selection in Mechanical Design*, 4th ed., Elsevier Butterworth-Heinemann, Oxford, UK, 2011.

处理钢等）→**成员**（某种特定合金或聚合级）。一种属于某家族、某类别和某子类的特定材料拥有一系列特定的性质，称之为材料性能。材料分类并未到此结束，对大多数材料而言，其力学性能取决于最终的机械加工（塑性变形）或热处理。例如，AISI 4340 钢的屈服强度和韧性强烈地依赖高温油淬后的回火温度。

图 10.3 列出了一些常用的具有结构用途的工程材料。有关这些材料的常规性能和用途可以参考材料科学图书或其他专业资料[⊖]。

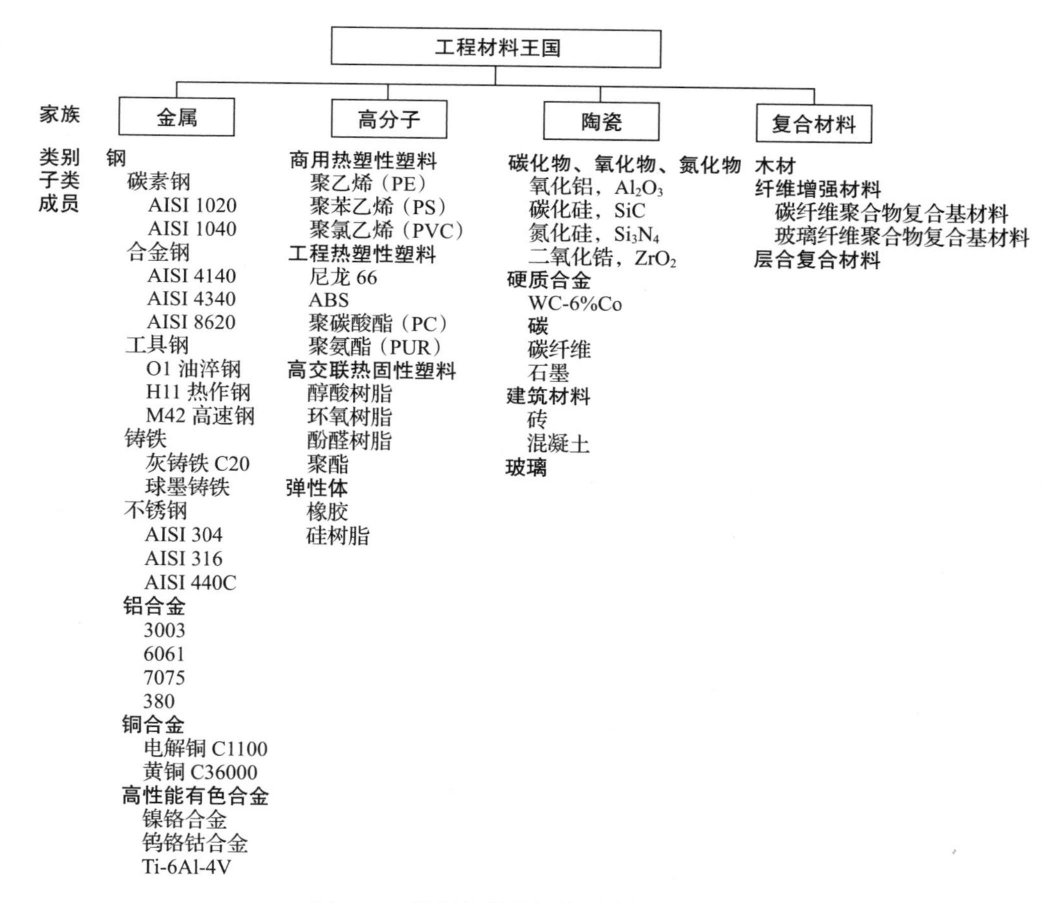

图 10.3　常用的具有结构用途的工程材料

⊖ K. G. Budinski and M. K. Budinski, *Engineering Materials*, 9th ed., Prentice Hall, Upper Saddle River, NJ, 2010; P. L. Mangonon, *The Principles of Materials Selection in Design*, Prentice Hall, Upper Saddle River, NJ, 1999; *Metals Handbook, Desk Edition,* 2nd ed., ASM International, Materials Park, OH, 1998; *Engineered Materials Handbook, Desk Edition,* ASM International, Materials Park, OH, 1995.

10.2.2 材料的性能

材料的性能或功能通常由一系列明确定义的可测量的材料性能给出。选材的首要任务是确定哪种材料性能与应用相关。我们寻求的材料性能应该可通过廉价的、可重复的方式测量，并且与材料在服役过程中所表现出的、明确定义的行为相关。为了技术上的可操作性，我们通常不测量材料最基本的性能。例如，弹性极限是对材料首次显著偏离弹性行为的度量，但难以测量，因此我们用更易于测量、更具有可重复性的 0.2% 残余变形屈服强度来进行替代。但是，这需要精心加工的试样，才能使所获得的屈服应力与相当廉价的硬度试验的结果相接近。

机械性能

我们通过材料力学课程知道，机械零件的设计是基于应力水平不超过预期失效模型的极限值的，或者保证挠度或变形不超过某个极限。对于延展性金属或者高分子材料（这些材料在断裂时有超过 10% 的伸长率），其失效模式为总体塑性变形（弹性行为的丧失）。对于金属，合理的材料性能指标为*屈服强度*（σ_0），基于拉伸实验产生 0.2% 永久塑性变形时的应力，即在图 10.4 中以 0.0002 的应变偏移量平行于曲线的线弹性部分的偏移线。对于延展热塑性塑料，其屈服强度的应度偏移量一般更大，为 0.01。

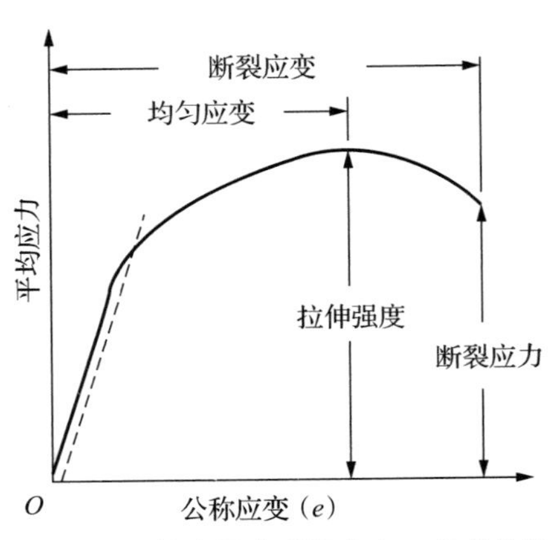

图 10.4　韧性金属典型的应力 - 应变曲线

对于脆性材料（比如陶瓷），最常用的强度测试值为断裂强度（σ_r）——扁平梁弯曲断裂时的拉应力。用这种方法获得的强度值要比直接拉伸测量的强度值高 30% 左右，但是数据的一致性较好。对于纤维增强复合材料，屈服通常在偏离线弹性行为 0.5% 时发生。由于纤维的屈曲，纤维增强复合材料的抗压强度要小于其抗拉强度。同时，纤维增强复合材料具有高度的各向异性，施加于纤维的载荷方向改变，材料性能也发生极大变化。

- *极限抗拉强度*（σ_u）是拉伸试验中材料所能承受的最大拉应力，由载荷除以试样的初始横截面积得到。尽管该性能与设计几乎无关，但因为不需要任何仪器来测量变形所以它很容易由拉伸试验获得。因此，它经常被使用并和其他性能相关联以表示材料的总强度。对于脆性材料，它与断裂强度相同，但对于韧性材料，由于应变强化的作用，它是断裂强度的 1.3～3 倍。

- 弹性模量（杨氏模量）(E) 为图 10.4 中应力 - 应变曲线初始线性阶段的斜率。弹性较高的材料比 E 较低的材料更硬，抵抗弯曲或扭转的能力更强。
- 延展性是与强度相对的指标，为材料断裂前发生塑性变形的能力。通常用拉伸试样测试区标称长度的伸长率或拉伸试样断裂时横截面积的减少量来表示。
- 断裂韧性（K_{Ic}）是材料抵抗裂纹扩展的能力的度量。在 16.2 节（www.mhhe.com/dieter6e）中介绍了这一重要工程性能在设计中的应用。其他稍简单的测量材料脆性破坏倾向的方法为夏比 V 形缺口冲击试验以及其他形状缺口的拉伸试验。
- 疲劳性能表征材料抵抗循环交变应力作用的能力。各种形式的疲劳失效（高周疲劳、低周疲劳以及腐蚀疲劳）是导致机械失效的第一原因，详见 16.3 节（www.mhhe.com/dieter6e）。
- 阻尼性能为材料通过内摩擦，将机械能转换为热能而耗散振动能的能力，用损耗因子 η 来表示，该物理量表征在一个应力应变周期中的耗散能量的比重。
- 蠕变为材料在温度高于其一半熔点温度时，在恒定应力或恒定载荷情况下应变随时间变化的行为。
- 抗冲击性是材料抵抗瞬间冲击而不发生断裂的能力。通过夏比冲击实验或各种坠落实验进行测量。具有高抗冲击性的材料也具有高韧性。
- 硬度是对材料抵抗表面压入能力的度量。它由给定载荷下尖角金刚石压塞或钢球压入材料表面的程度所决定[⊖]。可以在任意尺度下利用洛氏、布氏和维氏硬度试验进行硬度测量。硬度可作为屈服强度的表征，硬度值越高，屈服强度大体就越高。硬度测试作为一种质量控制测试手段，因其简便、快捷，并且可以在成品上直接进行而得到广泛的应用。
- 磨损率是材料从两个相互接触的滑移表面脱离的速率。磨损作为机械系统一种重要的失效方式，将在 16.5 节（www.mhhe.com/dieter6e）进行介绍。

表 10.1 给出了在各种不同的服役环境下最常见的失效方式的概况。为了确定某个零件适当的失效模式，首先要确定载荷是静态的、重复性的（周期性的）还是动态的（冲击的），然后确定应力状态主要是拉伸、压缩还是剪切，工作温度是高于还是低于室温。这将缩小失效机理或失效模式的可能范围，通常情况下会得出一种确定的失效模式。这需要材料专家提供咨

⊖ *ASM Handbook*, vol. 8, *Mechanical Testing and Evaluation*, ASM International, Materials Park, OH, 2000, pp. 198-287.

询，或者设计团队进行深入研究⊖。

表 10.1　基于可能失效机制、载荷类型、应力类型和工作温度的选材原则

失效机制	载荷类型			应力类型			工作温度			材料选择的一般标准
	静态	交变	冲击	拉伸	压缩	剪切	低温	室温	高温	
脆性断裂	X	X	X	X	…	…	X	X	…	夏氏 V 型缺口转变温度 缺口断裂韧性 K_{Ic} 测试
韧性断裂（a）	X	…	…	X	…	X	…	X	X	抗拉强度，抗剪屈服强度
高周疲劳（b）	…	X	…	X	…	X	X	X	X	典型应力集中下期望寿命的疲劳强度
低周疲劳	…	X	…	X	…	X	X	X	X	预期寿命期内，静态延展性和周期性塑性应变峰值满足应力增长要求
腐蚀疲劳	…	X	…	X	…	X	…	X	X	相同时间下金属和杂质的腐蚀疲劳强度
屈曲	X	…	X	…	X	…	X	X	X	弹性模量和抗压屈服强度
总体屈服（a）	X	…	…	X	X	X	X	X	X	屈服强度
蠕变	X	…	…	X	X	X	…	…	X	预期温度和寿命下及持久应力破坏强度下的蠕变率（c）
腐蚀脆性或氢脆	X	…	…	X	…	…	…	X	X	同步应力和氢或其他化学环境下的稳定性
应力腐蚀裂纹	X	…	…	X	…	X	…	X	X	残余应力或外应力的环境腐蚀，应力腐蚀断裂韧性 K_{ISCC} 测试（c）

K_{Ic} 平面应变断裂韧性；K_{ISCC} 临界应力导致的应力腐蚀开裂。（a）仅用于韧性金属，（b）百万次循环，（c）强烈依赖时间。

（源自 *ASM Handbook*, Volume 11. ASM Internetional, 1990。）

表 10.1 最右侧栏中列出了与每一失效模式对应相关的机械性能。但是，材料的服役条件通常要比材料性能的测试环境更加复杂。材料的应力水平不可能保持不变，相反，会随着时间随机变化。或者，服役环境是某些情况的复杂叠加，比如高温（蠕变）、氧化氛围（腐蚀）下的交变应力（疲劳）状态。针对这些苛刻的服役条件，研究人员开发了专业的可视化仿真测试方法来选材。最后，最佳候选材料还必须进行样机试验或者现场试验来评价它们在真实服役

⊖ G. E. Dieter, *Mechanical Metallurgy,* 3rd ed., McGraw-Hill, New York, 1986; N. E. Dowling, *Mechanical Behavior of Materials*, 3rd ed., Pearson Prentice HalI, Upper Saddle River, NJ, 2007; *ASM Handbook*, vol.8, *Mechanical Testing and Evaluation*, ASM Intemational, Materials Park, OH, 2000; *ASM Handbook*, vol. 11 , *Failure Analysis and Prevention*, ASM International, Materials Park, OH, 2002.

条件下的表现。

表 10.2 给出了选自图 10.3 的几种工程材料在室温下典型的机械性能。通过考察它们使我们明白加工工艺和材料结构是如何影响材料的机械性能的。

表 10.2　一些材料的典型室温机械性能

材料类别	牌号	热处理或条件	弹性模量 /10^6psi	屈服强度 /10^3psi	伸长率 (%)	硬度
钢	1020	退火	30.0	42.8	36	111HBW
	1040	退火	30.0	51.3	30	149HBW
	4340	退火	30.0	68.5	22	217HBW
	4340	1200F 调质	30.0	124.0	19	280HBW
	4340	800F 调质	30.0	135.0	13	336HBW
	4340	400F 调质	30.0	204.0	9	482HBW
铸铁	灰铸铁 C20	铸态	10.1	14.0	0	156HBW
	球墨铸铁	ASTM A395	24.4	40.0	18	160HBW
铝	6061	退火	10.0	8.0	30	30HBW
	6061	T4	10.0	21.0	25	65HBW
	6061	T6	10.0	40.0	17	95HBW
	7075	T6	10.4	73.0	11	150HBW
	A380	压铸	10.3	23	3	80HBW
热塑性聚合物	聚乙烯（LDPE）	低密度	0.025	1.3	100	10HRR
	聚乙烯（HDPE）	高密度	0.133	2.6	170	40HRR
	聚氯乙烯（PVC）	刚性	0.350	5.9	40	
	ABS	中度冲击	0.302	5.0	5	110HRR
	尼龙 6/6	未填充	0.251	8.0	15	120HRR
	尼龙 6/6	30% 玻璃纤维	1.35	23.8	2	
	聚碳酸酯（PC）	低黏度	0.336	8.5	110	65HRM
热固性塑料	环氧树脂	未填充	0.400	5.2	3	
	聚酯	铸	0.359	4.8	2	
高弹体	丁二烯	未填充	0.400	4.0	1.5	
	硅树脂		1.4×10^{-4}	0.35	450	
陶瓷	氧化铝	热压烧结	55.0	71.2	0	
	氮化硅	热压	50.7	55.0	0	
	碳化钨钴合金（6%）	热压	89.0	260	0	
	混凝土	硅酸盐水泥	2.17	0.14	0	

（续）

材料类别	牌号	热处理或条件	弹性模量 /10^6psi	屈服强度 /10^3psi	伸长率（%）	硬度
复合材料	木材	松树－顺纹理	1.22	5.38	2	
	木材	松树－垂直纹理	0.11	0.28	1.3	
	环氧基玻璃纤维	平行于纤维	6.90	246	3.5	
	环氧玻璃纤维	垂直于纤维	1.84	9.0	0.5	

注：HBW为布氏硬度，HR为洛氏硬度，HRR为用R标定的洛氏硬度测试，HRM为用M标定的洛氏硬度测试，金属材料数据来源于 *Metals Halldbook, Desk Edition,* 2nd ed., ASM International, Materials Park, OH, 1998. 其他数据取自英国剑桥格兰塔设计公司的剑桥工程选择软件。如果性能值为某一范围，则取最小值。$1psi = lb/in^2 = 6895Pa = 6895N/m^2$，$1 \times 10^3 psi = 1ksi = 1kip/in^2 = 6.895MPa = 6.895MN/m^2 = 6.895N/mm^2$。

首先考察表10.2给出的所有材料的弹性模量E。E的值从碳化钨钴合金的89×10^6psi变化到硅树脂的1.4×10^{-4}psi。弹性模量取决于原子间的结合力，E之间巨大的差别显示出碳化物陶瓷之间强烈的共价键和高分子弹性体之间微弱的范德华力。

接下来考察屈服强度、硬度以及伸长率。碳素钢1020和1040的性能差别很好地说明了显微组织对机械性能的影响。随着碳含量由0.2%提高到0.4%，软铁（铁素体）基体中硬质碳化物颗粒的含量增加，由于位错难以穿过铁素体晶粒移动，材料的屈服强度升高而伸长率下降。在合金钢4340中，可以观察到同样的影响，4340钢被加热到Fe-C相图的奥氏体区，然后迅速淬火以形成硬而脆的马氏体相。对淬火钢回火可导致马氏体分解为散布的细小碳化物颗粒。回火温度越高，颗粒尺寸越大，彼此间的距离越远，这意味着位错可以更容易地移动。因此，屈服强度和硬度随着回火温度的升高而下降，伸长率（延性）的变化趋势则相反。注意，弹性模量不随碳含量或热处理而改变，因为它是结构不敏感性能，只与原子间的结合力有关。这说明材料工程师可以通过显著改变材料的结构而改变材料的性能。

观察表10.2有利于考察屈服强度和延展性在不同材料家族之间如何变化。陶瓷材料具有很高的强度，因为复杂的晶体结构导致位错运动（滑移）产生的塑性变形难以发生。不幸的是，这也意味着它们非常脆，不能作为整体的结构材料用于机器零件的制备。与金属相比，高分子材料强度非常低，在室温范围内容易发生蠕变。但是，由于聚合物有许多吸引人的特性，它在消费产品和工程产品中的应用越来越多。针对塑料应用于设计中必须要注意的事项将在16.6节（www.mhhe.com/dieter6e）讨论。

复合材料是将两类材料的最优性能结合在一起的混合物。最常见的复合材料将高弹性模量的玻璃纤维或碳（石墨）纤维与高分子基体相结合，以同时提高其弹性模量和强度。复合材料已经获得极大的发展，波音公司最新型的客机机身大部分由高分子基复合材料制造。然而，正如表 10.2 所示，纤维增强复合材料（FRP）在平行于（纵向）纤维方向表现出的性能差异很大。这种力学性能的各向异性存在于所有材料之中，在纤维增强复合材料中尤为明显。为了抵消这种现象，可将复合材料薄板沿不同的方向叠加在一起，形成如同胶合板一样的层合板。由于复合材料性能的各向异性，基于它的设计需要特别的方法，一般的设计课程中不会涉及[1]。

10.2.3 材料的规格

每个零件对于材料的性能需求通常以规格的形式标准化。有时，这可以通过列出材料的牌号（比如 AISI 4140 钢）、零件的详细图纸，以及工艺说明（例如热处理温度和时间）来完成。这种情况下，设计者依靠由某些权威组织（如汽车工业协会、ASTM 或者 ISO）制定的被广泛接受的规范来给出关于材料的化学成分、品粒尺寸、表面粗糙度和其他描述。

这些通用标准虽被广大材料制造工厂所认可，但是经常有些公司发现利用这些通用标准不能为他们提供特别敏感的加工制造所需的高质量材料。例如，他们可能在经历一系列痛苦的生产失败后，认识到如果想要使某个关键点焊零件的产量提高到可接受的程度，就必须将某种微量元素的含量限定在更小的范围内。该公司就会发布他们自己对于材料的标准，从法律上要求供货方提供具有更小成分偏差的材料。如果该公司是这种材料的主要买家，供货方通常会接受交易并交付符合其标准的材料，但如果该公司仅是小买家，它将不得不为更严格的材料标准支付“质量保障金”。

10.2.4 Ashby 图表

Ashby[2]创建了材料选择图表，它非常适用于在概念设计阶段对大量材料进行对比。这些表基于一个庞大的计算机化的材料性能数据库[3]。图 10.5 是一个典型的材料选择图表，它显示了高分子、金属、陶瓷以及复合材料的弹性模量与密度之间的关系。注意，固体的弹性模量跨越七个区，从柔软的泡沫塑料到坚硬的陶瓷。注意理解不同种类的材料是如何被划进相同区域的，陶瓷和金属在右上方，高分子在中间，多孔材料（如泡沫塑料和软木）在左下方。

[1] *ASM Handbook*, vol.21, *Composites*, ASM International, Materials Park, OH, 2001.

[2] M. F. Ashby, *Materials Selection in Mechanical Design*, 5th ed., Butterworth-Heineman, Oxford, UK, 2017

[3] Cambridge Engineering Selector EduPak, Granta Design, 2018. Web.

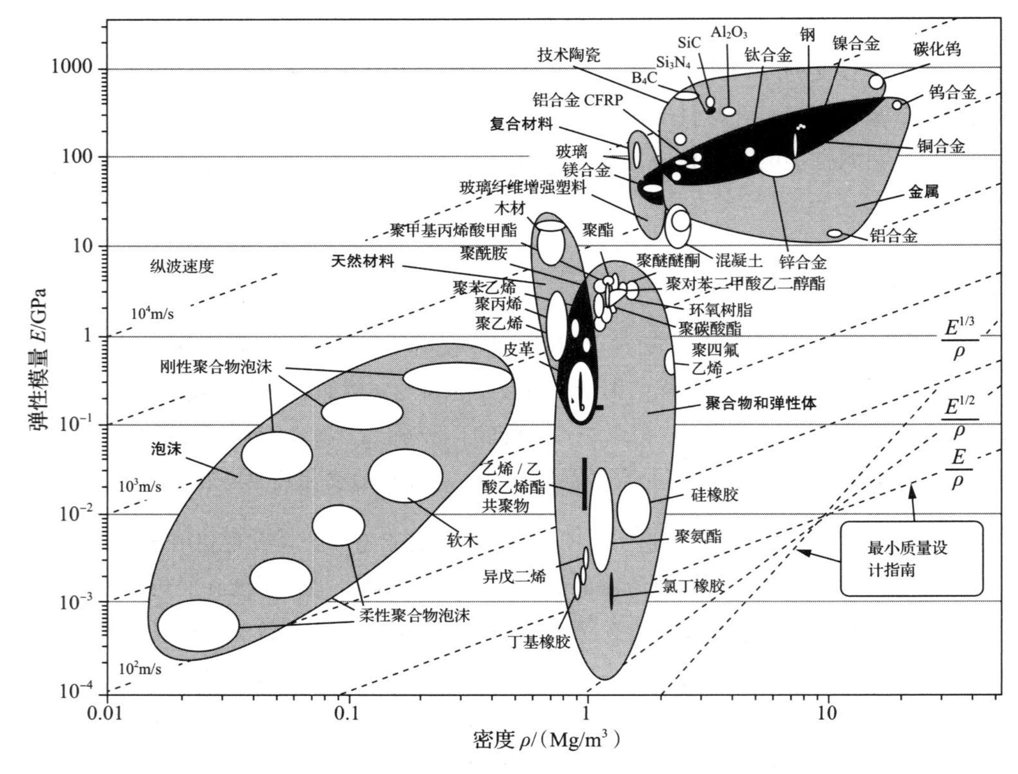

图 10.5 Ashby 的材料选择图

（源自 Ashby, Michael F. *Materials Selection in Mechanical Design*. Elsevier, 2004。）

在图 10.5 所示的 Ashby 图表的右下角有许多不同斜率的虚线。不同斜率适用不同类型的载荷，读完 10.7 节的内容后就会更明白这一点。如果我们想要寻找最轻的承受轴向拉力的抗拉伸材料，应该选择 E/ρ 为常数的线。从图表的右下角开始，向对角方向移动平行于该斜线的直尺，所有位于直尺上的材料具有同样的候选资格，所有位于直尺下方的材料都应被排除，所有位于直尺上方的材料都是更好的候选对象。

例 10.1 将图 10.5 中的虚线向上移动四个数量级到 $E=10^{-1}$GPa。这已经超出了大部分高分子材料和铅合金的性能，而锌基合金和碳纤维增强复合材料（GFRP）正好位于线上。钢、钛合金以及铝合金处于线的上方，进一步考察图表可发现钛合金是最好的选择。实际数据显示，碳素钢、铝合金以及钛合金的 E/ρ 值分别为 104.9、105.5 和 105.9。这表明承受相同的弹性变形，钛合金拉杆将是最轻的。但是，它们之间的差异如此之小，相对更便宜的碳素钢将是最好的选择。请考虑为什么 E/ρ 值高达 353 的 Al_2O_3 没有成为被选材料呢？

10.3 选材过程

材料的选择由材料性能和制造工艺决定。然而，新产品开发的材料选择过程与基于已有产品的材料替换过程几乎没有差别。本节对两种过程进行概述。

为新产品或新的设计进行选材

在为新产品或新的设计进行选材的步骤为：

1. 定义新设计的功能表现，并将其转化为所需的材料性能，比如刚度、强度、耐蚀性以及材料的成本和便利性等商业因素。

2. 定义加工参数，零件的生产量、零件的尺寸和复杂度、公差、表面粗糙度、总体质量水平以及全面的材料工艺性能。

3. 将所需的性能与参数与材料性能数据库（通常存储于计算机中）中的信息进行对比，选择具有应用前景的几种材料。在初选阶段，确立一些筛选性能是非常有用的。筛选性能可以是任意一种可以确定绝对下限（或上限）的材料性能。对于超出此限的材料不予考虑，这是取舍的条件。选材筛选步骤就如同在询问："是否需要对此材料进行进一步的应用评估？"一般来说，这从设计过程的概念设计阶段开始，最终在实施阶段结束。

4. 对候选材料进行更详细的考察，尤其要在产品的性能、成本、可加工性以及应用所需的等级和尺寸保障方面进行权衡。通常在这一步要进行材料性能试验和计算机仿真模拟，目的是将材料的选择范围缩减至一种，并且确定少量几种可能的加工工艺。这通常在实体设计阶段进行。

5. 形成设计数据和（或）设计规范。设计数据的属性为所选材料在加工后的性能，对此必须有足够的信心确保零件在设定的可靠度水平上运行。第 4 步的结果是确定设计所需的一种材料以及制造零件的参考工艺。大多数情况下的结果是依据通常的材料标准（如 ASTM、SAE、ANSI 或者 MIL 的细则）定义的材料来确定性能下限。第 5 步的执行程度取决于应用的性质。在大多数生产领域，服役条件并不苛刻，像 ASTM 制定的商业标准可以不经过大量的测试而直接应用。在另外一些生产领域（比如航空航天或核工业领域），或许需要进行大量的测试以形成统计上可置信的设计数据。

基于现有设计的材料替换

下面的步骤适用基于现有设计的材料替换：

1. 对现有的材料从性能、工艺要求和成本方面进行描述。

2. 确定必须提高哪种性能以增强产品功能。

3. 寻找替代材料和（或）加工工艺。把筛选性能的概念应用到其中去。

4. 简要列出候选材料和加工路线，并由此估计零件的生产成本。这要用到11.9节中的方法或12.13节中的价值分析方法。

5. 评估第4步的结果，给出推荐的替代材料。利用材料规格或试验来确定临界性能，与前一节的第5步相同。

一般来说，我们不可能了解一种新材料的全部潜能，除非对产品进行重新设计以探索这种新材料的性能和加工特性。也就是说，在不改变设计的情况下，仅仅用一种新材料进行替换很难说是对材料的最佳利用。选材的关键不是材料之间的对比，而是材料的生产制造工艺之间的对比。比如，锌合金的压力铸造与高分子材料的注射模塑之间的比较，或者由于将金属板材激光焊接为工程零件的工艺进步，使得锻造钢材被金属板材所取代。因此在全面学习第11章内容之前，对于材料选用的讨论还没有结束。

10.3.1　两种不同的选材方法

有两种可以将零件的材料和工艺结合起来进行选材的方法[⊖]。一种是*材料优先法*，设计者先选择某一类材料，用前文描述的方法确定其中的一种。然后再考虑和评估与所选材料相配的加工工艺。主要的考虑因素为产品的体积、零件的尺寸和形状以及复杂度等信息。另一种是*工艺优先法*，设计者先根据上面的几个因素确定加工工艺，然后再依据材料的性能需求考虑和评估与所选工艺相配的材料。两种方法都结束于相同的决策点。大多数设计工程师和材料工程师都本能地使用材料优先法，因为这种方法是在材料强度和机械设计课程中教授的。制造工程师与那些深入涉及工艺的工艺师则倾向于工艺优先法。

10.3.2　实体设计阶段的选材

图10.6展示了实体和详细设计阶段的选材过程，比概念设计阶段的选材过程更具综合性。在最初阶段，材料选择和零件设计处于并行路径上。选材过程的输入是一小部分在概念设计阶段基于Ashby图表和10.4节描述的数据源挑选出来的试验性材料。同时，在实体设计的结构设计阶段，形成满足产品功能需求的试验性零件设计，结合材料的性能通过应力分析来计算应力和应力集中。通过这种方式，同时审查材料选择和应力分析结果，来确定是否可以实现性能目标。通常，现有的信息不足以令我们做出自信的决定，这时需要借助有限元模型或

⊖ J. R. Dixon and C. Poli, *Engineering Design and Design for Manufacturing*, Field Stone Publishers, Conway, MA, 1995.

其他计算机辅助预测工具来获取所需知识，或者制作样机并进行测试。有时可以确信最初选择的材料不合适，选材过程要迭代，回头重新开始。

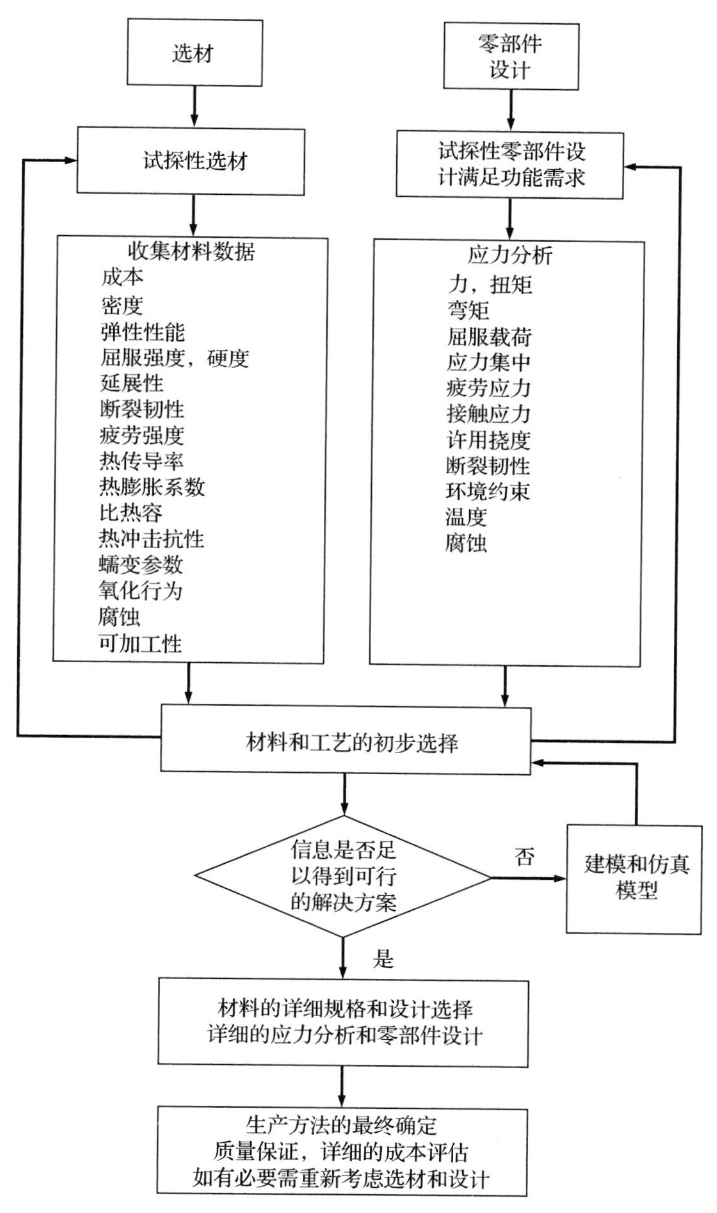

图 10.6　实体和详细设计阶段的选材步骤

在根据10.6节～10.9节描述的筛选和排序方法确定最终选材之前，务必确保你的选材不会产生任何不利影响。这需要建立涉及材料的失效分析、应用案例研究、潜在腐蚀问题、价格、能否提供所需尺寸等信息的文档。这些信息非常有用，但一般不会储存在数据库中。信息资源获取将在10.4节讨论，也可从供应商那里获取。

一旦证实所选的材料工艺组合适用于设计，就需要对材料和设计进行详细说明，这就是第8章所讨论的参数设计阶段。在该阶段需利用田口玄一的鲁棒性设计方法（见第14章）对零件的临界尺寸和公差进行优化，使零件在服役条件下具备鲁棒性。接下来的步骤是确定生产方法，这主要基于对零件生产成本（见第12章）的精确计算。材料的成本以及材料的可加工性和可成型性（降低零件废品率）是主要的考虑因素。

一种常用的用于材料选择的快捷方法是根据之前在类似应用中使用过的组件来选择材料。利用这种仿照法可以迅速做出决定，但对于服役环境稍有改变、材料改进或材料加工成本改变等情况来说，这可能不会生成一个优化设计。

10.4　材料性能信息源

大多数工程师会发表一些商业文献、技术文章或公司报告之类的文件（纸质或电子版）。这些个人数据库是材料性能数据的重要组成部分。另外，许多大型企业或者政府机构编写了他们自己的材料性能数据纲要。

本节的目的是提供一个现成的材料性能数据指南。在使用手册或其他资源中的性能数据时，需要明确一些注意事项。对于每项性能通常只给出一个值，必须假定该值为“典型值”。如果考虑结果的分散性和可变性，真实值可用一定范围（最大值和最小值）的性能值表格或分散频带图表示。遗憾的是，很少发现某项性能数据符合具有确定平均值和标准偏差的统计分布。显然，对于那些注重可靠性的关键应用场合，需要确定材料性能和服役性能参数的频数分布情况。如图10.7所示，当两个频数分布发生重叠时，就可以从统计学上预测出失效的概率。更多材料性能可变性信息见13.2.3节。

工程师只有掌握可靠的材料性能和成本数据，才能将一种新材料应用于设计。这就是为什么那些经过实验证明是可靠的材料在设计中被不断重复使用的原因，即使某种先进材料可能具有更好的性能。

在设计的最后阶段，仅需要某一材料的数据，但必须要准确详尽。下面是一些常用的材料性能信息源。

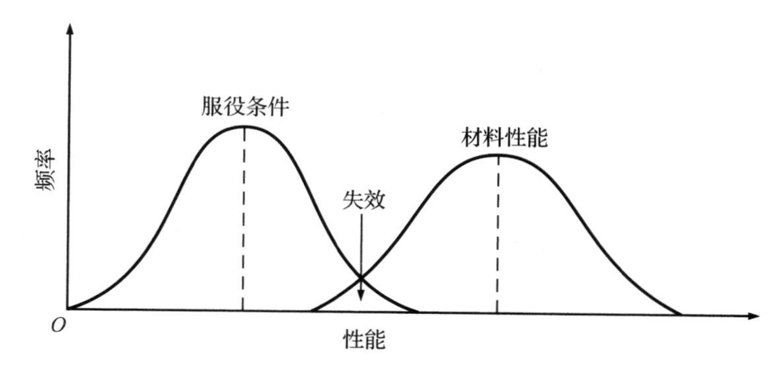

图 10.7 材料性能分布和服役条件分布之间的重叠

10.4.1 概念设计

Metals Handbook Desk Edition, 2nd ed., ASM International, Materials Park, OH, 1998. 金属、合金以及工艺的缩编本。

Engineered Materials Handbook Desk Edition, ASM International, Materials Park, OH, 1995. 陶瓷、高分子和复合材料数据的缩编本。

M. F. Ashby, *Materials Selection in Mechanical Design*, 5th ed., Butterworth-Heinemann, Oxford, UK, 2017. 对 Ashby 表和材料选择进行了详细讨论，附有性能数据表，很适合在概念设计阶段进行材料筛选。

Cambridge Materials Selector, CES 06, Granta Design Ltd., Cambridge, UK. 该软件按照 Ashby 选材方案进行设计，并提供了 3 000 种材料的数据。http://www.granta.com.uk.

K. G. Budinski and M. K. Budinski, *Engineering Materials: Properties and Selection,* 9th ed., Pearson Prentice Hall, Upper Saddle River, NJ, 2010. 面向实用的、广泛的数据源。

10.4.2 实体设计

在实体设计阶段，需要确定零部件的布局和尺寸。设计计算需要某材料子类成员的性能，但需具体到特定热处理工艺或加工工艺。这些数据通常从手册或计算机数据库中获得，也可从材料生产行业协会公布的数据表中获得。下面列出了一些工程图书馆中常见的手册。由 ASM International，Material Park，OH 所发布的系列手册是金属和合金方面最完整和最具权威性的资料。

金属

ASM Handbook, Vol. 1, *Properties and Selection: Irons, Steels, and High-Performance Alloys,* ASM International, 1990.

ASM Handbook, Vol. 2, *Properties and Selection: Nonferrous Alloys and Special-Purpose Alloys,* ASM International, 1991.

SAE Handbook, Part 1, "Materials, Parts, and Components," Society of Automotive Engineers, Warrendale, PA, published annually. 类似但不相同的欧洲设计许用值可在 ESDU（ESDU 00932）中查到。

Woldman's Engineering Alloys, 9th ed., L. Frick (ed.), ASM International, 2000. 拥有约 56 000 种合金的参考资料。如果你知道合金的牌号，可以利用此手册来查询合金的信息，有电子版。

陶瓷

ASM Engineered Materials Handbook, Vol. 4, *Ceramics and Glasses,* ASM International, 1991.

R. Morrell, *Handbook of Properties of Technical and Engineering Ceramics,* HMSO, London, Part 1, 1985, Part 2, 1987.

C. A. Harper, ed., *Handbook of Ceramics, Glasses, and Diamonds,* McGraw-Hill, New York, 2001.

R. W. Cahn, P. Hassen, and E. J. Kramer, eds., *Materials Science and Technology,* Vol. 11, *Structure and Properties of Ceramics,* Weinheim, New York, 1994.

高分子

ASM Engineered Materials Handbook, Vol. 2, *Engineered Plastics,* ASM International, 1988.

ASM Engineered Materials Handbook, Vol. 3, *Adhesives and Sealants,* ASM International, 1990.

A. B. Strong, *Plastics: Materials and Processing,* 3rd ed., Pearson Prentice Hall, Upper Saddle River, NJ, 2006.

J. M. Margolis, ed., *Engineering Plastics Handbook,* McGraw-Hill, New York, 2006.

Dominic V. Rosato, Donald V. Rosato, and Marlene G. Rosato, *Plastics Design Handbook,* Kluwer Academic Publishers, Boston, 2001.

复合材料

ASM Handbook, Vol. 21, *Composites,* ASM International, 2001.

"Polymers and Composite Materials for Aerospace Vehicle Structures," MILHDBK-17, U.S. Department of Defense.

P. K. Mallick, ed., *Composites Engineering Handbook,* Marcel Dekker, Inc., 1997.

S. T. Peters, ed., *Handbook of Composites,* 2nd ed., Chapman & Hall, New York, 1995.

电子材料

C. A. Harper, ed., *Handbook of Materials and Processes for Electronics,* McGraw-Hill, New York, 1970.

Electronic Materials Handbook, Vol. 1, *Packaging,* ASM International, 1989.

Springer Handbook of Electronic and Photonic Materials, Springer-Verlag, Berlin, 2006.

热力学性能

Thermophysical Properties of High Temperature Solid Materials, Vols. 1 to 9, Y. S. Touloukian (ed.), Macmillan, New York, 1967.

化学性能

ASM Handbook, Vol. 13A, *Corrosion: Fundamentals, Testing, and Protection,* ASM International, 2003.

ASM Handbook, Vol. 13B, *Corrosion: Materials,* ASM International, 2005.

ASM Handbook, Vol. 13C, *Corrosion: Environment and Industries,* ASM International, 2006.

R. Winston Revie, ed., *Uhlig's Corrosion Handbook,* 2nd ed., John Wiley & Sons, New York, 2000.

因特网

在因特网上，许多网站提供了材料和材料性能的信息。这类网站大多仅对注册会员开放。提供一些免费信息的网站如下。

- www.matweb.com：免费提供超过 80 000 种材料的数据表。注册用户可以免费检索材料。更高级的检索需要会员资格。
- www.campusplastics.com: “Computer Aided Materials Preselection by Uniform Standards”是由国际塑料树脂生产商赞助的高分子材料性能数据库。为了使不同生产商提供的数据之间具有可比性，要求每一位参与者利用统一的标准来生成数据，该数据库是免费的。
- www.custompartnet.com：提供众多金属和塑料的多种性能数据库。

10.4.3 详细设计

在详细设计阶段，需要精确的数据。这些数据最好由材料供应商提供的数据表或通过内部机构的试验获得。尤其是对于高分子材料，它们的性能紧密依赖生产工艺。

在详细设计阶段，可能需要大量的材料信息。这包括工艺信息（如最终表面粗糙度、公差、成本）、该材料在其他方面的应用情况（失效报告）、能否提供所需的尺寸和形状（薄片、薄板、线状等），以及材料性能的可重复性和质量保证。经常被忽略的两个因素是加工工艺是否会导致零件在不同方向上具有不同的性能，以及在加工后零件是否包含有害的残余应力状态。上述因素以及其他影响零件加工成本的因素将在第 16 章（www.mhhe.com/dieter6e）中进行详细讨论。

10.5 材料成本

确定某设计的材料 – 工艺组合归根结底是在性能与成本之间进行权衡。产品应用的情况很广泛，有性能至上（如航天和国防工业）和成本至上（比如家用电器和低端电子消费品）。在低端应用情况下，制造商不需要提供高性能的产品，即使技术上是可行的。当然，制造商需要提供与竞争对手相比不错或更好的价值 – 成本比。价值是指与应用相适应的性能指标的满足程度，成本是指为实现该性能所必要的付出。

10.5.1 材料的成本

成本在大多数选材情形中是压倒性因素，因此我们不得不给予其额外的关注。材料的成本主要取决于：稀有度，这由矿物中金属的浓度或制造高分子材料的原料成本决定；加工这些材料所需能源的成本和数量；材料的基本供求关系。通常，像石头和水泥这些用量巨大的材料价格较低，而工业用钻石这样的稀有材料价格较高。图 10.8 为一些常用工程材料的价格范围。

商品的成本随着材料加工工艺投入的增多而增多。如表 10.3 所示，各种钢产品的相对价格随着深加工程度的增加而增加。组分的改变和深加工工艺可改变材料的结构，而结构改变可以实现材料性能（如屈服强度）在基本材料基础上的提高。例如，钢强度的提高是通过添加贵重的合金元素（如镍），或通过热处理工艺（如淬火和回火），或通过对钢水进行真空处理除去气态杂质而得到的。然而，合金的成本不仅仅是组成元素的平均加权，很大一部分通常是由将一种或多种杂质的含量控制在非常低的水平造成的，这意味着需要额外的精炼工艺或使用昂贵的高纯原材料。

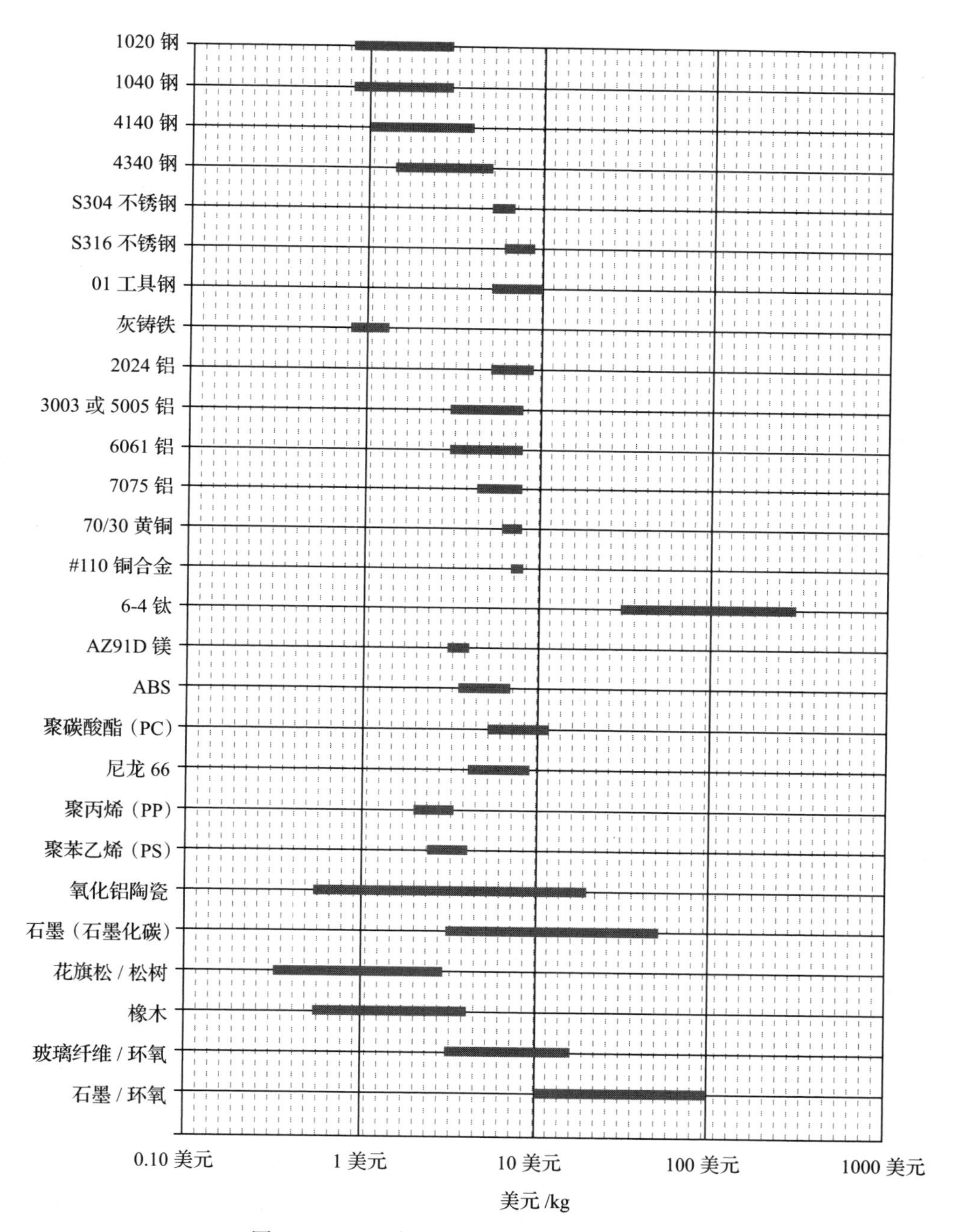

图 10.8　2007 年不同散装材料的价格幅度

（源自 Ulrich, Karl T. *Product Design and Development*. McGraw-Hill Education, 2007。）

表 10.3 不同钢产品的相对价格

产品	相对生铁的价格
生铁	1.0
钢坯、钢块、钢板	1.4
热轧碳钢棒	2.3
冷加工碳钢棒	4.0
热轧碳钢板	3.2
热轧薄板	2.6
冷轧薄板	3.3
镀锌板	3.7

因为大多数工程材料是由矿石、石油或天然气等不可再生资源生产出来的，所以随着时间的推移，成本呈持续上升的趋势。材料作为一种商品，短期来看，价格随供应的多少而波动，长期来看，材料成本的增速通常要比货物和服务成本的增速高 10%。因此，节约用材已经越来越重要。

很难通过公开的渠道来获得材料的当前价格。有些网站提供这方面的信息，但仅对注册会员开放。对于学生设计项目来说比较有用的两个资源是“Cambridge Engineering Selector”软件和 www.custompartnet.com 网站。为了抵消时间对材料价格的影响，材料成本通常用相对于某种常用的廉价材料（比如钢筋或碳素钢板）的成本表示。

10.5.2 材料成本结构

为许多工程材料定价确定材料的成本结构是一件相当复杂的事情，材料的真实价格只能从供应商的价目表上获得。参考资料一般只能给出名义价格或底价。除了基本价格以外，真实价格还取决于一系列额外价格（就像购买一辆新车一样）。对于不同的材料，其真实情况也不同，钢产品的情况可以作为一个好的实例[⊖]。其额外价格可由以下因素评估：在标准化学成分上的任意变化、真空熔炼或脱气、特别型号或形状、更严格的尺寸公差、热处理或表面处理等。

从价格清单可以看出设计者不经意的选择是如何显著影响材料成本的。要尽可能选用标准化学成分的材料，合金的等级号应该标准化以减少库存许多级别钢材的费用。那些生产率低而不能大量采购原料的生产者应该将他们应用的材料限制在当地钢材服务中心的存货级别内。

⊖ R. F. Kern and M. E. Suess, *Steel Selection*, John Wiley & Sons New York, 1979.

应尽量避免特殊的截面尺寸和公差，除非详细的经济分析表明额外成本是合理的。

10.6 选材方法概述

至今，还没有一种更好的选材方法。部分原因是材料之间的权衡非常复杂，通常我们所对比的某些性能不具备可以由此直接做出决定的地位。

设计者和材料工程师采用各种各样的选材方法。常用的方法是用批判的眼光考察服役环境与新设计相似的现有的设计。使用中的失效信息非常有用，加速实验室筛选试验和试验工厂短期试验的结果也可以提供有用的信息。通常遵循最短的革新路径，基于已经投入运营或竞争对手的产品进行选材。

下面是一些常见的选材分析方法：

- 性能指标法（10.7 节）。
- 决策矩阵（10.8 节）。
  - Pugh 选材法（10.8.1 节）。
  - 加权性能指标（10.8.2 节）。
- 计算机辅助数据库（10.9 节）。

这些选材方法尤其适用于在实体设计阶段做出最终的选材决定。

一种合理的选材方法是利用材料性能指标（见 10.7 节）。该方法可作为在概念设计阶段利用 Ashby 图表进行初始筛选时的一个重要辅助手段，也可以作为对比不同应用情况下材料性能的设计准则。

10.7 材料性能指标

材料性能指标是确定零件某方面功能的一组性能集合[⊖]。如果性能指标最大化，则给出了设计需求的最佳解决方案。考察自行车的管状框架，设计需要一个轻便、牢靠且外径固定的管状梁，功能是承受弯矩，目标是减轻梁的质量 m，单位长度的质量 m/L 可以表示为：

⊖ M. F. Ashby, "Overview No. 80: On the Engineering Properties of Materials," *Acta Met.*, 1989, Vol. 37, p. 1273.

$$\frac{m}{L} = 2\pi rt\rho \tag{10.1}$$

其中，r 是管的外径，t 是壁厚，ρ 为材料的密度。式（10.1）就是需要最小化的目标函数。这种优化受到几个约束。第一个约束条件是管的强度必须足够高，保证不会失效。失效方式可能是屈曲、脆性断裂、塑性塌陷或由周期载荷引起的疲劳。如果疲劳是可能的原因，那么使管具有无限寿命的周期性弯矩 M_b 为：

$$M_b = \frac{I\sigma_e}{r} \tag{10.2}$$

其中，σ_e 为疲劳载荷下的耐久极限，$I=\pi r^3 t$ 为薄壁管的第二转动惯量。第二个约束条件是 r 固定。但管壁的厚度为自由变量，为了能够承受弯矩 M_b，需要选择合适的壁厚。将式（10.2）代入式（10.1）中，得出单位长度的质量与设计参数和材料性能之间的关系为：

$$m = \frac{2M_b L}{r}\left(\frac{\rho}{\sigma_e}\right) = (2M_b)\left(\frac{L}{r}\right)\left(\frac{\rho}{\sigma_e}\right) \tag{10.3}$$

在式（10.3）中，m 为设计零件——自行车管状梁——的性能标度。零件的质量越小，成本就越低，在蹬车过程中消耗的能量就越少。为了阐明性能标度的一般特征 P，将式（10.3）写成第二种形式：

$$P=[(\text{功能需求}),(\text{几何参数}),(\text{材料性能})] \tag{10.4}$$

本例中，功能需求是承受一定的弯矩，但在其他问题中可能是承受一定的压曲力，或者传导一定的热量。在该例子中，几何参数是 L 和 r。式（10.3）的第三个组成部分是两种材料参数——密度和耐久极限——的比值。可以看出，为了减少 m，该比值应该尽可能小，这就是材料指标 M。

通常，性能标度的三个部分为可分离函数，因此式（10.4）可以写为：

$$P = f_1(F)\times f_2(G)\times f_3(M) \tag{10.5}$$

这样，只要材料指标在功能和几何形状上具有合适的形式，为优化函数 P 而进行的选材就不依赖功能 F 或几何形状 G 了，从而可以在不需要详细了解 F 和 G 的情况下寻找最优的材料。

10.7.1 材料性能的相关指标

式（10.3）表明，当质量比较小时，材料具有最好的性能表现。这要求在寻找最优材料时

选择那些 M 值较小的材料。然而，通常的做法是选择那些具有最大指标的材料，这些指标称为材料性能指标㊀M_1，这里 $M_1=1/M$。这些值通常按等级排序以供选择。

然而，材料性能指标的形式取决于功能需求和几何形状，表 10.4 简要列出了不同类型载荷下以及一些设计目标与热力学相关的材料性能指标。Ashby 提供了更详细的清单㊁。

表 10.4 材料性能指标

设计目标：不同形态和载荷下的最小重量	最大强度	最大刚度
拉伸杆：载荷、刚度、长度固定，截面面积可变	σ_f/ρ	E/ρ
扭转杆：扭矩、刚度、长度固定，截面面积可变	$\sigma_f^{2/3}/\rho$	$G^{1/2}/\rho$
弯曲梁：承受外力或自重，刚度、长度固定，截面面积可变	$\sigma_f^{2/3}/\rho$	$E^{1/2}/\rho$
弯曲板：承受外力或自重，刚度、长度、宽度固定，厚度可变	$\sigma_f^{1/2}/\rho$	$E^{1/3}/\rho$
内部受压的圆柱容器：弹性变形、压力和半径固定，壁厚可变	σ_f/ρ	E/ρ
其他设计目标如下		
热绝缘：稳定状态下热流量最小，给定厚度	$1/k$	
热绝缘：一定时间后的温度最小，给定厚度	$C_p\rho/k$	
最小热变形	k/α	
热冲击抵抗性最大	$\sigma_f/E\alpha$	

注：α_f = 失效强度（屈服应力或断裂应力），E= 弹性模量，G= 剪切模量，ρ= 密度，C_p= 比热容，α= 热膨胀系数，k= 热传导率。

例 10.2 汽车上冷却风扇的材料选择㊂。

问题描述 / 设计空间的选择

汽车中的散热风扇一般是由发动机主轴通过皮带驱动的。发动机突然加速，会导致风扇叶片承受极高的弯矩和离心力。偶尔会发生叶片断裂的情况，对工作在发动机上的机器构成严重的损伤。我们的目标是寻找比钢板更好的叶片材料。

问题边界

再设计局限于选择一种成本效益好的材料，与当前材料相比，能够更好地抵抗微小裂

㊀ 材料性能指标常常大于 1。

㊁ M. F. Ashby, *Materials Selection in Mechanical Design,* 5th ed., Butterworth-Heinemann, Oxford, UK, 2017. Appendix C, pp. 559-564.

㊂ M. F. Ashby and D. Cebon, *Case Studies in Materials Selection*, Granta Design Ltd, Cambridge, UK, 1996.

纹的扩展。

现有信息

已出版的 Ashby 图表以及 CES 软件使用的材料性能数据库。

物理定律 / 假定

将遵循基本的材料力学关系。假定风扇的直径由所需的空气流量决定，因此风扇毂和叶片的尺寸在整个设计选项中保持不变。并且假定所有叶片都会因碎片的冲击而产生损伤，因此一些叶片将包含微裂纹或其他缺陷。因此，决定服役表现的基本材料性能是断裂韧性 K_{Ic}，见第 16 章（www.mhhe.com/dieter6e）。

建立材料性能指标模型

图 10.9 给出安装了叶片的风扇毂的草图，其离心力为

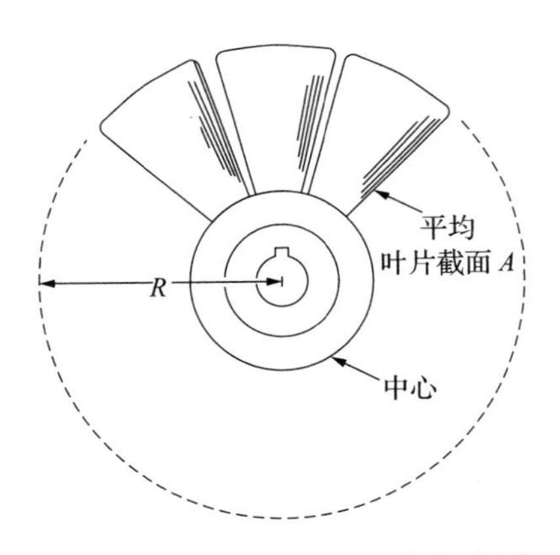

图 10.9　安装了叶片的风扇毂草图

$$F = ma = [\rho(AcR)]\left(\omega^2 R\right) \tag{10.6}$$

其中，ρ 为材料的密度，A 为叶片的横截面面积，c 为叶片半径的分数，R 为到风扇轴中心线的半径，$\omega^2 R$ 为角加速度。叶片可能发生失效的位置在根部，此处的应力为：

$$\sigma = \frac{F}{A} = c\rho\omega^2 R^2 \tag{10.7}$$

我们假定在叶片与毂相结合的部位出现的起始裂纹是引发叶片断裂的最可能的原因，这些裂纹可能是由碎片冲击或加工缺陷造成的，超过某个临界点后该裂纹将发展成快速扩

展的脆性裂纹。因此，应力的临界值取决于叶片材料的断裂韧性，见第 16 章（www.mhhe.com/dieter6e）。断裂韧性 $K_{Ic}=\sigma\sqrt{\pi a_c}$，其中 a_c 为导致断裂的临界裂纹长度，K_{Ic} 是材料平面应变断裂韧性。因此，当所受的离心应力小于裂纹扩展所需的应力时，叶片是安全的。

$$c\rho\omega^2R^2\leqslant\frac{K_{Ic}}{\sqrt{\pi a_c}} \tag{10.8}$$

我们试图防止在风扇超速运转时叶片的失效。式（10.7）表明离心应力与角速度的平方成正比，因此 ω 可作为合适的性能标度，因此：

$$\omega\leqslant\left(\frac{1}{\sqrt{\pi a_c}}\right)^{1/2}\left(\frac{1}{\sqrt{c}R}\right)\left(\frac{K_{Ic}}{\rho}\right) \tag{10.9}$$

R 和 c 为固定参数。临界裂纹长度 a_c 因材料不同而产生微小差异，但是如果将它定义为可以利用涡流探伤等无损检测方法检测的微小裂纹，就可以认为它是一个固定的参数。因此，材料性能指标为 $(K_{Ic}/\rho)^{1/2}$。当然，在对一组材料进行对比时，我们可以简单地使用 K_{Ic}/ρ，因为它们的排序是相同的。在这个例子里，我们不需使用 M 的倒数，因为该比值大于 1。

分析

在这种情况下，分析的首要步骤是检索材料性能数据库。在初选阶段，图 10.10 所示的 Ashby 图表能提供有用的信息。我们要注意，该表为覆盖大范围的性能数据而使用对数坐标系进行绘制，材料性能指标为 $M_1=K_{Ic}/\rho$。对两边同时取对数得 $\log K_{Ic}=\log\rho+\log M_1$，是斜率为 1 的直线。在图 10.10 中直线上的所有材料具有相同的材料性能指标，可以看出铸铁、尼龙和高密度聚乙烯（HDPE）都可作为候选材料。将此直线向左上角移动，可得铝合金或铸造镁合金也是候选材料。

正如本章前面所指出的，最终的选材取决于在性能和成本之间的权衡。对于金属叶片，最好采用铸造工艺，对于高分子叶片则采用模塑。

叶片的成本由 $C_b=C_m\rho V$ 给出，其中 C_m 为材料成本（美元 /lb），密度单位为 lb/in^3，体积单位为 in^3。但是材料的体积主要由 R 决定，而 R 又取决于所需的空气流量，因此在成本决策中 V 不是一个变量。从成本的角度考虑，最佳的材料应具有最小的 $C_m\rho$ 值。注意，这里讨论的成本仅仅是材料的成本。既然所有的材料都可以通过铸造或注射成型工艺进行加工，因此假定所有候选材料的加工成本相同。更详细的分析需要用到在第12章中讨论的方法。

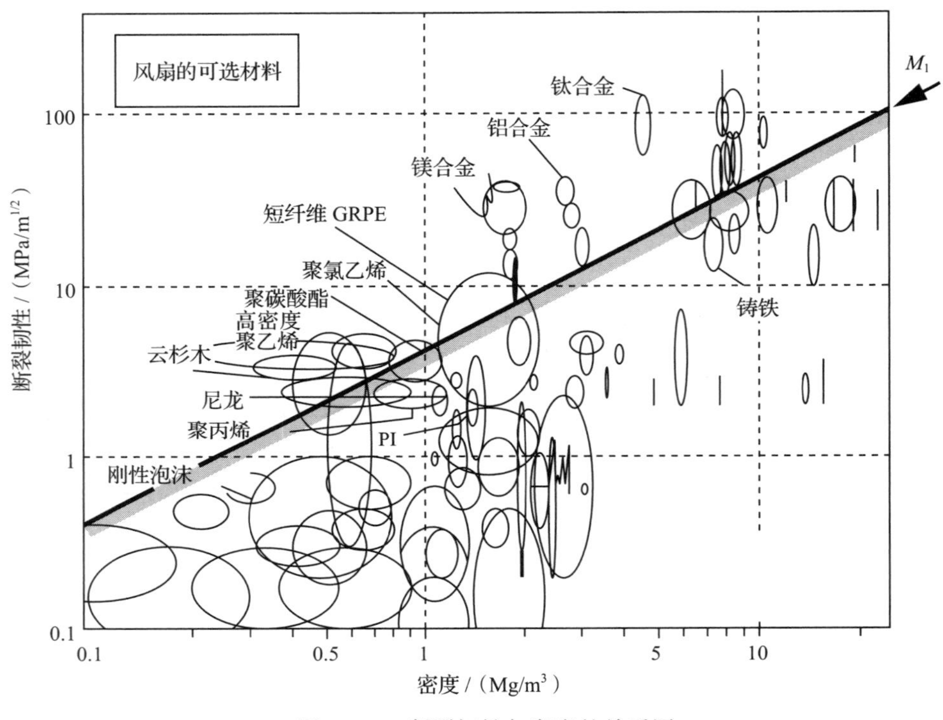

图 10.10　断裂韧性与密度的关系图

Granta Design, Inc.

为了将成本因素引入材料性能指标，我们用 M_1 除以 C_m 得到 $M_2 = K_{Ic}/C_{m}\rho$。

可以从CES数据库获得材料性能和成本的典型值，结果如表10.5所示。基于主要性能标准，铸造铝合金是最佳的风扇叶片材料。可能的关注点是它能否在满足尺寸、翘曲和表面粗糙度的情况下铸造成叶片所需的薄截面形状。基于成本性能效益，含30%短切玻璃纤维的注塑尼龙和铸造镁合金可作为第二候选材料。

确认

显然，不论最终确定的是哪种材料，都需要进行全面样机试验。

表 10.5 候选材料分析

材料	K_{Ic}/ksi$\sqrt{in}$	P/（lb/in³）	C_m/（美元/lb）	$M_1=K_{Ic}/\rho$	$C_m\rho$	$M_2=K_{Ic}/C_m\rho$
球墨铸铁	20	0.260	0.90	76.9	0.234	85.5
铸造铝合金	21	0.098	0.60	214	0.059	355
铸造镁合金	12	0.065	1.70	184	0.111	108
HDPE- 未填充	1.7	0.035	0.55	48	0.019	89.5
HDPE-30% 玻璃纤维	3	0.043	1.00	69	0.043	69.7
尼龙 6/6-30% 玻璃	9	0.046	1.80	195	0.083	108

在本节，我们通过利用材料性能指标来优化选材，说明了如何用式（10.5）中的材料指标 M 来提高性能标度 P。因为 P 由式（10.5）中三项的乘积决定，可以通过改变几何形状和材料性能来增强性能标度。由材料力学可知，工形截面梁比矩形截面梁有更好的刚度，这引出了形状因子的概念，它可以作为提高结构件承受承载、扭矩或者抗屈曲能力的另一条途径[⊖]。详细信息请查看 www.mhhe.com/dieter6e 上关于形状因子的内容。

10.8 决策矩阵选材法

在大多数情况下，所选材料需满足多项性能需求。换言之，在选材过程中需要做出妥协以平衡各方面的需求。我们可以将性能需求分成三类：通过 / 不通过参数、不可区别参数和可区别参数。通过 / 不通过参数是指那些性能需求必须满足某一最小值的参数，任何超过该值的优点也不能弥补其他参数的缺陷，例如耐蚀性或机械加工性。不可区别参数是那些任何情况下材料都必须满足的性能需求，比如可用性和一定的延展性。和前一类一样，这些参数不能进行比较或量化。可区别参数是那些可以量化的性能需求。这些参数成为材料选择的选择标准。

第 7 章所述的决策矩阵法非常适用于选材，它可以对选材任务进行组织和阐述，提供选材过程的书面记录（可用于再设计），增进对候选方案相对优点的认知。

任何正式的决策过程都包含三个重要因素：候选方案、评判标准和评判标准的权重。在选材过程中，每一种候选材料或材料 – 工艺组合就是一个候选方案。选择标准就是材料性能或满足功能需求所必需的因素。权重因子就是每个标准相对重要性的数值表示。正如第 7 章所讲，通常选择的权重因子要满足加和为 1。

⊖ M. F. Ashby, op. cit, Chapter.10.

10.8.1 Pugh 选材法

由第7章的讨论可知，Pugh 概念选择法是最简单的决策方法。该方法对候选项与参考或基准选项进个逐个标准的定性对比。通过 / 不通过参数不能用作决策标准，它们已经用于剔除那些不可行的候选方案。Pugh 概念选择法在概念设计阶段非常有用，因为它仅需要极少量的详细信息。在再设计中该法同样有用，此时，现用的材料自动作为基准材料。

例 10.3 利用 Pugh 决策方法为发条玩具火车的螺旋钢弹簧选择一个替代材料[一]。当前所用材料为 ASTM A227 一级冷拔钢丝，候选材料分别为具有不同设计尺寸的同种材料、ASTM A228 乐器用优质弹簧钢丝，以及经淬火和油回火的 ASTM A229 一级钢丝。在下面的决策矩阵中，如果断定某一候选材料性能优于基准材料，则赋值 +；劣于基准材料，则赋值 –；如果与基准材料基本相同，则赋值 S，表示“Same”[二]。最后合计 +、– 和 S 并讨论结果。

利用 Pugh 决策矩阵对螺旋弹簧进行再设计

	选项 1 当前材料 冷拔钢 ASTM A227	选项 2 冷拔钢 一级 ASTM A227	选项 3 乐器用钢丝 优质钢 ASTM A228	选项 4 油回火钢 一级 ASTM A229
钢丝直径 /mm	1.4	1.2	1.12	1.18
弹簧直径 /mm	19	1.8	18	18
弹簧圈数	16	12	12	12
材料相对成本	1	1	2.0	1.3
抗拉强度 /MPa	1750	1750	2200	1850
弹簧常数	D	–	–	–
耐久性	A	S	+	+
重量	T	+	+	+
尺寸	U	+	+	+
疲劳强度	M	–	+	S
储能		–	+	+
材料成本（单个弹簧）		+	S	S
加工成本		S	+	–

[一] D. L. Bourell, “Decision Matrices in Materials Selection” in *ASM Handbook*, vol.20, *Materials Selection and Design*, ASM International, Materials Park, OH, 1997.

[二] 注意：不要把 + 与 – 相加，虽然它们表示 +1 分和 –1 分，否则该方法就无效了，因为这时假设所有的准则具有同样的重要性，它们不能相加。

（续）

	选项 1 当前材料 冷拔钢 ASTM A227	选项 2 冷拔钢 一级 ASTM A227	选项 3 乐器用钢丝 优质钢 ASTM A228	选项 4 油回火钢 一级 ASTM A229
∑+		3	6	4
∑S		2	1	2
∑−		3	1	2

乐器用优质弹簧钢丝和油回火钢丝都优于原设计的选材。最终选用乐器用弹簧钢丝，因为它比当前材料（尤其对于加工成本）具有更大的优势。

10.8.2　加权性能指标

第 7 章介绍的加权决策矩阵适用于具有可区别参数的材料选择[⊖]。在此方法中，每种材料性能跟据对所需服役性能的重要程度而被赋予某一权重。分配权重因子的方法已在 7.6 节中介绍。由于不同的性能用不同范围的数值或单位表示，所以最好的方法就是通过比例因子将这些差异标准化。由于不同的性能在数值上具有差别巨大，所以必须对每项性能进行标准化使最大值不超过 100。

$$\beta_i = 标度性能 i = \frac{第 i 个性能的数值}{所考虑的第 i 个性能的最大值} \times 100 \tag{10.10}$$

对于那些期望获得更小值的性能，比如密度、腐蚀损失、成本以及电阻，标度性能可用下式表示：

$$\beta_i = 标度性能 i = \frac{所考虑的第 i 个性能的最小值}{第 i 个性能的数值} \times 100 \tag{10.11}$$

对于那些不便用数值表示的性能，比如焊接性和耐磨性，需要进行主观评定。通常利用 5 分制，性能极好的为 5，很好的为 4，好的为 3，中等的为 2，差的为 1。标度性能为优秀（100）、很好（80）、好（60）、中等（40）、差（20）。加权性能指标 γ 由下式给出：

$$\gamma = \sum \beta_i w_i \tag{10.12}$$

其中，β_i 为第 i 个标度性能（标准），w_i 为第 i 个性能的加权因子。

⊖ M. M. Farag, *Materials Selection for Engineering Design*, Prentice Hall Europe, London, 1997.

在这种分析方法中，有两种处理成本的方法。第一，成本可以作为一种性能，通常具有很高的加权因子。第二，用加权性能指标除以单位质量（或体积）材料的成本，这种方法主要强调成本这一选材标准。

例 10.4　液化天然气低温储存罐的选材方案的评估基于下列性能的评价：低温断裂韧性、低周疲劳强度、刚度、热膨胀系数（CTE）和成本。由于贮存罐处于绝热环境中，在选材过程可忽略其热力学性能。

首先，通过两两比较的方法确定这些性能的权重因子。总共有 $N=5(5-1)/2=10$ 种可能的比较对。比较用于填写下表。对于每个比较对，确定哪种性能更重要（决策标准）。给更重要的性能赋值为 1，另一种性能赋值为 0。在本例中，因为低温贮存罐的脆性断裂会造成灾难性的后果，所以我们认为断裂韧性更为重要，即使是与成本相比。如果第 1 行第 2 列为 1，那么第 2 行第 1 列就为 0，以此类推。在对比疲劳强度和刚度时，我们认为刚度更加重要，因此第 2 行第 3 列为 0，而第 3 行第 2 列为 1。

性能之间的两两比较

							权重因子
性能	1	2	3	4	5	总计	w_i
断裂韧性	–	1	1	1	1	4	0.4
疲劳强度	0	–	0	1	0	1	0.1
刚度	0	1	–	0	0	1	0.1
热膨胀	0	0	1	–	0	1	0.1
成本	0	1	1	1	–	3	0.3
					总计	10	1.0

通过两两比较表明，在 10 种选择中，断裂韧性得到四个 1，因此其权重因子为 $w_1=4/10=0.4$。同样，其他性能的权重因子分别为 $w_2=0.1$，$w_3=0.1$，$w_4=0.1$，$w_5=0.3$。

用两两比较的方法来确定权重因子虽然快捷，但有两个不足，首先是难以用完全一致的方式进行一系列比较，其次每一个比较都是二元判定，意思是没有不同的程度。在 7.7 节我们知道，在此类的决策中，层次分析法（AHP）是更好的方法。当在例 10.4 中利用 AHP 确定的权重因子时，从断裂韧性到成本，其权重因子分别为 0.45、0.14、0.07、0.04 和 0.30。

表 10.6 给出了基于加权性能指标的选材表。经过初始筛选确定四种候选材料，包括几种通过 / 不通过筛选参数。进一步考察，发现无法获得所需板厚的铝合金，因此从中剔除铝合

金。该表的主体给出了原始数据和加权后的数据。韧性、疲劳强度和刚度的β值由式（10.10）确定，热膨胀系数和成本的β值由式（10.11）确定，这两个值越小越好。因为候选材料没有可用于对比的断裂韧性数据，因此用1～5的相对值表示。由上面过程确定的权重因子也在每一性能的旁边逐个列出。

表 10.6　低温储存罐选材的加权性能指标

	通过 / 不通过筛选													
材料	腐蚀	焊接性	厚板	韧性（0.4）		疲劳强度（0.1）		刚度（0.1）		热膨胀（0.1）		成本（0.3）		加权指标
				相对标度	β	ksi	β	10^6psi	β	μin/in°F	β	美元/lb	β	γ
304 不锈钢	S	S	S	5	100	30	60	28.0	93	9.6	80	3.0	50	78.3
9% 镍钢	S	S	S	5	100	50	100	29.1	97	7.7	100	1.8	83	94.6
3% 镍钢	S	S	S	4	80	35	70	30.0	100	8.2	94	1.5	100	88.4
铝合金	S	S	U											

S＝满意

U＝不满意

相对标度：5＝优秀，4＝很好

计算实例：对于304不锈钢 $\gamma=0.4(100)+0.1(60)+0.1(93)+0.1(80)+0.3(50)=78.3$

在该应用情况下，最佳的材料选择是含9%镍的钢，它具有最大的加权性能指标。

10.9　计算机辅助数据库选材

计算机辅助工具的应用使得工程师能尽量减少选材信息过载，利用计算机进行材料检索能在几分钟内完成手工检索几个小时或几天时间的工作量。所有的材料属性数据库都允许用户通过对比一些性能参数（指定在某个值以下、以上或处于一定区间内）来搜寻与之相匹配的材料。一些数据库可用来衡量不同材料性能的重要性。

大多数现有数据库仅提供量化的材料性能而不是定性评价，通常覆盖材料的机械和腐蚀性能，却很少涉及磁性、电学以及热学性能。

为了利用计算机数据库来比较不同材料，需对性能加以限制。例如，如果要选择坚硬、轻质材料，我们需设置弹性模量的下线和密度的上限。经过筛选后，剩下的就是那些性能高于下限且低于上限的材料。

例 10.5 在概念设计阶段选择一种材料，其屈服强度至少为60 000psi，且具有良好的疲劳强度和断裂韧性。剑桥工程选择软件涵盖3 000多种工程材料的广泛数据，是一个非常有用的信息源[⊖]。进入软件的Select Mode，单击"All bulk materials"后进入"limited stage"，我们按要求设置上限和下限。在选择框中输入下列值。

材料性能	最小值	最大值
通用性能		
密度 / (lb/in^3)	0.1	0.3
力学性能		
弹性极限 /ksi	60	
持久极限 /ksi	40	
断裂韧性 /ksi$\sqrt{in}$	40	
弹性模量 /10^6psi	10	30

这些决策将可选材料从2 940个减少到422个，大多数为钢和钛合金。接下来，设定价格上限为1.00美元/lb，排除了钢以外的其他材料，减少到仅剩246种选择。

引入最大碳含量0.3%以降低焊接或热处理过程中出现裂纹的问题，将选择减少到78种钢，包括碳素钢、低合金钢和不锈钢。因为应用不要求对仅为室温和油雾服役环境的抗性，通过设定不超过0.5%的铬含量将不锈钢排除掉，现在仅剩18种碳素钢和低合金钢。我们选择正火状态的AISI 4320钢，因为它比碳素钢具有更好的疲劳强度和断裂韧性，并且该材料可以在正火状态保持这些性能，这意味着除轧钢厂工艺外不需要对材料进行进一步的热处理，具有最小价格差价。另外，我们发现当地钢材供应仓库有符合品质要求、合适直径的棒材存货。

10.10 设计实例

工程系统包含很多构件，对于每一个构件都要进行选材。汽车是我们最熟悉的工程系统，展现了制造材料的巨大变化。选材的趋势反映了人们在降低燃油消耗方面所做的巨大努力——缩小设计尺寸，采用轻质材料。在1975年以前，钢和铸铁的重量占汽车重量的78%，铝合金和塑料都略小于5%。根据北美钢含量市场研究，2018年一辆4 000lb汽车的减量化部

⊖ Cambridge Engineering Selector EduPak, Granta Design, 2018. Web.

分是 54% 的钢、12% 的铝和 9% 的聚合物[一]。铝合金与钢材激烈竞争，逐步取代钢材在结构框架和薄板零件中的位置。

在一个构件中采用多种材料才能经济可行地满足复杂苛刻服役条件的要求。利用渗碳或渗氮来实现齿轮或其他汽车零部件的表面硬化[二]就是一个很好的例子。这样就在延展性和韧性较好的低碳钢表面形成了高硬度、高强度、耐磨的高碳钢薄层。

例 10.6（复杂材料系统） 汽车制造商通常把高档的、高性能的汽车作为应用新材料和新制造工艺的试验台。雪佛兰 Z06 Corvette 可作为一个好的例子，其在材料上的重大变化促成了速度、加速度和耗热率性能的提高[三]。这些提高得益于对车体和传动系统架构的显著改善，包括大量减少汽车质量、改进汽车质量前后分布，以及引入新设计的高性能发动机。

结构改善

标准 Corvette 汽车的钢材料立体框架主要由冲压零件焊接而成，改进后该框架被 21 件经液压成型的 6063 铝（Al）合金挤压制品所取代[四]。该框架的关键部件是一根长 4.8m、重 24kg 的轨道，是世界上生产制作时最大的液压成型铝合金部件，其他部件包括 8 个 A356 铝铸件、1 根 6061 T6 铝合金挤出梁、几个 5754 铝冲压件。整个立体框架的质量比钢材料框架减少了 33%[五]。

由于铝的弹性模量（E）只有钢的三分之一，因此主要的再设计是满足汽车的刚度要求。另外，铝的成本大约是钢的 3 倍，在可接受成本范围内使用铝合金材料的关键是进行有限元分析。有限元分析促成的一个重要设计突破是通过转移部分载荷到质轻的镁合金顶盖骨架来减小铝合金框架的受力。并且，在设计新的铝合金框架过程中，有限元分析促进了从车头到车尾的重量再分配。

Z06 汽车在业界首先使用大型镁（Mg）压铸发动机支架，比先前的铝合金框架减重

㊀ Ducker Worldwide LLC, " NA Automotive Steel Content Market Study Final Report Executive Summary," Presentation at North American Automotive Steel Conference, June 18, 2018.

㊁ *Metals Handbook: Desk Edition*, 2nd ed, " Case Hardening of Steel" , *ASM International*, 1998. pp. 982-1014.

㊂ D. A. Gerard, " Materials and Processes in the Z06 CORV, " *Advanced Materials and Processes,* January 2008, pp. 30-33.

㊃ "Hydroforming," Wikipedia, The Free Encyclopedia, 2019. Web. 29 May 2019.

㊄ B. Deep, L. Decker, E. Moss, M. P. Kiley, R. Thomure, and J. Turczynski, SAE Technical Paper 2005-01-0465, Society of Automotive Engineers, 2005.

35%。这是一个主要结构部件（10.5kg），不仅支撑发动机和前保险杠，而且连接滑枕导轨并作为特定前悬架系统的安装点。由于支架与几种不同金属接触，解决潜在的不同金属的接触腐蚀问题和连接问题十分重要。因为镁比铝的密度低，它用作发动机支架受向车尾转移质量的设计目标所驱动。为实现设计目标，也对其他几种材料做出了改变，前挡泥板和驾驶室的金属构件被聚合物碳纤维所取代，金属底盘被外覆碳纤维的香脂木平板所取代。

LS 7 发动机

LS 7 发动机是一种全新高性能内燃机，提供 505hp 功率和 7100r/min 转速，EPA 公路评级为 24 公里每加仑燃油）。新材料和新工艺的运用造就了这款性能强大发动机。

- 进气歧管由三件高分子复合材料经摩擦焊接而成，能降低 20% 的空气阻力，为大马力发动机提供更高的空气流量。
- 发动机有配备数控气门的气缸盖，提供所需的足够高的空气流量。气缸盖按照发动机进气口和排气口的轮廓修饰过程配流，以提高气流的质量与数量。这通常用于 5 轴数控机床[㊀]。
- 进气阀材料是 Ti-6Al-2Sn-4Zr-2Mo，一种高强度、高模量、低密度的材料。505hp 功率需要增大进气面积以提供所需的空气流量，更低的进气阀质量允许加大阀头，满足增大进气面积的需要。更轻的阀门质量保证了在 7100r/min 转速时不发生应力超限。
- 排气阀由两个不锈钢零件经摩擦焊接而成，排气阀上端的阀杆是 422 不锈钢（12Cr，1Ni，1Mo，1.2W），排气阀下端（包括阀头）较热的部分是由高温阀门钢 SAE J775 制成。上端的阀杆中空，内部充钠（熔点 140℃）。填充的钠作为传热媒介，从较热的阀头向阀杆传递热量，阀杆由气门导管穿到气缸盖，散失热量。
- 其他材料技术的应用进一步提高了传动系统的性能。铝合金活塞表面镀了一层高分子抗咬死膜，起到降磨减噪的作用。4140 钢锻造曲轴取代了压铸曲轴，提供了更大的刚度，增强了对发动机高速转动引起的载荷增加的控制能力。Ti-6Al-4V 合金锻造连杆取代了钢制连杆，在保证抗拉强度、疲劳强度和刚度的同时使得重量减轻 30%。更轻的钛合金连杆对关节轴承和主轴承产生更低的载荷，由此可实现最小摩擦的轴承设计，有望显著提高轴承寿命。
- 最后，利用计算流体力学模型对排气歧管进行再设计，增大了进入催化转化器的气

㊀ “Cylinder Head Porting,” Wikipedia, The Free Encyclopedia, 2019. Web. 29 May 2019.

流量。基于计算流体力学，液压成形技术可生产具有复合纹样内径的不锈钢排气管，有效控制泵气损失，减小气流阻力。

10.11 总结

基于本章的研究，对于选材而言没有什么奇妙的公式。更确切地说，解决选材问题与设计过程其他方面一样具有挑战性，并且遵循相同的解决问题和做出决策的方法。成功的选材取决于下列问题的答案。

- 是否恰当完整地描述了性能需求和工作环境？
- 用于评价候选材料的性能指标是否与性能需求相匹配？
- 是否对材料的性能及其在随后加工过程中的改变进行了全面的考虑？
- 材料能否以所要求的形状和配置以及合理的价格进行供货？

选材的步骤是：

1. 确定设计必须实现的功能，并将其转换为对材料性能的要求，以及成本和供货能力等商业因素。

2. 确定加工参数，比如零件的需求数量、零件的尺寸和复杂度、公差、质量水平以及材料的可加工性。

3. 将所需的性能和工艺参数与大型材料数据库中的信息进行对比，选择几种具有应用前景的材料。利用几种筛选性能来确定候选材料。

4. 更加细致地考察候选材料，尤其要在性能、成本和工艺性上进行权衡，做出最终的选材决定。

5. 制定设计数据和设计的规范。

材料选择永远都不可能忽视其加工工艺。第 11 章将对该议题进行讨论。在概念设计阶段，Ashby 图表对于从大量材料中进行材料筛选非常重要，同时也要使用材料性能指标。在实体设计阶段，广泛采用计算机来筛选材料数据库。在第 7 章中介绍的许多评价方法可以用于缩小材料的选择范围。

10.12 新术语与概念

各向异性	缺陷结构	标度性能

美国材料试验学会	通过 / 不通过材料性能	二级循环材料
复合材料	材料性能指标	结构敏感性能
晶体结构	高分子材料	热塑性材料
阻尼性能	循环	加权性能指标

10.13 参考文献

Ashby, M. F.: *Materials Selection in Mechanical Design,* 5th ed., Elsevier, Butterworth-Heinemann, Oxford, UK, 2017.

"ASM Handbook," vol. 20, *Materials Selection and Design,* ASM International, Materials Park, OH, 1997.

Budinski, K. G.: *Engineering Materials: Properties and Selection,* 8th ed., Prentice Hall, Upper Saddle River, NJ, 2010.

Charles, J. A., F. A. A. Crane, and J. A. G. Furness: *Selection and Use of Engineering Materials*, 3rd ed., Butterworth-Heinemann, Boston, 1997.

Farag, M. M.: *Materials Selection for Engineering Design,* Prentice-Hall, London, 1997.

Kern, R. F., and M. E. Suess: *Steel Selection,* John Wiley, New York, 1979.

Kurtz, M. ed.: *Handbook of Materials Selection,* John Wiley & Sons, 2002.

Mangonon, P. L.: *The Principles of Materials Selection for Engineering Design,* Prentice Hall, Upper Saddle River, NJ, 1999.

10.14 问题与练习

10.1 请考虑为什么用纸来印书。给出一些可用的替代材料，在什么条件（成本和可用性等）下替代材料更具吸引力？

10.2 将饮料罐看作材料系统，列出该系统所有的组成部分，并考虑每个部分的替代材料。

10.3 如果某构件的主要性能指标为弯曲强度、抗扭强度、板材拉伸为复杂曲面的能力、低温下抗裂纹断裂的能力、坠地抗摔碎的能力和抵抗快速冷热交替的能力，在选材过程中你会选择哪种材料性能作为指南？

10.4 对下列用于汽车散热片的材料进行排序：铜、不锈钢、黄铜、铝合金、ABS、镀锌钢。

10.5 选择一种用于低碳钢螺栓的螺纹滚制工具材料。在问题分析中应该考虑良好工具材料的功能需求、良好工具材料的临界性能、候选材料的筛选过程和选择过程。

10.6 表 10.2 提供了 6061 铝合金一系列的拉伸性能。查找该合金的信息，写一个简短的报告，说明利用什么样的工艺步骤可以获得这些性能，包括对材料结构变化的简要论述，它对于拉伸性能的改变起主要作用。

10.7 请确定一个质轻、坚固梁的材料性能指标。假设该梁采用中间承受集中载荷的简支结构。

10.8 为跑车高性能发动机的连杆制定材料性能指标。最可能的失效模式是在临界截面发生疲劳断裂和弯折，截面的厚度为 b，宽度为 w。在概念设计阶段利用 CES 软件来确定最可能的候选材料。

10.9 为储能飞轮制定材料性能指标。飞轮可视为固体圆盘，半径为 r，厚度为 t，以角速度 ω 旋转。飞轮储存的动能为：

$$U = \frac{1}{2}J\omega^2 = \frac{1}{2}\left(\frac{\pi}{2}\rho r^2 t\right)\omega^2$$

其中，J 是极惯性矩。需要最大化的量是单位质量的动能。旋转圆盘的最大离心应力是：

$$\sigma_{\max} = \left(\frac{3+\nu}{8}\right)\rho r^2\omega^2$$

对比不同的候选材料：高强度铝合金、高强度钢材和复合材料，对结果进行讨论。在混合动力汽车中，飞轮被认为是一种增程器，试比较它和汽油的能量密度（汽油约为 20 000kJ/kg）。

10.10 在注重导电性的应用中考虑两种材料。强度和导电率的权重因子分别为 3 和 10。基于加权性能指标哪种材料更好？

材料	许用强度 / (MN/m^2)	导电率 (%)
A	500	50
B	1000	40

10.11 依据下列参数对飞机挡风玻璃进行评估，括号中为权重因子。

抗破碎性（10）
加工性（2）
重量（8）
耐划伤性（9）
热膨胀性（5）

候选材料为：
A．平板玻璃
B．PMMA
C．钢化玻璃
D．特殊的高分子层合板

经过技术技术专家组的评估，将这些材料的性能表示为可获得的最大性能的百分比。利用加权性能指标选择最优材料。

性能	候选材料			
	A	B	C	D
抗破碎性	0	100	90	90
加工性	50	100	10	30
重量	45	100	45	90
耐划伤性	100	5	100	90
热膨胀性	100	10	100	30

10.12 产品使用的材料可显著影响产品的审美表现。例如，金属因其高导热率而给人以寒冷的感觉，高分子材料因其低导热率而给人温暖的感觉。通过填写描述性的属性来完成视觉、触觉和听觉矩阵（添加更多的条目），并给出材料实例。对每个矩阵尝试添加三四个额外属性。

视觉		触觉		听觉	
光学清晰的	光学玻璃	温暖的	铜	听不清的	塑料泡沫
有纹理结构的	胶合板	坚硬的	钢板	低沉的	煤渣砖

10.13 某悬臂梁的自由端受载荷 P，产生挠度 $\delta=PL^3/3EI$，圆形截面 $I=\pi r^4/4$。在给定的刚度（P/δ）下，制定一个性能系数，使梁的重量最小。利用下面的材料性能，分别基于（a）性能和（b）成本与性能选择最佳材料。

材料	E		ρ	近似成本 / (美元 /t)（1980 年）
	GNm^{-2}	ksi	Mgm^{-3}	
钢	200	29×10^3	7.8	450
木材	9～16	1.7×10^3	0.4～0.8	450
混凝土	50	7.3×10^3	2.4～2.8	300
铝合金	69	10×10^3	2.7	2 000
碳纤维增强塑料（CFRP）	70～200	15×10^3	1.5～1.6	200 000

10.14 为储存氮气的球形压力容器选择最经济的钢板。设计压力为 100psi，周围最低气温为 −20℉。压力容器的半径为 138in。选材需基于下表列出的钢材，并表示为每平方英尺材料的成本，钢材的密度为 489lb/ft^3。(在问题 10.13 下面添加表格)。

ASTM 规范	等级	许用应力 psi	价格 / (美分 /lb)(1997 年估价)						
			基本价	特殊等级	附加质量	附加厚度	测试	热处理	合计
A-36		12 650	29.1	0.40	—	3.0	—	—	32.5
A-285	C	13 750	29.1	4.00	—	3.0	—	—	36.1

（续）

ASTM 规范	等级	许用应力 psi	价格 /（美分 /lb）(1997 年估价)						
			基本价	特殊等级	附加质量	附加厚度	测试	热处理	合计
A-442	60	15 000	29.1	—	4.0	4.0	0.70	—	37.8
A-533	B	20 000	40.0	15.60	3.20	6.2	3.00	18.2	83.9
A-157	B	28 750	40.0	11.70	3.20	8.2	3.00	18.2	84.3

第 11 章

面向制造的设计

11.1 制造在设计中的作用

设计的制造实现是从创意到产品成功上市过程链中的关键环节。在现代科技条件下，制造所发挥的功能作用不再那么简单。相反，产品的设计、选材和工艺是密不可分的，就像图 10.1 中展示的那样。

制造一词在工程作用的名词定义上存在含混。材料工程师使用术语*材料加工*表示将半成品（如钢方坯或钢坯）转换为成品（如冷轧板或热轧圆钢）。而机械、工业工程或制造工程师更愿意将板材加工成车身结构件这样的过程称为制造。“加工”一词的含义十分宽泛，而“制造”一词则更加通用。在欧洲，生产工程学一词的含义等同于美国的制造一词。本书使用“制造”指代将设计转化为最终产品的过程。

20 世纪上半叶，西方国家的制造技术发展日趋成熟，生产规模和速度的提高带来了生产效率的大幅提高，生产成本却在工资和生活水平提高的同时降低。通过材料基本成分的定制可以有选择性地改进材料性能，使得新型材料不断问世。这一时期最主要的成就之一是生产线的发明，用于大批量生产汽车、机械设备和其他消费品。在美国，由于制造技术取得了惊人的成就，人们趋向于认为制造的功能不存在任何问题。在培养工程师的过程中，对于制造技术的学习已不被重视。

制造业企业面临的一个严重问题是设计和制造由不同的组织单元完成。正如在并行工程中所讨论的（见 2.4.1 节），设计和制造决策间的障碍限制了它们之间原本应有的紧密交互。在技术变得复杂并且日新月异的情况下，研究、设计和制造人员的紧密合作是十分必要的。

现在，消除设计和制造间障碍的迫切性已成为人们的广泛共识，使用并行工程和在产品设计团队中安排制造工程师的方式可以解决这个问题。另外，对制造和设计间联系的关注促使人们开始制订一系列实践准则，基于这些准则，设计师可以将产品设计得更易于制造。*面向制造的设计*（DFM）就是本章所强调的主题。

11.2 制造的功能

传统制造可以分为以下 5 个部分：

- 工艺工程。
- 工具工程。
- 标准工时。
- 设备工程。
- 管理控制。

*工艺工程*是指开发循序渐进的生产操作步骤。整个产品将被分解为若干部件和部件，然后将加工每个零件所需的步骤按照逻辑顺序组织起来。此外，确定所需的工具也是工艺工程的一个重要组成部分。在工艺工程中，生产率和零件的制造成本是两个重要的指标。*工具工程*主要关注的是生产零件的刀具、夹具、工装和量具的设计。其中，*夹具*不仅能在加工过程中定位夹紧工件，还能引导刀具完成加工，而*工装*只能夹紧工件从而完成连接、装配或加工操作。*刀具*完成切削或成型操作。*量具*用来检测零件尺寸参数是否符合设计要求。*标准工时*指定每个加工操作所需要的时间，用于确定加工零件的标准成本。*设备工程*涉及提供制造所需的车间设施（空间、工具、物流和仓储等）。*管理控制*负责生产计划、调度和监管，从而确保加工零件所需的原材料、设备、工具和人员能够在指定的时间准备就绪。

业已证明，计算机自动控制机床系统，包括工业机器人和日程调度及库存管理软件，可将机床的利用率从 5% 提高到 90%。由计算机控制的加工中心可以在单个机床中完成多种操作，采用它可以大幅度提高机床的生产率。计算机自动化工厂更进一步，零件加工的所有步骤都通过软件系统进行优化。至少一半的机床具有在工作站之间自动处理零件的多种加工操作的能力。与固化定型的装配线不同，自动化工厂是一个柔性制造系统，在计算机控制下，具有加工多种类型零件的能力。工业界付出了巨大的努力将计算机与制造的各个方面紧密结合，从而产生了一项新的技术——计算机集成制造（CIM）。

图 11.1 显示了制造业所涵盖的广泛活动。制造过程始于步骤 4，此时设计工程师将设计的完整信息交给给工艺规划师。很多工艺规划工作与详细设计并行完成，所以此时主要的工作是进行工艺选择和工具设计。步骤 5 优化工艺过程，通常使用计算机建模或优化流程的方法实现工艺优化，从而提高产量或成品率（减少废品），或降低生产成本。步骤 6 开始实际加工零件，同时还包括对加工人员的培训和动员。在许多情况下，需要处理相当数量的原材料。步骤 7 所包含的许多重要行动，有助于实现高效率的加工操作。最后，步骤 8 是产品发货并销售给用户。步骤 9 是售后服务，主要包括保修和维修，直至产品退出服务，甚至有望重复利用。通过用户售后服务收集信息，然后反馈给步骤 2 的新产品设计，至此，整个周期得以完成。

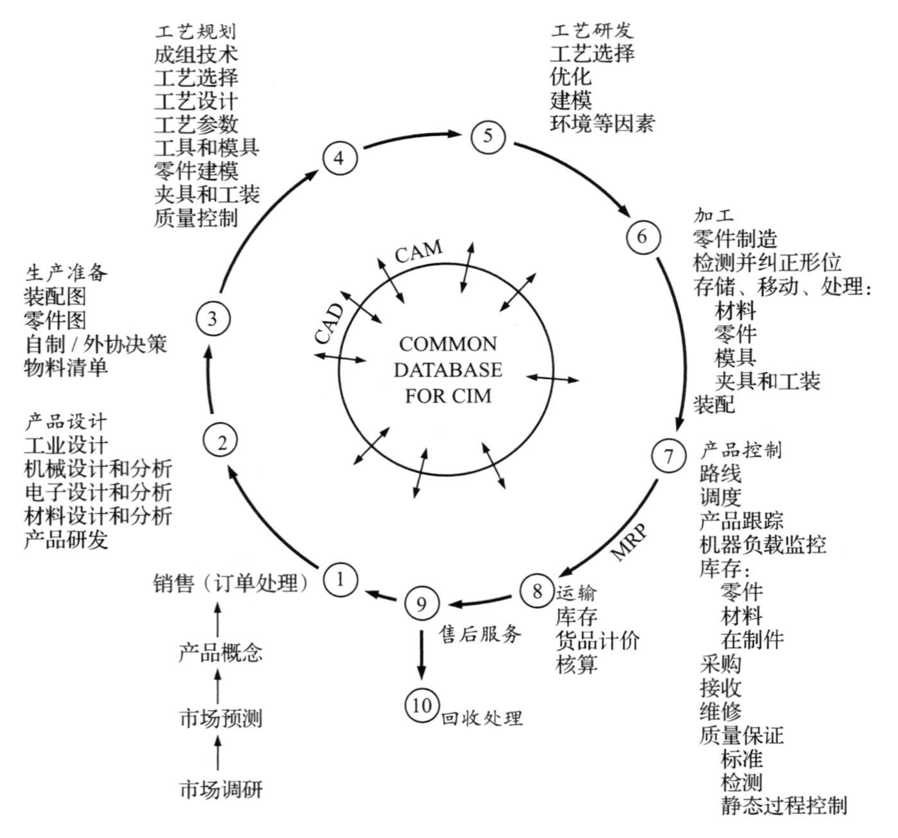

图 11.1　制造所包含的活动

11.3 制造工艺分类

对种类繁多的制造工艺进行分类并非易事。图 11.2 是工商业的层次分类。服务业包括教育业、银行业、保险通信行业和医疗行业等，服务业满足了现代社会所需的重要服务需求，但并不通过加工原材料来创造财富。生产型企业通过使用能源、机器设备和所掌握的技术将原材料（矿产材料、天然产品或者化石燃料）转化为社会需要的产品。配送业的功能是将产品输送给大众，例如销售业和运输业。

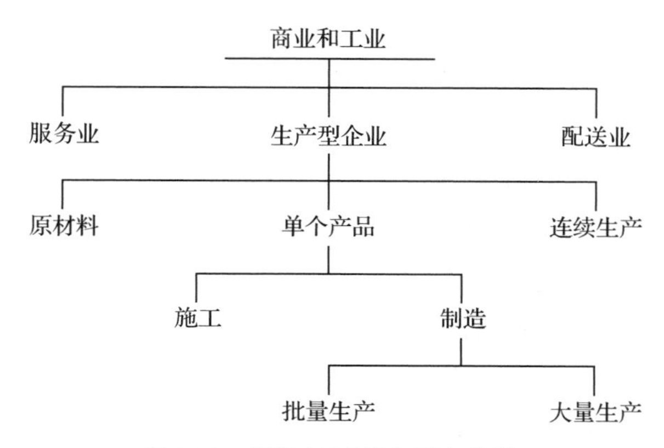

图 11.2　简单的工商业层次分类

现代工业化社会的一个特点是，越来越少的人口所产生的财富使整个社会变得富裕成为可能。正如 20 世纪，美国从一个以农业为主的社会转变为农业人口只占人口总数 3% 的社会，现在美国制造业的从业人员在总劳动力中的比例也在不断减少。1910 年，有 32% 的美国工人从事制造业[㊀]。在 20 世纪中，制造业工人的数量总体下降了。1960 年、1980 年、1990 年、2000 年和 2010 年的粗略水平分别为 24%、20%、16%、13% 和 9%[㊁]。最近，美国制造业工人的数量在 2018 年增加到 10%[㊂]。

可将生产型企业可分为三类：原材料生产企业（矿业、石油和农产品）、离散型产品企业（汽车、消费电子产品等）和连续型产品企业（汽油、纸张、钢铁和化工产品等）。建筑业（房屋、道路和桥梁等）和制造业是离散型产品的两个主要种类。制造业又可分为批量制造（低批量）和大规模制造。

㊀ "Employment by Industry, 1910 and 2015: The Economics Daily: U.S. Bureau of Labor Statistics." Bls.gov, 2016. Web. 30 May 19.

㊁ M. Baily and B. Bosworth, "US Manufacturing: Understanding Its Past and Its Potential Future," *Journal of Economic Perspectives*, Vol. 28, pp. 3–26, 2014. 10.1257/jep.28.1.3.

㊂ "Employed Persons by Detailed Industry and Age." Bls.gov, 2019. Web. 30 May 2019.

11.3.1 制造工艺的类型

制造工艺将原材料转换为零件或产品。由于加工改变了零件的几何尺寸，影响了零件内部的微观结构，进而也影响了材料的性能。例如，将铜板拉伸成子弹弹壳状的圆筒后，材料的强度提高了，但是由于在滑移面上存在错位滑移，所以材料的延展性降低了。

如第6章所述，一个设计的功能分解可用能量流、物料流和信息流来描述。这三方面因素在制造中也同样存在。因此，制造工艺要求由能量流引起物料流，从而改变原材料的形状。信息流包括工件的形状信息和材料属性信息，信息流取决于材料类型、所使用的工艺，如选择的工艺种类是机械加工、化学处理或热处理，或者工具的特点、工件相对工具的运动形式等。

在上百种制造工艺中，可根据是否改变工件的质量将它们分为工件质量不变的制造工艺和工件质量减少的制造工艺。对于工件质量不变的制造工艺而言，工件加工前后的质量大体相等。大部分的制造工艺属于此类。形状复制工艺是一种工件质量不变的制造工艺，它通过外力使零件具有模具型腔的表面形状，使零件复现了工具所保存的信息，例如铸造、注射成型和闭式模锻。对于工件质量减少的制造工艺而言，起始时工件的质量大于完工后的工件质量。由于工件的形状由刀具和工件间的相对运动生成，所以工件质量减少的工艺属于成型工艺。材料的去除是由可控的材料断裂、熔化或化学反应引起的。机器加工过程（如铣削或钻孔）就是一个由可控的材料断裂去除多余材料的例子。

制造工艺的另一种分类方法是将它分为三大类。

- 基本工艺将原材料加工成一定的形状，主要包括铸造工艺、聚合物工艺、成型工艺、变形工艺和粉末工艺。
- 辅助工艺通过添加特定的特征修改工件的形状，例如添加键槽、螺纹和槽。各种切削工艺是辅助工艺的主要类型，其他辅助工艺还包括将工件紧固成一个整体的连接工艺和改善工件机械属性的热处理工艺。
- 精饰工艺加工产品的最终外观并决定产品的体验价值，例如添加镀层、涂装和抛光。

在10.2.1节所使用的材料分类结构也可用于制造工艺的分类。例如，成型工艺族还可以分为铸造类、聚合物成型类、变形工艺类和粉末工艺类。变形工艺类还可以进一步细分为轧制、拉伸、冷成型、旋锻、金属薄板成型和旋压加工。此外，对于每种工艺，我们还需要确定其属性或工艺特性（PC），例如适用的工件尺寸范围、某种工艺通常能得到的工件最小厚度，工艺所能得到的尺寸公差和表面粗糙度，以及最具经济效益的批量大小。

11.3.2 各类制造工艺简述

本节进一步介绍主要的制造工艺类型。

- **铸造（凝固）工艺**。将熔液倒入模具中，凝固成模腔的形状。液体在自身重量或适当的压力作用下填满模具。铸件形状的设计要确保金属液体充满模腔的各个部分，并且凝固过程要逐步进行，从而避免凝固的壳体中含有截留的液体。这就要求铸件的材料要具有较低的黏性，因此一般使用金属或金属合金。不同铸造工艺及其成本间的差异主要体现在铸型的制作和维护两个方面。在预测和控制液态材料的流动和凝固方面已经取得了很大的进步，从而最大程度减少了铸件缺陷。
- **聚合物工艺（成型）**。聚合物的广泛应用促进了适用于聚合物高黏性的工艺的发展。大部分此类工艺将热而黏的聚合物压入或注射到模具中。铸造和成型工艺的区别在于所处理材料的黏性。成型工艺可采取不同寻常的加工形式，例如将熔化的塑料颗粒压入热模或将塑料管吹成模具壁的奶瓶形状。
- **变形工艺**。变形工艺通过冷塑性变形或热塑性变形来提高材料（常为金属）的特性或改变其形状。变形工艺也称为金属成型工艺。典型的变形工艺包括锻造、轧制、挤压成型和拉丝。金属薄板成型是一种特殊的变形工艺，金属变形时压力的状态是二维的，而不是三维的。
- **粉末工艺**。粉末工艺是一个快速发展的制造领域，包括金属粉末的成型固结工艺、制陶工艺、聚合物的压制烧结工艺、热压工艺和塑性变形工艺。还包括复合材料处理工艺。粉末冶金可用于制造不需要切削或精饰处理的高尺寸精度的小体积零件。对于不适合铸造或变形工艺加工的材料来说，粉末工艺是最好的加工方法，例如具有很高熔点的金属和陶瓷。
- **增材制造（AM）**。包括使用粉末状金属或塑料逐层建立的形状。这是使用塑料的快速成型工艺的分支。请参阅 8.11.3 节。
- **材料去除或切削工艺**。多种工艺通过坚硬锋利的刀具去除工件上的材料，例如车削、铣削、磨削和刨削。材料的去除通过可控断裂实现，这期间会产生切屑。切削是最古老的制造工艺之一，可以追溯到工业革命的早期，那时刚发明了车床。基本上任何形状都可通过一系列的切削操作得以实现。由于切削操作始于已被加工过的形状，例如棒料、铸件或锻件，所以切削工艺属于辅助工艺。
- **连接工艺**。所有类型的焊接、软钎焊、硬钎焊、扩散连接、铆接、螺栓连接和胶接都属于连接工艺。这些操作使零件互相连接。紧固操作在制造的装配阶段进行。
- **热处理和表面处理**。此类工艺包括热处理工艺和扩散工艺，热处理工艺用于改善工件的机械性能；扩散工艺，用于改善表面的质量，扩散过程包括渗碳和氮化。另一类是涂料，其中包括喷涂、热浸镀、电镀和涂装工艺。表面处理还包括进行表面处理前的表面清理操作。此类工艺有些属于辅助工艺，有些属于精饰工艺。

- **装配工艺**。一般情况下，装配属于制造过程的最后一步，通过装配工艺将一定数量的零件装配组合成部件或最终产品。custompartnet.com 网站上包括详细信息、视觉材料以及流程说明。也可以在 Wikipedia 上找到对制造过程的良好描述。

11.3.3 制造工艺的信息源

本书无法详细介绍现代制造业所采用的各种工艺。表 11.1 列出了几本容易获取的教科书，它们介绍了材料的属性、设备和工装方面的知识，有助于更好地理解各种工艺是如何工作的。

表 11.1 介绍制造工艺的主要教科书

J. T. Black and R. Kohser, *DeGarmo's Materials and Processes in Manufacturing,* 10th ed., John Wiley & Sons, Hoboken, NJ, 2008.

M. P. Groover, *Fundamentals of Modern Manufacturing,* 4th ed., John Wiley & Sons, New York, 2010.

S. Kalpakjian and S. R. Schmid, *Manufacturing Processes for Engineering Materials,* 5th ed., Pearson Prentice Hall, Upper Saddle River, NJ, 2008.

J. A. Schey, *Introduction to Manufacturing Processes,* 3rd ed., McGraw-Hill, New York, 2000.

Also, Section 7, Manufacturing Aspects of Design, in *ASM Handbook,* Vol. 20, gives an overview of each major process from the viewpoint of the design engineer.

The most important reference sources giving information on industrial practices are *Tool and Manufacturing Engineers Handbook,* 4th ed., published in nine volumes by the Society of Manufacturing Engineers, and various volumes of *ASM Handbook* published by ASM International devoted to specific manufacturing processes, see Table 11.5. In general, the *ASM Handbooks* have been updated more recently than the *Manufacturing Engineers Handbooks*. More books dealing with each of the eight classes of manufacturing processes are listed next.

铸造工艺

M. Blair and T. L. Stevens, eds., *Steel Castings Handbook,* 6th ed., ASM International, Materials Park, OH, 1995.

J. Campbell, *Casting,* 2nd ed., Butterworth-Heinemann, Oxford, UK, 2004.

H. Fredriksson and U. Åkerlind, *Material Processing During Casting,* John Wiley & Sons, Chichester, UK, 2006.

Casting, ASM Handbook, Vol. 15, ASM International, Materials Park, OH, 2008.

聚合物工艺

E. A. Muccio, *Plastics Processing Technology,* ASM International, Materials Park, OH, 1994.

A. B. Strong, *Plastics: Materials and Processing,* 3rd ed., Prentice Hall, Upper Saddle River, NJ, 2006.

（续）

Plastics Parts Manufacturing, Tool and Manufacturing Engineers Handbook, Vol. 8, 4th ed., Society of Manufacturing Engineers, Dearborn, MI, 1995.

J. F. Agassant, P. Avenas, J. Sergent, and P. J. Carreau, *Polymer Processing: Principles and Modeling,* Hanser Gardner Publications, Cincinnati, OH, 1991.

Z. Tadmor and C. G. Gogas, *Principles of Polymer Processing,* 2nd ed., Wiley-Interscience, Hoboken, NJ, 2006.

成型工艺

W. A. Backofen, *Deformation Processing,* Addison-Wesley, Reading, MA, 1972.

W. F. Hosfortd and R. M. Caddell, *Metal Forming: Mechanics and Metallurgy,* 2nd ed., Prentice Hall, Upper Saddle River, NJ, 1993.

E. Mielnik, *Metalworking Science and Engineering,* McGraw-Hill, New York, 1991.

R. H. Wagoner and J-L Chenot, *Metal Forming Analysis,* Cambridge University Press, Cambridge, UK, 2001.

K. Lange, ed., *Handbook of Metal Forming,* Society of Manufacturing Engineers, Dearborn, MI, 1985.

R. Pearce, *Sheet Metal Forming,* Adam Hilger, Bristol, UK, 1991.

Metalworking: Bulk Forming, *ASM Handbook,* Vol. 14A, ASM International, Materials Park, OH, 2005.

Metalworking: Sheet Forming. *ASM Handbook,* Vol. 14B, ASM International, Materials Park, OH, 2006.

Z. Marciniak and J. L. Duncan, *The Mechanics of Sheet Metal Forming,* Edward Arnold, London, 1992.

粉末工艺

R. M. German, *Powder Metallurgy Science,* Metal Powder Industries Federation, Princeton, NJ, 1985.

R. M. German, *Powder Metallurgy of Iron and Steel,* John Wiley & Sons, New York, 1998.

J. S. Reed, *Introduction to the Principles of Powder Processing,* 2nd ed., John Wiley & Sons, Hoboken, NJ, 1995.

ASM Handbook, Vol. 7, *Powder Metal Technologies and Applications,* ASM International, Materials Park, OH, 1998.

Powder Metallurgy Design Manual, 2nd ed., Metal Powder Industries Federation, Princeton, NJ, 1995.

材料去除工艺

G. Boothroyd and W. W. Knight, *Fundamentals of Machining and Machine Tools,* 3rd ed., Taylor & Francis, Boca Raton, FL, 2006.

E. M. Trent and P. K. Wright, *Metal Cutting,* 4th ed., Butterworth-Heinemann, Boston, 2000.

H. El-Hofy, *Fundamentals of Machining Processes: Conventional and Nonconventional Processes,* Taylor & Francis, Boca Raton, FL, 2007.

S. Malkin, *Grinding Technology: Theory and Applications,* Ellis Horwood, New York, 1989.

M. C. Shaw, *Metal Cutting Principles,* 2nd ed., Oxford University Press, New York, 2004.

Machining, Tool and Manufacturing Engineers Handbook, Vol. 1, 4th ed., Society of Manufacturing Engineers, Dearborn, MI, 1983.

ASM Handbook, Vol. 16, *Machining,* ASM International, Materials Park, OH, 1989.

连接工艺

S. Kuo, *Welding Metallurgy,* John Wiley & Sons, New York, 1987.

R. W. Messler, *Joining of Materials and Structures,* Butterworth-Heinemann, Boston, 2004.

（续）

Engineered Materials Handbook, Vol. 3, *Adhesives and Sealants,* ASM International, Materials Park, OH, 1990.

R. O. Parmley, ed., *Standard Handbook for Fastening and Joining,* 3rd ed., McGraw-Hill, New York, 1997.

ASM Handbook, Vol. 6A, *Welding Fundamentals and Processes,* ASM International, Materials Park, OH, 2011.

Welding Handbook, 9th ed., American Welding Society, Miami, FL, 2001.

热处理和表面处理

Heat Treating, *ASM Handbook,* Vol. 4, ASM International, Materials Park, OH, 1991.

ASM Handbook, Vol. 5, *Surface Engineering,* ASM International, Materials Park, OH, 1994.

Tool and Manufacturing Engineers Handbook, Vol. 3, *Materials, Finishing, and Coating,* 4th ed., Society of Manufacturing Engineers, Dearborn, MI, 1985.

装配工艺

G. Boothroyd, *Assembly Automation and Product Design,* Marcel Dekker, New York, 1992.

P. H. Joshi, *Jigs and Fixtures Design Manual,* McGraw-Hill, New York, 2003.

A. H. Redford and J. Chal, *Design for Assembly,* McGraw-Hill, New York, 1994.

Fundamentals of Tool Design, 5th ed., Society of Manufacturing Engineers, Dearborn, MI, 2003.

Tool and Manufacturing Engineers Handbook, Vol. 9, *Assembly Processes,* 4th ed., Society of Manufacturing Engineers, Dearborn, MI, 1998.

11.3.4 制造系统的类型

可将制造系统分为单件生产、批量生产、装配线生产和连续生产四大类[㊀]。它们各自的特点如表 11.2 所示。单件生产的特点是每年生产的工件种类多、批量小。由于没有固定的工作流，所以半成品常常要排队等待机器加工。单件生产的加工能力受产品间的差异程度影响很大，因此很难衡量单件生产的加工能力。当产品的设计比较稳定并且可以周期性批量生产以后，可使用批量流或分解流生产，但是单一产品的产量仍无法弥补专用设备的成本，例如重型设备的制造的设计生产。在装配线生产中，设备按照使用顺序布置。大量的装配工作被分解为更细小的操作，在一系列连续的工作台上完成，例如汽车和消费电器的生产。连续流是最专用的制造系统，其中高度专用的设备常为自动化设备，被布置成一个回路。材料连续地从输入端流向输出端，例如汽油精炼和造纸。

若一个工艺是由动力机械完成的，而非手工完成，那么此工艺被称为机械化的工艺。在发达国家，几乎所有的制造工艺都是机械化的。当一种工艺的所有步骤，以及材料的运输和零件的检测都是由自动化器械控制并完成的，称此种工艺为自动化工艺。自动化不仅包含机械

㊀ G. Chryssolouris, *Manufacturing Systems*, 2nd ed., Springer, New York, 2006.

化，还包括传感能力和控制能力。

表 11.2 制造系统的特点

特征	单件生产	批量生产	装配线生产	连续生产
设备和物理布局				
批量大小	低（1～100个单元）	中等（100～10 000个单元）	大（10 000～1 000 000/年）	大，以吨、加仑等计
工艺流程	少量主导流模式	一些流模式	刚性的流模式	定义良好和僵化的
设备	一般目的	混合目的	特殊目的	特殊目的
设置	频繁	偶尔	较少且昂贵	稀有且昂贵
为新产品改变工艺	增量式	通常增量式	多样化	通常剧烈
信息和控制				
生产信息需求	高	多样化	中等	低
原材料库存	小	中等	多样化，频繁交付	大
半成品	大	中等	小	很小

11.4 制造工艺的选择

在加工工件时，影响工艺选择的因素包括：

- 所需工件的数量。
- 复杂性——工件的形状、尺寸和几何特征。
- 工件的材料。
- 工件的质量。
- 加工成本。
- 工件的可用性、完工时间和交货时间表。

正如第 10 章所强调的，材料选择和工艺选择之间相互影响密切。

选择制造工艺的步骤为：

1. 根据工件的具体要求，确定材料种类，工件的加工数量，工件的尺寸、形状、最小厚度、表面粗糙度和重要尺寸的公差，它们组成了工艺选择的约束条件。

2. 确定工艺选择的目标。一般情况下，目标是使工件的加工成本最小化。然而，目标也可能是最大化工件的质量或最小化加工时间。

3. 使用已确定的约束条件，对众多的工艺方法进行筛选，从而删除不满足约束条件的制造工艺。可以使用本章所述内容完成筛选操作，或者使用 M. F. Ashby，*Materials Selection in Mechanical Design*，5th ed，Butterworth-Heinemann，Oxford，UK，2017 中介绍的筛选表进行工艺筛选。位于英国剑桥的格兰塔设计公司于 2010 年开发了软件 The Cambridge Engineering Selector㊀，此软件可以极大地简化工艺筛选过程，它在材料选择及其可能的制造工艺间建立了对应关系，并且提供了关于每种工艺的很多信息。图 11.3 是该软件上介绍一种工艺的例子。

4. 通过筛选减少了可选工艺的数量，然后根据加工成本对可选工艺进行排序。基于经济批量可以得到一种快速的排序方法（见 11.4.1 节），但在做最后决定时还需要使用成本模型（见 11.4.6 节）。然而，在做最后决定前，从表 11.1 和本章的其他部分查找支撑信息是很重要的。寻找案例研究和工程实例能够提高决策的可靠性，为决策提供良好的支撑。

下面各节将介绍影响特定工件工艺选择的各种因素。

11.4.1　零件的需求量

影响工艺选择的两个重要因素是单位时间内的零件加工数量和加工速度。每种制造工艺都有最小零件加工数量约束，可以通过它来检验工艺选择的合理性。一些工艺（如注塑机）是适合大批量生产的工艺，原因是其准备时间比加工单个零件所需时间要长。其他的工艺，如用于制造玻璃塑料船的手糊成型工艺，是小批量工艺，其特点是准备时间很短，但零件加工时间较长。

需要生产的产品总量常常不足以让生产设备一直工作，因此批量或大量生产所指的产量仅表示产品年产量的一部分。批量大小受成本、特定设备中加工新产品所需的准备工作带来的所需时间，以及生产批次间零件的仓储成本影响。

图 11.4 比较了使用砂型铸造和压铸加工铝制连接杆时两种工艺在成本方面的差异，从而说明工具成本、准备成本和工件数量在单件加工时的相互作用。砂型铸造所用的设备和工具比较便宜，但砂型铸造所需的人力较多。相反，压力铸造所用设备和金属型的成本都较高，但所需人力较少。在砂型铸造和压铸两种工艺中，原材料成本是相同的。若所需零件数量较少，主要由于工具成本较高，导致压铸的单件成本比砂型铸造高。然而，若所需工件数量很大，由于它们分担了工具成本，所以单件成本减少了。当工件加工数量为 3 000 时，压铸的单件成本小于砂型铸造单件成本。值得注意的是，当工件数量大约为 100 时，砂型铸造工艺达到平衡，单件成本保持不变，此时单件成本由材料成本和人工成本决定。压铸也类似，只不过相对于材料成本来说，人工成本较少。

㊀ Cambridge Engineering Selector EduPak, Granta Design, 2018. Web.

热塑性塑料的注塑成型与金属的压模铸造相同。熔化的聚合物通过高压注入温度较低的钢模中。当聚合物在压力作用下凝固之后，取出成型件。

虽然市面上有很多种类的注塑成型机，但是目前最常用的注塑成型机是往复螺旋注塑机（如图所示）。这种机器的资金投入和工装成本都非常高。它的生产率也相当高，尤其适合加工小型成型件，常被用于加工内部多腔的成型件。注塑成型专门用于大量生产。可以使用较便宜的材料以低成本的方式制作单腔模具来制造原型件。如果想使产品的质量得到提升就有可能要牺牲生产效率。注塑成型也可以用于加工热固塑料和橡胶零件，此时需要分别对工艺做一些修改。此工艺可以加工形状复杂的零件，虽然在零件上增加一些几何特征（比如凹槽、螺纹、内嵌特征等）可能会增加工装成本。

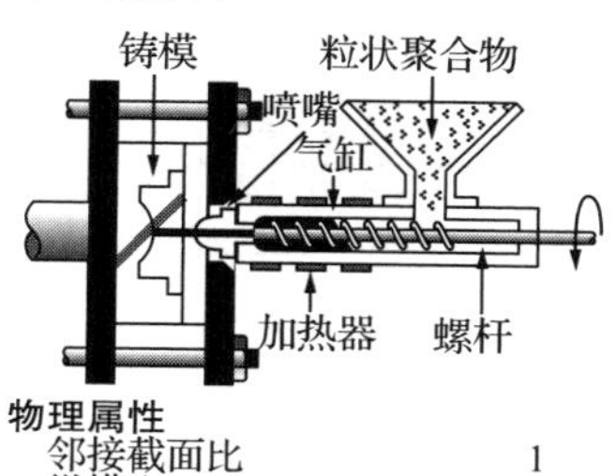

物理属性

邻接截面比	1	–	2	
纵横比	1	–	250	
质量大小	0.02205	–	55.12	lb
最小孔径	0.02362	–		in
最小圆角半径	0.05906	–		in
截面厚度范围	0.01575	–	0.248	in.
粗糙度	7.874e–3	–	0.06299	mil
品质因子（1～10）	1	–	6	
公差	3.937e–3	–	0.03937	in.

经济属性

经济批量大小（以质量算）	1.102e4	–	1.102e6	lb
经济批量大小（以件数算）	1e4	–	1e6	

成本模型

相对成本指数（每件）	18.16	–	113.3	

参数：材料成本 =4.309 美元 /lb，零件质量 =2.205lb，批量大小 =1000。

投资成本	3.77e4	–	8.483e5	美元
交货时间	4	–	6	week(s)
材料利用率	0.6	–	0.9	
生产率（以质量算）	66.14	–	2205	lb/hr
生产率（以件数算）	60	–	3000	/hr
工具寿命（以质量算）	1.102e4	–	1.102e6	lb
工具寿命（以件数算）	1e4	–	1e6	

其他信息

设计准则

适合加工复杂形状零件，不适合加工厚壁件或者截面厚度变化很大的零件，可以加工小的凹角。

技术节点

绝大多数的热塑性塑料可以用注塑成型加工。但是一些高熔点的聚合物（比如聚四氟乙烯）不适宜用此法加工。基于热塑性塑料的复合材料（内部填充短纤维和颗粒状物质）也可以采用此法加工。

注塑成型件通常是薄壁的。

典型应用

应用场合相当广泛。外壳、容器、盖、旋钮、工具手柄、管道配件和镜片等。

经济性

工装成本比较稳定，易于加工大型复杂的成型件。生产率由零件复杂度和成型件型腔数量决定。

环境因素

热塑性塑料的浇口可被回收再利用。此工艺需要抽出易挥发的刺激性气体，在树脂配制时会接触大量的粉尘。如果发生温度调节控制故障将会非常危险。

图 11.3 典型工艺数据图表

（源自 Getting Started with CES EduPack, Granta Design, Inc., 2018。）

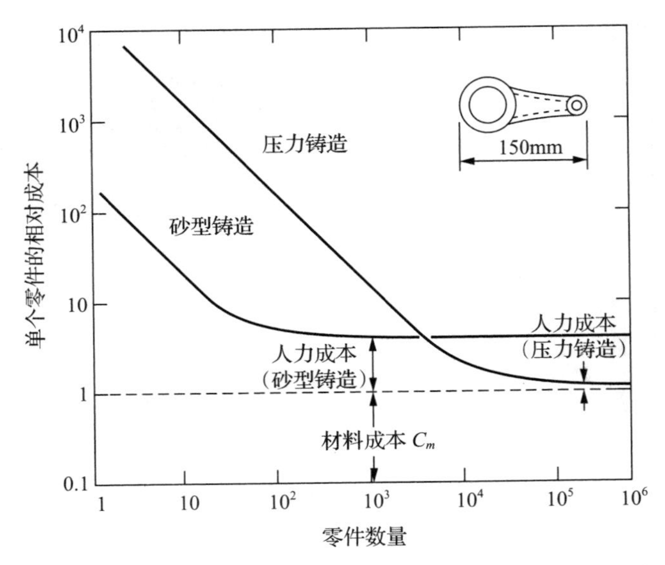

图 11.4 采用砂型铸造和压铸加工一个零件的相对成本，横轴是所生产零件的数量

（源自 Ashby, Michael F. *Materials Selection in Mechanical Design*, 2nd ed. Elsevier, 1999。）

当零件的数量为某一数值，并且工艺的单件加工成本低于其他竞争者的工艺时，我们称此零件数量为*经济批量*。在本例中，砂型铸造的经济批量为 1～3600，压铸的经济批量大于等于 3600。经济批量可以很好地指导人们确定工艺成本结构，也是一个有用的区别候选工艺的筛选参数，如图 11.5 所示。可以使用更加详细的成本模型来对最好的几种工艺的排序进行改良（见 11.4.6 节）。

工艺的*灵活性*与经济批量有关。在制造中，灵活性指是否容易修改工艺从而加工不同的产品或同一种产品的不同形式。灵活性受更换和设置工具所需的时间影响很大。

11.4.2 形状与特征的复杂性

零件的复杂性是指其*形状*和所包含的*特征*类型及数量。简单的形状用几位二进制信息即可表示。复杂形状（如集成电路）需要很多位信息才能够表示。铸造发动机机体需要 10^3 位信息，但当加工完各种不同的特征后，由于增加了新的尺寸（n），并提高了其精度，所以发动机机体的复杂性随之提高。

虽然金属薄板件基本为二维零件，但是大多数机械零件都具有三维的形状。图 11.6 为一个不错的形状分类系统。在此分类系统中，等截面形状的复杂性为 0。

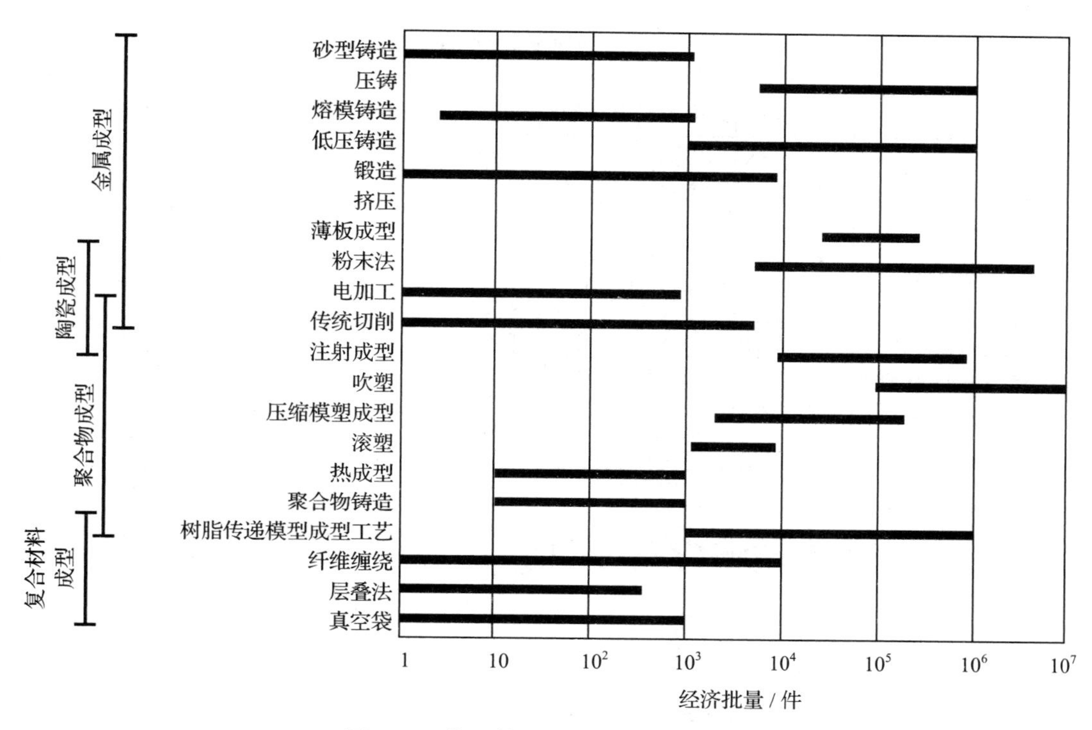

图 11.5 典型制造工艺的经济批量大小

（源自 Ashby, Michael F. *Materials Selection in Mechanical Design*, 3rd ed. Elsevier, 2004。）

在图 11.6 中，随着几何复杂性的提高和特征的增加（即增加了更多的信息量）形状复杂性从左往右依次增加。注意，信息量的微小增加会对制造工艺选择产生很大的影响。与形状 T0（T 行 0 列）相比，空心形状 R0（R 行 0 列）只是增加了一个尺寸（孔的直径），这一点变化却导致一些本来最佳的工艺不再适合加工此零件，或需要在其他工艺中增加额外的操作步骤。

不同的制造工艺在加工复杂形状方面的限制是不同的。例如，很多工艺都不能加工如图 11.6 最后一行所示的倒扣。没有复杂、昂贵的工具，无法将带有倒扣的零件从模具中取出。还有些工艺对零件的壁厚尺寸有限制（不能太小），或要求零件具有均匀的壁厚。挤压工艺要求零件具有轴对称性。由于未烧结的粉末从模具中取出时会粉碎，所以粉末冶金所加工的零件不能有尖角或急弯。车削工艺要求零件的形状具有圆柱对称性。表 11.3 给出了能够加工图 11.6 中各种形状的工艺种类。表 11.3 将帮助您缩减候选制造过程的列表，这确实是一个有价值的工具。

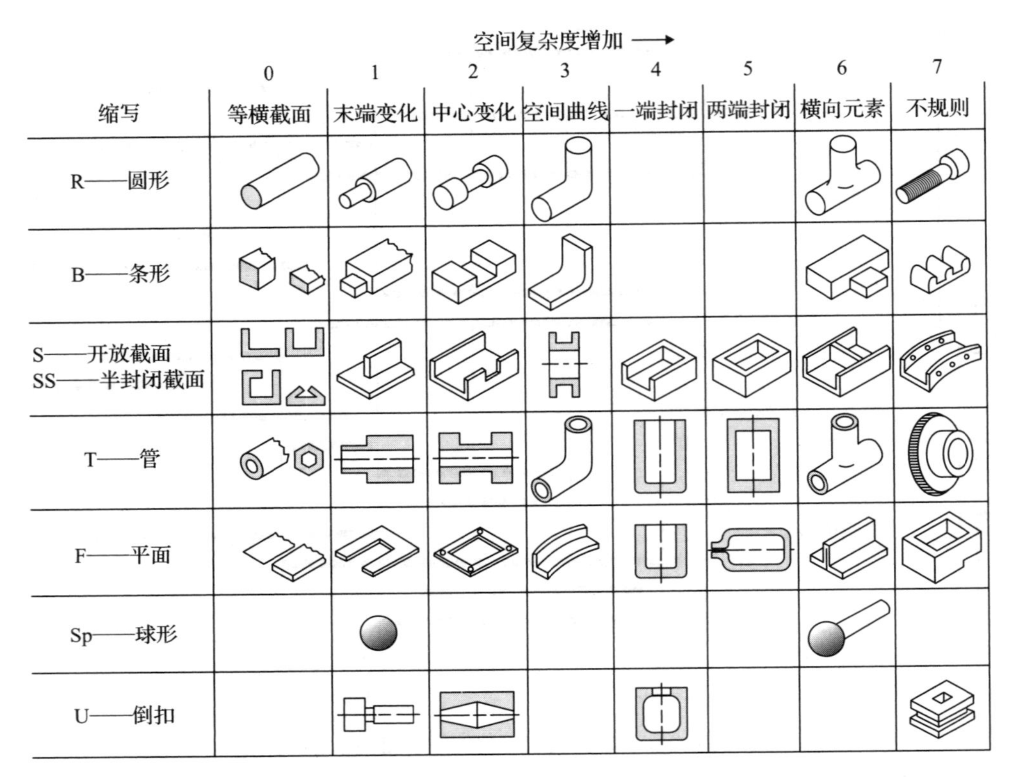

图 11.6　设计中的基本形状的分类系统

（源自 J. A. Schey。）

表 11.3　生产图 11.6 中产品形状的制造工艺能力

工艺	形状加工能力
铸造工艺	
砂型铸造	全部形状
石膏型铸造	全部形状
熔模铸造	全部形状
金属型铸造	除 T3，T5，F5，U2，U4，U7 以外的全部形状
压铸	与金属型铸造相同
变形工艺	
开式模锻	最适合 R0～R3，全部 B 形状，T1，F0；Sp6
热压模锻	最适合 R、B 和 S 形状，T1，T2，Sp
热挤压	所有 0 形状

（续）

工艺	形状加工能力
冷锻 / 冷挤压	与热压模锻和挤压相同
冲压成型	所有 0 形状
滚压成型	所有 0 形状
钣金工艺	
冲裁	F0～F2，T7
折弯	R3，B3，S0，S3，S7，T3，F3，F6
拉深	F4，S7
深冲压	T4，F4，F7
旋压	T1，T2，T4，T6，F4，F5
聚合物工艺	
挤压	所有 0 形状
注射成型	适当取心可加工所有形状
模压成型	除 T3，T5，T6，F5，U4 以外其他形状
板材热成型	T4，F4，F7，S5
粉末冶金工艺	
冷压和烧结	除 S3，T2，T3，T5，T6，F3，F5 以外其他形状和所有 U 形状
高温等静压	除 T5，F5 以外的其他形状
粉末注射成型	除 T5，F5，U1，U4 以外的其他形状
粉末锻造	与冷压和烧结形状限制相同
机加工	
车床车削	R0，R1，R2，R7，T0，T1，T2，Sp1，Sp6，U1，U2
钻孔	T0，T6
铣削	所有 B、S、SS 形状，F0～F4，F6，F7，U7
磨削	与车削和铣削相同
珩磨，研磨	R0～R2，B0～B2，B7，T0～T2，T4～T7，F0～F2，Sp

（源自 J. A. Schey, *Introduction to Manufacturing Processes*。）

11.4.3 尺寸

不同零件在尺寸方面有很大的差异。由于制造工艺所用装备的特点，每种工艺都有适合其加工的零件尺寸范围，只有当零件的尺寸在此范围内时，使用此工艺才划算，如图 11.7 所示。

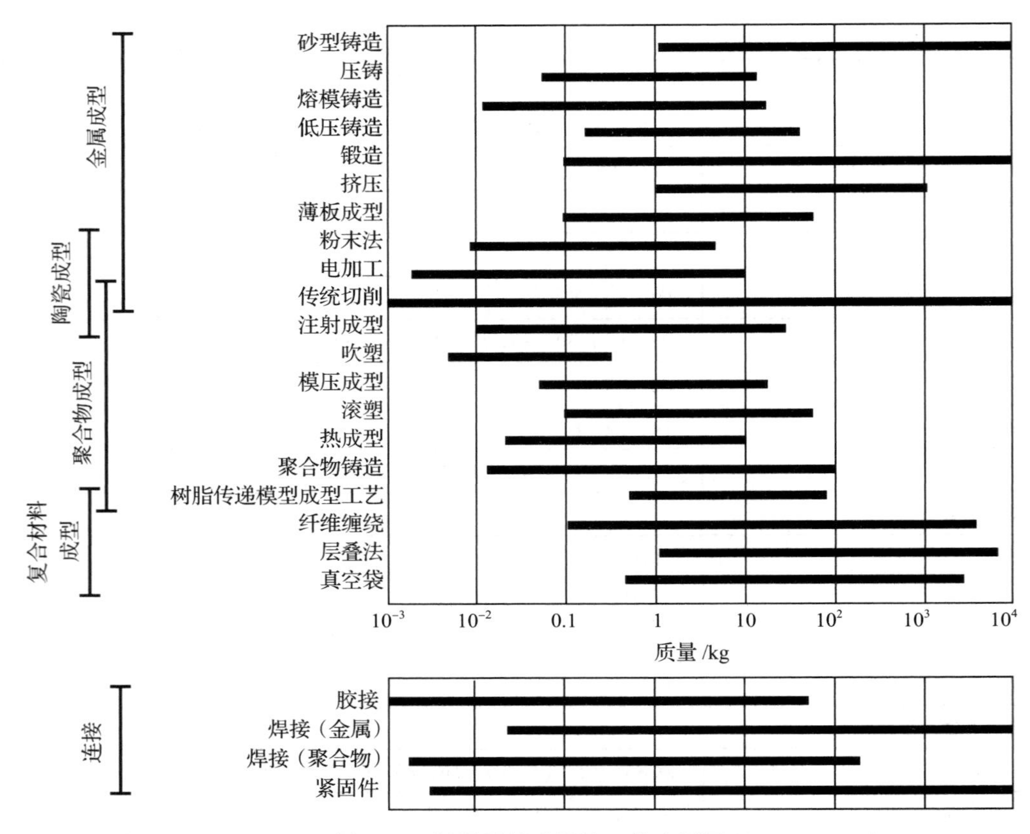

图 11.7　根据零件质量的工艺选择图

（源自 Ashby, Michael F. *Materials Selection in Mechanical Design*, 3rd ed. Elsevier, 2004。）

值得注意的是切削工艺（如通过切削去除金属材料）可加工任何尺寸的零件。并且切削、铸造和锻造所能加工的零件质量最大。但是，世界上能够加工极大尺寸零件的工厂是有限的。因此，为了制造尺寸很大的产品（如飞机、船舶和压力容器），需要通过焊接或铆接等连接工艺将很多零件组装起来。

在选择工艺的时候，截面厚度通常是一个限制性的几何参数。图 11.8 展示了各种工艺能够加工的零件的截面厚度范围。由于表面张力和热传导因素的影响，重力铸造能够加工的零件壁厚最小，薄壁部分有可能先于铸件其余部分固化。使用压力铸造可以减小零件的最小壁厚。受可得到的压力吨位的限制和金属存在摩擦等因素的影响，变形工艺也有类似的最小截面厚度限制。在注射成型中，聚合物零件从注膜机中取出之前需要足够的时间才能硬化。人们想得到高的生产率，但这种材料缓慢的热传导速率极大地限制了可获得的最大壁厚。

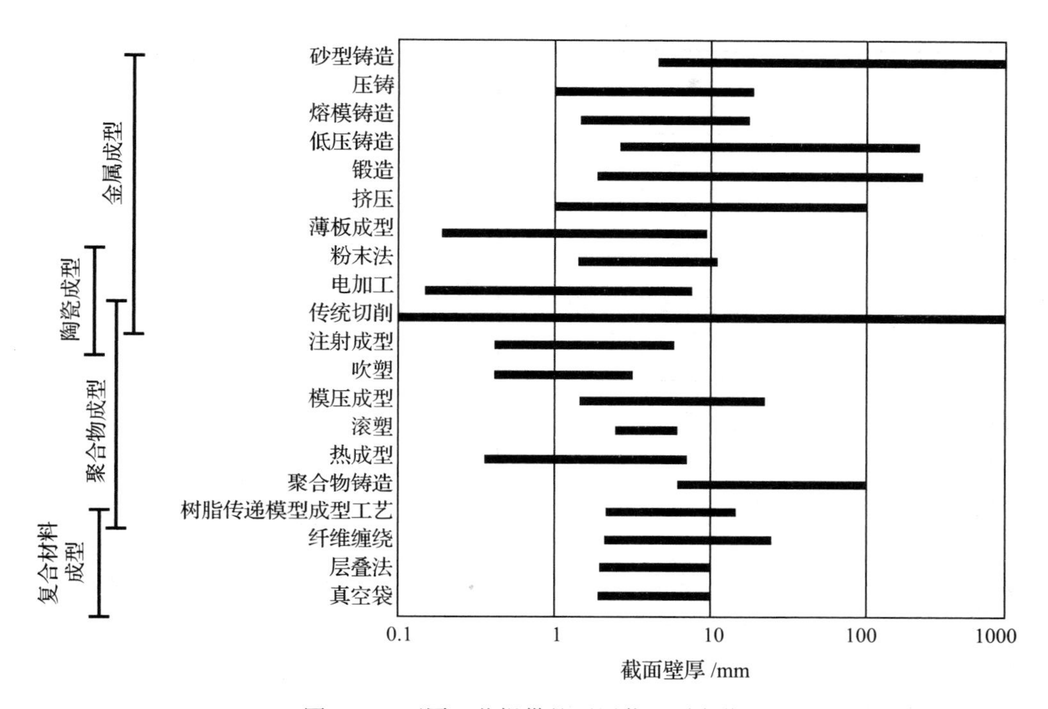

图 11.8 不同工艺提供的可用截面厚度范围

（源自 Ashby, Michael F. *Materials Selection in Mechanical Design*, 3rd ed. Elsevier, 2004。）

11.4.4 材料对工艺选择的影响

正如形状要求限制了可选工艺的种类一样，材料的选择对可选工艺也有一定的约束。其中，材料的熔点、变形阻力的等级和延展性是主要的限制因素。材料的熔点决定了适用的铸造工艺种类。能够加工低熔点金属的铸造工艺有很多，但是随着金属熔点的增高，高温金属液与模具发生的化学反应和空气污染等问题，限制了工艺的选择。一些材料（如陶瓷）由于太脆导致不适合使用变形工艺加工。其他的材料，由于电抗性太高导致焊接性不好。

图 11.9 所示的表格列出了一些制造工艺，可用于加工最常用的工程材料，还可根据经济批量对此表进行细分。在最终的工艺评价和选择过程中，可以根据此表来减少制造候选产品可选的制造工艺，得到少数几种较好的制造工艺。此表是制造工艺选择方法——制造工艺信息图（PRIMA）的一部分[㊀]。

㊀ K. G. Swift and J. D.Booker, *Process Selection*, 2nd ed., Butterworth-Heinemann, Oxford, UK, 2003.

数量＼材料	铁	碳钢	工具钢 合金钢	不锈钢	铜 铜合金	铝 铝合金	镁 镁合金	锌 锌合金	锡 锡合金	铅 铅合金	镍 镍合金	钛 钛合金	热塑性塑料	热固性塑料	FR 复合料	陶瓷	难熔金属	贵金属
1～100	[1.5] [1.6] [1.7] [4.M]	[1.5] [1.7] [3.10] [4.M] [5.1] [5.5] [5.6]	[1.1] [1.5] [1.7] [3.10] [4.M] [5.1] [5.5] [5.6] [5.7]	[1.6] [1.7] [3.7] [3.10] [4.M] [5.1] [5.5] [5.6]	[1.5] [1.7] [3.6] [4.M] [5.1]	[1.5] [1.7] [3.7] [3.10] [4.M] [5.5]	[1.6] [1.7] [3.10] [4.M] [5.1][5.5]	[1.1] [1.7] [3.10] [4.M] [5.5]	[1.1] [1.7] [3.10] [4.M] [5.5]	[1.1] [3.10] [4.M] [5.5]	[1.5] [1.7] [3.10] [4.M] [5.1] [5.5] [5.6]	[1.1] [1.6] [3.7] [3.10] [4.M] [5.1] [5.5] [5.6] [5.7]	[2.5] [2.7]	[2.5] [3.7]	[2.2] [2.6] [5.7]	[1.5] [5.1] [5.5] [5.6] [5.7]	[1.1] [5.7]	[5.5]
100～1 000	[1.2] [1.5] [1.6] [1.7] [4.M] [5.3] [5.4]	[1.2] [1.6] [1.7] [1.10] [4.M] [5.1] [5.3] [5.4] [5.5]	[1.1] [1.2] [1.7] [4.M] [5.1] [5.3] [5.4] [5.5] [5.6] [5.7]	[1.2] [1.7] [3.7] [3.10] [4.M] [5.1] [5.3] [5.4] [5.5]	[1.2] [1.3] [1.5] [1.7] [1.8] [3.3] [3.6] [4.M] [5.1] [5.3] [5.4]	[1.2] [1.5] [1.7] [1.8] [3.7] [3.10] [4.M] [5.3] [5.4] [5.5]	[1.6] [1.7] [1.8] [3.10] [4.M] [5.5]	[1.1] [1.7] [1.8] [3.10] [4.M] [5.5]	[1.1] [1.7] [1.8] [3.10] [4.M] [5.5]	[1.1] [1.8] [3.10] [4.M] [5.5]	[1.2] [1.5] [1.7] [3.10] [4.M] [5.1] [5.3] [5.4] [5.5] [5.6]	[1.1] [1.6] [3.7] [3.10] [4.M] [5.1] [5.3] [5.4] [5.5] [5.6] [5.7]	[2.3] [2.5] [2.7]	[2.2] [2.3]	[2.2] [2.3] [2.6] [5.7]	[5.1] [5.3] [5.5] [5.6] [5.7]	[5.7]	[5.5]
1000～10 000	[1.2] [1.3] [1.5] [1.6] [1.7] [3.11] [4.A] [5.2]	[1.2] [1.3] [1.5] [1.7] [3.1] [3.3] [3.10] [3.11] [4.A] [5.2] [5.3] [5.4] [5.5]	[1.2] [1.5] [1.7] [3.1] [3.4] [3.11] [4.A] [5.2] [5.3] [5.4] [5.5]	[1.2] [1.5] [1.7] [3.1] [3.2] [3.7] [3.10] [3.11] [4.A.] [5.2] [5.3] [5.4] [6.0]	[1.2] [1.3] [1.5] [1.8] [3.1] [3.2] [3.10] [3.11] [4.A] [5.2] [5.3] [5.4]	[1.2] [1.3] [1.4] [1.5] [3.1] [3.3] [3.7] [3.10] [3.11] [4.A] [5.3] [5.4] [5.5]	[1.3] [1.5] [1.8] [3.1] [3.3] [3.4] [3.10] [4.A] [5.5]	[1.3] [1.8] [3.3] [3.10] [4.A] [5.5]	[1.3] [1.5] [3.2] [3.10]	[1.3] [1.5] [3.3] [3.10]	[1.2] [1.3] [1.5] [1.7] [3.1] [3.2] [3.11] [4.A] [5.1] [5.3] [5.4] [5.5] [3.10]	[3.1] [3.7] [3.10] [3.11] [4.A] [5.2] [5.3] [5.4] [5.5]	[2.3] [2.5] [2.6] [2.7]	[2.2] [2.3] [2.4]	[2.1] [2.2] [2.3]	[5.2] [5.3] [5.4] [5.5]		[5.5]
10 000～100 000	[1.2] [1.3] [3.11] [4.A]	[1.0] [2.1] [3.3] [3.4] [3.5] [3.11] [3.12] [4.A] [5.2] [5.5]	[3.1] [3.4] [3.5] [3.11] [3.12] [4.A] [5.2]	[1.0] [3.1] [3.3] [3.4] [3.5] [3.11] [3.12] [4.A]	[1.2] [1.4] [1.8] [3.1] [3.3] [3.4] [3.5] [3.11] [3.12] [4.A]	[1.2] [1.3] [1.4] [1.8] [3.1] [3.3] [3.4] [3.5] [3.11] [3.12] [4.A] [5.5]	[1.3] [1.4] [3.1] [3.3] [3.4] [3.5] [3.12] 4.A]	[1.3] [1.4] [3.3] [3.4] [3.5] [3.12] [4.A]	[1.3] [1.4] [3.3] [3.4] [3.12]	[1.3] [1.4] [3.3] [3.4] [3.8] [3.12] [4.A]	[3.1] [3.3] [3.5] [3.4] [3.11] [3.12] [4.A] [5.2] [5.5]	[3.1] [3.4] [3.11] [3.12] [4.A] [5.2] [5.5]	[2.1] [2.3] [2.6] [2.7] [2.8]	[2.1] [2.3] [2.9]	[2.1] [2.3]	[3.11]	[3.12]	[3.5]
100 000+	[1.2] [1.3] [3.11] [4.A]	[1.9] [3.1] [3.2] [3.3] [3.4] [3.5] [3.12] [4.A]	[4.A]	[1.9] [3.2] [3.3] [4.A]	[1.2] [1.M] [3.1] [3.2] [3.3] [3.4] [3.5] [3.7] [3.8] [3.11] [3.12] [4.A]	[1.2] [1.3] [1.4] [1.6] [3.1] [3.2] [3.3] [3.4] [3.5] [3.8] [3.12] [4.A]	[1.3] [1.4] [3.1] [3.3] [3.4] [3.8] [3.12] [4.A]	[1.4] [3.2] [3.3] [3.4] [3.5] [4.A]	[1.4] [3.3] [3.4] [4.A]	[1.4] [3.2] [3.3] [3.4] [4.A]	[3.2] [3.3] [4.A]	[4.A]	[2.1] [2.6] [2.8]	[2.1] [2.3] [2.4] [2.9]		[3.7] [3.11]		[3.5]
数量	[1.1]	[1.1] [1.5] [3.0] [3.0] [3.0]	[1.6] [3.6]	[1.1] [1.6] [3.6] [3.8] [3.9]	[1.1] [1.6] [3.6] [3.8] [3.9] 5.5]	[1.1] [1.6] [3.4] [3.5] [3.6]	[1.1] [3.5] [3.6] [3.8]	[3.6] [3.8] [3.9]		[3.5]	[1.1] [1.6] [3.4] [3.5] [3.8]	[3.8] [3.9]				[5.5]	[1.5]	[1.6]

制造工艺 PRIMA 选择表中的符号的含义：

铸造工艺
[1.1] 砂型铸造
[1.2] 壳型铸造
[1.3] 金属型铸造
[1.4] 压铸
[1.5] 离心浇铸
[1.6] 熔模铸造
[1.7] 陶瓷模铸
[1.8] 石膏型铸造
[1.9] 挤压铸造

塑料和复合材料工艺
[2.1] 注射成型
[2.2] 反应注射成型
[2.3] 模压成型
[2.4] 传递模塑
[2.5] 真空成型
[2.6] 吹塑
[2.7] 滚塑
[2.8] 接触成型
[2.9] 连续挤出成型

成型工艺
[3.1] 闭式模锻
[3.2] 滚轧
[3.3] 拉深
[3.4] 冷成型
[3.5] 冷镦
[3.6] 模锻
[3.7] 超塑性成形
[3.8] 金属薄板剪切
[3.9] 金属薄板成型
[3.10] 旋压
[3.11] 粉末冶金
[3.12] 连续挤压（金属）

切削工艺
[4.A] 自动化切削
[4.M] 手工切削

上述内容所涉及的切削工艺及其控制技术范围很广，详细信息请参考单个工艺介绍。

特种加工工艺
[5.1] 电火花加工（EDM）
[5.2] 电解加工（ECM）
[5.3] 电子书加工（EBM）
[5.4] 激光加工（LBM）
[5.5] 化学加工（CM）
[5.6] 超声加工（USM）
[5.7] 磨料喷射加工（AJM）

图 11.9　PRIMA 工艺选择表展示了常用的材料与工艺组合

（源自 Swift, K. G., and J. D.Booker, *Process Selection: From Design to Manufacture*, 2nd ed. Elsevier, 2003。）

除了退火（软）状态的金属材料，还可以购买到经过不同冶金技术处理的钢、铝合金和其他金属合金，如调质钢棒料，经过固溶处理、冷处理和时效处理的铝合金，冷拔和消除应力的铜棒等。由材料供应商来对材料进行冶金强化比每个零件加工完成后再对其进行热处理更节省成本。

如果零件的形状十分简单，如直轴或螺栓，选择材料和制造方法是十分容易的。然而，如果零件的形状十分复杂，有可能利用几种形式的材料和不同的制造工艺都能完成零件的加工。例如，可选择棒料来加工体积较小的齿轮，或者选择精密锻造齿轮毛坯的方法可能更节省成本。根据零件完工后的总成本大小，从多种可选工艺中选择出一种（成本计算方法的详细介绍参见第 12 章）。一般情况下，零件加工数量是影响成本比较的重要因素，如图 11.4 所示。存在一个平衡点，在此点以后，采用精密锻造来加工齿轮的单件成本要低于采用棒料加工的成本。随着产量的增加，起初在工具或专用加工设备上增加投资可以减少单件成本这一事实就显而易见了。

11.4.5 零件的质量要求

零件的质量由三个相关的特征集决定：避免内部和外部缺陷、表面粗糙度，以及尺寸精度与公差。很大程度上，在上述三个方面能否获得好的质量受材料的可加工性和可成型性的影响[1]。材料的可加工性取决于形成材料的过程。材料的可加工性可能会根据所应用的过程而改变。可加工性随着该过程提供流体静压条件的程度而增加。

缺陷

缺陷可能存在于零件的内部或主要集中在表面上。内部缺陷包括焊接空隙、气孔、裂纹或含有不同的化学成分的区域（偏析）等。表面缺陷包括表面裂纹、氧化层、表面异常粗糙、表面存在污点或腐蚀。为了能够通过切削或其他表面处理方法去除表面缺陷，用于制造零件的材料总量应多于完工后零件的材料总量。因此，铸造的零件需要含有多余的材料，保证可以对表面进行切削加工来去除表面缺陷并达到所要求的表面质量。为了去除脱碳层，经过了热处理的钢质零件的尺寸也应稍大一些[2]。

通常，有些制造工艺需要多使用一些材料，例如铸件含有外浇道和冒口、锻件和成型件含

---

[1] G. E. Dieter, H. A. Kuhn, and S. L. Semiatin, eds., *Handbook of Workability and Process Design*, ASM International, Materials Park, OH, 2003.

[2] 在形变过程中，缺陷形成的图像和讨论见文献 *ASM Handbook*, Vol.11, *Failure Analysis and Prevention*, pp. 81-102, ASM International, Materials Park, OH, 2002.

有飞边等。在其他场合，为了运送、定位和测试零件，也需要多余的材料。虽然去除多余的材料需要一定的成本，但是购买一个稍微大一些的工件的代价要比损失一个废弃零件小很多。

为了减少缺陷的产生，基于计算机的工艺建模技术正在有效地被用来进行工装设计和分析材料流。同时，改进的无损坏缺陷检测技术可以在零件使用前检测出其缺陷。缺陷（如焊接空隙）可通过高温静水压力来消除，水压可以达到 15 000lb/in²，此工艺称为热等压技术（HIP）[㊀]。热等压技术的有效使用，使得铸件可以代替以前锻造加工的零件。

表面粗糙度

表面粗糙度决定了零件的外观，影响零件与其他零件的装配及其自身的抗腐蚀性和抗磨损性。鉴于表面粗糙度对疲劳失效、摩擦、磨损和与其他零件装配的影响，因此，必须指定和控制零件的表面粗糙度。

零件的表面不会像我们在工程图上画的直线那样光滑平整。如图 11.10 所示，当在很高的放大比例下观察时，零件的每一个表面都是粗糙的。轮廓仪是一种精度很高的测量仪器，用于测量表面粗糙度，在测量时，仪器细小的测头沿一条直线扫描（一般扫描长度是 1mm）。下面的一些参数用于表示零件的表面粗糙度的大小[㊁]。

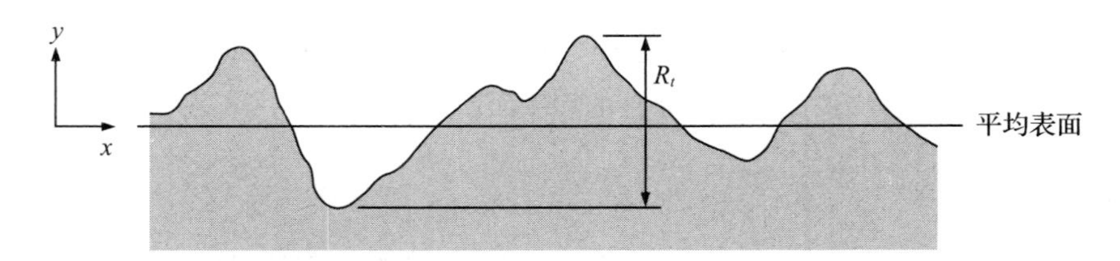

图 11.10 表面粗糙度的截面轮廓垂直方向放大图

R_t 是最高峰与最低谷间测量所得到的高度。虽然 R_t 不是表征表面粗糙度最常用的参数，但是当需要抛光去除粗糙表面时 R_t 是一个重要参数。

R_a[㊂]是平均中线偏距的绝对值的算数平均值。平均中线以上到峰顶之间由轮廓线围成的面积和其下到谷底之间由轮廓线围成的面积相等。R_a 也称为中线平均值。

$$R_a = \frac{y_1 + y_2 + y_3 + \cdots + y_n}{n} \tag{11.1}$$

㊀ H. V. Atkinson and B. A. Rickinson, *Hot Isostatic Pressing*, Adam Huger, Brisol, UK, 1991.

㊁ 见表面纹理，ANSI Standard B46.1, ASME, 1985.

㊂ 按照我国标准，应为 *Ra*，这里采用原版书中的表示形式。——编辑注

R_a 是工业界通常使用的表面粗糙度度量方法，但在评定轴承表面粗糙度时不是特别有用[⊖]。

R_q 是与平均表面间偏距的均方根。

$$R_q = \left(\frac{y_1^2 + y_2^2 + y_3^2 + \cdots + y_n^2}{n} \right)^{\frac{1}{2}} \tag{11.2}$$

由于 R_q 给予了表面粗糙度中轮廓较高峰更大的权重，所以有时 R_q 可以作为 R_a 的一个替换参数。近似情况下，$R_q / R_a \approx 1.1$。

表面粗糙度的常用单位为 μm（微米）或 μin（微英寸）。$1\mu m \approx 40\mu in$, $1\mu in \approx 0.025\mu m \approx 25nm$。

除了表面粗糙度以外，零件表面还有其他重要参数。因精饰工艺，表面通常呈现方向性的划痕特性，这就是*表面加工纹理*。表面可能含有随机的纹理，也可能是具有一定角度或圆形的图案。其他表面参数还有波纹度，与粗糙度的峰值和谷值不同，波纹度反映的是较长范围内表面轮廓的变化情况。上述表面参数的容许值在工程图纸中的标记方法如图 11.11 所示。表面粗糙度的截止长度被用来从粗糙度的变化中分离出表面波纹度。表面粗糙度的截止长度是一个特定的长度，被用来衡量表面粗糙度的大小。例如某截止长度为 0.030in，则一般就可以将波纹度从表面粗糙度中分离出来。

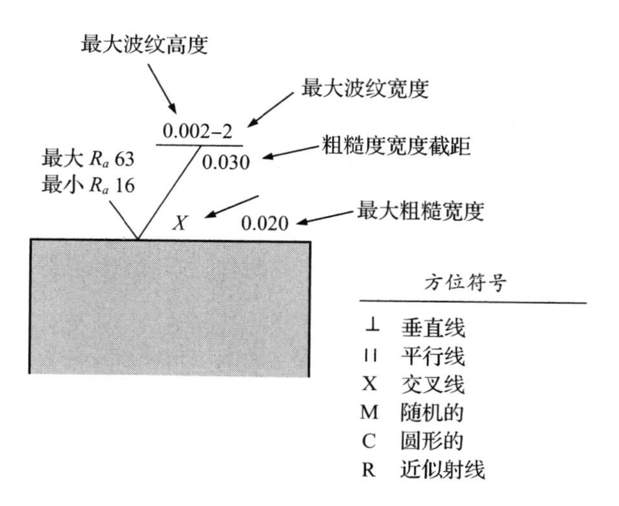

图 11.11 工程图中的粗糙度符号 (表面粗糙度值以 μin 为单位)

⊖ N. Judge, " Pick a Parameter... But Not Just Any Parameter, " *Manufacture Engineering*, Vol. 129, pp. 60-68, 2002.

需要明确的一点是，通过指定平均高度值来确定表面粗糙度不是一个理想的方法。具有相同 R_a 值的两个表面可能具有完全不同的表面轮廓细节。

表面纹理不能全面地描述一个表面的情况。例如，表面纹理层下面存在蚀变层。蚀变层的特性由在生成表面时所施加的能量的性质和量值决定，有可能含有微小的裂纹、残余应力、刚度差异或其他的变化。对受工艺影响的表层和次表层进行的控制称为表面完整性[⊖]。

表 11.4 介绍了表面粗糙度的不同等级，并给出了一些在不同种类的机械零件上指定粗糙度的例子。表面粗糙度的定义是用文字写就的，其具有优选的推荐值，ISO 表面粗糙度标准给出了推荐值 N。

表 11.4　表面粗糙度的典型值

描述	N 值	R_a/ μin	R_a/ μm	典型设计应用
非常粗糙	N11	1000	25.0	非压力表面，粗糙铸造面
粗糙	N10	500	12.5	非关键零件，车削
中等	N9	250	6.3	最为常见的零件表面
平均光滑	N8	125	3.2	适合非运动面的配合
优于平均值	N7	63	1.6	用于紧密配合滑动面，除了轴和振动条件下的承压件
好	N6	32	0.8	用于高集中压力的齿轮等
很好	N5	16	0.4	用于承受疲劳载荷的零件，精密轴
非常好	N4	8	0.2	高质量轴承，需要珩磨和抛光
超级光滑	N3	4	0.1	最高级别精密零件，需要研磨

在工程设计上的许多领域中，对于表面粗糙度的控制尤为重要。

- 多种配合面都对精度有要求，比如垫片、密封件、刀具和模具等。
- 粗糙表面用于凹槽和用于减少疲劳寿命。
- 粗糙度在摩擦、磨损和润滑等方面的摩擦学研究中扮演重要角色。
- 表面粗糙度可以用于改变表面的电阻和热阻。
- 粗糙表面会残留腐蚀性液体。
- 表面粗糙度影响着产品的外表，使之表面光亮或者黯淡。
- 表面粗糙度对产品表面涂料的粘附性能有很大影响，例如油漆以及电镀层。

⊖ A. R. Marder, " Effects of Surface Treatments on Materials Performance, " *ASM Handbook*, Vol. 20, pp. 470-90 1997; E. W. Brooman, " Design for Surface Finishing," *ASM Handbook*, Vol. 20, pp. 820-27, ASM International, Materials Park, OH, 1997.

尺寸精度和公差

不同工艺在满足高公差要求方面存在差异。如果不能满足高公差要求，零件的性能和互换性会受到影响。一般情况下，具有良好加工性的材料能够得到更高的公差。能否实现尺寸精度由材料和工艺的性质共同决定。凝固工艺必须考虑熔化金属凝固时发生收缩，聚合物工艺必须考虑聚合物比金属大得多的热膨胀性，金属的热处理工艺必须考虑零件表面的氧化。

每种制造工艺都拥有在不花费额外成本的情况下加工一个零件使之达到某个表面粗糙度值和公差范围的能力。图 11.12 显示了一般情况下粗糙度和公差之间的关系。对于所有的制造工艺来说，应用在尺寸大小为 1in 上的公差不能扩展应用到更大或更小的尺寸上。为了降低成本，在尺寸公差和表面质量满足设计功能的前提下，应选择最低的公差和最粗糙的表面粗糙度。如图 11.13 所示，如果所要求的公差和表面质量比较苛刻，加工成本随之呈指数级增长。

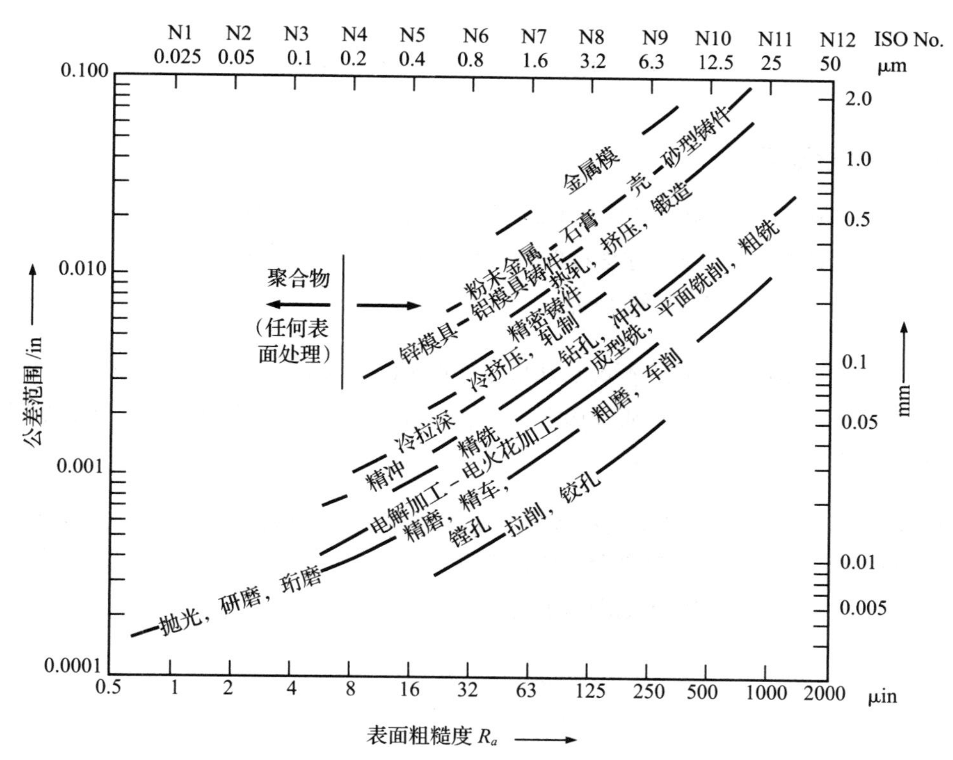

图 11.12 不同制造工艺可获得的大致表面粗糙度和尺寸公差值

（源自 Schey, John A. *Introduction to Manufacturing Processes*, 3rd ed. McGraw-Hill, 2000。）

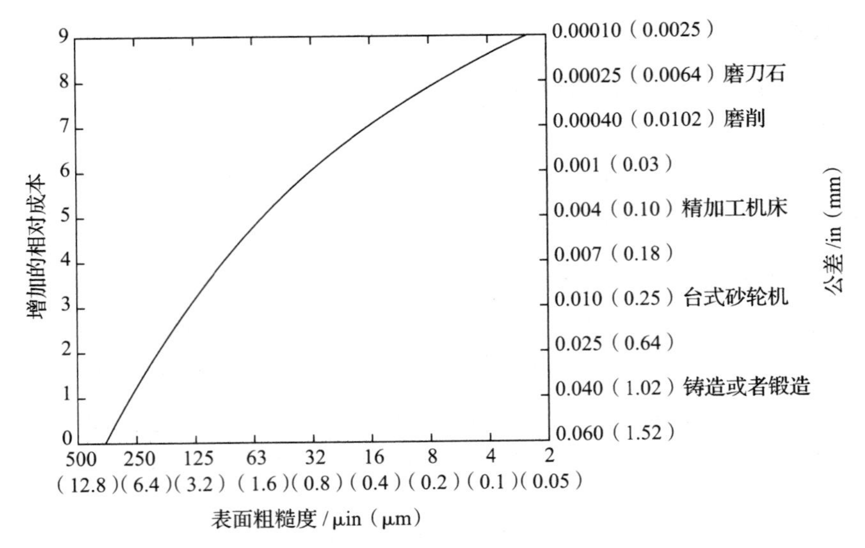

图 11.13　表面粗糙度和公差对加工成本的影响原理图

11.4.6　制造成本

制造工艺的最终方案的确定往往基于控制零件制造成本，这被称为单位成本。我们已经讨论过影响工艺选择的主要因素，这里将提供一个可有效估算单位制造成本的成本模型[㊀]。关于加工成本的更加详细的介绍参见第 12 章。

零件的加工成本由原材料成本 c_m 、从事零件加工的工人的工资 c_w、工具成本 c_v、设备投资成本在时间上的回收成本 c_e 和管理成本 c_{OH} 组成。其中， c_{OH} 包括许多合在一起的车间成本不能简单地计入单个零件的成本中。

材料成本 C_M 等于材料质量 m 与材料单位成本 c_m 的乘积。材料成本需要用参数 f 调整，它代表以废料的形式被去除的材料部分，如铸件或成型件上要切除的浇口和冒口、切削工艺中产生的碎屑，或由于某种缺陷而被退回的零件。

$$C_M = \frac{mc_m}{1-f}\frac{\text{lb}}{\text{单位}}\frac{\text{美元}}{\text{lb}} = \frac{\text{美元}}{\text{单位}} \tag{11.3}$$

加工零件所需的**人工成本** C_L，由单位时间的工资和福利（c_w）和单位时间内生产的零件

㊀ A. M. K. Esawi and M. F. Ashby, "Cost Estimates to Guide Pre-Selection of Processes," *Materials and Design*, Vol. 24, pp, 605-616, 2003.

数量以及生产率（$\dot{n}$）构成。

$$C_L = \frac{c_w}{\dot{n}} \frac{\text{美元}}{\text{h}} \frac{\text{h}}{\text{单位}} = \frac{\text{美元}}{\text{单位}} \tag{11.4}$$

工具成本 C_T 由以下参数确定，它们是用于加工此零件的生产线数量 n，用于体现工具由于磨损而需要更换的参数 k。k 乘以工具寿命再除以 n，并扩大至最近的整数，得到工装成本。

$$C_T = \frac{c_t k}{n} \frac{\text{美元}}{\text{单位}} \times (\text{integer}) \tag{11.5}$$

工具成本属于加工零件的直接成本，但**采购设备成本** C_E 一般无法直接分摊到特定零件的加工成本中。通过安装不同的模具，注射成型机可以加工多种不同的零件。采购设备的成本可以通过贷款或直接由公司用于设备采购的账户来支付，无论如何，都必须偿还设备成本，只能通过设备加工零件来一点一点地抵扣设备采购成本。对于这一部分成本最简单的计算方法是确定偿还设备成本需要的年数，资本冲销时间 t_{wo}，通常单位是年。然后将其分解为设备采购成本 c_e[⊖]。此外还需要两个其他调整参数。首先，设备不可能在可用时间内被百分百有效利用，所以成本需要除以负载因子 L，代表设备能生产零件的时间段。此外，由于设备能生产时间可以由几个零件共享，因此特定产品所分担的设备成本等于总成本乘以一个适当的分数 q。最后，以美元 /h 为单位成本除以生产率 $\dot{n}$，转换为以美元 / 单位为单位的设备成本。

$$C_E = \frac{1}{\dot{n}} \left(\frac{c_e}{L t_{wo}} \right) q \frac{\text{h}}{\text{单位}} \frac{\text{美元}}{\text{h}} = \frac{\text{美元}}{\text{单位}} \tag{11.6}$$

运营成本分解十分复杂，很费人力，在产品制造中有很多成本无法直接计入单个零件或产品开发成本中，如工厂维修、管理工具库、监管或工艺研发方面的成本，因此，必须加上一项管理成本来代表在这个方面的支出。将上述间接成本加到一起，然后作为管理成本将其分摊到每个零件或产品中。通常，分摊方法十分随意，即将单位时间的加工成本乘以零件加工所需的时间，像这样，再将所有的管理成本累加起来除以加工的小时数，得到每小时监管效率 C_{OH}，单位为美元 /h。再一次将上述计算结果除以生产率，将其转化为单位管理成本。

$$C_{OH} = \frac{c_{OH}}{\dot{n}} \frac{\text{美元}}{\text{h}} \frac{\text{h}}{\text{单位}} = \frac{\text{美元}}{\text{单位}} \tag{11.7}$$

⊖ 该方法没有考虑资金的时间价值，详见第 17 章（www.mhhe.com/dieter6e）。

因此，**零件的单件成本**为这五项之和：$C_U = C_M + C_L + C_T + C_E + C_{OH}$，

$$C_U = \left(\frac{mc_m}{1-f} + \frac{c_w}{\dot{n}} + \frac{c_t k}{n} + \frac{1}{\dot{n}} \left(\frac{c_e}{Lt_{wo}} \right) q + \frac{c_{OH}}{\dot{n}} \right) \frac{\text{美元}}{\text{单位}} \tag{11.8}$$

这一方程表明单件总成本由下列成本决定：

- 原材料成本，由零件质量决定，与零件的加工数量无关。
- 工具成本，与零件数量成反比。
- 人工成本、采购设备成本和运营成本，与生产率成反比。

上述成本相互影响，因此引出了 11.4.1 节所述的经济批量的概念。

11.4.7 可用性、交货时间与交付

除了成本以外，影响工艺选择的另一些重要因素包括加工设备的可用性、工具的交货时间、外购零件预定交货期的可靠性。由于设备要求很高，大型的结构件（例如发电机的转子、战斗机的主要锻造结构件）在世界上只有为数不多的工厂可以加工。为了与生产调度协调一致，应细心规划设计周期。复杂的锻造模具和注射模具需要一年的交货时间。显然，上述问题对制造工艺的选择会产生影响，在具体设计阶段应给予重视。

11.4.8 工艺选择的步骤

Schey 所著图书[1]和手册[2]的相关章节中对各种制造工艺进行了对比，十分有用。表 11.5 根据英国开放大学出版的系列数据卡片[3]，对各种制造工艺进行了对比。

表 11.5 按通用制造工艺特点排序

工艺	形状	周期	灵活性	材料利用率	质量	设备工装成本	手册参考内容
铸造							
砂型铸造	3-D	2	5	2	2	1	AHB, vol.15, p.523
实型铸造	3-D	1	5	2	2	4	AHB, vol.15, p.637

[1] J. A. Schey, *Introduction to Manufacturing Processes*, 3rd ed., McGraw-Hill, New York, 2000.

[2] J. A. Schey, " Manufacturing Processes and Their Selection," *ASM Handbook*, Vol. 20, pp. 687-704, ASM International, Materials Park, OH, 1997.

[3] 数据图表来源于 L. Edwards and M. Endean, eds., *Manufacturing with Materials*, Butterworth, Boston, 1990.

（续）

工艺	形状	周期	灵活性	材料利用率	质量	设备工装成本	手册参考内容
熔模铸造	3-D	2	4	4	4	3	AHB, vol.15, p.646
金属型铸造	3-D	4	2	2	3	2	AHB, vol.15, p.687
压力铸造	3-D 实体	5	1	4	2	1	AHB, vol.15, p.713
挤压铸造	3-D	3	1	5	4	1	AHB, vol.15, p.727
离心铸造	3-D 镂空	2	3	5	3	3	AHB, vol.15, p.665
注射成型	3-D	4	1	4	3	1	EMH, vol.2, p.308
反应注射成型	3-D	3	2	4	2	2	EMH, vol.2, p.344
模压成型	3-D	3	4	4	2	3	EMH, vol.2, p.324
旋转成型	3-D 镂空	2	4	5	2	4	EMH, vol.2, p.360
单体铸造接触成型	3-D	1	4	4	2	4	EMH, vol.2, p.338
成型							
开式模锻	3-D 实体	2	4	3	2	2	AHB, vol.14A, p.99
闭式热模锻	3-D 实体	4	1	3	3	2	AHB, vol.14A, p.111, 193
薄板成型	3-D	3	1	3	4	1	AHB, vol.14B, p.293
滚压	2-D	5	3	4	3	2	AHB, vol.14A, p.459
挤压	2-D	5	3	4	3	2	AHB, vol.14A, p.421
超塑性成形	3-D	1	1	5	4	1	AHB, vol.14B, p.350
热成型	3-D	3	2	3	2	3	EMH, vol.2, p.399
吹塑	3-D 镂空	4	2	4	4	2	EMH, vol.2, p.352
冷压烧结	3-D 实体	2	2	5	2	2	AHB, vol.7, p.326
等静压	3-D	1	3	5	2	1	AHB, vol.7, p.605
注浆成型	3-D	1	5	5	2	4	EMH, vol.14, p.153
机械加工							
单点切削	3-D	2	5	1	5	5	AHB, vol.16
多点切削	3-D	3	5	1	5	4	AHB, vol.16
磨削	3-D	2	5	1	5	4	AHB, vol.16, p.421
电火花加工	3-D	1	4	1	5	1	AHB, vol.16, p.557
连接							
熔焊	全部	2	5	5	2	4	AHB, vol.6, p.175

（续）

工艺	形状	周期	灵活性	材料利用率	质量	设备工装成本	手册参考内容
铜焊和锡焊	全部	2	5	5	3	5	AHB, vol.6, p.328, 349
黏合剂	全部	2	5	5	3	5	EMH, vol.3
紧固件	3-D	4	5	4	4	5	…
表面处理							
喷丸加工	全部	2	5	5	4	5	AHB, vol.5, p.126
表面硬化	全部	2	4	5	4	4	AHB, vol.5, p.257
化学气相沉积 / 物理气相沉积	全部	1	5	5	4	3	AHB, vol.5, p.510

注：评分标准，1 为最低，5 为最好。源自 *ASM Handbook*, Vol. 20, p.299, ASM International。已获使用许可。

表 11.5 有两个方面的用途。首先，该表可用于快速检查制造工艺是否具有某些明确的特征。

- 形状——每种工艺能够加工出的形状的性质。
- 周期——每个零件的加工周期所耗时间（$1/\dot{n}$）。
- 灵活性——加工不同的零件时更换工具所需的时间。
- 材料的利用率——最终成为成品零件的材料占总材料的比例。
- 质量——避免缺陷和保证制造精度的能力。
- 设备 / 工具成本——设备和工具成本的大小。

根据上述因素对工艺进行排序，排序结果如表 11.6 所示（Schey 根据更加详细的工艺特点建立了另一个排序系统，详情请参见他写的书[⊖]）。

表 11.6 加工工艺等级排序

等级	周期	灵活性	材料利用率	质量	设备工具成本
1	>15min	不易转换	浪费大于成品的 100%	很差	很高
2	5～15min	转换缓慢	浪费 50%～100%	平均	代价高
3	1～5min	平均转换速率和准备时间	浪费 10%～50%	介于平均到好之间	相对不高
4	20～60s	快速转换	浪费小于成品 10%	介于好到优秀之间	工装成本低
5	<20s	不需要准备时间	无明显浪费	优秀	很低

注：评分标准，1 为最低，5 为最好。

⊖ J. A. Schey, " Manufacturing Processes and Their Selection," *ASM Handbook*, Vol. 20, pp. 687-704, ASM International Materials Park, OH, 1997.

表 11.5 的第二个有用的特点是它参考了大量的美国金属协会（ASM）手册（AHB）和工程材料手册（EMH），这些手册介绍了各种工艺的具有实践意义的详细特点。

制造工艺信息图（PRIMA）给出了丰富的信息，对制造工艺的初选十分有用[㊀]。PRIMA 工艺选择列表（见图 11.9）为不同的材料和零件数量的组合提供了 5～10 种可选的工艺。然后，PRIMA 给出了下列信息，它们对做出好的工艺选择所需的知识要点做了很好的总结，具体包括：

- 工艺描述。
- 材料。材料通常适合的加工工艺。
- 工艺变形。基本工艺的常用变形。
- 经济因素。周期、最小产量、材料利用率、工具成本、人工成本、交货时间、能源成本和设备成本。
- 典型应用。通常由此工艺加工的零件实例。
- 设计方面。一般信息，包括形状复杂度、尺寸范围、最小厚度、出模角度、退刀槽和其他特征限制。
- 质量问题。介绍应注意避免的缺陷、表面粗糙度的期望范围、指出尺寸公差与零件尺寸关系的工艺性能表。

如果手头上没有剑桥的材料选择软件，*Process Selection* 是一本很好的有助于工艺选择的图书。

例 11.1 例 11.2 所给出的汽车风扇材料的选择，由于使用铸造或注射成型工艺，所以假设每种材料的加工成本大致相同。最好的三种材料分别是：铸铝合金、铸镁合金和含有 30% 短切玻璃纤维的增强硬质尼龙 6/6。因为希望能够制造出叶片和风扇毂为一体的风扇，所以该例主要考虑铸造或注射成型制造工艺。

现在我们需要为年产量为 50 万的零件考虑更加广泛的制造工艺。通过式（11.8）计算每种工艺的制造成本，根据计算结果做出最终的决策，但在此之前，可使用图 11.9 和表 11.5 对备选工艺进行初步筛选。表 11.7 列出了由图 11.9 给出的适用于加工铸铝合金、铸镁合金和增强硬质尼龙 6/6 的制造工艺。

㊀ K. G. Swift and J. D. Booker, *Process Selection*, 2nd ed., Butterworth-Heinemann, Oxford, UK, 2003.

表 11.7　备选工艺的初步筛选

备选工艺	铝合金		镁合金		尼龙 6/6		取消的原因
	是 / 否 (Y/N)	拒绝 (R)	是 / 否 (Y/N)	拒绝 (R)	是 / 否 (Y/N)	拒绝 (R)	
1.2 壳型铸造	Y		N		N		
1.3 重力压铸	Y		Y		N		
1.4 压力铸造	Y		Y		N		
1.9 挤压铸造	Y		Y		N		
2.1 注射成型	N		N		Y		
2.6 吹塑成型	N		N		Y	R	用于 3-D 镂空形状
2.9 挤塑压铸	N		N		Y	R	需要扭叶片
3.1 闭式模锻	Y		Y		N		
3.2 滚压成型	Y		N		N		用于板材成型的 2-D 工艺
3.3 冲压成型	Y	R	Y	R	N		用于高 L/D 比成型
3.4 冷成型	Y	R	Y	R	N		用于镂空 3-D 形状
3.5 冷镦	Y	R	N	R	N		用于生产螺栓
3.8 剪 / 冲裁成型	Y	R	Y	R	N		2-D 成型工艺
3.12 金属挤压	Y	R	Y	R	N		需要扭叶片
4A 自动机床	Y	R	Y	R	N		根据指令加工

为了解释表 11.7，首先要考虑图 11.9 是否对某工艺适合加工其中一种材料做了说明。可选工艺和材料的对应列表中，铸铝合金的可选工艺数量最多，而尼龙 6/6 的最少。根据每种工艺能够加工出的主要形状对可选工艺进行首轮筛选。因此，可以排除的工艺分别为：吹塑成型（原因是它主要用于加工空心薄壁件）、挤压和拉拔（原因是它们主要用于加工长径比较大的直的零件，而风扇叶片的形状有小角度的弯曲）、薄板工艺（原因是它主要用于加工 2D 形状）。此外，可根据要加工的形状，通过查询表 11.3 来检查剩余的工艺是否应被排除。叶片轮毂与图 11.6 中的 T7 形状最为相似，但是没有备选工艺被排除。切削工艺也应排除，原因是从管理上来说，它的成本太高。经过初步筛选后，需进一步考虑的备选工艺种类如下所示：

铝合金	镁合金	尼龙 6/6
壳型铸造	重力压铸	注射成型
重力压铸	压力铸造	
压力铸造	闭式模锻	
挤压铸造	挤压铸造	
闭式模锻		

显然，注射成型适合加工尼龙 6/6 这种材料的唯一可行的工艺。可用于加工铸铝合金和铸镁合金的工艺还剩下几种铸造工艺和闭式模锻工艺。可根据表 11.5 给出的选择标准对剩余的工艺进行比较。此外，由于精密铸造能够加工出精度很高的铸件，所以也将精密铸造作为备选工艺。虽然表 11.5 没有列出壳型铸造的相关数据，但表 11.8 中的条目是根据 *Process Selection* 这本书给出的数据构造的。重力铸造通常被称为金属型铸造，表 11.8 中有关金属型铸造的数据来源于表 11.5，各工艺的每种指标的评级结果在表 11.8 中汇总。

表 11.8　备选加工工艺的二次筛选

工艺	时间周期	工艺灵活性	材料利用率	质量	装备和工具成本	总计
壳型铸造	5	1	4	3	1	14
低压金属型铸造	4	2	2	3	2	13
压力铸造	5	1	4	2	1	13
挤压铸造	3	1	5	4	1	14
熔模铸造	2	4	4	4	3	17
闭式热模锻	4	1	3	3	1	12

工艺排序的结果并没有很明显的区别。除了熔模铸造以外，所有铸造工艺的等级都是 13 或 14。闭式热模锻的等级稍低，为 12。此外，12 个叶片与轮毂是一体的，设计能够加工它的锻造模具比设计同样形状的铸造模具要复杂得多。对于此实例来说，与铸造相比，锻造并没有任何优势。

为了确定制造工艺，下一步（即例 11.2）根据式（11.8）估算零件的加工成本并进行比较。以下是进行比较的工艺：加工尼龙 6/6 的注射成型工艺，加工金属合金的低压金属型铸造、精密铸造和挤压铸造工艺。与壳型铸造和压力铸造相比，挤压铸造能够加工出低孔隙度和细节更好的铸件，所以也将挤压铸造作为备选工艺。

例 11.2　现在，我们使用式（11.8）来确定加工 50 万个风扇的预计成本。无论是采用铸造工艺还是成型工艺，我们希望加工出叶片和轮毂为一体的风扇。这样做可以省略叶片和轮毂的装配操作，但需要额外加入平衡工艺步骤。

如图 10.9 所示，风扇半径为 9in，轮毂厚度为 0.5in、半径为 4in。轮毂上共铸有 12 个叶片，每个叶片的根部宽度为 1in，端部宽度为 2.3in，叶片厚度为 0.4in，从根部到端部逐渐变薄。轮毂和叶片约占整个风扇体积的 0.7。因此，风扇铸件的体积大约是 $89in^3$，若材料选用铝，那么风扇的重量为 8.6lb（约 3.9kg）。

因为要求叶片和轮毂一体化，所以我们只考虑铸造工艺和成型工艺。低压金属型铸造

（也被称为重力铸造）是压力铸造的一个变种，在此工艺中，熔化的金属在低压的作用下向上流入模具中。由于金属液流入模腔的速度较慢，液体中不含空气，所以铸件含有的缺陷较少。挤压铸造结合了铸造和成型工艺的特点，首先将金属液输入到下模中，在金属液凝固过程中，通过在上模中施加较高的压力来将半凝固的金属压成最终形状。

为了减少疲劳破坏的发生，叶片的表面粗糙度必须达到N8以上（见表11.3），叶片的宽度和厚度公差为 ±0.020in（约0.50mm）。图11.12表明有多种金属铸造工艺能够满足上述加工质量要求，包括压力铸造和精密铸造。此外，注射成型是加工3-D热塑性塑料的一种备选工艺。作为一种创新的铸造工艺，挤压铸造也被添加进来，它能够加工出具有高精度的高质量铸件。

表11.9将对汽车风扇的要求与四种相似制造工艺的加工能力进行了对比。挤压铸造的数据摘自Swift和Booker所著的书籍[㊀]，其他三种工艺的相关数据是通过CES软件获得的。注意熔模铸造的数据并没有包括在内，因为其经济批量大小低于1 000或者2 000，而我们计划的零件年产量是50万件。

表11.9 根据风扇的要求比较各工艺的特性

工艺需求	风扇设计	低压金属型铸造	熔模铸造	注射成型	挤压铸造
尺寸范围、最大重量（kg），图11.7	3.9	80		30	4.5
截面厚度，最大（mm），图11.8	13	120		8	200
截面厚度，最小（mm），图11.8	7.5	3		0.6	6
公差（±mm）	0.50	0.5		0.1	0.3
表面粗糙度（μm）R_a	3.2	4		0.2	1.6
经济批量，单位，图11.5	5×10^5	$>10^3$	$<10^3$	$>10^5$	$>10^4$

上述候选工艺都能够加工对称的3-D形状。首先选择经济批量作为筛选参数。由于希望汽车风扇的年产量为50万件，但精密铸造的经济批量少于1 000，所以首先把它排除。其他三种工艺虽然在加工能力方面也有所重叠，但是通过进一步分析可知这些问题不足以排除这三种工艺。例如，注射成型要求尼龙材料零件的壁厚不能超过13mm，但这个问题可以通过在壁薄的轮毂处添加加强筋来解决。低压金属铸造所能实现的尺寸精度和公

㊀ K. G. Swift and J. D. Booker, *Process Selection*, 2nd ed., Butterworth-Heinemann, Oxford, UK, 2003.

差有可能不满足要求。可以通过对工艺变量进行试验来确定低压金属铸造是否存在问题，如测试熔化温度和冷却温度。

我们现在已将候选工艺减为3种，最后使用11.4.6节介绍的成本模型来计算加工一个叶片和轮毂一体式风扇的成本，根据成本的评估结果确定最终制造工艺。

表11.10中的计算结果表明，每年生产50万个风扇需要2台设备3班倒工作50周，这些参数在工装和资本成本中有所考虑。人工成本根据每台机器一个工人计算。低压金属型铸造和挤压铸造使用的材料是A357铝合金，注射成型使用的材料为含有30%短切玻璃纤维的增强硬质尼龙6/6。

表11.10 按11.4.6节所述的成本模型确定三种工艺的单位成本

成本构成	低压金属型铸造	注射成型	挤压铸造
材料成本，c_m/（美元/lb）	0.60	1.80	0.60
过程中废料的比例，f	0.1	0.05	0.1
零件质量，m/lb	8.6	4.1	8.6
C_M/美元，见式（11.3）单位材料成本	5.73	7.77	5.73
人工成本，c_W（美元/h）	25.00	25.00	25.00
生产率，$\dot{n}$/件	38	45	30
C_L/美元，见式（11.4）单位人工成本	0.66	0.55	0.83
工具成本，C_t/（美元/套）	80 000	70 000	80 000
总生产运行，n_t/件	500 000	500 000	500 000
工具寿命，n_t/件	100 000	200 000	100 000
工具需求量，k	5×2	3×2	5×2
C_T，见式（11.5）单位工装成本	1.66	0.84	1.60
资本消耗，c_e/美元	100 000×2	500 000×2	200 000
资本消耗时间，t_{wo}/年	5	5	5
载荷分数，L（分数）	1	1	1
载荷共享分数，q	1	1	1
C_E/美元，见式（13.6）单位设备资本成本	0.17	0.74	0.44
间接费用，c_{OH}/（美元/h）	60	60	60
生产率，$\dot{n}$/件	38	45	30
C_{OH}/美元，见式（11.7）单位间接费用成本	1.58	1.33	2.00
单位总成本＝$C_M+C_L+C_T+C_E+C_{OH}$	9.74	11.23	10.60

从表 11.10 可以清楚地看出材料成本是主要的成本种类。在所考虑的三种工艺中，材料成本占总成本的比例为 54%～69% 不等。生产速度也是一个重要的工艺参数。与低压金属型铸造相比，挤压铸造的人工成本和管理成本较高。使用第 3 章介绍的全面质量管理（TQM）方法进行工艺工程研究能够提高生产速度。然而，因为上述三种工艺含有热传导速度的限制，它决定了零件完全凝固到能够从模具中取出的时间，所以这极大地限制了生产速度的提高。

显然，加工风扇轮毂和叶片应选择低压金属型铸造。如果要排除这种工艺，那么唯一的原因只可能是其无法保证所要求的尺寸和公差，或者有可能存在气孔。挤压铸造也是一个有吸引力的选择，因为附加的压力使金属液在冷却过程中变形较少，虽然单件成本略有增加，但是能够得到较高的精度。而由于高分子化合物的成本很高，尼龙 6/6 的注射成型是最不被提倡的选择。

在使用计算机数据库的条件下，例 11.1 和例 11.2 中展示的工艺选择过程可以达到更高的效率并且有更多的初选方案。在 CES EduPack[⊖]中包含了很多类似于图 11.3 所示的数据表，它们囊括了数百种工艺选项。

11.5　面向制造的设计

在过去的 30 年里，为了降低加工成本，提高产品质量，工程师在产品设计与制造的集成上进行了大量的尝试。在这方面已经提出的步骤和方法被称为*面向制造的设计*或*可制造性设计*（DFM），与其紧密联系的领域是*面向装配的设计*（DFA），它们的结合经常被缩写为 DFM/DFA 或 DFMA。DFMA 方法应用于具体设计阶段。

面向制造的设计说明人们意识到了在设计时就全面考虑加工的所有步骤的重要性。为了最好地实现面向制造的设计的目标，需要使用并行工程中团队合作的方式（2.4.1 节），这要求制造方面的代表（包括外部供应商）就是设计团队中的成员。

11.5.1　面向制造的设计原则

面向制造的设计原则是从多年工程实践中总结出的良好设计习惯[⊜]。使用这些原则有助

⊖ Cambridge Engineering Selector EduPack, Granta Design, 2018. Web.

⊜ H. W. Stoll, " Design for Manufacture: An Overview," *Appl. Mech. Rev*, Vol. 39, pp. 1356–64, 1986; J. R. Bralla, *Design for Manufacturability Handbook*, 2nd ed., McGraw-Hill, New York, 1999; D. M. Anderson, *Design for Manufacturability*, 2nd ed., CIM Press, Cambria, CA, 2001.

于减少可用设计方案的数量，从而使必须考虑的细节数量在设计者所能处理的能力范围之内。

1. 减少零件的总量。删除零件可以大幅节省成本。删除了某零件，就无须支付用于该零件加工、装配、运输、仓储、清洗、检验、修改和服务所需的费用。如果一个零件与其他零件没必要有相对运动以及随后的调整动作，也没必要使用不同的材料来制作，就可以考虑去除它。然而，不能过多地删除零件，否则会使保留下来的零件过重或过于复杂，导致成本增加。

减少零件数量的最好方法是在产品的概念设计阶段就提出最小零件数量的设计要求。另一种方法是将两个或多个零件组合为一个集成的设计架构，塑料零件就特别适合集成设计[1]。紧固件通常是零件删除的主要对象。使用塑料加工零件的另一个好处是有机会使用卡入式连接，不用螺钉，如图 11.14a 所示[2]。

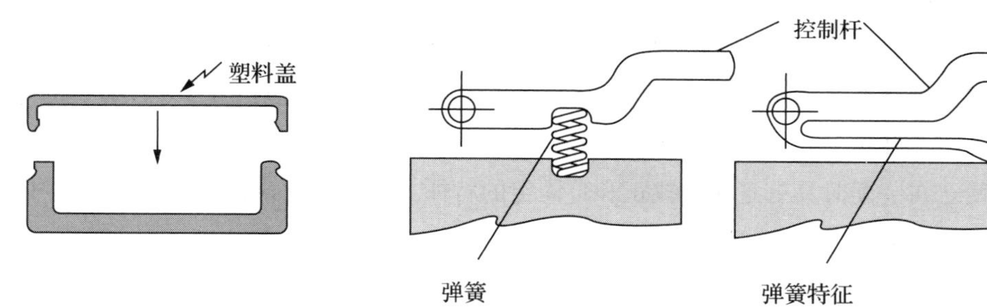

a）产品利用卡扣配合原理固定顶盖，不需要螺栓紧固。由于顶盖是用塑料成型加工而成的，并且卡扣配合有一定锥度，故此例也展示了材料对于结构功能的顺应性

b）描述了一个多功能零件，通过在控制杆上引入有弹簧功能的特征，省去了一个螺旋弹簧

图 11.14　应用面向制造设计技术的一些实例

2. 标准件。在设计中使用可买到的标准件可以降低成本，提高质量。若企业制定自己工厂内部生产的零件的设计（尺寸、材料和工艺）标准，也会带来相应经济效益。标准件具有已被认可的寿命和可靠性，所以这样可以减少零件数量、缩减设计步骤、避开加工设备和工具成本并且更加易于仓储，从而使得成本降低。

3. 标准化的设计特征。对设计特征进行标准化，如钻孔的尺寸、螺纹类型和导角半径，

[1] W. Chow, *Cost Reduction in Product Design*, chap. 5, Van Nostrand Reinhold, New York,1978.

[2] P. R. Bonnenberger, *The First Snap-Fit Handbook*, 2nd ed., Hanser Gardener Publications Cincinnati, OH, 2005.

从而减少工具库中所需要维护的工具数量。这样做可以降低加工管理成本。大批量生产是一个例外，因为使用专用工装可能会更加符合成本效益。

在机加工零件、铸件、注射件以及冲压件上使用空间钻孔可以在一次操作中完成多个孔的加工，从而避免重复工装造成的缺陷。由于孔间薄片的支撑力有限，所以孔与孔的间距有一个最小值。

4. 在不同产品线中使用通用件。在不同的产品中使用通用件被认为是具有商业智慧的做法。在每个产品中，应尽可能多地使用相同的材料、零件和部件。这样提供了规模经济，可以降低单位成本，简化人员培训和过程控制。

5. 以保证设计功能和简单为目标。实现产品的功能是最重要的，但不要指定比需要值更高的性能指标。若普通碳钢即可实现热处理后的合金钢的功能，那么指定合金钢的设计就不是一个好的设计。为零件设计增加特征的时候，要给出具有说服力的理由。具有最少的零件、最简单的结构形状、最少的精度修正和最少加工步骤的产品，它的制造成本是最低的。并且，最简单的设计常常具有最高的可靠性，并且最易于维护。

6. 设计零件使之具备多个功能。设计时，使零件具有多种功能是减少零件数量的好方法。例如，如图 11.14b 所示，零件既充当结构构件，又起到了弹簧的功能。为了装配，设计零件时可以使之在装配时具有定向、找正和自固定的特征。如果过分执行此原则，那么可能与原则 5 相矛盾并违反原则 7。

7. 设计易于加工的零件。正如第 10 章所讨论的，在满足功能要求的前提下，应选择最低成本的材料。一般情况下，较高强度的材料具有较差的可加工性或可塑性。因此，如果选择高强度材料，不仅要花更多的钱购买材料，还要花更多的钱将它加工成所要求的形状。因为使用切削加工将零件加工成所需形状往往是昂贵的，所以无论什么时候只要有可能减少切削，都应该优先选择能将零件加工成*接近最终形状*的其他制造工艺。

预知一个操作工加工一个零件所需的步骤很重要，所以设计人员必须将生产操作步骤尽量缩减。例如，在切削前，零件的装夹是一个费时的操作，所以需要通过设计来减少操作人员为了完成切削任务所需的零件重定向次数。二次装夹也是几何误差的主要来源。设计师必须考虑是否需要使用夹具，以及在零件上设计含有大且坚固的安装表面和平行的装夹表面的可能性。

务必在铸件、注射件、成型件以及机加工零件上使用大的圆角和半径。详情请见 J. R. Bralla, *Design for Manufacturability Handbook*, 2nd ed., McGraw-Hill, New York, 1999。

8. 避免过高的公差要求。确定公差时需要十分小心。所指定的公差若高于所需的公差将导致成本增加，如图 11.13 所示。严格的公差来自使用昂贵的二次精加工操作，例如研磨和珩磨。选择能够产生所需公差和表面粗糙度的制造工艺。

9. 尽可能减少采用辅助工艺和精整操作。必须尽可能减少使用辅助工艺，如热处理、切削和连接操作。避免精饰操作，如去飞边、喷涂、加镀层和抛光操作。只有存在功能性或安全性原因的时候，才进行上述操作过程。表面处理也仅在存在功能性要求或为了美观的情况下才进行。

10. 利用工艺的特殊性质。设计师必须对许多工艺产生的特殊设计特征保持警惕。例如，经成型工艺处理后聚合物材料具有“内置”的颜色，而金属零件则与此不同，它的颜色需要进行喷涂或电镀。铝合金通过挤压工艺可以形成复杂的截面形状，然后通过切割得到短的零件。在加工金属粉末零件时，可以控制气孔的产生，所以可以用来加工自润滑轴承。

11.6 面向装配的设计

一旦零件制造完成后，它们需要被装配成部件和产品。装配工艺包含两个步骤，第一步为*搬运*，包括抓取、定向和定位，第二步为*插入和紧固*。根据自动化程度，可将装配工艺分为 3 种类型。

- 在**手工装配**中，在工作台前的工人从托盘上抓取一个零件，然后为了插入操作对零件进行移动、定向和重定位。接下来工人将所有零件装配并紧固成一体，通常使用电动工具完成这个操作。
- 在**自动化装配**中，搬运由零件送料机完成，例如振动盘，它将朝向正确的零件输送到自动工作头处，然后工作头负责装入工件[1]。
- 在**机器人装配**中，由计算机控制的机器人完成零件的搬运和装入操作。

装配成本由装配的零件数量和零件搬运、装入和紧固的难易程度决定。产品的设计对于这两个方面都有很强的影响。通过删除零件的方式可以减少产品的零件数量（例如，用卡扣配合或压入配合代替螺钉和垫片，以及将多个零件组合成一个单独零件）。简化搬运和装入操作可通过设计实现，从而确保零件不紊乱、不互相嵌套。记住，应将零件设计成对称的形状。在可能的情况下，应使用在插入之前不需要端到端对齐的零件，例如螺钉。零件的形状最好是

[1] G. Boothroyd, *Assembly Automation and Product Design*, 2nd ed., CRC Press, Boca Raton, FL, 2005; “Quality Control and Assembly,” *Tool and Manufacturing Engineers Handbook*, vol. 4, Society of Manufacturing Engineers, Dearborn, MI 1987.

绕装入轴线旋转对称的，如垫圈。

为了装入方便，零件应加工成有导角或凹槽的形状，从而对齐，应有充分的间隙，从而减少装配阻力。如果零件有自定位特征，则不会遮挡视线并且可以给人手动装入提供操作空间，因此这一点很重要。图 11.15 举例说明了一些上述问题。

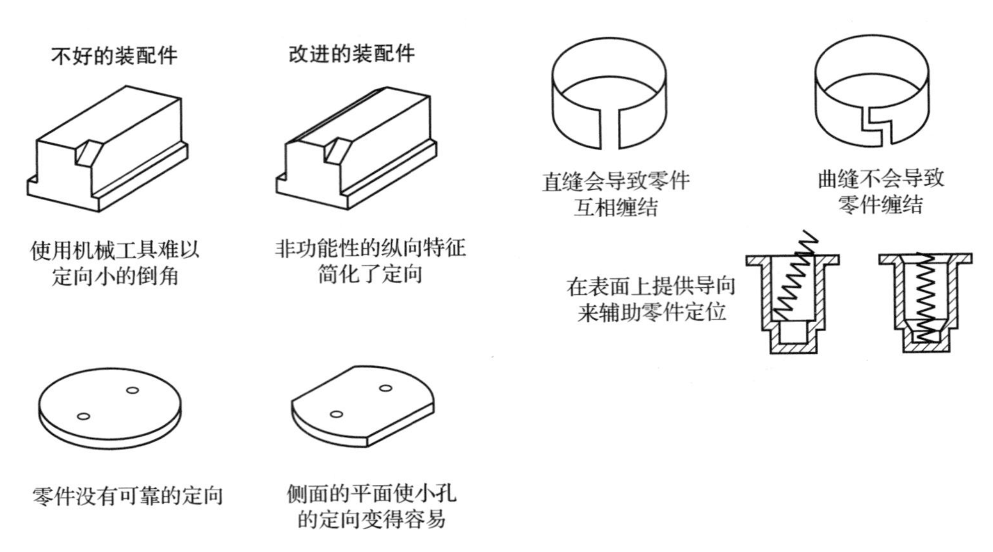

图 11.15 可以改进装配性的一些设计特征

11.6.1 面向装配的设计原则

面向装配的设计原则可分为 3 类：一般原则、搬运原则和装入原则。

一般原则

1. 最小化零件总数。设计中没有要求的零件不需要进行装配。在装配中，检查零件列表，确定哪些对产品的正常功能来说是必要的零件，所有其他的零件都是备选删除零件。必要零件又被称为理论零件，它的确定标准为：

- 与其他必要零件有相对运动的零件为必要零件。
- 零件由与所有其他零件不同的材料制成，则该零件为必要零件。事实上，这是确定某零件为必要零件的根本原因。
- 如果不拆除该零件就无法装配或者拆卸其他零件，也就是说该零件是其他零件之间的必要连接，则该零件为必要零件。

- 若对产品进行的维护工作要求将某零件拆卸或者替换掉，则该零件为必要零件。
- 如果某零件仅用于紧固或连接其他零件，那么它们一般都是要删除的零件。

可以应用式（11.9）计算产品的装配效率，根据装配效率可以对设计进行评价。在式（11.9）中，“理论”零件所需的装配时间为 3 秒㊀。

$$设计的装配效率 = \frac{3\times“理论”零件的最小数量}{所有零件的装配时间} \tag{11.9}$$

由于理论零件是为了满足产品功能性要求的，所以不能从设计中删除它。在典型情况下，初次设计的装配效率在 5%～10%，在经过可装配性设计分析以后，装配效率一般可达到 20%～30%。

2. 最小化装配面个数。简化设计，以减少在装配中需要准备的装配面。并且保证当一个装配面上的所有工作都完成以后，再进行其他表面的工作。

3. 使用部件。由于部件在最终装配时的接口较少，所以在装配中使用部件能够带来成本上的节约。构成部件的各个零件要在没有拆卸的情况下能够改变位置，并且部件要能够很容易地与其他已装配的部分相连接。部件可在另外的场所进行制造和测试，然后再被运送到最终装配区。如果部件是外购的，那么在运送前应将其完整地装配好并经过测试。由部件组成的产品更易于维修，出现故障后，只需更换出故障的部件即可。

4. 设计和装配的防错。可装配性设计的一个重要目标就是确保装配过程是明确的，这样装配工人就不会发生错误。零件的设计要保证零件的装配方法只有一种，抓取零件时零件的朝向应显而易见。零件应被设计成不能从相反的方向被装配起来的。在装配中，定向缺口、不对称的孔和挡块是常用的防错方式。有关防错的更多内容参见 11.8 节。

搬运原则

1. 减少紧固件成本。紧固件虽然可能只占产品材料成本的 5%，但是为了在装配中完成正确的操作，它们所需的人力成本可达到装配成本的 75%。在装配中，使用螺栓的成本较高，所以在可能的情况下应尽量使用搭扣。当设计要求允许时，尽量使用少量较大的紧固件而不是多数较小的紧固件，这样可以减少紧固件的数量。减少紧固件成本的方法包括将几种紧固件的类型和尺寸、紧固工具和紧固力矩数值标准化。比如，当产品的装配只使用一种螺栓紧固装置时，可以使用电动螺丝刀进行装配。

㊀ 对于家用产品或电子产品的小型零部件，装配时间为 2～10s。对于汽车装配线，典型的装配时间为 45～60s。

2. 在装配中减少搬运操作。 零件的设计应保证用于装入和连接的定位显而易见且易于实现。有的设计特征有助于将零件定向定位在正确的位置上，所以可以使用它们来帮助确定零件的方位。使用机器人进行搬运的零件应具有用于真空夹持器夹持用的平整而光滑的顶面，或用于叉状夹持器的内孔，或用于爪形夹持器的圆柱状外表面。

装入原则

1. 减少装配方向的数量。 所有产品的设计都应确保可以从一个方向完成产品的装配。转动装配件需要花费额外的时间和操作来完成，同时可能需要额外的移动工作台和夹具。在装配中，最好的情况是零件沿 z 轴从上向下进行装配，从而建立一个沿 z 轴方向的零件组。

2. 设法使零件和工具能自由进出。 所设计的零件不仅要保证零件的尺寸适合它所规定的位置，并且必须要有足够宽敞的装配路径，从而保证能够将零件移动到装配位置。装配路径也包括工人的手臂和安装工具所需的空间，安装工具除了螺丝刀外，还包括扳手和焊枪。如果工人不得不弯曲身体才能完成装配操作，那么在工作了几个小时以后，工作效率和产品质量将会降低。

3. 最大化装配中的适应性。 当零件不完全一致或加工得较差时，需要额外的装配力。在设计中必须标明装配力的范围，包括诸如大锥度、倒角和半径之类的特征。如果可能，可将产品中的某个零件设计成装配支架和机架，可将其他的零件添加到机架上，这样做可能会要求额外设计不具有产品功能作用的设计特征。

11.6.2 面向装配的设计分析

应用最为广泛的面向装配的设计方法莫过于 Boothroyd-Dewhurst DFA 法[㊀]。该方法按步骤运用可装配设计准则中的相关内容来减少手工装配的成本开销。该方法分为两个阶段，第一个为分析阶段，第二个为重新设计阶段。在第一阶段，设计者根据表格中的数据来查询在装配中运送和安装各个零件所需的时间，这些表格是基于对装配中的时间和空间运动所进行的实验研究制作而成的。表中的数据来自零件的尺寸、重量以及几何特征。某零件在运送之后被重新定向的时间也被计入。同样的，每个零件被定义为必要零件或者“虚拟零件”（无论它是不是个在重设计阶段可排除的可选零件）。虚拟零件的最小数量取决于对 11.6.1 节中的最小化零件总数下面所列的标准的引用，从而可以确定装配所需的总时间，以分钟为单位记录。再结合式（11.9）就可以确定设计装配效率。这给设计者提供了所设计产品的装配难易程度，

㊀ G. Boothroyd, P. Dewhurst and W. Knight, *Product Design for Manufacture and Assembly,* 2nd ed., Marcel Dekker, New York, 2002. DFA and DFM software is available from Boothroyd-Dewhurst, Inc. www.dfma.com.

以及重设计阶段所应该达到的深度，以提高装配效率。

例 11.3（电动组件上面向装配的设计） 设计一个安装在两个钢制导轨上进行垂直运动的电机驱动装配[⊖]。电机要求全封闭，并且有可拆卸的外壳以便安装位置传感器。主要的功能要求是设计一个在导轨上能上下移动的刚性基座用于支撑电机和传感器。电机要求全封闭并且有可拆卸外壳用于调试位置探测传感器。

图 11.16 给出了该电机驱动装配的初始设计方案。刚性基座能够在导轨上上下移动（未在图中显示），它支撑着直线电机以及位置传感器。在基座与钢制导轨接触处嵌入两个黄铜衬套，以改善运动过程中的摩擦和磨损特性。上部底盘上安有索环，以便使连接电机和传感器的线材得以通过。箱型外壳从基座下方装入，覆盖住整个装置，并且以四个外壳螺钉固定，其中两个旋入基座，另外两个通过通孔旋入上部底盘。另外，在对角处安装两个螺栓来固定上部底盘和安装在上面的螺钉，这样，整个装置由 8 个零件和 9 个螺钉组成，一共 17 个零件。电机和传感器是外购部件。两根导轨由直径为 0.5in 的不锈钢棒冷拔制成。导轨是设计的重要部分并且没有可替代品，因此分析中不用考虑。

我们现在使用 11.6.1 节中的面向装配的设计准则来确定不可消除的理论零件以及用于替换的可选的零件。

- 基座显然是个很重要的零件。它必须沿着导轨移动，是进行任何重新设计的“前提”。但是，如果不用铝而将基座换成其他材料可减少零件数量。铝制零件在不锈钢导轨上运动的设计不太合理，黄铜衬套安装在基座内部，用以减小接触面摩擦系数。然而，众所周知的是尼龙（一种热塑性聚合物）与铝相比，在不锈钢上滑动时摩擦系数低得多。使用尼龙来制作基座可以去掉两个黄铜衬套。
- 现在我们考虑螺栓。我们不禁要问，它们存在的意义是连接两个零件吗？答案是肯定的，故它们是可消除的备选零件。然而，一旦它们被消除，则上部底盘需要重新设计。
- 上部底盘的作用是保护电机和传感器。这是一个重要功能，因此重设计之后的上部底盘将会是一个外罩并且是一个理论零件。该零件必须可拆卸以便于调试电机和传感器。根据要求外罩可以是一个塑料成型件，并且可以简单地卡入基座。这样做可以去掉四个外壳螺钉。因为外罩是个塑料件，因此孔环也就没有存在的意义了，因为它的作用仅仅是防止通入箱体的电线磨损。

⊖ G. Boothroyd, “ Design for Manufacture and Assembly,” *ASM Handbook,* Vol. 20, p. 676, ASM International, Materials Park, OH, 1997.

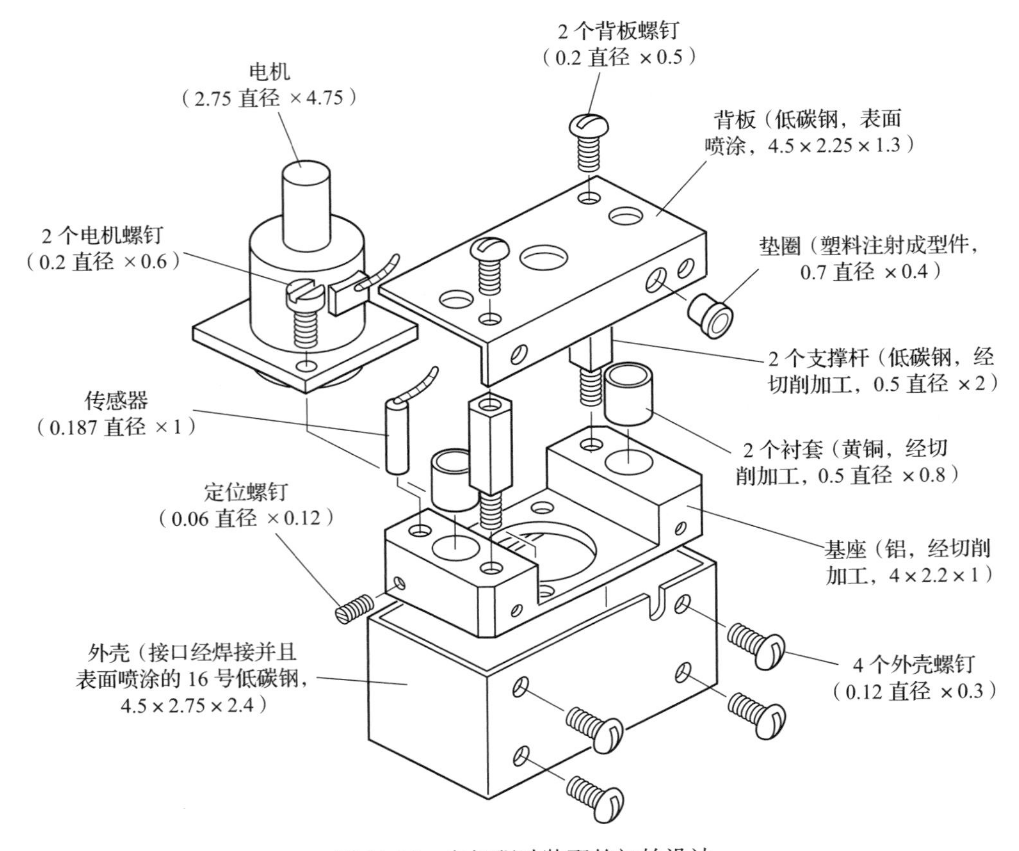

图11.16　电机驱动装配的初始设计

（源自 *ASM Handbook: Materials Selection and Design, Volume 20.* ASM International, 1997。）

- 电机和传感器均不可消除。显然它们对于整个装置来说是必要零件，并且它们的装配耗时以及装配成本将被计入面向装配的设计分析中。然而，购买它们的成本将不被计入，因为它们是从外部供应商购入的。这部分成本属于产品的材料成本。
- 固定传感器用的紧定螺钉以及将电机固定在基座上的螺钉理论上说不是必需品。

手工装配的时间可通过查表[㊀]来估计并确定，每个零件的处理时间包括抓取耗时和定向耗时，以及装入耗时和紧固耗时。例如，零件的处理时间表列出了一系列的数值，根据零件的对称性、厚度、尺寸、重量以及安装时需要单手还是双手抓取和操作来得出该时间。一些零件由于特殊情况（譬如多个零件缠结在一起、零件有伸缩性、外表很滑、需要调整零件的光学放大倍率，以及需要使用特殊工具操作等）导致装配处理时有困难，所

㊀ G. Boothroyd, et.al., op. cit., Chap. 3.

以要计入额外的耗时。对于由许多零件组装而成的产品，这一过程显得尤为费力。而使用可装配设计软件不仅对于减少额外耗时有实质性的帮助，而且对设计过程也有启发性的提示和帮助。许多不同的 DFA 软件工具是可以使用的，Boothroyd Dewhurst，Inc.㊀和 Velion㊁是两家提供 DFA 软件的公司。

安装所需的时间表根据该零件是否可以立即装入以及是否在其安装前要先进行其他操作而有所区分。后一种情况主要是根据零件是否需要先紧固及其对齐的难易程度而有所区分。

表 11.11 给出了初始方案的面向装配的设计分析结果。正如先前所讨论的，基座、电机、传感器以及上部底盘是必要零件，所以在总共 19 个零件中理论零件的个数是 4。故根据式（11.9），这个装配的设计效率是相当低的，只有 7.5%，说明有很多零件应当被排除。

表 11.11　电机驱动装配体的可制造性分析（初步设计）

零件	序号	理论零件数	装配时间 /s	装配成本 / 美分
基座	1	1	3.5	2.9
衬套	2	0	12.3	10.2
电机装配体	1	1	9.5	7.9
螺杆马达	2	0	21.0	17.5
传感器装配体	1	1	8.5	7.1
定位螺钉	1	0	10.6	8.8
支座绝缘子	2	0	16.0	13.3
端板	1	1	8.4	7.0
端板螺钉	2	0	16.6	13.8
塑料衬套	1	0	3.5	2.9
螺纹导程	…	…	5.0	4.2
再定位	…	…	4.5	3.8
面板	1	0	9.4	7.9
面板螺钉	4	0	31.2	26.0
总计	19	4	160.0	133.0

注：装配体设计效率为 $4\times3/160$=7.5%。

在表 11.11 中，装配的总成本是由装配总时间乘以每小时装配成本得出的。在此例中每小时装配成本是 30 美元 /h。

㊀ “DFMA®—Cutting Billions in Manufacturing Costs Since 1983 | Boothroyd Dewhurst, Inc.” Dfma. com, 2019. Web. 30 May 2019.

㊁ “Velion | DFA SOFTWARE.” Espat.com.sg, 2019. Web. 30 May 2019.

图 11.17 所示的电机驱动装配重新设计的面向装配的设计分析的结果在表 11.12 中给出了。注意零件个数从 19 个降低至 7 个，同时装配效率由 7.5% 上升至 26%。而在装配总成本方面也有相应的下降，从 1.33 美元降至 0.384 美元。三个不必要零件均是螺钉，理论上它们可以被排除，但是出于可靠性和产品质量方面的考虑还是将它们保留了下来。下一步就是做另一个制造分析设计，来看看在材料和工艺设计方面做出的改变有没有导致零件成本的下降。

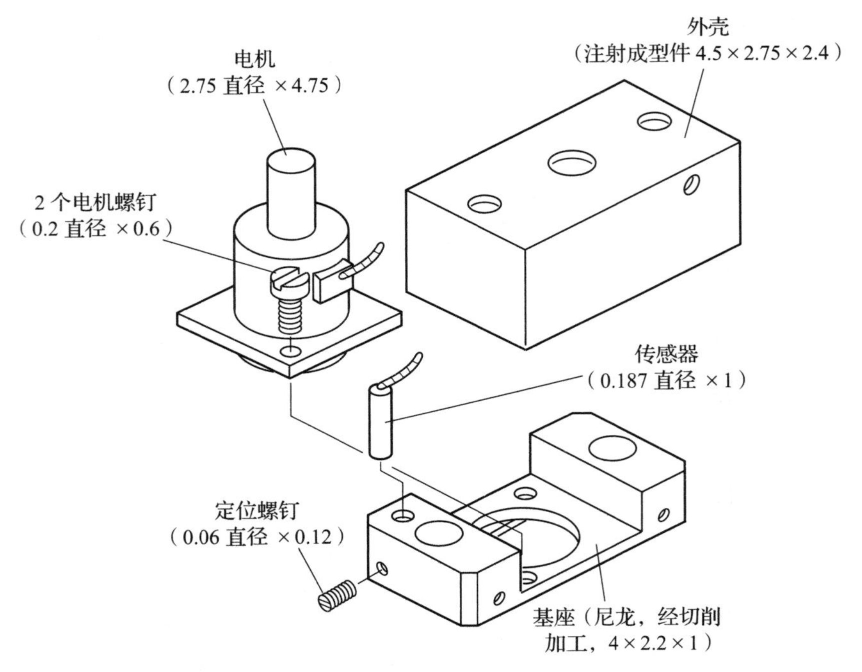

图 11.17　面向装配的设计分析之后对电机驱动装配件进行的改进

（源自 *ASM Handbook*: *Materials Selection and Design, Volume 20*. ASM International, 1997。）

表 11.12　再设计电机驱动装配体的可制造性分析

零件	序号	理论零件数	装配时间 /s	装配成本 / 美分
基座	1	1	3.5	2.9
电机装配体	1	1	4.5	3.8
螺杆马达	2	0	12.0	10.0
传感器装配体	1	1	8.5	7.1
定位螺钉	1	0	8.5	7.1

（续）

零件	序号	理论零件数	装配时间 /s	装配成本 / 美分
螺纹导程	…	…	5.0	4.2
塑料面板	1	0	4.0	3.3
总计	7	4	46.0	38.0

注：装配体设计效率为 4 × 3/46=26%。

例 11.3 说明了设计中采用面向装配的设计的重要性。尽管装配是在零件制造之后进行的，面向装配的设计分析还是可以大大减少装配成本，使之几乎不会超过产品成本的 20%。可装配设计最主要的贡献是使得设计团队在重新设计阶段严肃认真地考虑零件的消除。多消除一个零件就意味着少生产一个零件。

11.7 标准化在面向制造与面向装配的设计中的作用

1.7 节已经介绍了设计准则和标准化在工程设计中所起的重要作用。介绍的重点是标准化在保护公众安全和帮助设计师高质量地完成工作方面的作用。在本章中，我们将进一步讨论标准化，介绍零件标准化在面向制造和面向装配的设计中的重要作用。

零件种类过剩是制造领域特有的问题，必须采取措施来避免这种情况的发生。一个大型的汽车制造厂商发现仅在单一的汽车型号系列中就使用了 110 种不同的散热器、1 200 种地毯和 5 000 种紧固件。减少实现相同功能零件的种类将为产品制造企业带来很多好处。零件种类过剩所引起的成本增加难以精确统计，但据估计接近一半的管理成本与管理如此多的零件有关。

11.7.1 标准化的优点

标准化所带来的优点包括四个方面：减少成本、提高质量、加工灵活性和制造的响应性[㊀]。关于标准化的具体收益概述如下。

减少成本

- **采购成本**。零件的标准化和由此产生的零件种类的减少可以增加同种零件的采购数量[㊁]，所以不仅减少了外购成本，而且对减少零件采购量、实现灵活的运输调度及减轻

㊀ D. M. Anderson, *Design for Manufacturability*, 2nd ed., Chap. 5, CIM Press, Cambria, CA, 2001.

㊁ 零件号是一个零件的标识（常常与图号相同），不要与零件数量的概念相混淆。

采购部门的工作量都有好处。

- **通过对原材料的标准化减少成本**。通过对原材料的标准化（比如只使用一种尺寸的棒料、管子或薄板）可以减少自制零件的加工成本。此外，可以限制金属铸造和注射成型工艺只加工一种材料的零件。上述在标准化方面所做的工作还可以提高自动化设备的使用率，同时减少工具成本，并且减少更换和设置夹具的次数。
- **特征标准化**。零件特征（如钻孔、扩孔、螺纹孔、薄板件上的折弯半径等）都需要专业工具才能加工。除非为每种尺寸都提供专用加工设备，否则当特征尺寸不同时需要更换工具，随之需要花费相应的设置成本。设计者经常随意指定孔的尺寸，而标准的孔径也能取得好的效果。如果车削或铣削的半径没有采用标准尺寸，那么导致车间要额外准备大量的切削工具。
- **减少对仓库和车间占用空间的要求**。通过减少机床调整步骤，上述减少成本的方法也有利于减少仓储成本、来料库存，或减少在制品库存。通过对零件进行标准化，厂家可以更方便根据客户需求进行生产，而这也将大幅减少成品库存。减少库存的好处是减少了所需的工厂占地面积。所有的这些优点，即库存、车间面积、工装成本、采购和其他管理成本的减少，都导致管理成本的减少。

提高质量

- **产品质量**。减少某种零件的数量可以大幅减少在装配中使用错误零件的概率。
- **零件的资格预审**。使用标准件意味着积累了更多使用某种零件的经验，这意味着当下一次使用的时候，标准件无须进行大量测试就能被用于新产品开发。
- **供应商数量的减少意味着质量的提高**。零件的标准化可以减少外部零件供应商的数量，而其余供应商应能保证零件具有高质量。给少数几家供应商更多的订单，可以与他们达成更加牢固的关系。

生产灵活性

- **物流**。减少需要预定、接收、储存、发放、装配、测试和记录的零件数量有助于使厂房内的零件流通更加便利。
- **重视低价标准件的运送工作**。与供应商签订长期订购协议可以使得低价标准件在需要时直接进货，这点很像超市中食品的供应，这样可以降低采购和运送材料方面的管理成本。
- **柔性制造**。消除设置设备这一步骤可以使得产品可以按任意的批量进行加工，允许根据订单来制造产品或用户大规模定制产品。这样做减少了成品的仓储数量，并且让工厂只加工已经订货的产品。

制造的响应性

- **零件的可用性**。缩减大量使用的零件种类数量可以减少零件短缺和延误生产的概率。
- **更快的供货速度**。供应商库存有标准化的工具和原材料，所以零件和材料的标准化将会使得供货速度加快。
- **更有经济实力的供应商**。原始设备制造商（OEM）的零件供应商的利润日趋下降，而且许多供应商已经停业。更大的订货数量和更少的零件种类可以使供应商的商业模型合理化，使其简化供应链管理、减少管理成本，这样可使供应商有能力提高零件的质量和运作的效率。

虽然标准化的益处如此引人瞩目，但它并不总是最好的做法。例如，标准化要求有可能限制产品的设计方案或市场营销方案的选择，这都不是我们愿意看到的。Stoll[⊖]介绍了标准化带来的正面的和负面的影响。

11.7.2 成组技术

成组技术（GT）研究将相似零件进行分组的方法，通过分组来利用零件的共性。根据设计特征的相似性，将零件、制造工艺和工艺步骤分为零件族、工艺族和工艺步骤族（如图 11.6 所示）。分组时需要考虑的典型设计和制造特征如表 11.13 所示。

表 11.13 成组技术分类中考虑的典型设计和制造特性

零件的设计特征		零件的制造特征	
外部形状	功能	外部形状	年产量
内部形状	材料类型	主要尺寸	工装夹具
主要尺寸	公差	长径比	操作顺序
长径比	表面抛光	基本工艺	公差
原材料形状	热处理	辅助工艺	表面抛光

成组技术的优点

- 成组技术使零件设计的标准化成为可能，减少了零件的重复设计。由于只有大约 20% 的设计属于原创设计，所以可以使用原有的相似设计来进行新产品的设计，这样可以节省大量的成本和时间。

⊖ H. W. Stoll, *Product Design Methods and Practices*, Chaps. 9 and 10, Marcel Dekker, New York,1999.

- 通过借鉴设计师或工艺师以前的成果，年轻的和经验较少的工程师可以很快从他们的经验中受益。
- 可以对零件族的制造工艺过程进行标准化以备将来所用。这样做减少了设备设置时间，并且使产品质量具有一致性。此外，由于在加工同一族的零件时经常共用相同的夹具和工具，零件的单件成本也降低了。
- 以这种方式进行生产数据的统计可以使设计者更加容易基于过往经验来进行成本评估，而且评估精度也更高。

布置机床的当前趋势是使用*制造单元布局*，这种布局利用了零件族提供的相似性。生产一组零件所需的所有设备都被分组到一个单元中。例如，一个单元可以是车床、铣床、钻床和圆柱磨床的阵容。或者，该单元可以由单个CNC加工中心组成，该中心可以在单个计算机控制的机器上依次执行所有这些操作。使用单元布局，可以以最小的移动和延迟将零件从单元的一个单元转移到另一个单元。由于GT分析已确保零件混合可提供足够的工作量，从而使电池布局在经济上可行，因此机器一直处于繁忙状态。

11.8 防错

面向制造和面向装配的设计的一个重要作用是预测和避免制造过程的简单人为错误，方法是在产品设计阶段就采取防范措施。一个日本制造工程师Shigeo Shingo，在1961年提出了上述思想，他称之为*防差错技术*（poka-yoke）[㊀]，英文常称为mistake-proofing或error-proofing。防错的基本原则是不应将制造过程中出现的人为错误归咎于单个工人，应将其视作由于不完善的工程设计而产生的系统错误。防错的目标是*零缺陷*，此处缺陷的定义是偏离设计规定和加工规定的任何变化。

在加工操作中，常见的错误包括：

- 在设备或夹具上错误安装工件和工具。
- 在装配中，装配了错误的零件或漏装了零件。
- 加工了错误的工件。
- 对设备错误的操作和调整。

注意，错误不仅出现在加工过程中，在设计和采购中也会产生错误。例如在1999年，往火星

㊀ 发音为POH-kah YOH-kay。

发射的人造卫星存在一个让人啼笑皆非的设计错误，导致卫星在进入火星大气层时发生了爆炸。原因在于NASA的承包商在设计和制造火箭时使用的是美制单位，而不是指定的国际通用单位，而且直到悲剧发生，这个错误始终没有被使用国际通用单位来设计控制系统的工程师发现。

11.8.1　通过检验来发现错误

提到排除错误，人们首先会想到让加工零件的操作工人和组装产品的装配工人加大检查的力度来排错。然而，如例11.4所示，即使是对每个工艺环节的输出做最严格的检查也不能消除所有由于失误而引发的错误。

例11.4（通过自检和逐次检查的方式筛选）假设正在制造的一个零件具有较低的平均缺陷概率，为0.25%（0.002 5）。为了进一步减少缺陷，对全部零件都要进行检验。每个工人自检每个零件，然后由生产线中的下一个工人检验前一个工人加工的零件。

含有缺陷的概率为0.25%，说明每100万个零件中有2 500个零件含有缺陷（2 500ppm）如果工人自检发生错误的概率为3%，两个工人依次检查每个零件，那么在两次连续的检查中漏掉含有缺陷的零件数量为$2\ 500 \times 0.03 \times 0.03 = 2.25$ppm。此废品率是很低的，实际上比$6\sigma$质量等级所实现的3.4ppm还要低（参见第14章）。

但是，一个产品是由很多零件装配而成的机器。如果每个产品含有100个零件，每个零件的完好率为999 998ppm，那么此产品的完好率为$0.999\ 998^{100}$或999 800ppm，装配后的产品含有缺陷的概率为200ppm。如果产品含有1 000个零件，那么每100万个产品中有1 999个废品。如果产品只含有50个零件，那么废品数量降到100ppm。

上例表明，即使在采取极端且昂贵的100%的检验比例，并且产品也不是很复杂的情况下，也难以使无缺陷产品达到很高的比例。例11.4也说明降低产品的复杂度（零件数量）是减少产品缺陷的主要方式。如Shingo所说[⊖]，除了检验产品，需要找到其他的方法来实现缺陷的低发生率。

11.8.2　常见错误

在零件生产中存在四类错误，分别为设计错误、材料缺陷错误、加工错误和人为错误。以下所列的各种错误可以归为设计过程中的错误。

⊖ S. Shingo, *Zero Quality Control: Source Inspection and the Poka-yoke System*, Productivity Press, Portland, OR, 1986.

- 工程图纸或工程设计书中的信息存在歧义。没有正确地使用尺寸公差和几何公差（GD&T）。
- 错误信息。由单位转换完全不正确的计算造成的错误。
- 拙劣的设计方案导致没有提供所需的全部功能。草率做出的设计决定导致产品具有差的性能、低可靠性、含有人身安全隐患或对环境有害。

含有缺陷的材料是另一类错误，这些错误包括：

- 由于在选择材料时没有全面考虑所有的性能要求，所以错误地选择了材料。最为常见的错误是设计者往往会遗漏一些材料的长期性能要求，如腐蚀性和疲劳性。
- 所选材料不满足要求却投入生产，或者外购部件不满足质量标准。
- 由于拙劣的模具或凹模设计以及不正确的加工条件（如温度、变形速度、不良的润滑条件等）导致零件含有难以发现的缺陷，如内部裂纹或表面细纹。

以下所列是在零件加工或装配过程中最常见的错误，按照发生频率降序排列[⊖]。

- 遗漏了操作。没有执行工艺规划所要求的步骤。
- 遗漏了零件。忘记安装螺栓、密封垫或者垫片。
- 错误的零件朝向。将零件装入正确的位置，但是朝向不对。
- 零件错位。零件的对齐精度不够，无法正确配合或实现功能。
- 零件位置错误。虽然零件的朝向正确，但所处位置不对。例如，把短螺栓安装在了该使用长螺栓的地方。
- 零件选择错误。许多零件看起来非常相似，因此很容易选错零件。例如，错误地使用了 1in 的螺栓，而不是 1¼in 的螺栓。
- 误调。未能正确地调整当前操作。
- 做了被禁止的事情。常常是意外（如扳手掉在地上），或者违反安全要求（如在连接电机前没有切断电源）。
- 多余的材料和零件。没有清除材料，例如将保护罩或铸造型芯留在原处。加入了多余的零件，例如螺钉掉进了装配件里。
- 误读、误测和误解。仪器读数、尺寸测量和正确信息理解的错误。

一些一般的人为错误和可用于这些错误的防范措施如表 11.14 所示。

⊖ C.M. Hinckley, Make No Mistake, Productivity Press, Portland, OR, 2000.

表 11.14 人为错误的起因及预防措施

人为错误	预防措施
疏忽	纪律，工作标准化，工作指令
遗忘	定期检查
缺乏经验	技能提升，标准化工作
理解错误	培训，预检，标准工作实践
识别能力差	培训，注意力提升，警惕

进行有益的错误检查和改正，辅以培训和工作标准化，是最好的减少人为错误的方法。但是，消除错误最根本的方法还是改进产品设计和制造，此过程的要点请参见下一节。

11.8.3 防错过程

防错过程的步骤遵循一般的问题求解过程。

- **确定问题。**有时人们并不清楚错误的本质，人们自然的想法是掩盖错误。应设法使员工坦诚相待并建立质量意识。通过采样的正常检验不能提供足够的缺陷采样数量，所以无法在短时间内确定导致问题发生的零件和工艺。为此，在查找错误原因时，应使用 100% 的检查比例。
- **优先级。**一旦确定错误源以后，用帕累托图对它们进行分类，从而找出最频繁发生的错误和对企业利润影响最大的错误。
- **使用原因查找法。**使用因果图全面质量管理（TQM）工具、原因图表和关联图法（详见 3.6 节）确定发生错误的根本原因。
- **确定并执行解决方案。**下一节介绍了设计防错方案的方法。虽然许多方法都能降低零件加工的缺陷率和零件装配的出错率，但是如果在实体设计过程中没有严格遵守面向制造和面向装配的设计原则，那么影响错误发生概率最大的因素还是发生在零件的初始设计阶段。
- **评估。**明确问题是否已经得到解决。如果解决方法效果不佳，应重新进行防错工艺设计。

11.8.4 防错方法

广义上讲，防错就是对防止错误发生、检查错误或查明由错误造成的缺陷等过程进行控制。显然，一旦错误发生后再采取措施不如通过适当的设计和过程控制来阻止错误的发生。

防错在 3 个控制领域中起作用。

- **变动性控制**。比如在一个制造工艺中所加工零件的直径随零件的不同而不同。变动性控制对高质量产品的制造来说非常重要。第 14 章在鲁棒性设计部分详细介绍了此方面的内容。
- **复杂度控制**。复杂度控制主要是通过面向制造和面向装配的设计原则得到阐述，并且它通常可追溯到在具体设计中产品实施方案的设计。
- **错误控制**。主要通过设计和使用防错方法[⊖]进行错误控制，正如最初由 poka-yoke 方法学所指出的那样。

防错方法可分为 5 大类。

- **检核表**。检核表是手写的或使用计算机制作的工步表或任务表，为了完成操作，需要完成这些工步或任务。商业飞机飞行员在起飞前所使用的检核表是一个很好的例子。制作一张检核表是为了查找操作中的错误。在手工装配过程中，操作指南必须辅以清晰的图片。
- **导向销、导轨和槽**。这些设计特征用于在装配中确保零件的位置和朝向均正确。在配合重要的特征之前，导向特征是否与相关零件对齐是很重要的。
- **专用的夹具和固定装置**。这些装置可以用于解决多数的几何问题与朝向问题，特别适用于查找制造工艺工步间的相关错误。
- **限位开关**。限位开关或其他传感器可用于检测位置错误，也可以用于检测某问题是否存在。出现问题时，这些装置引发警报、关闭系统，问题解决时使系统继续运行。通常，传感器与其他工艺设备是互联的。
- **计数器**。机械式、电子式或光学等种类的计数器可用于计数，从而校对所执行的机器操作次数或所加工的零件数量是否正确。计时器则用于校对生产任务持续的时间。

上面介绍的是制造工艺中的防错方法和实例，但是这些方法也可以用于其他领域，如销售、订单记录和采购，在这些领域中，发生错误的代价可能要高于制造中发生错误的代价。与之前的方法很类似，但又相对比较正式的一种防错方法叫作失效模式与效果分析（FMEA），它被用于确定和改进设计中潜在的错误模式，详情参见 13.5 节。

11.9 加工成本的早期估算

在产品的概念设计和实体设计阶段所确定下来的产品所使用的材料、产品形状、产品几何

⊖ 200 个预防错误的方法实例见 M. Hinckley, op. cit 的附录 A～C。

特征以及公差决定了产品的制造成本。由于在产品开发过程中的制造阶段改变设计方案会带来成本的骤增，所以在产品开始生产以后，通常就不可能大幅减少产品成本了。因此，我们需要一种方法能够在设计阶段尽早确定产品的成本。

在产品的设计团队中安插经验丰富的制造技术人员是实现此目标的一种方法。虽然此法的重要性毋庸置疑，但是从实用的角度看，由于时间安排上可能存在冲突，或者设计人员和制造人员身处两地，所以此法不总是可行的。

读者可以使用 11.4.6 节所介绍的方法，并根据估计出来的单件成本在两种备选工艺中选择一种。然而，该方法需要使用相当多的信息，而信息的详尽程度仅足以给出相对排名。

英国赫尔大学（University of Hull）开发了一个用于在设计的早期阶段进行有效的成本评估的系统[⊖]。系统中的数据来自英国的汽车制造业、航空业和轻工业。如果设计细节改变了或由于改变了所使用的制造工艺造成零件成本的变化，系统能合理计算出零件成本。作为 11.4.6 节所述方法的重要扩展，零件形状复杂度对成本的影响也被纳入了考虑范围。

面向装配和面向制造的设计工作可以在图纸上手工完成，而计算机方法的使用给予了设计者极大的帮助，它能够提供提示和帮助界面，方便地存取文献中经常出现的数据，并且使得设计者很容易能观测到设计中某个变化所产生的效果。面向制造和面向装配的设计（DFMA）软件的使用还能给予学习者很好的设计实践上的训练。无论设计者采用什么方法，始终严格按照标准的分析方案来开展工作，有助于提出更有建设性的问题，从而得到对问题更好的解答，这也是使用 DFMA 分析所带来的最大的好处。

11.9.1 并行成本核算

由 Boothroyd-Dewhurst 公司（www.dfma.com）研制的成本核算软件允许设计者对零件成本进行实时估算，它所采用的方法比 11.4.6 节中的方法使用了更多的细节处理。在通常情况下，软件首先下载正在设计的零件的 CAD 文件。若此阶段还没有建成零件的 CAD 图，可仅输入包含零件各尺寸的形状描述文件。例 11.5 将演示该软件。

例 11.5 该软件将接受如下的 CAD 文件。

- CAD 模型不可在该软件内使用。该软件提供各种尺寸的通用 3-D 模型。

⊖ K. G. Swift and J. D. Booker, *Process Selection*, 2nd ed., Butterworth-Heinemann, Oxford, UK, 2003; A. J. Allen and K. G. Swift, " Manufacturing Process Selection and Costing," *Proc. Instn. Mech. Engrs.*, Vol. 204, pp. 143-48, 1990.

- 可从下拉菜单访问零件材料和候选工艺。从下拉菜单中将一系列不同的过程参数（例如零件批号、最大和最小零件厚度或公差）导入到软件中。

本例介绍如何使用软件完成塑料盖的设计和成本核算，零件的材料和制造工艺通过下拉菜单选取，通常先通过材料和工艺菜单选取材料类型。在选取了一类材料后，软件将给出设计师可选择的特定材料。每种材料都有可以使用的工艺种类限制。例如，使用热塑性聚丙烯塑料制造空心长方体外壳显然要选择注射成型工艺。

各参数值是根据输入图纸上的零件几何形状和注射成型工艺的默认参数确定的。由于注射成型属于成型工艺，所以大部分加工成本主要取决于模具成本。面向制造的设计的输入主要与设计细节方面的决策是如何在工具制造成本中得到反映有关。

零件复杂度在设计参数列表下方，以描述零件三维CAD模型内外表面所需的微曲面片的数量来度量。

用户可以修改此表中的任何参数，并且软件能够快速地重新计算成本，从而显示参数变化对成本的影响。例如，我们确定使用30%的可回收塑料树脂会降低零件的性能，那么可以将比例设为10%，这个变化提高了材料成本。我们应该断定零件的尺寸是否足够小，这样一个模具可以加工两个零件，因此将型腔的数量从1变为2。这样做虽然提高了工装的成本，但由于单位时间内所加工的零件数量翻了一番，所以零件成本降低了。

此外，还可以调整的参数包括注射机参数（包括夹紧力和注射功率等）、工艺操作成本（包括工人的数量、工人每小时的工作速度和机器加工速度）、废品率、设置设备和模具的成本和成型工艺数据（包括型腔寿命、填充时间、冷却时间和模具重置时间）。制作模具的成本可以分解为制作预制板、支柱和衬套等成本，以及模具型腔和型芯的制造成本，这些参数也可以在软件中修改。11.4.6节介绍了上述参数在总成本计算公式中的体现。

有些免费的、工艺范围有限的成本评估软件可以在www.custompartnet.com上下载。

由于零件具有很高的复杂度以及工艺参数之间存在着耦合关系，因此只有基于计算机的成本核算模型才能够快速、准确地对成本进行核算。在产品结构设计阶段，可在购买工具之前使用假设法来探究设计细节对工具成本的影响。

11.9.2 工艺建模与仿真

计算机科技以及有限元分析方法的快速发展，使得工业界广泛地采用计算机制造加工建模的方法。有限元和有限差分分析以及CFD能够通过优化部件设计来减少实物模型测试成本，计算机工艺建模同样能够减少产品开发时间以及工装成本[一]。在铸造、注射成型、有飞边模锻、金属板材成型工艺等方面，计算机工艺建模有着广泛的应用。

由于绝大多数的生产工艺使用了大型设备及昂贵的工具，工艺改进研发将会是相当耗时且代价不菲的工作。在铸造和注射成型中，一个典型的问题是对模具进行改进，以在制造的部件的所有区域实现完整的材料流动。像锻造以及挤压变形等形变工艺中，人们也面临着一个典型的问题，那就是如何改进模具以防止零件承受高压区域的破裂。如今，此类问题以及其他很多方面的问题都能够通过使用付费仿真软件快速解决。通过查看某个工艺参数（例如温度）的一系列彩图可以获知仿真结果。使用动画实时展现金属的固化过程是极其平常的。对于铸造和其他形变加工时产生的缺陷和微结构的建模已经十分贴近现实情况了。

11.10 关于工艺特性的面向制造与面向装配的设计准则

11.5 节讨论了通用的面向制造的设计准则，11.6 节讨论了通用的面向装配的设计准则。我们也见识到了面向装配的设计是如何通过减少零件数量来影响面向制造的设计的。正如 Boothroyd[二]所强调的，这两种方法实际上是两个互补性的方法，而且将它们理解成一种方法是完全合理的，那就是面向装配和面向制造的设计，即 DFMA。

本章其余内容将针对某些主要加工方法的 DFMA 问题展开讨论。其中有许多指导方针问题是零件形状方面的，解决它们有利于将某些制造缺陷最小化，也有许多是设计者需要注意的零件加工过程中的材料特性问题。

可以在 www.mhhe.com/dieter6e 上在线找到针对以下过程的特定 DFM 建议：

- 铸件设计。
- 锻造设计。
- 加工设计。
- 焊接设计。
- 设计中的残余应力。
- 热处理设计。

[一] *ASM Handbook*, Vol. 22A, *Fundamentals of Modeling for Metals Processing,* 2009; *ASM Handbook*, Vol. 22B, *Metals Process Simulation,* 2010, ASM International, Materials Park, OH.

[二] G. Boothroyd, P. Dewhurst, and W. Knight, Product Design for Manufacture and Assembly, 3rd ed., Taylor & Francis, Boca Raton, FL, 2010.

- 塑料加工设计。

有关制造过程的信息可通过文本（参见表 11.1）和在线获得。优秀的制造工艺说明也可以在网上找到。我们推荐的一个网站是 www.custompartnet.com，该网站具有出色的 3-D 模型，显示了设备和工具，以及有关使用该工艺制造零件的详细文字说明。

11.11 总结

本章完整地介绍了全书的核心主题，即设计、材料选择和制造工艺是密不可分的。应在实体设计阶段尽可能早地设计出零件加工方案。我们认识到设计者需要大量的信息才能聪明地做出这些决策，为此本章介绍了如下内容。

- 概述性地介绍了最常用的制造工艺，其中重点阐述了面向制造的设计中需要考虑的影响因素。
- 列出了一些经过精心挑选的书和手册来作为参考，它们深入介绍了工艺的原理和产品设计所需的详细信息。还有一些精心挑选的网站，这些网站能清晰地为您解释各种工艺流程，并深入探讨了各种工艺的面向制造的设计准则。
- 介绍了一种根据单位成本对制造工艺进行排序的简单方法，可以在设计阶段的早期使用这些方法来选择工艺。
- 介绍了一些用于面向装配的设计和面向制造的设计的工具。

必须同时决定零件所使用的材料和制造工艺，影响二者选择的决定性因素是加工一个优质零件所需的成本。在确定材料时，必须考虑如下因素。

- 材料的成分：合金或者塑料的等级。
- 材料的成本。
- 材料的形状：棒料、管材、线材、带材、板材、颗粒和粉末等。
- 尺寸：尺寸和公差。
- 热处理条件。
- 机械性能的方向性（各向异性）。
- 质量等级：对杂质、夹杂物、裂纹、微观结构等的控制。
- 可制造性：可加工性、可焊接性、可切削性等。
- 可回收性。

设计者应当基于以下因素决定制造工艺。

- 制造零件的单位成本。
- 单件的生命周期成本。
- 所需零件的数量。
- 零件的复杂度，包括零件的形状、特征和尺寸。
- 制造工艺对所使用的备选材料的兼容性。
- 连续制造无缺陷零件的能力。
- 经济实用的表面粗糙度。
- 经济实用的尺寸精度和公差。
- 设备利用率。
- 工具的到货时间。
- 关于制造或是购买的决策，即我们应该自己制造零件还是从供应商处购买。

经验表明，只有首先通过严格的面向装配的设计分析尝试减少零件的数量，才能充分实现面向制造的设计。为了实现这个目标，应当先对设计进行严格检验，然后对关键零件进行假设分析来降低加工成本。设计者应当使用制造仿真软件来指导零件设计，从而提高零件的易加工性和减少加工成本。

11.12 新术语与概念

批量流工艺	作业车间	工艺柔性
连续流工艺	可切削性	辅助制造工艺
面向装配的设计（DFA）	防误	凝固
面向制造的设计（DFM）	近终形	工具
经济批量	分型面	侧凹
整理工艺	主制造工艺	精饰工艺
成组技术	加工周期	

11.13　参考文献

制造工艺（见表 11.1）

Benhabib, B.: *Manufacturing: Design, Production, Automation, and Integration,* Marcel Dekker, New York, 2003.
Creese, R. C.: *Introduction to Manufacturing Processes and Materials,* Marcel Dekker, New York, 1999.
Koshal, D.: *Manufacturing Engineer's Reference Book,* Butterworth-Heinemann, Oxford, UK, 1993.
Kutz, M., ed.: *Environmentally Conscious Manufacturing,* John Wiley & Sons, Hoboken, NJ, 2007.

面向制造的设计

Anderson, D. M.: *Design for Manufacturability and Concurrent Engineering,* CIM Press, Cambria, CA, 2010.
Boothroyd, G., P. Dewhurst, and W. Knight: *Product Design for Manufacture and Assembly,* 3rd ed., Taylor & Francis, Boca Raton, FL, 2010.
Bralla, J. G., ed.: *Design for Manufacturability Handbook,* 2nd ed., McGraw-Hill, New York, 1999.
"Design for Manufacturability," *Tool and Manufacturing Engineers Handbook,* Vol. 6, Society of Manufacturing Engineers, Dearborn, MI, 1992.
Dieter, G. E., ed.: *ASM Handbook,* Vol. 20, *Materials Selection and Design,* ASM International, Materials Park, OH, 1997.
Poli, C.: *Design for Manufacturing,* Butterworth-Heinemann, Boston, 2001.

11.14　问题与练习

11.1　根据是形状生成还是形状复制对下列制造工艺进行分类：

(a) 珩磨圆柱上的孔。
(b) 粉末冶金齿轮。
(c) 粗车铸轧辊。
(d) 挤压成型家用聚乙烯壁板。

11.2　用易切削的黄铜加工小五金配件。为了简单起见，假设加工成本由三部分组成：材料成本、人工成本和管理成本。假设五金配件的生产批量分别为 500 件、50 000 件和 5×10^6 件，加工设备为普通车床、靠模车床和自动螺杆压出机。用图表绘出各批量的材料、人工和管理成本的相对比例。

11.3　产品加工周期是指将原材料制成成品所花费的总时间。某公司每天制造 1 000 件产品。在出售这些产品之前，每件产品的材料和人工成本是 200 美元。

(a) 如果周期为 12 天，那么在制品库存方面占用的资金是多少美元？如果公司的内部利率为 10%，那么每年在制品库存上的成本是多少？

(b) 如果由于加工水平的提高，将周期缩短为 8 天，那么每年将节省多少？

11.4 作为一个用于汽车发动机的曲轴的设计者，你已经决定采用浇铸球墨铸铁的方式来制造这个工件。在设计过程中，你经常与一个在铸造方面很有经验的制造工程师探讨将在哪里制造这个零件。哪些设计方面的因素决定了加工成本？哪些成本主要由铸造决定？哪些成本主要由设计者决定？

11.5 试确定图 11.6 中形状 R0 的形状复杂度，并与形状 R2 比较。形状 R0 的直径为 10mm，长度为 30mm。形状 R2 的总长度为 30mm，每个轴肩的长度为 10mm，大径为 10mm，小径为 6mm。

11.6 给出可以衡量一个装配操作复杂度的四个指标。

11.7 检查例 11.1 中的各个工艺。其中一个工艺在第二轮的筛选中被淘汰，此工艺非常适合用铝合金制造叶片和轮毂一体式的风扇。如果使用此工艺，需要重新设计一个模具，这需要花费相当多的时间和金钱。找出这个工序，并简单叙述一下没有选择它的技术原因。

加工风扇的另外一个途径是放弃“轮毂和叶片是一体化的”这个构想。替代的方案是：轮毂和叶片是分体的，单独加工，然后将它们装配成风扇。应该选用哪种加工工艺？

11.8 写一个有关热等压工艺（HIP）的文献综述。讨论一下此工艺的力学特点和工艺的优缺点。大体上归纳一下 HIP 是如何改善常规工艺以及如何影响设计的。

11.9 受拉伸率的限制，对金属板来说，坯料的直径与深冲罐的直径比率一般要小于 2。那么一个两部件的饮料罐子是怎样加工出来的？要求此罐子由圆柱形的罐体和顶部组成，而且不采用纵向焊接工艺。

11.10 有一个包含 10 个独立过程的产品加工工艺。在每个过程中，平均生产 10 000 个零件就会发生一次错误. 那么该产品的废品率是多少，以每百万个零件中的废品数（ppm）来表示？

11.11 在下列情况中，你建议使用哪种防错装置或者装配方法。

(a) 检查装配某产品所需的螺栓数量是否足够。

(b) 计算在一个板件上钻孔的合适数目。

(c) 保证三根线与正确的末端相连。

(d) 一个确保产品标签没有被粘贴颠倒的简单方法。

(e) 确保插头能从合适的方向插入插座的简单方法。

第 12 章

成本评估

12.1 引言

实现设计方案或生产出产品需要一定的成本，直到该成本被明确时，工程设计才算完成。在功能等同的可选方案中，最低成本的设计将会在自由的市场环境下取得成功。

企业乃至国家之间的竞争日趋激烈，因此正确理解产品成本显得至关重要。世界已变成一个巨大的市场，拥有廉价劳动力的新兴发展中国家正积极引进技术，在与老牌工业化国家的竞争中占得先机。想要保住市场，不仅需要具备成本方面的详细知识，还要了解新技术如何降低成本。

在产品设计过程中做出的决策决定了产品 70%～80% 的成本。绝大多数的产品成本在概念设计和实体设计阶段形成。因此，本章重点讲述在设计过程中如何尽早得到精确的成本评估。

成本评估通常用于以下几个方面：

- 为确定产品售价、产品或维修报价提供必要的参考信息。

- 为产品制造确定最经济的方法、工序或材料。
- 为成本削减计划奠定基础。
- 为用于控制成本的产品性能确定标准。
- 为新产品的盈利情况提供输入信息

成本评估是一个十分细致的活动。成本分析的详细资料很少刊登在技术文献中，部分原因是它缺乏阅读趣味，更重要的原因是成本分析的数据具有高度专有性。因此，本章的重点是成本构成要素的鉴别和一些通用成本评估方法的介绍。在特定的产业或政府组织内进行成本评估需要遵守该组织所特有的具有高度专业化和标准化的程序。然而，本章描述的成本评估的一般概念仍然有效。

12.2 成本分类

我们可以将所有的成本分为可变成本和固定成本两大类。*可变成本*是指取决于每个产品单元的生产的那部分成本，例如原材料成本和劳动力成本。*固定成本*是指在一段时期内产生的成本，与生产或出售的产品数量无关。例如，工厂设备的保险费或产品的营销费用。

成本还可以分为直接成本和间接成本。*直接成本*是指与加工的特定产品单元直接相关的成本。在大多数情况下，直接成本也是一种可变成本，如原材料成本。当广告费用可以分配给某个特定的产品或产品线时，它是一种直接成本，但不是可变成本，因为该成本不随产品的数量而变化。*间接成本*不能被分摊给任何特定的产品。例如，厂房租金、水电费或车间主管的工资等都属于间接成本。直接成本和间接成本之间的界限往往比较模糊。例如，如果机器仅用于生产单一产品，则其维修费可视为直接成本，但是如果机器用于生产多种产品，其维修费会被认为是间接成本。对于固定成本和可变成本的分类，举例说明如下。

固定成本

1. 工厂间接成本

(a) 投资成本

资本投资的折旧费

资本投资和库存的利息

财产税

保险费

(b) 营业成本（负担）

不直接与特定产品或制造过程相关的经理和主管人员费用

公用设备和电信费用

非技术性服务费用（行政人员、安保人员等）

一般物资供应

设备租金

2. 行政管理成本

(a) 企业高管人员的工资
(b) 法律和审计服务的费用
(c) 企业研发人员的工资
(d) 市场营销人员的工资

3. 销售成本

(a) 销售人员的工资
(b) 运输和库存成本
(c) 技术服务人员的工资

可变成本

1. 原料成本
2. 直接劳动力成本（包括福利）
3. 直接生产监督成本
4. 维护成本
5. 质量控制人员工资
6. 知识产权许可费用
7. 包装和存储成本
8. 废品损失和损坏

固定成本（如市场营销成本、法律费用、安保费用、财务工作人员费用和管理费用）往往集合为一个整体，称为*总务及管理费用*（G&A 费用）。上面列出的固定成本和可变成本说明了主要的成本类别，但并不是详尽的。

图 12.1 显示了通过成本要素确立销售价格的方法。直接材料成本、直接劳动力成本等主

要成本要素构成了*初始成本*。初始成本加上照明、动力、维修、供给以及工厂间接劳动等间接制造成本，就构成了*工厂成本*。工厂成本加上资产折旧、工程开支、税收、职工工资以及采购费等一般固定成本，就构成了*制造成本*。制造成本加上销售费用就构成了*总成本*。最后，在总成本的基础上加上利润就构成了*销售价格*。

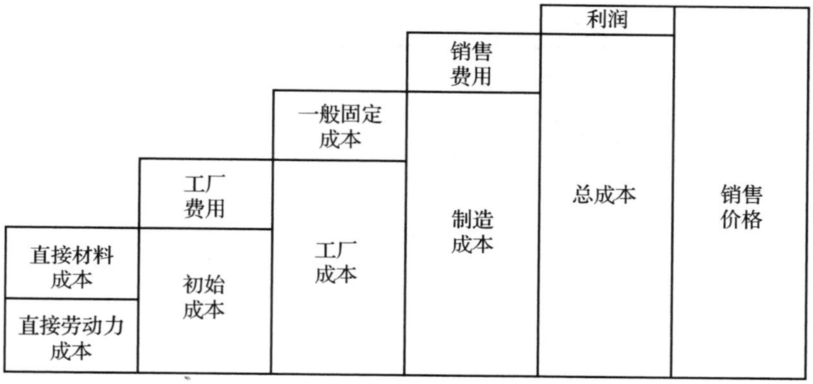

图 12.1　构成销售价格的成本要素

另一个重要的成本类别是*营运资金*，用于除固定资本和土地投资之外的项目启动以及偿还后续的到期债务。营运资金包括现有原料成本、加工过程中的半成品成本、库存成品成本、应收账款[1]和日常运作所需要的现金。

盈亏平衡点

将成本分成固定成本和可变成本，由此引出了盈亏平衡点（BEP）的概念（如图 12.2 所示）。盈亏平衡点是销售额与成本平衡时的销售量或生产量。运营产量超过盈亏平衡点意味着盈利，运营产量低于盈亏平衡点意味着亏损。设 P 是单位产品售价（美元 / 单位），v 是可变成本（美元 / 单位），f 是固定成本（美元），Q 是产品的生产量或销售量。毛利润 Z 由下式给出[2]：

$$
\begin{aligned}
&Z = PQ - (Qv + f) \\
&\text{在盈亏平衡点处，} Q = Q_{\text{BEP}} \text{并且} Z = 0 \\
&Q_{\text{BEP}}(P - v) = f \text{因此，} Q_{\text{BEP}} = \frac{f}{(P - v)}
\end{aligned}
\tag{12.1}
$$

[1] 应收账款是尚未收取的已售产品的款项。

[2] 毛利润是扣除管理费用和税金前的利润，即销售收入减去销售成本。

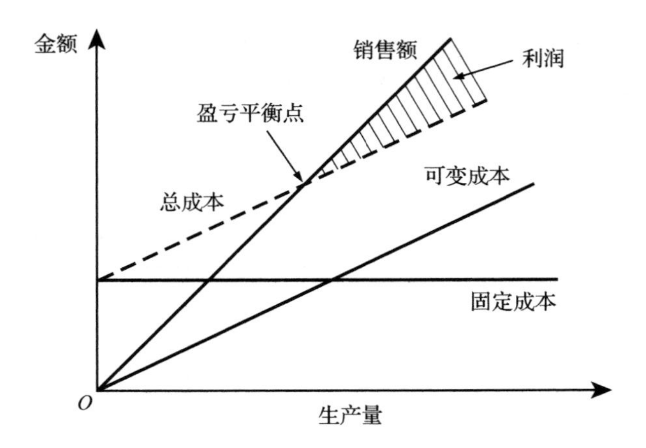

图 12.2　显示固定成本、可变成本和税前利润之间关系的盈亏曲线

例 12.1（计算盈亏平衡点） 某新产品运营超过一个月之后具有以下成本结构，试确定盈亏平衡点。

- 劳动力成本：2.5 美元 / 件
- 材料成本：6.0 美元 / 件
- 总务及管理费用：1 200 美元
- 设备折旧：5 000 美元
- 工厂费用：800 美元
- 销售和配送开支：1 000 美元
- 利润：1.70 美元 / 件

总的可变成本 $v = 2.50 + 6.00 = 8.50$(美元/件)。

总固定成本 $f = 1\,200 + 5\,000 + 800 + 1\,000 = 8\,000$(美元)。

销售价格 $P = 8.50 + 1.70 = 10.20$(美元)。

$$Q_{\text{BEP}} = \frac{f}{P - v} = \frac{8\,000}{10.20 - 8.50} = 4\,706(\text{件})$$

什么样的销售价格才能够满足产量为 1 000 时的盈亏平衡呢?

$$P = \frac{f + Q_{\text{BEP}} v}{Q_{\text{BEP}}} = \frac{(8\,000 + 1\,000 \times 8.50)}{1\,000} = \frac{16\,500}{1\,000} = 16.50(\text{美元/件})$$

12.3　拥有成本

前面已经讨论了不同的成本分类方式，在本节，我们从买主和卖主的视角，讨论他们对产品成本的基本贡献。在下一节，我们将从产品制造商的角度来考察成本[⊖]。

进货价格

面向买主的售价 S_p 可表示为：

$$S_p = (nC_U + C_s + P_x)/n \tag{12.2}$$

其中，n 是产品生命周期中生产的产品单元总数；C_U 是单位产品的制造成本，见式（11.8）；C_s 是产品营销的总成本（市场、广告、配送、销售人员薪水以及佣金）；P_x 是所有利润的总和，包括分销链、从制造商开始的利润以及分销商（批发商）和零售商的利润。

从买主的视角来看，真实成本要大于式（12.2）给出的销售价格。在一次交易中，计算 n_p 个产品单元对应的总体拥有成本 C_T 时，需要考虑诸多拥有成本因素，如下所示：

$$C_T = n_p(S_p + C_x + C_o + C_{\text{ps}}) + C_{\text{sp}} + C_t + C_Q \tag{12.3}$$

其中，S_p 是每个产品的单价；C_x 是与产品相关的税，例如每个产品单元的销售税、进口税或关税；C_o 是每个产品单元的运行成本；C_{ps} 是每个产品单元的维持费用（技术支持、维修合同等）；C_{sp} 是为保障 n_p 个产品单元而需要的备件的成本；C_t 是员工培训费用；C_Q 是资格认证（ISO 9000，UL 认证等）费用。

注意，产品的销售价格常常取决于订购量，对于大的订单，卖家一般乐于减少利润来促成出售。

12.4 制造成本

本节延伸扩展了 11.4.6 节对于制造成本的讨论。从制造商的视角来看，总体产品成本 C_{TM} 由下式给出：

$$C_{\text{TM}} = n(C_M + C_L + C_T + C_E + C_W + OH_f) + C_D + C_{\text{WR}} + C_Q + OH_C \tag{12.4}$$

和式（12.2）一样，n 是产品生命周期中销售的产品单元总数。括号中的前四项是 11.4.6 节定义的材料、劳动力（人工）、工具和资产设备的单位成本；C_W 是处置制造过程中产生的有害或无害废弃物的单位成本，包括循环再用的成本；OH_f 是单位间接制造成本。这些都是可变

⊖ E. B. Magrab, S. K. Gupta, F. P. McCluskey, and P. A. Sandborn, *Integrated Product and Process Design and Development*, 2nd ed., Chap. 3, CRC Press, Boca Raton, FL, 2010.

成本，因为它们都取决于产品的生产量。

剩下的各项都是固定成本。C_D是一次性设计和开发成本，包括详细设计费用、可靠性测试成本、软件开发成本、知识产权保护成本。C_{WR}是取决于制造商的生命周期成本，主要是保修成本。C_Q已在12.3节中定义，是资格认证（ISO 9000，UL认证等）费用。OH_C是公司管理费用，取决于制造活动之外的公司运营成本，包含企业高管、市场营销人员、会计财务人员、法律人员、研发人员、企业工程设计人员的薪酬和福利津贴，以及企业总部大楼的运行费用。这些成本可分配到企业内产生收入的单位中去。

零部件成本可分为定制零件的成本和标准零件的成本两类。定制零件是企业按照设计由半成品材料（例如棒料、金属板或塑料颗粒）制成的，标准零件是从供应商那里采购的。定制零件在企业自己的工厂里生产或外包给供应商生产，标准零件由标准件（如轴承、电机、电子芯片和螺钉）组成，但也可能包括OEM组件（供应商为原始设备制造商生产的零部件），如为货车制造的柴油机、为汽车制造的座椅和仪表盘。无论零件制造起始于什么地方，其制造成本一定包含材料成本、劳动力成本、机床成本、机床调整和设置成本。对于外包的零件，这些成本与供应商的利润一起包含在进货价格之中。

制造一个产品的成本包含零件成本（由零件的设计图和产品的材料清单决定）、组装成本和管理成本。组装成本通常由装配劳动、专用夹具和其他设备的成本构成。管理成本是一类不直接与每个产品单元相关的制造成本。这将在12.5节进行讨论。

制造商的利润可表示为：利润＝售额－成本，见12.9节。利润率（收益率）取决于产品在市场中的接受程度和竞争程度。对于个别产品，利润率可能达到40%～60%，但对大多数产品来说，利润率为10%～30%。

12.5 管理成本

对于年轻的工程师来说，大概没有哪方面的成本评估比管理成本的评估更容易引起混淆和挫败感。许多工程师认为管理成本不是一种必要且合理的成本，而是一种施加在他们的创造力和积极性上的负担。管理成本的计算方法有很多。

管理成本[⊖]是指所有与可识别的商品（或服务）的生产不直接（或不明确）相关的成本。工

⊖ 在英语中用overhead这个词来称谓管理成本，是因为在20世纪初的工厂中，老板们通常在车间上面的二楼办公室中工作。

厂管理成本（间接制造成本）和企业管理成本是管理成本的两个主要类别。工厂管理成本包括那些不与特定产品相关的制造成本，企业管理成本则是制造或生产活动之外的企业运营成本。由于许多制造类企业经营不仅有一家工厂，因此能够确定每家工厂的工厂管理成本显得非常重要，其余的管理成本可一并归入企业管理成本中。

管理成本可被分摊到整个工厂中去，但更一般的做法是为不同的部门或者成本中心指定不同的管理成本分摊率。如何分配管理成本是由会计人员负责实施的。

$$管理成本分摊率=OH=\frac{管理成本}{基础成本} \tag{12.5}$$

按照惯例，在管理成本分配中最常用的基础成本是直接劳动力成本或工时成本。这在结算之初就已被选定了，因为大多数制造业是高度劳动密集型的，并且劳动力成本是构成总费用的主要部分。其他管理成本分配的基础成本是机器运行时间、物料成本、雇员数量以及占地面积。

例 12.2（用直接劳动力成本计算管理成本） 某中等规模的企业经营三家工厂，其直接劳动力成本和工厂管理成本（美元）分配如下：

成本	工厂 *A*	工厂 *B*	工厂 *C*	总计
直接劳动力成本	750 000	400 000	500 000	1 650 000
工厂管理成本	900 000	600 000	850 000	2 350 000
总计	1 650 000	1 000 000	1 350 000	4 000 000

另外，企业管理、工程、销售、会计等成本总计为 1 900 000（美元）。

基于直接劳动力成本的企业管理成本分摊率为：

$$企业管理成本分摊率=\frac{1\,900\,000}{1\,650\,000}=1.15=115\%$$

那么分配到工厂 *A* 的企业管理成本为 $750\,000\times1.15=862\,500$（美元）

在下一个管理成本的例子中，我们考虑利用工厂管理成本来确定制造过程所需的成本。

例 12.3（计算包括管理成本在内的单位成本） 一批零件有 100 个，每个零件的切齿操作需要 0.75h 的直接劳动力。假设直接劳动力成本是 20 美元 /h，管理成本分摊率是 160%，试确定加工这些零件的总成本。

- 加工该批次零件的成本：$100\times0.75\times20.00=1\,500$（美元）。
- 工厂管理成本（间接制造成本）：$1\,500\times1.60=2\,400$（美元）。

- 该批次100个零件的切齿成本为：加工成本+管理成本=1 500+2 400=3 900（美元）。单位成本是39美元。

对于特定成本中心或再制造过程，其管理成本分摊率通常以单位直接工时所需的费用（美元/DLH）来表示。在例12.3中，管理成本分摊率是2 400/（100×0.75）=32（美元/DLH）在改进工艺提高生产率的情况下，对于实际成本的核算，以直接工时为基础的管理成本分配方法有时会引起混淆。

例12.4（用DLH分配管理）　将高速钢切削工具更换成新的碳化钨涂层工具，可使得机器加工时间减半。这是因为新的硬质合金工具可以在不损害刀刃的情况下更快地进行切削。在下表中，旧工具和新工具的相关数据分别列在第1列和第2列中。由于管理成本是以直接工时为基础的，显然会随着直接劳动力的减少而减少。每件产品表面上节省的成本是200－100=100(美元)。然而，稍想一下就会发现，构成管理成本的要素（监管、工具库、维修等）不会因为直接工时的降低而发生改变。由于管理成本表示为单位直接工时的费用，如果直接工时减少一半，管理成本实际上将增加一倍。第3列数据为真实的成本。由此，每件产品实际上节省的成本是200−160=40（美元）。为了充分发挥新技术的优势，有必要探索减少管理成本的创新方法，或用更符合实际的方法来定义管理成本。

	（1）	（2）	（3）
	旧工具	**新工具（表面成本）**	**新工具（真实成本）**
机加工时间（DLH）	4	2	2
直接劳动率（美元/DLH）	20	20	20
直接劳动力成本（美元）	80	40	40
管理成本分摊率（美元/DLH）	30	30	60
管理成本(美元)	120	60	120
直接劳动力成本和管理成本（美元）	200	100	160

在许多生产环境下，使用直接工时以外的管理成本分配指标更为恰当。假设一个工厂的主要成本中心包括一个机械车间、一个涂装生产线和一个装配车间。可以看出，由于每个成本中心的功能各不相同，理应具有不同的管理成本分摊率。

成本中心	估计工厂管理成本	估计单位数量	管理成本分摊率
机械车间	250 000美元	40 000机加工工时	6.25美元/机加工工时
涂装生产线	80 000美元	15 000加仑[⊖]油漆	5.33美元/加仑油漆
装配车间	60 000美元	10 000 DLH	6.00美元/DLH

⊖ 1加仑=3.785L。——编辑注

前面的例子表明，以直接工时为基础可能不是最好的管理成本分配方式。尤其在自动化生产系统中，管理成本已成为主要的制造成本。在这种情况下，管理成本分摊率往往在500%～800%。

12.6 作业成本分析法

在传统的成本核算体系中，利用直接工时或其他一些单位化的衡量方法将间接成本分配给产品，进而确定管理成本。通过例12.4可见，当大幅提高生产率时，传统的成本核算方法不能计算出准确的成本。由成本核算体系引起的其他类型的成本偏差与计时方式有关，例如，未来产品的研发费用来自现在生产的产品，越复杂的产品需要的研发费用就越多，需要生产更多的当前产品来支持。为此，人们发明了一种分配间接成本的方法——作业成本分析法（ABC）㊀。

与将成本分配到直接工时或者机器运行时间等任意参考基准不同，作业成本分析法认为产品成本是由设计、制造、销售、交付和服务等作业引起的。反过来，这些作业通过消费工程设计、生产规划、设备安装、产品包装和运输等支持服务而产生成本。为了将作业成本分析法系统付诸实施，必须确定支持部门开展的主要作业及其作业成本动因，典型的作业成本动因可能是工程设计工时、测试工时、出货订单数量或已签采购订单数量。

例 12.5（用 DLH 分配管理） 某公司将电子元件组装成为专门的测试设备。A75 和 B20 两种产品所需的组装时间分别为 8 min 和 10.5 min，直接劳动力成本是 16 美元 /h。产品 A75 消耗的直接材料成本为 35.24 美元，产品 B20 消耗的直接材料成本为 51.20 美元。

使用传统的成本核算体系，所有管理成本以 230 美元 /DLH 分配到直接工时，则单位产品的成本为直接劳动力成本 + 直接材料成本 + 管理成本。

- 产品 A75 的成本为 $16 \times (8/60) + 35.24 + 230 \times (8/60) = 2.13 + 35.24 + 30.59 = 67.96$（美元）。
- 产品 B20 的成本为 $16 \times (10.5/60) + 51.20 + 230 \times (10.5/60) = 2.80 + 51.20 + 40.25 = 94.25$（美元）

为了得到更准确的成本评估，该公司转而使用作业成本分析法。该制造系统有 6 个作业成本动因㊁。

㊀ R. S. Kaplan and R. E. *Cooper, Cost and Effect: Using Integrated Cost Systems to Drive Profitability and Performance*, Harvard Business School Press, Boston, MA, 1998.

㊁ 与本例相比，在实际的作业成本分析法（ABC）研究中，会存在更多的作业和成本动因。

作业	成本动因	单位值
工程	工程服务时数	60 美元 /h
生产设置	设置的数量	100 美元 / 设置
物料输送	组件的数量	0.15 美元 / 组件
自动装配	组件的数量	0.50 美元 / 组件
检验	测试时数	40 美元 /h
包装与运输	订单的数量	2 美元 / 订单

各作业成本动因的活跃水平必须从成本记录中获得。

	产品 A75	产品 B20
组件的数量	36	12
工程服务时数	0.10	0.05
生产批量大小	50	200
测试时数	0.05	0.02
每份订单的产品数	2	25

为了比较两种产品的成本，我们从直接劳动力成本和直接材料成本出发，先使用传统的成本核算方法，然后再使用作业成本分析法来分配管理成本。我们将作业成本动因的活跃水平应用到动因成本率中。例如，对于产品 A75 来说：

工程服务：0.10h/ 件 ×60 美元 /h = 6.00（美元 / 件）

生产设置：$100美元/设置\times\frac{1}{50}设置/件=2.00美元/件$

因为每次安装的件数等于批量的大小。

物料输送：36 组件 / 件 ×0.15 美元 / 组件= 5.40 美元 / 件

包装与运输：2.00 美元 / 订单 × $\frac{1}{2}$ 订单 / 件= 1.00 美元 / 件

两种产品基于作业成本分析法的比较（美元）

	产品 A75	产品 B20
直接劳动力	2.13	2.80
直接材料	35.24	51.20
工程	6.00	3.00
生产设置	2.00	0.50

（续）

	产品 A75	产品 B20
物料输送	5.40	1.80
自动装配	18.00	6.00
检验	2.00	0.80
包装与运输	1.00	0.80
	71.77	66.90

通过使用作业成本分析法，我们发现产品 B20 的生产费用较少。这种变化完全是由于管理成本的分配方式不同造成的——从以直接工时为基础的分配方式变为以基于主要作业的动因成本为基础的分配方式。B20 产品的管理成本较低，主要是因为该产品相对简单，使用的组件较少，所需的工程服务、物料输送、自动装配和检验费用都比较少。

作业成本分析法因其更为精确的成本数据，使得基于产品的决策得以改进。当制造间接成本在制造成本中占很大比例时，这一点尤为重要。通过将财务成本与作业联系起来，作业成本分析法为像质量这类无财务指标的性能提供了成本信息。以上数据清晰表明，需要减少组件的数量以降低材料处理及装配的费用。另外，仅使用单个成本动因来表示一项作业过于简单。可以使用更为复杂的成本动因，但在复杂的作业成本分析体系中，这需要相当多的费用。

基于作业成本分析法的成本核算更适合产品结构多样化的公司，该方法可根据诸如产品的复杂性、成熟度、生产量或批量大小、技术支持需求等因素进行分析。计算机集成制造是应用作业成本分析法的好例子，因为它对技术支持要求较高，直接劳动力成本低。

作业成本分析法比传统的成本核算方法需要更多的工作量，但使用计算机技术收集成本数据可以减少部分工作量。在应用中，作业成本分析法的一大优势是该方法所指向的间接成本领域可以产生大量的成本节约。因此，在旨在改善加工工艺、降低成本的管理程序中，作业成本分析法是一个重要组成部分。

12.7 开发成本的评估方法

开发成本的评估方法分为三类：类比法、参数与因子法，以及工业工程法。

12.7.1 类比法

用类比法评估成本时，一个项目或设计的未来成本是以相似项目或设计的过去成本为基础的，并同时考虑涨价和技术改变的影响。因此，该方法需要过往经验的数据库或已公布的成本数据。这种成本评估方法通常用于对化工厂和工艺设备的可行性研究[㊀]。当用类比法评估成本时，未来成本必须基于相同状态的已有产品。例如，根据波音777喷气运输机的成本数据来评估更大型号的波音777的成本是合理有效的，但如果使用该数据预测波音787飞机的成本则是不正确的，因为波音787的主体结构已经从铆接铝合金结构变成了高压黏结聚合物碳纤维结构。

用类比法评估成本的关键是要确保使用相同的评估基础。设备成本往往是指制造工厂所在地的离岸价格（FOB），所以在成本评估时需要加上运输费用。虽然设备成本通常由航运点的离岸价格给出，但有时候给出的设备成本不仅要包括运输到工厂的费用，而且还包括安装费用。

12.7.2 参数与因子法

在使用参数或统计方法进行成本预算时，要用到回归分析等技术来建立系统成本和系统关键参数之间的关系，如重量、速度和功率之间的关系。这一方法涉及高度综合的成本评估，因此它对概念设计帮助最大。例如，开发一个涡扇航空发动机的成本可以通过下式给出：

$$C = 0.139\ 37 x_1^{0.743\ 5} x_2^{0.077\ 5}$$

其中，C的单位是百万美元；x_1为发动机最大推力；x_2为公司生产的发动机数量。这种经验形式的成本数据在概念设计阶段的比较研究中很有用。参数成本研究通常用于大型军事系统的可行性研究。

因子法与参数研究相近，都使用基于成本数据的经验关系来挖掘有用的预测关系模型。式（12.6）表示确定一种零部件单位生产成本的因子法[㊁]。

$$C_u = VC_{\mathrm{mv}} + P_c(C_{\mathrm{mp}} \times C_c \times C_s \times C_{\mathrm{ft}}) \qquad (12.6)$$

其中，C_u为一个零件单元的制造成本；V为零件体积；C_{mv}为每单位体积零件的材料成本；P_c为通过特定工艺加工一个理想形状的基本费用；C_{mp}是表示通过特定工艺将材料加工成所需形状的相对难易程度的成本因子；C_c是与形状复杂度相关的相对成本因子；C_s是与实现最小截面厚度相关的相对成本因子；C_{ft}是实现规定的表面粗糙度或公差的成本因子。重要的是要

㊀ M. S. Peter, K.D. Timmerhaus, and R.E. West, Plant Design and Economics for Chemical Engineers. 5th ed., McGraw-Hill, New York, 2003.

㊁ K. G. Swift and J. D. Booker, *Process Selection*, 2nd ed., Butterworth-Heinemann, Oxford, UK, 2003.

认识到，这个基于成本因子的公式不是随意拼凑而成的。在对数据进行经验分析之前，要尽可能遵循基本物理规律和工程逻辑。式（12.6）旨在评估概念设计阶段零件的生产成本，此时零件的许多细节特征还没有成形。它包含比 11.4.6 节的制造成本模型更多的设计细节，目的是把零件成本作为选择最佳加工工艺的方法。

在实体设计阶段初期，常用因子法来评估成本。另外，11.9.1 节介绍的并行成本核算软件也采用因子法。获取更多关于参数成本模型的详细信息，请参考 *Parametric Cost Estimation Handbook*，version 4，Appendix C (https://www.nasa.gov/offices/ocfo/nasa-cost-estimating-handbook-ceh)。

12.7.3 详细的成本评估方法

一旦走完详细设计阶段并准备好零部件的详细图纸，就可以筹划完成一份精度为 ±5% 的成本评估报告。这种方法有时被称为分析法、工艺流程法或工业工程法。成本评估不仅需要对生产零件的每一个操作进行详细分析，而且还需要对完成该操作所需的时间有一个准确的估算。在建筑和土木工程中也使用类似的方法来确定成本[㊀]。

开始进行成本评估时，以下信息是必要的：

- 将要生产的产品的总量。
- 生产进度安排。
- 详细图纸或者 CAD 文件。
- 物料清单（BOM）。

复杂产品的物料清单可能有几百行，因此务必确保所有零件都记录在案，在成本分析过程中不要遗漏任何零件[㊁]。物料清单应该按层次编排，从装配好的产品开始，然后是第一层的组件，再后是构成第一层组件的部件，以这种方式向下分解，直到分解成单独的零件为止。

详细的成本评估分析通常由工艺策划师或成本工程师承担。他们必须对工厂中使用的机械、加工以及工序非常熟悉。一个零件的制造成本可通过如下过程确定。

1. 确定材料成本。由于在许多产品中材料成本占总成本的 50%～60%，因此最好从材料成

㊀ R. S. Means 公司以及 Dodge Digest of Building Costs 每年均发布以前的成本数据，也可参见资料 P. F. Ostwald, *Construction Cost Analysis and Estimating*, Prentice Hall, Upper Saddle River, NJ, 2001.

㊁ P. F. Ostwald, *Engineering Cost Estimating*, 3rd ed., Prentice Hall, Upper Saddle River, NJ. 1992, pp. 295-297.

本开始评估。材料成本通常是基于质量来计算的，但是有时也基于体积。在其他的情况下（比如加工棒料时），材料成本也可能是基于尺寸来计算的。有关材料成本的问题已经在10.5节和11.4.6节中讨论过了。

在确定材料成本时，有必要解释一下以废料形式损失的材料的成本。大多数制造过程存在固有的材料损失。在铸件或者模制品上必须去掉用于引导熔铸材料进入模具的浇口或冒口处的材料、所有的机加工工艺中都会产生的切屑、金属冲压产生的不用的废片。尽管多数废料可以回收利用，但是总会造成经济上的损失。

2. *确定操作路线图*。操作路线图是一张顺序表，依次列出了零件生产过程中所需的所有操作。一项操作是指对处于机器或夹具中的工件所做的最小类别的工作。一项操作（也可称为*工步*）可以加工出几种不同的工件表面。例如，机动车床中的一项操作是“对准棒材末端”，粗加工可得到0.610 in的直径，而精加工可得到0.600 in的直径。*工序*是指该过程的操作序列，由从原料中取出工件时开始，到完成加工并将工件放置到成品库中结束。建立操作路线图的部分原因是用来选择实际机器来执行加工过程。这通常要根据机器的可用性、力传输能力、切削深度或零件设计的要求精度来选择。

3. *确定每项操作的执行时间*。每当在机器上第一次加工一个新零件时，必须有一个换掉旧工具、安装和调试新工具的准备期。由于工序的不同，准备期可能是几分钟或者数天，但通常的准备期时间是两小时。每道工序都有一个*循环时间*，包括加载工件、执行操作和卸载工件。反复执行这一工序循环，直到加工完成整个批次的零件。在此过程中由于交接班或对机器、工具等进行维修，可能会出现停工期。

一项操作包括许多小的操作要素，对于一些典型操作的操作要素，其标准执行时间可在数据库中查到[㊀]。包含此数据库并具有成本计算能力的计算机软件，可用于处理大多数工序。如果通过这些渠道仍找不到所需的信息，需要实施精细控制的工时研究[㊁]。表12.1抽取了一些操作要素，并给出了其标准执行时间。这些操作要素的标准执行时间还有另一种用途，那就是用来计算在工序的物理模型中完成一项操作所需的时间。这些用来模拟机加工工序[㊂]和其他制

㊀ P. F. Ostwald, *AM Cost Evaluator*, 4th ed., Penton Publishing Co., Cleveland, OH, 1988; W. Winchell, *Realistic Cost Estimating for Manufacturing*, 2nd ed., Society of Manufacturing Engineers, Dearborn, MI, 1989.

㊁ B. Niebel and A. Freivalds, *Methods, Standards, and Work Design*, 11th ed., McGraw-Hill, New York, 2003.

㊂ G. Boothroyd and W. A. Knight, *Fundamentals of Machining and Machine Tools*, 2nd ed., Chap. 6, Marcel Dekker, New York, 1989.

造工序的模型已经发展得很成熟了[⊖]。在 12.13.1 节中给出了使用该方法对金属切削过程进行成本评估的例子。

表 12.1 操作要素循环时间

操作要素	时间 /min
设置机床操作	78
设置钻床夹具	6
刷去碎屑	0.14
开启或停止机床	0.08
改变主轴转速	0.04
转塔车床的刀架转位	0.03

4. 将时间转换为成本。在一道工序中，将每项操作中各操作要素的执行时间累计起来，就可得到完成每项操作所需的总时间。然后用该时间乘以满负荷工资率（美元 /h），就可得到劳动力成本。一件产品通常由不同工序制造的零件组成，并且一些零件是从外部采购的而不是自己生产的。通常情况下，工厂的不同成本中心具有不同的工资率和管理成本分摊率。

例 12.6 现要以球墨铸铁为原材料批量生产 600 个安装在传动轴上的 V 带轮。单位产品的材料成本是 50.00（美元）。表 12.2 给出了工时、工资率以及管理成本的评估。试确定单位产品成本。

表 12.2 球墨铸铁 V 带轮的工艺规划（600 件）

成本中心	操作	1 调试时间 /（h/ 批次）	2 周期（h/100 件）	3 总时间 /h	4 工资率（美元 / h）	5 劳动力成本 / 美元	6 管理成本 / 美元	7 劳动力和管理成本 / 美元	8 单位成本 / 美元
外包	购买 600 件毛坯铸件，零件号为 437837								50
车床车间	总加工成本	2.7	35	212.7	32.00	6 806	7 200	14 006	23.34
	1. 端面加工								
	2.V 形槽加工								
	3. 轮毂粗加工								

⊖ R. C. Creese, *Introduction to Manufacturing Processes and Materials*, Marcel Dekker, New York, 1999.

（续）

成本中心	操作	1 调试时间/（h/批次）	2 周期（h/100件）	3 总时间/h	4 工资率（美元/h）	5 劳动力成本/美元	6 管理成本/美元	7 劳动力和管理成本/美元	8 单位成本/美元
	4. 钻孔精加工								
钻孔车间	钻2孔并攻螺纹	0.1	5	30.1	28.00	843	1 050	1 893	3.15
精加工车间	总加工成本	6.3	12.3	80.1	18.50	1 482	3 020	4 502	7.50
	1. 喷丸处理								
	2. 涂装								
	3. 安装2个螺钉								0.06
合计		9.1	52.3	322.9		9 131	11 270	20 401	84.05

列（2）中的数据是每项操作的标准成本评估值（用每100件产品的时间表示）。同样，列（1）中的数据是每个成本中心对应的单批次调试成本评估值。将列（2）的数据乘以6（批量为600件），再加上单批次的调试成本，就可以得到生产600件产品所需的时间。通过这些数据以及工资率（列（4）），就可确定单批次劳动力成本（列（5））。列（6）为每个成本中心的管理成本（基于批量为600件）。将列（5）和列（6）相加，就可得到该批次零件的所有作业成本（列（8））。注意，从外部铸造厂购买的毛坯铸件的单位成本为50.00美元，其中包括厂家的管理成本和利润。在表12.2中列出的已完成零件的单位成本不包括任何利润，因为利润取决于整个产品，而V带轮只是其中的一个零件。

通过累计的方法评估成本需要大量的工作，但计算机数据库和计算机辅助计算的应用使得工作量大为减轻。如前所述，成本分析需要一个详细的加工计划，所有的设计特征、公差以及其他参数都不可或缺。这种详细加工计划的缺点是，如果发现某个零件的成本过高，可能无法通过设计变更来修正。因此，人们对在设计过程进行的同时能确定和控制成本的成本评估方法做了大量的研究工作，这部分内容称为成本设计，将在12.11节讨论。

12.8 自制与外协决策

如例12.6中描述的那样，详细成本评估方法的用途之一是判断内部生产（自制）的零件是否比从外部供应商处购买（外协）的零件成本低。在这个例子中，毛坯铸件购自外部铸造厂，这是因为制造商的铸件用量与装备内部铸造厂和聘请铸造专家所投入的成本不对等。

构成产品的全部零件按照自制和外协可以分成三种类型。

- 外协零件。靠内部加工能力无法加工，需要从供应商处购买的零件。
- 自制零件。对产品质量起关键作用，涉及专有生产方法、材料，或涉及核心技术，需要自己生产的零件。
- 介于二者之间的零件。大部分零件在上述两种类型之外，没有令人信服的理由来决定是自己生产还是从供应商处购买。决策通常基于在保证零件质量的前提下哪种方法成本最低。如今，自制与外协决策不只是要考虑制造商工厂附近的供应商，还要考虑全世界任何具有廉价劳动力和可靠生产技能的地方。快捷的互联网通信和廉价的集装箱船水运使得这种离岸外包现象成为可能。这促成了亚洲地区消费品低成本制造业的繁荣景象。

12.9 产品收益模型

式（12.4）给出了制造 n 个产品单元的总成本。牢记式（12.4），我们可以建立一个简单的产品收益模型。

净销售额＝产品销售数量 × 销售价格

售出产品的成本＝产品销售数量 × 单位成本

注：单位成本即式（12.4）括号内的部分

毛利润＝净销售额 – 售出产品的成本

营业成本＝式（12.4）括号外的部分

营业收益（利润）＝毛利润 – 营业开支

利润率＝（利润 / 净销售额）× 100%

单位成本可以通过式（12.4）或 12.7 节中讨论的方法获得，销售数量将由市场营销人员进行评估，其他成本可由成本核算或公司的历史记录给出。

注意，由该收益模型确定的利润不是公司年报利润表中所显示的“底线”净利润。净利润是许多产品开发项目的利润总额。若要从一家公司的营业收入中获得净利润，必须扣除许多额外款项，主要包括借款利息以及国家和地方税款。

使用计算机电子制表程序可以很方便地建立利润模型。图 12.3 展示了某消费品的典型成本预测。注意，当竞争对手进入市场时，销售价格预计将略有下降，但销量在产品的绝大部分生命周期中将有望增加，这是因为通过客户使用和广告投入，产品逐渐获得认可。这使得产品在整个生命周期内，毛利润几乎不变。

	年份								
	2012	2013	2014	2015	2016	2017	2018	2019	2020
销售价格（美元）			180.00	178.00	175.00	173.00	170.00	168.00	165.00
销量			100 000	110 000	120 000	130 000	130 000	120 000	110 000
净销售额（美元）			18 000 000	19 580 000	21 000 000	22 490 000	22 100 000	20 160 000	18 150 000
单位成本（美元）			96.00	95.00	94.00	93.000	92.00	92.00	92.00
售出产品的成本（美元）			9 600 000	10 450 000	11 280 000	12 090 000	11 960 000	11 040 000	10 120 000
毛利润（美元）			8 400 000	9 130 000	9 720 000	10 400 000	10 140 000	9 120 000	8 030 000
毛利润（%）			46.67%	46.63%	46.29%	46.24%	45.88%	45.24%	44.24%
开发成本（美元）	750 000	1 500 000	750 000	350 000	350 000	250 000	5 250 000	250 000	250 000
营销成本（美元）			2 340 000	2 545 400	2 730 000	2 923 700	2 873 000	2 620 800	2 359 500
其他（美元）			2 160 000	2 349 600	2 520 000	2 698 800	2 652 000	2 419 200	2 178 000
总营业成本	750 000	1 500 000	5 250 000	5 245 000	5 600 000	5 872 500	5 775 000	5 290 000	4 787 500
营业收益（利润）	(750 000)	(1 500 000)	3 150 000	3 885 000	4 120 000	4 527 500	4 365 000	3 830 000	3 242 500
营业利润率（%）			17.50%	19.84%	19.62%	20.13%	19.75%	19.00%	17.87%
累计营业收益	(750 000)	(2 250 000)	900 000	4 785 000	8 905 000	13 432 500	17 797 500	21 627 500	24 870 000

累计销售额（美元）	141 480 000
累计毛利润（美元）	64 940 000
累计营业收益（美元）	24 870 000
平均毛利润率（%）	45.90%
平均营业利润率（%）	17.58%

图 12.3　某消费品的典型成本预测

在图 12.3 中，开发成本作为一个单独的项目被分离出来。该产品的开发为期两年，从 2012 年至 2014 年。之后，每年都会有适度的投资用来支持对产品进行微小的改进。令人兴奋的是，该产品一上市就获得热卖，并在 2014 年（上市当年）收回了一些开发成本。这清晰地表明，产品开发团队能充分了解客户的需求，并用新产品满足客户的需求。

自产品进入市场的当年起，大量的市场营销和销售活动就开始了，并在产品的预期生命周期内保持较高的水平。这不仅反映了激烈的市场竞争，同时也反映了一个公司必须积极地将其产品呈现在客户面前。电子数据表中的“其他”种类主要包括工厂和企业的管理成本。

权衡研究

开发一个新产品有四个关键目标：

- 完成产品成本不超出商定的目标成本。
- 生产超出客户预期的优质产品。
- 采取高效的产品开发过程，使产品能按计划推向市场。
- 在获批的预算范围内完成产品的开发过程。

产品开发团队必须认识到进程不总是一帆风顺的。工具设备可能会延期交付、高能耗可能会导致外包组件成本增加、几个零件没有按照规格连接起来等，无论什么原因，面对这些问题时，能预估出补救计划对产品收益的影响会很有帮助。这可以通过使用电子表格成本模型建立的权衡决策规则来解决。

如果一切按计划进行，那么基准盈利模型就如图 12.3 所示。若计划实施遇阻，由此权衡决策规则可以很容易地确定其他成本模型。例如：

- 开发成本超支 50%。
- 单位成本超支 5%。
- 由于性能不佳、顾客认可度低，销售额减少 10%。
- 产品延迟 3 个月进入市场。

表 12.3 显示了基准条件的变化对累计营业收益的影响。

权衡经验法则基于如下假设：变化是线性的，每个差额是相互独立的。例如，如果销售量减少 10% 导致累计营业利润减少 2 957 000 美元，那么销售量减少 1% 会导致营业利润将减少 295 700 美元。注意，此权衡规则只适用于本研究特例，不是普遍的经验法则。

表 12.3　基于偏离基准条件的权衡决策规则

差额类型	基线营业成本（美元）	减少营业收益（美元）	对收益的累计影响（美元）	经验法则
开发成本超支 50%	24 870 000	23 370 000	−1 500 000	30 000 美元（每变动 1%）
单位成本超支 5%	24 870 000	21 043 000	−3 827 000	765 400 美元（每变动 1%）
销售额减少 10%	24 870 000	21 913 000	−2 957 000	295 700 美元（每变动 1%）
产品延迟 3 个月进入市场	24 870 000	23 895 000	−957 000	975 000 美元（每变动 1%）

例 12.7（计算权衡） 某工程师预计，忽略对该产品（相关数据见表 12.3）风扇的平衡操作，每单位产品可节约成本 1.50 美元。但是，这将导致产品振动和噪声增加，预计会使销售量损失 5%。试用权衡规则确定这种成本节约方式是否合适。

- 潜在利益（收益）：单位成本是 96.00 美元。节省的百分比是 $1.50/96=0.015\,6=1.56\%$，$1.56\times765\,400$ 美元（单位成本变化 1% 对营业收益的影响）=1 194 000 美元
- 潜在成本（损失）：$5\times295\,700$ 美元 =1 478 500 美元。

收益与损失接近，但销售损失造成的潜在成本超过了节约的费用。另外，销售量损失 5% 的估计仅仅是一个经验性的猜测。应对之策可能要求工程师做更详细的成本节约预测。如果预测结果良好，就在有限的地理区域内进行试销，密切监控投诉和退货情况。但在此之前，要根据职业安全与健康条例（OSHA）的相关要求，仔细研究没有风扇平衡的产品的噪声和振动情况。

12.9.1　收益提高

提高收益通常可采取三种策略：

- 涨价。
- 增加销售量。
- 降低售出产品的成本。

例 12.8 利用前文描述的收益模型，显示了这些因素的变化对收益的影响。

例 12.8（计算收益变化） 情形 *A* 显示了产品成本要素的当前分配状况。情形 *B* 显示了如果价格竞争允许在不损失销售量的基础上涨价 5% 后将会发生的情况。增加的收入接近底线。情形 *C* 显示了如果销售量增加 5% 后将会发生的情况。四个成本要素将增加 5%，而单位成本保持不变。成本和利润增长程度相当，利润率保持不变。情形 *D* 显示了工艺改

进导致生产率提高 5%（直接劳动力成本减少 5%）后将会发生的情况。为了提高生产力而安装新设备导致管理成本小幅增加。注意，每产品单位的利润增加了 10%。情形 *E* 显示了材料或外购组件的费用降低 5% 后将会发生的情况。材料费用约占该产品总费用的 65%。材料成本的降低可能由允许使用廉价材料或淘汰外购组件的设计变更造成。在此案例中，除昂贵的研发方案之外，所有的成本节约都到达了底线，使得单位利润增长了 55%。

	情形 *A*	情形 *B*	情形 *C*	情形 *D*	情形 *E*
售价（美元）	100	105	100	100	100
销售量	100	100	105	100	100
净销售额（美元）	10 000	10 500	10 500	10 000	10 000
直接劳动力成本（美元）	1 500	1 500	1 575	1 425	1 500
材料成本（美元）	5 500	5 500	5 775	5 500	5 225
管理成本（美元）	1 500	1 500	1 575	1 525	1 500
产品销售成本（美元）	8 500	8 500	8 925	8 450	8 225
毛利润（美元）	1 500	2 000	1 575	1 550	1 775
总经营成本（美元）	1 000	1 000	1 050	1 000	1 000
税前利润（美元）	500	1 000	525	550	775
利润率	5%	9.5%	5%	5.5%	7.75%

第四种提高收益的策略（没在该例中说明）是升级公司制造和销售的产品组合。通过这种策略，利润率较高的产品会得到强化，利润率较低的产品线会逐步遭到淘汰。

12.10 成本分析方法改良

多年以来，为了得到更精确的成本评估数据，人们对成本的估算方法进行了若干改进。在本节中，我们将讨论为应对成本膨胀而采取的调整、产品或零件尺寸与成本之间的关系，以及学习降低制造成本。

12.10.1 成本指数

货币购买力随时间的推移而下降，因此所有公布的成本数据都是过时的。为了弥补这一缺点，使用成本指数将过去的成本转换为当前的成本。时刻 2 的成本是时刻 1 的成本乘以二者成本指数之比。

$$C_2 = C_1\left(\frac{\text{指数@时刻2}}{\text{指数@时刻1}}\right) \tag{12.7}$$

最现成的成本指数是：

- 消费者价格指数（CPI）——给出了消费者购买的商品和服务的价格。
- 生产者价格指数（PPI）——对美国商品制造商的全部市场产出的衡量。PPI 的制成品价格指数大致分为耐用品（不在 CPI 之内）及生活消费品。PPI 不能用来衡量任何服务。CPI 和 PPI 都可在 www.bls.gov 中查阅。
- 《工程新闻记录》杂志（*Engineering News Record*）提供了总体工程成本指标。
- 《化学工程》杂志（*Chemical Engineering*）中的 Marshall and Swift 指数提供了工业设备成本指数。该杂志还公布了化工厂固定设备指数，其中包括热交换器、泵、压缩机、管道及阀门等设备。

许多行业协会和咨询公司也提供专业的成本指数。

例 12.9（应用成本指数） 一种油气田柴油机在 1982 年时的购买价格是 5 500 美元，在 1997 年更换该柴油机需花费多少钱？

$$C_{1997} = C_{1982}\left(\frac{I_{1997}}{I_{1982}}\right) = 5\ 500\times\left(\frac{156.8}{121.8}\right) = 5\ 500\times 1.29 = 7\ 095(\text{美元})$$

2006 年油气田机械的制成品价格指数为 210.3，在 2006 年再次更换该柴油机需花费多少钱？

$$C_{2006} = C_{1997}\left(\frac{210.3}{156.8}\right) = 9\ 516(\text{美元})$$

我们看到，前 15 年价格年平均增长 1.7%，在后 9 年价格年平均增长 3.3%，这反映了近年来石油和天然气业务的迅速增长。

12.10.2 成本与尺寸之间的关系

大部分固定设备的成本不与设备的尺寸或能容直接成比例。例如，发动机功率增加一倍，其成本大约只增加一半。这种规模经济在工程设计中是一个重要因素。成本与尺寸的关系通常表示为：

$$C_1 = C_0\left(\frac{L_1}{L_0}\right)^x \tag{12.8}$$

其中，C_0是尺寸或能容为L_0的设备的成本，指数x的变化范围为0.4～0.8，对于许多类工艺设备可近似取为0.6。因此，式（12.8）表示的关系通常称为“十分之六准则”。在表12.4中列出了不同类型设备对应的x的取值。

表12.4 不同设备对应的x指数的典型取值

设备	规格范围	性能单位	指数x
单机风箱	1 000～9 000	ft^3/min	0.64
同型号离心泵	15～40	hp	0.78
旋风式集尘器	2～7 000	ft^3/min	0.61
相同壳体和管路的热交换器	50～100	ft^2	0.51
风扇冷却的440V电机	1～20	hp	0.59
非加热碳钢压力容器	6 000～30 000	lb	0.68
卧式碳钢油箱	7 000～16 000	lb	0.67
三相变压器	9～45	kW	0.47

Perry, Robert H., and Cecil Hamilton Chilton. Chemical engineers' handbook, Volume 5.McGraw-Hill, 1973.

按理说，成本指数可与成本－尺寸关系结合起来，以应对成本膨胀和规模经济。

$$C_1 = C_0\left(\frac{L_1}{L_0}\right)^x\left(\frac{I_1}{I_0}\right) \tag{12.9}$$

“十分之六准则”只适用于大型工艺设备或工厂型设备，并不适用于单个机械零件或如变速器等小型机械系统。大体上，零件的材料成本（MtC）与零件体积成正比，而零件体积又与特征尺寸L的立方成正比。因此，材料成本是其特征尺寸的幂函数：

$$MtC_1 = MtC_0\left(\frac{L_1}{L_0}\right)^n \tag{12.10}$$

对于钢齿轮而言，直径在50～200mm范围内时，取$n = 2.4$，直径在600～1500mm范围内时，取$n = 3$[⊖]。

机械加工的生产成本（PC）也可作为一个研究成本增长规律的例子，它以完成某项操作的时间为基础，可能会随零件表面积L的变化而变化，例如与L^2成正比。

$$PC_1 = PC_0\left(\frac{L_1}{L_0}\right)^p \tag{12.11}$$

⊖ K. Erlenspiel et al., *Cost-Efficient Design*, Springer, New York, 2007, p. 161.

同样，p 取决于加工条件，对精加工和研磨，$p=2$，对切削深度较大的粗加工，$p=3$。

关于加工成本依赖零件的尺寸和几何形状的信息非常缺乏。这些信息有助于我们在设计过程的早期探索不同的几何形状和零件尺寸时，找到更好的零件成本评估方式。

12.10.3 学习曲线

一个在制造中常见的现象是，随着工人获取更多的工作经验，他们能够在规定的单位时间内制造或组装出更多的产品。显然，这会降低成本。这种知识的习得归因于工人技术水平的提升、随时间不断改进的生产方法，以及与排程调度和其他生产计划相关的更好的管理办法。生产效率改进的程度和速度还取决于生产工艺的特点、产品设计的标准化、生产运行时间的长度劳资关系的和谐程度等因素。

这种改进现象通常通过学习曲线来表示，学习曲线也称为产品改进曲线。图 12.4 显示了 80% 学习曲线的典型特征。每当累计产量增加一倍（$x_1=1, x_2=2, x_3=4, x_4=8$，以此类推）时，生产时间（或生产成本）将变为累计产量倍增前的 80%。60% 的学习曲线表示累计产量增加一倍时生产时间变为倍增前的 60%。从而，每当产量增加一倍时的生产时间减少至恒定的比例[⊖]。当将此明显的指数曲线绘制在双对数坐标系中时，它将变成直线（见图 12.5）。注意，60% 的学习曲线比 80% 的学习曲线生产成本减少得更多。

学习曲线表示为：

$$y=kx^n \tag{12.12}$$

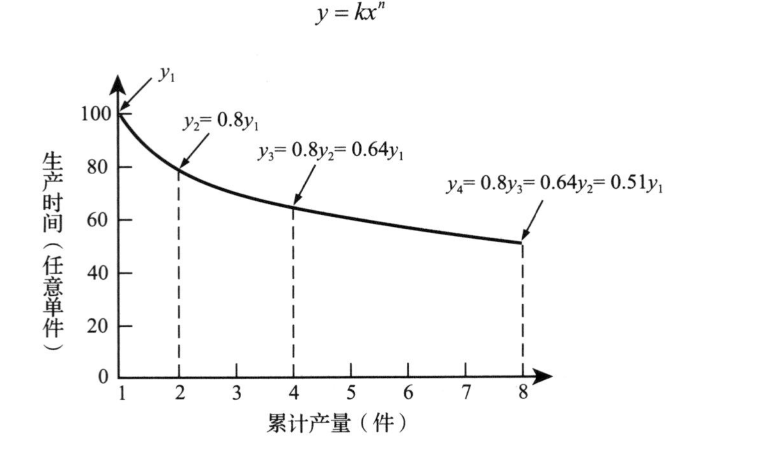

图 12.4 一个 80% 的学习曲线

⊖ 学习曲线也可以按产量增加 3 倍或其他任意倍数来构建，但通常是按产量增加 1 倍来建立。

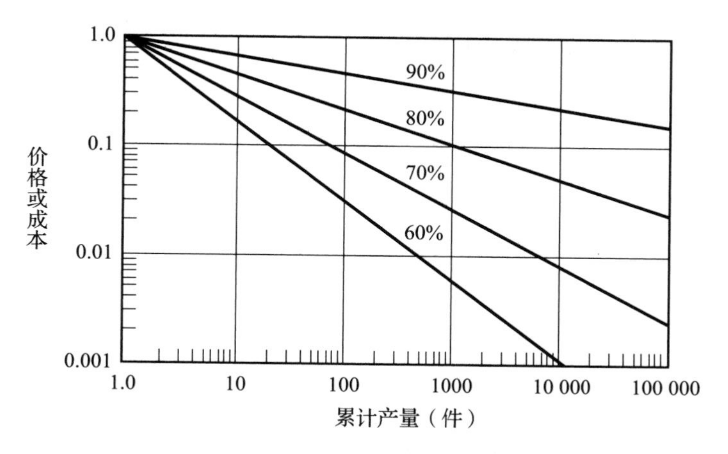

图 12.5 标准学习曲线

其中，y 为生产付出，用小时 / 单位产品（h/ 件）或美元 / 单位产品（美元 / 件）表示，k 是制造第一件产品的付出，x 是单位数，即 $x = 5$ 或者 $x = 45$，n 是学习曲线的斜率（负值），用小数表示。n 的值在表 12.5 中给出。

表 12.5 典型学习曲线百分比的指数取值

学习曲线百分比 *P*	*n*
65%	−0.624
70%	−0.515
75%	−0.415
80%	−0.322
85%	−0.234
90%	−0.152

n 值可通过如下方式求出：对于 80% 的学习曲线，$y_2 = 0.8y_1$，$x_2 = 2x_1$。因此，

$$\frac{y_2}{y_1} = \left(\frac{x_2}{x_1}\right)^n$$

$$\frac{0.8y_1}{y_1} = \left(\frac{2x_1}{x_1}\right)^n$$

$$n\lg 2 = \lg 0.8$$

$$n = \frac{-0.0969}{0.3010} = -0.322$$

注意，学习曲线的百分比用浮点数表示为 $P = 2^n$。

例 12.10（应用学习曲线） 一组机器共 80 台，加工并组装第一台需要付出 150h。如果你期望获得一个 75% 的学习曲线，那么完成第 40 台机器和最后一台机器的加工组装分别需要多长时间？

$$y = kx^n$$

$$对于\ P = 75\%，n = -0.415，k = 150，y = 150(x^{-0.415})$$

$$当\ x = 40\ 时，y_{40} = 150 \times 40^{-0.415} = 32.4(\mathrm{h})$$

$$当\ x = 80\ 时，y_{80} = 150 \times 80^{-0.415} = 24.3(\mathrm{h})$$

12.11 成本设计

成本设计，也称作目标成本法，该方法在产品开发项目开始时就为产品成本确立了一个目标值（有时也称为“应该成本”数据）。在设计过程中，需检验每一个设计决策对保持低于目标成本的影响。这与详细设计阶段中更一般性的做法（等待完成一个完整的成本分析）不同。如果检验发现此时成本超限，那么唯一可行的办法就是尝试挤掉制造过程中的超额费用或换用较廉价的材料，这往往以牺牲产品质量为代价。

完成成本设计的步骤[㊀]是：

1. 建立一个实际可靠的目标成本。目标成本是对顾客出价的合理估算与预期利润之间的差额。这需要实际有效的市场分析和灵活快捷的产品开发过程，使产品能在最短时间内进入市场。

2. 分解目标成本。分解目标成本可以基于：相似设计中的子系统和组件的成本；竞争对手的组件成本，就像剖析参考竞争对手的产品一样[㊁]；预测顾客愿意支付的产品功能和特点。

3. 确保符合成本目标。成本设计的主要不同点是在每个设计阶段结束后和生产开始前都对成本预测进行评估。要想让这种评估有效，就必须有能够应用早于详细设计阶段的成本评估方法。此外，还必须要有能够快速进行成本比较的系统化方法。

㊀ K. Ehrlenspiel et al., op. cir., pp. 44-63.

㊁ 详见 K. T. Ulrich and S. Peterson, “ Assessing the Importance of Design Through Product Archaeology,” *Management Science*, Vol. 44, pp. 352-69, 1998。

12.11.1 量级估算

在产品开发的早期阶段对新产品进行市场调研时，通常要与市场上已有的类似产品进行对比，这就给出了预期售价的界限。产品成本往往只基于一个因素进行评估，其中最常用参考因素是重量。例如，产品可大致分为三类[一]：

- 大型功能性产品——汽车、前端装载机、拖拉机。
- 机械 / 电气产品——小家电和电气设备。
- 精密产品——照相机、电子测试设备。

每一类产品在某一重量基础上的成本大致相同，但类别之间的成本增加因数大约为 10。

一个稍微复杂的成本评估方法是以材料成本在总成本中所占的比例为基础[二]。例如，汽车的材料成本约占总成本的 70%，柴油机约占 50%，电工仪表约占 25%，瓷制餐具约占 7%。

例 12.11（使用材料组分估测成本） 重量为 300lb 的柴油机的总成本是多少？已知铸造该柴油机的球墨铸铁成本为 2 美元 /lb，材料成本占发动机总成本的 0.5。

$$\text{总成本} = (300 \times 2)/0.5 = 1\ 200\ (\text{美元})$$

另一条经验法则是 1-3-9 法则[三]，它规定材料成本、制造成本和销售价格之间的相对比例是 1∶3∶9。在本规则中，考虑到废料和模具成本，材料成本会提高 20%。

例 12.12（估测价格） 一个重量为 2lb 的零件，由成本为 1.50 美元 /lb 的铝合金制成。评估其材料成本、制造成本以及销售价格各是多少？

$$\text{材料成本} = 1.2 \times 1.5 \times 2 = 3.60\ (\text{lb})$$
$$\text{制造成本} = 3 \times \text{材料成本} = 3 \times 3.60 = 10.80\ (\text{美元})$$
$$\text{销售价格} = 3 \times \text{制造成本} = 3 \times 10.80 = 32.40\ (\text{美元})$$

或

$$\text{销售价格} = 9 \times \text{材料成本} = 9 \times 3.60 = 32.40\ (\text{美元})$$

[一] R. C. Creese, M. Adithan, and B. S. Pabla, *Estimating and Costing for the Metal Manufacturing Industries*, Marcel Dekker, New York, 1992, p. 101.

[二] R. C. Creese et al., pp. cit., pp. 102-5.

[三] H. F. Rondeau, "Rules for Product Cost Estimation," *Machine Design*, Vol. 47, pp. 50–53, 1975.

12.11.2　概念设计阶段的成本核算

在概念设计阶段，几乎没有确定任何设计细节，成本核算方法要能够对具有相同功能的不同类型的设计进行直接比较，且能到达±20%的精度。

相对成本常用来比较不同的设计配置、标准组件和材料的成本。基准成本通常是最低费用或最常用项目的成本。与绝对成本相比，相对成本的优势是其范围随时间变化较小。另外，相对成本较少产生专利问题，公司更有愿意发布相对成本的数据。

参数化方法在设计发生变更时仍能发挥很好的效果。在概念设计阶段，可用的成本信息通常由同类产品的历史成本构成。例如，双发动机小型飞机的成本评估方程已经开发出来[㊀]，类似的成本关系还存在于火力发电厂和许多类型的化工厂中。然而，对于多样化的机械产品而言，很少发布此类关系的信息。这些信息无疑存在于大多数产品制造公司内。

概念设计阶段的成本核算一定会迅速完成，并且不包含例12.6中使用的大量成本细节。此过程的一个优点是并非所有的产品零件都需要成本分析。有些零件可能与其他成本已知的产品中的零件相同，其他标准组件或外购零件的费用可以通过公司报价获取，还有一些零件仅仅增加或减少了一些物理特征相似的零件，这些相似零件的成本是用原始零件的成本加上或减去创建不同特征所需的操作成本。

对于那些需要成本分析的零件，要使用“快速成本核算法”。快速成本核算法正处于发展之中，主要在德国开展这方面的研究[㊁]。这种方法涵盖广泛，在此无法详述，仅给出一个公式示例，以L_0尺寸的零件为基准，换算出L_1尺寸的零件的单位生产成本C_u：

$$C_u = \frac{PC\text{su}}{n}\left(\frac{L_1}{L_0}\right)^{0.5} + PCt_0\left(\frac{L_1}{L_0}\right)^2 + MtC_0\left(\frac{L_1}{L_0}\right)^3 \quad (12.13)$$

在本式中，$PC\text{su}$为刀具调试成本，PCt_0是基于总操作时间的初始零件加工成本，MtC_0是L_0尺寸零件的材料费用，n是批量大小。

功能成本法是在设计的早期阶段确定成本的理智方法[㊂]。该方法背后的理念是，一旦确定了要实现的功能，设计的最低成本就已经固定。由于是在概念设计阶段，我们可以识别所需

㊀ J. Roskam, “Rapid Sizing Method for Airplanes,” *J. Aircraft*, Vol. 23, pp. 554–560, 1986.

㊁ K. Ehrlenspiel, op. cit., pp. 430–456.

㊂ M. J. French, “Function Costing: A Potential Aid to Designers,” *Jnl. Engr. Design*, Vol. 1, pp. 47–53, 1990; M. J. French and M. B. Widden, *Design for Manufacturability 1993, DE*, Vol. 52, pp. 85–90, ASME, New York, 1993.

的功能，并用一种候选方案来实现，将功能和成本联系起来，开辟出一种成本设计的直接方法。功能成本法起始于技术相对成熟、成本颇有竞争力的标准组件，如轴承、电动机以及线性执行器等。将功能与成本联系起来是价值分析的基本思想，有关内容将在下节讨论。

使用专用软件进行成本预算，可能是在设计过程早期确定成本的最大的进步。有许多将快速设计计算、加工成本模型和成本目录集为一体的软件程序可以使用。通过以下信息源可以找到更多的附加资料：

- Galorath 公司的 SEER-MFG 软件[㊀]应用先进的参数化建模技术在设计的早期对生产成本进行估计。该软件可以处理以下生产工艺：机械加工、铸造、锻造、成型、金属粉末、热处理、涂层、金属板制造、复合材料、印制电路板、组装。SEER-H 软件能为从工作分解结构到运行维护成本的产品开发过程提供系统水平的成本分析和管理。
- Boothroyd Dewhurst Inc（BDI）公司的 DFM Concurrent Costing 软件[㊁]仅需少量的零件细节就能评估出相对成本，为工艺选择提供参考。
- CustomPartNet 软件[㊂]是为材料选用和工艺选择提供免费成本评估工具的仅有的网络在线资源。它能处理的工艺是注塑、砂型铸造和压力铸造以及机械加工。它也为常见的设计和制造问题提供一些称作 widgets 的特殊计算器。
- MTI Systems 公司的 Costimator 软件[㊃]可以为机械加工的零件提供详细的成本评估。作为该领域的研究先驱，其软件包含大量的成本模型、劳动力标准以及材料成本数据，专门致力于提供一个快速、准确、一致的方法，帮助生产车间进行循环周次和成本方面的评估，为报价做好准备。

12.12 成本评估中的价值分析

价值分析或价值工程是一个问题解决过程，旨在为消费者提升产品的价值[㊄]。价值的定义是：一个零件、一项功能或与成本相关的组装的所具有的价值。价值分析通常是产品再设计的第一步，其目标是在成本不变的前提下提高产品功能，或在功能不变的前提下缩减产品成本。

价值分析方法学通过回答下列问题来寻求提升设计水平的方法。

㊀ www.galorath.com.

㊁ www.dfma.com.

㊂ www.custompartnet.com.

㊃ www.mtisystems.com.

㊄ T. C. Fowler, *Value Analysis in Design*, Van Nostrand Reinhold, New York, 1990.

- 是否可以不用该零件?(使用面向装配的设计分析)。
- 该零件的表现是否超出预期?
- 该零件是否物有所值?
- 是否有某种替代物能更好地完成此工作?
- 是否有一种更廉价的零件生产方式?
- 是否能用一个标准件代替该零件?
- 在不降低质量和按期交货的前提下，有没有一个外部供应商可以提供更廉价的零件?

价值分析的第一步是确定零件的成本，并将其与所实现的功能联系起来，如例12.13所示。获取更多关于价值分析的信息，请浏览Society of Value Engineers[一]的主页，或在线阅读价值分析创始人Lawrence Miles的经典著作[二]。

例12.13（基于功能的成本）　表12.6列出了离心泵的成本结构[三]。该表将泵的组件按其生产成本分为A、B、C三类。A类组件占总成本的约82%，要重点考虑和关注这些“关键的少数”零件。

表12.6　一种离心泵的成本结构

成本类	零件	制造成本		成本类型(%)		
		美元	占比(%)	材料	生产	装配
A	外壳	5 500	45	65	25	10
A	叶轮	4 500	36.8	55	35	10
B	轴	850	7	45	45	10
B	轴承	600	4.9	购买	购买	购买
B	密封件	500	4.1	购买	购买	购买
B	磨损环	180	1.5	35	45	20
C	紧固件	50	<1	购买	购买	购买
C	注油器	20	<1	购买	购买	购买
C	键	15	<1	30	50	20
C	垫圈	10	<1	购买	购买	购买

（源自Hundal, Mahendra S. *Systematic Mechanical Design*. New York: ASME Press, 1997。）

我们现在集中精力关注泵的每个组件所实现的功能（见表12.7）。这张功能表添加到成本

㊀ www.value-eng.org/education_publications_function_monographs.plip

㊁ http://wendt.library.wisc.edu/miles/milesbook.html

㊂ M. S. Hundal, *Systematic Mechanical Design*, ASME Press, New York, 1997, pp. 175, 193-196.

结构表上就构成表 12.8。注意，每个组件对每个功能的贡献度已得到评估。例如，轴 60% 的功能用于能量转移（F2），40% 的功能用于支撑零件（F6）。各组件的成本乘以其对给定功能的贡献度就可得到实现该功能的总成本。例如，支撑零件的功能（F6）由外壳、轴和轴承共同提供。

$$\text{F6 的成本} = 0.5 \times 5\,500 + 0.4 \times 850 + 1.0 \times 600 = 3\,690\ (\text{美元})$$

表 12.9 汇总了这些计算结果。该表显示离心泵的昂贵的功能是储水、能量转换和支撑零件。我们由此知道，在探索用以降低泵的设计和制造成本的创造性解决方案时应重点关注什么地方。

表 12.7　离心泵中每个组件的功能

功能	描述	组件
F1	防水	外壳，密封件，垫圈
F2	能量传递	叶轮，轴，键
F3	能量转换	叶轮
F4	连接件	紧固件，键
F5	增加寿命	磨损环，注油器
F6	支撑零件	外壳，轴，轴承

（源自 Hundal, Mahendra S. *Systematic Mechanical Design*. New York: ASME Press, 1997。）

表 12.8　离心泵的功能成本分配结构

成本类	零件	制造成本		成本类型（%）			功能分配，%			
		美元	%	材料	生产	装配				
A	外壳	5 500	45	65	25	10	F1	50	F6	50
A	叶轮	4 500	36.8	55	35	10	F2	30	F3	70
B	轴	850	7	45	45	10	F2	60	F6	40
B	轴承	600	4.9	购买	购买	购买	F6	100		
B	密封件	500	4.1	购买	购买	购买	F1	100		
B	磨损环	180	1.5	35	45	20	F5	100		
C	紧固件	50	<1	购买	购买	购买	F4	100		
C	注油器	20	<1	购买	购买	购买	F5	100		
C	键	15	<1	30	50	20	F2	80	F4	20
C	垫圈	10	<1	购买	购买	购买	F1	100		

（源自 Hundal, Mahendra S. *Systematic Mechanical Design*. New York: ASME Press, 1997。）

表 12.9 离心泵的功能成本计算

功能	零件	零件成本比例（%）	零件成本（美元）	零件功能成本（美元）	总功能成本	
					美元	%
F1：防水	外壳 密封件 垫圈	50 100 100	5 500 500 10	2 750 500 10	3 260	26.7
F2：能量传递	叶轮 轴 键	30 60 80	4 500 850 15	1 350 510 12	1 872	15.3
F3：能量转换	叶轮	70	4 500	3 150	3 150	25.8
F4：连接件	键 紧固件	20 100	15 50	3 50	53	0.4
F5：增加寿命	磨损环 注油器	100 100	180 20	180 20	200	1.6
F6：支撑零件	外壳 轴 轴承	50 40 100	5 500 850 600	2 750 340 600	3 690	30.2

（源自 Hundal, Mahendra S. *Systematic Mechanical Design*. New York: ASME Press, 1997。）

表 12.6 以降序排列的方式列出了各种零件的成本，就像帕累托图一样。因此，外壳和叶轮将是寻求成本降低的理想对象。外壳在提供储水功能（F1）和提供结构支撑功能（F6）方面的贡献度大致相等。这两个功能的成本分别列第 2 位和第 1 位，合计共占功能成本的 57%。由于叶轮是构成水泵的最关键部件，因此外壳将是成本降低的主要对象。可以想象，通过使用先进的铸造工艺（比如熔模铸造）和有限元分析，可以在不损失水泵结构刚度的前提下设计出更轻、更廉价的外壳。

12.13 制造成本模型

本书从头到尾一直强调设计过程中建模的重要性。通过建模可以看出哪些设计元素对成本的贡献最大，也就是说，建模可以识别成本驱动因素。在成本模型的帮助下，我们渴望确定使生产成本最小化或产量最大化的条件（成本优化）。

12.13.1 机加工的成本模型

对于金属切削过程的成本模型，人们已做了大量的研究工作[㊀]。如图 12.6 所示，一个机加

㊀ E. J. A. Armarego and R. H. Brown, *The Machining of Metals*, Chap. 9, Prentice Hail, Englewood Cliffs, NJ, 1969; G. Boothroyd and W.A. Knight, *Fundamentals of Machining and Machine Tools*, 3rd ed., CRC Press, Beca Raton, FL, 2006.

工过程可以分解成一些最简单的成本要素。A 是每个工件的机加工成本与工件装卸成本之和。如果 B 是工具成本（美元 / 件），包括更换工具和工具磨削的成本，则：

$$单位成本 = \frac{nA + B}{n} = A + \frac{B}{n} \tag{12.14}$$

其中，n 是每把工具切削的工件数量。

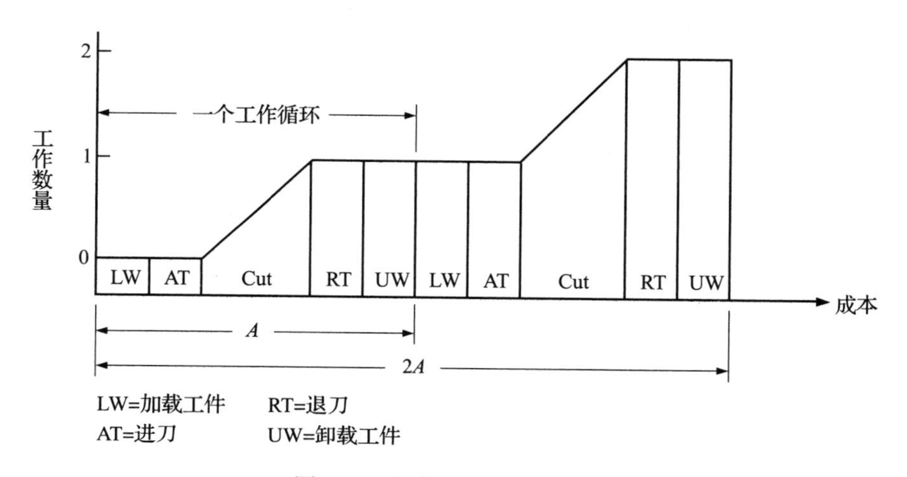

图 12.6　机加工工作业构成要素

我们现在考虑一个更详细的成本模型，用于在车床上车削一个棒材（见图 12.7）。每次切削的机加工时间 t_c 是：

$$t_c = \frac{L}{V_{\text{feed}}} = \frac{L}{fN} \tag{12.15}$$

其中，V_{feed} = 进给速度（in/min），f = 进给量（in/r），N = 转度（r/min）。式（12.15）仅给出了车削圆柱形棒材的加工时间，对于其他几何形状或其他工艺（如铣或钻），L 或 V_{feed} 将有不同的表达形式。

一个机加工零件的总成本是机加工成本 C_{mc}、切削工具的成本 C_t 和材料成本 C_m 三者之和：

$$C_u = C_{\text{mc}} + C_t + C_m \tag{12.16}$$

其中，C_u 是总的单位（每件）成本。机加工成本 C_{mc}（美元 /h）取决于加工时间 t_{unit} 以及机器成本、劳动力成本和管理成本。

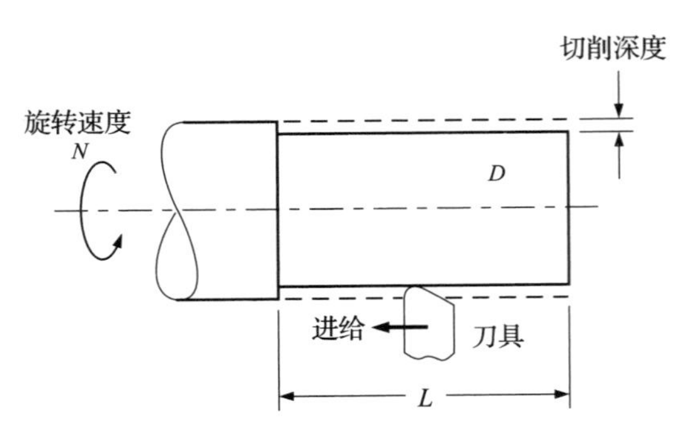

图 12.7　车床车削细节

$$C_{mc} = \left[M\left(1+OH_m\right) + W\left(1+OH_{op}\right) \right] t_{unit} \tag{12.17}$$

其中，M 是机器成本率（美元 /h），OH_m 是机器管理成本分摊率，W 是机床操作的人工费率（美元 /h），OH_{op} 是操作员管理成本分摊率。机器成本包括利息、折旧和维修所产生的费用。在第 17 章（见网站 www.mhhe.com/dieter6e）的方法中，这些费用是以年度为基准确定的，然后基于机器一年内使用的时间，将这些费用转换成单位时间（h）费用。机器管理成本包括电费、其他服务费和按比例分摊的厂房费用、税收、保险费以及其他此类费用。

单位产品的生产时间是加工时间 t_m 与非生产时间或者空闲时间 t_i 之和：

$$t_{unit} = t_m + t_i \tag{12.18}$$

加工时间 t_m 是进行一次切削的机加工时间 t_c 乘以切削的次数：

$$t_m = t_c \times (\text{切削的次数}) \tag{12.19}$$

空闲时间由下式给出：

$$t_i = t_{set} + t_{change} + t_{hand} + t_{down} \tag{12.20}$$

其中，t_{set} = 工件设置的总时间数除以该批次的零件数量，t_{change} = 更换切削工具的按比例分配的时间 = 单次工具更换时间 × $\dfrac{t_m}{\text{工具寿命}}$，t_{hand} = 操作员在机床上进行装卸作业所花费的时间，t_{down} = 由于机床或者工具故障、等待材料或者工具、维修操作而造成的停工期损失，停工期是单位产量的按比例分配的时间。

切削工具的成本是一个重要的成本组分。在切削工具和金属的接触面上，由于极端磨损和高温，会使得切削工具失去切削刃。工具成本是切削工具的成本加上按比例分配用于固定刀头的特殊装置上的成本。每个工件所耗费的切削工具的成本是：

$$C_t = C_{\text{tool}} \frac{t_m}{T} \tag{12.21}$$

其中，C_{tool} 是一个切削工具的成本（美元），t_m 是加工时间（min），由式（12.19）给出，T 是工具寿命（min），由式（12.22）给出。工具寿命通常用泰勒工具寿命方程表示，该方程将工具寿命 T 和表面（切向）速度 v 联系起来。在一个旋转机床中，切向速度（切削速度）$v = \pi DN$，其中 πD 是周长（in/r），N 是转速（r/min）。

$$vT^p = K \tag{12.22}$$

在双对数坐标系中，工具寿命（min）与表面速度（ft/min）的关系是一条直线。K 是在 $T =$ 1min 时的表面速度，p 是（负）斜率的倒数。

对于在一个刀槽上镶嵌一个刀头的切削刀具：

$$C_{\text{tool}} = \frac{K_i}{n_i} + \frac{K_h}{n_h} \tag{12.23}$$

其中，K_i 为一个刀头的成本（美元），n_i 为一个刀头的切削刃数，K_h 为一个刀槽的成本（美元），n_h 为一个刀槽在寿命期内所固定的切削刃数。将从式（12.22）中得到工具的寿命 T 代入式（12.21）中得到：

$$C_t = C_{\text{tool}} t_m \left(\frac{v}{K}\right)^{1/p} \tag{12.24}$$

更换工具所需的时间可能会很显著，所以我们将该部分时间作为 t_{tool}，从式（12.20）中所列的其他时间中分离出来，并用式（12.25）来表示 t_{change}：

$$t_{\text{change}} = t_{\text{tool}} \left(\frac{t_m}{T}\right) \tag{12.25}$$

式（12.20）中其他三项和工具的寿命无关，用 t_0 表示。机加工一个工件的时间（如式（12.18）所示）现在可以写成如下公式：

$$t_{\text{unit}} = t_m + t_i = t_m + t_{\text{change}} + t_0 = t_m + t_{\text{tool}} \frac{t_m}{T} + t_0 = t_m \left(1 + \frac{t_{\text{tool}}}{T}\right) + t_0 \tag{12.26}$$

将式（12.17）、式（12.26）和式（12.21）代入式（12.16）可得到：

$$C_u = \left[M(1+OH_m)+W(1+OH_{\text{op}})\right]\left[t_m\left(1+\frac{t_{\text{tool}}}{T}\right)+t_0\right]+C_{\text{tool}}\frac{t_m}{T}+C_m \tag{12.27}$$

该等式给出了机加工零件的单位成本。通过式（12.15）、式（12.19）和式（12.22）可知：加工时间 t_m 和工具寿命 T 都取决于切削速度。如果我们绘制出单位成本与切削速度的关系图（见图 12.8），将会发现有一个使单位成本最小化的最佳的切削速度。这是因为机加工时间随着切削速度增加而减少，但是随着切削速度的增加，刀具磨损和刀具费用也会增加。因此，存在一个最佳的切削速度。另一种可选策略是选择获得最高生产率的切削速度。还可以选择获得最大利润的切削速度。这三个标准会产生不同的工作点。

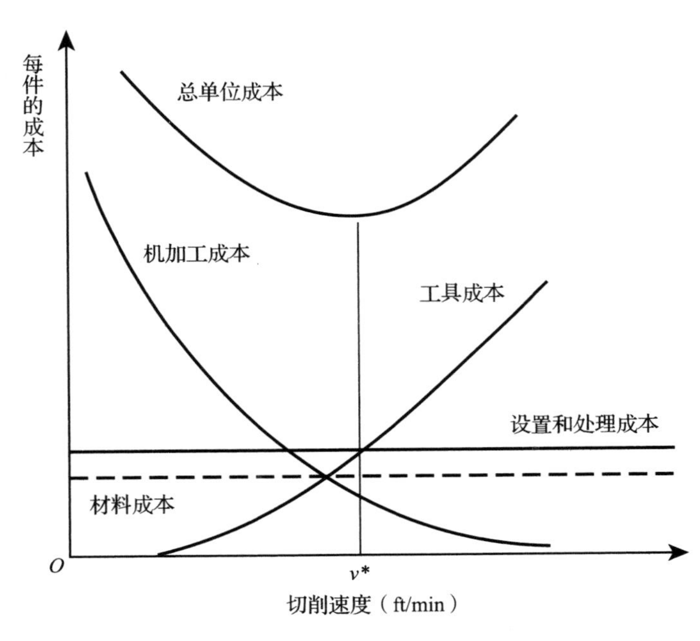

图 12.8　单位成本与切削速度的关系图

制造成本模型阐述了如何利用工序物理模型和各操作要素的标准时间来确定实际的零件成本。此外，该问题展示了如何将管理成本分配到劳动力成本和材料成本上去。可将此方法与 12.5 节给出的使用单一工厂管理成本的方法进行比较。

机加工成本模型主要基于物理模型。当没有一个好的可用的物理模型时，可将工序分解为离散的步骤，每个步骤都有完成它所需的时间和成本。该过程可以在网站（www.mhhe.com/dieter6e）上的 Process Cost Modeling 模块中找到。

12.14 生命周期成本

生命周期成本法是一种旨在获取所有与产品整个生命周期有关的费用的方法[1]。一个典型的问题是：高价买一个运营维护成本较低的产品更经济，还是低价买一个运营维护成本较高的产品更经济？生命周期成本法用更仔细的分析方式来评估所有相关的成本，无论是现在的还是未来的。

在生命周期成本法中，成本可以分为 5 个类别：

1. 原始成本——设备或工厂的购买成本。
2. 一次性成本——固定设备的运输和安装费用、操作人员的培训费用、启动费用、有毒有害材料清理费用和退役设备处理费用。
3. 运营成本——生产操作人员的工资，公用设施、日用品、材料以及危险材料处理的费用。
4. 维护成本——保养、检查、修理或更换设备的费用。
5. 其他成本——税款和保险。

生命周期成本也称为“全寿命成本”，最早是在军事采购领域中提倡，用于比较相互竞争的武器系统[2]。通常来说，维持设备所需的成本是其购置成本的 2～20 倍。

生命周期成本已经和生命周期内其他费用的评估结合在了一起，包括在生产和服务过程中能源消耗和污染的费用，以及在产品达到使用寿命期限时的退役费用。

产品生命周期中的典型要素如图 12.9 所示。该图强调了被忽视的对社会成本的影响，这些成本很少被量化，也不纳入产品生命周期分析[3]。从设计开始，实际发生的费用仅占生命周期成本的一小部分，但在设计中投入的成本大约占产品生命周期中可避免成本的 75%。此外，在设计阶段做出更改或修正，其成本约是制造过程中的 1/10。

---

[1] R. J. Brown and R. R. Yanuck, *Introduction of Life Cycle Costing*, Prentice Hall, Englewood Cliffs, NJ, 1985; W. J. Fabrycky and B. S. Blanchard, *Life-Cycle Cost and Economic Analysis*, Prentice Hall, Englewood Cliffs, NJ, 1991; B. S. Dhillon, *Life Cycle Costing for Engineers*, CRC Press, Boca Raton, FL, 2010; NIST-HDBK-135, *Life-Cycle Costing Manual for the Federal Energy Management Program*, February 1996, available online at www.barringer1.com, listed under Military Documents.

[2] MIL-HDBK 259, Life Cycle Costs in Navy Acquisitions.

[3] N. Nasr and E. A. Varel, “ Total Product Life-Cycle Analysis and Costing,” *Proceedings of the 1997 Total Life Cycle Conference*, P-310, pp. 9–15, Society of Automotive Engineers, Warrendale, PA, 1997.

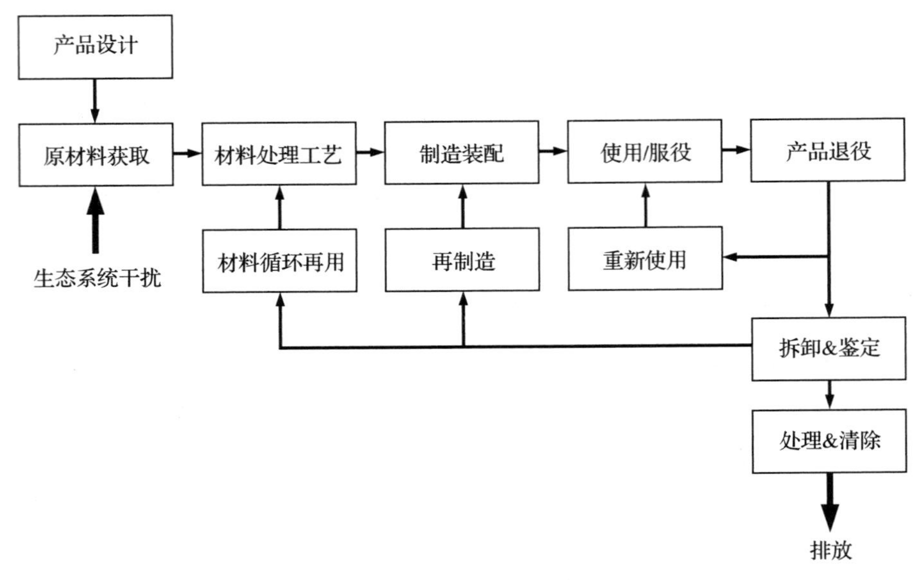

图 12.9　产品全生命周期

产品的拥有成本是生命周期成本的传统组成部分，式（12.3）列出了拥有成本在生命周期成本中主要起作用的部分。使用寿命通常用运行循环次数、运行时间或保质期来衡量。在设计中，我们通过使用耐用材料和可靠组件来尝试延长产品的使用和服役寿命。产品报废通过模块化体系结构逐步进行。

维护成本，尤其是维护劳动力成本，通常在其他使用 / 服务成本中占首要地位。大多数成本分析将维护成本划分成为计划或预防性维护成本与非计划或故障检修成本。根据可靠性理论（13.3.5 节），平均无故障工作时间和平均维修时间是影响生命周期成本的重要参数。其他在运行和维护阶段必须预测出的成本有：配套设备的维护成本、维护设施的成本、辅助人员的薪酬和附加福利、保修成本以及劳务合同等费用。

一旦产品达到了使用寿命极限，便进入了生命周期的退役阶段。高附加值的产品可能会应用于再制造。我们所说的附加值是指用于创建产品的材料、劳动力、能源和生产操作的成本。具有可观回收价值的产品可在此回收利用，其回收价值是由市场规律和从产品中分离出不同材料的难易程度决定的。重用的组件是产品中还未耗尽使用寿命的子系统，可在另一个产品中重复使用。不能重用、再造或回收的材料要以对环境安全的方式销毁，在处置之前可能需要通过人力或工具进行拆卸或处理。

例 12.14（生命周期成本）　有一产品开发项目旨在设计和制造一个小转弯半径的割草机，

其成本和收益如下表所示。假设该产品自开发项目开始10年之后被淘汰，公司的盈利率是12%，税率为35%。应用第17章（参见 www.mhhe.com/dieter6e）中货币的时间价值概念来确定该项目的净现值（NPV）以及基于销售额的年平均利润率。

单位：百万美元

类别	年度										平均值
	1	2	3	4	5	6	7	8	9	10	
1. 开发成本	0.8	1.90	0.4	0.4	0.4	0.4	0.4	0.2	0.2	0.2	
2. 售出产品的成本			12.0	13.5	15.0	16.1	16.8	16.0	15.2	15.3	14.99[一]
3. 销售和营销成本			2.1	3.0	3.5	2.8	2.7	2.8	2.9	2.6	2.8
4. G&A 费用以及管理成本			0.8	1.5	2.0	2.0	2.0	2.0	2.0	2.0	1.79[二]
5. 专用生产设备 P		4.1									
6. 残值 S										0.5	
7. 折旧		0.4	0.4	0.4	0.4	0.4	0.4	0.4	0.4	0.4	0.4
8. 环境清理成本										1.1	
9. 净销售额			28.2	31.3	36.2	39.8	40.0	39.1	38.0	35.0	35.95

成本的现值

1. 开发成本的现值 $= 0.8(P/F, 12, 1) + 1.90(P/F, 12, 2) + 0.4(P/A, 12, 5)(P/F, 12, 2) + 0.2(P/A, 12, 3)(P/F, 12, 7) = 3.47$（百万美元）。

2. 售出产品的成本的现值 $= 14.99\,(P/A, 12, 8)(P/F, 12, 2) = 59.36$（百万美元）。

3. 销售和营销成本的现值 $= 2.8\,(P/A, 12, 8)(P/F, 12, 2) = 11.17$（百万美元）。

4. G&A 费用以及管理成本的现值 $= 1.79\,(P/A, 12, 8)(P/F, 12, 2) = 7.09$（百万美元）。

5. 专用生产设备在第2～10年的年均直线折旧费用 $= (P - S)/n = (4.1 - 0.5)/9 = 0.40$（百万美元）。

6. 残值的现值 $= 0.5\,(P/F, 12, 10) = 0.16$（百万美元）

7. 折旧的现值 $= 0.4\,(P/A, 12, 9)(P/F, 12, 1) = 1.90$（百万美元）[三]。

8. 环境清理成本的现值 $= 1.1\,(P/F, 12, 10) = 0.35$（百万美元）。

[一] 原版书为14.8，不准确，应为14.99，后续关联数据也已修改。——译者注

[二] 原版书为1.7，不准确，应为1.79，后续关联数据也已修改。——译者注

[三] 第7项给出了9年折旧的现值。年度收入的税率为35%，而这些折旧费减少了年度收入，就意味着节省了0.35× 第7项的成本。

总成本的现值＝3.47 + 59.36 + 11.17 + 7.09 + 1.90 + 0.35 ＝ 83.34（百万美元）。

收入或节省物的现值

9. 净销售额的现值＝35.95（P/A, 12, 8）（P/F, 12, 2）= 142.37[㊀]（百万美元）。

残值的现值＝0.5（P/F, 12, 10）＝ 0.16（百万美元）。

减税的现值＝0.35×1.90 ＝ 0.66（百万美元）。

总收入或节省物的现值＝143.19（百万美元）。

净现值＝收入现值 − 成本现值＝143.19 − 83.34 ＝ 59.85（百万美元 10 年内），或年均 5.985（百万美元）。

年利润率＝5.985/35.95 ＝ 16.65%。

注意，使用最右列的平均年收入和成本是为了简化计算。使用电子数据表将得到更精确的数字，但评估的精度不能保证此精确计算。

例 12.14 是一个产品开发项目的典型生命周期分析。另一个常见的应用是评估一个重要外购资产设备的生命周期成本。由于在此类应用中没有收益流，所以将会根据最小化的生命周期成本做出评判。利用 12.3 节的拥有成本模型，我们可将拥有成本分为只发生在第一年的一次性成本（S_p，C_x，C_t和C_Q）和发生在未来的经常性成本（C_o，C_{ps}和C_{sp}）。

设备的运行成本 C_o 取决于员工等级（依照供应商的推荐）、操作员的工资水平和运行时间。

设备的维持费用 C_{ps} 主要是维修保养费用，这很大程度上取决于运行的临界条件和设备的可靠度。对于故障检修，可以根据平均无故障工作时间（MTBF）预测出每年的维护次数。请参考 13.3.1 节和 13.3.6 节关于 MTBF 的讨论。

$$\text{维护次数}=(\text{计划运行时数}/\text{年})/\text{平均无故障工作时间} \tag{12.28}$$

故障检修成本等于维护次数、平均维修时间（MTTR）和每小时劳动力成本的乘积。预防性维护的成本则基于月度劳动力成本评估。

备件的成本 C_{sp} 在很多情况下不可忽视，它包括备件的购置成本、购置的辅助成本、库存

㊀ 原版书为 130.80，有误。35.95 × 4.967 6 × 0.797 2 = 142.37 ≠ 130.80，后续关联数据已修改，故与原版书不同。——译者注

成本和运输到维修地点的成本。通常来说，停工设备导致的产量损失是最大的成本。每种成本都代表在现值计算（如例 12.14）中需新增一行。

12.15 总结

成本是影响设计的一个主要因素，任何工程师都必须重视。理解成本评估的基本知识对于得到高功能、低成本的设计至关重要。

要想精通成本评估，你需要了解一些概念的意义，如一次性成本、经常性成本、固定成本、可变成本、直接成本、间接成本、管理成本，以及作业成本分析法等。

成本评估通常通过以下三种方法实现。

- 通过对比以往产品或项目进行成本评估，此方法需要以往的经验或已公开的成本数据。由于这种方法使用的是历史数据，因此需对评估结果进行修正，使用成本指数来修正物件上涨的影响，使用成本 - 能容指数来修正数值范围差异的影响。这种方法通常用于概念设计阶段。
- 参数与因子法利用回归分析建立起过往成本与关键设计参数的联系。这些关键设计参数包括重量、功率及速度等。
- 对生产某一零件的全部步骤进行详细的分解来确定该零件的生产成本，分析每一步骤和每项操作的材料成本、劳动力成本和管理成本。这种方法通常用于详细设计阶段的最终成本评估中。

成本有时可能会与设计所要实现的功能有关。这是一种理想情形，因为它允许通过优化设计构思来缩减成本。

随着时间的推移，人们会获得越来越多的生产经验，生产成本通常也会随之降低。这就是所谓的学习曲线。

计算机成本模型能准确描述出生产过程中可以实现成本节约的步骤，因此正获得越来越多的应用。简单的电子数据表模型不仅可用于确定产品的收益能力，还可用于权衡市场环境的不同方面。

生命周期成本法旨在获取全生命周期内（从设计到退役）与产品相关的全部成本。最初，生命周期成本只注重产品在使用过程中产生的费用（比如维护和维修费用），现在，更多的生命周期成本正试图获取产品在环境问题和能源问题方面的社会成本。

12.16 新术语与概念

作业成本分析法	总务及管理费用	初始成本
盈亏平衡点	间接成本	产品成本
成本投入	学习曲线	目标成本法
成本指数	生命周期成本	价值分析
成本设计	自制与外协决策	功能成本法
固定成本	管理成本	

12.17 参考文献

Creese, R. C., M. Aditan, and B. S. Pabla: *Estimating and Costing for the Metals Manufacturing Industries,* Marcel Dekker, New York, 1992.

Ehrlenspiel, K., A. Kiewert, and U. Lindemann: *Cost-Efficient Design,* Springer, New York, 2007.

Malstrom, E. M. (ed.): *Manufacturing Cost Engineering Handbook,* Marcel Dekker, New York, 1984.

Mislick, G. K., and D. A. Nussbaum: *Cost Estimation—Methods and Tools,* Wiley 2015.

Ostwald, P. F., and T. S. McLaren: *Cost Analysis and Estimating for Engineering and Management,* Prentice Hall, Upper Saddle River, NJ, 2004.

Sandborn, P: *Cost Analysis of Electronic Systems,* 3rd ed., Vol. 4., World Scientific, 2016.

Winchell, W. (ed.): *Realistic Cost Estimating for Manufacturing,* 2nd ed., Society of Manufacturing Engineers, Dearborn, MI, 1989.

12.18 问题与练习

12.1 在对一个生产棒材的小钢铁厂进行升级时发现，必须购买一个大型旋风除尘器。由于正值本年度资金预算的提交时间，所以没有时间从供应商处获取报价。上一次购买该类型装置是在 1985 年，价格为 35 000 美元，该除尘器的排气量为 100 ft^3/min。2012 年，新装置需要的排气量为 1 000 ft^3/min。此类设备每年成本上涨约 5%。为制定预算，评估购买该除尘器所需的费用。

12.2 目前，许多消费品是在美国设计、在劳动力成本低得多的海外地区生产。一款名牌制造商的中档运动鞋，在美国的售价为 70 美元。美国鞋业公司从境外供应商处购买一双鞋需要 20 美元，出售给零售商为 36 美元。在整个供应链中单位产品的利润率分别为：供应商 9%、鞋业公司 17%、零售商 13%。对供应链中单位产品的主要成本类型进行评估，通过团队的形式完成这个问题，并在全班比较所得到的结果。

12.3 用于某一制造工艺中的模具类型取决于预期的零件总生产量。与用硬化钢制成的常规模具（硬模）相比，加工一个用标准件和低耐磨性材料制成的模具（软模）具有更快的加工速度和更低的加工成本。使用盈亏平衡点的概念确定与软模加工相适应的生产量。具体数据如下：

	软模	**硬模**
工具成本（美元）	C_S 600	C_H 7500
安装成本（美元）	S_S 100	S_H 60
单件成本（美元）	C_{ps} 3.40	C_{pH} 0.80

预计总产量为 5000 件，零件以每批次 500 件制造。

12.4 一家小型水轮机制造商的年度成本数据如下，计算一台水轮机的制造成本和销售价格。

原材料和零件成本	2 150 000
直接劳动力成本	950 000
直接花费	60 000
工厂管理和行政人员费用	180 000
工厂设施费用	70 000
税费和保险	50 000
工厂和设备折旧	120 000
仓储花费	60 000
办公设施费用	10 000
工程的薪酬（工厂）	90 000
工程的花费（工厂）	30 000
行政人员薪酬	120 000
销售人员薪酬和佣金	100 000
年销售总额：60 单位	
利润率：15%	

12.5 CD盒是由聚碳酸酯（2.20美元/lb）经热塑性成型加工制成的。每个CD盒使用20g塑料，将在10型腔中生产，每小时可以生产1 400个CD盒，运行成本是每小时20美元。生产管理成本是40%，由于产品销量大，总务及管理费用只有15%，利润是10%。试估算每个CD盒的售价是多少？

12.6 生产高质量真空熔炼钢的两项竞争工艺是真空电弧重熔（VAR）和电渣重熔（ESR）。每项工艺的成本评估如下。

成本构成	VAR	ESR
直接劳动力成本，熔炼工和帮手各一位	89 000美元	89 000美元
制造管理成本，140%直接人力成本	124 600美元	124 600美元
熔炼功耗	0.3kWh/lb 1 000lb/h 10美分/kWh	0.5kWh/lb 1 250lb/h 10美分/kWh
冷却水（年度费用）	5 500美元	6 800美元
炉渣	—	42 000美元

一个VAR系统的资金成本是130万美元，一个ESR系统的资金成本是90万美元。每个熔炼系统的使用寿命都是10年，占地面积都是1 000ft^2，费用是40美元/ft^2。假设两个熔炉每周都运行15个8h轮班制，一年运行50周。估算每项工艺熔炼1t优质钢所需的成本。

12.7 下表是会计部门给出的在给定时间内生产X和Z两种产品所需的成本。

项目	产品X	产品Z
数量	3 000	5 000
机时	70	90
直接工时（DLH）	400	600
工厂占地面积	150	50

(a) 举一个典型成本的例子，可以插入到列出的每个成本类别中。

(b) 根据直接劳动力成本，确定每个产品的管理费用和单位成本。

(c) 基于直接工时（DLH），确定每个产品的管理费用和单位成本。

(d) 确定每直接工时的总管理成本分摊率，并用它来确定产品X的单位成本。

(e) 基于直接材料成本的比例，确定每个产品的管理成本和单位成本。

	人力费率 /（美元 /h）	劳动力 /h	材料成本 /（美元 / 件）	材料数量 / 件	成本 / 美元
产品 *X*					
直接劳动力	18.00	400			7 200
直接材料			6.5	3 000	19 500
产品 *Z*					
直接劳动力	14.00	600			8 400
直接材料			7.5	5 000	37 500

成本类别	产品 *X*	产品 *Z*	工厂	行政	销售	总成本 / 美元
1. 直接劳动力	7 200	8 400				15 600
2. 间接劳动力			3 000			3 000
3. 直接材料	19 500	37 500				57 000
4. 间接材料			7 000			7 000
5. 直接工程	900	2 500				3 400
6. 间接工程			1 500			1 500
7. 直接花费	1 000	700				1 700
8. 其他工厂负担			5 500			5 500
9. 管理费用				11 000		11 000
10. 销售与配送						
直接	900	1 100				2 000
间接					8 000	8 000
	29 500	50 200	17 000	11 000	8 000	115 700

12.8 使用作业成本分析法，确定生产产品 *X* 和 *Z*（问题 12.7 中）的单位成本。利用例 12.5 中的成本动因，但忽略自动装配部分。基于每批产品的数据如下：

	产品 *X*	产品 *Z*
组件的数量	18	30
工程服务时数	15	42
生产批量大小	300	500
测试时数	3.1	5.2
每件订单的产品数	100	200

12.9 一家高性能水泵制造商的成本和利润数据如下表所示。该公司投资 120 万美元进行一项两年期的设计和研发计划，旨在降低 20% 的制造成本。当这项工作完成时，对利润有

何影响？还有哪些方面的业务因素需要考虑？哪些问题尚未得到回答？

	现有产品	改进产品
售价	500 美元	500 美元
销售单位	20 000	20 000
营业收入	10 百万美元	10
直接劳动力成本	1.5 百万美元	
材料成本	5.0 百万美元	
行政费用	2.0 百万美元	
产品销售成本	8.5 百万美元	
毛利润	1.5 百万美元	
总经营费用	1.0 百万美元	
税前利润	0.5 百万美元	
利润率	5%	

12.10　某公司已收到生产 4 个尖端太空装置的订单。在第一年年底，买方将提取一个装置，然后连续 3 年每年年底再提取一个装置。买方将在收到产品后立即付款，不提前付款。然而，制造商可以提前生产产品并存起来直到日后交货，库存成本可忽略不计。

该太空装置的主要成本是劳动力成本，25 美元 /h。可以利用 80% 的学习曲线在同一年内制造完成所有产品，第一件产品需要 100 000 工时。学习只能在一年内发生，不能带到下一年。如果货币在除去 52% 的税率之后的折现率为 16%，确定是在第一年制造 4 套装置并库存起来更经济，还是在连续的四年中每年制造 1 套装置更经济。

12.11　建立一个成本模型，用来比较使用标准高速钢钻头和镀氮化钛高速钢钻头在钢板上钻 1 000 个孔的成本。钻孔深度为 1 in，钻头进给量是 0.010 in/r，机加工时间成本是 10 美元 /min，更换工具的费用是 5 美元。

		工具寿命（钻孔数）	
	钻头单价 / 美元	500r/min	900r/min
标准高速钢钻头	12	750	80
镀氮化钛高速钢钻头	36	1700	750

（a）固定转速为 500r/min 的前提下，比较二者成本的大小。

（b）工具寿命恒为 750 孔的前提下，比较二者成本的大小。

12.12　基于生命周期成本，确定哪个系统更经济。

	系统 *A*	系统 *B*
初始成本	300 000 美元	240 000 美元
安装费用	23 000 美元	20 000 美元
使用寿命	12 年	12 年
需操作人员数量	1	2
运行时数	2 100h	2 100h
运行工资率	20 美元 /h	20 美元 /h
零件及供应商成本（占初始成本比例）	1%	2%
功率	8 kW（10 美分 /kWh）	9 kW（10 美分 /kWh）
运行费用增长率	6%	6%
MTBF	600h	450h
MTTR	35h	45h
维护工资率	23 美元 /h	23 美元 /h
维护增长率	6%	6%
期望回报率	10%	10%
税率	45%	45%

12.13 依据生命周期成本概念，讨论汽车安全标准和空气污染标准。

第 13 章

风险、可靠性与安全性

13.1　引言

本章首先针对一些公众经常混淆但有着确切技术含义的术语给出明确定义。*危险性*是一种会对人、财产或环境产生损害的潜在特性。有裂缝的转向连杆、泄漏的燃料管路或不结实的楼梯都是危险性的表现。对危险性的另一种描述是*不安全条件*，如若不加以修正改进，将必然导致失效和伤害。

*风险*是潜在危险性的直观表述，表现为概率或频率。仅当危险存在或者有价值的东西暴露在危险中时，才有风险。风险存在于个人生活中以及由个人所组成的社会中。在儿童时期，我们就被教导有关风险的事情："不要碰火炉""不要在街上踢球"。成年以后，通过每天的报纸和新闻广播，我们对社会生活中的风险更加了解。通过每周的特别新闻报道使我们认识到全面的核战争、恐怖分子袭击或者飞机坠毁事件等风险。在我们高度复杂的科技社会中，风险的类型是无穷无尽的。

风险可以量化成事件发生的频率和事件规模（后果）的乘积，表示在一段特定时间内发生事故的可能性，通常取时间单位为一年，而事故可能是意外死亡或财产损失等。

$$\text{风险}\left(\frac{\text{后果}}{\text{单位时间}}\right)=\text{频率}\left(\frac{\text{事故}}{\text{单位时间}}\right)\times\text{规模}\left(\frac{\text{后果}}{\text{事故}}\right) \tag{13.1}$$

举例说明，假设美国一年发生 1 500 万起交通事故，平均每 300 起交通事故会导致死亡事件，那么年度死亡风险计算如下：

$$\text{风险}\left(\frac{\text{死亡事件}}{\text{年}}\right)=15\times10^{6}\,\frac{\text{交通事故}}{\text{年}}\times\frac{1\text{死亡事件}}{300\text{交通事故}}=50\,000\,\frac{\text{死亡事件}}{\text{年}}$$

表 13.1 列出了由社会主体分成的 6 类社会危险。在工程师的职责领域包括第 3 和第 4 类风险，在很多情况下第 2 类和第 5 类风险（也可能包括第 6 类风险）提供了设计约束条件。

表 13.1　社会危害分类

危险分类	实例
1. 传染性和变性疾病	流行性感冒、心脏病、艾滋病
2. 自然灾害	地震、洪水、飓风
3. 主要的技术系统失效	水坝、发电站、航空器、船舶、建筑物失效
4. 个别的小型事故	汽车事故、动力工具、消费者和体育用品
5. 低水平、延迟效应危害	石棉、PCB、微波辐射、噪声
6. 社会政治的混乱	恐怖主义、核武器扩散、石油禁运、气候变化

（源自 Lowrance, William W. “The Nature of Risk.” In *Societal Risk Assessment: How Safe Is Safe Enough?*, edited by Richard C. Schwing and Walter A. Albers, 8. New York: Plenum Press, 1980。）

随着工程系统复杂性的提高，在工程设计中风险评价的重要性也日益增加。由于风险规避程序常常被忽略，与工程系统相关的风险并不一定会显现出来。一类工程风险来自外部要素，在设计时这种外部要素被认为是可接受的，但后续研究表明它们对健康或安全产生危险。举个例子，在石棉纤维具有毒性被证实前，它作为可以绝缘和耐火的喷涂石棉涂层被广泛应用[⊖]。

第二类风险是由反常情况造成的，在正常的操作模式下，这些条件不属于基本设计概念的一部分。尽管这些可能对操作人员构成威胁，但通常这些事故只对系统运行有影响而不会对公众产生伤害，对于其他系统（例如客机或者核动力设备系统），不但形成潜在风险，还耗费了巨大的公众财力。工程系统中的风险经常与操作错误相联系。尽管可以运用防错方法来进行系统设计（见 11.8 节），但仍然难以预见所有可能发生的事件。这一问题将在 13.4 节和 13.5 节中讨论。最后，有些风险与决策失误、设计错误和偶发事件相关联。显然，上述风险应该

⊖ M. Modaress, *Risk Analysis in Engineering,* Taylor & Francis, New York, 2006.

被消除，既然设计是人的一种行为，那么错误和事故就可能发生[一]。

社会不可能没有风险存在，而且不能做到完全风险规避这一事实[二]。然而一个人在风险面前的反应取决于以下3个主要因素：人们是否感觉到风险是可以控制的，或取决于其他某些外部因素；风险是否包含单独的大事件（如飞机失事），或很多细小、琐碎的事件；这些危险是否常见、陌生或令人迷惑，如核反应堆。通过大众媒体的宣传，公众对社会上风险的存在有了更普遍的认识，但大众并没有被教导需要接受何种程度的风险，并且在风险规避与成本之间取得平衡。很显然，当试图在确定可接受的风险范畴的过程中，不同的利益群体之间会产生冲突。

可靠性是衡量零件或系统在规定期限内在服役环境中无故障运行的能力的指标。它通常用概率表示。例如，可靠性0.999是指在1 000个零件中可能有1个出现故障。可靠性的数学描述将在13.3节中介绍。

安全性是指规避风险的保护措施。如果风险是可以接受的，那么它就具有相应的安全性[三]。评价一个设计是否安全，应包括以下两个不同过程：风险评估（即概率计算问题）和风险可接受性判定（即社会价值判断）。

13.1.1 风险结果的规定

在民主政治中，当风险的公众认知足够强时，可以通过立法来控制风险。这通常意味着成立一个监督管理委员会来监督受规则限制的行为。在美国，第一个成立的监督管理委员会是美国州际商务委员会（ICC）。

ICC的历史表明，随着社会的变化，联邦机构及其管辖范围也随之发生了变化。ICC演变过程的概述如下[四]。美国州际商务委员会（ICC）是美国历史上第一个监管委员会。19世纪80年代，美国公众对于铁路系统中玩忽职守和滥用职权现象的愤慨日益高涨，ICC应运而生。到1940年，ICC的管辖权逐渐从铁路扩展到除飞机以外的所有公共运输行业。由于成文法和最高法院对宪法商业条款的解释范围扩大，ICC设定利率以及作为基准利率的公平回报率的执行

[一] T. Kletz, *An Engineer's View of Humam Error,* 3rd ed., Taylor & Francis, New York, 2006.

[二] E. Wenk, *Tradeoffs: Imperatives of Choice in a High-Tech World,* Johns Hopkins University Press, Baltimore, 1986.

[三] W.W. Lawrance, *Of Acceptable Risk,* William Kaufman, Inc., Los Altos, CA, 1976.

[四] Federal Register. " Interstate Commerce Commission. " Accessed June 10, 2019. https://www.federalregister.gov/agencies/interstate-commerce-commission.

权力也逐渐扩大。此外，ICC 也被赋予统筹铁路系统和管理州际运输中的劳资纠纷的使命。在 20 世纪 50～60 年代，ICC 执行美国最高法院要求的关于废止客运站设施中种族隔离的裁决。ICC 的安全职能于 1966 年移交至交通部，而保留其利率制定和监管职能。然而，随着放松管制运动的进行，ICC 对铁路和公路运输的费率和路线制定权力在 1980 年被《斯塔格斯铁路法》和《机动车运输法》剥夺。1994 年，ICC 对州际汽运的大部分管控都被废止。该机构于 1995 年底被废除，许多剩余职能被移交给新的国家地面运输委员会。

以下联邦组织在技术风险管理上发挥了重要作用：

- 美国消费品安全委员会（CPSC）。
- 美国环境保护署（EPA）。
- 美国联邦航空局（FAA）。
- 美国联邦公路管理局（FHA）。
- 美国联邦铁路管理局（FRA）。
- 美国核管理委员会（NRC）。
- 美国职业安全与健康管理局（OSHA）。

涉及产品安全的联邦法见表 13.2。各种监管法律的立法日期表明，针对消费者安全立法的关注在迅速上升。监管法律也不断进行修订，以涵盖更新的法规和不同监管机构权限的变化。

表 13.2　涉及产品安全的联邦法样本

年份	法规
1893	铁路设备安全法案
1938	食品、药品和化妆品法案
1953	易燃织物法
1960	联邦危险物质法案
1966	国家交通及机动车安全法
1968	火灾安全研究和行动法案
1969	儿童保护和玩具安全条例
1970	铅油漆中毒预防法案
1970	职业安全卫生法
1972	消费品安全法
1982	核废料政策法案
1990	石油污染法

（续）

年份	法规
1996	含汞和可充电电池管理法案
2007	弗吉尼亚格雷姆贝克泳池和水疗中心安全法
2012	干式墙安全法
2015	防止儿童尼古丁中毒法案

一旦联邦法规颁布，其将产生法律效应。施行条例是为了记录由颁布的法律制定的规则，而条例不胜枚举。2016年，《美国联邦法规》（CFR）颁布了3853条法规[1]，此时《美国联邦法规》共有185 053页，到2017年《美国联邦法规》增加到186 377页[2]。

立法最重要的结果是它促使所有产品的制造者都必须承担相应的成本，以满足产品安全法规的要求。因此，就不会出现大多数生产商为产品安全付出成本，而少数不法生产商为节约成本而忽略产品安全的情况。然而，制定复杂工程系统法规，使其相互之间不产生冲突，并在不同利益群体中都行之有效，是很困难的事情。汽车就是很好的例子[3]，不同的机构为了推进燃料的节约措施、减少尾气排放和确保碰撞安全性颁布相关规定。限排法律也把燃油效率降低，燃油效率的法令推动了更小型汽车的发展，导致汽车事故死亡人数逐年增加，直到安全气囊的使用减缓了这一趋势。通过这个例子可以看出，在法规的制定过程中，应该投入更强力的技术支持。

对法律制定的常见批评是，可能在缺乏专家技术投入的情况下做出决策。由于对不合理风险的定义还没有统一的认识，因此管理者经常被指责对于限制性产业过于严厉或过于宽松，其决策往往取决于个人主观因素。管理机构通常会规定不同的技术来满足不同的风险目标水平。由此导致了在改进开发更有效的控制风险手段方面失去了原动力。

13.1.2 标准

有关设计标准的问题最早在1.7节涉及，在此主要讨论规程和标准的差异、不同类型的标准之间的差异，以及制定标准的组织机构类型之间的差异。在4.7节中，标准的价值是作为一种信息来源。在本章中，标准和规程的作用已经不局限于降低风险。标准是一种工程界最重

[1] C. Crews, “How Many Rules and Regulations Do Federal Agencies Issue?” Forbes.com, 2017. Web. 31 May 2019

[2] “Reg Stats | Regulatory Studies Center | The George Washington University.” Regulatorystudies.columbian.gwu.edu, 2019. Web. 10 June 2019.

[3] L. B. Lave, *Science*, vol. 212, pp. 893-99, 1981.

要的方法，它能够确定社会所能接受的最低级别的安全性和性能。

在19世纪中叶的美国，标准在保护公众安全性中扮演的角色初次显现出来。由于蒸汽动力被发明并迅速应用到铁路和船舶运输上，早期，蒸汽锅炉爆炸事件频繁发生，直到美国工程师学会（ASME）制定了锅炉与压力容器规范，情况才有所改变。在规范中，详细规定了关于材料、设计、制造方面的标准。这种锅炉规范很快被各个州立法采用。其他公众安全规程的例子包括火灾安全、建筑物结构规范，以及电梯设计、建造、维护和检查的规范。

为保护公众的健康与福利，还制定了其他的标准。例如，为了保护公众健康，针对发电站和汽车废气制定了排放标准来降低空气污染，以及控制污水排放的标准。

强制性标准和自愿性标准

标准要么是强制性的，要么是自愿性的。强制性标准是由政府机构颁布的法定标准，违规将作为犯罪行为处理，可能对违规者处以罚款或者强制性关押。通常在技术协会或商业协会的主办下，通过享有其权益组织的委员会制定自愿性标准，这些组织包括工业厂商、用户、政府和普通公众。新标准的批准通常都需要委员会中全体成员的通过。因此，自愿性标准即为共识性标准。通常该标准指的是能够被标准委员会所有成员接受的最低性能标准。自愿性标准指出了该行业在产品生产过程中趋于提供的最低安全等级，反之，法定标准代表政府能够接受的最低安全等级。因为与自愿性标准相比，法定标准常常提出更严格的要求，强制生产商不断进行改革并开发最先进的技术，但提高的成本都转嫁给了消费者。

13.1.3 风险评估

风险评估是一个包含判断和直觉的不严密的过程，然而，受消费者安全运动和公众对核能的关注所影响，相关的文献资料正在不断完善[㊀]。根据个人和公众的认知程度，风险的等级可以分为可容许的、可接受的和不可接受的[㊁]。

- 可容许风险。人们有能力承受的风险等级，但是仍然在不断回顾风险的诱因，企图寻找降低风险的方法。

㊀ C. Starr, *Science*, vol. 165, pp. 1232–38, 1969; N. Rasmussen, et al., *Reactor Safety Study*, WASH-1400, U.S. Nuclear Regulatory Commission, 1975; W. D. Rowe, *An Anatomy of Risk*, John Wiley & Sons, New York, 1977; J. D. Graham, L. C. Green, and M. J. Roberts, *In Search of Safety*, Harvard University Press, Cambridge, 1988; M. Modarres, *Risk Analysis in Engineering*, CRC Press, Boca Raton, FL, 2006; M. Modarres, M. P. Kaminskiy, and V. Krivtsov, *Reliability Engineering and Risk Analysis: A Practical Guide*. Boca Raton, FL: CRC Press, 2016.

㊁ D. J. Smith, *Reliability, Maintainability, and Risk*, 9th ed., Butterworth-Heinemann, Waltham, MA, 2017.

- 可接受风险。人们能够接受的合理风险等级，并且以后不准备花费更多的财产来减少这种风险。可接受风险能够基本符合大众的要求，它的界限划分通常受政府立法机构影响。
- 不可接受风险。人们不能够接受的风险等级，并且是在活动中不愿意或不允许别人分担的风险。

大多数规则都是基于风险的“最低合理可行原则”(ALARP)。这就意味着所有合理的措施都会被采纳，以降低在所有可容许风险范围内所存在的风险，直到为了规避更深层次的风险所消耗的成本与其收益完全不成比例。

表征风险的数据具有很大程度上的不确定性和多变性。通常，以下三类统计数据是可以利用的：财务损失（主要指保险行业）、健康信息和事故统计。一般要对事故和伤害的数据区分差异。风险通常使用每年人均事故率来表示。通常，每年人均事故率超过1/1000时，风险被认为是不可接受的，当人均事故率低于1/100 000就可以忽略不计[㊀]。1/1000～1/100 000是可容许的范围。然而，每个人对风险的认识与环境息息相关。自愿性发生的风险（如吸烟和开车）与非自愿性发生的风险（如乘火车旅行）相比，前者更容易为人们接受。在个体风险和社会风险中存在着巨大的差异。表13.3给出了不同风险通常所能够接受的致死率。

表13.3　不同风险所能接受的致死率

致死原因	每年人均事故致死率
吸烟（日均20支）	5×10^{-3}
癌症	3×10^{-3}
赛车驾驶	1×10^{-3}
摩托车驾驶	3×10^{-4}
火灾	4×10^{-5}
中毒	2×10^{-5}
工业机械事故	1×10^{-5}
陨石撞击	1×10^{-5}
航空旅行	9×10^{-6}
铁路旅行	4×10^{-6}
加利福尼亚州地震	2×10^{-6}
闪电	5×10^{-7}

㊀ D. J. Smith, *Reliability, Maintainability, and Risk*, 9th ed., Butterworth-Heinemann, Waltham, MS, 2017.

13.2 设计中的概率方法

传统工程设计运用的是确定性方法。该方法忽略了诸如材料性质、零件尺寸以及外部载荷等因素的变化。在传统设计中，通过安全系数对这些不确定性进行处理。但在飞机、火箭以及核能设施等关键设计的情况中，常需要采用概率方法来改善质量的不确定性并提高可靠性[⊖]。

13.2.1 基于正态分布的基本概率方法

许多物理测量都满足正则的对称钟形曲线或高斯频率分布。在拉伸实验中，屈服强度、抗拉强度以及还原区域都在一定误差范围内近似满足正态曲线。正态曲线的方程为：

$$f(x)=\frac{1}{\sigma\sqrt{2\pi}}\exp\left[-\frac{1}{2}\left(\frac{x-\mu}{\sigma}\right)^2\right] \tag{13.2}$$

其中，$f(x)$ 是任意 x 值所对应的频率曲线的高度，μ 是总体均值，σ 是总体标准偏差。正态分布以均值 μ 为对称轴并从 $x=-\infty$ 向 $x=+\infty$ 延伸。由于负值以及“长尾”的存在，正态分布在描述确定的工程问题时并不是一个良好的模型。

通过规范化方法，所有正态分布都可以具有一个共同的基本形式，正态曲线通常都可以通过标准正态变量（或 z 变量）表示出来。

$$z=\frac{x-\mu}{\sigma} \tag{13.3}$$

则标准正态曲线方程可以写为：

$$f(z)=\frac{1}{\sqrt{2\pi}}\exp\left(-\frac{z^2}{2}\right) \tag{13.4}$$

对于标准正态曲线，$\mu=0$，$\sigma=1$。曲线下方的总面积等于单位值。某一点落在 $-\infty$ 到 z 区间内的概率值等于区间内曲线下方的面积。概率是事件可能性的数值描述方法。概率 P 介于 $P=0$（不可能事件）和 $P=1$（确定事件）之间。

在 $z=-\infty$ 到 $z=-1.0$ 区间内曲线下方的面积为 0.158 7，因此落在这个区间内的概率值为 $P=0.158\ 7$（或 15.87%）。由于曲线是对称的，所以落在 $z=-1$ 到 $z=1$ 或 $\mu\pm\sigma$ 的区间内的概

⊖ E. B. Haugen, *Probabilistic Mechanical Design*, Wiley-Interscience, Hoboken, NJ, 1980; J. N. Siddal, *Probabilistic Engineering Design*, Marcel Dekker, New York, 1983.

率值为 1.000 0 – 2（0.158 7）= 0.682 6。通过类似的方法，可以看出在 $\mu \pm 3\sigma$ 的区间内包含了全值的 99.73%。

在 z 曲线下方面积中的某些典型值如表 13.4 所示。例如，如果 $z = -3.0$，则某一值小于 z 的概率为 0.001 3 或 0.13%，而大于 z 的百分比为 100% – 0.13% = 99.87%。小于 z 的概率用分数表示为 0.001 3 = 1/769。从表 13.4 中同样可以看出，如果想要排除总体值中的 5%，应当将 z 设为 –1.645。

表 13.4　标准正态频率曲线下面积

$z = \dfrac{x-\mu}{\sigma}$	面积	z	面积
–3.0	0.001 3	–3.090	0.001
–2.0	0.022 8	–2.576	0.005
–1.0	0.158 7	–2.326	0.010
–0.5	0.308 5	–1.960	0.025
0.0	0.500 0	–1.645	0.050
+0.5	0.691 5	1.645	0.950
+1.0	0.841 3	1.960	0.975
+2.0	0.977 2	2.326	0.990
+3.0	0.998 7	2.576	0.995
		3.090	0.999

例 13.1（使用正态分布计算） 某个高度自动化工厂生产球轴承。球径平均值为 0.215 2in，标准偏差为 0.012 5in。这些尺寸符合正态平均分布。

（a）直径小于 0.250 0in 的零件所占百分比是多少？注意，目前为止，本书一直用 μ 和 σ 来表示均值和标准偏差。均值和标准偏差的样本值通过 $\bar{x}$ 和 s 给出。本例从数百万的滚珠中进行抽样，这些抽样值基本相同。

确定标准正态变量：

$$z = \frac{x-\mu}{\sigma} \approx \frac{x-\bar{x}}{s} = \frac{0.250\,0 - 0.251\,2}{0.012\,5} = \frac{-0.001\,2}{0.012\,5} = -0.096$$

$P(z < -0.09) = 0.464\,1$ 和 $P(z < -0.10) = 0.460\,2$。则通过差值可以得到 $z = -0.096$ 时，z 分布曲线下的面积等于 0.461 8。因此，46.18% 的球轴承的直径低于 0.250 0in。

（b）介于 0.257 4～0.251 2in 之间的滚珠所占百分比是多少？

$z=\dfrac{0.251\,2-0.251\,2}{0.012\,5}=0.0$，介于 $-\infty$ 到 $z=0$ 区间内的曲线包围的面积是 0.500 0。

$z=\dfrac{0.257\,4-0.251\,2}{0.012\,5}=\dfrac{0.006\,2}{0.012\,5}=+0.50$，介于 $-\infty$ 到 $z=0.5$ 区间内的曲线包围的面积是 0.691 5。

因此，介于 0.251 2～0.257 4 区间内的球径百分比为 0.691 5－0.500 0＝0.191 5 或 19.5%。

13.2.2 统计表来源

所有的统计文本都包含以下表格：z 分布、均值的置信度、t 与 F 分布，但大多数工程中必要且深奥的统计表可能更难理解。微软公司的电子表格程序 Excel 提供了使用大量特殊的数学和统计学函数的功能。*The NIST/SEMATECH e-Handbook of Statistical Methods* 是 *Experimental Statistics*（《试验统计学》）的现代版本，编著者是 M. G. Natrella，这本书是 1963 年由美国国家标准局出版的手册的第 91 分册，最后修订于 2013 年。在网址 www.itl.nist.gov/div898/handbook 上可以查找到本书。

13.2.3 材料性能的可变性

工程材料的力学性能具有可变性。相较于抗拉强度的静态拉伸性能，断裂和疲劳性能与屈服强度具有更大的可变性（参见表 13.5）。绝大多数已经出版的力学性能数据手册没有提供均值和标准偏差。Haugen[㊀]介绍了大多数已经发表的统计数据。在 MMPDS-02 手册中，广泛介绍了在航空领域应用的材料性能的统计数据[㊁]，其他统计数据为公司和政府机构所有。

表 13.5 变异系数的典型值

变量 x	典型值 δ
金属弹性模量	0.05
金属抗拉强度	0.05
金属屈服强度	0.07
抗弯强度	0.15

㊀ E. B. Haugen, op. cit.

㊁ *Metallic Materials Properties Development and Standardization Handbook*, 5 volumes, 2005. 这是美国国防部（DOD）出版的军标 MIL-HDBK-5 的完善和补充。

（续）

变量 x	典型值 δ
金属断裂韧性	0.15
疲劳失效周期	0.50
机械零件的设计载荷	0.05～0.15
结构系统的设计载荷	0.15～0.25

（源自 Millwater, Harry, and Wirsching, Paul H. " Analysis Methods for Probabilistic Life Assessment." In *Failure Analysis and Prevention, ASM Handbook*, Vol. 17, edited by William T. Becker and Roch J. Shipley, 251. ASM International, 2002。）

已经出版的力学性能数据手册中没有统计属性的数据通常是一个平均值。如果值的范围是给定的，下限值经常在保守设计中使用。尽管不是所有的力学性能都符合正态分布，但正态分布作为良好的初期近似值，通常会使设计趋于保守。当统计数据无效时，可以进行标准偏差的估算，通过假定样本值的上限值为 x_U，下限值为 x_L，那么该样本值的上下限为均值 ±3 倍的标准偏差，因此得出：

$$x_U - x_L = 6\sigma \text{和} s \approx \sigma \frac{x_U - x_L}{6} \tag{13.5}$$

当属性值范围没有给定时，可以利用变异系数 δ 得出近似的标准偏差，均值的不确定性可以由 δ 表示：

$$\delta = \frac{s}{\bar{x}} \tag{13.6}$$

不同力学性能参数的变异系数都不相同，但是在一系列均值范围内，变异系数趋向相对恒定。因此，可以运用此方式来估算标准偏差。变异系数值见表 13.6。

表 13.6　基于 95% 置信度的单侧公差极限

n	$K_{90,95}$	$K_{99,95}$
5	3.41	5.74
10	2.35	3.98
20	1.93	3.30
50	1.65	2.86
100	1.53	2.68
500	1.39	2.48
∞	1.28	2.37

例 13.2（估算参数的上限） 50 个合金钢拉伸样本的屈服强度均值是 $\bar{x} = 130.1\text{ksi}$。屈服强度值的范围为 115～145ksi。标准偏差反映了强度值测量中的变化情况，其估算为 $s = \frac{x_U - x_L}{6} = \frac{145-115}{6} = 5\text{ksi}$。假定屈服强度数据符合正态分布，估算屈服强度值，使得 99% 的合金钢屈服强度值都满足要求大于此值。从表 13.4 可知 $z_{1\%} = -2.326$，并用式（13.3），有

$$-2.326 = \frac{x_{1\%} - 130.1}{5} \text{ 和 } x_{1\%} = 118.5\text{ksi}$$

注意，如果屈服强度范围未知，可以通过表 13.5 和式（13.6）估算标准偏差：

$$s = \bar{x}\delta = 130.1 \times 0.07 = 9.1\text{ksi}\text{，结果为 } x_{1\%} = 108.9\text{ksi}$$

实例 13.2 中，样本均值和标准差都是用来确定概率极限的。但是该确定方法并不准确，除非样本量 n 非常大（例如接近 n = 1 000）时。原因在于 x 和 s 只是真正样本总体的 μ 和 σ 的估算。如果运用*公差极限*的话，在应用样本值估算样本总体时产生的误差就可以校正。由于通常对测算性能下限感兴趣，因此使用的都是单侧公差范围。

$$x_L = \bar{x} - \left(k_{R,C}\right)s \tag{13.7}$$

在查找统计表中查找 $k_{R,C}$ 时[㊀]，首先要确定置信概率 c。通常当置信度为 95% 时，给定其值。在此简要说明一下，当置信度为 95% 时，运用此方法计算会得出准确的性能下限。R 是时间的预期值，表示 x_L 值将超出使用时间的百分比。通常 R 被给定为 90%、95% 或 99%。不同的样本量 n 对应不同的 $k_{R,C}$ 值，见表 13.6。

例 13.3（估算参数范围） 现在用单侧公差限重做例 13.2。当样本容量 n = 50，置信度是 95%，R = 0.99 时，$k_{R,C}$ = 2.86。因此，x_L = 130.1 − 286(5) = 115.8ksi。注意，当用样本统计量代替总体统计量时，x_L 值从 118.5 下降到 115.8。如果 n 由 10 个样本组成，那么 x_L 将等于 110.2ksi。

13.2.4 安全系数

在风险和可靠性分析中，一个重要的概念是危险是通过障碍来控制、削弱或消除的。障碍可以是物理对象（例如管道、墙壁或是密封容器），也可能是其他的动态障碍（例如车间工人

㊀ 统计表可在任何基础或应用统计文本中找到，网上也有很多资源（例如 www.khanacademy.org/math/statistics-probability）。

或是计算机控制系统）。在更抽象的层面上，用来制造零件的材料的性能指数也可以看作是一种障碍，这种情况在应力 - 强度模型中较为常见。这种模型规定如果材料的应力（机械的、热的、电气的等）超过了材料的许用载荷，材料将失效，通常用材料的屈服强度作为性能评价指标。

安全系数是一种最原始最简单的应力——强度模型——的应用。我们用强度 S 与应力 σ 的比值来定义安全系数（SF）。另一种定义安全系数的方法是用系统的容量比上载荷。

$$\mathrm{SF}=\frac{S}{\sigma}=\frac{\text{强度}}{\text{应力}}=\frac{\text{能力}}{\text{负载}} \tag{13.8}$$

安全系数的概念也可以通过安全边际（MS）来表示

$$\mathrm{MS}=\text{能力}-\text{负载} \tag{13.9}$$

安全边际表示设计容量超出系统实际载荷的部分。如果已有应力与强度的均值，那么通过式（13.8）可以计算安全系数。但是通常情况下，这些数据难以准确获得。

确定安全系数需要经验。通常，设计规范守则中会规定使用何种安全系数。下面将展示在没有设计指导的情况下如何确定安全系数[⊖]。除了使用式（13.8）外，安全系数可分为 5 部分，这 5 部分表示我们对设计中的许用载荷与实际载荷的理解程度。估计你对材料属性、载荷以及应力状态、制造公差、设计基于有效验证的失效理论的熟悉程度，最后是应用中对可靠性的要求。这些影响因素都是单独考虑的，然后相乘即可得到安全系数 SF。

$$\mathrm{SF}=\mathrm{SF}_{\text{属性}}\times\mathrm{SF}_{\text{应力}}\times\mathrm{SF}_{\text{公差}}\times\mathrm{SF}_{\text{失效理论}}\times\mathrm{SF}_{\text{可靠性}} \tag{13.10}$$

所有的安全系数影响因子按下面列出的内容选取。

估计来自材料的贡献

$\mathrm{SF}_{\text{属性}}=1.0$　　材料属性被熟知，或已从零件设计所用相同材料的试验中获得。

$\mathrm{SF}_{\text{属性}}=1.1$　　材料属性来源于手册或制造商。

$\mathrm{SF}_{\text{属性}}=1.2\text{–}1.4$　　材料属性未完全熟知。

估计来自载荷及应力的贡献

$\mathrm{SF}_{\text{属性}}=1.0$　　载荷很好地定义为静态或波动。未出现过载或冲击载荷。已使用准

⊖ D. G. Ullman, *The Mechanical Design Process*, 4th ed, McGraw-Hill, New York, 2010, pp. 405–06.

确的应力分析方法。

$SF_{应力}$ = 1.2–1.3　平均过载 20%～50%。应力分析方法导致的误差小于 50%。
$SF_{应力}$ = 1.4 – 1.7　载荷未完全熟知或应力分析方法的准确性值得怀疑。

估计来自（几何）公差的贡献

$SF_{公差}=1.0$　制造公差配合紧密保持性好。
$SF_{公差}=1.0$　制造公差为平均水平。
$SF_{公差}=1.1-1.2$　制造公差保持性差。

估计来自失效分析的贡献

$SF_{失效分析}=1.0-1.1$　基于静态单轴或多轴应力状态，或完全逆转单轴疲劳压力的疲劳分析。
$SF_{失效分析}=1.2$　同上，但包括完全逆转多轴疲劳应力或单轴非零平均疲劳应力。
$SF_{失效分析}=1.3-1.5$　疲劳分析不完善，伴随疲劳累计损伤。

估计来自可靠性的贡献

$SF_{可靠性}=1.1$　零件的可靠性不必高，小于 90%。
$SF_{可靠性}=1.2-1.3$　可靠性均值为 92%～98%。
$SF_{可靠性}=1.4-1.6$　可靠性必须为 99% 或更高。

以下各节给出了如何应用概率来表达安全系数。

13.2.5 基于可靠性的安全系数

设想一个结构上的静态载荷所产生的应力 σ。载荷或是局部性质的变动导致应力变化情况如图 13.1 所示，样本的应力均值为 $\bar{\sigma}$，样本应力值的标准差[⊖]为 s，材料的屈服强度 S_y 用均值 $\overline{S_y}$ 和标准差 S_y 来表示。然而这两种频数分布存在公共区域，当 $\sigma > S_y$ 时，即为失效情况。失效的概率表示如下，

$$P_f = P(\sigma > S_y) \tag{13.11}$$

可靠性 R 表示为：

⊖ 注意，概率设计涉及两个工程学科的交叉：机械工程和工程统计学。因此，符号混乱是个问题。

$$R = 1 - P_f \tag{13.12}$$

如果我们在强度分布中减去应力分布得到另一种状态 $Q = S_y - \sigma$ 的分布见图 13.1 的左部分。

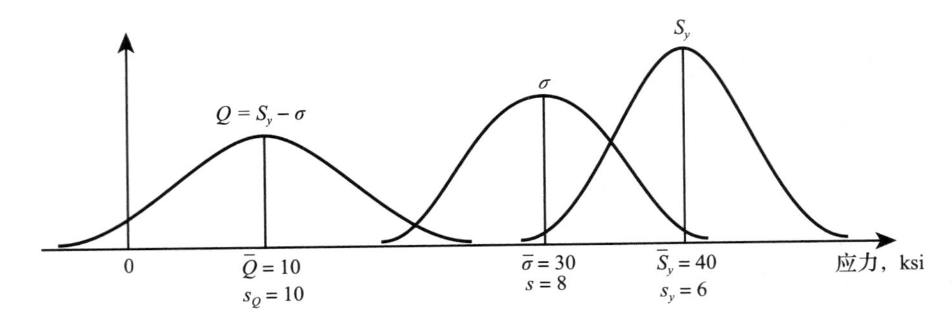

图 13.1　屈服强度 S_y 和应力的分布

通过对两个独立随机变量 x 和 y 进行 $Q = x \pm y$ 代数运算可以得到变量 Q 分布的均值以及标准差。省略统计计算的细节[㊀]，结果如表 13.7 所示。现在参考图 13.1 并使用表 13.7 中的结果，可知变量 $Q = S_y - \sigma$ 的分布中，均值 $\bar{Q} = 40 - 30 = 10$，标准差 $\sigma_Q = \sqrt{6^2 + 8^2} = 10$。在 $Q = 0$ 左侧的区域分布表示 $S_y - \sigma$ 为负值（即 $\sigma > S_y$），产生了失效。如果我们转换为标准的正态分布，$z = (x - \mu) / \sigma$，在 $Q = 0$ 时，有

$$z = \frac{0 - Q}{\sigma_Q} = -\frac{10}{10} = -1.0$$

从表 13.4 可看出 0.16 的区域落在 $-\infty$ 和 $z = -1.0$ 之间。因此，失效的概率 $P_f = 0.16$，此时可靠性 $R = 1 - 0.16 = 0.84$。显然，这并不是一个性能令人特别满意的系统。如果我们选用更结实的材料，$\overline{S_y} = 50\text{ksi}, \bar{Q} = 20且z = 2.0$，那么系统的失效概率为 0.02。不同失效概率下 z 的取值见表 13.8。

表 13.7　基于 95% 置信度的单侧公差极限

代数函数	均值 $\bar{Q}$	标准差
$Q = C$	C	0
$Q = Cx$	$C\,\bar{x}$	$C\sigma_x$
$Q = x + C$	$\bar{x} + C$	σ_x

㊀ E. B. Haugen, op. cit. pp. 26-56.

（续）

代数函数	均值 $\bar{Q}$	标准差
$Q=x\pm y$	$\bar{x}\pm\bar{y}$	$\sqrt{\sigma_x{}^2+\sigma_y{}^2}$
$Q=xy$	$\bar{x}\,\bar{y}$	$\sqrt{\bar{x}^2\sigma_y{}^2+\bar{y}^2\sigma_x{}^2}$
$Q=x/y$	$\bar{x}/\bar{y}$	$\left(\bar{x}^2\sigma_y^2+\bar{y}^2\sigma_x^2\right)1/2/\bar{y}^2$
$Q=1/x$	$1/\bar{x}$	$\sigma_x/\bar{x}^2$

表 13.8　不同失效概率下的 z 取值表

失效概率 P_f	$z=(x-\mu)/\sigma$
10^{-1}	−1.28
10^{-2}	−2.33
10^{-3}	−3.09
10^{-4}	−3.72
10^{-5}	−4.26
10^{-6}	−4.75

13.3　可靠性理论

可靠性是指在一定工作条件和时间内，系统、零件或者设备无事故运行的概率。可靠性工程学是研究失效的成因、分布和预测的基础学科。如果在相同时间 t 内，$R(t)$ 是可靠的，那么同一时间的 $F(t)$ 是不可靠的（失效概率）。因此，失效和非失效是互斥型结果：

$$R(t)+F(t)=1 \tag{13.13}$$

假定用 N_0 个零件进行测试，那么在时间 t 时，不失效数量是 $N_s(t)$，在 $t=0$ 到 $t=t$ 区间内的失效数量为 $N_f(t)$，那么

$$N_s(t)+N_f(t)=N_0 \tag{13.14}$$

通过可靠性定义可得：

$$R(t)=\frac{N_s(t)}{N_0}=1-\frac{N_f(t)}{N_0} \tag{13.15}$$

分别对时间求导，有

$$\frac{\mathrm{d}R(t)}{\mathrm{d}t}=-\frac{1}{N_0}\frac{\mathrm{d}(N_f)}{\mathrm{d}t} \tag{13.16}$$

或

$$\frac{\mathrm{d}N_f}{\mathrm{d}t}=-N_0\frac{\mathrm{d}R}{\mathrm{d}t} \tag{13.17}$$

从式 13.17 我们可以求得失效概率，但这并不能成为一个有效的标准，因为这样计算的概率大小取决于样本数量的大小。对于同样的两组零件测试，在单位时间内样本数量多的实验组失效零件更多。因此，对失效概率更有效的测量手段是求危险率或者定义瞬态失效概率 $h(t)$

$$h(t)=\frac{\mathrm{d}N_f}{\mathrm{d}t}\frac{1}{N_s(t)}=\frac{f(t)}{1-F(t)}=\frac{f(t)}{R(t)} \tag{13.18}$$

式（13.18）最后的部分运用统计学术语定义危险率 $h(t)$。危险率在形式上可看作失效率的概率密度函数除以可靠性的累积概率分布函数，它表示在已知时刻 t_1 状态的实验中，在时刻 t_1 到时刻 $t_1+\mathrm{d}t_1$ 内发生失效的概率。

对可靠性做出正确的评估需要依赖一个合适的模型来表达危险率函数。在本章中我们会重点介绍恒定失效率模型以及威布尔模型。

在试验中会给出危险率或失效率，通常以 1% 每千小时或 10^{-5} 每小时的形式表达。当失效率处于 10^{-5}～10^{-7} 每小时的范围内时，该构件具有良好的可靠性实用化水平。

常规失效曲线如图 13.2 所示，由三部分构成：早期失效过程、偶然失效过程和老化失效过程。图 13.2a 表示了典型的电子元器件的 3 阶段失效曲线。设计错误、制造缺陷和安装缺陷都会导致零件的快速损坏，直接造成了短期内的高失效率。这是一个对失效进行查找和调试的阶段。通过提高生产质量控制、维修前对零件进行试验检验，或者在发给工厂前进行设备磨合的手段可以把早期失效降到最小。当早期失效的因素从系统中排除后，失效频率会越来越低，直到失效率最终达到恒定值。

当系统处于恒定失效周期，随着随机超载或随机缺陷的发生，可以认为失效也是随机发生的。这些失效形式毫无试验模型可以预测。最后，材料和零件开始老化并迅速磨损，失效率开始加速，这就是老化时期。机械部件（图 13.2b）没有显式恒定故障率的区域。经过初始缺陷产生阶段后，磨损机制会持续发生，直到失效发生。

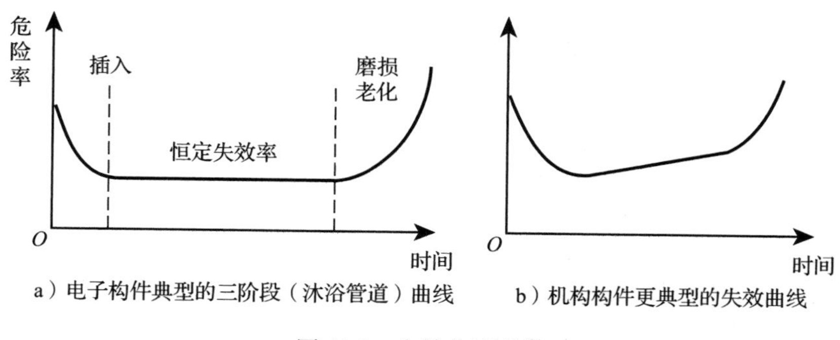

a）电子构件典型的三阶段（沐浴管道）曲线　b）机构构件更典型的失效曲线

图 13.2　失效曲线形状

13.3.1　定义

以下是深刻理解可靠性的一些重要概念。

失效前累积时间（T）。在 t 时间段内，N_0 个零件正常运行，无失效零件进行替换或维修。

$$T=[t_1+t_2+t_3+\ldots+t_k+(N_0-k)t] \qquad (13.19)$$

其中，t_1 是首次失效发生的时间，以此类推。k 是失效零件的数目。

平均寿命。当 N_0 个零件投入测试或使用时，检测其不包括磨损在内的全部寿命曲线，所得的平均寿命（如图 13.2）。

失效前平均时间（MTTF）。所有零件存活时间的总和除以失效数。此计算方法在构件寿命的任何时期都适用。MTTF 适用于两种情况，一是不可维修零件，如灯泡、晶体管、轴承；二是系统包含大量零件，如印制电路板、航天飞行器。当不可维修系统中某一零件失效时，系统就失效了，因此，首个零件失效函数就是系统可靠性。

平均无故障工作时间（MTBF）。指连续发生两次零件故障间的时间平均值。MTBF 与 MTTF 类似，但是它针对可维修的系统和零件。

不同工程零件和系统中的一部分平均失效率如表 13.9 所示。

表 13.9　对于零件和系统变化来说的平均失效率

零件	失效率：每 1000 小时的失效数
螺栓、轴	2×10^{-7}
垫圈	5×10^{-4}

（续）

零件	失效率：每1000小时的失效数
导管接头	5×10^{-4}
塑料软管	4×10^{-2}
阀门漏泄	2×10^{-3}
系统	
离心压缩机	1.5×10^{-1}
柴油发电机	1.2～5
家用冰箱	$4 \sim 6 \times 10^{-2}$
大型计算机	4～8
个人计算机	$2 \sim 5 \times 10^{-2}$
印制电路板	$7 \sim 10 \times 10^{-5}$

13.3.2 恒定失效率

对于恒定失效率的特殊情况，即$h(t)=\lambda$时，可靠性可写成：

$$R(t)=\exp\left(-\int_0^t \lambda \, \mathrm{d}t\right)=\mathrm{e}^{-\lambda t} \tag{13.20}$$

针对上述情况，可靠性的概率分布呈负指数分布。

$$\lambda=\frac{\text{失效数}}{\text{失效的所有个体在单位时间的数量}}$$

λ的倒数（即$\bar{T}=1/\lambda$），为平均无故障工作时间（MTBF）：

$$\bar{T}=\frac{1}{\lambda}=\frac{\text{失效的所有个体在单位时间内的数量}}{\text{失效数}}$$

因此，

$$R(t)=\mathrm{e}^{-t/\bar{T}} \tag{13.21}$$

注意，如果某个零件运行的时间等于MTBF，那么存活概率为$1/\mathrm{e}=0.37$。

尽管个体零件的可靠性可能无法呈现指数分布，但在多零件的复杂系统中，各个零件的可靠性可看作一系列随机事件，因此系统的可靠性将会符合指数分布。

例 13.4（计算失效[⊖]） 如果某设备的失效率为 2×10^{-6} / h，那么在运行 500h 的时间段内，该设备可靠性是多少？如果在测试中有 2000 个单独零件，那么在 500h 内的失效数预期是多少？假定通过严格的质量管理消除了早期失效，可得假定的恒定失效率。由以上信息可知。

时间：$t=500\text{h}$。

失效率：$h(t)=2\times10^{-6}/\text{h}$，当失效率恒定时 $h(t)=\lambda$。

测试的零件数：$N_0=2000$。

自然底数 e 的定义：$\text{e}=2.718$，$\text{e}^x=\exp(x)$。

由公式（13.20）可知，

$$R(t)=\text{e}^{-\lambda t}$$

$$R(500)=\exp[(-2\times10^{-6}\text{失效}/\text{h})\times500\text{h}]=\text{e}^{-0.001}\text{次失效}$$

$$R(500)=2.178^{-0.001}\text{次失效}$$

$$R(500)=0.999\text{次失效}$$

$$N_s=N_0R(t)=2000\times0.999=1998$$

$$N_f=N_0-N_s=2000-1998=2\text{ 次失效}$$

如果设备的平均无故障工作时间 MTBF 为 100 000h，那么在设备正常运行 100 000h 的可靠性是多少？由以上信息可知，

$$t=\bar{T}=1/\lambda$$

由公式（13.21）可知，

$$R(t)=\text{e}^{-t/\bar{T}}$$

$$R(t)=\text{e}^{-100\,000\text{h}/100\,000\text{h}}=\text{e}^{-1}=2.718^{-1}$$

$$R(t)=0.37$$

由此可得，在设备运行时间与 MTBF 在相等的条件下，可靠性的存活机会仅为 37%。

如果恒定失效率周期为 50 000h, 那么在这段时间内运行的可靠性是多少？由 $R(t)=\text{e}^{-1}$ 可知，

⊖ 如果测试 N_0 个组件，则在时刻 t 时没有失效的数量为 $N_s(t)$, 在时刻 $t=0$ 和 $t=t$ 之间失效数量为 $N_f(\text{t})$。

$$R(5\times10^4)=\mathrm{e}^{-1}$$

$$R(50\ 000\mathrm{h})=\exp(-2\times10^{-6}\times5\times10^4)=\mathrm{e}^{-0.1}=0.905$$

如果零件仅进入使用寿命期，那么使其存活 100h 的概率是多少？

$$R(100\mathrm{h})=\exp(-2\times10^{-6}\times10^2)=\mathrm{e}^{-0.000\ 2}=0.999\ 8$$

如果零件已工作了 49 900h，那么使其再正常工作 100h 的概率是多少？

$$R(100\mathrm{h})=\exp(-2\times10^{-6}\times10^2)=\mathrm{e}^{-0.000\ 2}=0.999\ 8$$

由此可得，只要设备可靠性处于恒定失效率（使用寿命）期间内，其可靠性在等间隔时间段内保持不变。

13.3.3 威布尔频率分布

正态分布是一种无界对称分布，其定义域为（$-\infty,+\infty$）。然而，大多数随机变量的分布都有界并且非对称。威布尔分布也能描述零件寿命的概率分布情况，其所有值均为正（这里不存在负寿命），并且存在偶发的长寿命结果[1]。威布尔分布能很好地描述脆性材料的断裂概率以及在给定应力水平条件下的疲劳寿命。

双参数威布尔分布函数表达式为[2]：

$$f(x)=\frac{m}{\theta}\left(\frac{x}{\theta}\right)^{m-1}\exp\left[-\left(\frac{x}{\theta}\right)^{m}\right]\quad x>0 \tag{13.22}$$

其中，$f(x)$ 为随机变量 x 的频率分布函数；m 为形状参数，有时也叫威布尔模数；θ 为尺度参数，有时也叫特征值。

威布尔分布随不同形状参数变化的趋势如图 13.3 所示。该图反映了威布尔分布在应用中的广泛性以及灵活度。在给定 m 和 θ 的威布尔分布中，x 小于给定值 q 的概率表示为：

$$P(x\leqslant q)=\int_0^q f(t)\,\mathrm{d}x=1-\mathrm{e}^{-(q/\theta)^m} \tag{13.23}$$

[1] W. Weibull, *J. Appl. Mech.*, vol. 18, pp. 293–97, 1951; *Materials Research and Stds.*, pp. 405–11, May 1962; C. R. Mischke, *Jnl. Mech. Design*, vol. 114, pp. 29–34, 1992.

[2] 在威布尔参数中，作者使用了不同的符号。其他人在形状参数中使用 α、β，在尺度参数中使用 β、μ。

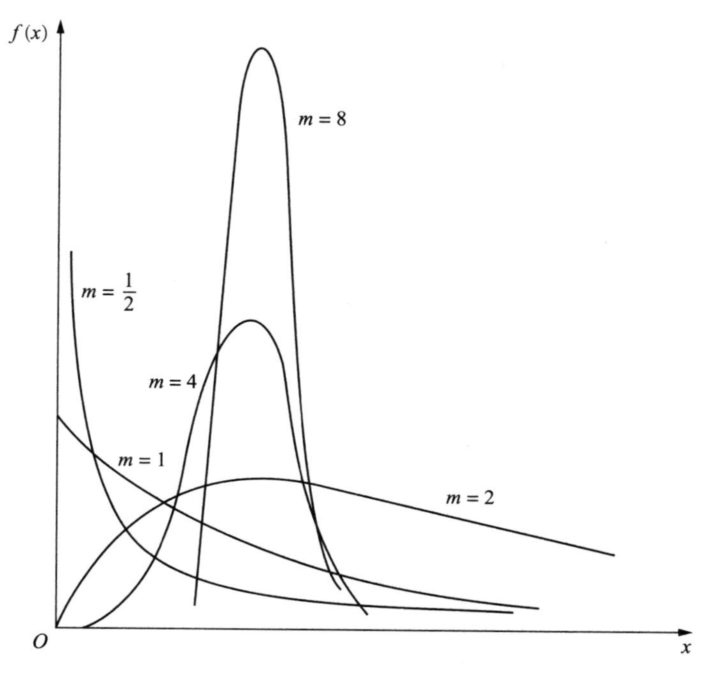

图 13.3　$\theta=1$ 和不同 m 值时的威布尔分布

威布尔分布均值可以表示为：

$$\bar{x}=\theta\cdot\Gamma\left(1+\frac{1}{m}\right) \tag{13.24}$$

其中，Γ 是 Gamma 函数。在大量的统计实验和电子表格中均附有 Gamma 函数表。威布尔分布的方差可以通过下式给出：

$$\sigma^2=\theta^2\left\{\Gamma\left(1+\frac{2}{m}\right)-\left[\Gamma\left(1+\frac{1}{m}\right)\right]^2\right\} \tag{13.25}$$

威布尔分布的概率分布函数为：

$$F(x)=1-\exp\left[-\left(\frac{x}{\theta}\right)^m\right] \tag{13.26}$$

式（13.26）可改写为：

$$\frac{1}{1-F(x)}=\exp\left(\frac{x}{\theta}\right)^m$$

$$\ln \frac{1}{1-F(x)} = \left(\frac{x}{\theta}\right)^m$$

$$\ln\left(\ln \frac{1}{1-F(x)}\right) = m\ln x - m\ln\theta = m(\ln x - \ln\theta) \tag{13.27}$$

直线 $y = mx + c$ 的中变量呈线性相关。依照方程（13.27）的形式，可使用专门的威布尔概率纸进行线性转化来有效地帮助分析。以 x 轴表示寿命，将威尔布概率分布绘制在威布尔概率纸上得到一条直线，如图 13.4 所示。威布尔模数 m 是直线的斜率，在随机变量 x 中，斜率越大，离散越小。

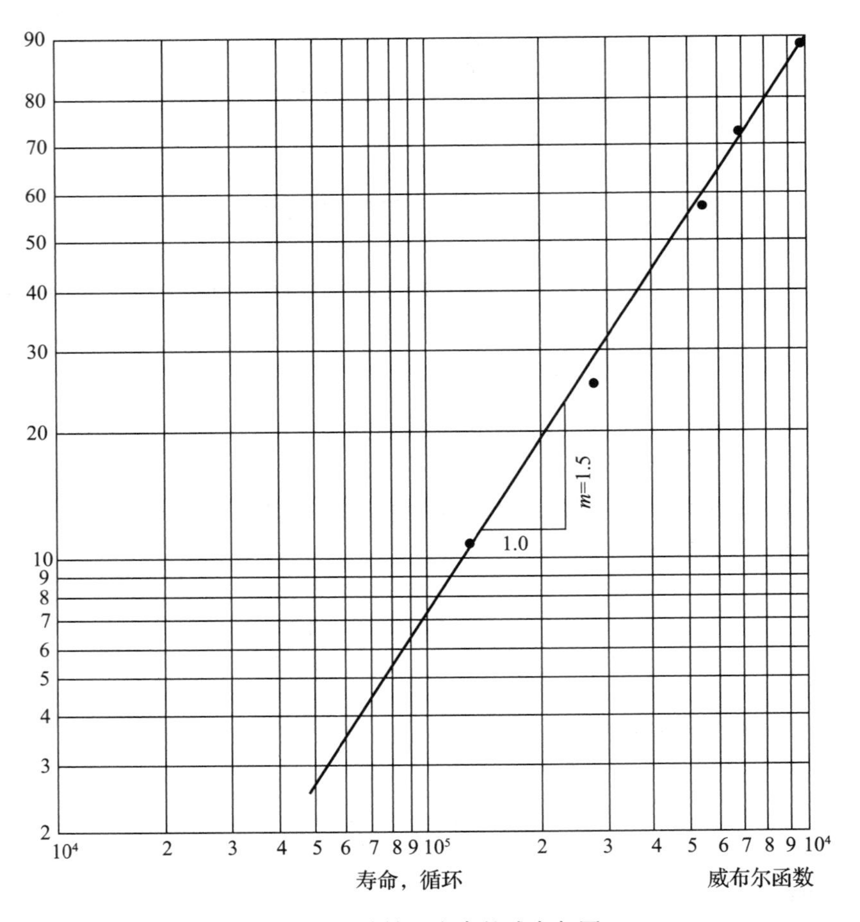

图 13.4 球轴承寿命的威布尔图

（源自 Lipson, Charles, and Sheth, Narendra J. *Statistical Design and Analysis of Engineering Experiments*. McGraw-Hill, 1973, 41。）

θ是威布尔分布的特征值。如果$x=\theta$，那么

$$F(x)=1-\exp\left[-\frac{\theta}{\theta}\right]=1-\mathrm{e}^{-1}=1-\frac{1}{2.718}=0.632$$

对于任何威布尔分布，小于等于特征值的概率都是 0.623。在威布尔图中，概率为 63% 所对应的 x 值就是 θ。

如果在威布尔概率纸上数据不能绘制成直线，那么有两种原因，采样样本数据本身不符合威布尔分布，或者威布尔分布有最小值x_0，该值大于 0。这催生了如下三参数威布尔分布（其中 x_0 是数据最小取值）：

$$F(x)=1-\exp\left[-\left(\frac{x-x_0}{\theta-x_0}\right)^m\right] \tag{13.28}$$

例如，在恒定应力条件下的疲劳寿命分布中，期望寿命最小值为零是不现实的。求x_0最简单的方法是运用威布尔概率图。首先，取$x_0=0$，在两参数威布尔分布数据图中绘制数据。然后，在 0～x_0 最小可见正值中选取任意x_0值，并从每个可见 x 值中减去该值。在威布尔图纸中持续调整x_0，并绘制新的$x-x_0$图像直到获得直线。

13.3.4 具有可变失效率的可靠性

如图 13.2a 所示，机械失效和某些电子构件的失效不能以一段恒定失效率来表示。但是可以用如图 13.2b 所示的曲线来表示。由于失效率为时间的函数，所以简单的指数关系难以描述可靠性。可用威布尔分布来代替表达可靠性，参见式（13.26）。可靠性为 1 减去失效概率，表达如下：

$$R(t)=1-F(t)=\mathrm{e}^{-(t/\theta)^m} \tag{13.29}$$

例 13.5（使用变量 $F(t)$ 计算失效） 图 13.4 所描绘的球轴承 $\mathrm{m}=1.5$，$\theta=6\times10^5$。寿命小于 50 万转的轴承比例可由图 13.3 所描述的威布尔分布的曲线中 $x=5\times10^5$ 左侧曲线下的面积给出，对于 $m=1.5,\theta=6\times10^5$，计算如下：

$$F(t)=1-\exp\left[-\left(\frac{t}{\theta}\right)^m\right]=1-\exp\left[-\left(\frac{5\times10^5}{6\times10^5}\right)^{1.5}\right]=1-\mathrm{e}^{-0.760}$$

$$=1-\frac{1}{(2.718^{0.760})}=1-0.468=0.532$$

计算得出在达到 500 000 转前，有 53% 的轴承失效。轴承寿命小于 100 000 转的失效概率为 8.5%。显然，这是在低速运行下的重载轴承。

将式（13.28）代入（13.18）中，得到用三参数威布尔分布表示的危险率：

$$h(t)=\frac{m}{\theta}\left(\frac{t-t_0}{\theta}\right)^{m-1} \tag{13.30}$$

对于特例 $t_0=0, m=1$，式（13.30）简化为 $\theta=\mathrm{MTBF}$ 的指数分布。当 $m=1$ 时，危险率为常数；当 $m<1$ 时，$h(t)$ 随着 t 的增加而减少，如同三阶段失效曲线中的老化磨损阶段；当 $1<m<2$ 时，$h(t)$ 随着时间而增加；当 $m=3.2$ 时，威布尔分布近似转变为正态分布。

例 13.6（计算变量 $F(t)$） 90 个零件 N 经过总时间为 3 830h 的测试。在不同的时间点停止测试，并且记录失效的零件数为 n。通过使用平均排序来估算 $F(t)=n/(N+1)$，代替绘制随时间变化的失效百分比[㊀]。

(a) 在表 13.10 中绘制数据，并且通过威布尔可靠性方程（13.28）来估算参数。

(b) 计算在正常工作 700h 的概率。

(c) 通过方程（13.30）计算瞬时危险率。

表 13.10　某零件的失效数据

时间 $t\times10^2$h	累积失效数 n	累积失效概率 $F(t)=n/(90+1)$	可靠性 $R(t)=1-F(t)$
0	0	0.000	1.000
0.72	2	0.022	0.978
0.83	3	0.033	0.967
1.0	4	0.044	0.957
1.4	5	0.055	0.945
1.5	6	0.066	0.934
2.1	7	0.077	0.923
2.3	9	0.099	0.901
3.2	13	0.143	0.857
5.0	18	0.198	0.802
6.3	27	0.297	0.703
7.9	33	0.362	0.638
11.2	52	0.571	0.429

㊀ 另一种绘图指标是中位数排名，$M=(n-0.3)/(N+0.4)$。C. R. Mischke, " Fitting Weibull Strength Data and Applying It to Stochastic Mechanical Design," *Jnl of Mech. Design*, vol. 114, pp. 35-41, 1992.

（续）

时间 $t\times10^2$h	累积失效数 n	累积失效概率 $F(t)=n/(90+1)$	可靠性 $R(t)=1-F(t)$
16.1	56	0.615	0.385
19.0	69	0.758	0.242
38.3	83	0.912	0.088

（a）在威布尔概率纸上，以时间为横轴绘制威布尔概率分布图 $F(t)$，如图 13.5 所示。数据在威布尔概率纸上为一条直线，表示数据遵循威布尔分布。从表 13.10 可得，$t=0=t_0$。因此，$R(t)=\exp[-(t/\theta)^m]$。当 $t=\theta$ 时，$R(t)=e^{-1}=0.368$，$F(t)=1-0.368=0.632$。由 $F(t)=0.632$ 的水平线与通过所绘直线相交，得到 t 值，因此，通过 t 值得到尺度参数 θ。由图 13.5 可知，$\theta=1.7\times10^3$h。形状参数 m 与直线的斜率有关。直线的方程是 $\ln\ln\left[\dfrac{1}{1-f(x)}\right]=m\ln(t-t_0)-m\ln(\theta)$。已知该线通过点（100，0.04）和点（2000，0.75），经过计算，得到线的斜率：

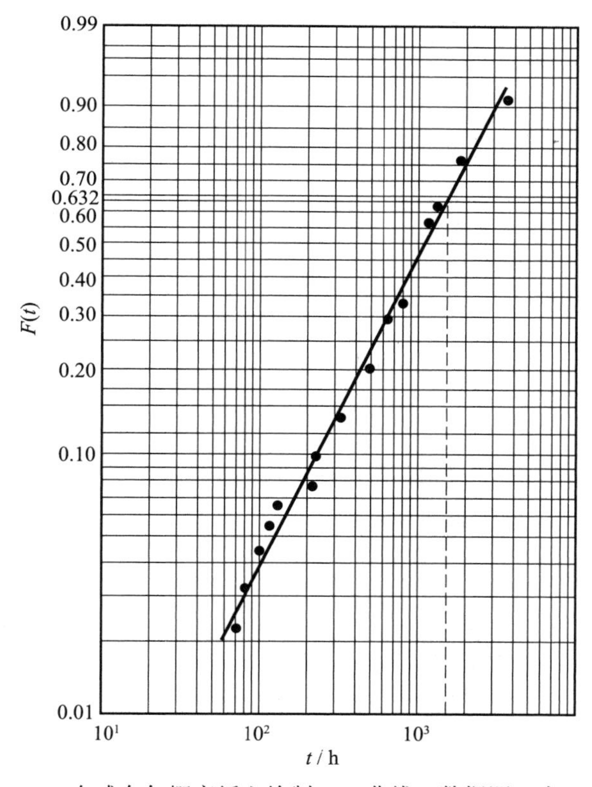

图 13.5　在威布尔概率纸上绘制 $F(t)$ 曲线，数据源于表 13.10

$$m=\frac{\ln\ln\left(\frac{1}{1-0.75}\right)-\ln\ln\left(\frac{1}{1-0.04}\right)}{\ln(2000)-\ln(100)}$$

$$m=\frac{\ln\ln(4.00)-\ln\ln(1.0417)}{7.601-4.605}$$

$$m=\frac{0.327-(-3.198)}{2.996}=\frac{3.525}{2.996}=1.17$$

$$R(t)=\exp\left[-\left(\frac{t}{1700}\right)^{1.17}\right]$$

（b）$R(700)=\exp\left[-\left(\frac{700}{1700}\right)\right]^{1.17}=\exp\left[-(0.412)^{1.17}\right]$

$=\exp\left[-(0.354)\right]=0.702=70.2\%$

（c）$h(t)=\frac{m}{\theta}\left(\frac{t-t_0}{\theta}\right)^{m-1}=\frac{1.17}{1.7\times10^3}\left(\frac{t-0}{1.7\times10^3}\right)^{1.17-1}$

$=6.88\times10^4\left(\frac{t}{1700}\right)^{0.17}$

失效率随时间的变化而缓慢增加。

13.3.5 系统可靠性

大多数机械和电子系统都由一系列组件组成。系统的总可靠性取决于各已知独立组件失效率的相互联系。

如果组件相互工作情况处于任何一个组件失效都会导致系统故障时，这样的排列方式称为串联系统。由 n 个组件构成的串联系统可靠性为：

$$R_{\text{sysem}}=R_A\times R_B\times\cdots\times R_n \tag{13.31}$$

显然，如果系统总存在过多的串联组件，那么系统可靠性会迅速降低。举例说明，如果串联系统中有 20 个构件，每个构件的可靠性 $R=0.99$，可得系统可靠性为 $0.99^{20}=0.818$。绝大多数的消费产品都显示出串联系统的可靠性特点。

如果处理一个恒定失效率的系统，得到

$$R_{\text{system}} = R_A \times R_B = \mathrm{e}^{-\lambda_A t} \times \mathrm{e}^{-\lambda_B t} = \mathrm{e}^{-(\lambda_A + \lambda_B)t}$$

系统的 λ 值是每一个独立构件 λ 值的总和

组件之间还有一种更好的排列方式，在这种方式中，只有在系统中所有构件都失效的情况下系统才会发生故障。这种更好的排列方法叫作并联系统。并联系统的可靠性为

$$R_{\text{sysem}} = 1-(1-R_A)(1-R_B)\cdots(1-R_n) \tag{13.32}$$

假定系统具有恒定失效率。

$$\begin{aligned} R_{\text{sysem}} &= 1-(1-R_A)(1-R_B) = 1-(1-\mathrm{e}^{-\lambda_A t})(1-\mathrm{e}^{-\lambda_B t}) \\ &= \mathrm{e}^{-\lambda_A t} + \mathrm{e}^{-\lambda_B t} - \mathrm{e}^{-(\lambda_A+\lambda_B)t} \end{aligned}$$

从形式可看出指数不为常数 $\mathrm{e}^{-\text{const}}$，所以并联系统具有一个可变的失效率。

组件通过并联关系组成的并联系统被认为是冗余的。因为对于系统函数来说，实施的机制大于一个。在完整的主动冗余系统中，每一个组件可能在系统失效前就失效。

其他系统中只存在部分主动冗余机制，即使某些构件失效也不会引起系统失效。但必须保证多余一个的组件能够保持正常工作状态以保证系统正常运行。举个简单的例子，四发动机的飞机在只有两个发动机的时候仍可以飞行，但是如果只有一个发动机工作，飞机将失控。众所周知，这种情况就是从 m 中选出 n 个单元进行网络化工作。要保证系统正常运行，至少 n 个单元的功能必须正常，区别于在并联情况下只要求某一单元运行和串联情况下要求所有的单元都运行。在假设 m 个单元都是独立并且相同的基础上，从 m 中选出 n 单元的系统可靠性可由二项分布给出。

$$R_{n|m} = \sum_{i=n}^{m} \binom{m}{i} R^i (1-R)^{m-i} \tag{13.33}$$

其中

$$\binom{m}{i} = \frac{m!}{i!(m-i)!}$$

例 13.7（计算系统可靠性） 复杂工程设计可以用可靠性框图来描述，如图 13.6 所示。在子系统 A 中，至少两个组件能够运行才能保证该子系统的功能正常。子系统 C 则是完全的并联系统，符合并联系统可靠性算法。计算每个子系统的可靠性，并计算出综合系统的可靠性。

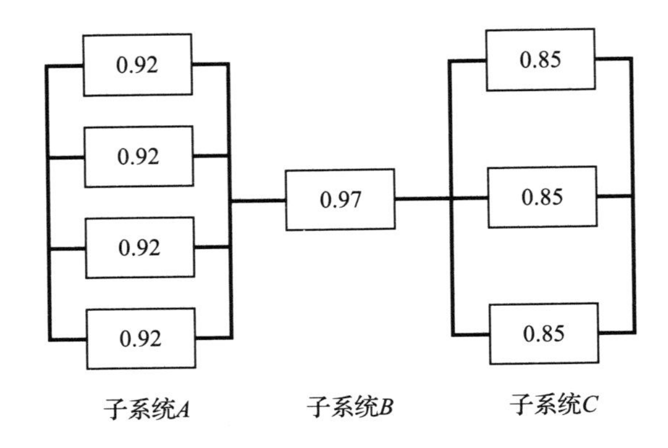

图 13.6　描述复杂设计网络的可靠性结构图

当 $n=2$，$m=4$ 时，子系统 A 属于 m 中选出 n 的模型，应用式（13.33）得：

$$R_A=\sum_{i=2}^{4}\binom{4}{i}R^i(1-R)^{4-i}$$

$$\binom{4}{2}R^2(1-R)^2+\binom{4}{3}R^3(1-R)+\binom{4}{4}R^4$$

$$6R^2(1-2R+R^2)+4R^3(1-R)+(1)R^4$$

$$3R^4-8R^3+6R^2=3\times(0.92)^4-8\times(0.92)^3+6\times(0.92)^2=0.998$$

由于子系统 B 只存在单独组件，那么 R_B=0.97。

子系统 C 是并联平行系统，应用式（13.32）得：

$$R_C=1-(1-R_1)(1-R_2)(1-R_3)=1-(1-R)^3$$
$$=1-(1-0.85)^3=1-(0.15)^3=1-3.375\times10^{-3}=0.996\,6$$

通过观察系统来计算总系统可靠性，系统简化成串联的三个子系统，且 $R_A=0.998$，R_B=0.97，R_C=0.997。通过式（13.32）可得：

$$R_{\text{Syst.}}=R_A\times R_B\times R_C=0.998\times0.970\times0.997=0.965$$

13.3.6　维护与维修

可靠性问题的一个重要范畴是处理系统的维护和维修。如果在失效构件维修时冗余构件能够替代其在系统中工作，那么系统总可靠性将提高。如果构件在磨损失效前被更换，那么系统可靠性也会提高。

预防性养护旨在使系统失效最小化。尽管缺乏常规维护会导致早期失效，但常规维护通常不能提高系统的可靠性，例如润滑、清洗和调整等。在磨损前进行替换是以失效时间的统计分布知识为基础的，即替换构件的时间早于其正常的失效时间。牺牲一小部分的使用寿命换取更高的可靠性。如果能找到一些反映组件性能是否退化的指标并实时监控它们，那么预防性护养的应用将更加简单实用。

维护串联系统中的失效组件并不能增加串联系统的可靠性，因为系统已经停止运行。然而，减少维修时间可以缩短系统不能工作的时间，从而使可维护性和有效性获得提升。

当构件失效时，冗余系统继续进行操作，但冗余系统也处于易损的状态，并时刻面临停工，除非此构件被修理好并重新安装以进行服务。通过考虑这种因素，可以定义附加术语：

$$\mathrm{MTBF} = \mathrm{MTTF} + \mathrm{MTTR} \tag{13.34}$$

其中，在恒定故障率的条件下，MTBF= 故障间平均时间＝ $1/\lambda$，MTTF= 平均失效时间，MTTR= 平均维修时间。

如果维修率 $r = 1/\mathrm{MTTR}$，那么对于主动冗余系统而言：

$$\mathrm{MTTF} = \frac{3\lambda + r}{2\lambda^2} \tag{13.35}$$

举例说明维修的重要性，令 $r = 1/6\mathrm{h}$、$\lambda = 10^{-5}/\mathrm{h}$。在进行维修的条件下，$\mathrm{MTTF} = 3\times10^{10}\mathrm{h}$，但在缺少维修的条件下，$\mathrm{MTTF} = 1.5\times10^{5}\mathrm{h}$。

可维护性是指失效的组件或系统在给定的时间内恢复服务的概率。MTTF 和失效率用于可靠性测量，MTTR 和维修率用于可维护性测量。

$$M(t) = 1 - \mathrm{e}^{-rt} = 1 - \mathrm{e}^{-t/\mathrm{MTTR}} \tag{13.36}$$

其中，$M(t)$ = 可维护性，r = 维修率，t = 实施所需维修的可允许时间。

在工程系统设计时，可维护性预测非常重要[⊖]。可维护性的内容包括以下几个条件：确定失效和诊断必要维修行为所需的时间；实施必要维修行为的时间；检测单元、确定维修效果、确保系统正常运作所需的时间。确定最少维修组件的划分是重要的设计决策，因为某些装配单元的失效可能会超过诊断范围而不能维修但能通过简便地替换部件来解决问题。MTTR 和成

⊖ B. S. Blanchard, *Logistics Engineering and Management*, 2nd ed., Prentice Hall, Englewood Cliffs, NJ, 1981; C. E. Cunningham and W. Cox, *Applied Maintainability Engineering*, John Wiley & Sons, New York, 1972; A. K. S. Jardine, *Maintenance, Replacement and Reliability*, John Wiley & Sons, New York, 1973.

本间的设计平衡很重要，如果相对于劳动时间来说，MTTR被调整得太短以至于不能按时实施维修，那么增加大量检修人员将大幅增加成本。

*有效性*是综合了可靠性和可维护性的概念，当系统处于一个较长的工作周期时，有效性是系统在线工作时间与总周期时间的比例。

$$\begin{aligned}\text{有效性}&=\frac{\text{总在线时间}}{\text{总在线时间}+\text{总停机时间}}\\&=\frac{\text{总在线时间}}{\text{总在线时间}+(\text{失效数}\times \text{MTTR})}\\&=\frac{\text{总在线时间}}{\text{总在线时间}+(\lambda\times\text{总在线时间}\times \text{MTTR})}\\&=\frac{1}{1+\lambda \text{MTTR}}\end{aligned} \tag{13.37}$$

如果$\text{MTTF}=1/\lambda$，那么

$$\text{有效性}=\frac{\text{MTTE}}{\text{MTTE}+\text{MTTR}} \tag{13.38}$$

13.4　面向可靠性的设计

确保可靠性的设计策略分为两种极端情况。*失效安全法*通过识别系统或构件中的薄弱点，并提供多种方式对弱点进行监控。当薄弱环节发生故障时，对其进行替换，就像更换一组闪烁的灯泡中的坏灯泡一样。另一种极端情况是使所有组件都具有相等的寿命，这样，当所有组件使用寿命结束时，系统就会崩溃，就像传说中的一匹马拉的两轮马车一样。*绝对最坏情况法*也被频繁应用，这种情况中所有的模型参数均采用最低标准，并以所有同时发生故障为前提条件进行设计。这是一种非常保守的方法，经常导致超安全标准设计。

工程领域的两个重要方面决定了工程系统的可靠性。第一，可靠性准则必须在设计概念阶段确定下来，在详细的设计开发阶段，严格遵循可靠性规定；在大规模生产环节阶段，适当修改可靠性规定。第二，一旦系统正常运行，我们就要实时对可靠性规定进行相应的修改[⊖]。

⊖ H. P. Bloch and F. K. Gleitner, *An Introduction to Machinery Reliability Assessment*, 2nd ed., Gulf Publishing Co., Houston, TX, 1994; H. P. Bloch, *Improving Machinery Reliability*, 3rd ed., Gulf Publishing Co., Houston, TX, 1998; H. P. Bloch and F. K. Geitner, *Machinery Failure Analysis and Troubleshooting*, Gulf Publishing Co., Houston, TX, 1997; C. Hales and C. Pattin, *ASM Handbook*, Vol. 11, *Design Review for Failure Analysis and Prevention*, pp. 40–49, ASM International, 2003.

在设计中，可靠性的构建步骤如图 13.7 所示。该过程始于概念设计的开始阶段，明确列出确保设计成功的准则，评估所需的可靠性与工作循环，并仔细考虑工况中存在的所有因素。在实体化设计的配置阶段，组件的物理布置将对可靠性产生严重影响。在建立功能结构图时，考虑到这些区域对可靠性有很大的影响，所以在每个框里都列出了各部分的名单。这部分用来考虑多种冗余性，并保证这样的物理布局不会影响日后的维护工作。在实体设计的参数化步骤中，要选用具有高可靠性的组件。构建并测试计算机模型和物理原型，这些要适应环境条件的宽广范围。确立失效模型、评估系统和子系统的 MTBF。细节设计是对规范的最终修订，有助于构建以及测试原理模型，并且为制备工程图纸做准备。即使设计被投放到生产组织中，设计组织也不能结束。这些生产模型会接受进一步的环境测试，有助于确立质量保证体系（参见 14.2 节）和检修计划。当顾客购买产品并投入使用时，关于现场故障和 MTBF 的持续反馈有助于对产品进行改进以及后续产品的研发。

设计阶段	设计行为
概念设计	问题定义 评估可靠性需求 确定合适的服务环境
具体化设计	结构设计 调查冗余 为维护提供可达性 参数设计 选择高可靠性的构件设计 构造和测试由物理和计算机构造的原型 完全的环境测试 确定失效模式/FMEA 评价MTBF 用户实验/修改
详细设计	生产和测试试制的原型 可靠性的最终评价
生产	生产模型 进一步的环境测试 确立质量保证体系
服务	交付顾客 现场时效和MTBF给设计者的反馈 维修和替换 服务，退役

图 13.7　贯穿设计、生产、服务之中的可靠性行为

13.4.1 不可靠的原因

工程系统可能面临的故障可以归纳为以下五类[⊖]。

- 设计失误。常见的设计失误包括未考虑全部的运行要素、对负载以及环境因素的欠缺、错误计算和材料的选用不规范。
- 制造缺陷。即使设计正确，在生产制造环节产生的缺陷也会降低系统的可靠性。常见的实例有：较差的表面粗糙度或边缘（飞边）会导致疲劳断裂和在钢热处理过程中产生的脱碳或淬火裂纹问题。制造工程领域的人员最关键的责任就是在制造过程中消除缺陷。为完善这一问题，该方面与研究开发功能（R&D）需要有更紧密的联系。因生产劳动力造成的加工失误主要由以下一些原因促成，如缺乏正确的指导和规章管理、监管不力、工作环境恶劣、不现实的生产定额、训练不充分和工作动力不足等。
- 维护。大多数工程系统在设计时，都是按照要在规定周期中接受适当维护的条件设计的。如果处于忽略维护或缺乏监管的情况，使用寿命会受到影响。由于消费者购买产品后不会实时提供适当的维护，因此良好的设计战略就是设计不需要维护的产品。
- 超过设计极限。操作时，如果温度、速度及其他变量超过了设计的允许值，将会发生设备故障。
- 环境因素。如果在设计时没有考虑工况（如下雨、高湿和冰冻等），通常会严重影响产品的使用寿命。

13.4.2 失效最小化

在工程设计实践中，可应用多种方法来提高可靠性。通常我们重点讨论失效概率为 $P_f < 10^{-6}$ 的结构应用和失效概率为 $10^{-4} < P_f < 10^{-3}$ 的非应力应用这两种情况。

安全余量

由 13.2.4 节可知，材料强度特征的可变性以及不确定载荷的可变性会引起重叠统计分布的情况，从而导致失效。其中材料强度性能的可变性对失效率影响尤为重大，因此确保材料性能的稳定可靠可降低系统的失效率。

降低额定值

类似结构设计中的安全系数方法，可以在电气、电子及机械系统中降低设备的定额值。如

⊖ W. Hammer, *Product Safety Management and Engineering*, Chap. 8, Prentice Hall, Englewood Cliffs, NJ, 1980.

果最大的运行条件（功率、温度等）低于其铭牌值，那么设备可靠性将提升。当设备的负载条件被降低时，失效率同样降低。反之，如果设备超额负载，那么失效率会迅速上升。

冗余性

提高可靠性最有效的方法之一就是利用冗余性。在并联冗余设计中，即使不需要联合输出，相同的系统功能也是由两个或两个以上的组件同时完成的。并联路径的存在可以分担负载，因此每个构件的负载都将减少，并使其寿命明显延长。

另外一种提高冗余性的方法是使用备用装置，在系统单元发生故障时，备用装置能迅速地切入，并取代故障部位。备用装置的磨损与操作单元相比较为缓慢。因此，在全负荷和备用装置之间交替使用是经常采用的运作策略。备用装置需要依靠传感器检测系统失效，并通过齿轮转换使其能迅速切入工作。因此在储备冗余系统中，传感器和交换单元常常是薄弱环节。

耐久性

材料选取和设计细节应该考虑各种可能降低耐久性的因素，如腐蚀、侵蚀、外来物损伤、疲劳及磨损，这样才能合理设计系统抵制这些因素的影响。这样的决策将因购置高性能材料而提高成本，使用高性能材料有利于提高使用寿命并降低维护成本，一般寿命周期成本是调整这种决策的手段。

损伤容限

随着断裂力学方法在设计中的应用（参照第 16 章，www.mhhe.com/dieter6e），裂纹检验和扩展表现出更重要的地位。损伤容限材料或结构是指当裂缝产生的同时，能够马上检测出来，因此在超高负荷下运行的概率非常小。损伤容限的某些概念如图 13.8 所示。从材料的内在因素上看，只有很细微的缺陷原始群体存在（它们的数量如图左端所示）这些是微裂纹、夹杂物、孔隙度、表面凹痕及划痕。如果它们的规模小于 a_1，在工作中这些缺陷不会继续增长，但在制造过程中会产生额外缺陷。当规模大于 a_2 时，通过检测来检验并作为废弃部件而淘汰。然而，在工作期间，部件可能会产生裂痕，在其进一步扩展到 a_3 的尺寸时，通过无损评价技术（NDE）可以检测出来，该种技术通常在工作条件下使用。许用设计应力必须保证在工作条件下大于 a_3 尺寸的缺陷数量减少。此外，材料必须有确定的损伤容限以减缓裂痕扩展到临界裂纹尺寸 a_{cr} 的过程。

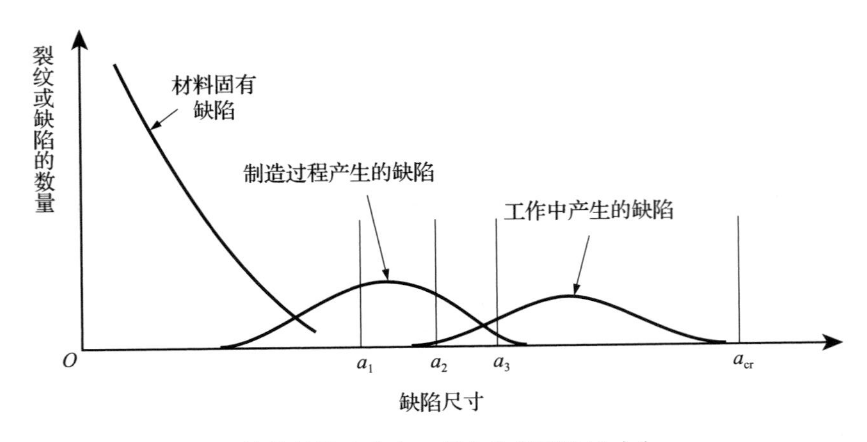

图 13.8　工程构件的缺陷分布，其中临界裂纹尺寸为 a_1, a_2, a_3, a_{cr}

在传统断裂力学分析中（参照第 16 章，www.mhhe.com/dieter6e），临界裂纹尺寸是由无损评价技术（NDE）所能检测的最大裂痕尺寸所决定的。材料断裂韧性值可以用来作为最小的合理取值。该种方法很安全，但过于保守。利用概率断裂力学（PFM）可以放宽这些最坏情况假设，并根据现实工作情况进行分析[⊖]。

便于检测

检验裂纹的重要性如图 13.8 所示。理想方式应该采用可视化的裂纹检测技术来检测裂纹，但要想实现这一方法，就必须提供特殊的结构设计特征。在临界应力结构中必须设计特殊的结构使之能应用超声或涡流技术等可靠的无损评价技术。如果结构不能够接受预备检测，那么在结构寿命期间，应力水平必须降低到初始裂纹不会扩展到临界尺寸以下。在此种情况下，检测成本将会很低，但由于过低的应力水平，结构承重能力将降低。

特异性

明确材料的特点、供应来源、制造过程的公差、材料和组件的评定，以及安装、维护和使用的程序特点和试验要求，有助于提高可靠性。明确项目标准有利于提高可靠性。这通常意味着材料和组件已经有使用过的历史，其可靠性广为人知。此外，零件的更换也要相对简化。如果在设计中必须使用高失效率组件，那么在设计时要保证这种零件的更换方式简单可行。

⊖ H. R. Millurter and P. H. Wirsching, " Analysis Methods For Probabilistic Life Assessment, " *ASM Handbook*, Vol. 11, pp. 250-68, ASM International, Materials Park, OH, 2002.

13.4.3 可靠性数据来源

生产商对产品的可靠性数据有高度的所有权。国防以及空间探索组织对可靠性有很浓厚的兴趣，因此对失效率和失效模式的大量数据进行了编写。由美国国防部（DOD）防御信息分析中心资助的可靠性信息分析中心（RIAC）[一]，多年来致力于收集电子构件的失效数据。电子组件方面，广泛的可靠性数据可以在网上进行有效的查询，MIL-HDBK-217[二]之后的数据需要付费。有用的非电子组件类可靠性数据可在压缩光盘 NPRD-95[三]中查找。欧洲的可靠性数据资源信息可以查找 Moss 的书籍[四]。机械构件中广泛选用的数据和失效率 λ 由 Fisher 和 Fisher 提供[五]。

13.5 失效模式与影响分析

失效模式和影响分析（FMEA）基于团队方法论来识别新的或已有设计中的潜在问题[六]。这是首次被应用于危害分析改正中的方法。FMEA 可以识别系统中每个组件失效的模式，并确定每个潜在失效对系统功能的影响程度。此处我们所说的失效指的是产品不能满足用户的需求，而不是指工程中由于材料断裂引起的灾难性破坏。

因此，失效模式是指导致零件无法完成设计功能的机制。例如，经常用来提升工字形钢梁的电缆可能因摩擦而磨损或因错用而扭结，或更常见的因为过载而断裂。注意，磨损或扭结不是导致断裂的唯一原因，如果没有正确评估电缆强度，或电缆能够支持的载荷而产生设计错误，也会造成断裂的发生。关于失效模式的更多细节将在 13.6 节中讨论。

在 FMEA 方法论细节方面还有许多变化，但是这些变化旨在完成三个任务：预测发生各种失效、预测失效对系统性能的影响和制定措施来预防失效或预防失效对功能的影响。在需要冗余组件和改善可靠性的设计中，FMEA 可以有效地识别设计的临界区域。FMEA 是一种

㊀ www.quanterion.com/projects/reliability-information-analysis-center-riac/.

㊁ aldservice.com/reliability/217-plus.html.

㊂ Quanterion's Reliability, Maintainability, Quality, Supportability and Interoperability (RMQSI) Knowledge Center. www.rmqsi.org/product/reliability-tools/nonelectronic-parts-reliability-data-publication-nprd-2016/.

㊃ T. R. Moss, *The Reliability Data Handbook*, ASME Press, New York, 2005.

㊄ F. E. Fisher and J. R. Fisher, *Probabilistic Applications in Mechanical Design*, Appendix D, Marcel Dekker, New York, 2000.

㊅ R. E. McDermott, R. J. Mikulak, and M. R. Beauregard, *The Basics of FMEA*, 2nd ed., CRC Press, New York, 2009; D. H. Stamatis, *Failure Mode and Effects Analysis: FMEA from Theory to Execution*, ASQ Quality Press, Milwaukee, WI, 1995; *ASM Handbook*, Vol. 11, *Failure Analysis and Prevention*, pp. 50–59, ASM International, 2003. MIL-STD-1629.

自底向上的过程，始于所需功能，确定能够胜任的组件，对每个组件列出其可能的失效模式。

建立 FMEA 时，考虑的三个因素如下。

- 失效的严重程度。程度等级的范围详见表 13.11。当程度在 9 或 10 级的时候，很多组织要求马上进行再设计。

表 13.11　失效严重性级别

等级	严重性描述
1	客户未意识到影响
2	客户意识到轻微的影响，不会给客户带来烦恼或不便
3	轻微影响，给客户造成烦恼，但不会请求售后服务
4	轻微影响，客户可能返回产品给销售
5	中度影响，客户要求立刻进行售后服务
6	重大影响，客户不满意，可能违反设计法规或规章
7	严重影响，系统可能不能运行，客户投诉，可能引起伤害
8	极端影响，系统部运行并有安全问题，可能引起严重伤害
9	危急影响，整个系统停工，安全风险
10	危害，未预警的失效发生，危及生命

- 失效发生概率。发生概率范围如表 13.12 所示。给出的概率是一个近似值，取决于制造过程中的失效机制、设计的合理性、制造工艺等方面。

表 13.12　失效发生级别

等级	失效概率	特征描述
1	$\leqslant 1 \times 10^{-6}$	极端细微
2	1×10^{-5}	细微、不像是真的
3	1×10^{-5}	发生机会非常轻微
4	4×10^{-4}	发生机会轻微
5	2×10^{-3}	偶尔发生
6	1×10^{-2}	适度发生
7	4×10^{-2}	频繁发生
8	0.20	高发生率
9	0.33	非常高的发生率
10	$\geqslant 0.50$	极高的发生率

- 产品投入使用之前，在设计过程或制造过程中检测出失效的可能性。检出率范围如表 13.13 所示。显然，这种因素的影响程度取决于在系统中质量审查制度的重要程度。

表 13.13　失效检测级别

等级	严重性描述
1	几乎可以确定地检测到
2	检测到的机会非常大
3	检测到的机会大
4	检测到的机会中高
5	检测到的机会中等
6	检测到的机会小
7	检测到的机会轻微
8	检测到的机会微弱
9	检测到的机会非常微弱
10	无法检测，无法检查

常用的实践经验是通过将三种要素等级相结合，得到风险优先数（RPN）。

$$\text{RPN}=（失效的严重程度）\times（失效发生）\times（检测级别） \tag{13.39}$$

RPN 值的变化范围很大，最大值为 1 000（即最大风险），最小值为 1。由式（13.39）得出的值常用于选择重要的“关键少数”问题进行解决。通过设定阈值可以确定关键问题，例如，设定 RPN=200，并致力于解决所有潜在失效性高于 200 的问题。另一种方法就是在帕累托图中进行 RPN 值的排列，并且高度关注那些最高等级的潜在失效。下文将会介绍另一种方法。

不要盲目地以 RPN 值作为决策基础，要运用 FMEA 提供的信息进行辅助决策。思考如表 13.14 所示的 FMEA 分析结果。

表 13.14　FMEA 分析结果

失效模式	严重性	发生	检测	风险优先数
A	3	4	10	120
B	9	4	1	36
C	3	9	3	81

比较失效模式 A 和 B，A 接近 B 的风险优先数（RPN）的 4 倍，然而 B 失效危害更大，可能造成安全风险和系统的完全停工。由 A 引起的失效仅会给系统性能带来轻微的影响。由于难以检测到引发失效的缺陷，因此 A 的 RPN 值很高。当然，B 比 A 的失效更危险，在产品设计时应该给予及时的关注。失效模式 C 超过 B 的 RPN 值两倍多，尽管其失效发生现象频繁，但因其失效的严重程度低，与 B 相比优先级略弱一级。

Harpster 运用了合理的方法解释 FMEA 分析的结果，如图 13.9 所示[㊀]。通常产品规范应该包括某些要求，如果 RPN 值超出了某些数值（如 100 或 200）时，将会采取必要措施。如果高 RPN 值由非常难以检测的缺陷造成，或由于使用中缺乏检测过程造成可检测性分数高，那么重新设计就显得不合理了。应用图 13.9 能够找到综合考虑各种因素后设计中应该优先补救改正的细节，而不是仅仅依靠 RPN 得到结果。

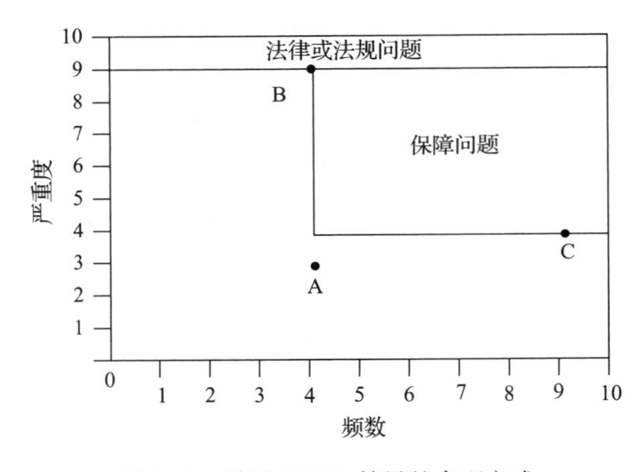

图 13.9　说明 FMEA 结果的合理方式

13.5.1　制作 FMEA 表格

把 FMEA 开发作为团队共同努力的结果时，会取得最好的效果，在此过程中采用的大量问题解决工具在已在 3.7 节中进行过介绍。FMEA 可在设计、制造和服务时使用。大多数的 FMEA 分析没有现成的模式，但对于 HOQ 而言，可以运用电子表格形式来开发 FMEA[㊁]。首先，要能够清楚地识别正在调查的系统或子系统。然后，完成接下来的步骤，并在电子表格

㊀ R. A. Harpster, "How To Get More Out of Your FMEAS," *Quality Digest*, pp. 40–42, June 1999.

㊁ FMEA® 软件可以提供有效的帮助。举两个例子，一个是 Item Software 中的 FailMode®；另一个是由福特汽车公司开发并在 Adistra 公司及汽车工程协会中得到应用的 FMEAplus®。培训和模板可以在 ASQ（之前是美国质量协会）网站上免费获得：asq.org/quality-resources/quality-tools。

中记录结果，见例 13.8。

1. 评述设计是为了确定组合件的相互关系及每个子系统中零件的相互关系，确定每个零件是由于何种原因而失效的。在每个组合件中的零件及每个零件功能的完整清单都要准备好。针对每个功能都要抱有怀疑的态度："如果功能失效会发生什么事情？"然后通过以下提问进一步明确问题：

- 如果在需要的时候由于失效，功能没有发生会怎样？
- 如果功能未按照预定顺序发生将会怎样？
- 如果发生功能完全失效会怎样？

2. 更广泛地观察，并讨论在步骤 1 中列举出的问题如果发生会对系统有何影响。在子系统不独立的系统中，这个问题很难回答。一般常见的失效原因是一个子系统中明显无害的失效通过无法预料的方式导致了另一个子系统的过载。

3. 列出每个功能的潜在失效模式（见 13.6 节）。在系统功能中，某一个功能可能同时与多种失效模式有关。

4. 针对步骤 3 中确定的各个失效模式，描述其失效的结果或影响。首先列出失效造成的局部影响，然后进行从子装配体到总系统的深度效应分析。

5. 使用失效严重性级别表（表 13.11）并代入数值。如果在团队中采用一致性同一表决法将取得更好的效果。

6. 确定失效模式的可能成因。通过运用 why-why 图和关联图尽力挖掘成因的根源，详见 3.7 节。

7. 应用失效发生级别表（表 13.12），代入每个失效发生原因的概率值。

8. 确定如何检测潜在失效。这可能通过设计检核表、详细的设计计算、可视化的质量检测或无损检测来完成。

9. 应用表 13.13，输入定值，该值可以反映检测出步骤 8 中列举的潜在失效成因的能力。

10. 通过式（13.39）计算风险优先数（RPN）。具有最高 RPN 值的潜在失效风险获得优先考虑权。关于决定在何处进行配置资源时，也可参考图 13.9。

11. 对每个潜在失效而言，确定纠正措施来消除在设计、制造或运行中潜在的故障。这些行为可以看作"无行为需求"。为每个潜在失效消除分配所有权。

例 13.8（应用 FMEA 过程） 步枪的钢制枪栓是通过粉末锻造工艺生产的。首先要获得粗加工产品，接着进行冷轧和烧结，然后用热锻的方法获得所需形状和尺寸。完整的 FMEA 分析步骤图表将在下面给出。需要指出的是该分析通过工作状态下的性能对零件的设计及过程进行评价，然后对设计和加工提出建议，以改善风险优先数（RPN）。

枪栓断裂造成步枪失去功能是最严重的失效类型，但更重要的是，它使人陷入险境。最精密的无损检测方法是运用3-D x射线断层摄影术对制作完成的零件进行全方位扫描，这种矫正措施可以查出金属件内部的任意零件的细小裂纹。这种扫描技术非常昂贵，因为粉末锻造技术中细小裂痕的产生来源还有待研究。如果不能消除这些问题，那么必须采用其他制造程序来生产无裂痕零件。需要指出的是使用矫正措施也并不能改变事情的严重性，因为零件失效的后果仍有百万分之一的机会发生。

步枪的另一种失效是由于枪栓卡在枪膛中造成的。此时步枪无法射击，但是与断裂引起的失效相比，给人的生命造成的威胁低得多。在设计手册中列出的检测显示，这是由于在设计公差时没有考虑到热膨胀的影响，因为快速射击产生的热量会造成枪栓的热膨胀。当发生失效时，针对严格的质量尺寸管理的统计过程控制（SPC）开始启动，预期通过此过程可消除干扰引起的失效。

失效模式和效果分析　　制表　　图标 No.________ of________

产品名称：				零件名称：枪栓					设计责任：				
产品代码：				零件编号：					设计期限：				
1	2	3	4	5	6	7	8	9	10	11	12	13	14
功能	失效模式	失效影响	失效成因	检测	S	O	D	RPN	推荐的纠正行为	S	O	D	RPN
1. 枪膛与射击的环节	脆性断裂	毁坏枪、伤到人	内在纤细裂纹	染料渗透试验法	10	4	8	320		10	1	2	20
2. 抵御气体后坐力的密封性													
3. 找出弹匣	连续射击4发后卡住	无法继续射击	CTQ尺寸超出规范	用量规检测尺寸	8	6	3	144	返工公差包括热膨胀，启动SPC	3	4	2	24

FMEA是强有力的设计工具，但复杂并耗费时间。只有获得了顶层的支持，才能按步进行。由于避免了质保问题、服务需求、顾客不满意、产品召回和声誉受损等方面造成的成本浪费，FMEA还是缩减了全寿命周期成本。

13.6 缺陷与失效模式

导致工程设计和系统失效的原因主要分为以下四大类。

- 硬件失效——组件失效，未执行设计功能。
- 软件失效——计算机软件失效，未执行设计功能。
- 人为失误——人员未按规程操作或对紧急情况处理不当。
- 组织失效——支持系统的组织的失效。例如，可能会忽视有缺陷的零件，不及时采取补救行动。

13.6.1 硬件失效原因

由设计错误或缺陷引起的失效有以下几类。

- 设计缺陷。
  - 未充分考虑缺口影响造成的失效。
  - 对工作载荷和环境缺乏充分的了解。
  - 在复杂零件和载荷中应力分析困难。
- 选材不当。
  - 服务条件和选取标准不够匹配。
  - 材料性能数据不充分。
  - 过分强调成本而忽视质量。
- 由于制造加工而产生的材料缺陷。
- 不当的测试和检查。
- 服务中的过载和其他违规操作。
- 维护、维修不充分。
- 环境因素。
  - 环境条件超出设计许用标准。
  - 随着时间的推移，暴露在环境中而产生的性能退化。

设计过程的缺陷、材料缺点或工艺过程的选择不当可以分为以下几个等级。最低水平是指设计不符合标准规范，例如，尺寸超出规格或强度特性低于标准要求。中间水平是未达到用户或消费者的满意程度，这可能是因为关键性能临界指标取值不当，或材料性能快速退化而造成的整个系统的问题。最高一级的缺陷是产品失效，失效可能是明显的裂纹造成的部件连续性破坏，或者系统结构不能正确地完成设定的功能。

13.6.2 失效模式

工程组件失效的特有模式通常分为四级。

- 过量的弹性变形。
- 过量的塑性变形。
- 断裂。
- 腐蚀和磨损所造成的零件几何尺寸变化。

最常见的失效模式如表 13.15 所示。某些失效模式直接涉及标准力学性能实验，但是绝大多数更加复杂，需要综合两个或两个以上的性能进行失效预测。然而，不是所有的失效都是由材料性能造成的。表 13.16 给出一些常用工程组件的失效模式。

表 13.15 机械组件的失效模式

1. 弹性变形	7. 腐蚀	8. 磨损	10. 微动
2. 屈服	a. 直接化学侵蚀	a. 黏着磨损	a. 微动疲劳
3. 剥蚀	b. 电偶腐蚀	b. 磨粒磨损	b. 微动磨损
4. 延性失效	c. 缝隙腐蚀	c. 腐蚀磨损	c. 微动腐蚀
5. 脆性断裂	d. 点蚀	d. 表面疲劳磨损	11. 擦伤
6. 疲劳	e. 晶间腐蚀	e. 变形磨损	12. 刻痕
a. 高周疲劳	f. 选择性浸出	f. 冲击磨损	13. 蠕变
b. 低周疲劳	g. 冲蚀磨损	g. 微动磨损	14. 应力开裂
c. 热疲劳	h. 气蚀	9. 冲击	15. 热冲击
d. 表面疲劳	i. 氢损伤	a. 冲击断裂	16. 热松弛
e. 冲击疲劳	j. 生物腐蚀	b. 冲击变形	17. 疲劳和蠕变
f. 腐蚀疲劳	k. 应力腐蚀	c. 冲击磨损	18. 微动
g. 微动疲劳		d. 冲击微动	19. 蠕变微动
		e. 冲击疲劳	20. 屈曲
			21. 辐射损伤
			22. 连接失效
			23. 层离
			24. 侵蚀

表 13.16 构件失效模式实例

组件	失效模式	导致失效的可能原因
电池	没电	过期
止回阀	黏结闭合	腐蚀
管道	管道下沉	支撑设计不当
阀门	泄露	包装缺陷
润滑剂	不流动	由碎屑导致阻塞 / 无过滤
螺栓	螺纹剥落	拧紧力矩过大

13.6.3 失效的重要性

从人性方面讲，人们不愿意讨论失效或出版关于失效的信息。严重的系统失效都引起了公众的关注，例如塔科马海峡大桥（Tacoma Narrow Bridge）的风毁事故，“挑战者”号航天飞机的固体火箭助推器密封件失效引起的爆炸，但是绝大多数都没给人以深刻的印象[一]。这是令人羞愧的事实，工程领域的进步都是通过对故障分析取得的。生产成功产品的一个重要环节就是对生产模型进行仿真模拟实验和实体验证试验。尽管关于工程失效的文献不算很多，有关在工程失效的课题仍有很多参考资料[二]。关于实施失效分析的内容[三]参见网址 www.mhhe.com/dieter6e 上的失效分析技术。

13.7 面向安全性的设计

产品设计中的首要问题就是安全性[四]。通常产品具有安全性被认为是理所当然的事情，但相较产品责任诉讼、替换产品或企业声誉受损方面而言，召回不安全产品可能要付出惨重的代价。在制造、使用及用后处理的过程中，产品都必须是安全的。同样，存在人员死亡的严重事故对当事人而言是痛苦的，而且也可能导致相关责任工程师职业生涯的结束。

㊀ 关于飞行器、桥梁、工程机械和结构以及软件方面失效的案例参见 Wikipedia 中的工程失效。

㊁ *Case Histories in Failure Analysis*, ASM International, Materials Park, OH, 1979; H. Petroski, *Success through Failure: The Paradox of Design*, Princeton University Press, Princeton, NJ, 2006; V. Ramachandran, et al., *Failure Analysis of Engineering Structures: Methodology and Case Histories*, ASM International, Materials Park, OH, 2005; *Microelectronics Failure Analysis Desk Reference*, 5th ed., ASM International, Materials Park, OH, 2004; A. Sofronas, *Analytical Troubleshooting of Process Machinery and Pressure Vessels*, John Wiley & Sons, Hoboken, NJ, 2006.

㊂ 处理失效分析的广泛信息可以在 *ASM Handbook*, Vol. 11: *Failure Analysis and Prevention*, 2002, pp. 315-556 中查找。

㊃ C. O. Smith, “ Safety in Design,” *ASM Handbook*, Vol. 20, pp. 139-45, ASM International, Materials Park, OH, 1997.

安全的产品是指不会造成事故和财产损失的产品。同样，不安全情况也会对环境造成伤害。达到安全标准不是偶然的，安全性的达成来自设计过程中对安全性的重视，以及了解和遵循某些基础原理。安全性设计分为三个方面。

- 为了使产品安全，设计时要在产品中剔除所有的危险。
- 如果不能保证产品自身安全，那么在设计时应该加入保护装置、自动中止开关、压力释放阀门来减轻危险。
- 如果步骤2中提到的方法都不能消除所有危险，那么可以通过适当的警告来提醒使用用户，比如用标签、闪灯和大声提示音。

故障安全设计可以尽量确保失效时不会对产品造成影响或者产生影响，也将这种影响控制在无伤害无损坏的状态。故障安全设计存在三种形式。

- 被动失效设计。当发生失效时，系统被约束在最低能量状态，直到采取矫正措施产品才重新进行工作。例如，断路器就是被动失效形式的自动化故障设计。
- 主动失效设计。当失效发生时，系统保持动力并处于安全操作模式。例如，冗余系统处于备用状态就是主动失效设计。
- 工作失效设计。是指尽管某零件失效，设备仍旧能够维持临界输出功能的设计。例如，阀门在失效时，仍旧能保持在开启的状态。

13.7.1　潜在危险

下面列出了在设计中需要注意的一些常见安全隐患的类型。

- 加速/减速——下落的物品、突然移动、冲击损伤。
- 化学腐蚀——人体接触或材料降解。
- 电——电击、烧伤、电压不稳定、电磁辐射、停电。
- 环境——雾、湿度、光照、雨夹雪、极端温度、风。
- 工效学——疲劳、错误标签、不可行、不合理的控制。
- 爆炸——灰尘、易爆炸液体、气体、水蒸气、粉尘。
- 火——易燃的材料、高压下的氧化剂和燃料、明火来源。
- 人为因素——违反操作规程、操作失误。
- 泄漏或溢出。
- 生命周期因素——频繁启动和关闭、维护不足。
- 材料——腐蚀、侵蚀、润滑事故。
- 机械原因——断裂、偏心率、锐利的边缘、稳定性、振动。

- 生理学——致癌物质、人的疲劳、刺激物、噪声、病原体。
- 压力 / 真空——动力载荷、内破裂、容器破裂、管道移位。
- 辐射——电离（α 、β 、γ 及 x 射线）、激光、微波、热量。
- 结构——空气动力学或声负载、裂纹、应力集中。
- 温度——改变材料特性、灼伤、可燃性、挥发性。

产品的危害性通常是由政府法规限定的，美国消费者产品安全委员就承担该项职责[㊀]。为儿童使用设计的产品与为成年人使用设计的产品相比，应具有更高的安全标准。除了为顾客提供安全产品，设计师也必须考虑到产品在制造、销售、安装和服务过程中的安全性。

在当今社会，产生危害性的产品经常导致基于产品责任法的赔偿诉讼。设计工程师必须要了解这些法律的后果，尽力减小安全问题与刑事诉讼造成的威胁。第 18 章将会讨论该主题，参见网址 www.mhhe.com/dieter6e。

13.7.2 面向安全性的设计指南[㊁]

- 识别或确认实际或潜在的危险，在设计产品时使其功能不受影响。
- 彻底检测产品试样以消除最初设计中的任何危险。
- 设计产品使其能被简单、安全地使用。
- 现场试验发现安全性问题，确定根本原因并重新设计以消除危险（参照第 3 章）。
- 人们也许会做蠢事，在设计中需要考虑这一点。更多的产品安全性问题是由于产品使用不当造成的，而不是由于产品本身缺陷造成的。用户友好型产品通常也是安全的产品。
- 好的人因工程设计和安全性设计是紧密联系的，例如：
  - 布置好控制器，因此操作者不用通过移动来操作。
  - 保证杠杆或其他部件的布置不会夹到手指。
  - 避免锐利的边缘和转角。
  - 工作地点的防护装置不会干扰操作者的活动。
  - 在设计重的或需要拖拉使用的产品时，应避免累计损伤引起的不适，如腕管综合征。这意味着避免使手、腕关节、胳膊处于不舒服的位置，并避免重复性的动作和振动。
- 避免使用易燃性材料，包括包装材料。
- 在使用涂料和其他表面修复材料时，应该遵守美国环保署（EPA）和职业健康标准

㊀ CPSC website, www.cpsc.gov.

㊁ C. O. Smith, op. cit.; J. G. Bralla, *Design for Excellence*, Chap. 17, McGraw-Hill, New York, 1996.

（OSHA）的规定，控制产品使用期间对消费者的毒性，并确保产品在焚烧、再利用以及废弃期间的安全性。

- 准备维修、服务和维护所需要的产品，在保证维修工人不被划伤或刺伤的条件下提供充足的维护机会。
- 电类产品应保证接地导线正确到位以防止电击。提供电类联动装置，保证在没有安全防护装置的情况下高压电路不会导通。

13.7.3　警告标识

随着产品责任成本的迅速增长，制造商可通过为产品粘贴警告标识作为警告措施。警告标识应该对一些不会对系统功能造成大影响的潜在威胁进行说明并给出详细的操作指导以避免失效的发生，这些潜在威胁难以在产品设计阶段排除。警告的目的是引起用户警觉，使其意识到危险，并告知用户如何避免危险带来的伤害。

警告标识若想有效果，用户就必须接收警告信息、理解信息并按照操作规程操作。工程师需要设计合理的标识，使得用户必须满足前两项指标，才能接着完成第三项指标。标识必须要在产品的显著位置标出。绝大多数标识用双色印刷在坚韧和耐磨材料上，并用黏合剂固定在产品上。依据危险程度，通过印刷危险、警告、注意来提醒人们。通过警示传达的信息必须以平和的语气告知风险的种类及操作规范。以六年级文化水平来书写标签，没有长词句或专业术语。针对在不同国家使用的产品，警告标签必须使用当地语言。

13.8　总结

在致力于延长产品服役时间，减少维修的同时，现代社会将规避风险放在重要的位置。这需要在设计概念的风险评估、选择失效潜在模式的应用方法，以及采用提高工程系统可靠性的设计技术方面给予极大关注。

危害是潜在伤害，风险使危害具体化成为可能，危险是危害和风险的混合体，这种混合体需要被剔除。安全性则是对危险的规避措施，工程师必须能够识别出设计中的危害，采用技术来评估风险，了解何时这些设计会构成危险。能够缓和危害的设计方法造就了安全可靠的设计方案。在设计时遵循法规和标准是完成安全可靠设计的常用手段。

可靠性是指在确定的时间内，系统或构件连续平稳运行不失效的概率。绝大多数系统遵循三段式失效曲线：早期的老化失效或实验介入阶段，在此阶段失效率随时间推移迅速减小；

接近恒定失效率（使用寿命）的长期周期；失效率迅速增长的最终磨损周期。失效率通常用每1 000h的失效数来表示，或者通过其倒数（即平均无故障工作时间（MTBF））表示。系统可靠性是由构件的排列来确定的，排列方式有并联和串联两种方式。

设计对系统可靠性有重大影响。产品设计规范应该对可靠性有所要求。系统的设计结构决定了系统的冗余度。设计细节则决定了缺陷的水平。通过FMEA对潜在失效模式进行早期评估有助于完成更可靠的设计。其他增加系统可靠性的手段包括使用非常耐用的材料和构件、降低构件定额值、缩减零件数及设计简化、采用损伤容限设计，以及实时检查。对产品试样进行大量实验找出其中的漏洞所在也是一种有效的方法。

安全设计是指可以给顾客使用信心的设计，这种设计将不会承受产品责任成本。在发展安全设计的时候，原始设计目标就是识别潜在危害，然后提出避免危害的设计方案。如果在保证原设计功能性的前提下无法实施，那么接下来最好的方法是提供保护装置来预防人和危害的接触。最后，如果以上不能做到，那么必须使用警告标识、灯或其他警示设备。

13.9 新术语与概念

有效性	失效模式和影响分析	可靠性
老化周期	危险	风险
共因失效	危险率	根本原因分析
降低额定值	可维护性	安全性
设计冗余	强制性标准	安全系数
故障 - 安全设计	失效平均时间	磨损周期
失效模式	失效前平均时间	威布尔分布

13.10 参考文献

风险评估

Haimes, Y. Y.: *Risk Modeling, Assessment, and Management,* 2nd ed., Wilex-Interscience, Hoboken, NJ, 2004.

Michaels, J. V.: *Technical Risk Management,* Prentice Hall, Upper Saddle River, NJ, 1996.

Schwing, R. C., and W. A. Alpers, Jr. (eds.): *Societal Risk Assessment: How Safe Is Enough?* Plenum Publishing Co., New York, 1980.

失效和失效预防

Booker, J. D., M. Raines, and K. G. Swift, *Designing Capable and Reliable Products,* Butterworth-Heinemann, Boston, 2001.
Evan, W. M., and M. Manion: *Minding Machines: Preventing Technological Disasters,* Prentice Hall, Upper Saddle River, NJ, 2003.
Evans, J. W., and J. Y. Evans (eds.): *Product Integrity and Reliability in Design,* Springer-Verlag, London, 2000.
Petroski, H.: *Success through Failure: The Paradox on Design,* Princeton University Press, Princeton, NJ, 2006.
Witherell, C. E.: *Mechanical Failure Avoidance: Strategies and Techniques,* McGraw-Hill, New York, 1994.

可靠性工程

Bentley, J. P.: *An Introduction to Reliability and Quality,* John Wiley & Sons, New York, 1993.
Ebeling, C. E.: *Reliability and Maintainability Engineering,* McGraw-Hill, New York, 1997.
Ireson, W. G. (ed.): *Handbook of Reliability Engineering and Management,* 2nd ed., McGraw-Hill, New York, 1996.

O'Connor, P. D. T.: *Practical Reliability Engineering,* 4th ed., John Wiley & Sons, New York, 2002.
Rao, S. S.: *Reliability-Based Design,* McGraw-Hill, New York, 1992.
Smith, D. J.: *Reliability, Maintainability, and Risk,* 7th ed., Butterworth-Heinemann, Oxford, 2005.

安全性工程

Brauer, R. L., and R. Brauer: *Safety and Health for Engineers,* 2nd ed., John Wiley & Sons, New York, 2005.
Covan, J.: *Safety Engineering,* John Wiley & Sons, New York, 1995.
Hunter, T. A.: *Engineering Design for Safety,* McGraw-Hill, New York, 1992.
Wong, W.: *How Did That Happen?: Engineering Safety and Reliability,* Professional Engineering Publishing Ltd., London, 2002.

13.11 问题与练习

13.1 假定你是1910年联邦委员会委员，考虑由高易燃性汽油作为动力的摩托车的广泛使用给社会带来的风险。不考虑汽车在现今时代的利益，你能预测到潜在的危险是什么？运用最坏情况设计准则。然后，结合汽车推广这么多年的现今形势，在分析评估未来科技的风险方面，你有何启示？以小组形式作答。

13.2 钢制拉杆的屈服强度平均数为 $\bar{S}_y = 27\ 000$psi，强度的标准偏差 $S_y = 4\ 000$psi。变化的外加应力的平均值 $\bar{\sigma} = 13\ 000$psi，标准偏差 $s = 3\ 000\,psi$。

(a) 发生失效的概率是多少？绘制详细的频率分布来描述。

(b) 安全系数就是平均材料强度除以平均外加应力。如果可允许的失效率为 5%，那么要求的安全系数是？

(c) 如果绝对不容许失效发生，那么安全系数的最低值是多少？

13.3 机器构件的平均寿命是 120h，假定服从指数失效分布，求构件在失效前至少运行 200h 的概率是多少？

13.4 对已知恒定失效率的 100 个电子构件进行非替换性测试，失效历史如下：

第一次失效发生 93h
第二次失效发生 1 010h
第三次失效发生 5 000h
第四次失效发生 28 000h
第五次失效发生 63 000h

第五次以后终止测试。如果假定该测试给出了失效率的精确评估，那么确定这些构件中的一个构件持续到 10h 和 106h 的概率是多少。

13.5 一组机械构件的失效遵循威布尔分布，若 $\theta = 10^5$ h，$m = 4$，$t_0 = 0$，那么这些构件中的一个寿命达到 2×10^4 h 的概率是多少？

13.6 某系统中某组件的 MTBF = 30 000h，备用组件的 MTBF = 20 000h。如果系统必须运行到 1 000h，在没有备用的条件下要求具有在备用系统条件下的同等可靠性，那么某单个组件（恒定失效率）的 MTBF 是多少？

13.7 已给出工程系统的可靠性结构如图 13.10 所示，确定整个系统的可靠性。

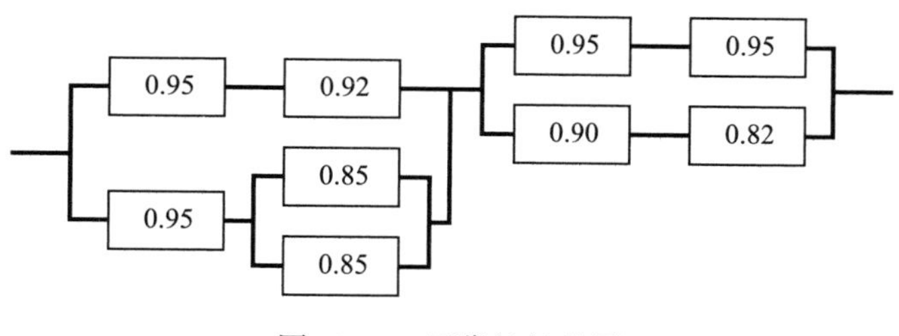

图 13.10 可靠性结构图

13.8 确定圆珠笔的失效模式和效应分析。

13.9 列出测定产品寿命在工程设计中很重要的原因。

13.10 应用材料力学的原理，分析在延性材料和脆性材料中发生的扭转失效。

13.11 阅读下列文献，逐条对这些失效进行分析。

（a）C. O. Smith, " Failure of a Twistdrill," *Trans. ASME, J. Eng. Materials Tech.*, vol. 96, pp. 88-90, April 1974.

（b）C. O. Smith, " Failure of a WeIded Blower Fan Assembly " ibid., vol. 99, pp.83-85, January 1977.

（c）R. F. Wagner and D. R. Mclntyre, " Brittle Fracture of a Streel Heat Exchanger Shell," ibid., vol. 102, pp.384-87, October 1980.

13.12 参考美国消费品安全委员会主页，确定什么产品最近被处罚。团队分工，然后整合，总结出一套详细的安全产品设计方针。

13.13 讨论如何应用消费者投诉来确定某个产品是危险的并将其召回。

第 14 章

质量、鲁棒设计与优化

14.1 全面质量的概念

20 世纪 80 年代，许多来自美国和西欧的制造商开始感受到来自日本企业生产的高质量产品的威胁。不仅因为这些产品具备高质量，还因为它们具备有竞争力的价格。这种威胁引发了对日本制造商夺取市场份额的秘诀的疯狂探寻。然而，调查人员发现的只是一个能够持续改进和改善质量的系统，叫作 kaizen，该系统利用简单的统计学工具，强调团队合作，将重点放在提高消费者满意度上。本书先前已经介绍过许多此类概念，例如，第 5 章中的质量功能配置（QFD）和第 3 章中的团队方法，以及大多数解决质量问题的工具。从日本人那里所学到被称为全面质量管理（TQM）的概念已被西方世界所认知。近年来，全面质量管理的理念得到了提升，是通过运用一种更为严密的统计学方法，并集中针对如何从 6σ 质量体系的新产品中获得更大的收益着手的。

从日本所学到的一条很重要的经验是：一件产品获得高质量的最佳途径就是在其最初设计时就考虑质量的因素，并在制造过程中的各个阶段始终贯彻该设计思想。由田口玄一（Genichi Taguchi）博士所提出的一条进一步的经验是：产品质量的大敌是产品性能及制造过程中的可变性。鲁棒设计建立在一个设计工具系统之上，这个设计工具系统能够降低产品的可变性或是过程的可变性，而且同时能使产品性能达到近乎最优的状态。鲁棒设计的产品就算是在使用过程中的极端环境下也能满足用户的需求。

14.1.1 质量的定义

质量是一个具有多重含义的概念，依赖从不同的角度来定义。一方面，质量意味着产品或服务能够满足明确说明的和隐含的需求；另一方面，优质产品或服务应该没有缺点和不足。在5.4.1节中，我们已经讨论了Garvin对于工业产品质量的8个基本要求[㊀]，这些要求已经成为提高产品质量的基本规范。

在另一篇基础性论文中，Garvin确定了关于实现产品质量的5种不同方法[㊁]。

- *先验方法*。这是一种哲学方法，认为质量是某些绝对的、不能妥协的高标准，所以人们只能够通过实践加以学习和认知。
- *基于产品的方法*。这是一种与先验方法完全相对立的方法，将质量看作精确的、可测量的参数。典型的质量参数可能是表征产品特性的数值或预期寿命。
- *基于制造的方法*。在该观点中，质量被定义为与要求或规范相一致的概念。高质量意味“第一次就将产品做好”。
- *基于价值的方法*。在该观点中，质量的概念是按照成本或价格定义的。高质量的产品可以在可接受的价格范围内提供更好的性能。这种方法将质量（优点）与价格（价值）相等同。
- *基于用户的方法*。该方法从旁观者的角度审视质量问题。每一个个体都被认为对质量具有高度个人和主观的看法。

相比简单地在零件下线时检验其缺陷而言，全面质量[㊂]是一个更广泛意义上的质量概念。通过提高设计、制造及过程控制来避免产品缺陷的理念在“全面质量”中扮演了重要的角色。为了实现全面质量，必须将其作为组织的首要优先事项。因此，应当坚定不移地贯彻以下观点：质量是能够带来长期收益的最佳途径。在一项研究中，对各个公司通过品质认知度指标进行了排序，排名前三的公司的平均资产回报率达到了30%，而排名最后的三家公司只达到5%。

㊀ D. A. Garvin, “Competing on the Eight Dimensions of Quality,” *Harvard Business Review*, November-December 1987, pp. 101-9.

㊁ D. A. Garvin, “What Dose Product Quality Really Mean?” *Sloan Management Review*, Fall 1984, pp. 25-44.

㊂ A. V. Feigenbaum, *Total Quality Control*, 4th ed., McGraw-Hill, New York, 2004.

质量应当始终满足消费者的需求。为了做到这一点，我们必须知道谁是我们的消费者和他们的要求是什么。这种态度不能仅局限于外部消费者，在组织内部同样需要明确那些作为“消费者”而受到影响的部门。也就是说，如果某制造部门为另一个制造单位提供零件以进行进一步加工，在此过程中该单位对零件缺陷的关心程度应与直接将零件交付给消费者时一样。

为实现全面质量的目标，需要利用事实和数据对决策进行指导。因此，在辨识存在的问题和帮助决定何时或者是否该采取某个行动的时候，应当利用数据。由于工作环境的复杂性，这需要在利用统计方法进行数据采集和分析方面具有相当不错的技巧。

14.1.2 Deming 的 14 条观点

20 世纪 20～30 年代，Walter Shewhart、W. Edwards Deming 及 Joseph Juran 等人的工作开创性地使统计学被应用到制造领域的质量控制当中。在第二次世界大战中，美国陆军部要求所有的军火制造商都必须采取上述质量控制方法，事实证明该方法是非常有效的。战后，由于日常用品被压抑的需求，以及相对廉价的劳动力和材料成本，这些统计学质量控制（SQC）方法因为不必要且增加成本而被大量弃用。

然而在日本，由于其工业已经被大量破坏，情况就完全不同了。1950 年，日本科学家与工程师协会邀请 Deming 博士到日本向他们传授统计学质量控制的方法。Deming 博士给出的信息得到了积极采纳并成为日本工业重建中不可缺少的一部分。在如何引进统计学质量控制方法方面，美国与日本的一个重要区别就是：日本是由高层管理者最先采纳，然而美国则主要是广大工程技术人员首先采用。日本人一直大力倡导统计学质量控制方法并对其进行了拓展与改进。如今，日本产品被认为具有很高的质量。在日本，一项在工业质量方面很有声望的国家级的奖励被称为 Deming 质量奖。

Deming 博士认为质量是管理学中一类广泛的基本原理[⊖]，可以通过 14 条基本观点加以描述。

- 树立坚定不移的理念并持之以恒以提高产品和服务的品质。以在行业中立足并具有竞争力、能够提供就业岗位为目标。
- 采取新经济时代中的价值体系。西式的管理必须在挑战面前保持清醒，必须明确其责任并在变革中居于领导地位。
- 停止依靠审查制度来保证质量。通过将质量控制纳入产品设计的手段，消除对流水线

⊖ Deming, William Edward. *Out of the Crisis*. MIT Press, 1986; Tribus, M. *Mechanical Engineering*. January 1988, 26-30.

上检测的需要。

- 停止仅仅通过基础价格对企业进行判别的惯例。目标应该是使全部成本最小化，而不只是令购置成本最小化。每一个项目都应只有一个供应商。并与供应商之间建立忠诚可信的相互关系。
- 不断探究系统中的问题并寻求改进的途径。
- 建立现代职业培训体系。管理者与工人一样，都应当了解统计学。
- 监管的目的应是帮助人员和设备更好地完成工作。为人员提供工具和技术，从而使他们能够为自己工作的技艺感到自豪。
- 消除恐惧，这样能够令每个为公司工作的人更加高效。鼓励双向交流。
- 打破部门之间的障碍。研发、设计、销售及生产等部门必须作为一个团队进行工作。
- 消除对员工所使用的量化指标、口号及标语。在造成质量和生产率降低的原因中，80%～85%是由于整个系统的失误，然而仅仅只有15%～20%是由于工人的原因。
- 在工厂中消除作业定额，并减少领导人员。消除目标管理和数字管理，去除过多的管理者与领导人员。
- 消除障碍，加强工作自豪感。
- 建立一种生机勃勃的教育和培训计划，使人员能够赶上材料、方法和技术等方面最前沿的发展。
- 令公司中的每个人都为完成这一变革而努力。这并不仅仅是管理者的责任，而是每个人的工作。

14.2 质量控制与保证

质量控制[⊖]是指在工程及产品制造过程中所采取的预防和检测产品的缺陷以及安全风险的措施。美国质量协会（ASQ）将质量定义为产品或服务所具有的与满足指定需求的能力相关的全部特性和属性。狭义来讲，质量控制（QC）是指在产品采样或监测产品可变性时所采用的统计学技术。在更加狭义的层面上，质量控制指的是被应用于产品采样以及显示产品多样性的一种统计技术。质量保证（QA）指的是那些为项目或服务满足规定需要提供至关重要的满意置信度的系统性措施。

⊖ J. A. Defeo, ed., *Juran's Quality Handbook,* 7th ed., McGraw-Hill, New York, 2016; F. M. Gryna and R. C. H. Chura, *Juran's Quality Planning and Analysis for Enterprise Quality,* 5th ed., McGraw-Hill, New York, 2007.

在第二次世界大战期间，质量控制在美国得到了最初的推动，那时军工生产得到了质量控制方法的促进和控制。质量控制在传统意义上的作用是指对原材料的控制、对制造过程中零件尺寸的监控、从生产线上去除有缺陷的零件、保证产品功能的实现。随着对公差等级、利润空间的压缩以及法院对责任法的严格解读等因素的重视程度的提高，质量控制问题已经变得更加突出。由于美国制造商在美国国内市场受到进口产品的激烈竞争，因此更加注重质量控制的作用。

14.2.1　适用性

工程质量的恰当定义是考虑产品的适用性。消费者可能会混淆质量与豪华，但是在工程背景下，质量就是产品在满足设计需要并按规定运行方面所表现出来的优劣。大多数产品故障都能在追溯设计过程中找到原因。研究发现，75% 的缺陷的根源存在于产品开发与规划过程中，而且这其中 80% 的缺陷则直到最终产品测试或投入使用后才被检测到[㊀]。

在制造过程中采用独特技术对质量具有重要影响。由第 11 章可知，每一个制造过程都具备固有的保证公差、成型以及表面质量的能力。这些已经成为一种系统化的方法，称为一致性分析[㊁]。对于给定的设计而言，使用这一技术的目的在于确定零件加工及其装配过程中所存在的潜在加工能力的问题，并对潜在的损失成本进行估计。

由于计算机辅助制造的普及，自动检测的应用呈增长的趋势，这使得更大批量零件的检测成为现实，并且可消除检测过程中人为产生的可变影响。在人工和自动化两方面的质量控制中的一个重要方面就是对检验要用到的夹具和量规进行设计[㊂]。

生产工人的技术及态度对质量影响的程度很大。只有对产品的质量有自豪感，才能在生产中对质量更加重视。质量循环理论是日本企业应用的一项成功技术，并已越来越为美国企业所接受。在这个理论中，小组中的生产工人定期开会对改进生产过程中的产品质量提出建议。

管理者必须对全面质量进行严格把关，否则全面质量将无法得到实现。在获得高质量和成本最小化之间具有很自然的冲突。这也是长期以来长期目标和短期目标之间冲突的另一体现。一个普遍的共识是：管理机构中的质量职能自主性越强，则产品的质量等级越高。通常质量控

㊀ K. G. Swift and A. J. Allen, “Product Variability, Risks, and Robust Design,” *Proc. Instn. Mech. Engrs.*, Vol. 208, pp. 9–19, 1994.

㊁ K. G. Swift, M. Raines, and I. D. Booker, “Design Capability and the Costs of Failure,” *Proc. Instn. Mech. Engrs.*, Vol. 211, Part B, pp. 409–23, 1997.

㊂ C. W. Kennedy, S. D. Bond, and E. G. Hoffman, *Inspection and Gaging*, 6th ed., Industrial Press, Inc., New York, 1987.

制部门与生产部门是各自独立的，质量控制经理与生产经理都向厂长汇报。

现场服务包含在产品交付给使用者以后制造商所能提供的所有服务，包括设备安装、操作培训、修理服务、质保以及索赔。现场服务的等级对消费者而言是建立产品价值的一个重要因素，因此这是质量控制的适用性概念中真真切切的一部分。消费者与现场服务工程师的联系是产品质量等级的重要信息来源之一。从现场得到的信息完善了质量保证体系并为产品的重新设计提供了所需要的数据。

14.2.2 质量控制的概念

质量控制（QC）的一项基本信条是：任何制造出来的产品都具有内在的可变性。在降低产品可变性及制造成本之间存在着某种经济平衡。统计学质量控制认为一部分内在的可变性源自材料与过程，并只能通过改变上述因素来改变质量可变性。其余的可变性则是由于确定性因素产生的，如果能够识别出来，则这一部分可变性也是能够降低或消除的。

建立质量控制策略包含以下 4 个基本问题：检验对象、检验手段、检验时间和检验场合。

检验对象

检验的目的在于把重点放在那些关键质量参数上，这些参数拥有少数可对产品的性能进行全面描述的重要特性。这主要是一种基于技术的决策。是否进行破坏性检验则是另一类决策方法。显然，非破坏性检验（NDI）技术的主要价值是允许制造者对将要实际销售的零件进行检验。同样，消费者在使用前能够对同一零件进行检验。破坏性检验（如拉伸测试）则是在以下假定的前提下被实现的：测试样本从总体中抽取，而测试结果对于总体具有典型意义。

检验手段

对于检验手段的基本决策问题在于是否对被监测的产品性能进行连续测量（计量型检验），以及零件是否需要通过极限检测来判断。后者就是通常所说的特性检验。

检验时间

确定使用的质量控制方法由检验时间来决定。可在过程中（过程控制）进行检验，或在过程全部结束后进行抽样验收。当非破坏性检验的单位成本较低时，通常使用过程控制方法。过程控制可以在检测数据的基础要求上降低缺陷百分比，从而使制造条件持续调整，这是其重要的益处。在高单位成本时，抽样验收检验方法经常包括破坏性检验。由于不用检验所有的零件，必须预计到小比例的缺陷零件在检验过程中被忽视的情况。

检验场合

在制造过程中，检验场合的确定必须与检验步骤中位于工艺过程中的位置和步骤的数量有关。针对生产工序的下一阶段或消费者，在检验成本和通过缺陷零件的成本间取得经济平衡。当某个检验的边际成本超过了通过某些缺陷零件的边际成本时，检验的数量需要优化。由于产品运行是不可逆的，所以在产品运行之前一定要进行检验。对于生产过程中原料的检验就是为了达到这样的目的。那些最有可能产生缺陷的工作步骤应该被检验到。在一个新过程中，过程中的每个步骤后都可能需要进行检验，但是在积累了一定经验后，仅在显示出重要性的步骤后才可能需要进行检验。

14.2.3 质量控制的新方法

日本在设计和生产高质量产品方面所取得的成功引发了关于质量控制的新观念的发展。与其迎接如洪水涌入码头一样的检验工作，不如让检验员确定所引入原料和零件的质量，要求供应商提供引入原料符合质量标准的统计证明文件更廉价且快速。这仅是在买家和卖家的工作环境中建立某种合作和信任关系的工作。

在传统质量控制（QC）中检验员每小时做多轮检验，拾取几个零件，拿回检验区，然后检查这些零件。当得到检验结果时，劣质零件可能已经被制造出来了，也有可能与其他合格零件一起进入生产线或是一起被存放在仓库里。如果出现后者的情况，质量控制的全体职员将不得不为了把合格的零件与劣质零件分开而进行 100% 的检验。

为了达到接近实时控制的水平，检验必须作为制造过程的一个完整部分而存在。理想情况下，为制作零件负责的人也应该为取得过程运行数据负责，这样一来他们就可以做适当的调整。这些都推动了电子数据收集器的使用，并以此来消除人为错误并加速数据的分析。

14.2.4 ISO 9000：2015

质量保证的一个重要方面就是依靠现有标准对某一组织的质量系统进行审查[⊖]。使用的最普遍质量标准是 ISO 9000 及配套标准，由国际标准化组织（ISO）出版。在欧盟经商的公司必须要遵守 ISO 9000，而且自从市场全球化以来，世界各地的公司都开始进行 ISO 9000 认证。要想获得 ISO 9000 认证，需要提供一份由可信赖的 ISO 验证人出示的审计文件。

本书列出了颁布的 ISO 9000 系列标准，见表 14.1。自从 ISO 9001 体系由设计扩展到现场

⊖ D. Hoyle, *ISO 9000: Quality System Assessment Handbook*, 5th ed., Butterworth-Heinemann, Oxford, 2006.

服务，就成为最完整的体系。表14.2列出了ISO 9000:2015的选定条款和涵盖的主题。选定条款与产品设计和质量相关。

表14.1 ISO 9000系列标准（也包括ASQ和ANSI[㊀]标准）标准

标准	主题
ASQ/ANSI/ISO 9000:2015	质量管理体系基础和词汇
ASQ/ANSI/ISO 9001:2015	质量管理体系要求
ASQ/ANSI/ISO 9004:2018	质量管理组织的质量——实现持续成功的指南
ASQ/ANSI/ISO 19011:2018	审计管理制度指南

表14.2 9000:2015认证公司指南文件附件A：关于如何解释各条款的分步指南[㊁]

子条款	主题
4	组织背景
4.3	确定质量管理体系（QMS）的范围
4.4	质量管理体系及其过程
6	规划
6.1	应对风险和机遇的行动
6.1.1	应对风险和机遇的行动
6.1.2	质量管理体系的策划
6.2	质量目标及其实现计划
8	运营
8.1	运营规划和控制
8.2	产品和服务的要求
8.2.1	客户沟通
8.2.2	确定产品和服务的要求
8.2.3	产品和服务要求的评审
8.2.4	产品和服务要求的变更
8.3	产品和服务的设计和开发
8.4	外部提供的过程、产品和服务的控制
8.5	生产和服务提供
8.6	产品和服务的发布
8.7	不合格输出的控制

㊀ American National Standards Institute (ANSI), a founding member of ISO.

㊁ Annex A to 9001:2015 Guidance Document for Approved Companies: A Step by Step Guide on How to Interpret Each Clause." National Security Inspectorate, June 2016. http://www.nsi.org.uk/wp-content/uploads/2012/11/Annex-A-Step-by-Step-Guide-for-ISO-9001-2015-NG-FG-AG.pdf.

14.3 统计过程控制

收集制造过程的表现数据，并根据这一数据制作图表是工厂很普遍的实施办法。Walter Shewhart[㊀]向我们展示了这样的数据可以被传达，也可以在一个简单但数据上可靠的方法中（被称为控制图）变得很有用。

14.3.1 控制图

控制图的用途是建立在以下观点之上的（即每个制造过程都服从如下两种形式的变化）：随机变化，通常也被称为普遍变化的原因；预期变化，或是那些由特殊原因导致的变化。随机变化由这样一些过程实施中的大量因素所导致，这些过程独立来看都不是很重要，可以被看作过程中的干扰因素。预期变化是可以被检测出来和被控制的一种变化，这归因于特殊因素，类似于被培训得不是很好的操作者或是破旧的生产工具。控制图是一种重要的质量控制工具[㊁]，目的是检测出预期因素的存在。

在制作一张控制图时，一个过程需要被以某一固定的时间间隔采样，而且一个可变的合适的产品必须依据每一个样本进行测量。总的来说，样本容量（n）是小的，在3～10之间。典型的样本数（k）通常超过20。控制图背后的理论是样本应该要被挑选出来，这样一来，样本所有的可变性都应该可能由普通因素所导致，并且没有因为特殊因素导致的。因此，当一个样本显示了一种非典型的行为时，可以假设它是由特殊因素所导致的。样本选择时间取决于工程师的意见，即哪一个更有可能检测到特殊因素导致的变化。

例 14.1（制作 R 图） 考虑工业热处理操作时，在持续运转24h的输送带炉里，轴承座圈将淬火并回火。每小时内，测量10个轴承座圈的洛氏硬度[㊂]以确定该产品是否符合规格。样品的平均值（$\bar{x}$）近似等于过程均值 μ。样本值的范围（$R = x_{max} - x_{min}$）通常被用于近似过程标准差 σ，一个可变的硬度被假定为服从正态频率分布。

如果过程处于统计控制下，均值和范围的值在样本与样本之间不会有很大的改变，但如果过程失控的话，它们就会发生很大的变化。控制限制需要被引入以说明发生多少变化才能构成一种失控的行为，这种行为表明了指定原因的出现。

㊀ W. A. Shew hart, *Economic Control of Quality in Mamifactured Product*, Van Nostrand Reinhold Co., New York. 1931.

㊁ D. Montgomery, *Introduction to Statistical Quality Control,* 6th ed., John Wiley & Sons, New York, 2009.

㊂ 洛氏硬度的测试方法是将硬度计压入金属表面一定深度进行测量。

通常情况下，R 的控制图首先被绘制出来，为了确定样品之间的变化不太大。如果 R 图中的几点超出控制极限，那么 x 图上的控制界限就会膨胀。图 14.1 给出了基于该范围的控制图。R 图的中心线 $\bar{R}$ 是通过对 k 个样本取平均而得到的。

$$\bar{R}=\frac{1}{k}\sum_{i=1}^{k}R_i \tag{14.1}$$

控制上限（UCL）和控制下限（LCL）可由以下公式得到：

$$\begin{aligned}\mathrm{UCL}&=D_4\bar{R}\\ \mathrm{LCL}&=D_3\bar{R}\end{aligned} \tag{14.2}$$

常量 D_3 和 D_4 可查询表 14.3 获得。通常仅在假设过程变量服从正态分布时使用。检查控制图可知，有两点位于控制极限之外。基于正态分布假设，若归结于常规原因，那么 0.27% 的观测数据预计将落在 $\pm 3\sigma$ 的限制之外。

因此，必须检查这些点，以确定是否有指定因素导致它们的发生。首先，在周一早上完成样品 1，通过带状图确定炉子还未达到适当温度。这是一个操作错误，而这些数据下降的原因可寻。未发现样品 10 超过 UCL 的原因。这引起了对某些结果的怀疑。但是当计算基于均值的控制图时，规定的数据也有所下降。

表 14.3 用于确定控制图控制极限的因素

样本大小，n	D_3	D_4	B_3	B_4	A_2	A_3	d_2	c_4
2	0	3.27	0	3.27	1.88	2.66	1.13	0.798
4	0	2.28	0	2.27	0.73	1.63	2.06	0.921
6	0	2.00	0.030	1.97	0.48	1.29	2.53	0.952
8	0.14	1.86	0.185	1.82	0.37	1.10	2.70	0.965
10	0.22	1.78	0.284	1.72	0.27	0.98	2.97	0.973
12	0.28	1.71	0.354	1.65	0.22	0.89	3.08	0.978

$\bar{x}$ 控制图的中心线为“x 双杆”(k 个样本均值的总体平均值)。

$$\bar{\bar{x}}=\frac{1}{k}\sum_{i=1}^{k}\bar{x}_i \tag{14.3}$$

同样，UCL 和 LCL 设定在平均值 $\pm 3\sigma$ 处。如果我们知道总体均值和标准差，这将由等式 $\mathrm{UCL}=\mu+3\left(\sigma\sqrt{n}\right)$ 给出答案，此时括号中的是均值的标准差。由于我们不知道这些参数，所以控制极限的近似值是

$$\begin{aligned}\text{UCL} &= \bar{\bar{x}} + A_2\bar{R} \\ \text{LCL} &= \bar{\bar{x}} - A_2\bar{R}\end{aligned} \tag{14.4}$$

需要注意的是控制界限的上下限不仅取决于总体均值，也取决于样本的大小（通过 A_2 给出）和样本范围的平均值 $\bar{R}$ 。

即便通过重新计算控制极限来消除那两个不受控制的样本，如图 14.1 所示的 $\bar{x}$ 控制图仍然显示了许多偏离控制范围之外的平均值。据此可知，该特定批次的钢不具备合金的充分均匀性，在如此狭窄的规格限定内不能满足相应的热处理要求。如果这是意外，那么这个过程应该被调查，以了解是否有缺乏质量控制的一些特殊原因。

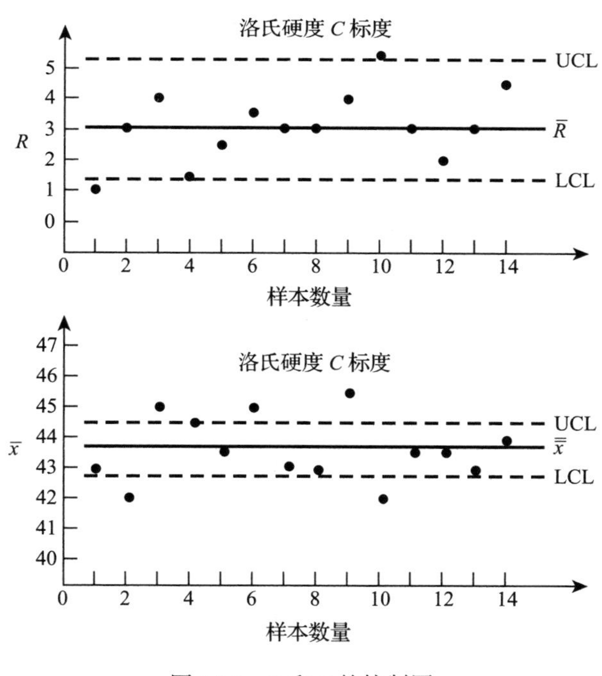

图 14.1　R 和 $\bar{x}$ 的控制图

14.3.2　其他类型的控制图

$\bar{R}$ 图和 $\bar{x}$ 图是最早应用于质量控制的类型。该范围被选为测量可变性是因为它易于计算一个周期内的标准差。此外，对于小样本数量，相比标准差，它的范围是更为有效的统计值。

如今，在控制图中使用标准差更为方便。k 个样本的平均标准差（$\bar{s}$）可由下式给出

$$\overline{s} = \frac{1}{k}\sum_{i=1}^{k} s_i \tag{14.5}$$

式（14.5）表示 s 图的中心线。为了使样本标准差符合式（14.6），控制上下限设定在 $\pm 3\sigma$ 之间。

$$\text{UCL} = B_4\overline{s} \text{和} \text{LCL} = B_3\overline{s} \tag{14.6}$$

控制图经常被用来检测生产过程中工艺均值的波动。6～10 个点连续在图表中心线上侧或下侧出现表示均值的波动。

前面对于控制图的讨论是基于对变量连续定量的测量。在检查中，通常可以更快、更廉价地检查产品符合或是不符合这个标准，这部分“没有缺陷”或“有缺陷”的基础是以量具或预定的规范决定的。在这类属性的测试中，我们处理的是样本中缺陷的组分或是比例。以二项式分布为基础的 p 图处理的是在组样本中的一个样本的缺陷部分的组分。基于泊松分布的 c 图，显示的是每个样本的缺陷的数量。统计质量控制中的其他重要问题是抽样规划的设计和抽样部分对生产线的复杂性的考量[⊖]。

14.3.3 从控制图确定过程统计

由于控制图通常是为制造过程而建立的，因此它们是确定工艺能力指数的过程统计数据的有用来源，见 14.5 节。在式（14.3）中，k 个样本均值的总平均值 $\overline{\overline{x}}$ 用于评估过程均值 μ 的最佳均值 $\hat{\mu}$。

过程标准差的估计值可由式（14.7）给出，这取决于 R 图或 s 图是否已被用来衡量过程的可变性。

$$\hat{\sigma} = \frac{\overline{R}}{d_2} \text{或} \hat{\sigma} = \frac{\overline{s}}{c_4} \tag{14.7}$$

所有用于确定过程参数的公式都是基于它们是服从正态分布假设的。

14.4 质量改进

下面给出与质量有关的四种基本成本。

⊖ D. H. Besterfield, *Quality Control*, 5th ed., Prentice Hall, Upper Saddle River, NJ, 1998; A. Mitra, *Fundamentals of Quality Control and Improvement*, 2nd ed., Prentice Hall, Upper Saddle River, NJ, 1998.

- 预防——在计划、执行、维修质量体系时所需的成本。包括为了确保最高质量产品，在设计和制造中花费的额外费用。
- 鉴定——测定质量与质量要求的一致性程度所需的费用。检验成本在四种基本成本中所占比例最大。
- 内部故障——当材料、零件、构件未能达到送往客户的运输质量要求时所需的成本。这些零件将被扔弃或再加工。
- 外部故障——当产品未能达到消费者期望时所需的成本。这些导致了索赔、未来生意的流失或产品责任诉讼。

对于质量提高和成本缩减而言，仅仅收集失效零件的统计数据，并把它们从装配线上剔除是不够的。为确定问题的根本原因而提前做出努力是必需的，这样才能使改正具有永久性。在3.6节介绍的解决问题工具中，帕累托图和因果图在查找原因时是最常用的方法。

14.4.1 因果图

如图14.2所示，因果分析运用“鱼骨图”或“石川图”（Ishikawa）[⊖]来确定问题的可能成因。劣质问题与以下四类原因相关：操作员、机器、方法和材料。问题可能的成因在图中分四种主要类别列出。通过制造工程师、技术员与生产工人共同开会来讨论问题并分析成因。因果图为可能的成因提供了图解展示。

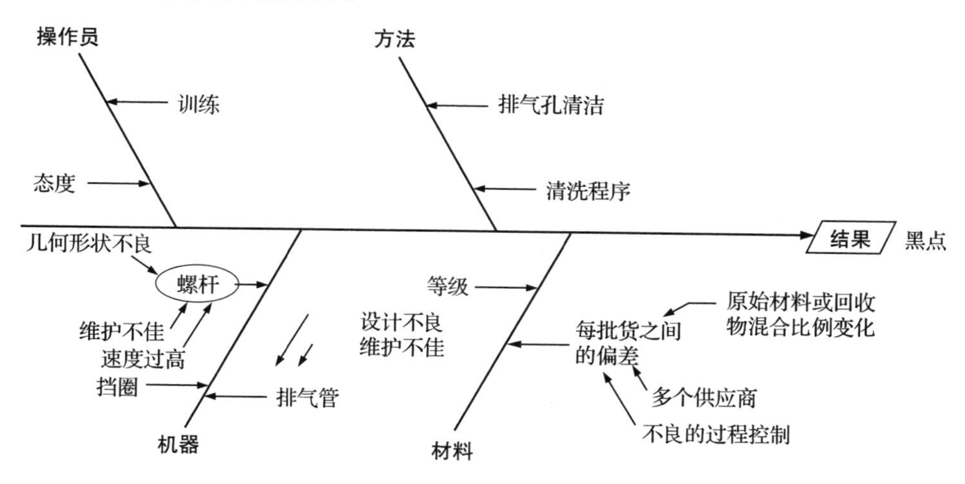

图14.2 汽车护栅黑点的因果图

（源自：Drozda, Thomas J., Wick, Charles, and Veilleux, Raymond F. *Tool and Manufacturing Engineers Handbook: Quality Control and Assembly*. Society of Manufacturing Engineers, 1987。）

⊖ K. Ishikawa, *Guide to Quality Control*, 2nd ed., UNIPUB, New York, 1982.

例 14.2（找到根本原因）　某制造商生产注塑成型的汽车护栅[⊖]。其生产过程最近设计过，而生产的零件存在大量缺陷。因此，组建一个由操作员、装备人员、制造工程师、生产管理人员、质量控制全体人员及统计员组成的质量提高团队，共同完成改进任务。首要任务是，就缺陷是什么和如何确定缺陷达成一致。然后，通过对 25 个护栅的采样来检查缺陷。依据生产过程绘制护栅生产控制图，如图 14.3a 所示。它表明每零件平均有 4.5 个缺陷。这是典型的过程失控的例子。

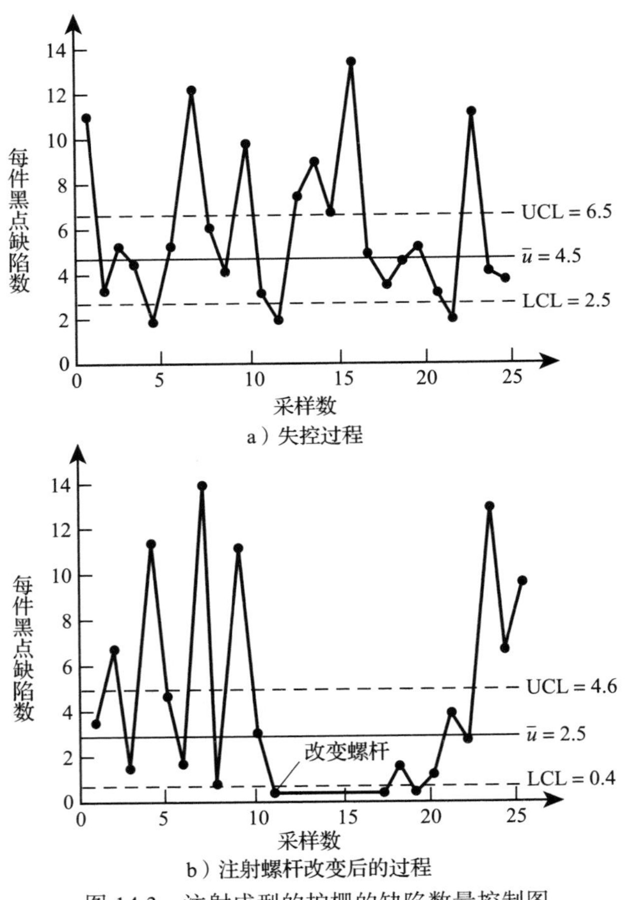

图 14.3　注射成型的护栅的缺陷数量控制图

⊖ 本案例基于 *Tool and Manufacturing Engineer's Handbook*, 4th ed., vol. 4, pp. 2-20 to 2-24, Society of Manufacturing Engineers, Dearborn, MI, 1987.

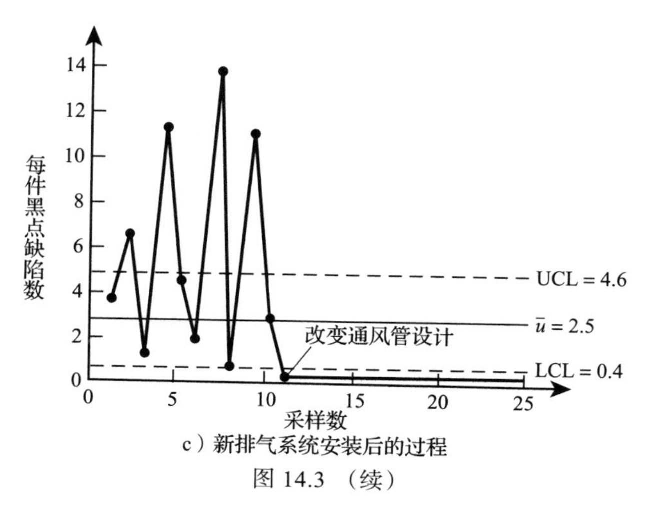

c）新排气系统安装后的过程

图 14.3 （续）

（源自：Drozda, Thomas J., Wick, Charles, and Veilleux, Raymond F. *Tool and Manufacturing Engineers Handbook: Quality Control and Assembly*. Society of Manufacturing Engineers, 1987。）

如图 14.4 所示的帕累托图，用来展示不同类型缺陷出现的相对频率，这是以图 14.3a 的数据为基础的。该图显示出黑点缺陷（表面退化的聚合物补片）是最普遍的缺陷类型。因此，必须对此缺陷加以关注。

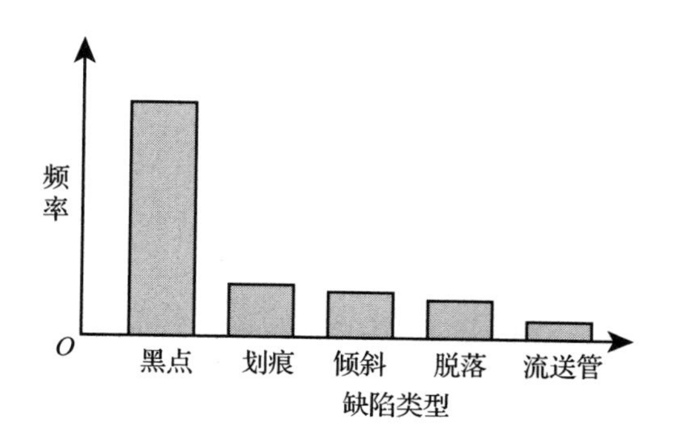

图 14.4 汽车护栅缺陷帕累托图

（源自：Drozda, Thomas J., Wick, Charles, and Veilleux, Raymond F. *Tool and Manufacturing Engineers Handbook: Quality Control and Assembly*. Society of Manufacturing Engineers, 1987。）

对黑点缺陷成因的关注导致了运用鱼骨图来说明情况，如图 14.2 所示。按照制造业划分的“4M”对成因进行了分组。某些项目需要引起注意，如注射螺杆、细节层次都是较为重要的。团队确定螺杆由于使用频繁造成了磨损，需要替换。

当螺杆改变以后，黑点缺陷完全消失了（见图 14.3b）。然而几天后，黑点缺陷如同之前一样，以同样的密度重现。可以推断出还没有确定事故黑点的根本成因，因此质量团队继续开会讨论黑点缺陷问题。因为排气管位于注塑成型机器的容器内，易受堵塞并很难清洁，所以需要对排气管的设计予以关注。假定聚合物要么堆积在排气管端口，变得过热而周期性喷发继而继续沉淀在容器内；要么在清洁期间被推回容器内。新排气管的设计和构建将这些可能性减少到最小，在其安装后，黑点缺陷消失了，见图 14.3c。

一旦解决了最普遍的缺陷问题，团队将注意力转向划痕，该缺陷位于第二频繁发生的位置。机器操作人员认为因热塑性零件落在输送带的金属带上时造成了划痕，因此建议使用传动皮带代替金属带。然而该类型的输送带成本是过去的两倍多，从而重新提出了用乳胶涂料覆盖金属带的试验。采用此法以后划痕消失了，但是当乳胶涂料磨掉以后，问题重新出现了。试验的结果最终是用传动带取代金属带，由此可见不仅要研究所设计的产品，而且要研究产品的加工设备。

14.5 工艺能力

11.4.5 节中讨论了关于选择一个可以使零件保持在需要的公差范围内的制造工艺的重要性。这不仅是确定公差时关于工序能力的重要知识，也是决定与哪个外部供货商将签订制造零件合同的重要信息。本节将向读者展示如何使用通过某机器生产的零件的统计信息来决定零件的百分比，此处的零件是指落在指定公差带以外的那部分。

工艺加工能力可由工艺能力指数 C_p 测量，

$$C_p = \frac{\text{可接受的零件变化公差}}{\text{机器或工艺变化}} = \frac{\text{公差}}{\pm 3\hat{\sigma}} = \frac{\text{USL} - \text{LSL}}{3\hat{\sigma} - (-3\hat{\sigma})} = \frac{\text{USL} - \text{LSL}}{6\hat{\sigma}} \tag{14.8}$$

式（14.8）用于正态分布的设计参数。来自控制表的数据通常用于描述如何实施工艺（见 14.3 节）。对于诸如关键质量点的尺寸参数，总体均值可以用 $\hat{\mu}$ 和可变性来估算，可变性用标准偏差 $\hat{\sigma}$ 来计算。公差限度通过控制上限（USL）和控制下限（LSL）给出。这种情况除非仔细调整机器，否则通常难以达到，但这是能达到的理想状态，因为在不缩减工艺标准差的情况下，这能激发最大性能。机器变量的限度通常设为 $\pm 3\sigma$，当 $C_p = 1$ 而且目标工艺平均在 LSL 和 USL 之间时，这给出了 0.27% 的缺陷。

如图 14.5 所示，比较公差的控制上下限，通过该工艺生产的零件，其设计公差分布情况有三种。图 14.5a 表达的情况中，工艺可变性比可接受零件变化（公差范围）更大。依照式（14.8），当 $C_p \leqslant 1$ 时，工艺无法完成。为使其有效，工艺过程中的可变性将缩减或公差将被放宽。图 14.5b 的情况是公差范围与工艺可变性恰好匹配，此时 $C_p = 1$。这对于工艺均值的任何变动而言都是脆弱的，例如，向右变化，缺陷零件数将会增长。最后，图 14.5c 中，工艺可变性要远远小于公差范围。这种情况为安全性提供了足够的裕度，因为在分布达到 USL 或 LSL 之前，工艺均值可以移动一点。对于大规模生产来说，缺陷百分比是关键的，要求的可接受等级超过 1.33。

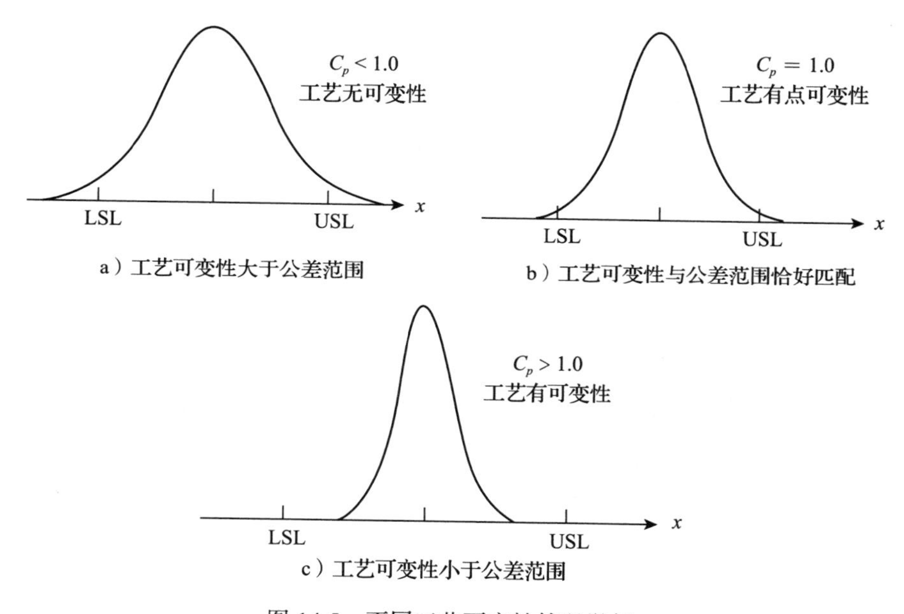

图 14.5 不同工艺可变性情况举例

例 14.3（确定标准差）（a）某机床主轴的规格（公差）直径为 1.50in ± 0.009in. 假定 C_p = 1.0，通过使用外圆磨床生产的主轴标准差是多少？

$$C_p = 1.0 = \frac{1.509 - 1.451}{6\hat{\sigma}} \qquad \hat{\sigma} = \frac{0.018}{6(1.0)} = 0.003\text{in}$$

（b）为达到 1.33 的过程能力指数，标准偏差为多少？

$$1.33 = \frac{0.018}{6\hat{\sigma}} \qquad \hat{\sigma} = \frac{0.018}{7.98} = 0.002\,26$$

当 C_p 值为 1.33 时，对于每个规格界限来说，过程均值为 4 倍标准偏差。该情况被认为是很好的生产实践。

例 14.4（计算超出规格的零件百分比） 如果 C_p = 1.33，工艺均值位于公差范围的中部，根据例 14.3（b）的说明，在磨削主轴时预期有多少零件超过尺寸？（注意，同样类型的问题在例 13.1 中进行过讨论。)

通过图 14.5（c）的帮助，可以使问题形象化。应用标准正态变量 z，

$$z = \frac{x-\mu}{\sigma} \approx \frac{\text{USL}-\hat{\mu}}{\hat{\sigma}} = \frac{1.509-1.500}{0.002\,26} = 3.982$$

z 值在 z 分布右端外很远的位置。大多数表在 $z = 3.9$ 时就终止了，但在 Excel 中，应用 NORMDIST 函数得到 0.999 966。这是在 $-\infty$～3.982 区间内曲线下方的面积。因此，位于右侧尾端非常小的一段下的面积是 1 – 0.999 966 = 0.000 034 或 0.003 4%、34ppm（零件 / 百万）。

该问题既包括具有超过尺寸的零件百分数，也包括不够尺寸参数的零件。因为 z 分布是对称的，那么缺陷总百分比（超过尺寸的和不够尺寸的）为 0.006 8，或每生产百万零件中含有 68 个缺陷零件。

在先前的例子中，工艺均值集中在上下限规格的中间，然而在实际中不易达到和保持。假定工艺开始于中间，随着时间的增加，因工具磨损和加工变化将会引起偏离中心的趋向。公差带的中点 $(\text{USL}-\text{LSL})/2 = m$（工艺均值目标）。实际公差均值间的距离为 $\hat{\mu}$，中点为 $\hat{\mu}-m$，其中 $m \leqslant \hat{\mu} \leqslant \text{USL}$ 或 $\text{LSL} \leqslant \hat{\mu} \leqslant m$。参数 k 为实际公差均值从 m 到半公差带的偏移率。k 值在 0～1 之间。

$$k = \frac{|m-\hat{\mu}|}{(\text{USL}-\text{LSL})/2} = \frac{\left|\frac{\text{USL}+\text{LSL}}{2}-\hat{\mu}\right|}{(\text{USL}-\text{LSL})/2} \tag{14.9}$$

当工艺均值不处于中心时，工艺能力指数通过 C_{pk} 得出。

$$C_{pk} = \text{minimum}\left[\frac{\text{USL}-\hat{\mu}}{3\hat{\sigma}}, \frac{\hat{\mu}-\text{LSL}}{3\hat{\sigma}}\right] \tag{14.10}$$

C_{pk} 通过更小的范围（均值到特定极限）定义工艺能力指数。C_p 与 C_{pk} 的关系如下：

$$C_{pk} = (1-k)C_p \tag{14.11}$$

当 k 等于 0 时，均值位于中间，并且 $C_p = C_{pk}$。

表 14.4 显示了合格零件和缺陷零件的百分比随工艺标准公差（σ）数量改变的变化情况，它能够在公差范围内进行调节。该表同时也显示了由工艺均值 1.5σ 偏移所产生的缺陷零件呈戏剧性增长的情况。基于此数量的工艺均值的偏移在一般制造工艺中具有代表性。

表 14.4 关于失效率在工艺均值中偏移的影响

公差范围	工艺居中			工艺均值距中心为 1.5σ	
	C_p	好零件比率	缺陷零件比率（ppm）	好零件比率	缺陷零件比率（ppm）
± 3σ	1.00	99.73	2 700	93.32	697 700
± 4σ	1.33	99.993 2	68	99.605	3 950
± 6σ	2.00	99.999 999 8	0.002	99.999 66	3.4

注：σ 数要落在公差带范围内，ppm 为每百万件零件中缺陷零件的数量，10 000ppm = 1%。

例 14.5（失效率随失效均值移位的变化） 工艺均值从公差带中点移动 1.5 $\hat{\sigma}$。从例 14.3 可知 $\hat{\sigma}=0.002\,26\text{in}, k=1.5(0.002\,26)=0.003\text{in}$ 向着 USL 方向偏移。

现在 $\hat{\mu}=1.500+0.003=1.503$ 。由式（14.10）求得：

$$C_{pk1}=\frac{\text{USL}-\hat{\mu}}{3\hat{\sigma}}=\frac{1.509-1.503}{3(0.002\,26)}=2.655$$

$$C_{pk2}=\frac{\hat{\mu}-\text{LSL}}{3\hat{\sigma}}=\frac{1.503-1.491}{3(0.002\,26)}=1.770$$

计算结果表明 $C_{pk1}\neq C_{pk2}$，因此工艺均值不在中心。然而，当工艺能力指数为 1.77 时，表明工艺是可行的。为了确定预期失效零件百分比，可以使用标准正态变量 z。

$$z_{\text{USL}}=\frac{\text{USL}-\hat{\mu}}{\hat{\sigma}}=\frac{1.509-1.503}{0.002\ 26}=2.655\text{和}z_{\text{LSL}}=\frac{\text{LSL}-\hat{\mu}}{\hat{\sigma}}=\frac{1.491-1.503}{0.002\ 26}=-5.31$$

落在公差范围外的零件概率通过下式得出：

$$P(z\leqslant-5.31)+P(z\geqslant2.665)=1-(0+0.996\,05)=0.003\,9$$

因此，概率大约为 0.003 9（或 0.39%、3 950ppm）。当工艺处于公差带中间的中心位置时，虽然缺陷率仍旧较低，但概率从 68ppm 开始增长，参见例 14.4。

14.5.1 6σ 质量计划

表 14.4 显示如果工艺可变性很低，那么合格零件百分比会非常高，而 ± 6 标准偏差（12 $\hat{\sigma}$）也将符合规格限定，见图 14.5c。这就是被称为 6σ 的质量计划的名称的来源，许多世界级的公司正在积极地推行它。通常人们认识到，自从绝大多数工艺显现出大量均值偏移情况后，要达到每十亿个零件存在 2 个缺陷的级别是不现实的，见表 14.4。因此，实际的 6σ 目标通常规定有 3.4ppm 缺陷零件，见表 14.4。甚至这一目标都因过于高而难以达到。

6σ 被认为是全面质量管理（TQM）过程的重要扩展，在第 3 章中描述了 6σ 与 TQM 问题解决工具的结合，并就QFD、FMEA、可靠性、面向试验的设计以及大量统计分析工具给出了很多讨论[1]。与TQM比较而言，6σ对经济方面的关注超过了对客户方面的关注，6σ重视削减成本和提高利润。6σ非常强调专业队伍的培养、应用更优的结构化方法和制定弹性的目标[2]。由此可见，6σ观点来自工艺能力的概念，因此，其主要焦点在于减少工艺缺陷设计，通过系统地减少工艺可变性来达到一致可预期的工艺。然而，随着更重视相关的成本减少的情况，在大量的6σ项目中，最引人注目的成效来自简化工艺过程和减少非增值活动。

6σ应用规范化的五阶段流程来指导改进过程，该五阶段的首字母缩写为DMAIC（定义、测量、分析、改进、控制）。

- 定义。在这个阶段中，团队工作致力于识别相关消费者并确定他们的需求。确定问题的重要性和对消费者需求或经营目标的可追溯性是必要的。团队定义了项目范围、时间框架、潜在的利润，上述内容被记入团队章程。
- 测量。在第二阶段期间，团队制定一些指标，指标为评价过程的性能提供了可能性。此任务需要精确测量当前工艺性能，这样才能与渴望得到的性能进行比较。在此阶段，开始了解在过程中导致显著变化的过程变量是很重要的。
- 分析。团队通过分析由前一阶段所提供的数据来确定问题的根本成因，并识别任何非增值的工艺步骤。团队应确定哪些工艺变量实际上影响了消费者，并确定受多少上述变量的影响。团队也应研究工艺中变量可能的结合，以及每个工艺变量的变化如何影响工艺性能。通常在这种情况下，应用过程建模比较有利。
- 改进。这个阶段是产生解决方案并实施的时期。所选方案应很好地解决根本原因。采用的工具类似于成本 / 利益分析中运用的财务工具，如净现值。这阶段的本质任务在于完善清晰的执行计划并向管理层传达。
- 控制。最后阶段要使改进制度化，并开发监测系统，这样，随着时间的变化，也能保持利润的提高。针对防误措施来修订过程。计划的某个部分可以视为本项目所发现的机遇，虽然它超出了当前的公司整体的组织范围。项目应该始终做好文档化工作，这样，其他6σ团队在未来可以使用该结果并在此基础上使用同一过程来改善其他项目。

14.6 田口方法

在日本，在田口玄一博士（Genichi Taguchi）领导下，开发了面向产品和过程改进的系统

[1] R. C. Perry and D. W. Bacon, *Commercializing Great Products with Design for Six Sigma*, Pearson Education, Upper Saddle River, NJ, 2007.

[2] G. Wilson, *Six Sigma and the Development Cycle*, Elsevier Butterworth-Heinemann, Boston, 2005.

化统计方法[⊖]。该方法涵盖了全部质量重点，开发了十分独特的方法和专业术语。通过过程改进，该方法将质量问题溯源到设计阶段，并集中精力预防缺陷发生。田口博士把重点放在使变异最小化上，以此作为改进质量的首要手段。在设计产品的概念上要给予特别注意，使其性能对工作环境的变化不敏感，环境的变化也称为噪声。上述过程的完成得益于应用统计的试验设计，即鲁棒设计（见 14.7 节）。

14.6.1　质量损失函数

田口博士将产品的质量级别定义为对社会造成的全部损害，这些损害包括未能提供预期性能和产品的有害副作用，产品运营成本也包括在内。这看起来像是质量定义的退步，因为质量这个词通常表示令人满意、具有价值，而损失传达了一种不值得、不满意的印象。在田口的概念里，随着时间的变化，产品送给消费者直到产品投入使用，由于自然世界的现实情况，某些损失是不可避免的。因此，所有的产品都将发生质量损失。损失越小，产品价值越大。

重要的是要能够量化损失，来比较候选产品设计和制造过程。损失的量化可通过二次损失函数来实现（见图 14.6a）：

$$L(y)=k(y-m)^2 \tag{14.12}$$

其中，当质量特性是 y 时，$L(y)$ 为质量损失，m 为 y 的目标值，k 为常数（即质量损失系数）。

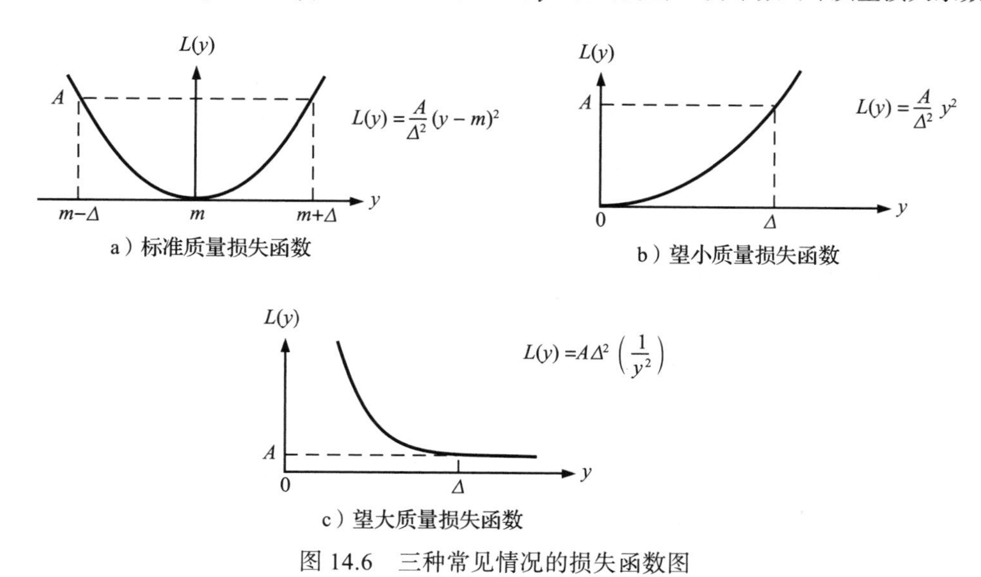

图 14.6　三种常见情况的损失函数图

⊖ G. Taguchi, *Introduction to Quality Engineering*, Asian Productivity Organization, Tokyo, 1986, available from Kraus Int. publ., White Plains, NY; G. Taguchi, Taguchi *on Robust Technology Development*, ASME Press, New York, 1993.

图 14.6a 体现了一般情况下的损失函数，在双向公差带 $\pm\Delta$ 条件下，此处的规格设定为目标值 m。关于质量的常规方法应考虑到任何尺寸，合格零件的尺寸落在公差范围内，而任何尺寸超出 USL-LSL 区域的则是缺陷零件。在足球场上，即使球射入球门正中央，也只是得一分而已（没有附加分）。

田口坚持认为这种常规方法对于确定质量并不现实。在足球比赛中，只要球落在 2Δ 范围内即为合理，可得相同的分数，但是对于质量工程方法而言，可变性是质量的大敌，对于质量而言，设计目标的任何偏差都是不合要求且降低等级的。此外，为着重强调接近目标值的重要性，将质量损失函数定义为二项式以取代线性表达式。

显然，由图 14.6a 可知，当 $L(y)=A$ 时，y 超出公差 Δ。A 为产品落入公差范围之外时蒙受的损失，或产品进入服务领域时，需要对其维修或替换所产生的损失。当发生上述情况时，把 $y=\text{USL}=m+\Delta$ 代入式（14.12）：

$$L(m+\Delta)=A=k\left[(m+\Delta)-m\right]^2=k\Delta^2$$

$$k=A/\Delta^2$$

代入式（14.12）得到：

$$L(y)=\frac{A}{\Delta^2}(y-m)^2 \tag{14.13}$$

这就是质量损失方程的表达式，最常用于当质量特性几乎与目标值一致，并且是关于目标对称的时，该情况下可以取得最高质量（最低损失）。注意，仅当 $y=m$ 时，$L(y)=0$。零件的质量关键点尺寸就是名义上合格的设计参数的例子。

另外两种常见情况连同关于损失函数的合理方程也在图 15.6 中给出了。图 15.6b 表明，当理想值是零时，目标的最小偏差产生最高质量，例如，以 y 代表某汽车尾气的污染。图 14.6c 显示了相反的情况，即远离零的最大偏差产生最低损失函数，某零件的强度设计将落在该范畴内。

例 14.6（质量损失） 某电子产品的电源必须传递 115V 的额定输出电压。当输出电压不同于额定电压（如通过电压大于 20V）时，消费者会面临性能下降或产品损毁的情况，并且维修费用的平均成本将达到 100 美元。如果产品电源具有 110V 的输出电压，会有什么样的损失？根据以上陈述可得：

$$m=115\text{V}\quad y=110\quad \Delta=20\text{V}\quad A=100\text{美元}\qquad k=\frac{A}{\Delta^2}=\frac{100}{20^2}=0.25\text{美元}/\text{V}$$

$$L(110)=k(y-m)^2=6.25\text{美元}$$

当电源传递为110V而不是115V时，上面就是消费者感知的质量损失。

例 14.7（确定经济损失限额） 假使生产商在产品生产线末端能够重新校准电源并使其接近目标电压。以经济观点来看，是否执行该项决策的依据维修成本是否小于消费者认知质量损失。在此情况下，令 A= 重新制作成本 =3 美元 / 件。在生产商重做电源前，距离目标的偏差有多大？消费者的损失通过例14.6可知。

$$L(y)=0.25(y-m)^2\text{和}y=m-\Delta$$

$L(y)=3$美元，为决策点

$$3=0.25(m-\Delta-m)^2=0.25\Delta^2 \quad \Delta=\sqrt{\frac{3}{0.25}}=\sqrt{12}=3.46\text{V}$$

倘若输出电压在目标（115V）的 ±3.5V 范围内，那么生产商将不必为重新校准单位而每单位花费3美元 / 件。该值就是生产商的经济耐受极限。超过该点的话，消费者损失就会增长而超出可接受限度。

通过对个体损失求和并除以个体总数，得到产品样品的平均质量损失[⊖]：

$$\bar{L}(y)=k\left[\sigma^2+(\bar{y}-m)^2\right] \tag{14.14}$$

其中，$\bar{L}(y)$是平均质量损失；由于过程中的共同原因，σ^2是y的总体方差，一般通过样本方差来估算；$\bar{y}$是样品中所有y_i的均值，或为$\hat{\mu}$；根据指定的变化，$(\bar{y}-m)^2$是$\bar{y}$距离目标值m的误差平方。式（14.14）是重要的关系式，因为它把质量损失分为两部分，一部分是由产品或过程可变性引起的损失，另一部分是从目标值中取出的样品均值的数量。

例 14.8（质量损失因素） 某制造过程的标准偏差为0.002 26in，均值为1.503in（见例14.5）。零件的质量关键点（CTQ）的尺寸规格为1.500in ± 0.009in。如果y超过1.500 9，该零件不能在子系统中装配，并且将重新加工，其成本为16美元。

(a) 经过制造过程，零件的平均质量损失是多少？

首先，需要找到过程的质量损失系数k。

⊖ W. Y. Fowlkes and C. M. Creveling, *Engineering Method for Robust Product Design*, Chap. 3 Addison-Wesley, Reading, MA, 1995.

$$k=\frac{A}{\Delta^2}=197\ 531\text{美元}/\text{in}^2$$

$$L(y)=k\left[\hat{\sigma}^2+(\hat{\mu}-m)^2\right]=197\ 531\left[(0.002\ 26)^2+(1.503-1.500)^2\right]$$
$$=197\ 531\left[5.108\times10^{-6}+9\times10^{-6}\right]=2.787\text{美元}$$

需要指出的是，均值偏移的质量损失是由过程可变性引起的损失的2倍。

（b）如果过程均值居于零件目标值的中心，那么质量损失因素是什么？

现在，$(\hat{\mu}-m)=(1.500-1.500)=0$，质量损失因素直接归因于过程变化。$\overline{L}(y)=197\ 531$（$5.108\times10^{6}$）$=1.175$ 美元。

正如将在14.7节中看到的，使用田口方法的通常步骤是，首先研究设计参数的选择，通过参数的选择使产品对变化的敏感度最小化，然后找到最好的结合方法，调整工艺条件使产品均值和过程均值相符合。

14.6.2 噪声因素

影响产品或过程质量的输入参数可以分为设计参数和干扰因素。前者可由设计者自由制定。设计者的责任是选取最优水平的设计参数。干扰因素则要么是本身无法控制的参数，要么是不能有效实行控制的参数。

当产品处于服务中或处于组件生产期间，田口用*噪声因素*这个术语来描述那些因太难或费用太大而无法控制的参数。噪声因素分为以下四个范畴。

- *变异噪声*是指同样的产品由于其组件和装配的差异而导致零件间变异。
- *内部噪声*是成品特性的长期变化，归因于随着时间变化而发生的衰退和磨损。
- *设计噪声*是由于设计过程而引入产品的可变性，其主要由影响设计的实用设计局限性造成的公差可变性组成。
- *外部噪声*也称外噪声，意指干扰因素，在产品运行时指环境中的变化。例如，温度、湿度、尘埃、振动及生产操作员的技巧。

田口方法是试验研究中的常用方法，该方法强调每项试验设计中所包括的噪声因素。田口是第一个直接在设计中明确表达要考虑外部噪声重要性的人。

14.6.3 信噪比

无论何时执行一系列实验，必须确定测量什么响应或输出量。通常试验的本质提供了自然的响应。例如，在图 14.1 中，对硬化钢支座的热处理效果进行评估时，自然的响应是指洛氏硬度测量法。田口方法运用了特殊的响应变量，即信噪比（S/N）。此响应的使用稍微存在争议，但其应用被证明是有效的，基于其在同一种参数中包括了均值（信号）和变化（噪声），正如质量损失函数所做的[⊖]。

下面是符合图 14.6 中的三种形式的损失函数曲线的三种 S/N 形式。

- 对于标准质量损失类型的问题。

$$\frac{\mathrm{S}}{\mathrm{N}}=10\log\left(\frac{\mu}{\sigma}\right)^2 \tag{14.15}$$

其中

$$\mu=\frac{1}{n}\sum_{i=1}^{n}y_i \text{且} \sigma^2=\frac{1}{n-1}\sum_{i=1}^{n}\left(y_i-\mu\right)^2$$

n 是用于合成每个设计参数矩阵（内部数组）的外部噪声观察组合数量。例如，若每个合成控制参数的噪声被允许进行四次测试，那么 $n=4$。

- 对于望小质量损失类型的问题。

$$\frac{\mathrm{S}}{\mathrm{N}}=-10\log\left(\frac{1}{n}\sum y_i^2\right) \tag{14.16}$$

- 对于望大质量损失类型的问题，质量性能特点具有持续和非负的特点。我们希望 y 尽可能大。为了找出信噪比，通过使用性能特性的倒数使其变成望小问题。

$$\frac{\mathrm{S}}{\mathrm{N}}=-10\log\left(\frac{1}{n}\sum\frac{1}{y_i^2}\right) \tag{14.17}$$

14.7 鲁棒设计

鲁棒设计是发现设计因素最佳值的系统化设计方法，它引发了低可变性的经济性设计。田口方法通过首先实施参数设计达到该目标，如果结果仍不能达到最佳，那么通过实施公差设计来完成该目标。

⊖ 田口博士是日本国家电话系统的一名电子工程师，因此他非常熟悉信噪比以及通信线路中信号强度与有害干扰之间的比值等概念。

参数设计[1]是确定设计参数或工艺变量的方法，可以降低设计的敏感性。参数设计由两个步骤构成。首先，识别控制因素。这些设计参数对信噪比有根本上的影响，而非均值。通过应用统计试验计划，可以发现将响应可变性降到最小化的控制因素。其次，一旦方差降低，通过使用适当的设计参数可以调节平均响应，即信号因子。

14.7.1 参数设计

参数设计充分使用计划实验。该方法包括基于部分析因设计的统计学方法设计试验。与在详尽的测试程序中一次改变一个参数的传统方法相比，部分析因设计仅仅是试验总数中的一小部分[2]。部分析因的意义如图 14.7 所示。假设识别出三个对设计运行有影响的控制因子 P_1、P_2 和 P_3。需要确定它们对目标函数的影响。在两种设计参数水平上测量响应，一种是低水平，另一种是高水平。在传统方法中每次只改变一个因子，那么需要进行 $2^3=8$ 次测试，如图 14.7a 所示。然而，如果使用部分析因试验设计（DOE)，本质上仅需半数传统试验所需次数即可获得相同信息，如图 14.7b 所示。所有常规的部分析因设计为正交阵列。这些阵列具有平衡特性，该特性表现在每设置一个设计参数时，其他设计参数也需同时以相同次数设置。当把测试数最小化时，它们仍能够保持其平衡特性。田口提出了易用的正交阵列方法，仅使用部分析因设计测试计划的一部分。测试数量最小化是权衡比，但关于交互作用的详细信息是不为人知的。

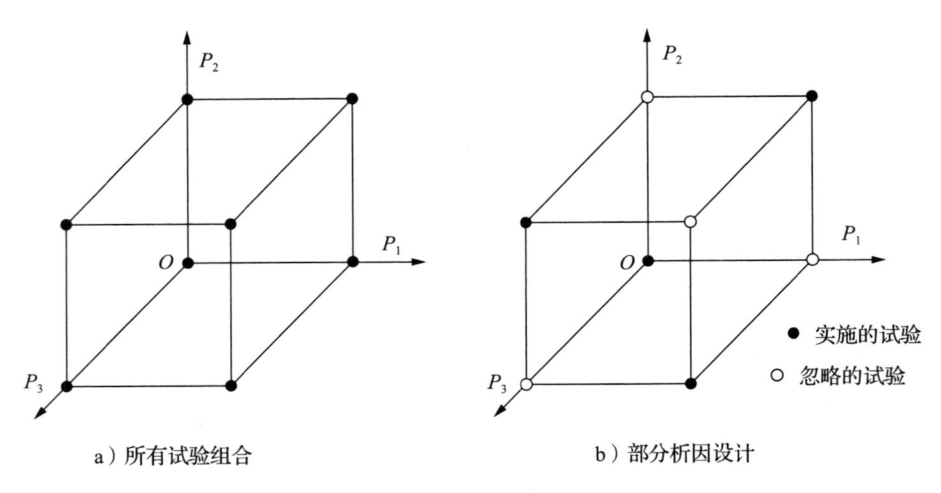

图 14.7 三个因子在两个水平上的试验设计计划

[1] 专有名词划分有些过于细致。被称为参数设计的过程完全建立在鲁棒设计中的田口方法之上。这一工作通常在参数设计阶段的实体设计过程中加以实施。

[2] W. Navidi, op. cit., pp. 735-38.

图 14.8 展示了两种常用的正交阵列。列呈现的是控制因素 A、B、C、D，行是为每个试验设置的参数。L4 阵列处理在 2 个水平上的 3 个控制因素，而 L9 阵列涉及每 3 个水平的 4 个控制因素，注意，L9 阵列把需要 $3^4 = 81$ 次的试验缩减到仅运行 9 个试验。通过混淆相互作用效应（AB 等）和主要效应（A、B 等）完成了缩减。同时也要注意平衡控制因素的水平。每个控制因素各自的水平出现相同的运行次数。举例来说，B 的水平 1 出现在 1、4、7 中，水平 2 出现在 2、5、8 中，水平 3 出现在 3、6、9 中，控制因素水平间的平衡通过独立的每个因素效应可进行平均估算。

L4阵列			
运行次数	A	B	C
1	1	1	1
2	1	2	2
3	2	1	2
4	2	2	1

L9阵列				
运行次数	A	B	C	D
1	1	1	1	1
2	1	2	2	2
3	1	3	3	3
4	2	1	2	3
5	2	2	3	1
6	2	3	1	2
7	3	1	3	2
8	3	2	1	3
9	3	3	2	1

图 14.8　正交阵列，左图为 L4 阵列，右图为 L9 阵列

选择使用哪些正交阵列依据控制因素和噪声因素的数量而定⊖。决定是否使用含有在 2 或 3 水平上的某个因子的阵列，取决于对于结果是否寻求更多的解释，尤其是感觉响应将是非线性的时候。当然，测试所需的资源由控制和噪声因素的数量决定。

假定测试 9 次的响应结果为 $y_1, y_2, \cdots, y_9$。当 B 处于 L9 阵列的水平 1 时，让响应平均水平超过其他次数；当 B 处于水平 2 时，让平均水平超过其他次数，依次类推。然后可以写为：

$$\overline{y}_{B1} = \frac{(y_1 + y_4 + y_7)}{3}$$

$$\overline{y}_{B1} = \frac{(y_2 + y_5 + y_8)}{3}$$

⊖ G.Taguchi, *System of Experimental Design: Engineering Methods to Optimize Quality And Minimize Cost*, 2 vols., Quality Resources, White Plains, NY, 1987; M. S. Phadke, *Quality Engineering Using Robust Design*, Prentice Hall, Upper Saddle River, NJ, 1989; W. Y. Fowlkes, and C. M. Creveling, op.cit., Appendix C.

$$\overline{y}_{B1}=\frac{(y_3+y_6+y_9)}{3} \tag{14.18}$$

类比式（14.18）可以推导出 $\overline{y}_{Ai}$，$\overline{y}_{Ci}$ 和 $\overline{y}_{Di}$ 的方程。

田口设计试验通常由两部分构成。第一部分是设计参数矩阵，控制参数的效果可通过一个适当的正交矩阵确定。第二部分是噪声矩阵，由噪声参数构成的较小正交阵列。通常第一种矩阵叫作内阵列，噪声矩阵则被称为外阵列。针对内阵列，通常使用 9 次 L9 阵列；对于外阵列，则使用 4 次的 L4 阵列。对于 L9 阵列的 1 次试验（所有因子都处于低［1］）水平），另有 4 种试验，每一个都结合噪声矩阵中的因子。针对 2 次试验，也有另外 4 种试验，以此类推，所以总共有 $9\times4=36$ 种测试情况需要评估。在第一次运行时，对 4 种试验的每一个的响应进行评估，并且对均值和标准这样的统计值进行确定。针对设计参数矩阵的每九次试验执行评估。

利用田口方法依照以下步骤开展鲁棒设计。

1. 定义问题，包括选取待优化的参数和目标函数。
2. 选择设计参数，通常称为控制因素和噪声因素。控制因素是由设计者控制的参数，可以通过试验来计算或确定。噪声因素是指由环境引发变化的参数。
3. 通过选择适当的部分析因阵列（见图 14.8）进行设计试验，所使用的水平数量和参数范围要符合该水平。
4. 依据试验设计（DOE）来进行试验。这些试验可以是实际的物理试验也可以是计算机仿真试验。
5. 通过计算信噪比（S/N）来分析试验结果。如果分析不能得到确切的最优值，则使用新的设计水平值或改变的控制参数，重复步骤 1～4。
6. 当所使用的方法得出了一系列最优参数时，进行验证试验来证实结果的有效性。

例 14.9（使用田口方法寻找关键参数） 在 3.6 节的例 3.1 中，针对某款新游戏机的原型机指示灯失灵问题，给出了如何使用 TQM 工具发现导致该设计问题的根本原因。分析发现，使用由焊球和焊剂构成的不合适焊膏是造成不合格焊接的根本原因。为了加固焊接点，我们使用田口方法来确定最佳条件，以此来改善当前境况。我们确定了 4 个控制参数和 3 个主要噪声参数。因此，针对参数矩阵使用 L9 正交阵列是合理的，针对噪声参数使用 L4 阵列，如图 14.8 所示。

L9 正交阵列选择控制因素和范围

控制因素	水平 1	水平 2	水平 3
A——焊球尺寸	30μm	90μm	150μm
B——丝网直径	0.10mm	0.15mm	0.20mm
C——焊料活性	低活性	中等活性	高活性
D——温度	500 °F	550 °F	600 °F

上面列出的控制因素按照变化的噪声因素分类。研究目的是发现在此工艺条件下哪些因素中要素之间的变化最小化。

L4 正交阵列选择噪声因素

噪声因素	水平 1	水平 2
A——保质期粘贴寿命	新罐	1 年前开启
B——表面清洗方法	水冲洗	氯碳化合物溶剂
C——清洗程序	水平喷射	浸泡

第一个噪声因素为内噪声因素，而另两个因素是外噪声因素。

依据试验设计来开展试验。例如，包括噪声矩阵在内的 L9 中的运行次数 2 被执行 4 次。最早的验证条件为 30μm 焊球、0.15mm 直径的丝网、中等活性的焊剂、550 °F、一罐新膏剂、水冲洗和水平喷射。后三个因素来自 L4（噪声）阵列中的运行次数 1。在运行次数 2 的第四个验证中，L9 将处于同等条件，但改变噪声因素是因为使用了一罐一年前开启的膏剂，氯碳化合物溶剂作为清洁药剂，并使用水平喷射来清洁。针对运行次数 2 的 4 个验证中的每一个而言，描述使其最优化的目标函数，测量该函数的响应。在此情况下，响应就是指室温测量下焊点的剪断强度。通过 4 次验证，使强度测定达到平均水平并确定标准偏差。运行次数 2 的结果为：

$$\overline{y}_2 = \frac{(4.175 + 4.301 + 3.019 + 3.313\ 4)}{4} = 3.657\text{ksi}$$

$$\sigma = \sqrt{\frac{\sum (y_{2i} - \overline{y}_2)^2}{n-1}} = 0.584$$

在鲁棒设计中，合适的响应参数就是信噪比。因为要尽力寻找使焊点的剪断强度最优化的条件，所以选择信噪比的类型为“望大质量损失”：

$$\frac{\text{S}}{\text{N}} = -10\log\left(\frac{1}{n}\sum\frac{1}{y_i^2}\right)$$

针对L9阵列中的每个运行次数计算信噪比，对于运行次数2，

$$(S/N)_{run2} = -10\log\left\{\frac{1}{4}\left[\frac{1}{(4.175)^2}+\frac{1}{(4.301)^2}+\frac{1}{(3.019)^2}+\frac{1}{(3.134)^2}\right]\right\}=10.09$$

下表显示了所有参数矩阵中运转的近似计算结果[㊀]：

运行次数	控制矩阵				信噪比（S/N）
	A	B	C	D	
1	1	1	1	1	9.89
2	1	2	2	2	10.09
3	1	3	3	3	11.34
4	2	1	2	3	9.04
5	2	2	3	1	9.08
6	2	3	1	2	9.01
7	3	1	3	2	8.07
8	3	2	1	3	9.42
9	3	3	2	1	8.89

接下来，很有必要针对3个水平、4个控制参数中的每一个，确定平均响应。我们在前面已经指出响应结果是通过平均那些运行结果得到的，如当A处于水平1，或C处于水平3时，依次类推。则根据前表，显然B处于水平2的S/N均值为（10.09 + 9.08 + 9.42）/ 3=9.53。通过计算3个水平上的4种因素将得到如下的响应表。

水平	平均信噪比（S/N）			
	A	B	C	D
1	10.44	9.00	9.44	9.29
2	9.04	9.53	9.34	9.05
3	8.79	9.75	9.49	9.93

针对4个控制参数中的每个参数，信噪比平均数表示了相反的测试水平，如图14.9所示。这些线性图显示因素A（焊球尺寸），因素B（丝网直径），对于焊点的剪切强度具有最大的影响。此外，因素C（焊料活性），不是一个重要的变量。从该图的分析结果推断出设置的最优控制系数为：

㊀ 需要指出的是这些数字仅用来说明设计方法，并不是有效的设计数据。

控制因素	优化水平	参数设置
A——焊球尺寸	1	30μm
B——丝网直径	3	0.20mm
C——焊料活性	—	没有趋势表明将选择中等活性
D——温度	3	600 °F

需要指出的是，这些试验条件与任何控制矩阵中的 9 次运行不同。为了检验该结果，在前面测试条件的基础上执行另外的 4 个试验。当计算信噪比为 11.82 且比在 36 个测试点中测量取得的任何信噪比都大时，优化的有效性就得到了验证。

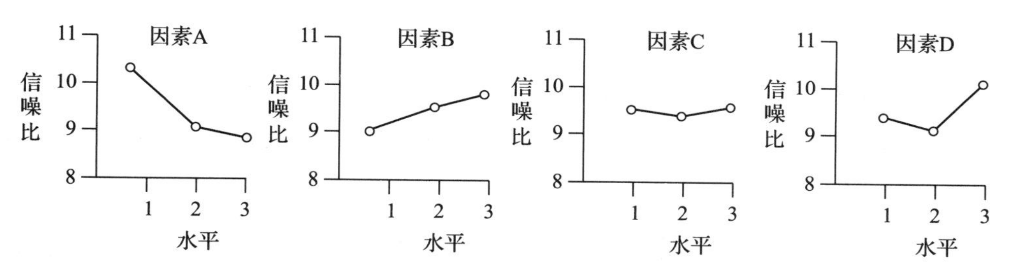

图 14.9　四个控制参数的信噪比线图

例 14.9 使用相对少量的试验来研究大量的设计变量（4 个控制参数和 3 种噪声因素），进而得到一套新的设计参数，这些参数比凭直觉猜测更接近优化，并相对于噪声因素而言具有鲁棒性。

14.8　优化方法

在前一节中所举的例子是在预期结果明确的情况下，使用统计试验的方法寻求设计参数的最优组合。通常一个设计问题不止一个解决方案，而第一种解决方案不一定是最好的。因此，对于最优结果的追求是设计过程的内在特性。一个关于优化的数学理论已经得到了高度发展并且已经被运用于设计之中，其前提条件是设计函数可以以数学的形式表达出来。数学方法的可用性通常取决于是否存在连续可微的目标函数。当无法用微分方程进行表示时，通常用基于计算机的数值计算方法来进行优化。这些优化方法需要相当深厚的知识以及数学技巧来选择适当的优化技术并且在求解过程中加以运用。

优化一直是工程设计的一个目标，在寻求近似最优解的方法被开发展出来之前，直到最近 15 年设计人员还没有计算能力来进行数学意义上的真正优化。

术语优化设计的内涵是指所有可行设计中的最佳设计。优化是期望最大化和非预期最小化的过程。优化理论以数学为主体来处理最大化和最小化的属性并研究寻求最大值和最小值的数值方法。在典型的设计优化环境下，设计者已经针对独立变量数值未预先给定的情况定义了一个通用的构型。目标函数[㊀]根据 n 个设计变量（通常用一个向量 $\boldsymbol{x}$ 表示）定义了所有的设计值，可以表示为：

$$f(\boldsymbol{x})=f(x_1,x_2,\cdots,x_n) \tag{14.19}$$

典型的目标函数能够表示为成本、重量、可靠性以及材料特性指标或这些因素的综合。按照惯例，目标函数通常以最小化函数值的形式写下来。无论如何，最大化函数 $f(\boldsymbol{x})$ 与最小化函数 $-f(\boldsymbol{x})$ 是相同的。

通常当我们选择一个设计的数值时我们没有在设计空间中选取任意点的自由度。最可能的情况是：目标函数应满足特定的约束，这些约束主要来自物理规律和限制，或来自独立变量间的相容性条件。等式约束指定了变量之间所必然存在的关系

$$h_j(\boldsymbol{x})=h_j(x_1,x_2,\cdots,x_n)=0, j=1,\cdots,p \tag{14.20}$$

例如，如果我们对某一个长方体油罐的体积进行优化，其边长为 $x_1=l_1$， $x_2=l_2$， $x_3=l_3$，则针对体积的等式约束为 $V=l_1,l_2,l_3$。等式约束的数目不得多于设计变量的数目，即 $p \leqslant n$。

不等式约束也叫作区域约束，通过指明问题的细节来进行施加，

$$g_i(\boldsymbol{x})=g_i(x_1,x_2,\cdots,x_n)\leqslant 0 \quad i=1,\cdots,m \tag{14.21}$$

在不等式约束的数量上没有限制[㊁]。在设计环境里自然产生的一类不等式约束是基于规范的约束。规范定义了与系统其他部分之间的相互作用情况。规范通常来自为一个设计变量建立一个固定值来执行系统的次优化的决定。

一个存在于设计优化中的普遍问题是：对于用户来说对用户有价值的设计特征不止一个。为了解决优化方案制定的问题，其中的一个方法就是选择某一个主要的特征作为目标函数，将其他的特征归结为约束条件，这些约束条件常常表现得非常严格或是对规范进行了严格的定义。在实际中，这些规范都是协商的依据（软规范）。这些规范作为目标值，直到设计推进

㊀ 也称为准则函数、支付函数或成本函数。

㊁ 当约束条件≤0时，通常习惯写成式（14.21）的形式。如果约束条件≥0，则通过乘以 -1 的方法变换为本形式。

到某一时刻。此时能够为满足规范而确定权衡后的代价，Siddal[㊀]已经给出了如何利用相关的曲线来完成优化设计的方法。

例 14.10（格式优化问题） 本例有助于进一步明确前文中的相关定义。我们希望设计一个圆柱形容器来存储一定体积的液体 V。该容器由薄钢板冲压焊接而成，因此其成本取决于所用板材的面积。

设计变量是容器的直径 D 及其高度 h。该容器有盖，因此其表面积表示为：

$$A=2\left(\frac{\pi D^2}{4}\right)+\pi Dh$$

选择制作容器所需材料的成本作为目标函数，

$$f(x)=C_m A=C_m\left(\frac{\pi D^2}{2}+\pi Dh\right)$$

此处 C_m 为钢板的单位面积成本。根据容器必须具有一定的体积这一要求可以得到等式约束：

$$V=\pi D^2 h/4$$

根据容器需要适合特定的地点或容器不能具有特定的直径等要求能够得到不等式约束：

$$D_{\min}\leqslant D\leqslant D_{\max}\qquad h_{\min}\leqslant h\leqslant h_{\max}$$

工程设计领域并没有通用的优化方法。如果问题能够用解析的数学模型来表示，则利用计算方法就是最直接的途径。然而，绝大多数设计问题过于复杂而无法利用上述方法，同时也已经开发出多种优化方法。表 14.5 列出了大多数优化方法。设计者的职责就是了解问题是线性的还是非线性的，是无约束的还是有约束的，并选择最合适的方法来求解。接下来将对各种设计优化的方法进行简要的介绍。对于优化理论的深入了解请参考表 14.5 中给出的相关文献。

表 14.5 优化问题中应用的数值方法

算法类别	示例	参考文献（见脚注）
线性规划	单一法	①
非线性规划	Davison-Fletcher-Powell	②

㊀ J. N. Siddal and W. K. Michael, Trans., " Interaction Curves as a Tool Optimization and Decision Making." *ASME, J. Mech. Design,* vol. 102, pp. 510-16, 1980.

（续）

算法类别	示例	参考文献（见脚注）
几何规划		③
动态规划		④
变分方法	Ritz	⑤
微分方法	Newton-Raphson	⑥
同步模式设计	结构优化	⑦
分析图方法	Johnson 多学科优化	⑧
单调分析		⑨
遗传算法		⑩
模拟退火		⑪

① W. W. Garvin, *Introduction to Linear Programming*, McGraw-Hill, New York, 1960.

② L. T. Biegler, *Nonlinear Programming*, Society of Industrial and Applied Mathematics, Philadelphia, 2010.

③ C. S. Beightler and D. T. Philips: *Applied Geometric Programming*, John Wiley & Sons, New York, 1976.

④ S. E. Dreyfus and A. M. Law, *The Art and Theory of Dynamic Programming*, Academic Press, New York, 1977.

⑤ M. H. Denn, *Optimization by Variational Methods*, McGraw-Hill, New York, 1969.

⑥ F. B. Hildebrand, *Introduction to Numerical Analysis*, McGraw-Hill, 1956.

⑦ L. A. Schmit (ed.), *Structural Optimization Symposium*, ASME, New York, 1974.

⑧ R. C. Johnson, *Optimum Design of Mechanical Elements*, 2nd ed., John Wiley & Sons, New York, 1980.

⑨ P. Y. Papalambros and D. J. Wilde, *Principles of Optimal Design*, 2nd ed., Cambridge University Press, New York, 2000.

⑩ D. E. Goldberg, *Genetic Algorithm*, Addison-Wesley, Reading, MA, 1989.

⑪ S. Kirkpatrick, C. D. Gelatt, and M. P. Vecchi, " Optimization by Simulated Annealing," *Science*, Vol. 220, pp. 671–79, 1983.

在约束已知的条件下，线性规划是最广泛的优化方法，特别是在商业、产品制造领域尤其突出。然而绝大多数机械设计中的问题都属于非线性问题，如例 14.10 所示。

14.8.1 基于微积分的优化方法

我们对于用微积分确定函数的极大值和极小值是非常熟悉的。图 14.10 列出了可能遇到的不同类型的值。极值的一个固有特性就是在该点处 $f(x)$ 处于瞬时稳定状态。驻点的通常情况为：

$$\frac{\mathrm{d}f(x)}{\mathrm{d}x}=0 \tag{14.22}$$

如果曲率为负值，那么驻点为极大值点。如果曲率为正值，那么驻点为极小值点。

$$\frac{\mathrm{d}^2 f(x)}{\mathrm{d}x^2} \leqslant 0 \text{，为本地最大值} \tag{14.23}$$

$$\frac{\mathrm{d}^2 f(x)}{\mathrm{d}x^2} \geqslant 0 \text{，为本地最小值} \tag{14.24}$$

点 B 和点 E 为数学极值。点 B 是两个极大值中的较小点，称之为局部极大值。点 E 为全局极大值，点 C 为全局极小值，点 D 为拐点。在拐点处斜率为 0，曲线为水平，但其二阶倒数为 0。当 $\frac{\mathrm{d}^2 f(x)}{\mathrm{d}x^2}=0$ 时，必须利用更高阶的导数来寻求某阶导数值不为零的情况，如果该情况下导数的阶数为奇数（如 3 阶、5 阶导数），那么该点为拐点；如果阶数为偶数，那么该点就是局部最优值。点 F 不是极小值点，因为目标函数在点 F 处不连续。点 F 仅仅是目标函数的一个尖点。利用函数的导数来推断极大值、极小值仅在函数连续的情况下有效。

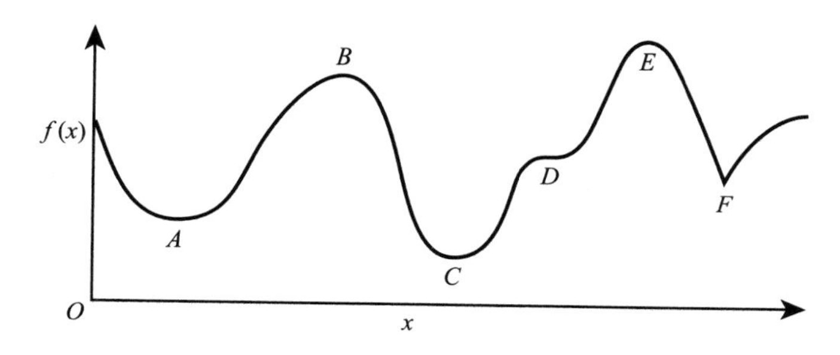

图 14.10　目标函数曲线中不同类型的极值

将这一简单的优化方法应用到例 14.10 中。根据等式约束 $V=\frac{\pi D^2 h}{4}$，目标函数为：

$$f(x)=\frac{C_m \pi D^2}{2}+C_m \pi D h=\frac{C_m \pi D^2}{2}+C_m \pi D\left(\frac{4}{\pi} V D^{-2}\right) \tag{14.25}$$

$$\frac{\mathrm{d}f(x)}{\mathrm{d}D}=0=C_m \pi D-\frac{4 C_m V}{D^2} \tag{14.26}$$

$$D=\left(\frac{4V}{\pi}\right)^{1/3}=1.084 V^{1/3} \tag{14.27}$$

由式（14.27）得到的直径值就是最小化成本的结果，因为式（14.26）的二阶导数为正。需要指出的是，有些问题能够利用单变量目标函数进行表示并分析，但绝大多数工程问题的目标函数包含不止一个设计变量。

拉格朗日乘子法

拉格朗日乘子法为包含等式约束的多变量寻优问题提供了一种非常有效的方法。将原始目标函数 $f(\boldsymbol{x})=f(x, y, z)$ 代入等式约束 $h_1=h_1(x, y, z)$ 和 $h_2=h_2(x, y, z)$ 中，得到新的目标函数，即拉格朗日表达式（LE）:

$$\mathrm{LE}=f(x, y, z)+\lambda_1 h_1(x, y, z)+\lambda_2 h_2(x, y, z) \tag{14.28}$$

式中 λ_1和λ_2 为拉格朗日乘子。在最优点处必须满足以下条件：

$$\frac{\partial \mathrm{LE}}{\partial x}=0 \quad \frac{\partial \mathrm{LE}}{\partial y}=0 \quad \frac{\partial \mathrm{LE}}{\partial z}=0 \quad \frac{\partial \mathrm{LE}}{\partial \lambda_1}=0 \quad \frac{\partial \mathrm{LE}}{\partial \lambda_2}=0 \tag{14.29}$$

例 14.11（利用拉格朗日乘子优化） 本例介绍了如何在优化中确定拉格朗日乘子[⊖]。在某一热交换器中要安装总长 300ft 的散热管以提供足够的传热面积。全部的安装成本包括：散热管成本，\$700 壳体成本，$25D^{2.5}L$；热交换器所占地板成本，$20DL$。在热交换器管壳内部，每平方英尺横截面积内布置 20 根散热管。

以采购成本 C 作为目标函数。优化目标为确定适当的热交换器直径 D 以及长度 L 以达到采购成本最小化。采购成本包括三部分。

$$C=700+25D^{2.5}L+20DL \tag{14.30}$$

成本 C 的优化应服从基于总长度及管壳横截面积的等式约束。

散热管总体积（ft³）×20/ft²= 总长度（ft)。

$$\frac{\pi D^2}{4} L \times 20=300$$

$$5\pi D^2 L=300 \quad \lambda=L-\frac{300}{5\pi D^2}$$

则拉格朗日方程为 $LE=700+25\pi D^{2.5}L+20DL+\lambda\left(L-\frac{300}{5\pi D^2}\right)$

$$\frac{\partial \mathrm{LE}}{\partial D}=2.5(25)D^{1.5}L+20L+2\lambda\frac{60}{\pi D^3}=0 \tag{14.31}$$

$$\frac{\partial \mathrm{LE}}{\partial L}=25D^{2.5}+20D+\lambda=0 \tag{14.32}$$

⊖ W. F. Stoecker, *Design of Thermal Systems*, 2nd ed, McGraw-Hill, New York, 1980.

$$\frac{\partial \text{LE}}{\partial \lambda} = L - \frac{300}{5\pi D^2} = 0 \tag{14.33}$$

由式（14.33）可得 $L = 60/\pi D^2$，由式（14.32）可得 $\lambda = -25D^{2.5} - 20D$。

将以上两式代入式（14.31），得到

$$62.5D^{1.5}\left(\frac{60}{\pi D^2}\right) + 20\left(\frac{60}{\pi D^2}\right) + 2\left(-25D^{2.5} - 20D\right)\left(\frac{60}{\pi D^2}\right) = 0$$

$$12.5D^{1.5} = 20 \quad D = (1.6^{0.666}) = 1.37(\text{ft})$$

将结果代入含有 D 和 L 的约束函数中可得 L=10.2ft。将 D 和 L 的优化值代入目标函数（14.30）中可得最优成本为 \$1538。

以上是针对单目标函数、含有 2 个设计变量 D 和 L，以及一个等式约束的闭式优化示例。

就本质而言，设计问题通常包括很多变量，很多约束对于某些变量的取值施加上限制，还包括很多描述设计期望结果的目标函数。可行的设计就是对变量进行设计来满足所有的设计约束并同时达到功能需求最小化的要求。在机械设计里通常会出现无约束的情况，这就意味着没有足够的约束来对每一个变量值进行设定，与之相对应，对每个约束同样存在具有多个容许值的情况，也就是具有多个可行性设计方案。正如形态学方法所指出（见 6.6 节），可行解的数量随数量及其值数量的增长存在指数增长关系。

14.8.2 搜索方法

当明确了设计问题可能具有多个可行解时，有必要利用某种方法在设计空间里寻求最优解。寻求设计问题的全局最优解（绝对最优解）是极其困难的。虽然始终能够选择采用大量的计算来获得所有设计方案并对这些方案进行评估。但不幸的是，设计选项有千百种，而且对设计性能进行评估需要大量复杂的目标函数。这些逻辑因素综合起来使得全面搜索问题空间变成不可能完成的任务。同样，有些设计问题并不只有一个最优解。事实上，对于设计变量值可能有多个设定，这些设定都可以获得同样的总体性能，这一性能是通过将内在的目标函数所体现出的不同等级的性能进行综合而得到的。在这种情况下，寻求最优解的某种设定就称为帕累托设定。

搜索问题分为以下几种类型：*确定性搜索*，搜索过程几乎不存在可变性，所有问题参数都为已知；*随机搜索*，搜索过程存在一定程度的随机性，可能导致不同的解决方案，我们可以有仅涉及单个变量或涉及搜索多个变量的更复杂和更实际的情况；同时搜索，该方法中需要对每个试验进行详细说明，在判定优化结果位置之前，必须完成全部的观测；顺序搜索，该方法中即将进行的试验取决于过去的结果。多数的搜索问题都包括约束优化，其中不允许出现变量的特定组合。线性规划和动态规划是处理该情况的不错的技术手段。

黄金分割搜索

黄金分割搜索是针对单变量情况的有效搜索方法，具备不需要进一步确定尝试次数的优势。该搜索方法主要基于以下事实：两个连续的斐波那契（Fibonacci）数的比值 $F_{n-1}/F_n = 0.618(n>8)$。斐波那契数列是为了纪念 13 世纪的一位数学家而命名的，可以通过式 $F_n = F_{n-2} + F_{n-1}$ 给出，此处 $F_0 = 1$，$F_1 = 1$。

n	0	1	2	3	4	5	6	7	8	9	…
F_n	1	1	2	3	5	8	13	21	34	55	

这个相同的比值是由欧几里得（Euclid）发现的，并称之为黄金分割。欧几里得将其定义为：把一条线段分成不相等的两部分，其中较长的部分与总长之比应该等于较短部分与较长部分之比。古希腊人认为矩形的宽长比为 0.618 时是最完美的，并将这一理论应用到大量的建筑中。

利用黄金分割搜索时，最初的两个试算值取在距离被搜索量 x 两端各 $0.618L$ 的位置，如图 14.11 所示。搜索目标是找出函数值或响应的最小值。在第一次试算中，$x_1 = 0.618L = 0.618$ 且 $x_2 = (1 - 0.618)L = 3.82$。由于假设目标函数为单调的，要搜索当该函数达到最小时 x 的取值，因此如果 $y_2 > y_1$，则 x_2 左边的部分将被排除。

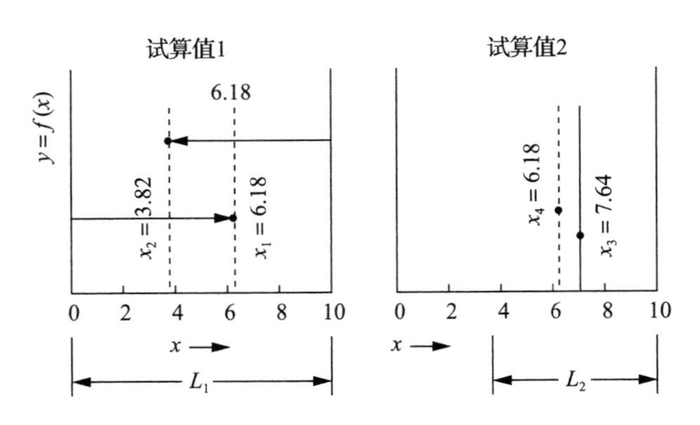

图 14.11 黄金分割搜索应用举例

对于第二次试算，搜索区间 L_2 的范围为 $x = [3.82, 10]$，其长度等于 6.18。计算两点值

为 $x_3 = 0.618（6.18）+ 3.82 = 7.64$（从 0 点到右端），$x_4 = 10 - 0.6186.18 = 10 - 3.82 = 6.18$（从 0 点算起）。可以看出 $x_4 = x_1$，因此只需重新计算一点的函数值。同样，如果 $y_4 > y_3$，则 x_4 左边的部分将被排除。新的搜索区间长度为 3.82。重复以上过程，将搜索点置于距离搜索区间终点 0.618 倍区间长度的位置，直到获得与预期精度相近的最小值。需要指出的是，黄金分割搜索不能处理区间内具有多个极值的函数。如果发生这一情况，则应从区间某一端点开始，在界限内以相等的间隔进行搜索计算。

多变量搜索方法

当目标函数取决于两个或者更多变量时，其几何描述为响应面的形式（见图 14.12a）。通过在定值 y 处插入平面并将其与曲面的交线向 x_1x_2 面进行投影，可以得出等高线这种简便的形式（见图 14.12b）。

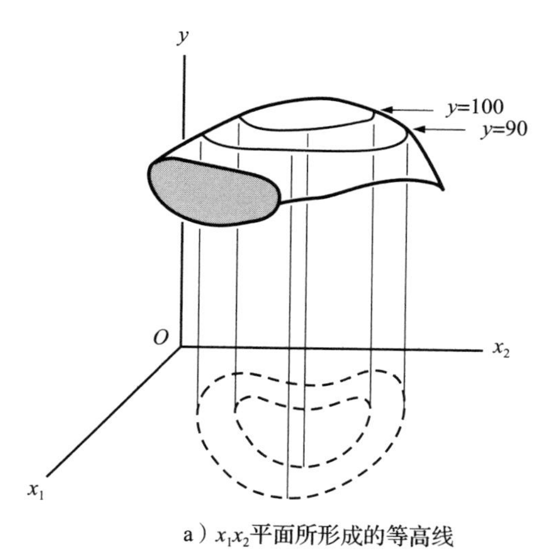

a）x_1x_2平面所形成的等高线

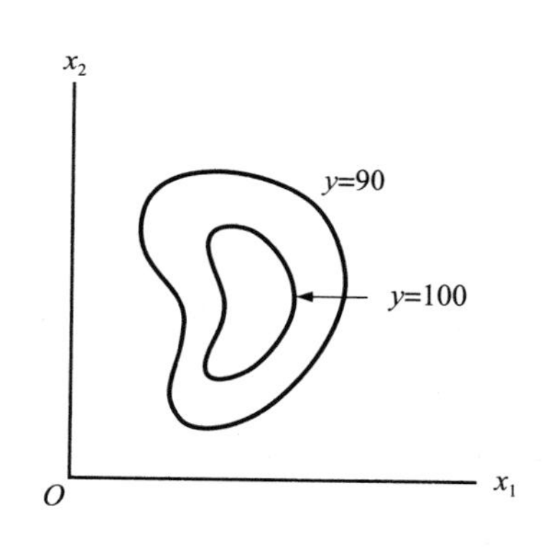

b）等高线在x_1x_2平面上的投影

图 14.12　等高线

单变量搜索

单变量搜索是一种每次进针对一个变量的搜索方法。除了一个变量之外，其他的变量都保持定值，通过该变量的变化来得到目标函数的最优值。将这一最优值代入目标函数里，则该函数值是与其余变量有关的优化值。按顺序得到与每个变量有关的优化值，将某一变量的最优值来带入目标函数来优化其余变量。该方法要求变量间相互独立。

图 14.13a 给出了单变量搜索流程。首先，从 0 点沿 x_2 等于常数这一路径在 1 点处可得到最大值。接下来，沿 x_1 等于常数的路径，从 1 点出发可以在 2 点处得到最大值。再沿 x_2 等于

常数这一路径，从2点出发可得在3点处得到最大值。重复以上过程，直到两次移动的距离小于某一预先给定值。如果响应曲面包含脊线（如图14.13b所示），则利用单变量搜索将不能得到最优解。如果初始值选在1点处，则沿 x_1 等于常数的路径就会在脊线处达到最大值，但该点同样也是 x_2 等于常数这一路径上的最大值。因此，该点是一个错误的极大值点。

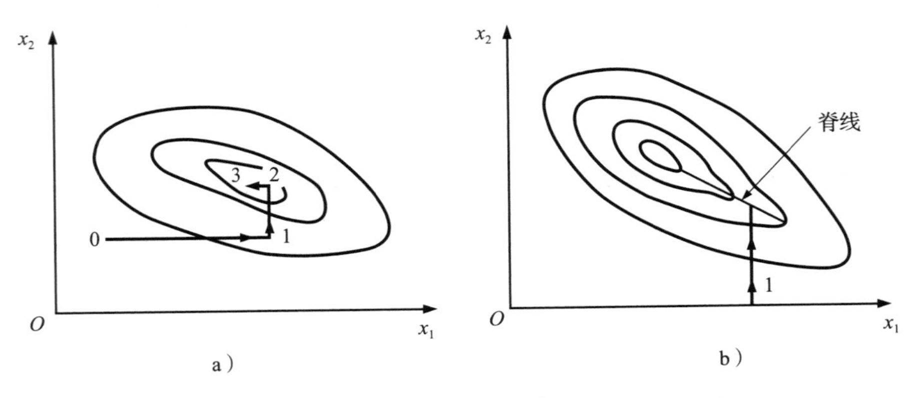

图14.13 单变量搜索过程

图14.13给出了一种交替单变量搜索方法，该方法适用于多变量求解，使用该方法通常需要借助计算机电子表格[⊖]。搜索从设计变量1开始进行循环，即改变某一变量值的同时令其他变量取常数。利用黄金分割搜索，对于变量1的目标函数首先得到最优解，其次就是变量2、变量3，以此类推。变量搜索的循环会进行多次重复。当在某一循环里面且设计变量值的改变对目标函数的影响极小时，那么就可以认为测出了最优解。

梯度法

一种常见的局部搜索的方法是按照响应面上的最快上升路径搜索（爬坡）。试想在黑暗中上山。在昏暗的月光下，以能够看到上面足够远的地方来确定局部最陡的斜坡。这样，就可以选择垂直于等高线的最短路径，同时根据可见的地形随时改变攀登方向。梯度法本质上是一种可实现上述目标的数学方法。采用该方法需寻找并改变前进方向以朝向最大斜率方向，这一过程必须在有限的直线段内完成。

使用梯度法需先猜测一个最佳位置，并根据梯度向量确定方向，梯度向量被定义为垂直于等高线的最短路径。梯度向量由描述面的函数和单位向量 i，j 和 k。

⊖ J. R. Dixon and C. Poli, *Engineering Design and Design for Manufacture*, pp. 18-13 to 18-14, Field-stone Publishers, Conway, MA,1995.

$$\nabla f(x,y,z)=\frac{\partial f}{\partial x}\boldsymbol{i}+\frac{\partial f}{\partial y}\boldsymbol{j}+\frac{\partial f}{\partial z}\boldsymbol{k} \tag{14.34}$$

如果目标函数为解析形式，则利用计算求解偏微分。如果不是解析形式，则利用数值方法（如有限差分法）进行求解。一个重要的考虑因素是步长的选择。步长太短，求解过程非常慢，而步长过大则造成锯齿形路径，因为它超出了梯度向量方向的变化范围。当搜索所需时间有限时，因爬山法相对简单而时常被采用。主要缺点是，最陡爬坡只能找到局部最大值。该方法还取决于搜索的起点。梯度下降采用相同方法寻求局部最小值，通过调整步长比例直到获得负梯度向量。

14.8.3 非线性优化方法

前文所讨论的方法并非解决工程设计问题的实用优化技术，因为工程实际中存在大量设计变量和约束。在求解过程中需要数值方法。该过程应当以优化设计的最佳估计作为起始，约束和目标函数应在该点处进行求值。这样设计就会趋向一个又一个新的位置点，直到满足最优条件或是其他终止标准。

多变量优化

非线性多变量优化已经成为一个非常活跃的领域，大量基于计算机的方法都适用于该领域。限于篇幅，仅介绍几个较为常用的方法。由于深度理解非线性多变量优化需要具备相当多的数学基础，限于篇幅，这里只能给出简要介绍，感兴趣的学生可以参考 Arora 的著作[1]。

首先，对无约束多变量优化进行讨论。牛顿法是对函数进行二次逼近的一种间接方法。该方法具有非常好的收敛特性，但由于要计算 $n(n+1)/2$ 个二阶导数，导致其效率并不高，此处 n 为设计变量的数目。已经开出仅需要计算一阶导数并利用前次迭代的信息来加快收敛速度的新方法。DFP（以 Davidon、Flecher、Powell 三人命名）法就是最有效的方法之一[2]。

对具有约束条件的非线性问题进行优化是一个非常困难的领域，最常用的方法是依次对非线性问题中的约束以及目标函数进行线性化，并利用线性规划技术解决。该方法称为序列线性规划法（SLP），它的局限在于缺乏鲁棒性。一个鲁棒性算法无论起始点如何都会收敛于同样

---

[1] J. S. Arora, *Introduction to Optimum Design*, 2nd ed., Elsevier Academic Press, San Diego, CA,2004.

[2] R. Fletcher and M. J. D. Powell, “A Rapidly Convergent Descent Method for Minimization,” *Computer J.*, Vol.6, pp.163-80, 1963; Arora, op. cit., pp. 324-327.

的结果。通过利用二次规划（QP）来确定步长能够得到非线性问题具有鲁棒性的解决方法[一]。通常认为序列二次规划算法（SQP）是所有非线性多变量优化方法中的最优选择，该方法兼顾了计算效率（最小的 CPU 时间）和鲁棒性。

目前已经开发了多种进行多变量优化的计算机程序。在维基百科里面进行搜索，可以在约束非线性优化标题下得到 80 条结果。

- 由于时常使用有限元分析（FEA）方法搜索设计空间，因此许多有限元软件包中都包含了优化软件。Vanderplaats 研究与发展公司（www.vrand.com）是结构优化领域的早期开拓者，提供了与有限元分析相连接的优化软件。
- iSIGHT，由 Engineous Software 公司（www.engenious.con）开发，由于具有广泛的功能、易用的 GUI 界面，在工业领域应用广泛。
- Excel 提供了优化工具。微软的 Excel 求解器利用一种广义简约梯度算法来搜索非线性多变量问题的最大值或最小值[二]。
- 如表 14.6 所示，MATLAB 的优化工具箱具有许多优化能力。要了解关于这些函数的更多信息，进入 MATLAB，在命令提示符中函数名称的下列各项中，键入帮助即可。

表 14.6　MATLAB 提供的优化函数

问题类型	MATLAB 函数	评论
线性规划	linprog	
非线性优化		
单变量，无约束	fminuc	可设置最快下降
多变量	fminsearch	采用 Nelder-Mead 单纯形搜索不要求梯度
单目标，有约束		
单变量	fminbnd	
多变量	fmincon	采用梯度基于有限差分
多目标	fminimax	

关于上述函数的使用范例见 Arora[三]和 Magrab[四]。

[一] J. S. Arora, op. cit., Chaps. 8 and 10.

[二] J. S. Arora, op. cit., pp. 369-73.

[三] J. S. Arora, op.cit, Chaps.12.

[四] E. B. Magrab, et al. *An Engineer's Guide To MATLAB*, 2nd ed., chap. 13,S. Azarm, " Optimization, " Prentice Hall, Upper Saddle River, NJ,2005.

多目标优化

多目标优化是指使用多于一种的目标函数来解决问题。这些问题里的设计目标本身就存在固有的冲突。考虑一个承受扭矩的轴，有两个设计目标：强度最大化和重量（成本）最小化。当通过使用减小轴直径的方法来减小重量时，应力就会提高，反过来也是如此。这是设计权衡的典型问题。在优化过程中，设计达到某一点时，两个设计的目标不能同时得到提高。这一点即帕累托点，帕累托边缘由这些点的轨迹来定义，如图 14.14b 所示。

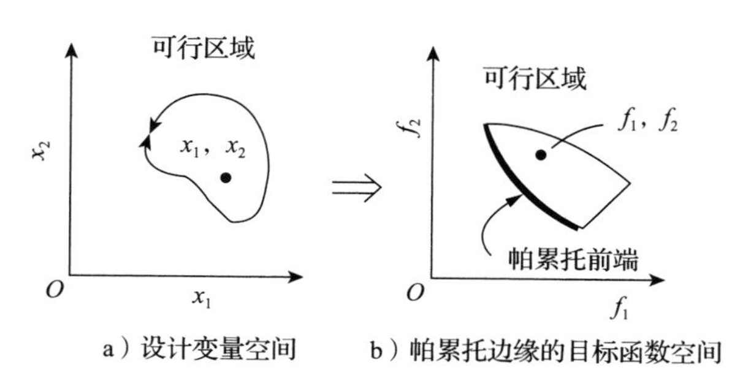

图 14.14　可行域

在帕累托边缘的所有点都具有相同的目标函数值，即使该变量的值是不同的。为了解决这类问题，优化设计方法确定了一套帕累托解集。实际上的决策者可就实际决策者的偏好进行排序。

14.8.4　其他优化方法

单调性分析

单调性分析是一种优化技术，该技术可以在单调性质的设计问题中应用，其中，约束和目标函数的改变可以遍历设计的空间，并稳定增长（或降低）。这种情况在设计问题中是非常普遍的。工程设计趋向于通过物理约束来加强限制。在设计变量中，这些限制和规格呈单调性时，运用单调性分析可以帮助设计者识别哪一约束在优化中起作用。*主动约束*是指对优化位置有着直接影响的设计需求。这一信息可以被用来识别可行区域被修改后改进是否得以完成，并为技术改进指出方向。

Wilde 首先提出了单调分析的创意[㊀]。在之后的工作中，Wilde 和 Papalambros 在很多工程

㊀ D. J. Wilde, Trans., " Monotonicty and Dominance in Optimal Hydraulic Cylinder Design." *ASME, Jnl. of Engr for Industry*, Vol. 94, pp. 1390-94, 1975.

问题中应用该方法[一]，并开发了基于计算机的解决方法[二]。

动态规划

动态规划是数学方法，适用于分段优化。在技术领域，动态这个词的含义与通常所使用的随时间变化的含义没有关系。动态规划与计算变量有关，与线性和非线性规划方法无关。这种方法适用于分配问题，如，当 x 个单位资源必须采用 N 个活动分配时，N 为整数分配。这种方法在化工领域被广泛应用于解决诸如优化化学反应器设计等问题。动态规划把巨大复杂的优化问题转变为一系列相互关联的小问题，每个小问题都仅含有几个变量，使局部优化需要较少的努力就能够完成。动态规划是 Richard Bellmann[三]在 20 世纪 50 年代提出的。该方法是一种发展良好的优化方法[四]。

遗传算法

遗传算法（GA）是一种计算设计形式，将生物进化模拟作为其搜索策略。遗传算法是随机过程，在这一过程中含有支配遗传算法操作的概率参数。遗传算法也是一种迭代过程，为了达到优化，这一过程引入了产生设计和检验的多重循环。

遗传算法模仿了生物进化它的基本观点是把问题转化成如同自然科学所定义的进化能够解决的问题。经过了自然选择的进化，种群中最适合（也就是在环境中最能繁茂生长的）成员将存活下来并继续繁育后代。后代很可能继承使父母得以存活的特性。随着时间的流逝，种群的平均适应性将随着自然选择活动而提高。这种遗传的原则允许在种群中发生小百分比的随机突变。这就是某些新的特性随着时间而产生的原因。

遗传算法最大的独特贡献就是每个设计都以一串二进制的计算机代码来表示。下一代的新设计创造非常的复杂，因为模拟遗传的行为，就要遵守几条准则。在表达设计的时候，使用二进制的计算机代码可以为操作设计提供计算的捷径，抵消其复杂性，并为每 100 个设计的数十代种群迭代提供了可能性。遗传算法在机械设计优化中的应用不够广泛，但是这种方法潜力巨大，很多人都希望广泛推广。想了解关于遗传算法更多的信息（如研究论文、MATLAB

㊀ P. Papalambros and D. J. Wilde, *Principles of Optimal Design*, 2nd ed., Cambridge University Press. New York, 2000.

㊁ S. Azarm and P. Papalambros, Trans., " An Automated Procedure for Local Monotonicity Analysis, " *ASME, Jnl. of Mechanisms, Transmissions, and Automation in Design*, Vol. 106, pp. 82-89, 1984.

㊂ R. E. Bellman, *Dynamic Programming*, Princeton University Press, Princeton, NJ,1957.

㊃ G. L. Nernhauser, *Introduction to Dynamic Programming*, John Wiley & Sons, New York,1960;E. V. Denardo, *Dynamic Programming Models and Applications*, Prentice Hall, Englewood Cliffs, NJ, 1982.

代码等），可以访问国际遗传和进化计算学会（ISGEC）的网站 www.isgec.org。

对于目前优化设计方法和参考文献的综述，见 A. Van der Velden, P. Koch, and S. Tiwari, *Design Optimization Methodologies, ASM Handbook*, Vol. 22B, pp. 614-624, ASM International, Materials Park，OH, 2010.

优化中的进化原则

本书主要将优化作为基于计算机的数学技术来介绍。然而，相对于知道如何使用优化技术，更重要的是知道在设计过程中何处使用。在许多设计中，一个单一的设计标准通常主导了优化。消费类产品的设计标准通常是成本、航空器则是重量、可植入医疗设备则是功耗。应该首先制定优化这些瓶颈因素的策略。一旦最基本需求被尽可能满足后，就要花时间来改进设计的其他领域，但是如果基本需求未被满足，那设计就会失败。在某些设计领域中，并没有严格的规定。在设计会说话能行走的泰迪熊时，工程师最大限度地使用了他们所需要的权衡比，该权衡比是处于需求、能量消耗、现实性和可靠性之间的。设计者和市场专家将通过共同工作来确定产品的综合特性，但最后将由四岁的消费者来决定这是不是一个优化设计。

14.9 优化设计

计算机辅助工程分析（CAE）和基于计算机优化算法开发的仿真工具的结合是自然的发展过程[⊖]。结合优化与分析工具创建了 CAE 设计工具，从而用系统化的设计搜索方法取代传统的试错法。该方法可以扩展设计者的能力，通过运用 FEA 来量化详细设计的性能，以增加如何修改设计的信息，从而更好地达到关键性能指标。

图 14.15 给出了基于 CAE 的优化设计通用框架。在该框架中，优化始于初始设计（尺寸和形状参数），在设计中执行数值分析仿真（如用 FEA）来计算性能（例如 von Mises 应力）以及设计参数的性能敏感度。接着，应用优化算法来计算新的设计参数，并且持续这个过程直到完成优化设计。通常，这并不是数学意义上的最优，而是一组设计变量，其目标函数显示出明显的改善。

绝大多数 FEA 软件包都提供优化功能，是集设计仿真、优化和设计灵敏度分析于一体的综合设计环境。用户输入初步设计数据并指定可接受的变量和所要求的约束。通过连接网格

⊖ D. E. Smith, " Design Optimation ", *ASM Handbook*, Vol.20,pp.209-18,ASM International, Materials Park, OH, 1997.

优化模块，优化算法生成连续模型，直到收敛于优化解。例如，涡轮盘的结构优化设计使质量减少了 12%，应力减少了 35%。

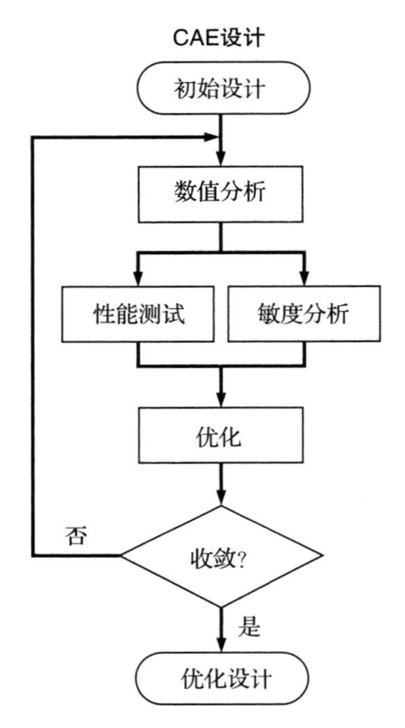

图 14.15　基于 CAE 的设计最优化的通用流程

（源自 *ASM Handbook*, Vol 22, ASM International, Materials Park, Ohio, 2010。）

14.10　总结

本章介绍了大量的关于设计的现代观点。这些包罗万象的概念旨在表明产品质量依赖设计。生产制造无法弥补设计中出现的错误。另外，我们已经强调过在制造和服务过程中出现的可变性也是对质量设计的挑战。力求达到鲁棒设计，即对服务的过程变化和极端条件表现出较小的敏感性。

从全面质量管理（TQM）的视角看，必须将质量视为整个系统。全面质量管理以客户为中心，并用简单而有效的工具基于数据驱动的方法解决问题（见 3.6 节）。全面质量管理强调的是连续改进，大的设计变更是通过随着时间推移的很多小的改进而实现的。

统计学在获得质量和鲁棒性方面起着重要作用。通过控制图可以发现过程的可变性是否处于合理的范围。过程能力指数 C_p 表明所选择的公差范围是否易于通过特定的制造工艺完成。

田口博士介绍了看待质量的新方法。与传统围绕均值的公差上下容限的方法相比，失效函数提供了一种看待质量的更优方法。信噪比（S/N）提供了探究减小设计可变性的有效衡量标准。在寻找最鲁棒设计或过程条件时，正交试验设计提供了一种有效的、广泛的且可采纳的方法论。

多年来，寻找优化条件成为设计的目标。关于优化方法的广泛的选择途径已在第 14.8 节中给出。

14.11　新术语与概念

设计优化	多目标优化	鲁棒设计
等式约束	噪声因素	信噪比
遗传算法	目标函数	6σ 质量
黄金分割搜索	过程能力指数	统计过程控制
不等式约束	质量	最快下降搜索
ISO 9000	质量保证	田口方法
格点搜索	质量控制	非线性搜索
损失函数	极差	控制上限

14.12　参考文献

质量

Besterfield, D. H.: *Total Quality Management,* 3rd ed., Prentice Hall, Upper Saddle River, NJ, 2003.
Gevirtz, C. D.: *Developing New Products with TQM,* McGraw-Hill, New York, 1994.
Kolarik, W. J.: *Creating Quality,* McGraw-Hill, New York, 1995.
Summers, D. C. S.: *Quality,* 5th ed., Prentice Hall, Upper Saddle River, NJ, 2009.

鲁棒设计

Ealey, L. A.: *Quality by Design,* 2nd ed., ASI Press, Dearborn, MI, 1984.
Fowlkes, W. Y., and C. M. Creveling: *Engineering Methods for Robust Product Design,* Addison-Wesley, Reading MA, 1995.
Roy, K. R.: *A Primer on the Taguchi Method,* 2nd ed., Society of Manufacturing Engineers, Dearborn, MI, 2010.
Wu, Y., and A. Wu: *Taguchi Methods for Robust Design,* ASME Press, New York, 2000.

优化

Arora, J. S.: *Introduction to Optimum Design,* 3rd ed., Elsevier Academic Press, San Diego, CA, 2011.
Papalambros, P. Y., and D. J. Wilde: *Principles of Optimal Design,* 2nd ed., Cambridge University Press, New York, 2000.
Park, G. J.: *Analytic Methods for Design Practice,* Spriner-Verlag, London, 2007.
Ravindran, A., K. M. Ragsdell, and G. V. Reklaitis: *Engineering Optimization,* 2nd ed., John Wiley & Sons, Hoboken, NJ, 2006.

14.13　问题与练习

14.1　讨论 Deming 的 14 个观点如何在高等教育中应用。

14.2　分组并运用 3.6 节中介绍的 TQM 问题解决过程决定如何改进课题中的质量（每组一题）。

14.3　讨论质量循环的概念。在工业中如何贯彻质量循环计划？如何在课堂应用此概念？

14.4　应用统计假设检验来识别错误，并将这些在质量控制检验中出现的错误分类。

14.5　深入研究控制图的主体并发现识别失控过程的一些规律。

14.6　对于图 14.1 所示的控制图，确定 C_p 值。注意，仅当硬度最接近 0.5RC 条件时记录下来。

14.7　某产品的规格限定为 120 ± 10MN，目标值为 120MN。生产线下线产品的标准偏差是 3MN。强度均值的初值为 118MN，但在可变性不变的前提下，先偏移到 122MN，然后是 125MN。确定 C_p 和 C_{pk} 的值。

14.8　在 14.5 节中列出的过程能力指数方程适用于具有双侧公差的目标值参数。如果设计参数是断裂韧性 K_{Ic} 呢？如果当仅涉及单侧公差并低于目标值时，C_p 的方程是什么样的？

14.9　某磨削机器正在磨制工作盘上的燃气轮机叶片的根部。根部的临界尺寸必须为 0.450in ± 0.006in。如果叶片关键尺寸超出 0.444～0.456 的规格范围，那么将被废弃，所需成本为 \$120。

(a) 针对该情况的田口损失方程是？

(b) 从研磨机采样的偏差依次为：0.451，0.446，0.449，0.456，0.450，0.452，0.449，0.447，0.454，0.453，0.450，0.451。

该机器制造的零件的平均损失函数是多少？

14.10 密封车门用的密封条规定宽度为 20mm ± 4mm。三个密封条供应商生产结果如下表所示。

供应商	均宽	方差 s^2	C_{pk}
A	20.0	1.778	1.0
B	18.0	0.444	1.0
C	17.2	0.160	1.0

从使用经验看，当密封条宽度低于目标值 5mm 时，密封开始泄漏，大约 50% 的消费者将投诉并坚持替换，耗费成本为 60 美元。当封条宽度超过 25mm 时将难以关门，此时消费者将要求重换密封条。从材料上看，三家供应商在已经交付的 25 万件零件中，生产超出规格的零件数量分别为：A：0.27%，B：0.135%，C：0.135%。

（a）比较三家供应商的损失函数。

（b）比较三家供应商缺陷个体的基本成本。

14.11 汽车发动机排污控制系统部分由插入柔性橡胶接头的尼龙管构成。由于管子会逐渐松弛，因此采取试验计划来改善其鲁棒设计。设计效果的测量是通过把尼龙管从接头处连续地强制拔离来实现的。该设计的控制因素是：

A——尼龙管和橡胶接头间的干扰。

B——橡胶接头的壁厚。

C——管子在接头中插入的深度。

D——接头预浸表面黏合剂的体积百分比。

环境噪声因素不可避免地影响黏结的强度，所以在管子插入前，必须要处理好表面调整条件，接头的尾端要浸没。考虑以下三种情况。

X——在罐中的预浸时间为 24h 和 120h。

Y——预浸温度为 72 ℉和 150 ℉。

Z——相对湿度为 25% 和 75%。

（a）针对三种水平的控制因素（内阵列）和噪声因素（外阵列）设立正交阵列，完成测试需要多少次？

（b）针对控制矩阵的九个试验条件中强行拔出管子的信噪比（S/N）的计算结果依次为：24.02，25.52，25.33，25.90，26.90，25.32，25.71，24.83，26.15。哪种类型的信噪比可以使用？确定最佳设计参数。

14.12　通过引入鲁棒设计试验来确定纸飞机的最鲁棒设计。控制参数和噪声参数如下表所示。

控制参数

参数	**水平 1**	**水平 2**	**水平 3**
纸的重量（A）	一张表	2 张表	3 张表
构形（B）	设计 1	设计 2	设计 3
纸的宽度 /in（C）	4	6	8
纸的长度 /in（D）	4	8	10

噪声参数

参数	**水平 1**	**水平 2**
发射高度（X）	立于地面	立于椅面
发射角（Y）	水平于地面	与水平成 45°
地面	混凝土	抛光砖

所有纸飞机的发射均由同一人在密闭的房间或无空气流通的走廊里完成。当发射飞机时，肘部必然会接触身体，但仅使用前臂、手腕和手来进行飞机发射。飞机由普通复印纸制作。此种类将决定三种设计方式，一旦确定下来，贯穿整个试验的设计不会改变。纸飞机飞行距离及在地板上滑翔停止的距离是优化的目标函数，测量机首。